土木工程软件应用实操培训系列教材

midas Gen 典型案例操作详解

唐晓东　陈　辉　郭文达　编

高德志　钱　江　审

中国建筑工业出版社

图书在版编目（CIP）数据

midas Gen 典型案例操作详解 / 唐晓东，陈辉，郭文达编．
北京：中国建筑工业出版社，2018.9
土木工程软件应用实操培训系列教材
ISBN 978-7-112-22260-5

Ⅰ．①m… Ⅱ．①唐… ②陈… ③郭… Ⅲ．①建筑设计—
计算机辅助设计—应用软件—技术培训—教材 Ⅳ．① TU201.4

中国版本图书馆 CIP 数据核字（2018）第 106490 号

midas Gen是一款通用有限元分析和设计软件，本书介绍了10种常见类型的案例设计详细操作，包括：钢筋混凝土结构抗震分析及设计、钢筋混凝土结构施工阶段分析、地下综合管廊结构分析及设计、钢结构框架分析及优化设计、混合结构分析、张弦结构分析、开孔部细部分析、一柱托双梁结构建模分析、边界非线性（阻尼器）分析、弹性地基梁分析。

本书适合从事土木工程有限元分析及结构设计的相关技术人员参考学习。

责任编辑：李天虹
责任校对：姜小莲

土木工程软件应用实操培训系列教材
midas Gen 典型案例操作详解
唐晓东 陈 辉 郭文达 编
高德志 钱 江 审
*
中国建筑工业出版社出版、发行（北京海淀三里河路 9 号）
各地新华书店、建筑书店经销
北京佳捷真科技发展有限公司制版
北京建筑工业印刷厂印刷
*
开本：787×1092 毫米 1/16 印张：19¼ 字数：477 千字
2018 年 8 月第一版 2019 年 12 月第四次印刷
定价：**59.00** 元
ISBN 978-7-112-22260-5
（32137）

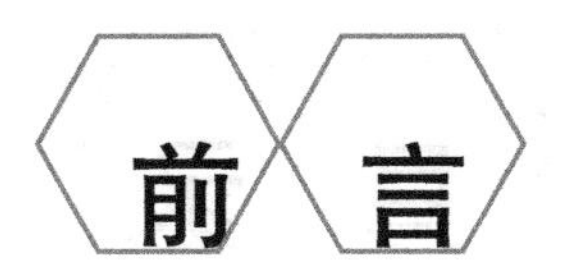

前言

midas Gen是一款通用有限元分析和设计软件，适用于民用、工业、电力、施工、特种结构及体育场馆等多种结构的分析和设计。可进行静力分析、特征值分析、反应谱分析、弹性时程分析、几何非线性和材料非线性分析、隔震和消能减震分析、静力弹塑性和动力弹塑性分析、施工阶段分析、屈曲分析、P-Δ分析等各类高端分析功能，并可按照中国、日本、韩国、美国、欧洲等规范进行混凝土构件、钢构件、钢管混凝土及型钢-混组合构件设计。

本书由北京迈达斯技术有限公司技术中心组织编写，是以《midas Gen初级培训》和《midas Gen高级培训》案例集为基础，以行业内常见的工程为例，按照Gen 2018新版重新修编的典型案例操作详解。书中案例详细表述每一步操作，旨在帮助初学者在短时间内快速熟悉程序功能、轻松跟随操作、掌握工程项目的分析设计验算流程。金冬梅、林丹、金海龙、董春明、郑伟伟等参与本书案例的编写，配套视频由金冬梅录制完成，张剑对本书的封面进行了设计，在此对参编人员表示深深的敬意和感谢。

midas Gen的基本操作其实并不难，而且是有规律的，相信读者仅需认真跟随完成5个左右的案例，就可以触类旁通了，届时无论您想建立什么形状的模型，心中已清晰地知道该如何操作了。

我们坚信，只要跨过基本操作这一步，工程师们就会品尝到真正的建筑结构设计的魅力和乐趣，让我们一起携手，共同努力！

限于水平，本书中有不妥之处，请批评指正。

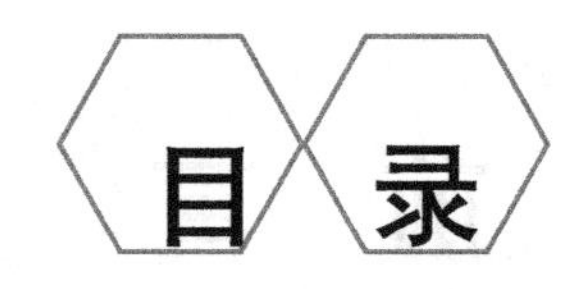

案例1 钢筋混凝土结构抗震分析及设计

概要

按照刚性楼板假定建模，使用midas Gen反应谱分析功能完成结构抗震分析和设计，查看层结果等总体指标，实现对设计项目的总体把控。板构件荷载施加及分析设计流程验算。

主要步骤如下：

1 模型信息

2 建立模型（前处理）

2.1 设定操作环境及定义材料和截面

2.2 建立框架梁

2.3 建立框架柱及剪力墙、次梁

2.4 楼层复制及生成层数据文件

2.5 定义边界条件

2.6 输入楼面及梁单元荷载

2.7 输入风荷载

2.8 输入反应谱分析数据

2.9 定义结构类型及荷载转换为质量

3 运行分析及结果查看（后处理）

3.1 运行分析

3.2 生成荷载组合

3.3 分析及设计验算结果

3.3.1 反力和位移

3.3.2 内力与应力

3.3.3 梁单元细部分析

3.3.4 层结果

3.3.5 振型、周期及稳定

3.3.6 构件配筋设计

3.3.7 配筋平面图及计算书

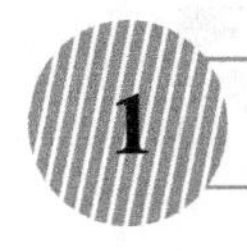

1 模型信息

通过建立一个六层的钢筋混凝土框架-剪力墙结构模型，详细介绍midas Gen建立结构模型、施加荷载和边界条件、查看分析结果及进行抗震设计的步骤和方法。

模型的基本数据如下：（单位：mm）

轴网尺寸：见图1-1 结构平面图

主梁：250×450（直），250×500（曲）　　次梁：250×400

连梁：250×1000　　柱：500×500

混凝土：C30　　剪力墙：250

层高：一层：4.5m　　二～六层：3.0m

场地：Ⅱ类　　设防烈度：7度（0.10g）

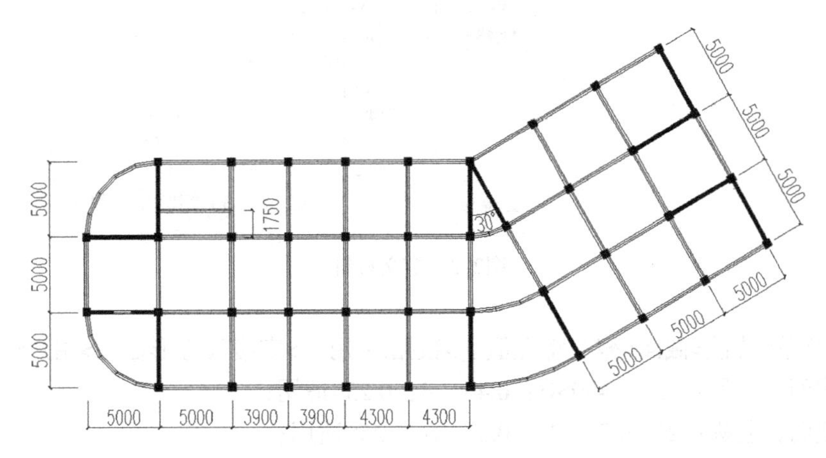

图1-1　结构平面图

2 建立模型（前处理）

2.1 设定操作环境及定义材料和截面

1. 双击midas Gen图标，打开Gen程序>主菜单>新项目>保存>文件名：钢筋混凝土结构抗震分析及设计>保存。

2. 主菜单>工具>单位系>长度：m,力：kN>确定。亦可在模型窗口右下角点击图标kN m的下拉三角，修改单位体系，如图2-1所示。

3. 主菜单>特性>材料特性值>添加>设计类型：混凝土>规范：GB10（RC）>数据库：C30>确定（图2-2）。

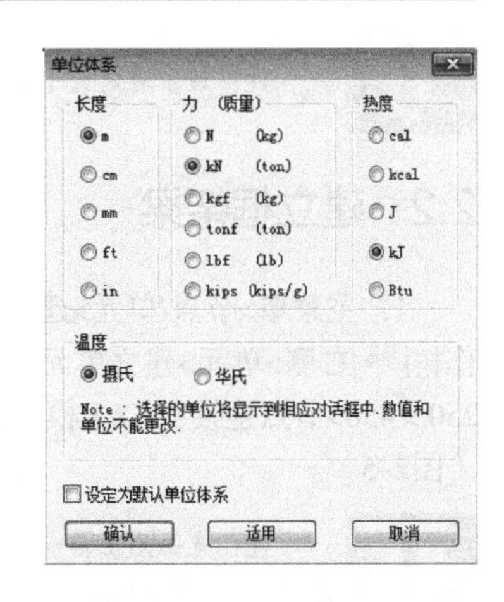

图2-1　单位体系

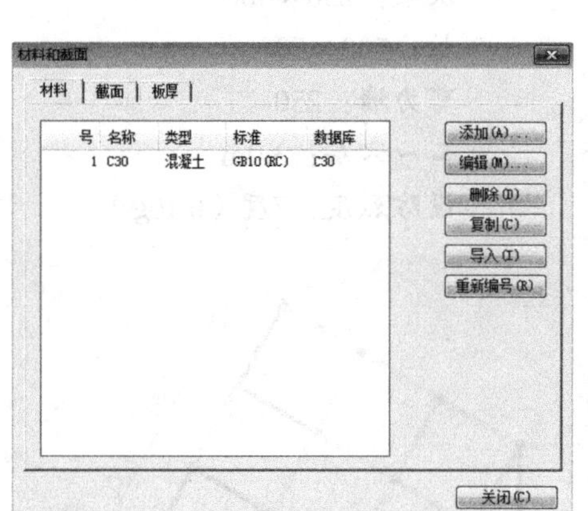

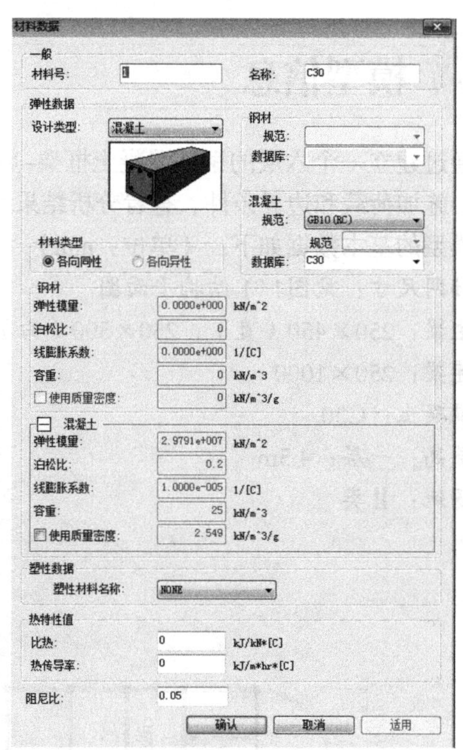

图2-2 定义材料

4. 主菜单>特性>截面>截面特性值>数据库/用户>实腹长方形截面>用户>
主梁截面，名称：250×450>H：0.45，B：0.25>适用；
曲梁截面，名称：250×500>H：0.5，B：0.25>适用；
次梁截面，名称：250×400>H：0.4，B：0.25>适用；
柱截面，名称：500×500>H：0.5，B：0.5>适用；
连梁截面，名称：250×1000>H：1.0，B：0.25>确定（图2-3）。
5. 主菜单>特性>截面>板厚>添加>面内和面外：0.25>确定（图2-4）。

注：该步骤定义了剪力墙厚度。

2.2 建立框架梁

1. 主菜单>节点/单元>建立节点>坐标：0, 0, 0>复制次数：1>距离：0,15,0>适用。工作树节点右侧>单元>建立单元>单元类型：一般梁/变截面梁>材料 名称：C30>截面名称：250×450>节点连接：1,2（模型窗口中直接点取节点1,2）。建立第一根梁单元，然后关闭（图2-5）。

注：点击右上角动态视图控制，实现9个方向的视角查看。点击快捷工具栏显示节点号，显示单元号。

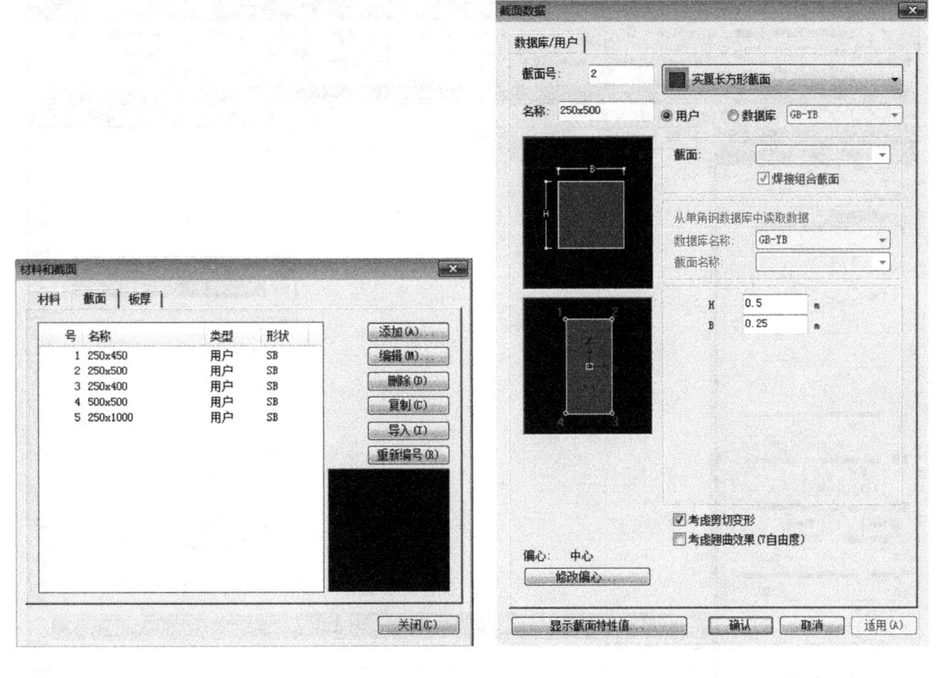

图2–3　定义截面

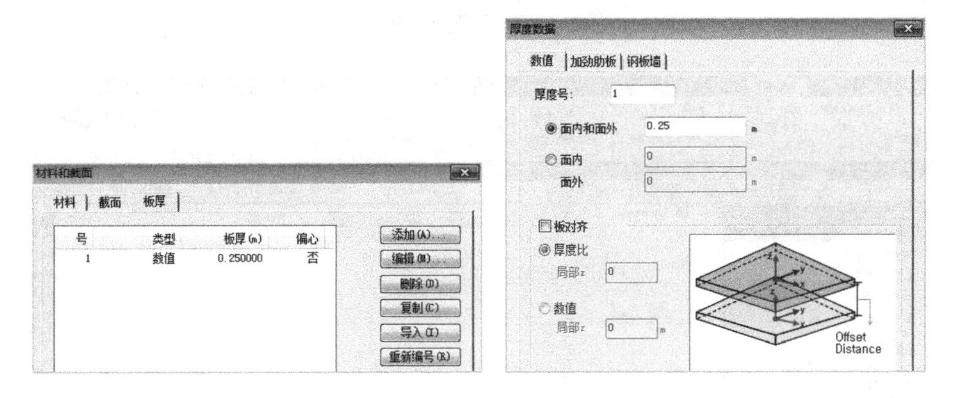

图2–4　定义厚度

2. 主菜单>节点/单元>单元>移动复制>点击选取刚建立的单元>形式：复制>任意间距>方向：x>间距：2@5,2@3.9,2@4.3>适用。

工作树中点击移动/复制单元>选择建立单元>材料 名称：C30>截面名称：250×450>交叉分割：节点和单元都勾选>节点连接：在模型中点选节点1、13。

工作树中点击建立单元>选择移动/复制单元>点击选取刚建立的单元>形式：复制>任意间距>方向：y>间距：3@5>交叉分割：节点和单元都勾选>适用（图2–6）。

3. 定义用户坐标系

主菜单>结构>坐标系>UCS>X–Y平面>坐标原点：26.4,15,0（亦可直接选择已建框架模型右上角14号节点）；旋转角度：–60>保存当前UCS>输入名称："用户坐标1"（可自定义）>确认（图2–7）。

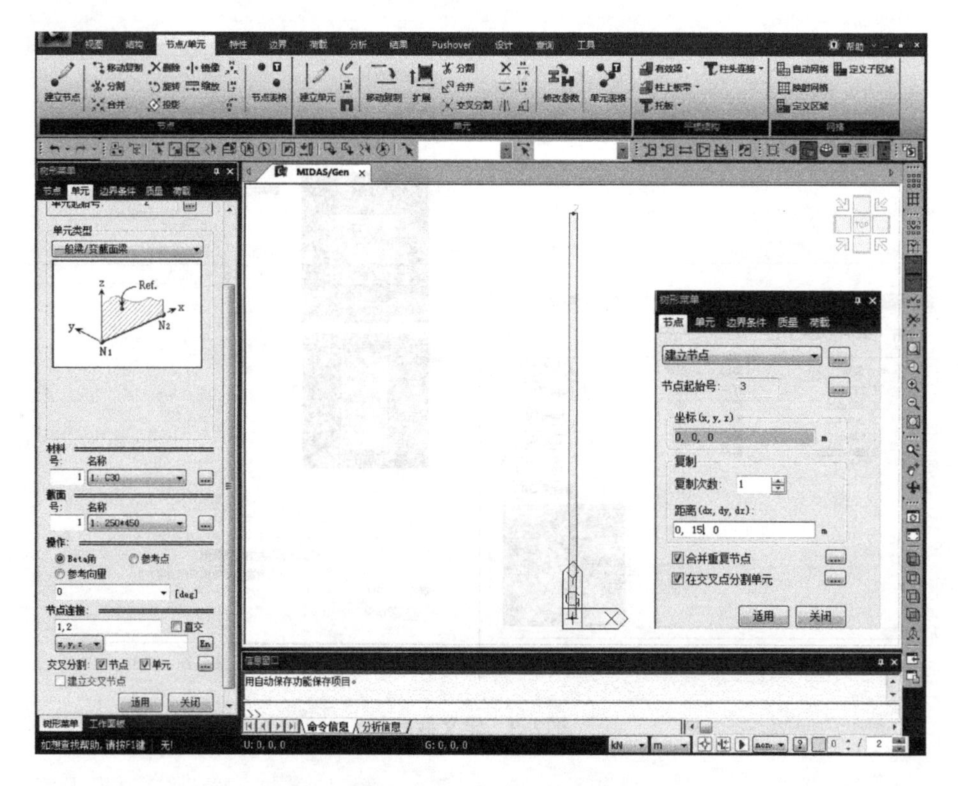

图2-5 建立节点、单元

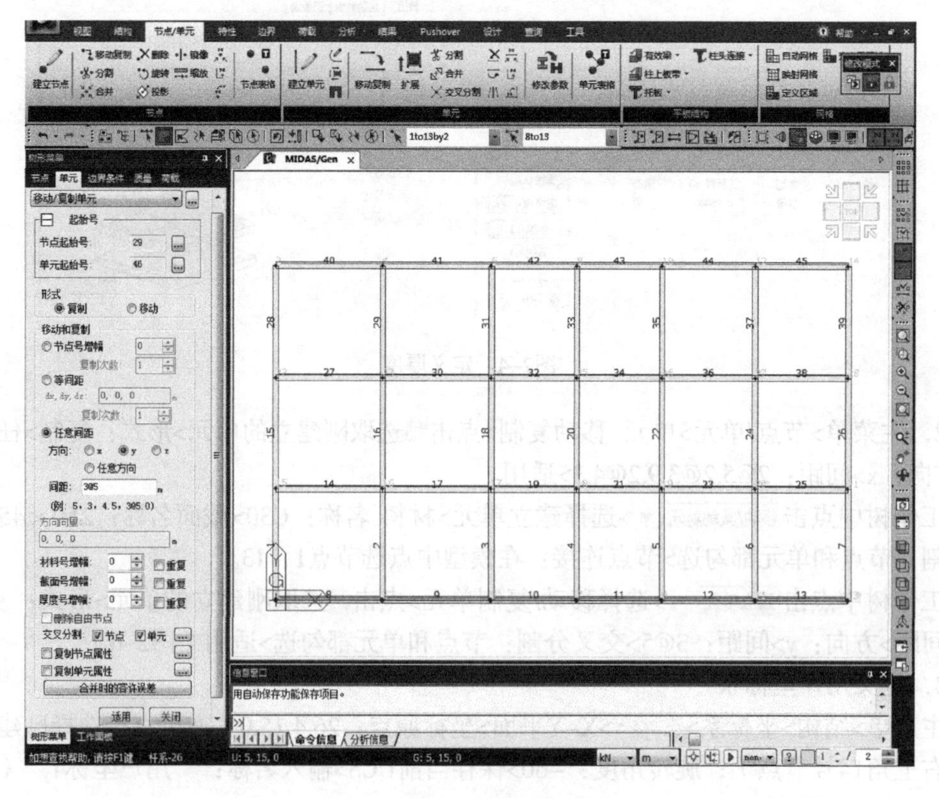

图2-6 建立、复制主梁单元

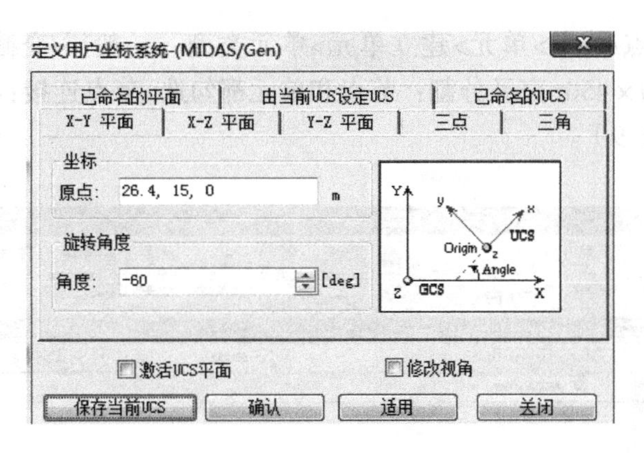

图2-7　定义用户坐标系

4．主菜单>节点/单元>单元>建立单元>单元类型：一般梁/变截面梁>材料 名称：C30>截面名称：250×450>节点连接：模型中选中14号节点>点击 x, y, z ▼ >选择相对坐标 dx, dy, ▼ ：15,0,0>点击 En 。

工作树中，点击 建立单元 ▼ >选择移动/复制单元>点击选取刚建立的单元>形式：复制>任意间距>方向：y>间距：3@5>交叉分割：节点和单元都勾选>适用（图2-8）。

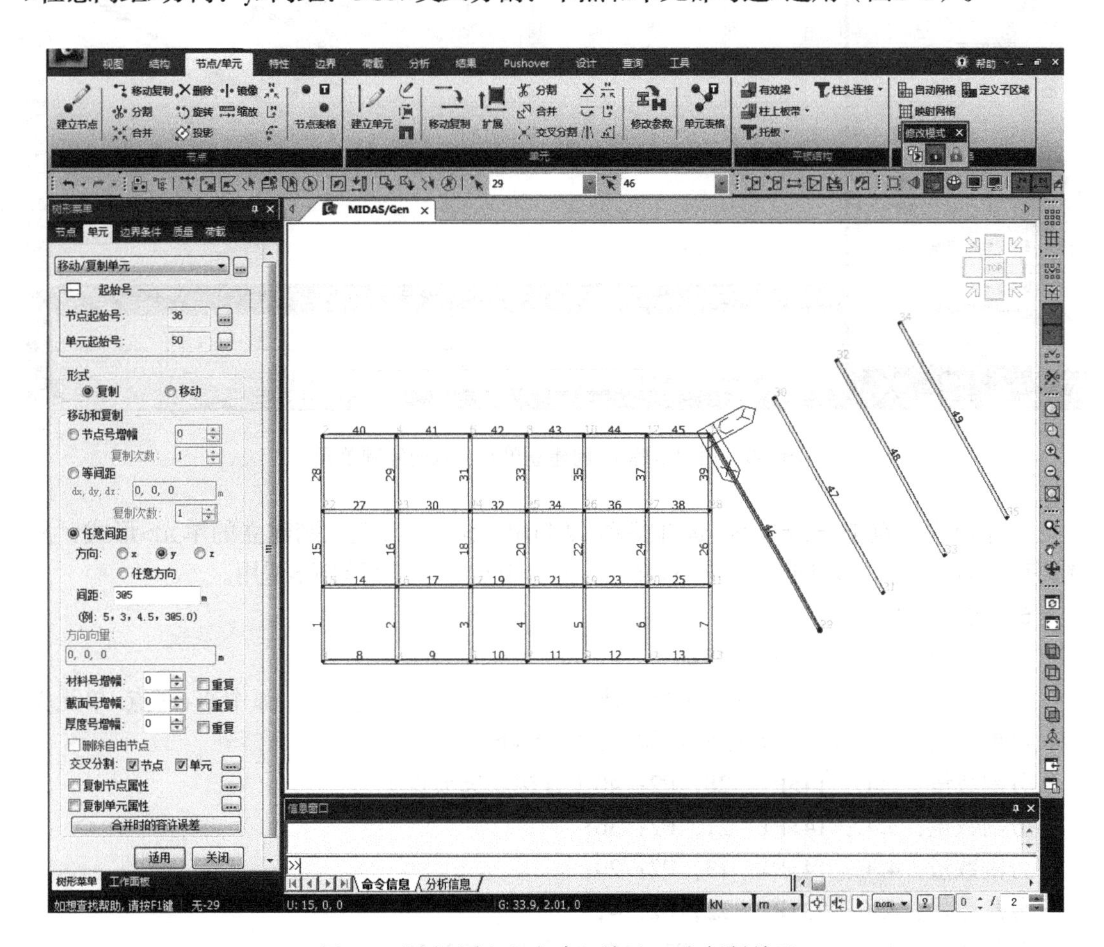

图2-8　用户坐标下x向建立单元、y向复制单元

5．主菜单>节点/单元>单元>建立单元>单元类型：一般梁/变截面梁>材料 名称：C30>截面名称：250×450>交叉分割：节点和单元都勾选>节点连接：29,35（在模型中选中节点29,35）（图2–9）。

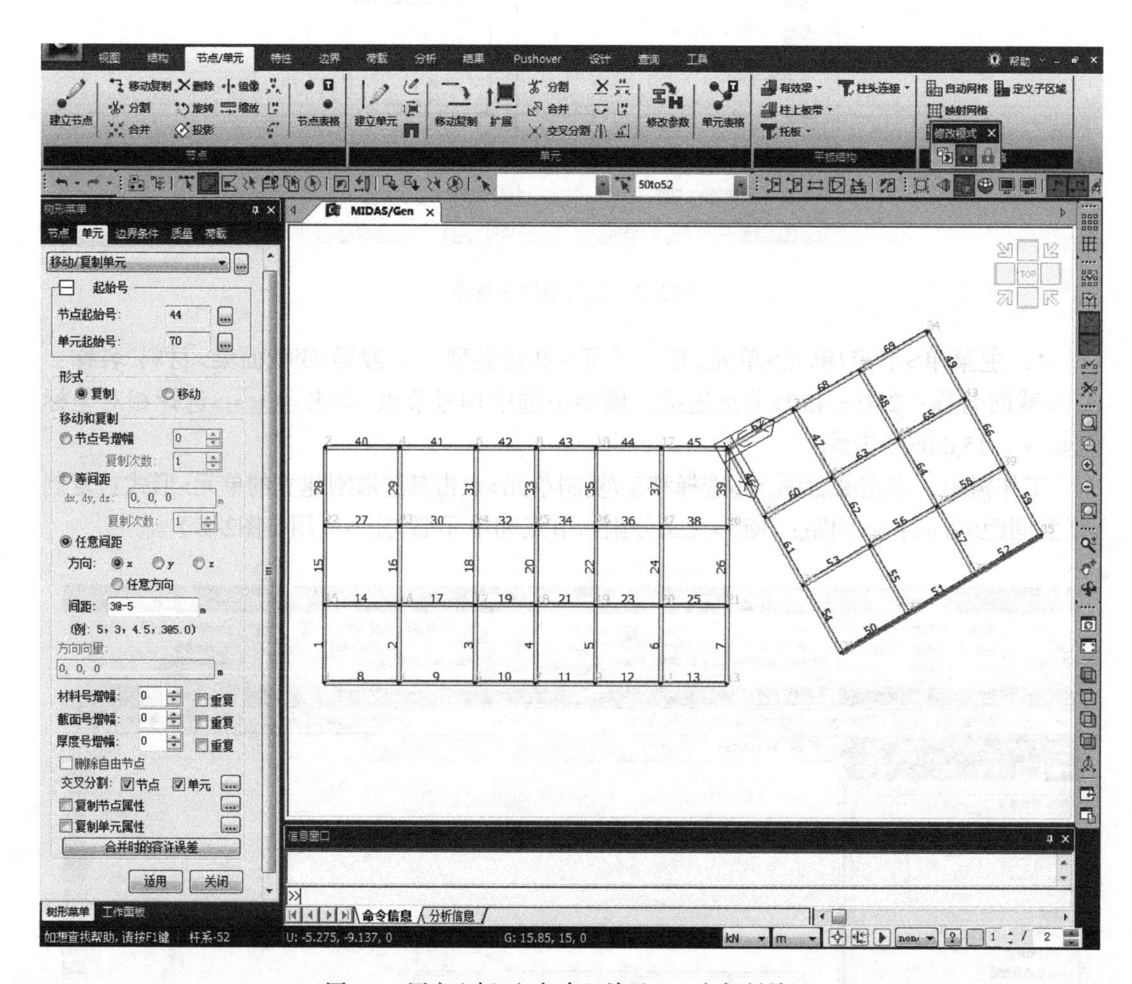

图2–9 用户坐标下y向建立单元、–x向复制单元

工作树中，点击建立单元 ▼>选择移动/复制单元>点击选取刚建立的单元>形式：复制>任意间距>方向：x>间距：3@–5>交叉分割：节点和单元都勾选>适用。

6．建立曲梁

主菜单>视图 坐标系 >整体坐标系。

主菜单>节点/单元>单元>在曲线上建立直线单元>曲线类型：弧中心+两点>单元类型：梁单元>材料名称：C30>截面名称：250×500>

分割数量：2>C：14>P1：28，P2：40（直接点选节点）；

分割数量：3>C：14>P1：21，P2：36；

分割数量：4>C：14>P1：13，P2：29；

分割数量：4>C：23>P1：22，P2：4；

分割数量：4>C：16>P1：3，P2：15；>关闭（图2–10）。

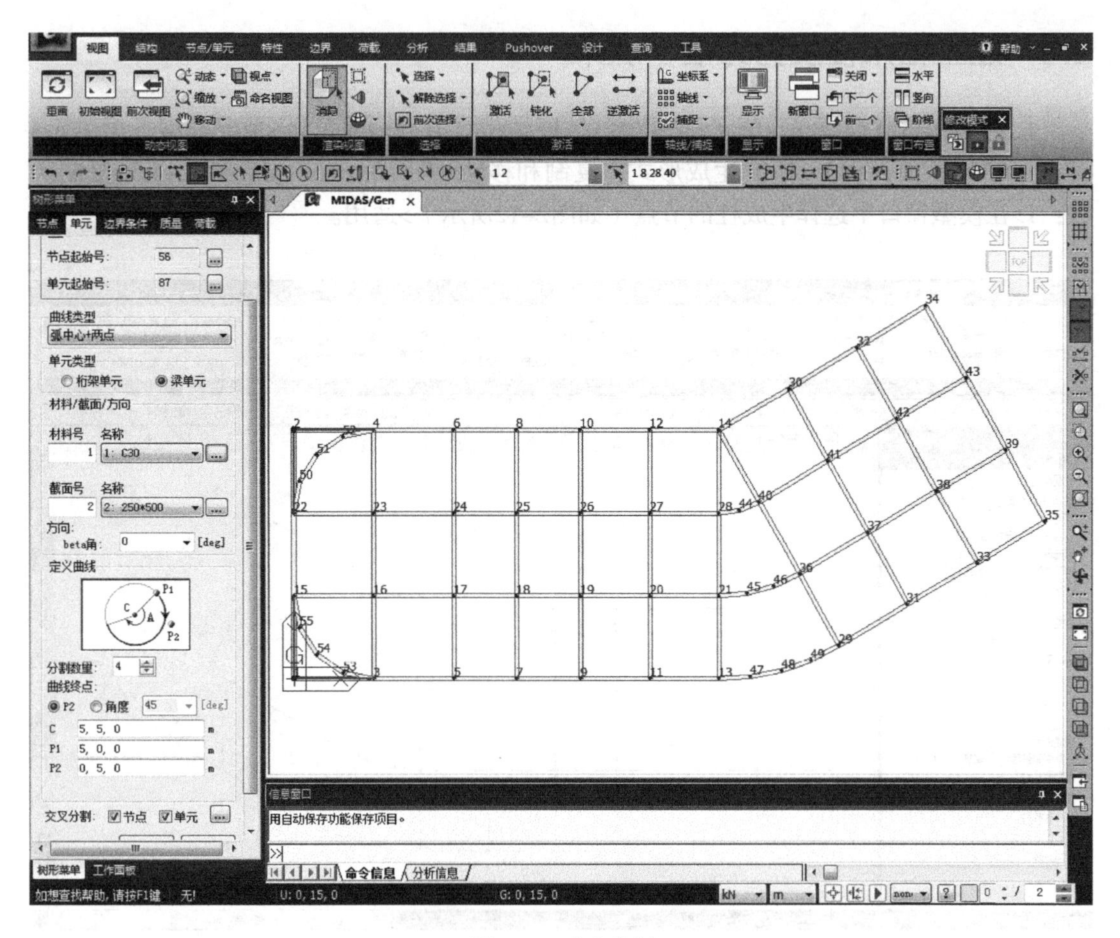

图2-10　建立曲梁

点击窗口选择 >选中图2-10模型左上角和左下角的4个单元（红色）>Del删除（图2-11）。

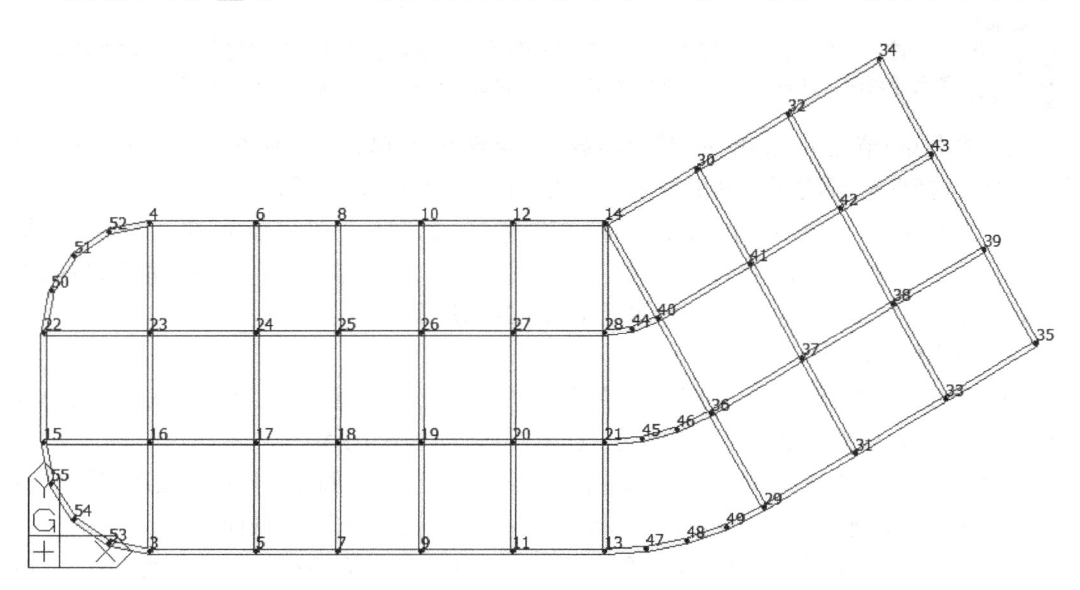

图2-11　删除多余主梁

2.3 建立框架柱及剪力墙、次梁

1．主菜单>节点/单元>单元>扩展>扩展类型：节点→线单元>单元类型：梁单元>材料：C30>截面：500×500>生成形式：复制和移动>等间距>dx,dy,dz：0,0,-4.5>复制次数：1>在模型窗口中选择生成柱的节点（如图2-12所示）>适用。

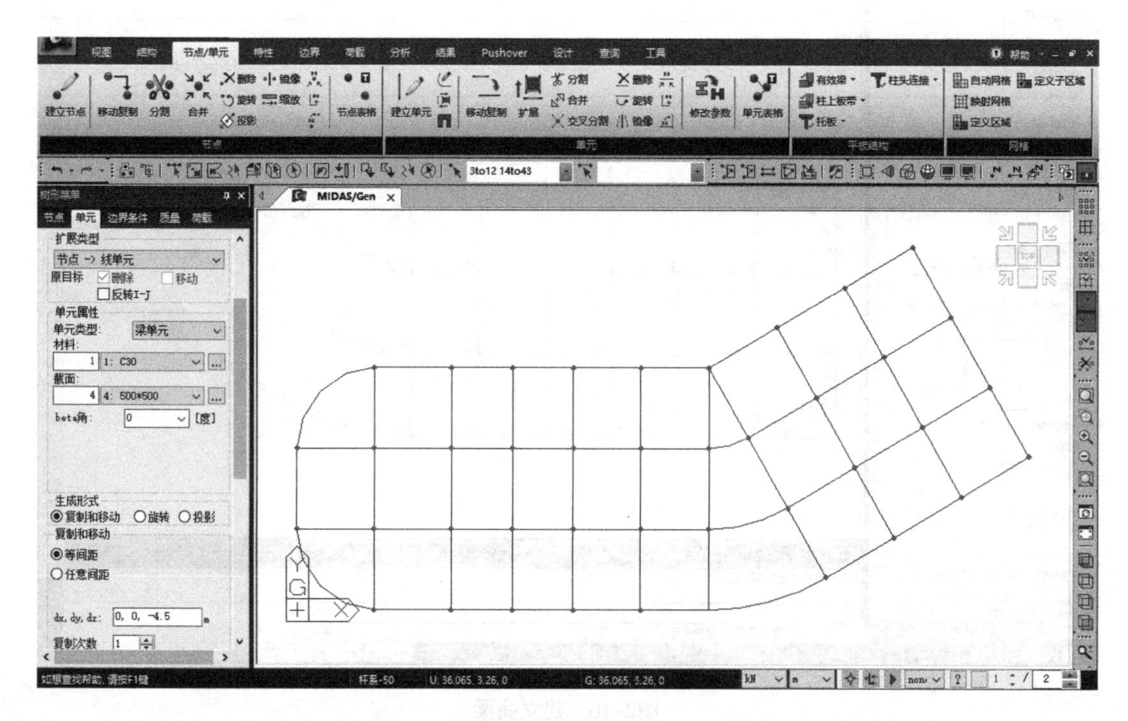

图2-12 建立框架柱

注：选择节点时，可先选中全部节点和单元，然后在快捷工具栏将 2to7 9to27 29to39 中单元号删除，这时就只有节点被选中了，再按住shift键反选不需要的节点即可。

2．主菜单>节点/单元>单元>修改参数>参数类型>单元坐标轴方向>Beta角：60>模型窗口中选择框架2部分需旋转的框架柱（图2-13中红色单元）>适用。

3．主菜单>节点/单元>单元>扩展>扩展类型：线单元→平面单元>单元类型：墙单元>原目标：删除和移动都不勾选>材料：C30>厚度：0.25>生成形式：复制和移动>等间距>dx,dy,dz：0,0,-4.5>选择生成墙的梁单元（如图2-14所示）>适用。

4．剪力墙开洞

主菜单>节点/单元>单元>分割>单元类型：墙单元>任意间距 x:0，z:1.9,1.2>窗口选择图2-14中14号梁单元下面的墙单元，如图2-15所示>适用>关闭。

原墙单元被分割成3个墙单元，选中间141号墙单元，Del删除。原墙上梁单元同时被分割成3个单元，选中中间139号单元（连梁）>在工作树中点击5号截面（250×1000）并按住，拖放至模型窗口，完成连梁截面的修改。由于连梁截面高1m，原梁高为0.45m，不对齐，故在主菜单 结构>结构类型>勾选“图形显示时，将梁顶标高与楼面标高（X-Y

平面）平齐”（图2-16）。

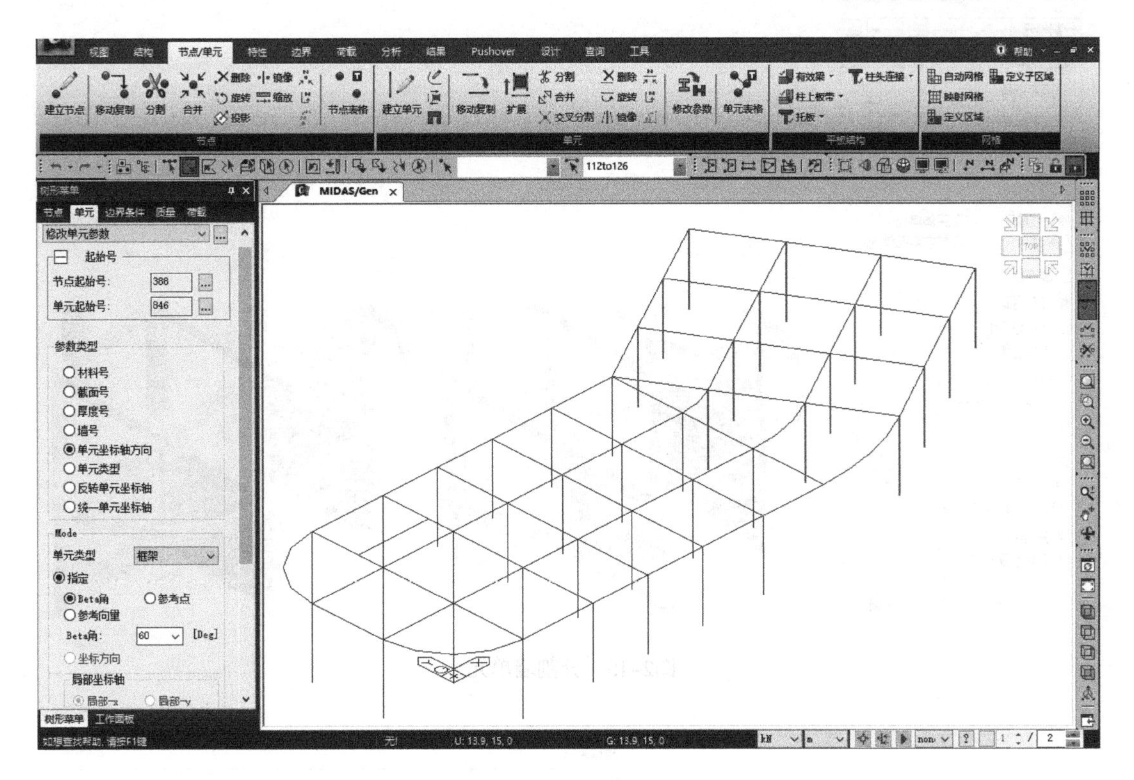

图2-13　旋转部分框架柱

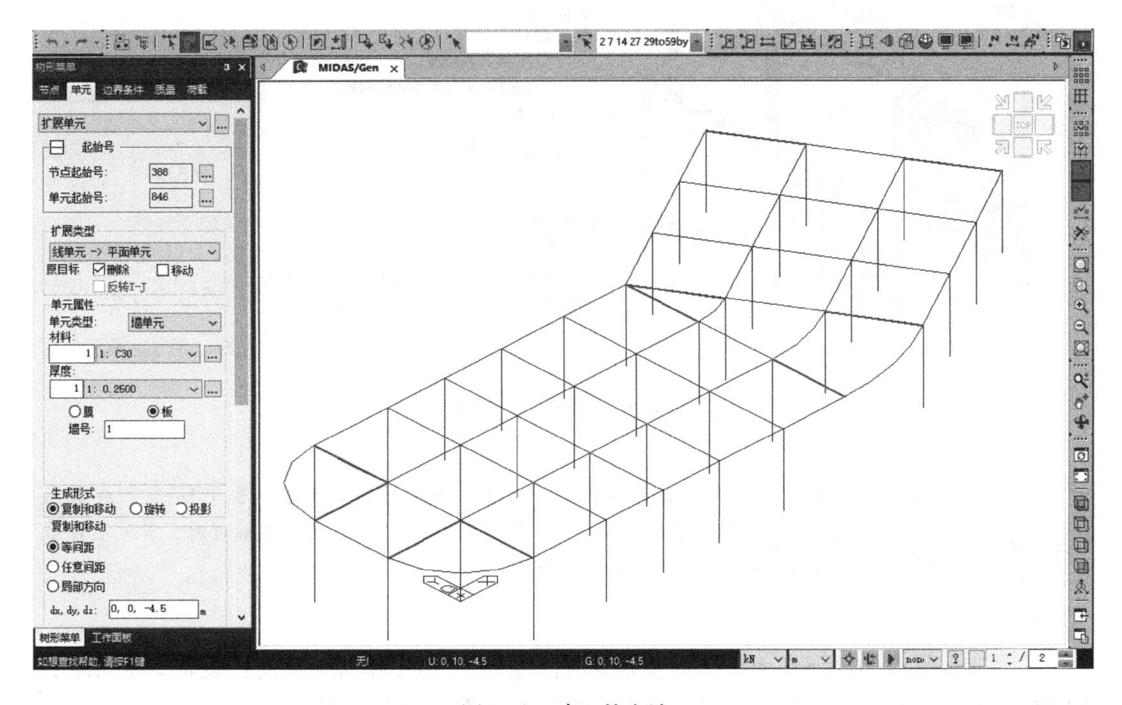

图2-14　建立剪力墙

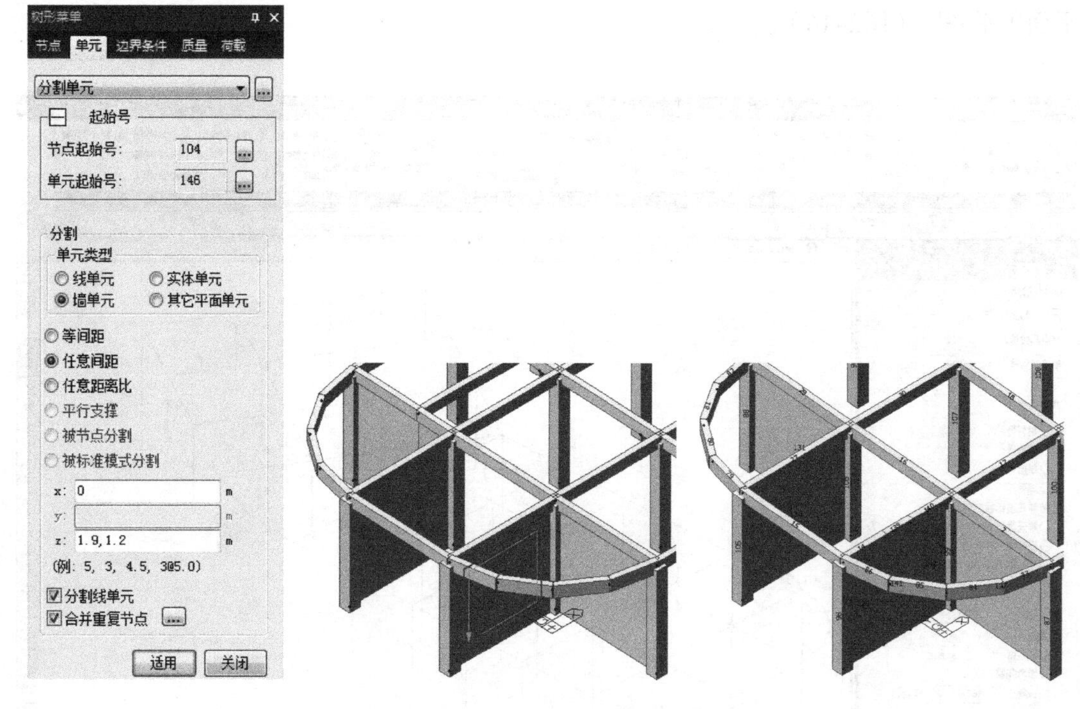

图2-15 分割墙单元

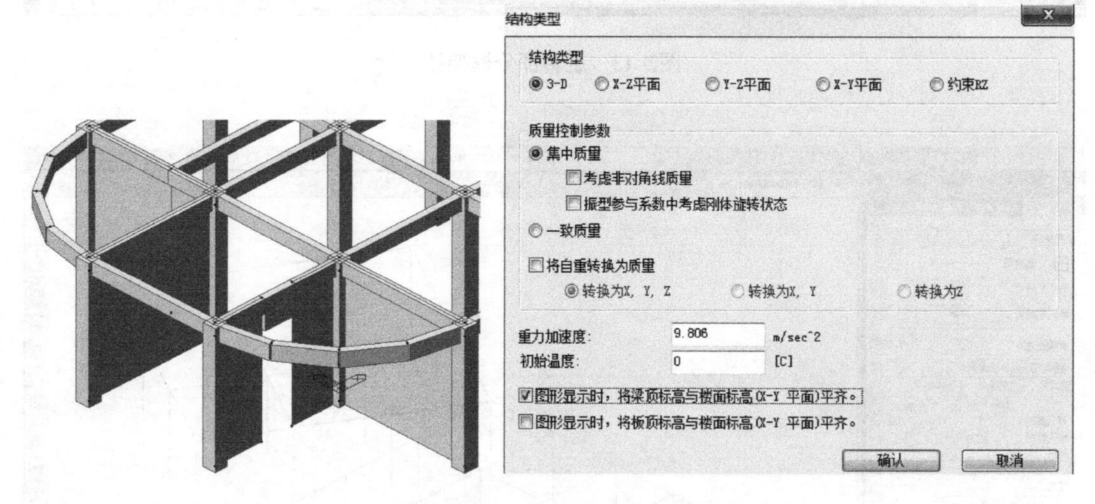

图2-16 开洞、顶对齐

注：此步操作未采用“剪力墙洞口”功能。因底层洞口高度不变（3m），底层高4.5m，其他层高3m，自动计算连梁高度=层高−洞口高。由此，定义层数据时，其他层自动计算的连梁高是0m，导致复制层数据时报错。

5. 建立次梁

主菜单>节点/单元>单元>移动复制>点击框选30号单元>形式：复制>等间距：0,1.75,0>截面号增幅：2>交叉分割：节点和单元都勾选>适用（图2-17）。

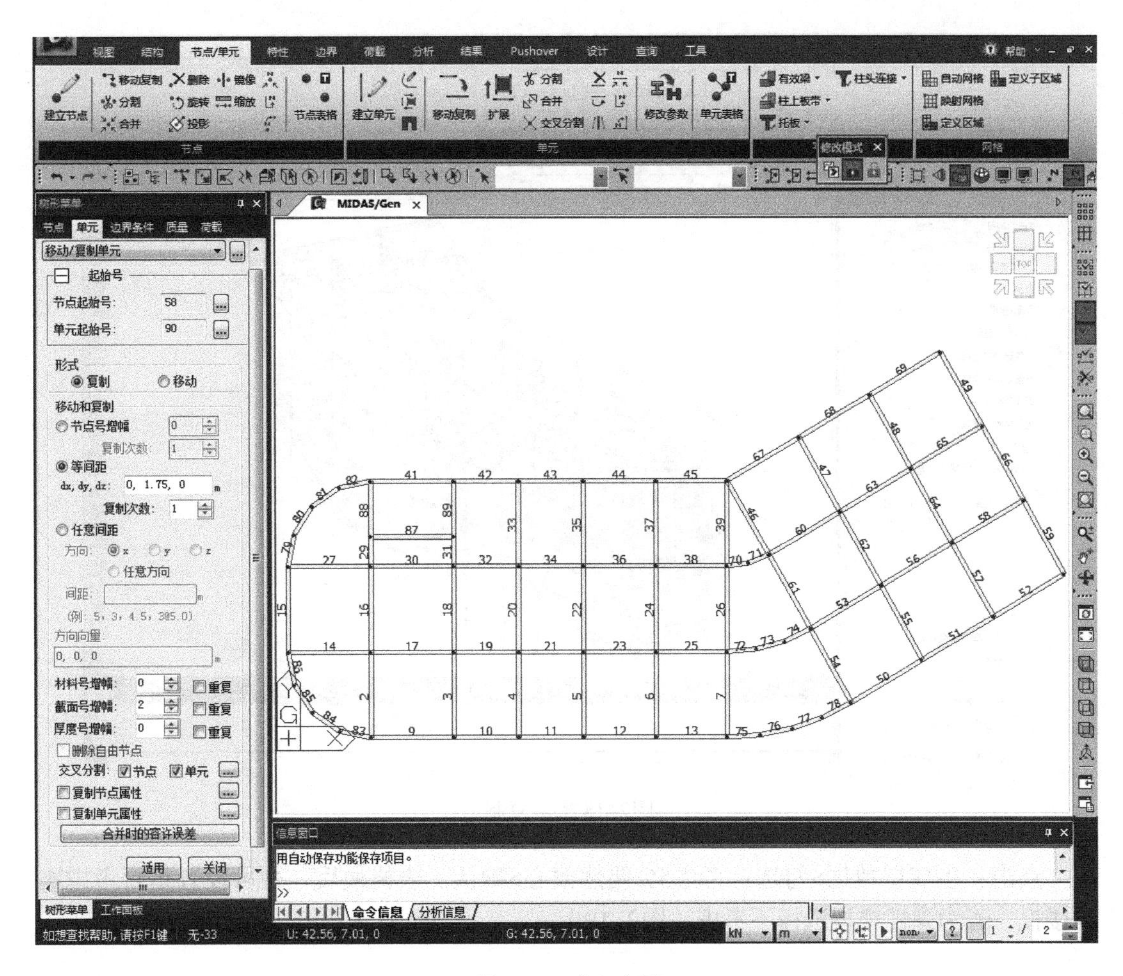

图2-17　建立次梁

注：因定义截面（图2-3）时，主梁截面序号为1，次梁截面序号为3，故在复制时设置“截面号增幅：2”，直接实现赋予次梁3号截面。也可以在复制完成后，应用拖放功能修改次梁截面，即先选择次梁单元，然后，在工作树中左键按住3号截面拖放到模型窗口，实现截面修改。

2.4　楼层复制及生成层数据文件

1．主菜单>结构>控制数据>复制层数据>复制次数：5>距离：3>添加>全选>适用（图2-18）。

2．主菜单>结构>控制数据>定义层数据>点击>勾选：层构件剪力比>勾选：弹性板风荷载和静力地震作用>确认。

注：若勾选使用地面标高，则程序认定此标高以下为地下室。程序自动计算风荷载时，将自动判别地面标高以下的楼层不考虑风荷载作用。

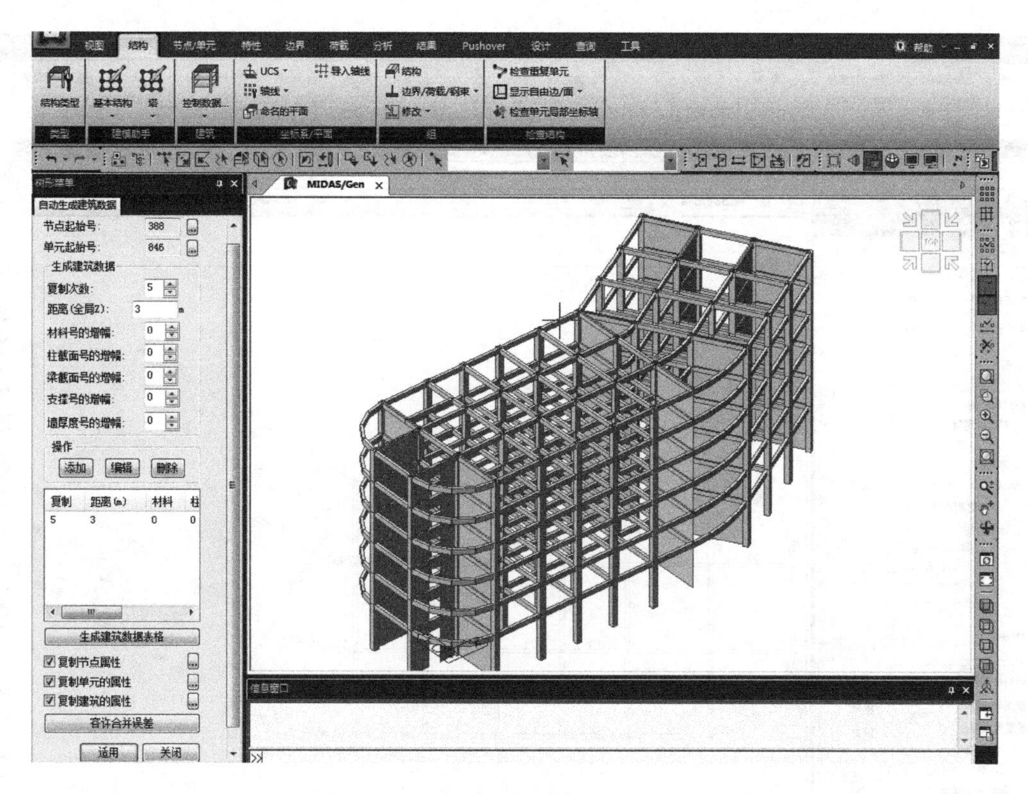

图2-18 楼层复制

点击：生成层数据>勾选：考虑5%偶然偏心>确认。表格最后一列可设置是否考虑刚性楼板，若为弹性楼板选择不考虑（图2-19）。

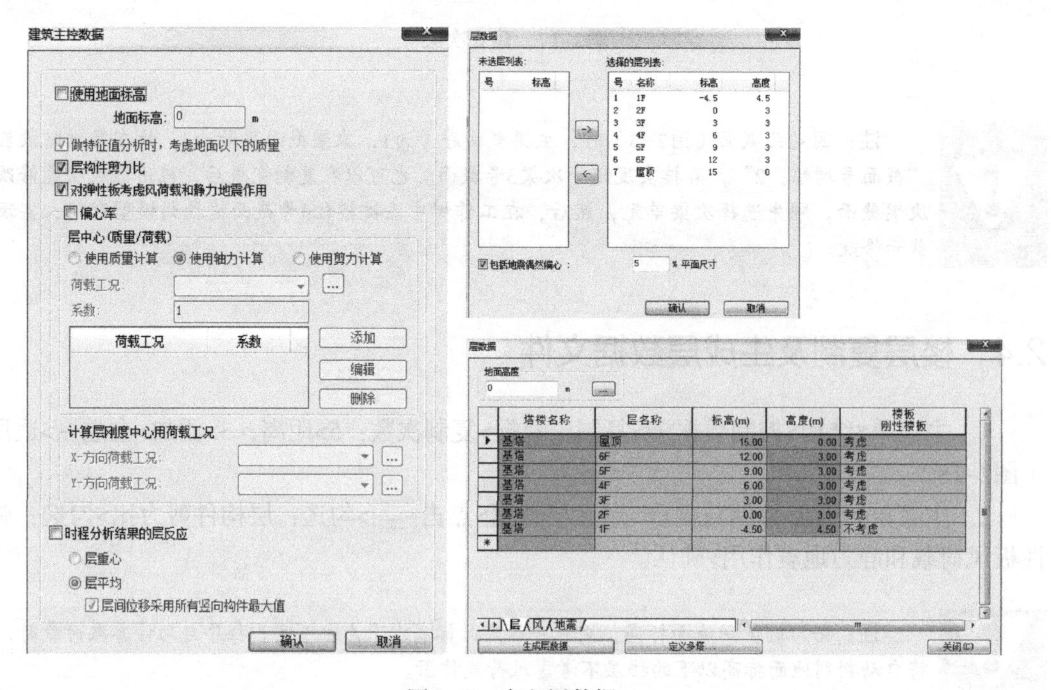

图2-19　定义层数据

3. 主菜单>结构>控制数据>自动生成墙号>勾选：所有>确认（图2-20）。

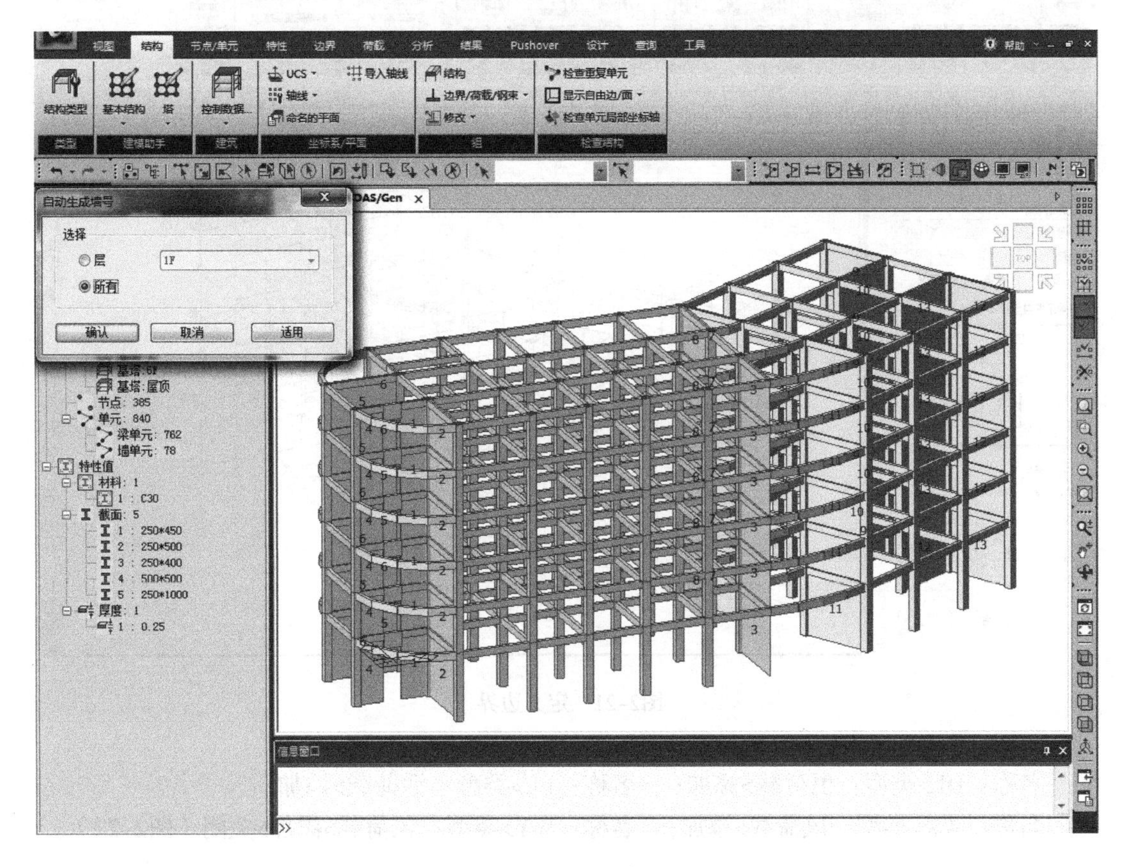

图2-20 设置墙号

注：避免设计时（同一层）不同位置的墙单元编号相同。例如在利用扩展单元功能一次生成多个墙单元时，这些墙单元的墙号相同，当这些相同墙号的墙单元不在（同一）直线上，即X向、Y向都有时，由于墙号相同，程序则认为没有直线墙而不予配筋设计。

2.5 定义边界条件

主菜单>边界>一般支承>勾选：D-ALL>勾选：Rx、Ry、Rz>窗口选择柱底节点>适用>关闭（图2-21）。

注：薄壁截面受扭为主时，根据分析目的需要考虑翘曲约束时，可勾选Rw。

2.6 输入楼面及梁单元荷载

1. 主菜单>荷载>荷载类型>静力荷载>荷载工况>静力荷载工况>

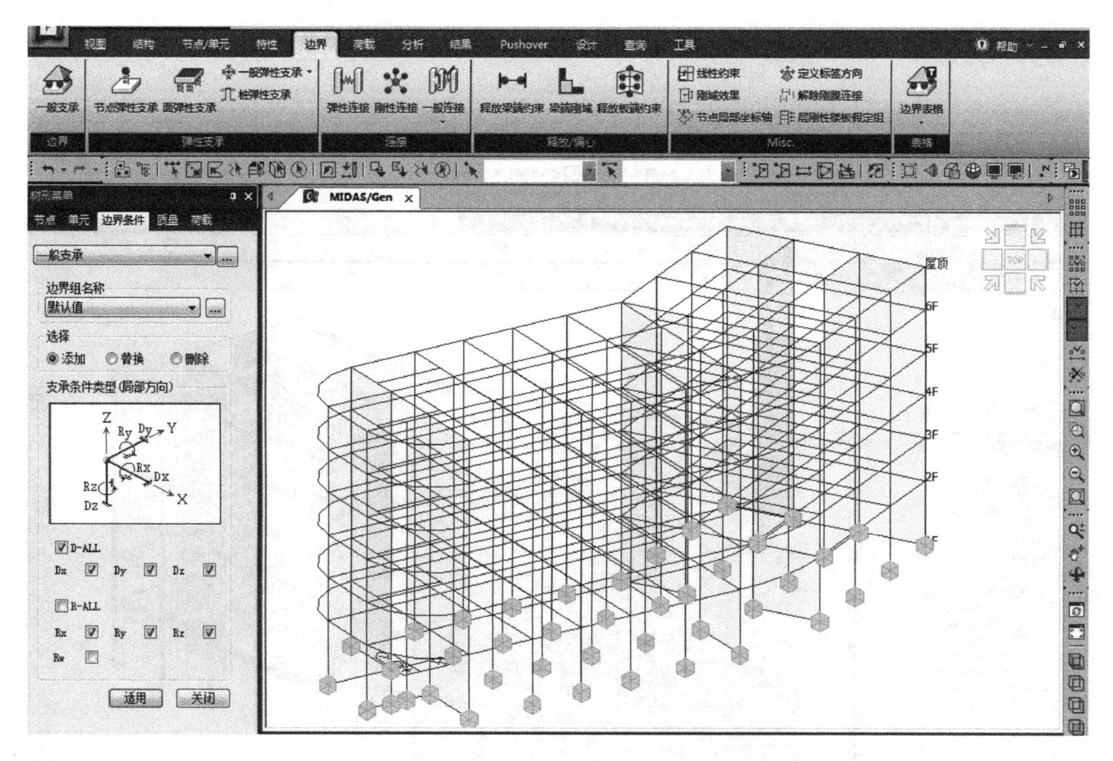

图2–21　定义边界

名称：DL>类型：恒荷载>添加；　名称：LL>类型：活荷载>添加；

名称：WX>类型：风荷载>添加；　名称：WY>类型：风荷载>添加>关闭（图2–22）。

静力荷载工况

名称：WY
类型：风荷载（W）
说明：
添加
编辑
删除

号	名称	类型	说明
1	DL	恒荷载 (D)	
2	LL	活荷载 (L)	
3	WX	风荷载 (W)	
4	WY	风荷载 (W)	

图2–22　定义静力荷载工况

2．主菜单>荷载>荷载类型>静力荷载>结构荷载/质量>自重>荷载工况名称：DL>自重系数：Z：–1>添加>关闭（图2–23）。

3．主菜单>荷载>荷载类型>静力荷载>初始荷载/其他>分配楼面荷载>定义楼面荷载类型>名称：办公室>荷载工况：DL>楼面荷载：–4.3>LL>楼面荷载：–2.0>添加；

名称：卫生间>荷载工况：DL>楼面荷载：–6.0>LL>楼面荷载：–2.0>添加；

名称：屋面>荷载工况：DL>楼面荷载：–7.0>LL>楼面荷载：–0.5>添加>关闭（图2–24）。

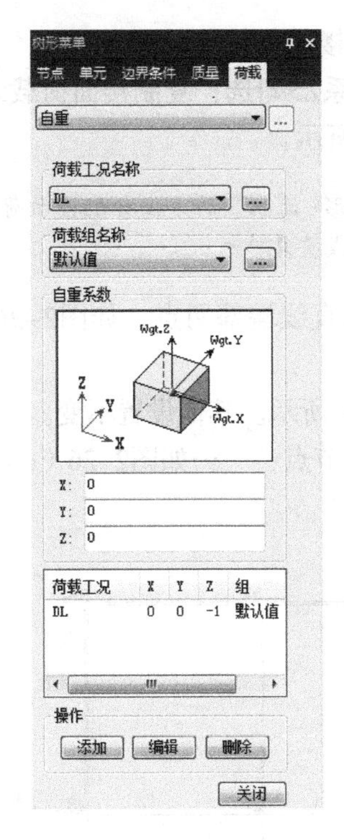

图2-23　定义恒载DL 自重

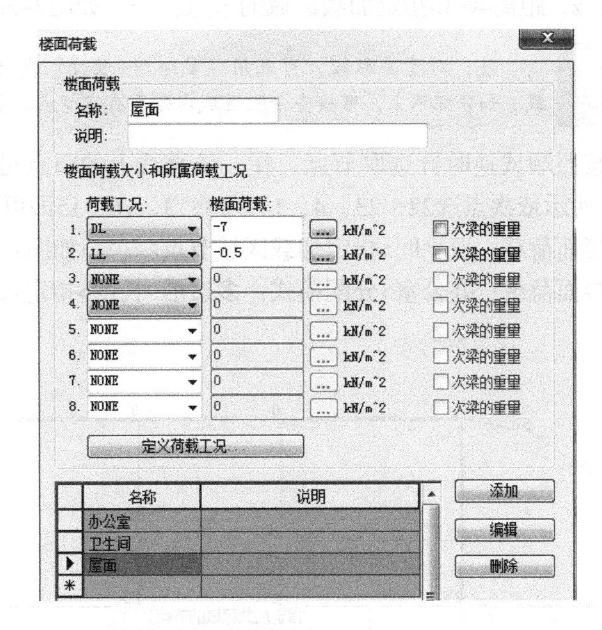

图2-24　定义楼面荷载类型

4．快捷工具栏>按属性激活>层>2F>楼板>激活>关闭（图2-25）。

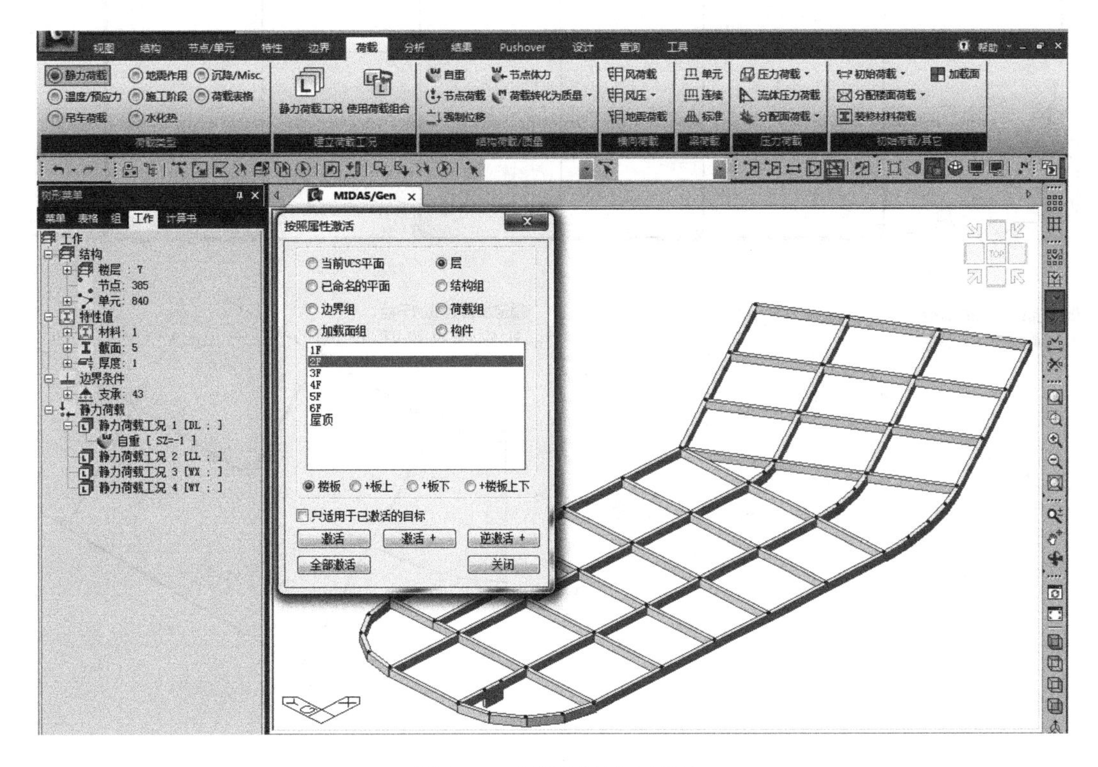

图2-25　按属性激活2F楼板

5. 主菜单>荷载>荷载类型>静力荷载>初始荷载/其他>分配楼面荷载图>

楼面荷载：办公室>分配模式：双向>荷载方向：整体坐标系Z>勾选：复制楼面荷载>方向：z，距离4@3>指定加载区域的节点：……如图2-26（*a*）所示。

注：对于异形板，可采用“多边形-长度”或者“多边形-面积”的方法分配楼面荷载。如分配不上，可检查分配区域内是否有空节点、重复节点或重复单元。

按照顺或逆时针选取节点，在一条直线上的节点可只点选直线端部两点，如图2-26（*a*）所示依次点选22，23，4，14，13，3，16，15即可。

楼面荷载：卫生间>指定加载区域节点：……如图2-26（*b*）所示。其他设置不变。

楼面荷载：办公室>分配模式：多边形-长度>指定加载区域节点：……如图2-26（*c*）所示。

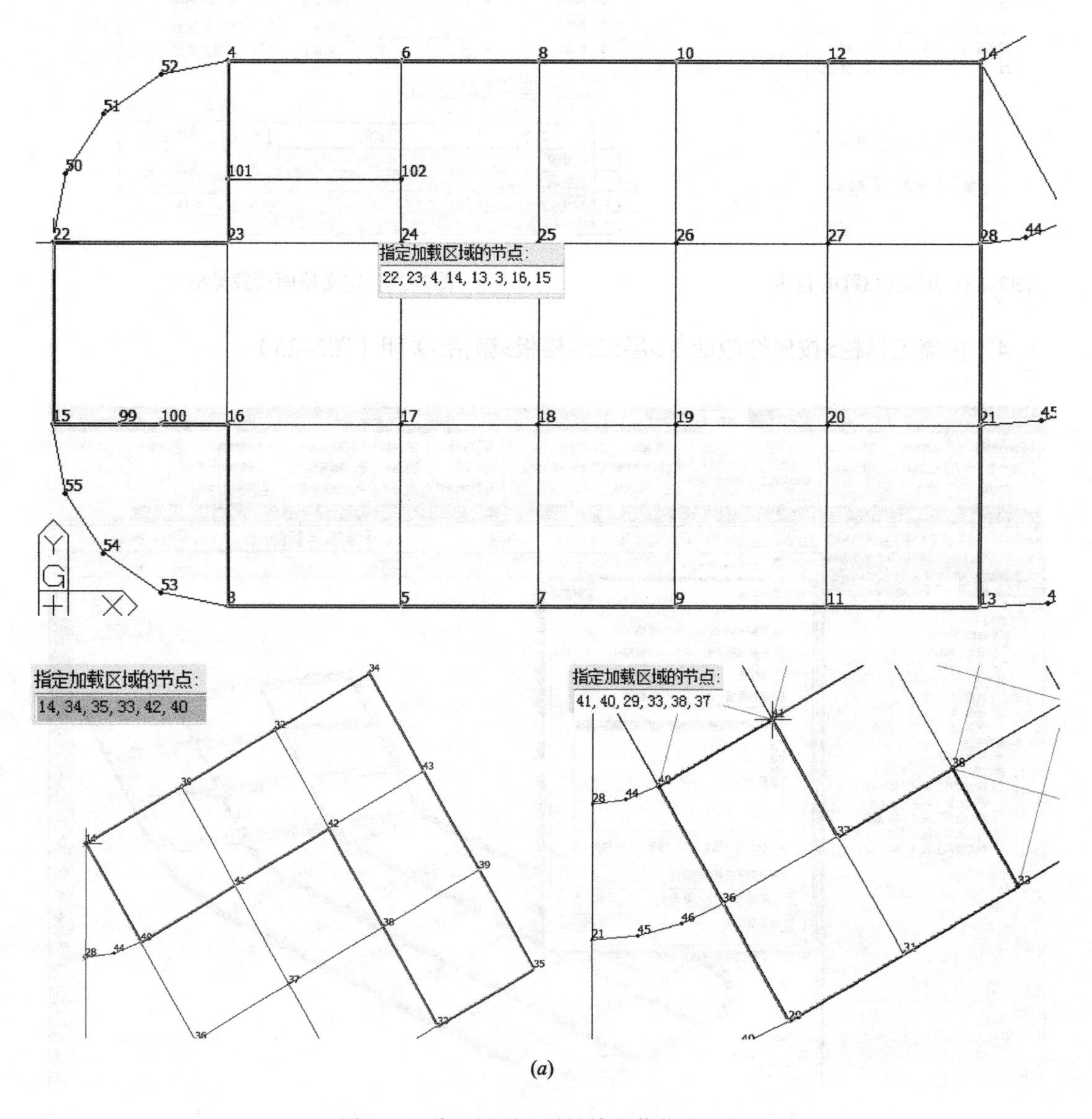

(*a*)

图2-26 分配矩形、异性楼面荷载（一）

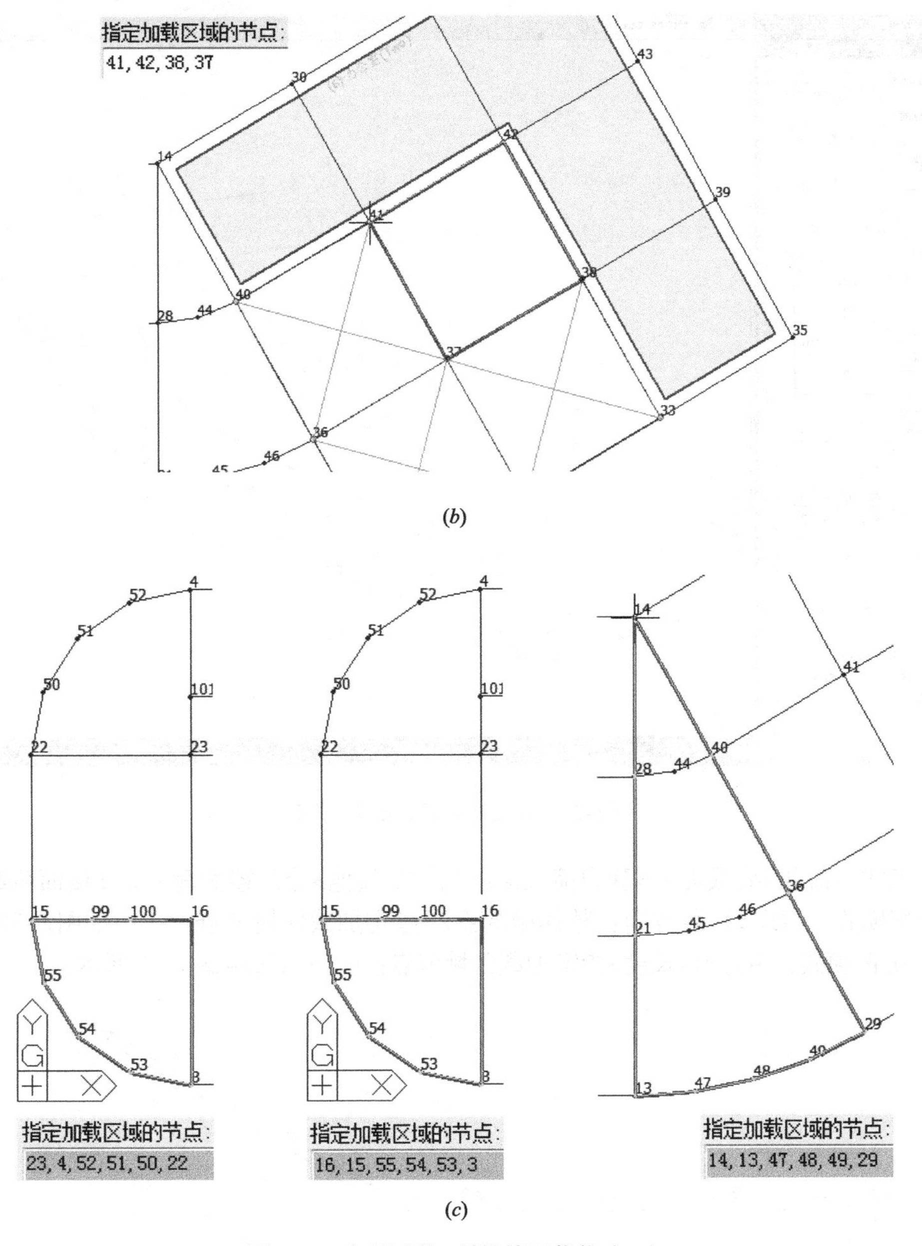

(*b*)

(*c*)

图2-26　分配矩形、异性楼面荷载（二）

6．主菜单>荷载>静力荷载>梁荷载>连续>荷载工况：DL>选项：添加>荷载类型：均布荷载>荷载作用单元：两点间直线>方向：整体坐标系Z>数值：相对值>x1：0，x2：1，W= −10>勾选：复制荷载>方向z>距离5@3>加载区间（两点）：选择加载梁单元区段的节点（图2-27）。

注：如采用“梁荷载>单元>…”或“梁荷载>连续>荷载作用单元：选择的单元”，都无法实现直接复制荷载至其他楼层。故采用“梁荷载>连续>荷载作用单元：两点间直线”功能。

7．快捷工具栏>按属性激活>层>屋顶>楼板>激活>关闭。

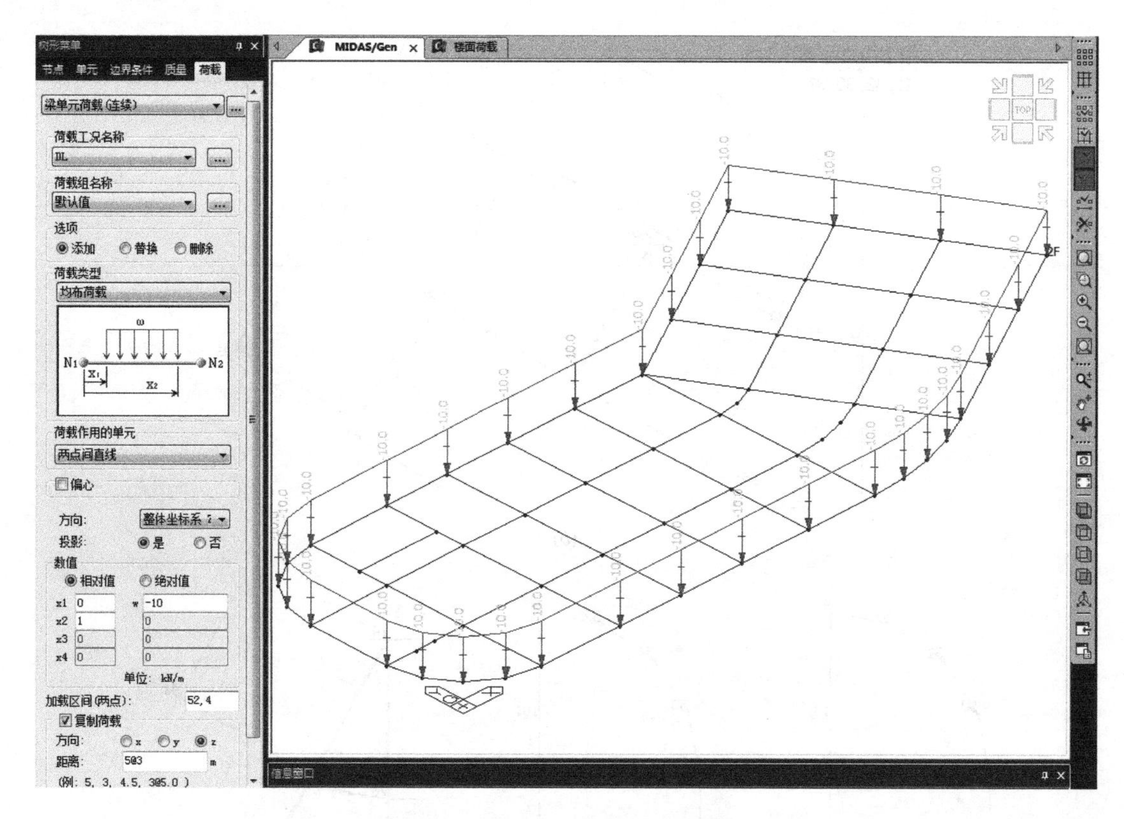

图2-27 定义2F-屋顶 梁单元荷载

主菜单>荷载>荷载类型>静力荷载>初始荷载/其他>分配楼面荷载>楼面荷载：屋面>分配模式：双向>荷载方向：整体坐标系Z>指定加载区域节点：……如图2-28（*a*）所示。分配模式：多边形-长度>指定加载区域节点：……如图2-28（*b*）所示。

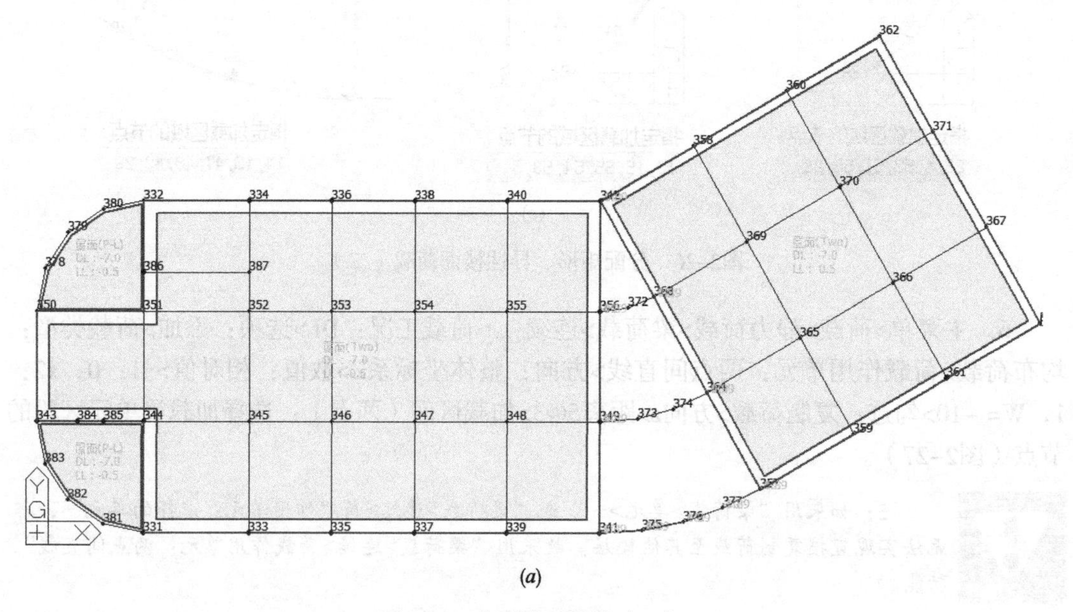

(*a*)

图2-28 分配屋面荷载（一）

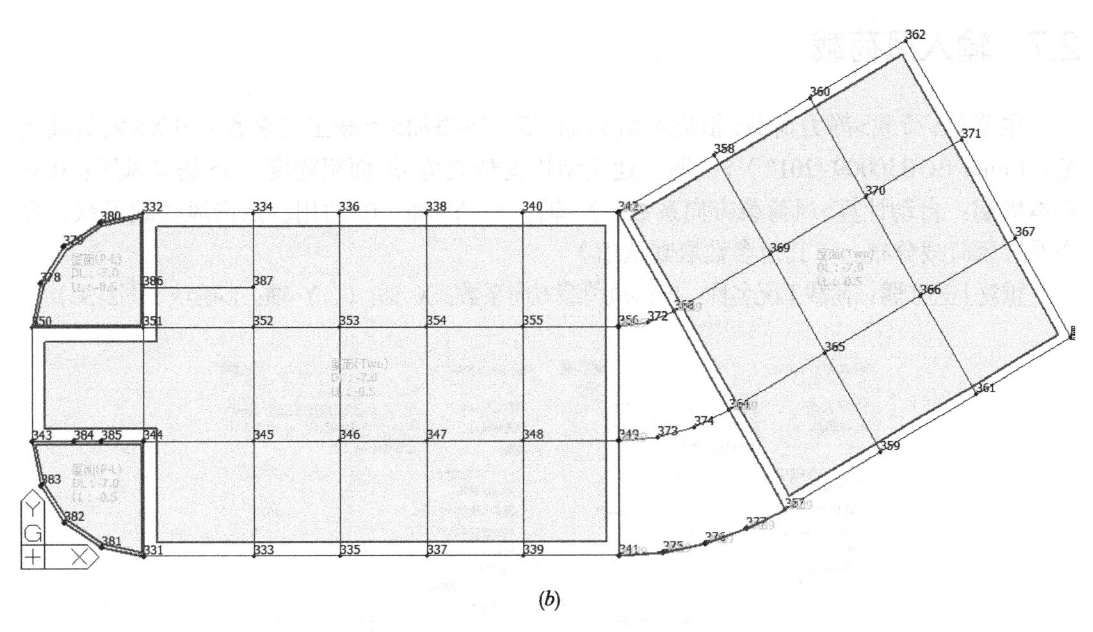

(*b*)

图2-28　分配屋面荷载（二）

8．Ctrl+A激活所有单元>工作树>静力荷载>静力荷载工况>楼面荷载或梁单元荷载>右键>显示、表格等（图2-29）。

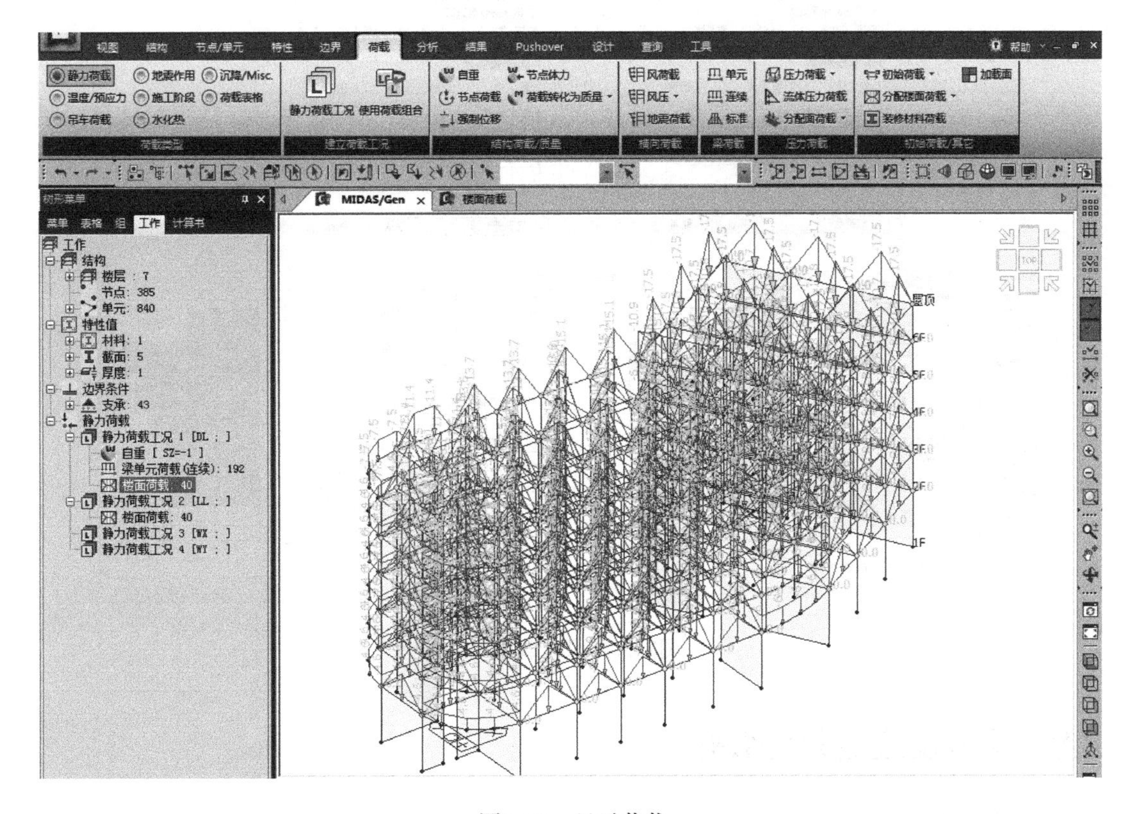

图2-29　显示荷载

2.7 输入风荷载

主菜单>荷载>静力荷载>横向荷载>风荷载>添加>荷载工况名称：WX>风荷载规范：China（GB50009-2012）>说明：建筑结构荷载规范>地面粗糙度：A>基本风压：0.3>基本周期：自动计算>风荷载方向系数：X-轴：1，Y-轴：0>适用。点击风荷载形状，可查看层风荷载分布。（其他参数取默认值）

重复上述步骤，荷载工况名称：WY>风荷载方向系数：X-轴：0，Y-轴：1>确认（图2-30）。

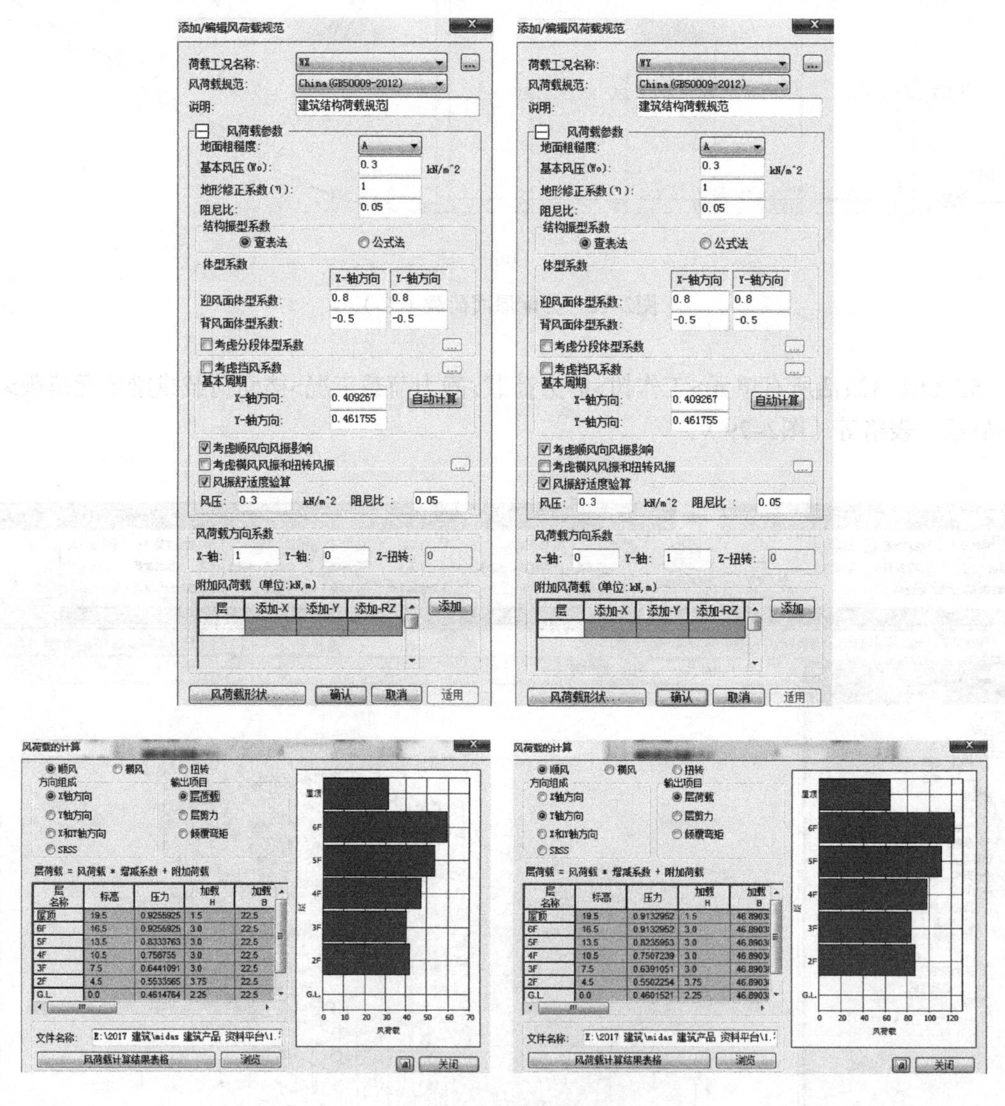

图2-30 风荷载输入

2.8 输入反应谱分析数据

1. 主菜单>荷载>荷载类型>地震作用>反应谱数据>反应谱函数>添加>设计反应谱>

China（GB50011-2010）>设计地震分组：1>地震设防烈度：7（0.10g）>场地类别：Ⅱ>地震影响：多遇地震>阻尼比：0.05>确认（图2-31）。

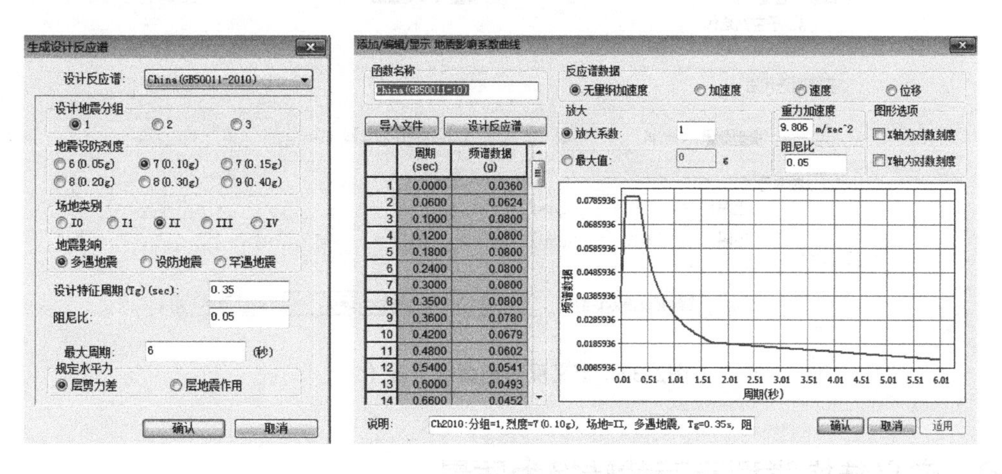

图2-31　生成设计反应谱

2．主菜单>荷载>荷载类型>地震作用>反应谱数据>反应谱（定义反应谱工况）>荷载工况名称：RX>方向：X-Y>地震作用角度：0°>系数：1>周期折减系数：1>勾选 谱函数：China（GB50011-10）（0.05）>勾选 偶然偏心>特征值分析控制>分析类型：Lanczos>频率数量（振型数）：6>确认>模态组合控制>振型组合类型：CQC>勾选 考虑振型正负号>勾选 沿主振型方向>勾选 选择振型形状>全部选择>确定>添加。

重复步骤2，荷载工况名称：RY、地震作用角度：90°>添加（图2-32）。

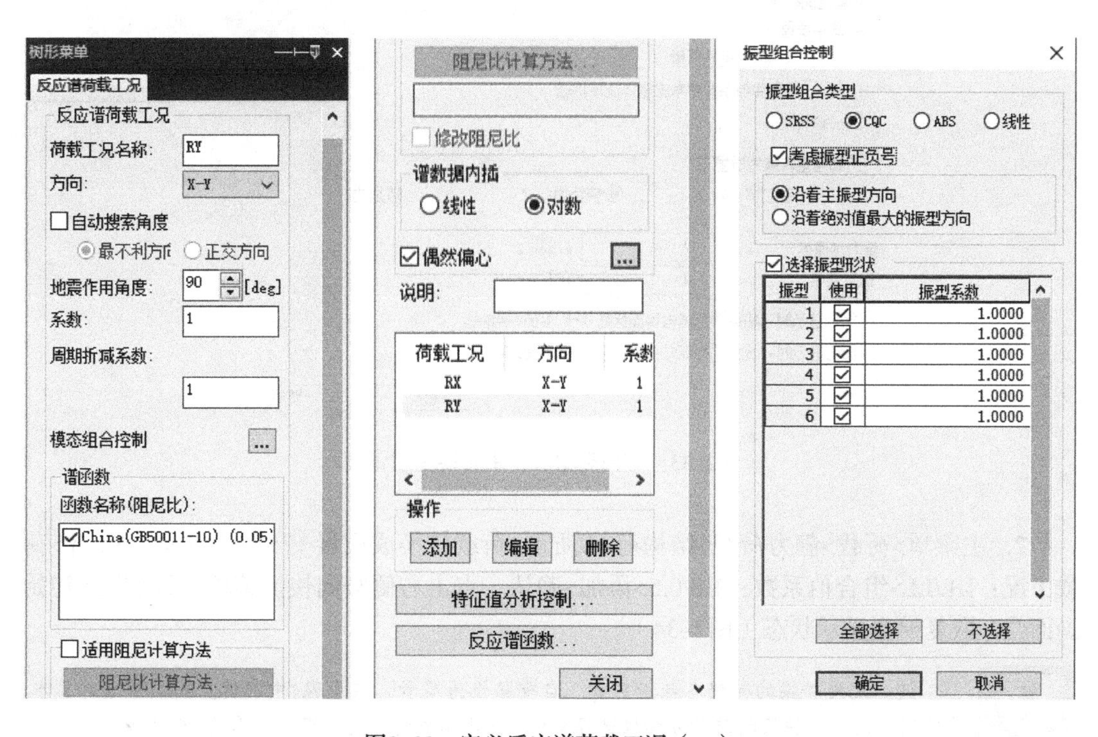

图2-32　定义反应谱荷载工况（一）

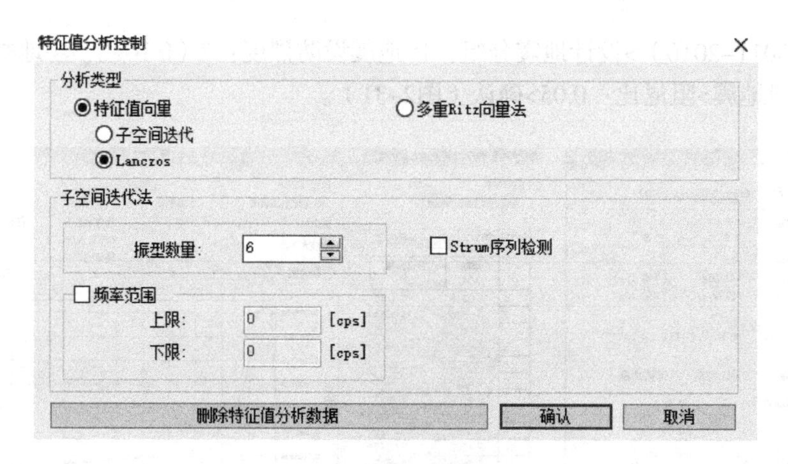

图2-32 定义反应谱荷载工况（二）

2.9 定义结构类型及荷载转换为质量

1. 主菜单>结构>结构类型>结构类型：3-D>质量控制参数：集中质量>勾选 将自重转换为质量：转换为X、Y（地震作用方向）（图2-33）。

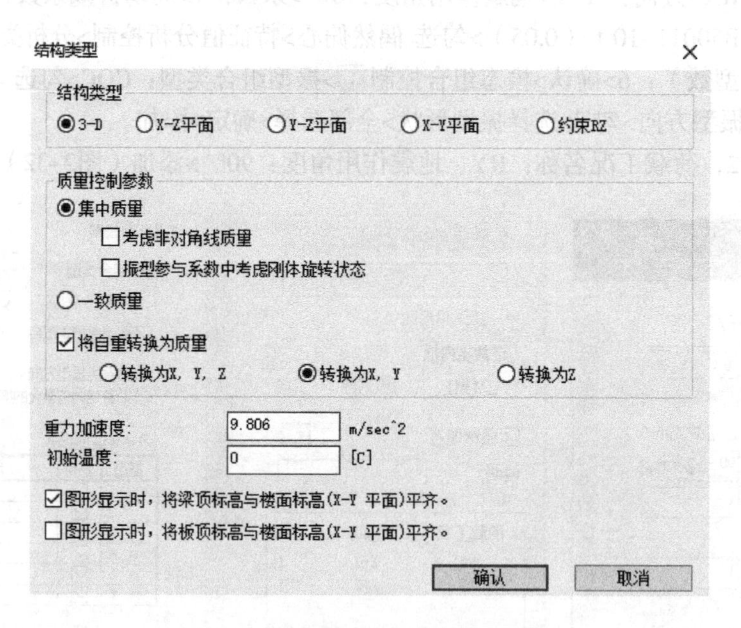

图2-33 结构类型及自重转换为质量

2. 主菜单>荷载>静力荷载>结构荷载/质量>荷载转换成质量>质量方向：X，Y>荷载工况：DL/LL>组合值系数：1.0/0.5>添加>确认。点击右侧竖向快捷菜单>重画或初始画面，恢复模型显示状态（图2-34）。

注：此处转换的荷载不包括自重。自重转换为质量，在步骤1中实现。因本例只计算水平地震作用，故转换的质量方向仅选择X,Y。当计算竖向地震作用时，需选择X,Y,Z。

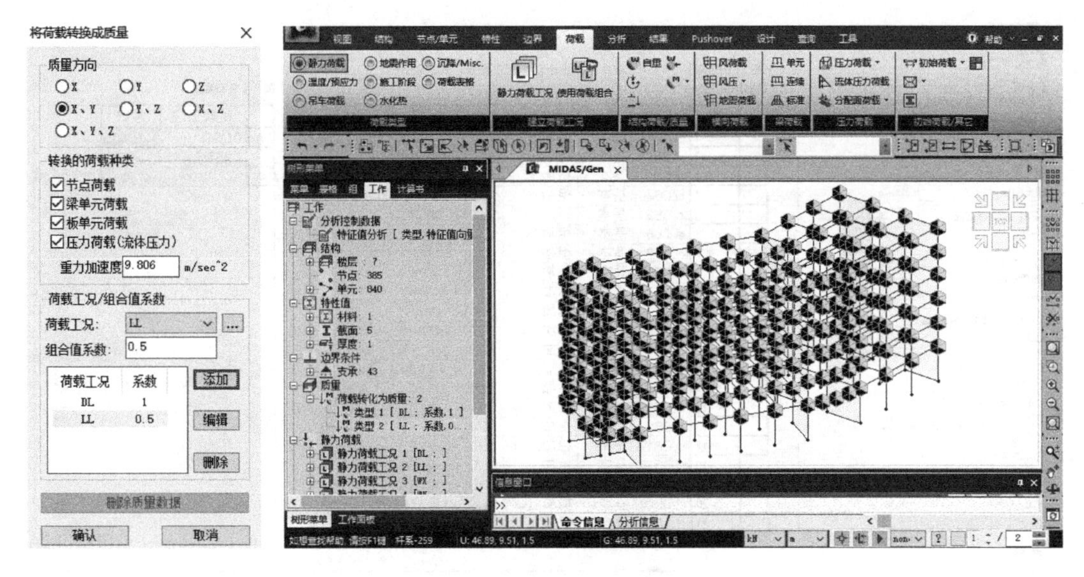

图2–34　荷载转换为质量

3　运行分析及结果查看（后处理）

3.1　运行分析

主菜单>分析>运行分析，或者直接点击快捷菜单中的运行分析（图3–1）。

注：如想切换至前处理模型，点击快捷菜单中的前处理。如想切换至后处理模式，点击快捷菜单中的后处理。

图3–1　运行分析及前后处理模式切换

3.2　生成荷载组合

主菜单>结果>荷载组合>混凝土设计>自动生成>设计规范：GB50010–10>确认（图3–2）。

注：“一般”选项卡可用于查看内力、变形等，可生成包络组合，但设计时不调取其中的荷载组合进行验算。“混凝土设计”选项卡，依据规范自动生成用于混凝土结构设计的荷载组合。

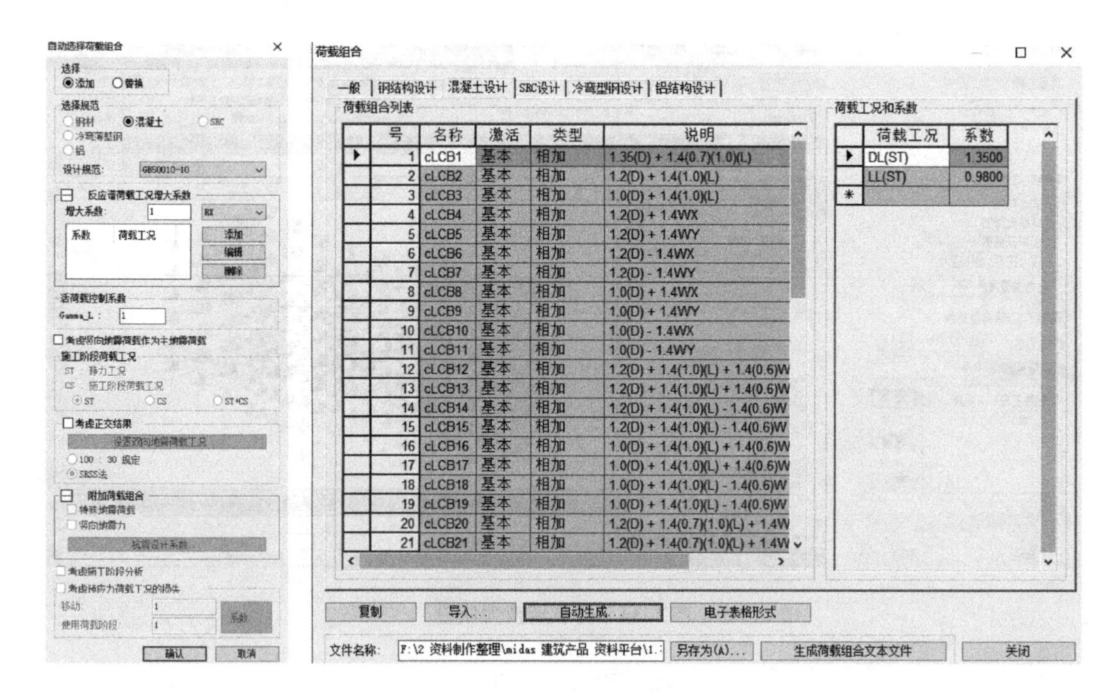

图3-2 荷载组合

3.3 分析及设计验算结果

前处理我们主要通过选择“主菜单的功能”来实现操作。为全面演示Gen操作的便捷性，在后处理部分，将主要通过右键等其他方式来实现操作。

3.3.1 反力和位移

1. 主菜单>视图>窗口>新窗口▤>窗口布置>竖向▥。

2. 点击左（右）侧窗口>右键>反力>反力>荷载组合：clcb1>FX（FZ）>勾选数值和图例>适用。在模型窗口中查看柱脚内力情况（图3-3）。

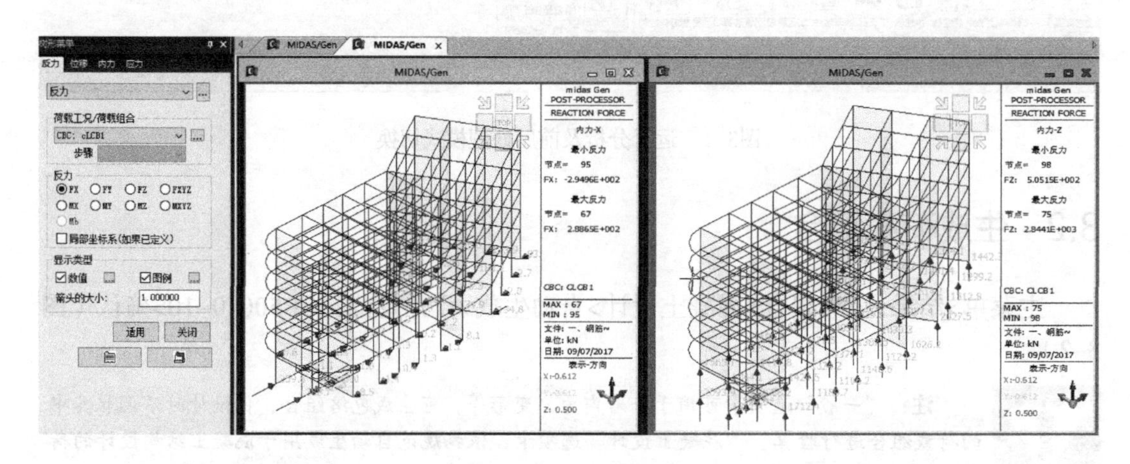

图3-3 X和Z向基底反力

3. 关闭一个窗口，自保留一个模型窗口>右键>反力>查看反力>荷载组合：clcb1>选择节点>在信息窗口中将显示该节点的反力结果（图3-4）。

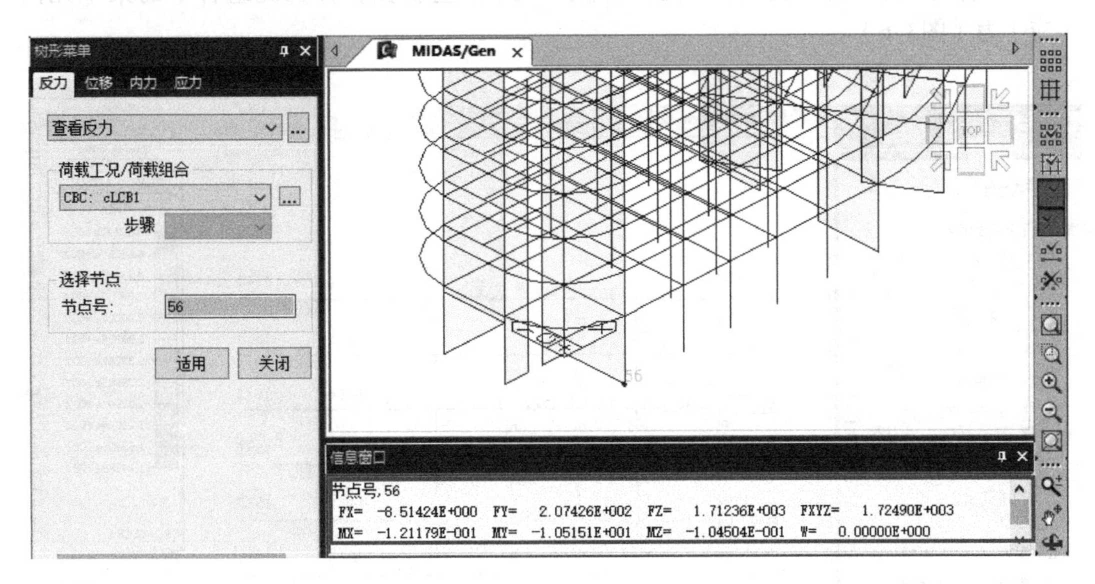

图3-4　查看单个节点反力

4. 右键>位移>位移形状、位移等值线: 可以查看任意节点各方向位移。查看位移:可查看单个节点位移（图3-5）。

注：位移非挠度，挠度应为相对位移。

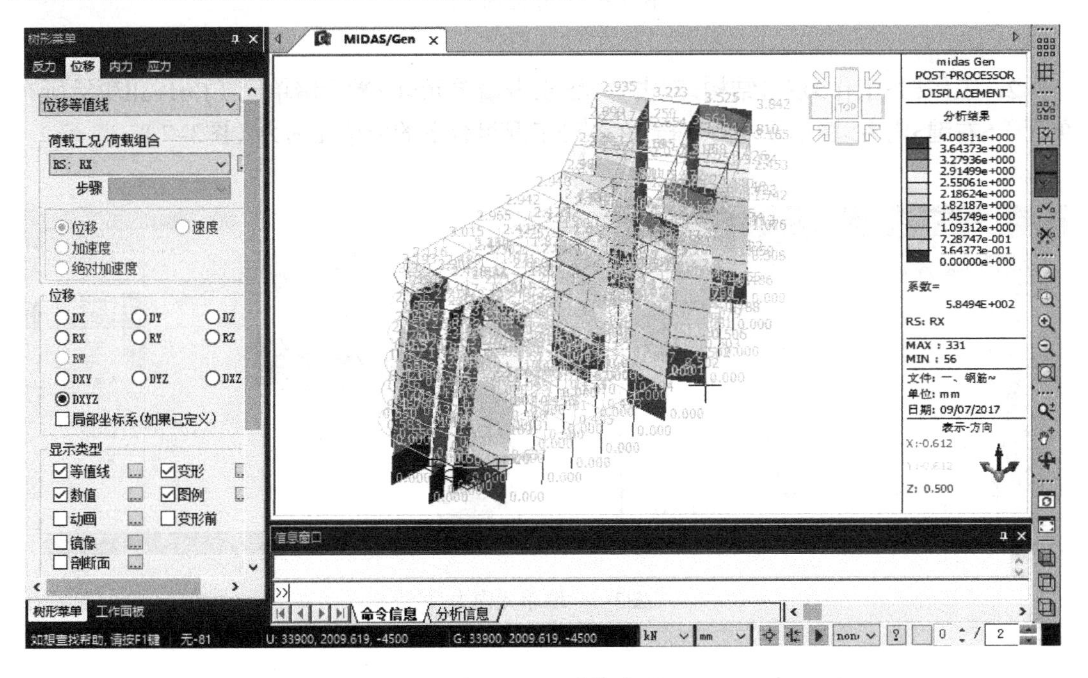

图3-5　查看位移

3.3.2 内力与应力

1．右键>内（应）力>梁单元内（应）力图>查看在各种工况组合下的梁单元内（应）力（图3-6）。

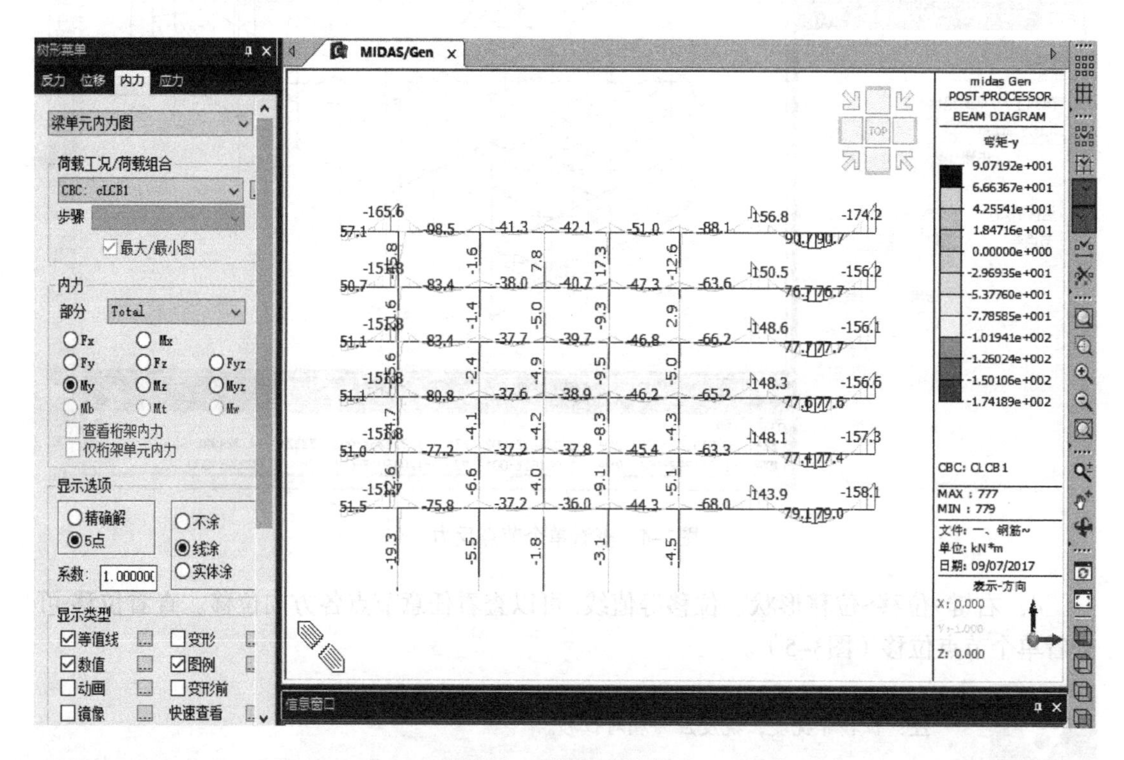

图3-6　梁单元内力图

2．工作树>工作>双击结构>双击单元>双击墙单元>F2激活墙单元（Ctrl+all激活所有单元）>右键>内力>墙单元内力>查看在各种工况组合下的墙单元内力（图3-7）。

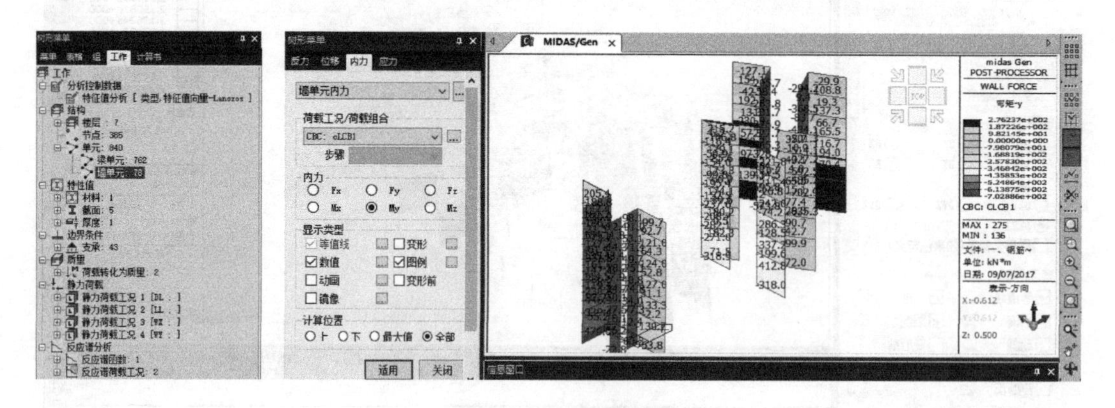

图3-7　墙单元内力

3．右键>内力>构件内力图>查看在各种工况组合下的构件内力（图3-8）。

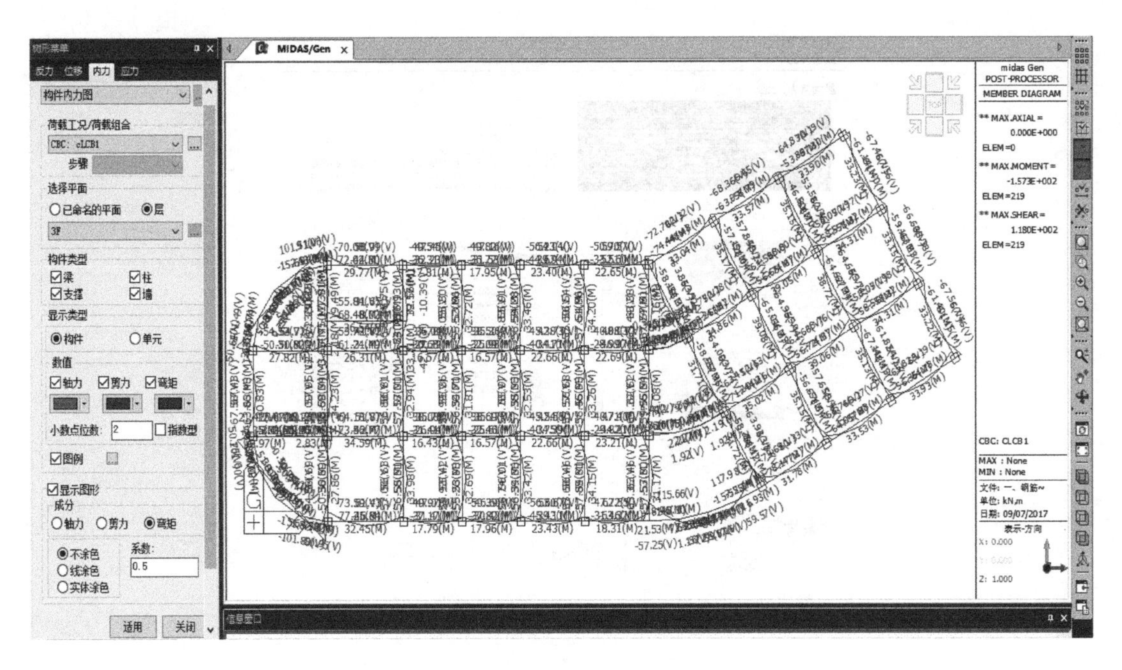

图3–8　构件内力图

3.3.3　梁单元细部分析

右键>梁单元细部分析>查看在各种工况组合下的应力及内力图（图3–9）。

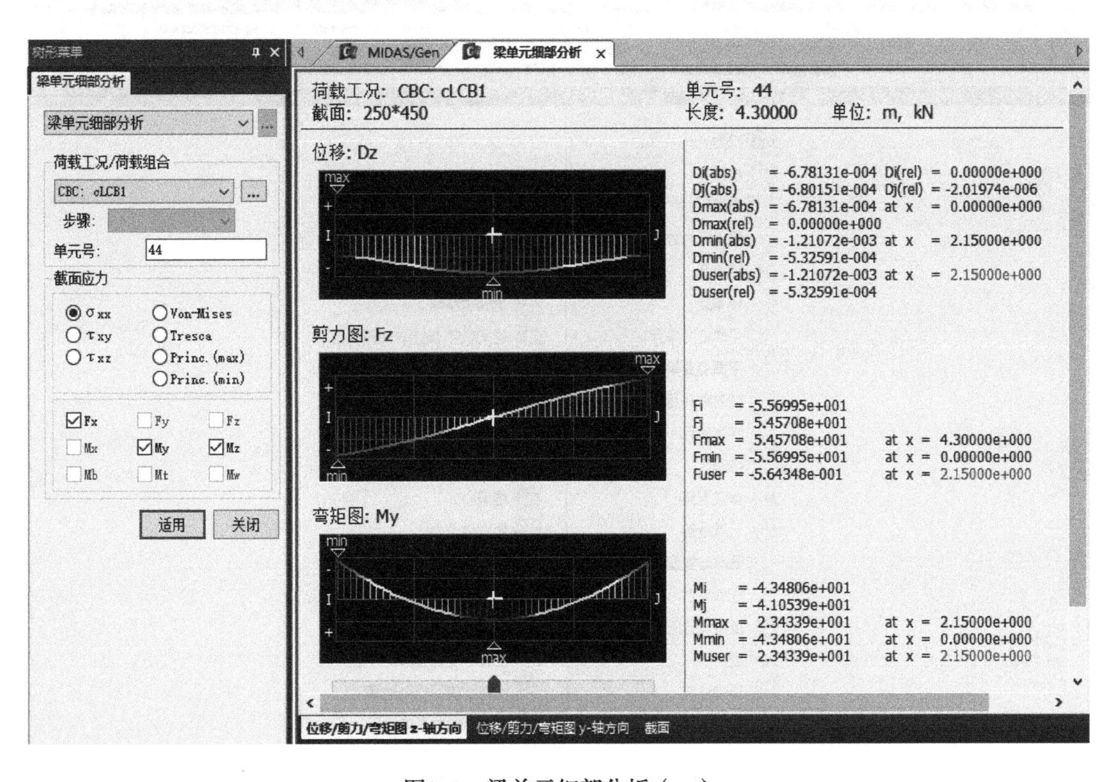

图3–9　梁单元细部分析（一）

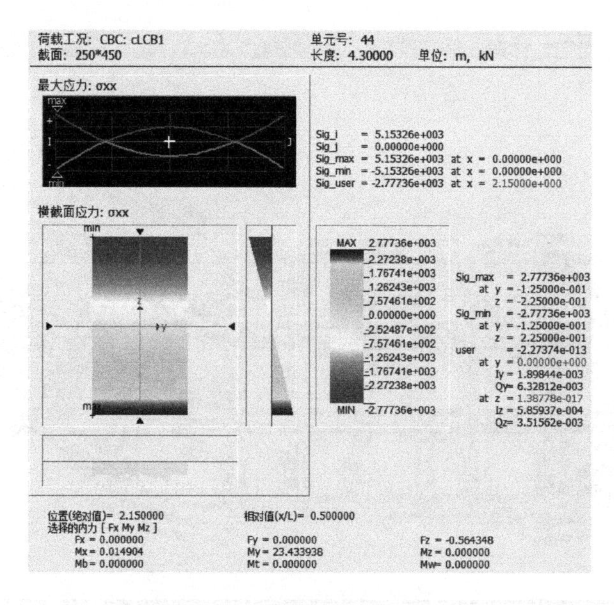

图3-9 梁单元细部分析（二）

3.3.4 层结果

主菜单>结果>结果表格>层>层间位移角、层位移、层剪重比……>查看各种工况下的分析设计验算结果（图3-10～图3-17）。

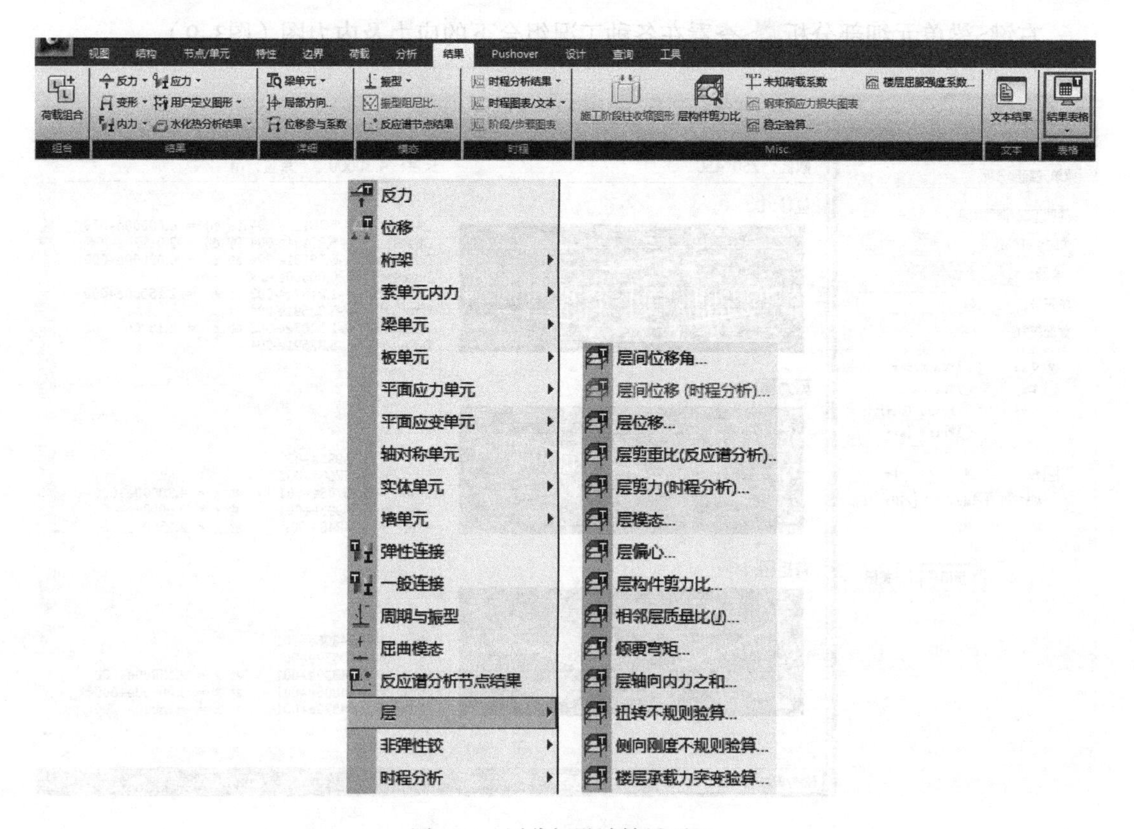

图3-10 层分析设计结果项目

荷载工况	层	层高度(m)	层间位移角限值	全部竖向单元的最大层间位移				竖向构件平均层间位移			
				节点	层间位移(m)	层间位移角	验算	层间位移(m)	层间位移角(最大/当前方法)	层间位移角	验算
DL	6F	3.00	1/550	306	0.0002	1/14156	OK	0.0002	1.3032	1/18448	OK
DL	5F	3.00	1/550	249	0.0002	1/15375	OK	0.0001	1.3039	1/20047	OK
DL	4F	3.00	1/550	192	0.0002	1/17325	OK	0.0001	1.3023	1/22562	OK
DL	3F	3.00	1/550	135	0.0001	1/21014	OK	0.0001	1.3004	1/27328	OK
DL	2F	3.00	1/550	35	0.0001	1/28644	OK	0.0001	1.2962	1/37127	OK
DL	1F	4.50	1/550	87	0.0001	1/73029	OK	0.0000	1.2959	1/94639	OK
LL	6F	3.00	1/550	306	0.0000	1/69530	OK	0.0000	1.3163	1/91521	OK
LL	5F	3.00	1/550	249	0.0000	1/71120	OK	0.0000	1.3133	1/93404	OK
LL	4F	3.00	1/550	192	0.0000	1/78199	OK	0.0000	1.3129	1/102665	OK
LL	3F	3.00	1/550	135	0.0000	1/93035	OK	0.0000	1.3119	1/122053	OK
LL	2F	3.00	1/550	35	0.0000	1/12631	OK	0.0000	1.3100	1/165475	OK
LL	1F	4.50	1/550	87	0.0000	1/31860	OK	0.0000	1.3094	1/417188	OK
WX	6F	3.00	1/550	284	0.0000	1/72123	OK	0.0000	1.0161	1/73283	OK
WX	5F	3.00	1/550	227	0.0000	1/66238	OK	0.0000	1.0209	1/67622	OK
WX	4F	3.00	1/550	170	0.0000	1/63407	OK	0.0000	1.0255	1/65026	OK
WX	3F	3.00	1/550	113	0.0000	1/64309	OK	0.0000	1.0301	1/66246	OK
WX	2F	3.00	1/550	13	0.0000	1/71250	OK	0.0000	1.0347	1/73720	OK
WX	1F	4.50	1/550	96	0.0000	1/11322	OK	0.0000	1.0362	1/117322	OK
WY	6F	3.00	1/550	293	0.0001	1/39508	OK	0.0001	1.0664	1/42129	OK
WY	5F	3.00	1/550	236	0.0001	1/37497	OK	0.0001	1.0748	1/40304	OK
WY	4F	3.00	1/550	179	0.0001	1/36942	OK	0.0001	1.0819	1/39967	OK
WY	3F	3.00	1/550	122	0.0001	1/38613	OK	0.0001	1.0893	1/42061	OK
WY	2F	3.00	1/550	22	0.0001	1/44514	OK	0.0001	1.0983	1/48889	OK

\ 层间位移(X) / 层间位移(Y) / **层间位移(组合)** /

图3-11 层间位移角：输出层间位移（角），并根据限值验算

荷载工况	节点	层	标高(m)	层高度(m)	最大位移(m)	平均位移(m)	最大/平均	验算
DL	331	屋顶	15.00	0.00	-0.0007	-0.0005	1.3095	NG
DL	274	6F	12.00	3.00	-0.0005	-0.0004	1.3090	NG
DL	217	5F	9.00	3.00	-0.0004	-0.0003	1.3082	NG
DL	160	4F	6.00	3.00	-0.0002	-0.0002	1.3071	NG
DL	103	3F	3.00	3.00	-0.0001	-0.0001	1.3057	NG
DL	3	2F	0.00	3.00	-0.0000	-0.0000	1.3051	NG
DL	0	1F	-4.50	4.50	0.0000	0.0000	0.0000	OK
LL	331	屋顶	15.00	0.00	-0.0002	-0.0001	1.3160	NG
LL	274	6F	12.00	3.00	-0.0001	-0.0001	1.3154	NG
LL	217	5F	9.00	3.00	-0.0001	-0.0001	1.3151	NG
LL	160	4F	6.00	3.00	-0.0001	-0.0000	1.3147	NG
LL	103	3F	3.00	3.00	-0.0000	-0.0000	0.3141	OK
LL	3	2F	0.00	3.00	-0.0000	-0.0000	0.3134	OK
LL	0	1F	-4.50	4.50	0.0000	0.0000	0.0000	OK
WX	331	屋顶	15.00	0.00	0.0003	0.0003	1.0346	OK
WX	274	6F	12.00	3.00	0.0002	0.0002	1.0373	OK
WX	217	5F	9.00	3.00	0.0002	0.0002	1.0402	OK
WX	160	4F	6.00	3.00	0.0001	0.0001	1.0430	OK
WX	103	3F	3.00	3.00	0.0001	0.0001	1.0455	OK
WX	3	2F	0.00	3.00	0.0000	0.0000	1.0464	OK
WX	0	1F	-4.50	4.50	0.0000	0.0000	0.0000	OK
WY	362	屋顶	15.00	0.00	0.0000	0.0000	1.7305	NG
WY	305	6F	12.00	3.00	0.0000	0.0000	0.7282	OK
WY	248	5F	9.00	3.00	0.0000	0.0000	0.7206	OK

\ **位移(X)** / 位移(Y) / 位移(组合) /

图3-12 层位移：输出各层最大（平均）位移

层	标高(m)	反应谱	地震反应力		楼层剪力					
					弹性支承反力		除弹性支承外		包含弹性支承	
			X(kN)	Y(kN)	X(kN)	Y(kN)	X(kN)	Y(kN)	X(kN)	Y(kN)
屋顶	15.0000	RX(RS)	8.3207e+002	1.1125e+002	0.0000e+000	0.0000e+000	0.0000e+000	0.0000e+000	0.0000e+000	0.0000e+000
6F	12.0000	RX(RS)	6.1652e+002	8.2549e+001	0.0000e+000	0.0000e+000	8.3207e+002	1.1125e+002	8.3207e+002	1.1125e+002
5F	9.0000	RX(RS)	4.9976e+002	6.7691e+001	0.0000e+000	0.0000e+000	1.4362e+003	1.9112e+002	1.4362e+003	1.9112e+002
4F	6.0000	RX(RS)	4.4220e+002	6.4333e+001	0.0000e+000	0.0000e+000	1.8790e+003	2.4676e+002	1.8790e+003	2.4676e+002
3F	3.0000	RX(RS)	3.6531e+002	5.5645e+001	0.0000e+000	0.0000e+000	2.2077e+003	2.8859e+002	2.2077e+003	2.8859e+002
2F	0.0000	RX(RS)	2.3812e+002	3.7379e+001	0.0000e+000	0.0000e+000	2.4442e+003	3.2079e+002	2.4442e+003	3.2079e+002
1F	-4.5000	RX(RS)	-2.5863e+00	-3.4160e+00	0.0000e+000	0.0000e+000	2.5863e+003	3.4160e+002	2.5863e+003	3.4160e+002
屋顶	15.0000	RY(RS)	1.1077e+002	8.4650e+002	0.0000e+000	0.0000e+000	0.0000e+000	0.0000e+000	0.0000e+000	0.0000e+000
6F	12.0000	RY(RS)	8.1126e+001	6.2843e+002	0.0000e+000	0.0000e+000	1.1077e+002	8.4650e+002	1.1077e+002	8.4650e+002
5F	9.0000	RY(RS)	6.6702e+001	4.9691e+002	0.0000e+000	0.0000e+000	1.8947e+002	1.4654e+003	1.8947e+002	1.4654e+003
4F	6.0000	RY(RS)	6.3943e+001	4.1038e+002	0.0000e+000	0.0000e+000	2.4475e+002	1.9211e+003	2.4475e+002	1.9211e+003
3F	3.0000	RY(RS)	5.6737e+001	3.1662e+002	0.0000e+000	0.0000e+000	2.8655e+002	2.2491e+003	2.8655e+002	2.2491e+003
2F	0.0000	RY(RS)	3.9727e+001	1.9658e+002	0.0000e+000	0.0000e+000	3.1940e+002	2.4688e+003	3.1940e+002	2.4688e+003
1F	-4.5000	RY(RS)	-3.4160e+00	-2.5901e+00	0.0000e+000	0.0000e+000	3.4160e+002	2.5901e+003	3.4160e+002	2.5901e+003

\ **层剪力(反应谱)** / 层剪重比 /

图3-13 层剪重比：输出地震作用下各层剪力及剪重比（一）

层	反应谱	楼层剪力		重量合计		层剪重比	
		X (kN)	Y (kN)	X (kN)	Y (kN)	X	Y
6F	RX(RS)	8.3207e+002	1.1125e+002	7.9198e+003	7.9198e+003	0.1051	0.01405
5F	RX(RS)	1.4362e+003	1.9112e+002	1.5506e+004	1.5506e+004	0.09262	0.01233
4F	RX(RS)	1.8790e+003	2.4676e+002	2.3092e+004	2.3092e+004	0.08137	0.01069
3F	RX(RS)	2.2077e+003	2.8859e+002	3.0678e+004	3.0678e+004	0.07196	0.009407
2F	RX(RS)	2.4442e+003	3.2079e+002	3.8264e+004	3.8264e+004	0.06388	0.008384
1F	RX(RS)	2.5863e+003	3.4160e+002	4.6313e+004	4.6313e+004	0.05584	0.007376
6F	RY(RS)	1.1077e+002	8.4650e+002	7.9198e+003	7.9198e+003	0.01399	0.1069
5F	RY(RS)	1.8947e+002	1.4654e+003	1.5506e+004	1.5506e+004	0.01222	0.09451
4F	RY(RS)	2.4475e+002	1.9211e+003	2.3092e+004	2.3092e+004	0.0106	0.08319
3F	RY(RS)	2.8655e+002	2.2491e+003	3.0678e+004	3.0678e+004	0.009341	0.07331
2F	RY(RS)	3.1940e+002	2.4688e+003	3.8264e+004	3.8264e+004	0.008347	0.06452
1F	RY(RS)	3.4160e+002	2.5901e+003	4.6313e+004	4.6313e+004	0.007376	0.05593

\层剪力(反应谱) 层剪重比 /

图3-13 层剪重比：输出地震作用下各层剪力及剪重比（二）

层	标高 (m)	荷载	类型	号	角度1 ([deg])	内力1 (kN)	比率1	角度2 ([deg])	内力2 (kN)	比率2
静力荷载工况结果角度: 45 [度]										
输入角度后请按'适用'键。					45.00	适用				
6F	12.0000	DL	墙	10	45.00	18.7394	0.00	135.00	-8.3838	0.00
6F	12.0000	DL	墙	13	45.00	52.1129	0.00	135.00	-12.4154	0.00
6F	12.0000	DL	墙	7	45.00	3.1595	0.00	135.00	67.3406	0.00
6F	12.0000	DL	墙	1	45.00	-27.7971	0.00	135.00	27.3134	0.00
6F	12.0000	DL	杆系(梁)	824	45.00	-17.9365	0.00	135.00	5.5952	0.00
6F	12.0000	DL	杆系(梁)	818	45.00	18.3938	0.00	135.00	-4.9365	0.00
6F	12.0000	DL	杆系(梁)	795	45.00	11.2875	0.00	135.00	19.2234	0.00
6F	12.0000	DL	杆系(梁)	812	45.00	8.0277	0.00	135.00	-8.6139	0.00
6F	12.0000	DL	杆系(梁)	806	45.00	-17.4851	0.00	135.00	-14.9008	0.00
6F	12.0000	DL	杆系(梁)	800	45.00	-1.1703	0.00	135.00	1.8669	0.00
6F	12.0000	DL	杆系(梁)	794	45.00	-20.7728	0.00	135.00	-11.3717	0.00
6F	12.0000	DL	杆系(梁)	788	45.00	12.6811	0.00	135.00	-13.1688	0.00
6F	12.0000	DL	杆系(梁)	801	45.00	1.5654	0.00	135.00	-1.5837	0.00
6F	12.0000	DL	墙	12	45.00	6.5138	0.00	135.00	-25.9638	0.00
6F	12.0000	DL	墙	6	45.00	-61.0042	0.00	135.00	-71.8151	0.00
6F	12.0000	DL	杆系(梁)	823	45.00	1.1542	0.00	135.00	-0.6521	0.00
6F	12.0000	DL	杆系(梁)	817	45.00	-3.8712	0.00	135.00	-17.6244	0.00
6F	12.0000	DL	杆系(梁)	811	45.00	0.7083	0.00	135.00	-3.0321	0.00
6F	12.0000	DL	杆系(梁)	807	45.00	-1.5433	0.00	135.00	1.0061	0.00
6F	12.0000	DL	杆系(梁)	805	45.00	12.8581	0.00	135.00	-11.9276	0.00

\层构件剪力比 /

图3-14 层构件剪力比：输出框架柱和剪力墙的地震剪力和比率

荷载工况	层	标高 (m)	层高度 (m)	角度1 ([deg])	竖向构件的倾覆弯矩 (kN*m)				角度2 ([deg])	竖向构件的倾覆弯矩 (kN*m)			
					框架		墙单元			框架		墙单元	
					Value	比值	Value	比值		Value	比值	Value	比值
静力荷载工况结果角度: 0 [度]													
输入角度后请按'适用'键。				0.00	适用								
DL	6F	12.0	3.00	0.00	-	-	-	-	90.00	-	-	-	-
DL	5F	9.00	3.00	0.00	-	-	-	-	90.00	-	-	-	-
DL	4F	6.00	3.00	0.00	-	-	-	-	90.00	-	-	-	-
DL	3F	3.00	3.00	0.00	-	-	-	-	90.00	-	-	-	-
DL	2F	0.00	3.00	0.00	-	-	-	-	90.00	-	-	-	-
DL	1F	-4.50	4.50	0.00	-	-	-	-	90.00	-	-	-	-
LL	6F	12.0	3.00	0.00	-	-	-	-	90.00	-	-	-	-
LL	5F	9.00	3.00	0.00	-	-	-	-	90.00	-	-	-	-
LL	4F	6.00	3.00	0.00	-	-	-	-	90.00	-	-	-	-
LL	3F	3.00	3.00	0.00	-	-	-	-	90.00	-	-	-	-
LL	2F	0.00	3.00	0.00	-	-	-	-	90.00	-	-	-	-
LL	1F	-4.50	4.50	0.00	-	-	-	-	90.00	-	-	-	-
WX	6F	12.0	3.00	0.00	59.02	0.63	34.70	0.37	90.00	-	-	-	-
WX	5F	9.00	3.00	0.00	110.86	0.30	254.67	0.70	90.00	-	-	-	-
WX	4F	6.00	3.00	0.00	171.73	0.22	626.81	0.78	90.00	-	-	-	-
WX	3F	3.00	3.00	0.00	235.01	0.17	1138.58	0.83	90.00	-	-	-	-
WX	2F	0.00	3.00	0.00	298.38	0.14	1771.52	0.86	90.00	-	-	-	-
WX	1F	-4.50	4.50	0.00	356.81	0.11	2946.70	0.89	90.00	-	-	-	-
WY	6F	12.0	3.00	0.00	-	-	-	-	90.00	70.87	0.37	121.84	0.63
WY	5F	9.00	3.00	0.00	-	-	-	-	90.00	131.96	0.18	619.96	0.82
WY	4F	6.00	3.00	0.00	-	-	-	-	90.00	205.23	0.12	1438.08	0.88
WY	3F	3.00	3.00	0.00	-	-	-	-	90.00	282.31	0.10	2545.67	0.90
WY	2F	0.00	3.00	0.00	-	-	-	-	90.00	359.24	0.08	3904.36	0.92

\倾覆弯矩 /

图3-15 倾覆弯矩：输出框架柱和剪力墙的倾覆弯矩

荷载工况	层	标高 (m)	层高度 (m)	层间位移 (m)	层剪力 (kN)	层刚度 (kN/m)	上部层刚度		层刚度比	验算
							0.7Ku1	0.8Ku123		
DL	6F	12.00	3.00	-0.0001	0.00	-	0.00	0.00	0.000	规则
DL	5F	9.00	3.00	-0.0001	-0.00	-	-0.00	0.00	0.000	规则
DL	4F	6.00	3.00	-0.0001	0.00	-	0.00	0.00	2.019	规则
DL	3F	3.00	3.00	-0.0001	0.00	-	-0.00	-	4.256	规则
DL	2F	0.00	3.00	-0.0000	0.00	-	-0.00	-	3.523	规则
DL	1F	-4.50	4.50	-0.0000	0.00	-	-0.00	-	2.052	规则
LL	6F	12.00	3.00	-0.0000	0.00	-	0.00	0.00	0.000	规则
LL	5F	9.00	3.00	-0.0000	-0.00	-	-0.00	0.00	9.120	规则
LL	4F	6.00	3.00	-0.0000	-0.00	-	0.00	0.00	0.376	不规则
LL	3F	3.00	3.00	-0.0000	0.00	-	0.00	-	0.951	不规则
LL	2F	0.00	3.00	-0.0000	0.00	-	-0.00	-	5.112	规则
LL	1F	-4.50	4.50	-0.0000	0.00	-	-0.00	-	1.900	规则
WX	6F	12.00	3.00	0.0000	0.00	0.00	0.00	0.00	0.000	规则
WX	5F	9.00	3.00	0.0000	0.00	0.00	0.00	0.00	3.979	规则
WX	4F	6.00	3.00	0.0000	0.00	0.00	0.00	0.00	1.978	规则
WX	3F	3.00	3.00	0.0000	0.00	0.00	0.00	0.00	1.947	规则
WX	2F	0.00	3.00	0.0000	0.00	0.00	0.00	0.00	1.471	规则
WX	1F	-4.50	4.50	0.0000	0.00	0.00	0.00	0.00	1.197	规则
WY	6F	12.00	3.00	0.0001	64.24	902920.34	0.00	0.00	0.000	规则
WY	5F	9.00	3.00	0.0001	186.40	2507034.73	632044.24	0.00	3.967	规则
WY	4F	6.00	3.00	0.0001	297.13	3963737.28	1754924.31	0.00	2.259	规则
WY	3F	3.00	3.00	0.0001	394.89	5545233.07	2774616.10	1966317.96	1.999	规则
WY	2F	0.00	3.00	0.0001	478.54	7815157.76	3881663.15	3204268.02	2.013	规则

刚度不规则(X)　刚度不规则(Y)

图3-16　侧向刚度不规则验算：输出各层刚度比，并判断是否规则

层	标高 (m)	层高度 (m)	角度1 ([deg])	层剪力1 (kN)	上部层剪力1 (kN)	层剪力比1	注释1	角度2 ([deg])	层剪力2 (kN)	上部层剪力2 (kN)	层剪力比2	注释2
角度 = 0 [Deg]												
输入角度后请按'适用'键。			0.00	适用								
6F	12.00	3.00	0.00	12414.7743	0.0000	0.0000	规则	90.00	14565.1003	0.0000	0.0000	规则
5F	9.00	3.00	0.00	12793.9454	12414.774	1.0305	规则	90.00	14994.2949	14565.1003	1.0295	规则
4F	6.00	3.00	0.00	12922.0842	12793.945	1.0100	规则	90.00	15280.5146	14994.2949	1.0191	规则
3F	3.00	3.00	0.00	13130.2195	12922.084	1.0161	规则	90.00	15206.6747	15280.5146	0.9952	规则
2F	0.00	3.00	0.00	12978.0527	13130.219	0.9884	规则	90.00	15346.3962	15206.6747	1.0092	规则
1F	-4.50	4.50	0.00	12649.0834	12978.052	0.9747	规则	90.00	14870.5651	15346.3962	0.9690	规则

强度不规则

图3-17　楼层承载力突变（薄弱层）验算：输出各层抗剪承载力，判断是否规则

3.3.5　振型、周期及稳定

1. 右键>周期与振型>查看不同模态下的结构振型及自振周期。>输出各振型周期及有效参与质量等数据表格（图3-18）。

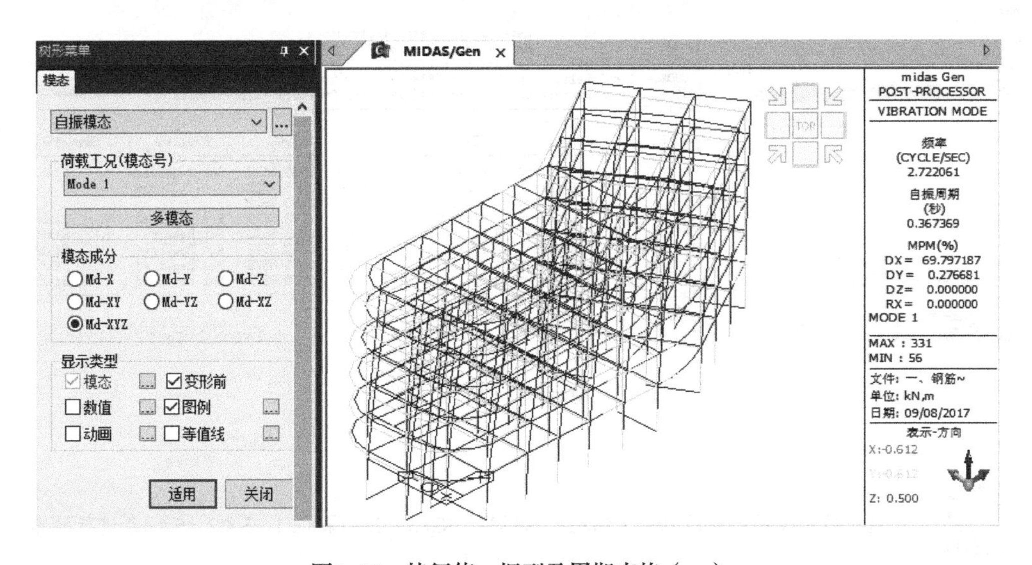

图3-18　特征值、振型及周期表格（一）

节点	模态	UX		UY		UZ		RX		RY		RZ	
						特征值分析							
	模态号	频率 (rad/sec)		频率 (cycle/sec)		周期 (sec)		容许误差					
	1	17.1032		2.7221		0.3674		5.7788e-081					
	2	19.7962		3.1507		0.3174		1.1061e-077					
	3	23.4033		3.7247		0.2685		1.1011e-075					
	4	69.5446		11.0684		0.0903		6.1334e-060					
	5	86.3989		13.7508		0.0727		1.0680e-056					
	6	102.8151		16.3635		0.0611		1.9001e-054					
						振型参与质量							
	模态号	TRAN-X		TRAN-Y		TRAN-Z		ROTN-X		ROTN-Y		ROTN-Z	
		质量(%)	合计(%)	质量(%)	合计(%)	质量(%)	合计(%)	质量(%)	合计(%)	质量(%)	合计(%)	质量(%)	合计(%)
	1	69.7972	69.7972	0.2767	0.2767	0.0000	0.0000	0.0000	0.0000	0.0000	0.0000	6.4402	6.4402
	2	0.1879	69.9851	65.4081	65.6848	0.0000	0.0000	0.0000	0.0000	0.0000	0.0000	9.4408	15.8810
	3	6.4009	76.3860	8.9915	74.6762	0.0000	0.0000	0.0000	0.0000	0.0000	0.0000	59.4782	75.3592
	4	17.1584	93.5444	0.1376	74.8138	0.0000	0.0000	0.0000	0.0000	0.0000	0.0000	1.4799	76.8391
	5	0.1260	93.6704	14.5997	89.4135	0.0000	0.0000	0.0000	0.0000	0.0000	0.0000	5.1485	81.9877
	6	1.6504	95.3208	5.3990	94.8124	0.0000	0.0000	0.0000	0.0000	0.0000	0.0000	13.2408	95.2284
	模态号	TRAN-X		TRAN-Y		TRAN-Z		ROTN-X		ROTN-Y		ROTN-Z	
		质量	合计	质量	合计	质量	合计	质量	合计	质量	合计	质量	合计
	1	3.2965	3.2965	0.0131	0.0131	0.0000	0.0000	0.0000	0.0000	0.0000	0.0000	66968495.	66968495.
	2	0.0089	3.3053	3.0892	3.1022	0.0000	0.0000	0.0000	0.0000	0.0000	0.0000	98170905.	16513940
	3	0.3023	3.6076	0.4247	3.5269	0.0000	0.0000	0.0000	0.0000	0.0000	0.0000	61848904	78362844
	4	0.8104	4.4180	0.0065	3.5334	0.0000	0.0000	0.0000	0.0000	0.0000	0.0000	15388861.	79901730
	5	0.0059	4.4240	0.6895	4.2229	0.0000	0.0000	0.0000	0.0000	0.0000	0.0000	53537572.	85255487

\特征值模态 /振型参与向量/

图3-18　特征值、振型及周期表格（二）

2. 主菜单>结果>其他>稳定验算（刚重比验算）>结构类型：框-剪>荷载工况：全部选择>适用（图3-19）。

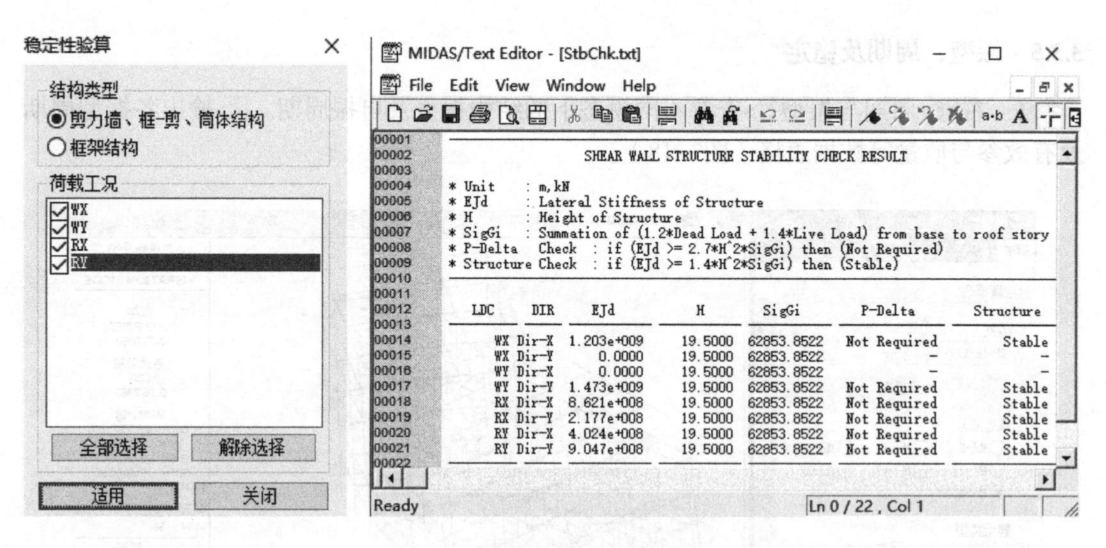

图3-19　稳定性（刚重比）验算

注：依据《高层建筑混凝土结构技术规程》JGJ 3—2010第5.4.1、5.4.2、5.4.4条进行验算。

3.3.6　构件配筋设计

1. 主菜单>设计>通用>一般设计参数>指定构件>分配类型：自动>选择类型：全部>关闭（图3-20）。

注：通过指定构件，确定构件自由长度*L*。当某一个构件由多个线单元组成时，需要指定构件，其自由长度*L*为构件中所有单元长度的和。当为非直线构件时,需在模型中选择单元，手动指定构件。对于钢筋混凝土结构通常无需指定构件，因为根据层信息可自动识别每层的柱构件，但是，对于类似越层柱的情况需手动指定构件。

2. 主菜单>设计>设计>RC设计>设计规范>设计标准：GB50010-10>勾选 使用抗震设计的特别规定>选择设计抗震等级：三级>板类型：现浇>勾选 抗扭设计>梁扭矩折减系数：0.7>梁端弯矩调幅系数：0.85>确定（图3-21）。

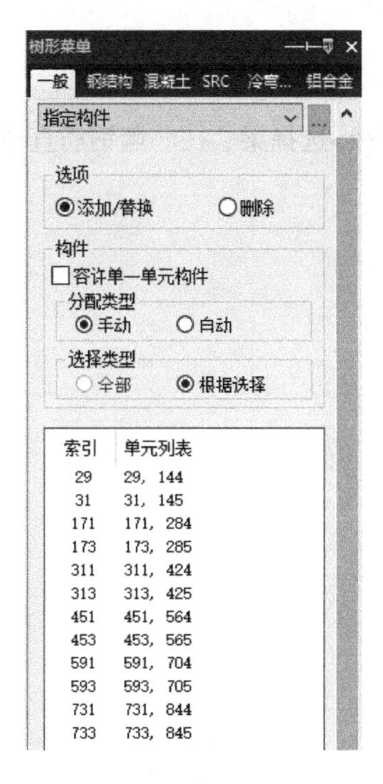

图3-20　指定构件

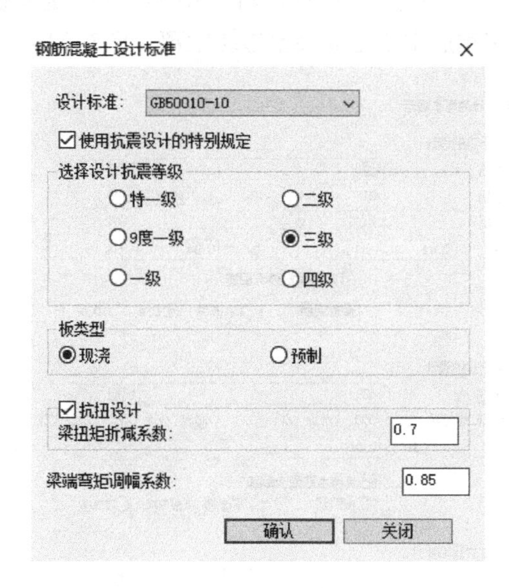

图3-21　设计标准

注：（1）设计抗震等级：根据《高层建筑混凝土结构技术规程》JGJ 3—2010第3.9节和《建筑抗震设计规范》GB 50011—2010第6.1节确定。（2）板类型：根据《混凝土结构设计规范》GB 50010—2010表6.2.20-2中现浇或装配及步骤1中指定构件后确定的自由长度*L*（*H*）,自动确定底层和其余各层柱的计算长度l_0。（3）抗扭设计：勾选则按照《混凝土结构设计规范》GB 50010—2010第6.4节进行钢筋混凝土梁抗扭设计。可根据周围楼盖情况确定梁的计算扭矩折减系数。（4）梁端弯矩调幅系数：输入考虑在竖向荷载作用下，梁端负弯矩的调幅系数。

3. 主菜单>设计>设计>RC设计>编辑混凝土材料>点击材料列表中的行>如图3-22所示选择钢筋和混凝土材料>编辑>关闭。

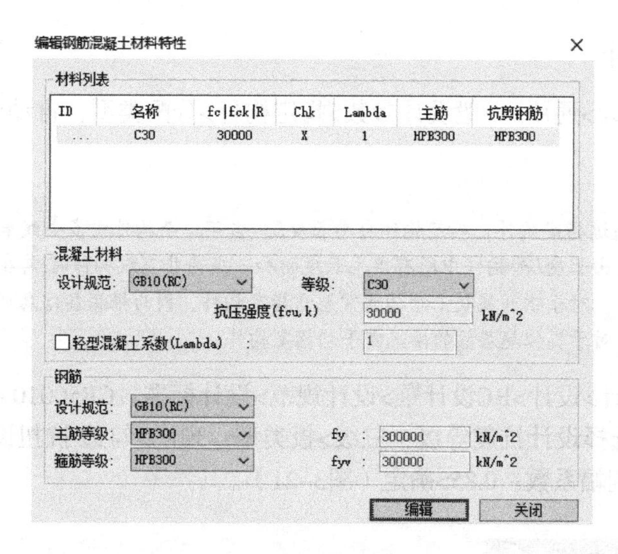

图3-22　钢筋混凝土材料特性

4. 主菜单>设计>设计>RC设计>定义设计用钢筋直径>选择梁、柱、墙钢筋直径，确定钢筋中心至混凝土边缘距离（图3-23）。

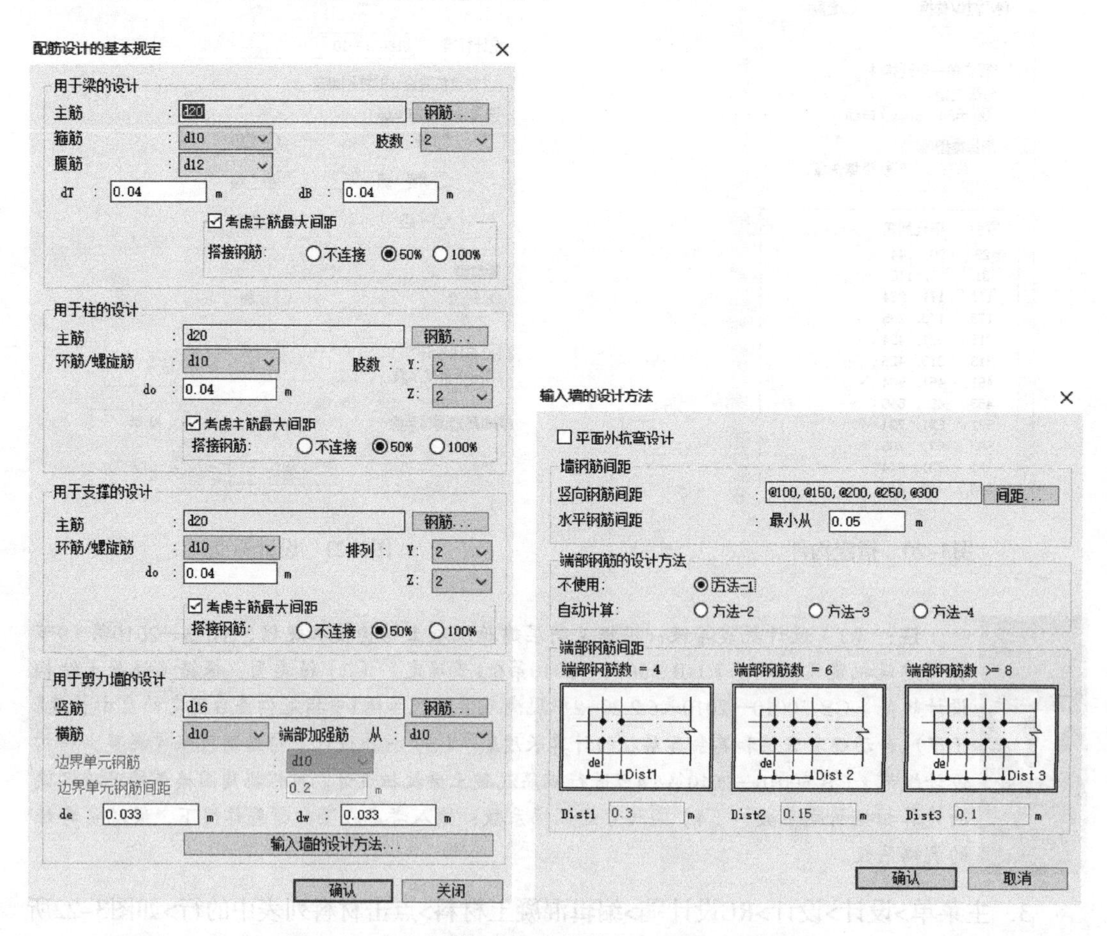

图3-23　定义钢筋直径及钢筋中心至混凝土边缘距离

注：根据GB 50010—2010第8.2.1条，保护层厚度不再是纵向受力钢筋（非箍筋）外缘至混凝土表面的最小距离，而是“以最外层钢筋（包括箍筋、构造筋、分布筋等）的外缘计算混凝土的保护层厚度”。本例：环境类别：一，c=20mm，所以，dT=20+10+20/2=40mm。

5．主菜单>设计>设计>RC设计>混凝土构件设计>梁设计、柱设计、墙设计>排序：构件>先勾选连接模型空间，再在表格中勾选 某个构件或单元（此时在模型空间中可以看到已勾选的构件或单元）>点击图形结果、详细结果等查看设计结果>点击 >> 查看完整表格结果。以梁单元设计为例，结果如图3-24所示，柱和墙的设计，重复上述步骤即可。

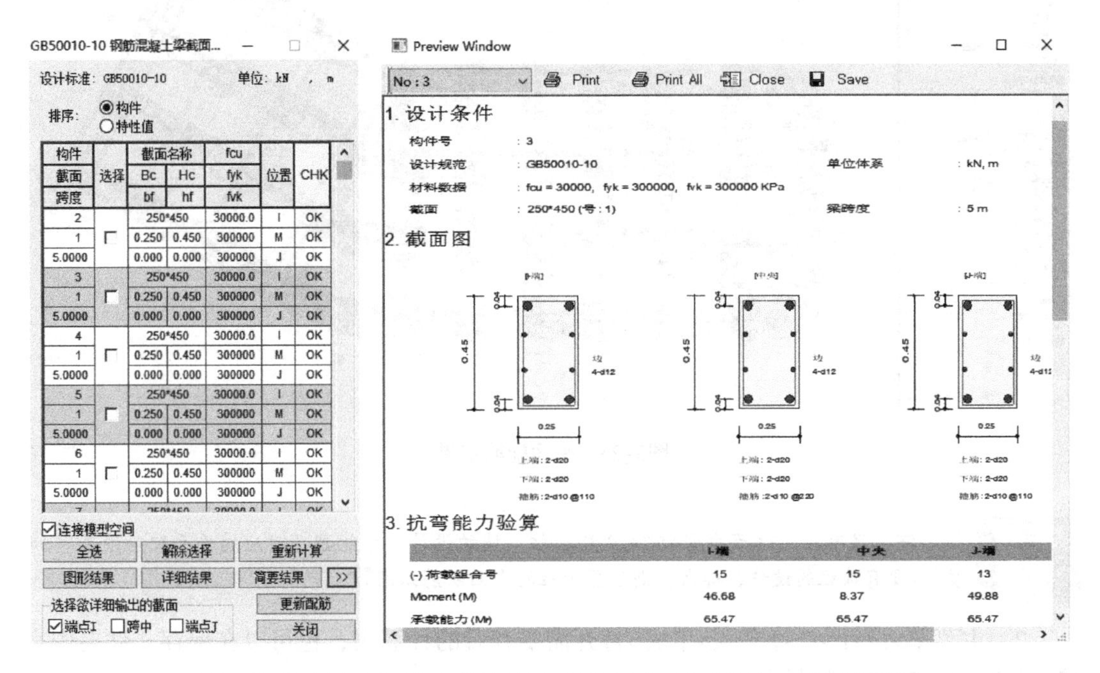

构件	选择	截面名称		fcu	位置	CHK
截面		Bc	Hc	fyk		
跨度		bf	hf	fvk		
2		250*450		30000.0	I	OK
1	☐	0.250	0.450	300000	M	OK
5.0000		0.000	0.000	300000	J	OK
3		250*450		30000.0	I	OK
1	☐	0.250	0.450	300000	M	OK
5.0000		0.000	0.000	300000	J	OK
4		250*450		30000.0	I	OK
1	☐	0.250	0.450	300000	M	OK
5.0000		0.000	0.000	300000	J	OK
5		250*450		30000.0	I	OK
1	☐	0.250	0.450	300000	M	OK
5.0000		0.000	0.000	300000	J	OK
6		250*450		30000.0	I	OK
1	☐	0.250	0.450	300000	M	OK
5.0000		0.000	0.000	300000	J	OK

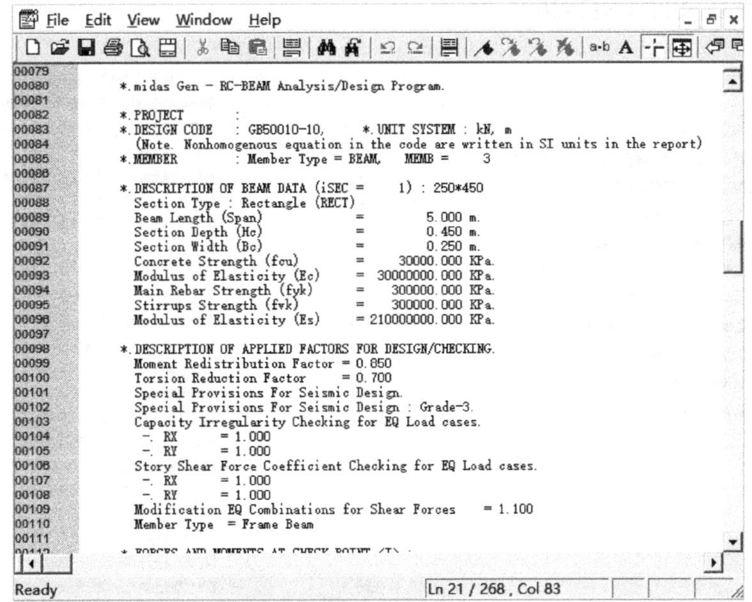

```
*.midas Gen - RC-BEAM Analysis/Design Program.

*.PROJECT      :
*.DESIGN CODE  : GB50010-10,     *.UNIT SYSTEM : kN, m
  (Note. Nonhomogenous equation in the code are written in SI units in the report)
*.MEMBER       : Member Type = BEAM,    MEMB =     3

*.DESCRIPTION OF BEAM DATA (iSEC =    1) : 250*450
  Section Type : Rectangle (RECT)
  Beam Length (Span)            =         5.000 m.
  Section Depth (Hc)            =         0.450 m.
  Section Width (Bc)            =         0.250 m.
  Concrete Strength (fcu)       =     30000.000 KPa.
  Modulus of Elasticity (Ec)    =  30000000.000 KPa.
  Main Rebar Strength (fyk)     =    300000.000 KPa.
  Stirrups Strength (fvk)       =    300000.000 KPa.
  Modulus of Elasticity (Es)    = 210000000.000 KPa.

*.DESCRIPTION OF APPLIED FACTORS FOR DESIGN/CHECKING.
  Moment Redistribution Factor  = 0.850
  Torsion Reduction Factor      = 0.700
  Special Provisions For Seismic Design.
  Special Provisions For Seismic Design : Grade-3.
  Capacity Irregularity Checking for EQ Load cases.
   -. RX       = 1.000
   -. RY       = 1.000
  Story Shear Force Coefficient Checking for EQ Load cases.
   -. RX       = 1.000
   -. RY       = 1.000
  Modification EQ Combinations for Shear Forces    = 1.100
  Member Type  = Frame Beam
```

图3-24　梁设计结果

3.3.7　配筋平面图及计算书

1．主菜单>设计>结果>混凝土设计 >荷载工况/荷载组合：ALL COMBINATION>验算比：组合>勾选 钢筋：实配钢筋>显示类型：梁、柱、墙（图3–25）。详细请参考《midas Gen 在线帮助手册》。

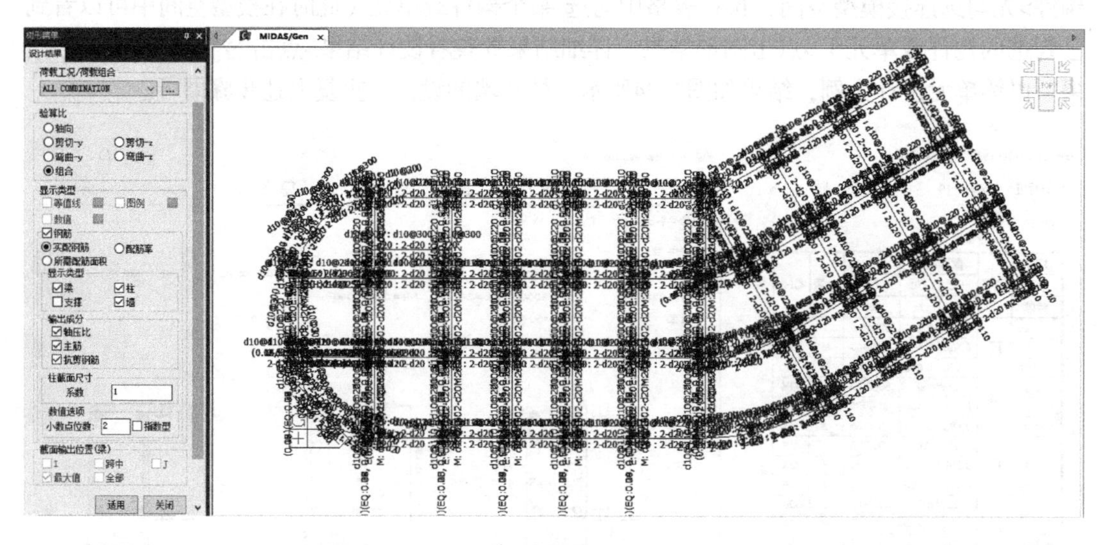

图3–25　平面配筋结果

注：只有在3.3.6节步骤4中完成梁、柱、墙的设计，才能显示对应的平面配筋结果。如步骤4没有做柱的设计，那么，则不显示柱的平面配筋结果。

2．主菜单>设计>计算书 >生成>打开需要查看的计算书，也可以在保存文件夹中直接查看对应的TXT文件（图3–26）。

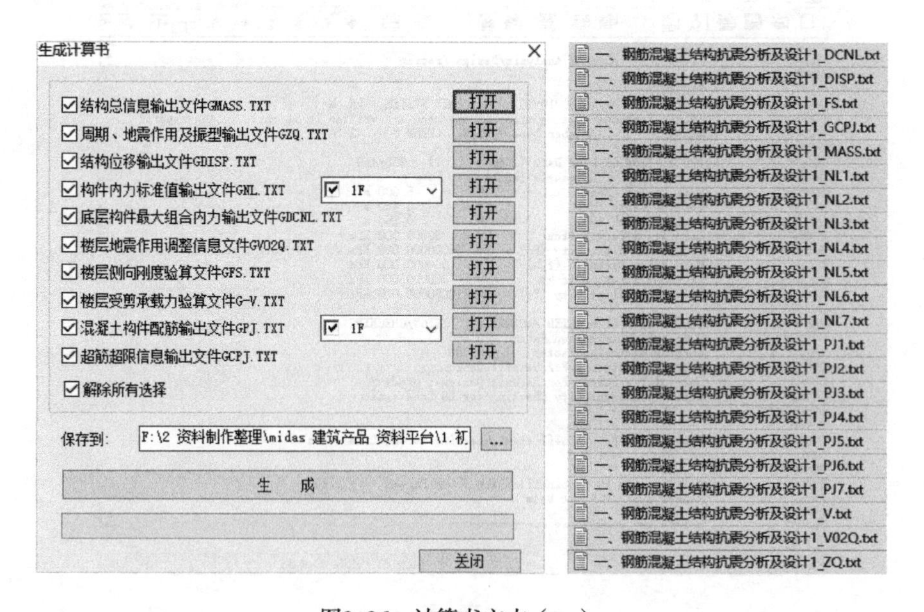

图3–26　计算书文本（一）

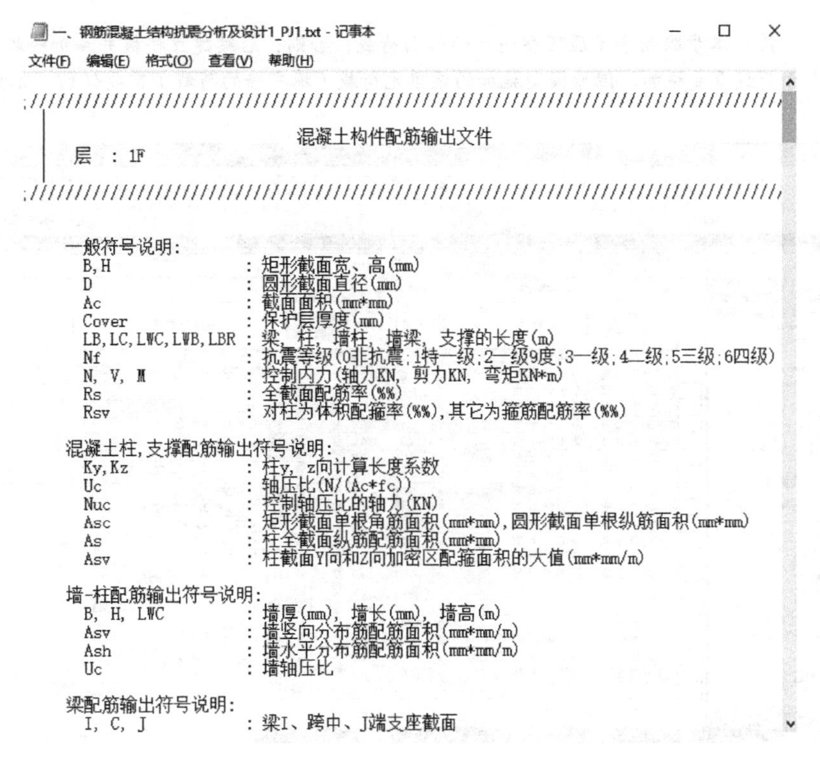
一、钢筋混凝土结构抗震分析及设计1_PJ1.txt - 记事本

文件(F)　编辑(E)　格式(O)　查看(V)　帮助(H)

混凝土构件配筋输出文件

层　: 1F

一般符号说明:

B,H	: 矩形截面宽、高(mm)
D	: 圆形截面直径(mm)
Ac	: 截面面积(mm*mm)
Cover	: 保护层厚度(mm)
LB,LC,LWC,LWB,LBR	: 梁、柱、墙柱、墙梁、支撑的长度(m)
Nf	: 抗震等级(0非抗震;1特一级;2一级9度;3一级;4二级;5三级;6四级)
N, V, M	: 控制内力(轴力KN, 剪力KN, 弯矩KN*m)
Rs	: 全截面配筋率(%%)
Rsv	: 对柱为体积配箍率(%%),其它为箍筋配筋率(%%)

混凝土柱,支撑配筋输出符号说明:

Ky,Kz	: 柱y、z向计算长度系数
Uc	: 轴压比(N/(Ac*fc))
Nuc	: 控制轴压比的轴力(KN)
Asc	: 矩形截面单根角筋面积(mm*mm),圆形截面单根纵筋面积(mm*mm)
As	: 柱全截面纵筋配筋面积(mm*mm)
Asv	: 柱截面Y向和Z向加密区配箍面积的大值(mm*mm/m)

墙-柱配筋输出符号说明:

B, H, LWC	: 墙厚(mm), 墙长(mm), 墙高(m)
Asv	: 墙竖向分布筋配筋面积(mm*mm/m)
Ash	: 墙水平分布筋配筋面积(mm*mm/m)
Uc	: 墙轴压比

梁配筋输出符号说明:

I, C, J	: 梁I、跨中、J端支座截面

图3-26　计算书文本（二）

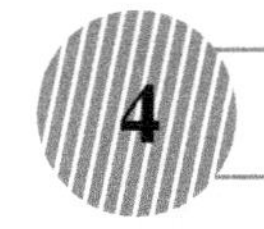

4　板构件设计

前述模型采用刚性楼板假定，未建立具体楼板单元，主要用于结构的整体指标控制。本节以板构件设计配筋为目的，详述建模及分析设计流程。由于篇幅所限，仅以二层建立楼板为例，对模型进行修改，完成板配筋设计。

4.1　调整原模型

1．单击midas Gen图标，打开Gen程序>主菜单>新项目>保存>文件名：钢筋混凝土结构抗震分析及设计楼板设计>保存>快捷工具栏>按属性激活>层>2F>楼板>激活>关闭>快捷工具栏>显示层号（图4-1）。

2．快捷工具栏 全选>树形菜单 工作>静力荷载>静力荷载工况：楼面荷载>右键 显示、表格>对照快捷工具栏中所示节点范围，选中相应的加载范围节点所在行>Delete删除（图4-2仅列出部分删除行，未标识出的请自行查找并删除）。

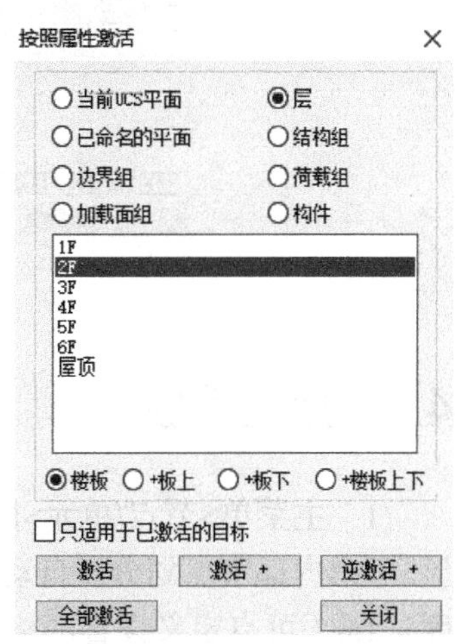

图4-1　激活2层楼板

注：本步骤删除了原模型施加的楼面荷载，否则，后续建立楼板并施加楼板荷载后，相当于荷载重复施加。但原模型施加的梁单元荷载（填充墙的荷载）需要保留，无需删除。

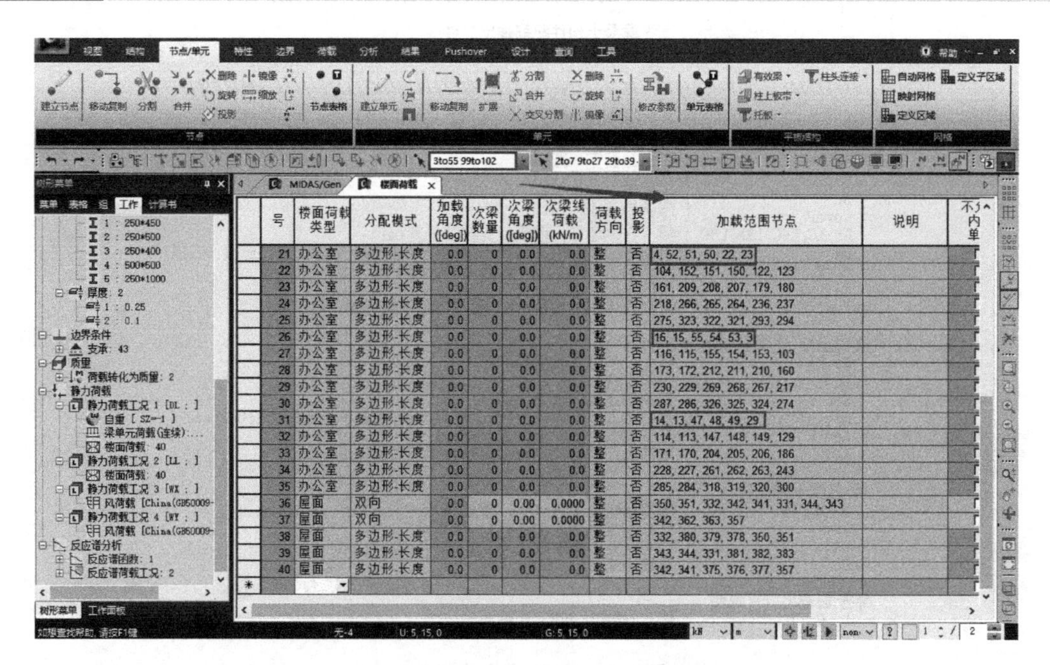

图4–2 删除原2层施加的楼面荷载

3. 主菜单>结构>建筑>控制数据定义层数据>2F刚性楼板>不考虑>关闭（图4–3）。

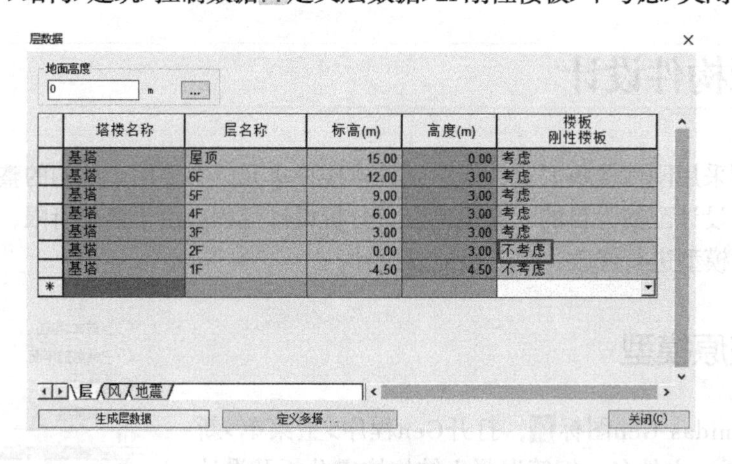

图4–3 修改刚性楼板假定

4.2 建立楼板

1. 主菜单>节点/单元>网格>自动网格>方法：线单元>全选>类型：四边形+三角形>考虑内部节点划分：自动>考虑内部线划分：自动>勾选 考虑边界上耦合>网格尺寸 长度：1m（可自定义设置网格尺寸）>单元类型：板>材料：C30>厚度：...>材料和截面：板厚>添加>面内和面外：0.1m>确认>厚度2:0.1>区域 名称：2层楼板>勾选分割原线单元>

适用>关闭。本步骤建立了楼板，同时，定义了2层的楼板区域（图4–4）。

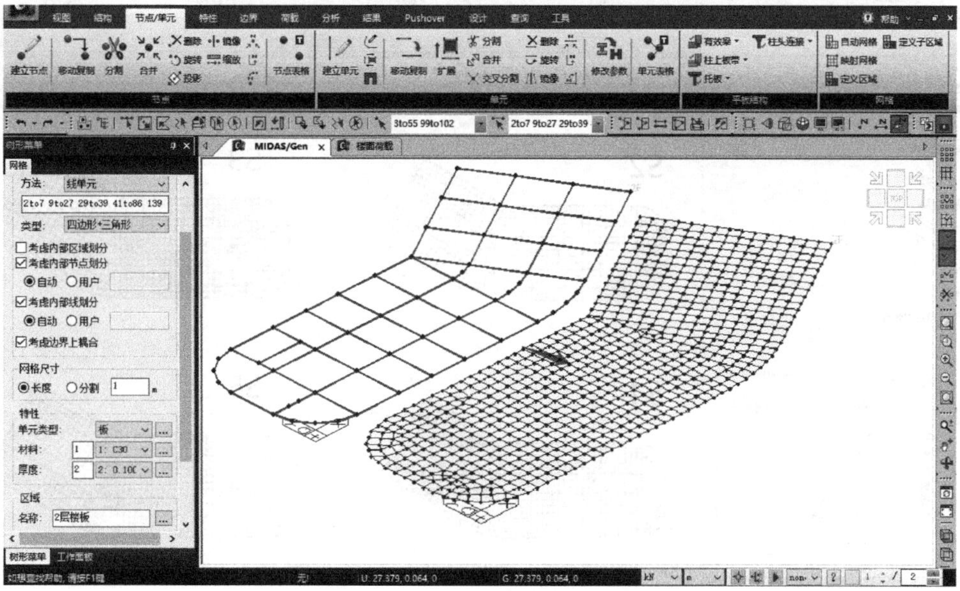

图4–4　删除原2层施加的楼面荷载

2. 快捷工具栏>消隐>主菜单节点/单元>网格>定义子区域>子区域名称：S1>构件类型：板>布筋方向 方向1：0 方向2：90>勾选 使用模型中厚度>窗口选择图4–5所示板单元>添加。

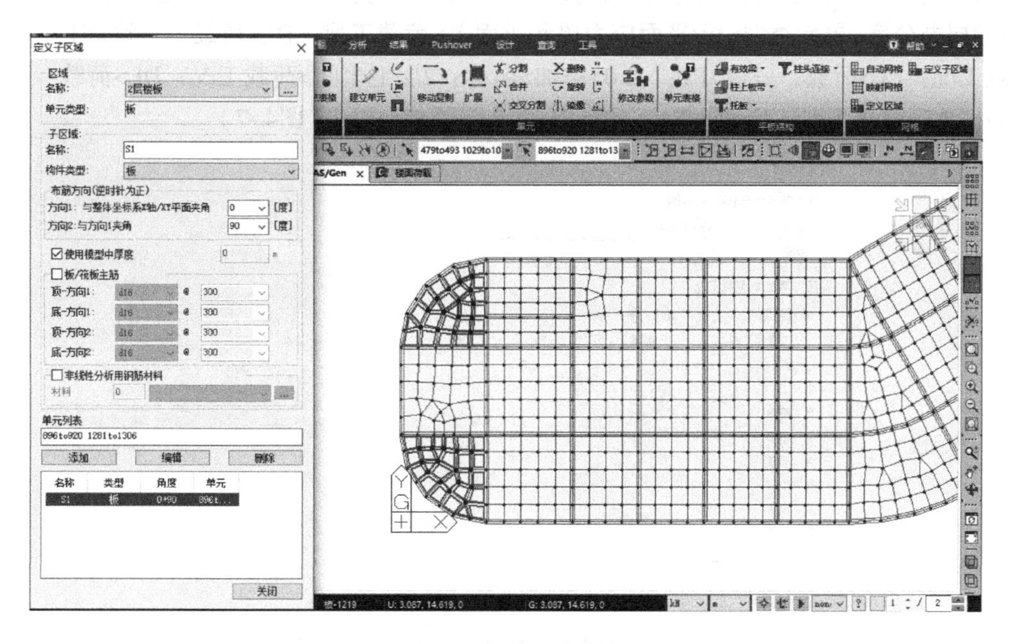

图4–5　定义S1子区域

用同样方法定义S2、S3、S4、S5子区域，如图4–6所示。定义S5时，修改：布筋方向 方向1：90。

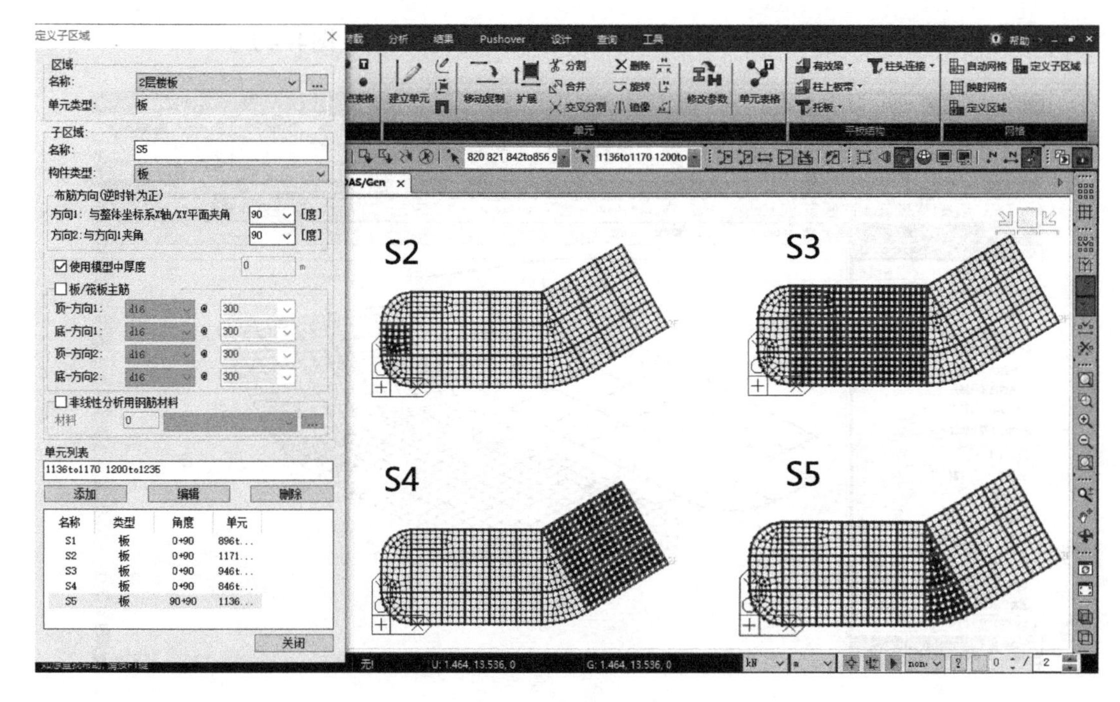

图4-6 定义S2-S5子区域

4.3 输入楼板荷载

1．主菜单>荷载>荷载类型>静力荷载>压力荷载>压力荷载 >定义压力荷载类型>名称：2层办公室>单元类型>板/平面应力单元（面）>荷载工况：DL>荷载：一致>P1：–1.8>荷载工况：LL>荷载：一致>P1：–2.0>添加>名称：2层卫生间>荷载工况：DL>荷载：一致>P1：–3.5>荷载工况：LL>荷载：一致>P1：–2.0>添加>关闭（图4–7）。

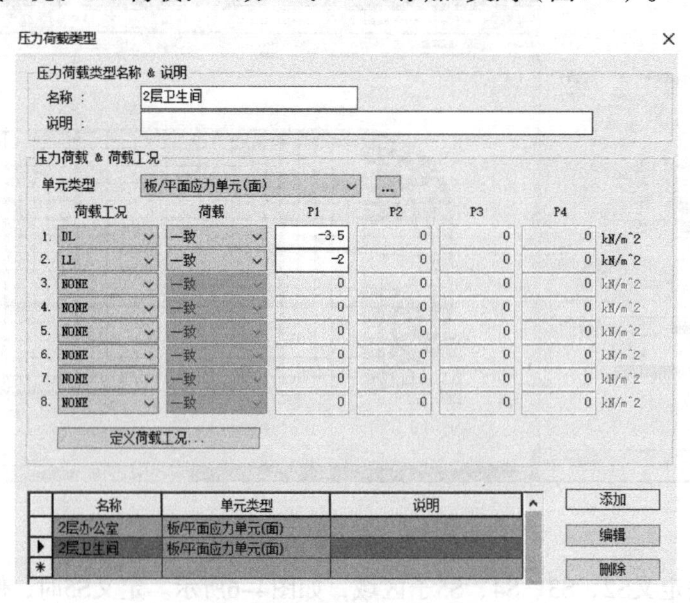

图4-7 定义压力荷载类型

2．主菜单>荷载>荷载类型>静力荷载>压力荷载>指定压力荷载>类型：荷载类型>荷载类型名称：2层办公室>方向：整体坐标系Z>快捷工具栏 全选>>按住Shift 窗口选择卫生间区域（剔除卫生间区域的选择）>适用。

荷载类型名称：2层卫生间>窗口选择卫生间区域>适用>关闭（图4-8）。

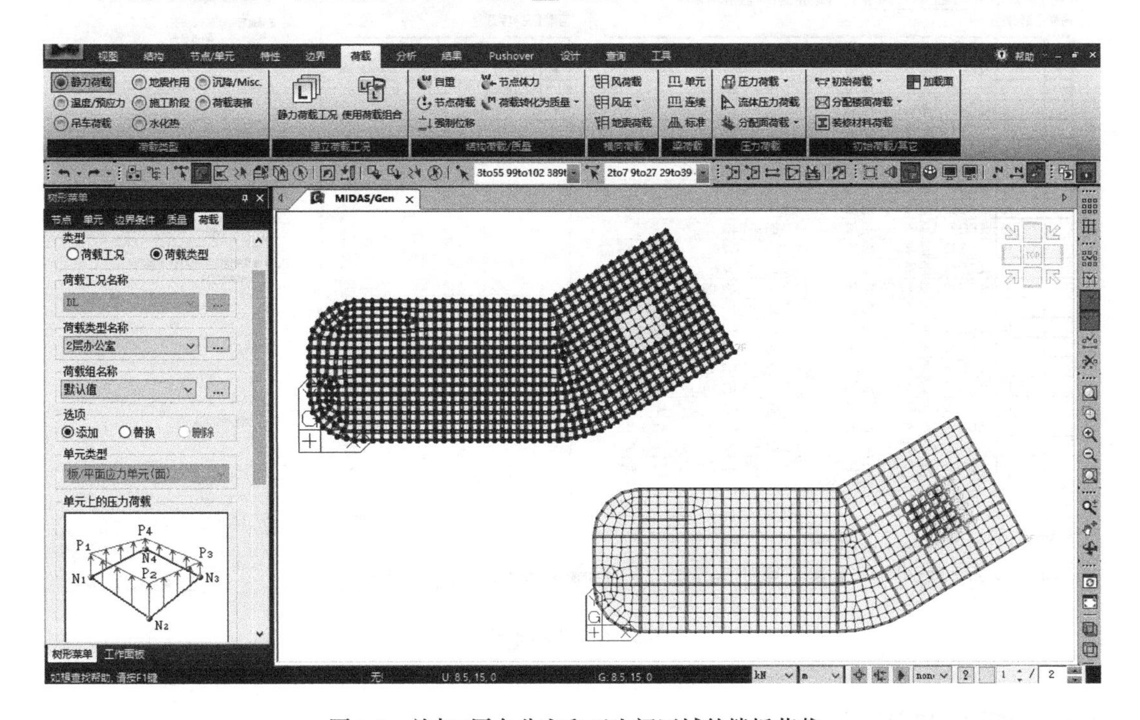

图4-8　施加2层办公室和卫生间区域的楼板荷载

4.4　运行分析

按Ctrl+A激活全部单元>主菜单 工具>用户自定义 勾选 信息窗口>主菜单 分析>运行分析。或者直接点击快捷菜单中的运行分析（图4-9）。

注：如想切换至前处理模型，点击快捷菜单中的前处理。如想切换至后处理模式，点击快捷菜单中的后处理。

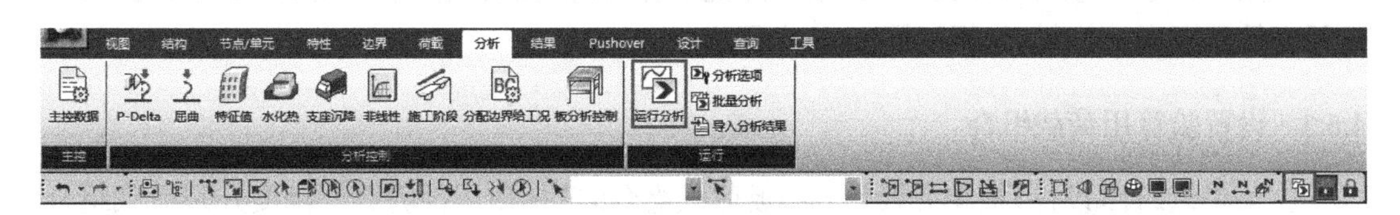

图4-9　运行分析及前后处理模式切换

4.5　生成荷载组合

主菜单>结果>荷载组合>混凝土设计>点击荷载组合列表左上角，选中所有荷载组合

>Delete删除>自动生成>设计规范：GB50010—10>确认。因输入了新的楼板荷载工况，故需要重新生成一下荷载组合（图4-10）。

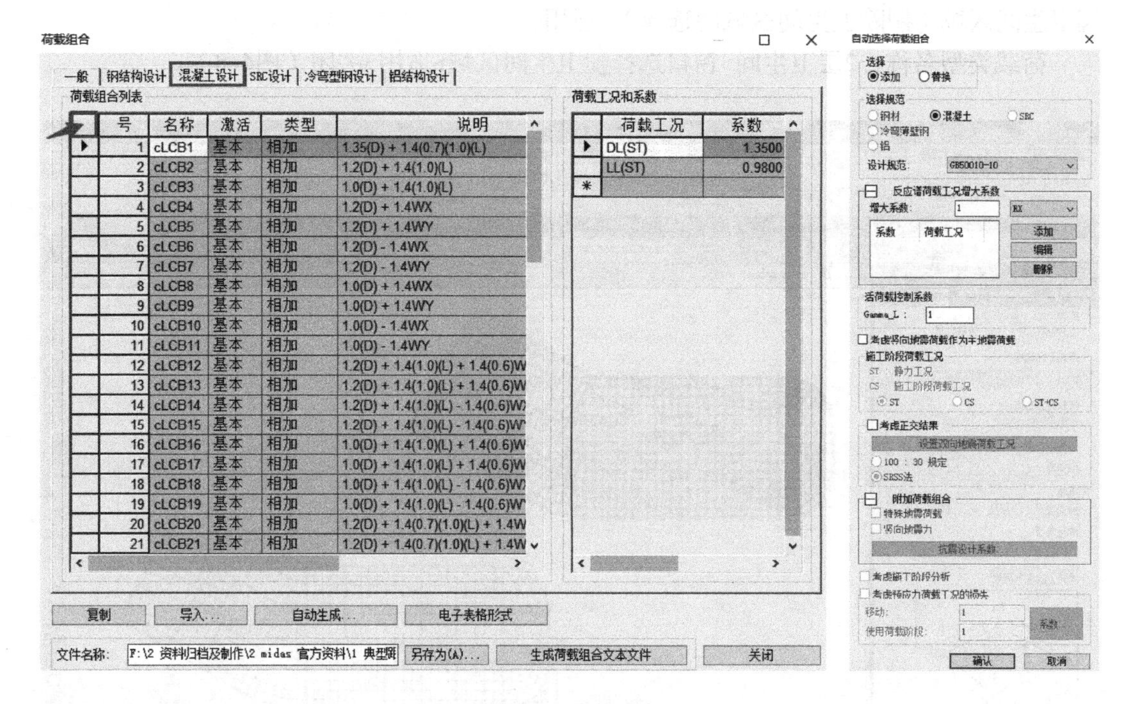

图4-10 荷载组合

4.6 板配筋设计

4.6.1 设计标准

主菜单>设计>设计>RC设计>设计规范>设计标准：GB50010-10>勾选使用抗震设计的特别规定>选择设计抗震等级：三级>板类型：现浇>勾选抗扭设计>梁扭矩折减系数：0.7>梁端弯矩调幅系数：0.85>确定（图4-11）。同3.3.6步骤2。

4.6.2 设计材料

主菜单>设计>设计>RC设计>编辑混凝土材料>点击材料列表中的行>如图4-12所示选择钢筋和混凝土材料>编辑。同3.3.6 步骤3。

4.6.3 设置验算用荷载组合

主菜单>设计>设计>板单元设计>板荷载组合>选择使用性验算、挠度开裂荷载组合>确认（图4-13）。

4.6.4 钢筋参数

主菜单>设计>设计>板单元设计>设计用钢筋参数>定义板设计钢筋、钢筋间距、钢筋中心至钢筋面距离>确认（图4-14）。

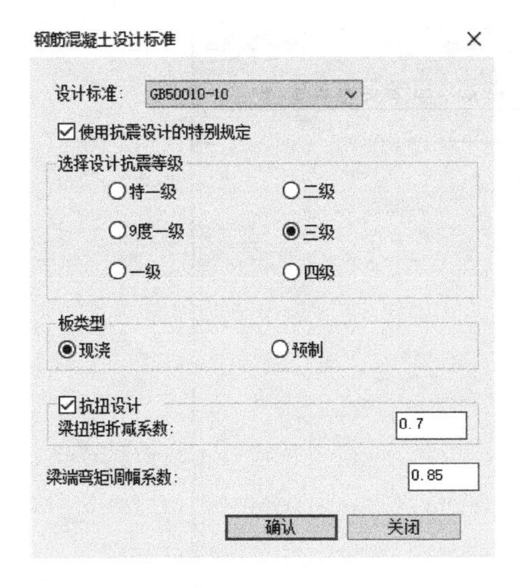

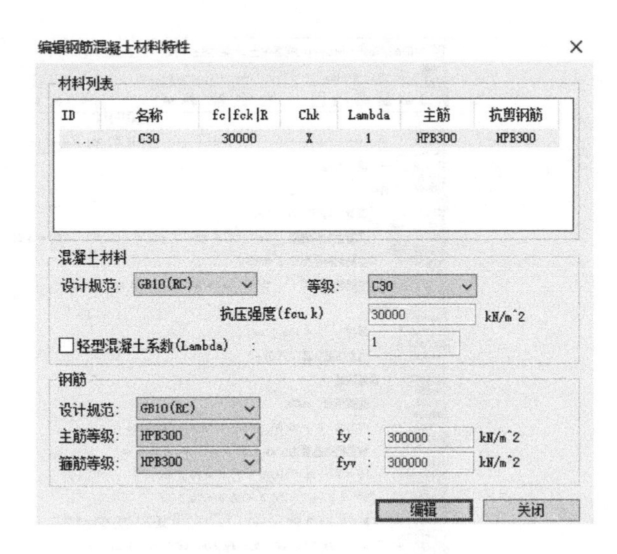

图4-11 设计标准

图4-12 钢筋混凝土材料特性

4.6.5 板抗弯设计

1. 快捷工具栏>按属性激活>层>2F>楼板>激活>关闭。右下角修改单位体系 kN mm，以便于变形结果查看。

2. 主菜单 设计>板单元设计 板单元设计>板抗弯设计 板抗弯设计...>计算配筋率>设计结果，生成单个板配筋结果（图4-15）。

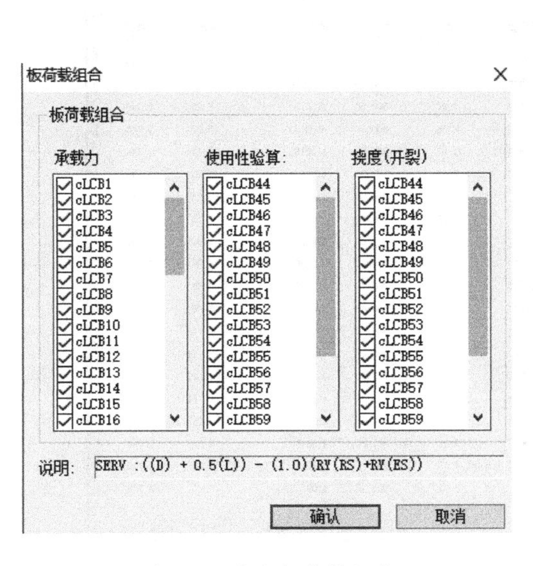

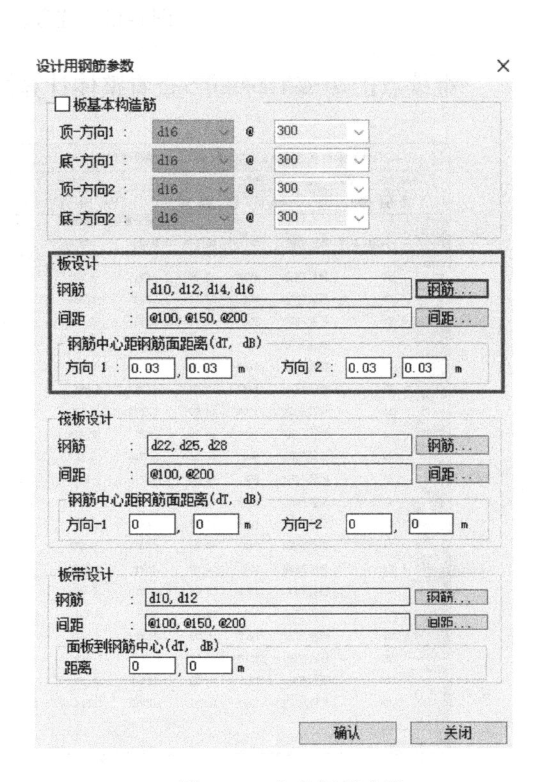

图4-13 定义板荷载组合

图4-14 定义钢筋参数

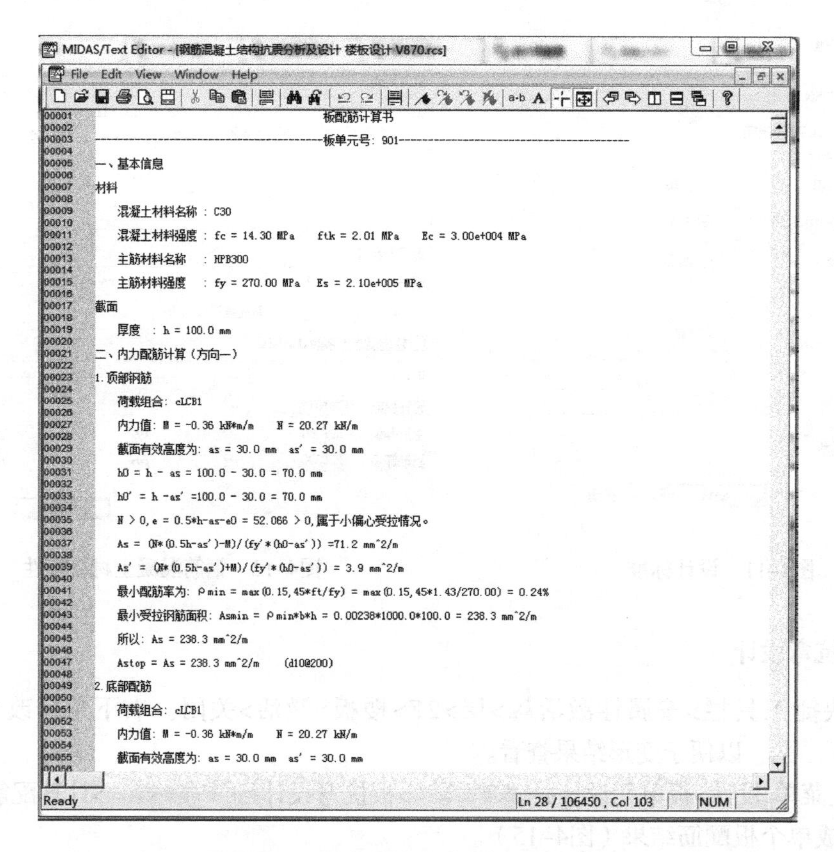

板配筋计算书

---------------------------------------板单元号: 901---------------------------------------

一、基本信息

材料

混凝土材料名称 : C30

混凝土材料强度 : fc = 14.30 MPa   ftk = 2.01 MPa   Ec = 3.00e+004 MPa

主筋材料名称 : HPB300

主筋材料强度 : fy = 270.00 MPa   Es = 2.10e+005 MPa

截面

厚度 : h = 100.0 mm

二、内力配筋计算（方向一）

1.顶部钢筋

荷载组合: cLCB1

内力值: M = -0.36 kN*m/m   N = 20.27 kN/m

截面有效高度为: as = 30.0 mm   as' = 30.0 mm

h0 = h - as = 100.0 - 30.0 = 70.0 mm

h0' = h -as' =100.0 - 30.0 = 70.0 mm

N > 0, e = 0.5*h-as-e0 = 52.066 > 0,属于小偏心受拉情况。

As = (N*(0.5h-as')-M)/(fy'*(h0-as')) =71.2 mm^2/m

As' = (N*(0.5h-as')+M)/(fy'*(h0-as')) = 3.9 mm^2/m

最小配筋率为: ρmin = max(0.15,45*ft/fy) = max(0.15,45*1.43/270.00) = 0.24%

最小受拉钢筋面积: Asmin = ρmin*b*h = 0.00238*1000.0*100.0 = 238.3 mm^2/m

所以: As = 238.3 mm^2/m

Astop = As = 238.3 mm^2/m   (d10@200)

2.底部配筋

荷载组合: cLCB1

内力值: M = -0.36 kN*m/m   N = 20.27 kN/m

截面有效高度为: as = 30.0 mm   as' = 30.0 mm

图4-15　抗弯设计 单个板配筋计算书

继续点击**设计整体结果统计**>查看整体计算结果（图4-16）。

板配筋计算整体结果输出

子区域名称	配筋位置	单元号	板厚度 (cm)	荷载组合	M (kN*m/m)	N (kN/m)	受力类型	计算配筋面积 (cm^2/m)	屈服强度 (MPa)	实际配筋	实配As (cm^2/m)	配筋率 (%)
S1	板顶方向1	1282	10.00	cLCB15	-4.581	10.194	大偏拉	2.77	300.00	d10@150	5.23	0.748
S1	板底方向1	901	10.00	cLCB1	-0.364	20.269	小偏拉	2.38	300.00	d10@150	5.23	0.748
S1	板顶方向2	903	10.00	cLCB1	-5.559	-4.225	大偏拉	3.07	300.00	d10@150	5.23	0.748
S1	板底方向2	901	10.00	cLCB1	-3.916	2.749	大偏拉	2.38	300.00	d10@150	5.23	0.748
S2	板顶方向1	1183	10.00	cLCB15	-6.079	-2.708	大偏拉	3.37	300.00	d10@150	5.23	0.748
S2	板底方向1	1173	10.00	cLCB13	4.851	-2.226	大偏拉	2.66	300.00	d10@150	5.23	0.748
S2	板顶方向2	1184	10.00	cLCB15	-5.772	1.662	大偏拉	3.23	300.00	d10@150	5.23	0.748
S2	板底方向2	1190	10.00	cLCB1	-2.474	14.195	大偏拉	2.38	300.00	d10@150	5.23	0.748
S3	板顶方向1	948	10.00	cLCB14	-5.481	-5.808	大偏拉	3.02	300.00	d12@200	5.66	0.808
S3	板底方向1	958	10.00	cLCB12	4.915	1.248	大偏拉	2.73	300.00	d12@200	5.66	0.808
S3	板顶方向2	1479	10.00	cLCB13	-0.847	3.194	大偏拉	2.38	300.00	d12@200	5.66	0.808
S3	板底方向2	1248	10.00	cLCB12	4.591	-2.085	大偏拉	2.51	300.00	d12@200	5.66	0.808
S4	板顶方向1	848	10.00	cLCB15	-5.270	-3.936	大偏拉	2.90	300.00	d16@100	20.11	2.873
S4	板底方向1	933	10.00	cLCB1	5.802	1.627	大偏拉	3.25	300.00	d16@100	20.11	2.873
S4	板顶方向2	1509	10.00	cLCB14	-5.469	-4.323	大偏拉	3.02	300.00	d16@100	20.11	2.873
S4	板底方向2	933	10.00	cLCB1	5.769	-0.229	大偏拉	3.19	300.00	d16@100	20.11	2.873
S5	板顶方向1	1222	10.00	cLCB14	-6.816	-1.640	大偏拉	3.80	300.00	d10@150	5.23	0.748
S5	板底方向1	1218	10.00	cLCB13	5.619	8.592	大偏拉	3.32	300.00	d10@150	5.23	0.748
S5	板顶方向2	1230	10.00	cLCB12	-7.377	-2.471	大偏拉	4.13	300.00	d10@150	5.23	0.748
S5	板底方向2	1203	10.00	cLCB13	5.614	8.367	大偏拉	3.31	300.00	d10@150	5.23	0.748

图4-16　抗弯设计 整体板配筋计算书

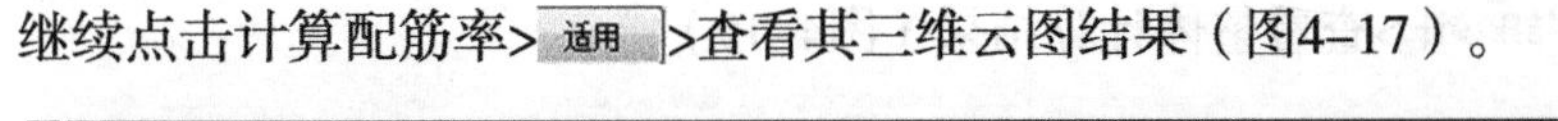

继续点击计算配筋率>适用>查看其三维云图结果（图4-17）。

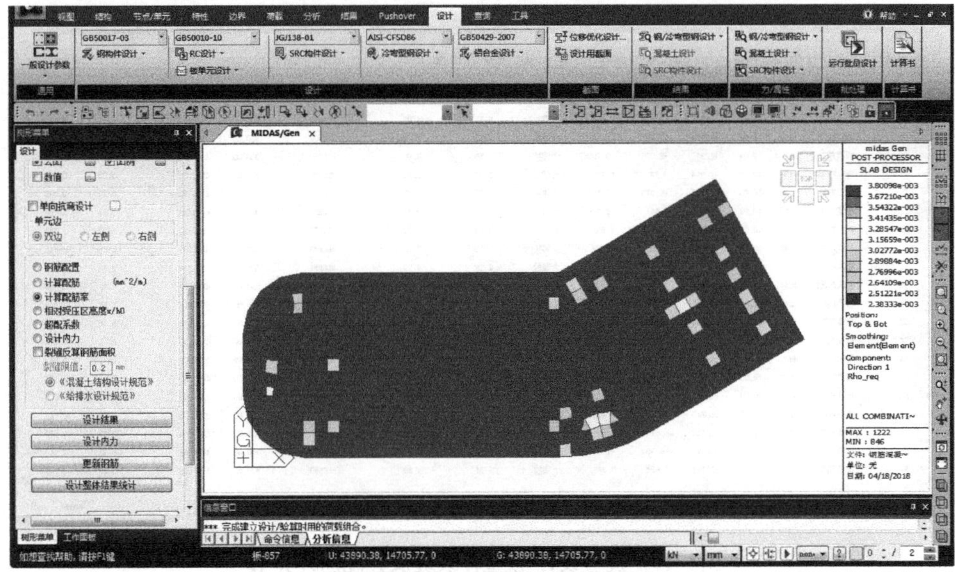

图4-17　抗弯设计 计算配筋率三维云图

注：依照上述操作，可选择板顶/板底、方向1/方向2的计算配筋、相对受压区高度x/h_0、超配系数、设计内力等其他设计项目。

3. 主菜单>设计>板单元设计 板单元设计>板抗弯设计 板抗弯设计...>计算配筋>勾选☑裂缝反算钢筋面积，裂缝限制：0.2mm>选择《混凝土结构设计规范》>设计结果，查看单个板配筋计算书（图4-18）。

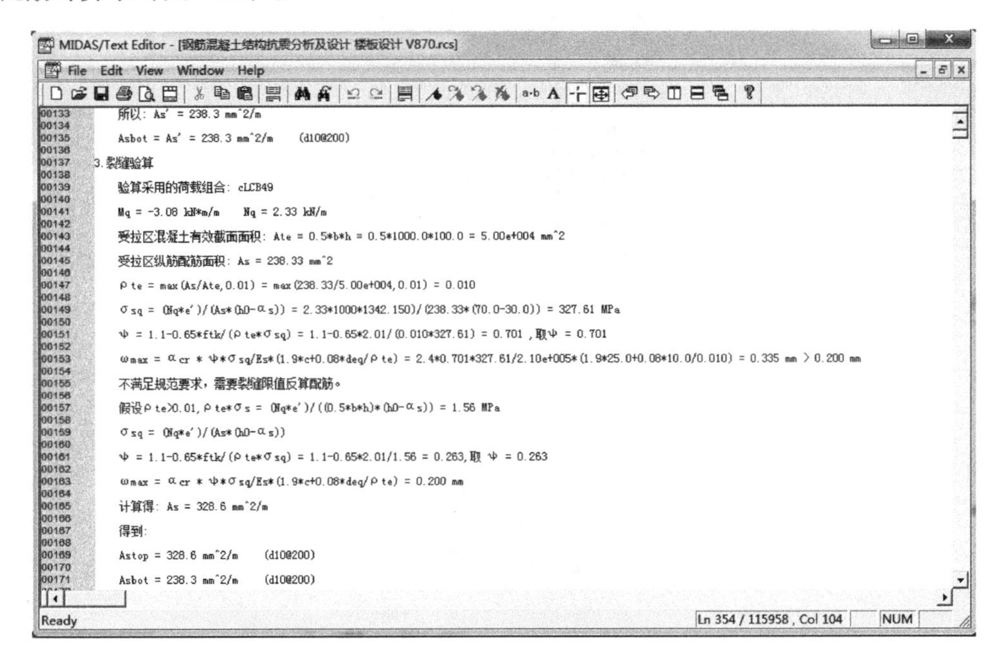

MIDAS/Text Editor - [钢筋混凝土结构抗震分析及设计 楼板设计 V870.rcs]

```
00133    所以: As' = 238.3 mm^2/m
00135    Asbot = As' = 238.3 mm^2/m    (d10@200)
00137 3.裂缝验算
00139    验算采用的荷载组合: cLCB49
00141    Mq = -3.08 kN*m/m    Nq = 2.33 kN/m
00143    受拉区混凝土有效截面面积: Ate = 0.5*b*h = 0.5*1000.0*100.0 = 5.00e+004 mm^2
00145    受拉区纵筋配筋面积: As = 238.33 mm^2
00147    ρte = max(As/Ate,0.01) = max(238.33/5.00e+004,0.01) = 0.010
00149    σsq = (Nq*e')/(As*(h0-αs)) = 2.33*1000*1342.150)/(238.33*(70.0-30.0)) = 327.61 MPa
00151    ψ = 1.1-0.65*ftk/(ρte*σsq) = 1.1-0.65*2.01/(0.010*327.61) = 0.701 ,取ψ = 0.701
00153    ωmax = αcr * ψ*σsq/Es*(1.9*c+0.08*deq/ρte) = 2.4*0.701*327.61/2.10e+005*(1.9*25.0+0.08*10.0/0.010) = 0.335 mm > 0.200 mm
00155    不满足规范要求，需要裂缝限值反算配筋。
00157    假设ρte>0.01, ρte*σs = (Nq*e')/((0.5*b*h)*(h0-αs)) = 1.56 MPa
00159    σsq = (Nq*e')/(As*(h0-αs))
00161    ψ = 1.1-0.65*ftk/(ρte*σsq) = 1.1-0.65*2.01/1.56 = 0.263,取 ψ = 0.263
00163    ωmax = αcr * ψ*σsq/Es*(1.9*c+0.08*deq/ρte) = 0.200 mm
00165    计算得: As = 328.6 mm^2/m
00167    得到:
00169    Astop = 328.6 mm^2/m    (d10@200)
00171    Asbot = 238.3 mm^2/m    (d10@200)
```

Ready　Ln 354 / 115958, Col 104　NUM

图4-18　抗弯设计 单个板裂缝反算配筋结果计算书

继续点击 设计整体结果统计 >查看整体计算结果（图4-19）。

板配筋计算整体结果输出

子区域名称	配筋位置	单元号	板厚度 (cm)	荷载组合	M (kN*m/m)	N (kN/m)	受力类型	计算配筋面积 (cm^2/m)	裂缝反算钢筋面积 (cm^2/m)	裂缝计算荷载组合	屈服强度 (MPa)	实际配筋	实配As (cm^2/m)	配筋率 (%)
S1	板顶方向1	1288	10.00	cLCB1	-4.824	3.888	大偏拉	2.75	4.09	cLCB52	300.00	d10@150	5.23	0.748
S1	板底方向1	1281	10.00	cLCB14	3.115	9.250	大偏拉	2.38	2.79	cLCB52	300.00	d10@150	5.23	0.748
S1	板顶方向2	902	10.00	cLCB1	-5.225	-0.799	大偏拉	2.88	4.00	cLCB59	300.00	d10@150	5.23	0.748
S1	板底方向2	913	10.00	cLCB14	3.293	8.415	大偏拉	2.38	2.93	cLCB50	300.00	d10@150	5.23	0.748
S2	板顶方向1	1183	10.00	cLCB15	-6.079	-2.708	大偏拉	3.37	4.45	cLCB57	300.00	d10@150	5.23	0.748
S2	板底方向1	1173	10.00	cLCB13	4.851	-2.226	大偏拉	2.66	3.44	cLCB57	300.00	d10@150	5.23	0.748
S2	板顶方向2	1184	10.00	cLCB15	-5.772	1.662	大偏拉	3.23	4.83	cLCB52	300.00	d10@150	5.23	0.748
S2	板底方向2	1187	10.00	cLCB13	3.967	0.099	大偏拉	2.38	3.32	cLCB49	300.00	d10@150	5.23	0.748
S3	板顶方向1	1238	10.00	cLCB14	-3.754	8.362	大偏拉	2.38	3.27	cLCB51	300.00	d12@200	5.66	0.808
S3	板底方向1	958	10.00	cLCB12	4.915	1.248	大偏拉	2.73	4.12	cLCB49	300.00	d12@200	5.66	0.808
S3	板顶方向2	1246	10.00	cLCB15	-3.662	1.520	大偏拉	2.38	3.07	cLCB52	300.00	d12@200	5.66	0.808
S3	板底方向2	1395	10.00	cLCB34	0.562	-16.278	大偏拉	2.38	19.09	cLCB59	300.00	d12@200	5.66	0.808
S4	板顶方向1	986	10.00	cLCB36	-0.124	-10.550	大偏拉	2.38	33.72	cLCB58	300.00	d16@100	20.11	2.873
S4	板底方向1	933	10.00	cLCB1	5.802	1.627	大偏拉	3.25	4.87	cLCB50	300.00	d16@100	20.11	2.873
S4	板顶方向2	1563	10.00	cLCB14	-4.601	10.007	大偏拉	2.78	4.01	cLCB50	300.00	d16@100	20.11	2.873
S4	板底方向2	933	10.00	cLCB1	5.769	-0.229	大偏拉	3.19	4.82	cLCB51	300.00	d16@100	20.11	2.873
S5	板顶方向1	1220	10.00	cLCB13	-6.544	2.492	大偏拉	3.70	5.63	cLCB50	300.00	d10@150	5.23	0.748
S5	板底方向1	1218	10.00	cLCB13	5.619	8.592	大偏拉	3.32	4.84	cLCB50	300.00	d10@150	5.23	0.748
S5	板顶方向2	1215	10.00	cLCB12	-6.604	-1.127	大偏拉	3.68	4.86	cLCB59	300.00	d10@150	5.23	0.748
S5	板底方向2	1203	10.00	cLCB13	5.614	8.367	大偏拉	3.31	4.83	cLCB50	300.00	d10@150	5.23	0.748

图4-19 抗弯设计 板整体裂缝反算配筋计算书

注：通过查看板“钢筋配置”结果，如果按子区域配筋，可初选子区域S1、S2、S5配筋d10@150，S3配筋d12@200，S4配筋d16@100。

4．主菜单>节点/单元>网格>定义子区域>下部子区域列表中选择 S1>勾选 板/筏板主筋>修改顶-方向1、底-方向1、顶-方向2、底-方向2钢筋均为d10@150>编辑。S2、S5与S1相同，同样操作，S3修改为d12@200，S4修改为d16@100（图4-20）。

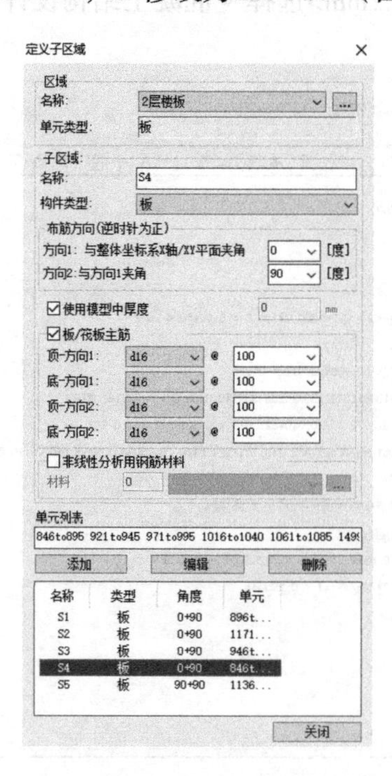

图4-20 修改子区域配筋

5．主菜单>设计>板单元设计 板单元设计 >板抗弯设计 板抗弯设计... >更新钢筋>适用，生成板实际配筋。

4.6.6 板抗弯验算

主菜单>设计>板单元设计 板单元设计 >板抗弯验算 板抗弯验算... >钢筋面积>设计结果（图4–21）。

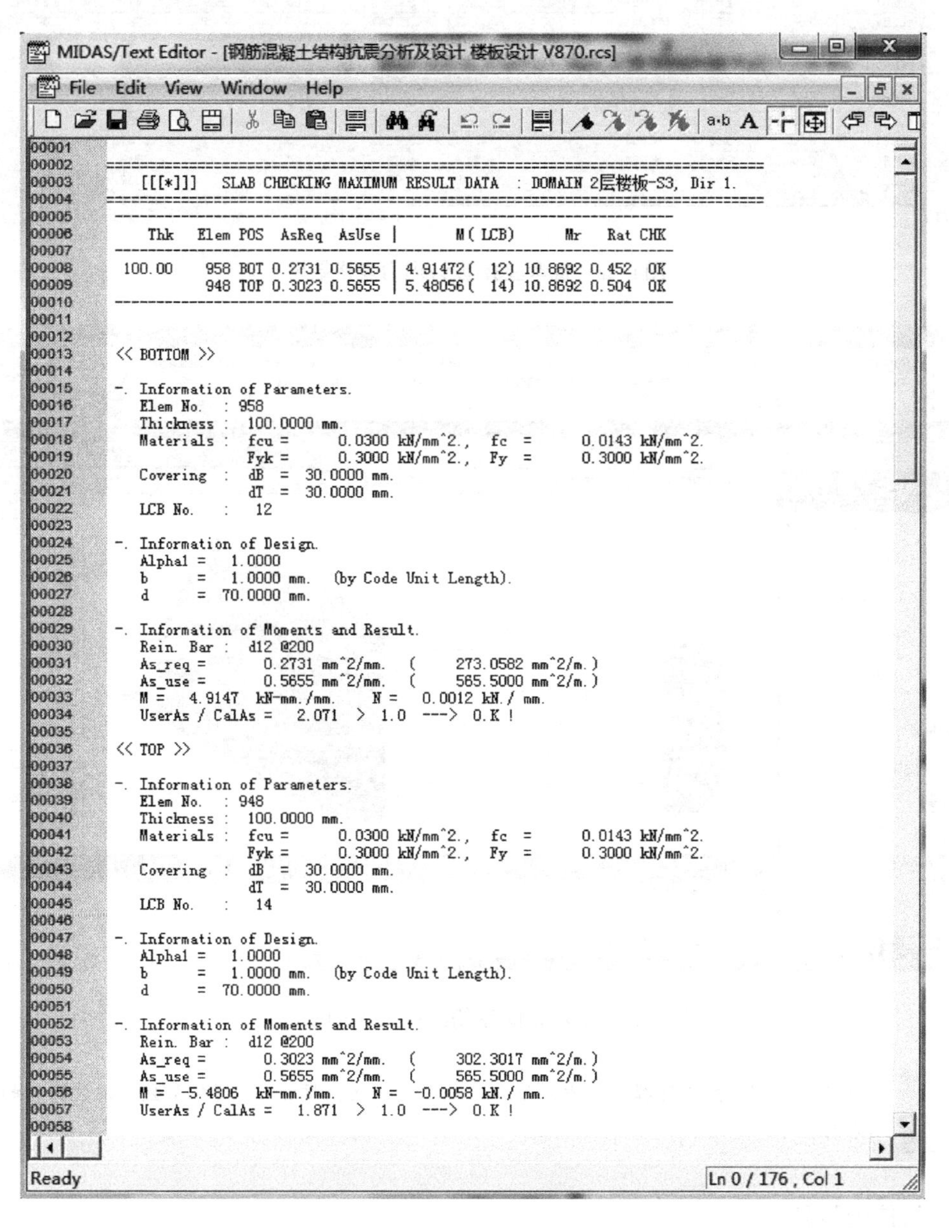

```
MIDAS/Text Editor - [钢筋混凝土结构抗震分析及设计 楼板设计 V870.rcs]
File  Edit  View  Window  Help

00001
00002  ==========================================================================
00003   [[[*]]]   SLAB CHECKING MAXIMUM RESULT DATA  : DOMAIN 2层楼板-S3, Dir 1.
00004  ==========================================================================
00005  ------------------------------------------------------------------
00006     Thk   Elem POS  AsReq  AsUse |       M( LCB)      Mr    Rat CHK
00007  ------------------------------------------------------------------
00008   100.00    958 BOT 0.2731 0.5655 | 4.91472(  12) 10.8692 0.452  OK
00009             948 TOP 0.3023 0.5655 | 5.48056(  14) 10.8692 0.504  OK
00010  ------------------------------------------------------------------
00011
00012
00013  << BOTTOM >>
00014
00015  -. Information of Parameters.
00016     Elem No.  : 958
00017     Thickness :  100.0000 mm.
00018     Materials :  fcu =      0.0300 kN/mm^2.,  fc  =      0.0143 kN/mm^2.
00019                  Fyk =      0.3000 kN/mm^2.,  Fy  =      0.3000 kN/mm^2.
00020     Covering  :  dB  =  30.0000 mm.
00021                  dT  =  30.0000 mm.
00022     LCB No.   :   12
00023
00024  -. Information of Design.
00025     Alpha1 =   1.0000
00026     b      =   1.0000 mm.   (by Code Unit Length).
00027     d      =  70.0000 mm.
00028
00029  -. Information of Moments and Result.
00030     Rein. Bar :  d12 @200
00031     As_req =        0.2731 mm^2/mm.   (     273.0582 mm^2/m.)
00032     As_use =        0.5655 mm^2/mm.   (     565.5000 mm^2/m.)
00033     M =   4.9147  kN-mm./mm.     N =   0.0012 kN./ mm.
00034     UserAs / CalAs =   2.071  > 1.0  ---> O.K !
00035
00036  << TOP >>
00037
00038  -. Information of Parameters.
00039     Elem No.  : 948
00040     Thickness :  100.0000 mm.
00041     Materials :  fcu =      0.0300 kN/mm^2.,  fc  =      0.0143 kN/mm^2.
00042                  Fyk =      0.3000 kN/mm^2.,  Fy  =      0.3000 kN/mm^2.
00043     Covering  :  dB  =  30.0000 mm.
00044                  dT  =  30.0000 mm.
00045     LCB No.   :   14
00046
00047  -. Information of Design.
00048     Alpha1 =   1.0000
00049     b      =   1.0000 mm.   (by Code Unit Length).
00050     d      =  70.0000 mm.
00051
00052  -. Information of Moments and Result.
00053     Rein. Bar :  d12 @200
00054     As_req =        0.3023 mm^2/mm.   (     302.3017 mm^2/m.)
00055     As_use =        0.5655 mm^2/mm.   (     565.5000 mm^2/m.)
00056     M =  -5.4806  kN-mm./mm.     N =  -0.0058 kN./ mm.
00057     UserAs / CalAs =   1.871  > 1.0  ---> O.K !
00058

Ready                                              Ln 0 / 176 , Col 1
```

图4–21 抗弯验算 钢筋面积计算书

继续点击 设计内力 >查看内力表格结果（图4–22）。

继续点击钢筋配置> 适用 >查看云图结果（图4–23）。

单元	顶						底					
	LCB	Fxx (kN/mm)	Mxx (kN*mm/mm)	LCB	Fyy (kN/mm)	Myy (kN*mm/mm)	LCB	Fxx (kN/mm)	Mxx (kN*mm/mm)	LCB	Fyy (kN/mm)	Myy (kN*mm/mm)
846	cLCB14	0.00	-2.62	cLCB14	0.02	-1.44	cLCB1	0.00	-2.57	cLCB1	0.02	-1.40
847	cLCB14	-0.00	-4.24	cLCB14	0.02	-0.42	cLCB1	-0.00	-4.15	cLCB1	0.02	-0.42
848	cLCB15	-0.00	-5.27	cLCB32	0.02	-0.38	cLCB1	-0.00	-5.17	cLCB1	0.02	-0.37
849	cLCB15	-0.00	-4.60	cLCB32	0.02	-0.39	cLCB1	-0.00	-4.54	cLCB1	0.02	-0.39
850	cLCB1	-0.00	-2.77	cLCB15	0.02	-0.84	cLCB1	-0.00	-2.77	cLCB1	0.02	-0.83
851	cLCB1	0.00	0.40	cLCB14	0.00	-2.66	cLCB28	-0.00	0.54	cLCB1	0.00	-2.60
852	cLCB1	0.00	2.07	cLCB1	0.01	1.66	cLCB12	0.00	2.14	cLCB12	0.01	1.72
853	cLCB1	0.00	2.72	cLCB1	0.01	2.67	cLCB12	0.00	2.80	cLCB12	0.01	2.76
854	cLCB1	0.00	2.33	cLCB1	0.01	2.11	cLCB13	0.00	2.39	cLCB12	0.01	2.18
855	cLCB1	-0.00	0.81	cLCB14	0.00	-1.02	cLCB1	-0.00	0.81	cLCB1	0.00	-0.96
856	cLCB1	0.00	1.24	cLCB13	0.00	-3.54	cLCB12	0.00	1.25	cLCB1	0.00	-3.45
857	cLCB1	0.00	3.74	cLCB1	0.00	2.50	cLCB12	0.00	3.82	cLCB13	0.00	2.58
858	cLCB1	0.00	4.82	cLCB1	0.00	4.06	cLCB13	0.00	4.92	cLCB12	0.00	4.18
859	cLCB1	0.00	4.11	cLCB1	0.00	3.17	cLCB12	0.00	4.16	cLCB15	0.00	3.26
860	cLCB1	-0.00	1.76	cLCB13	0.00	-1.54	cLCB1	-0.00	1.76	cLCB1	0.00	-1.44
861	cLCB1	0.00	0.56	cLCB12	0.00	-3.20	cLCB32	0.00	0.64	cLCB1	0.00	-3.13
862	cLCB1	0.00	2.44	cLCB1	0.00	2.04	cLCB14	0.00	2.49	cLCB13	0.00	2.11
863	cLCB1	0.00	3.18	cLCB1	0.00	3.45	cLCB15	0.00	3.25	cLCB12	0.00	3.54
864	cLCB1	0.00	2.72	cLCB1	0.00	2.59	cLCB15	0.00	2.77	cLCB15	0.00	2.66

\板内力/

图4–22 抗弯验算 设计内力表格结果

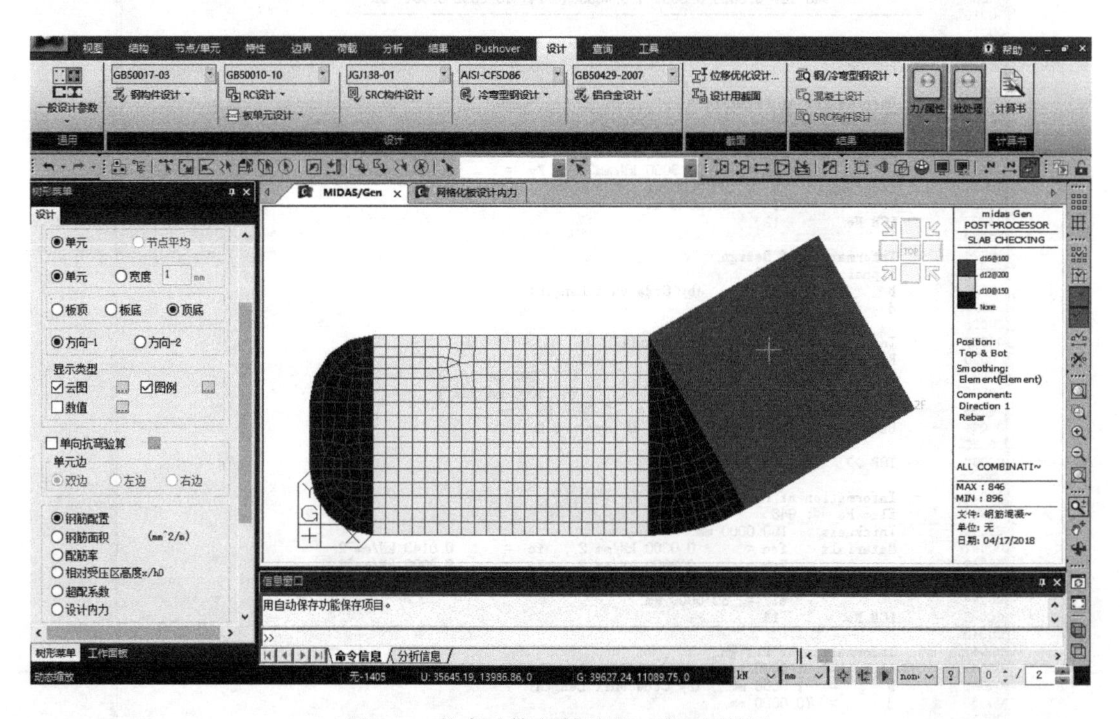

图4–23 抗弯验算 钢筋配置三维云图结果

注：可以依照上述操作查看配筋率、相对受压区高度x/h_0、超配系数、设计内力的设计结果与三维云图结果。

4.6.7 板抗剪验算

主菜单>设计>板单元设计 板单元设计 >板抗剪验算 >荷载工况/荷载组合：ALL COMBINATION>勾选冲切验算：CODE>显示类型：图例、数值>设计结果（图4–24）。

继续点击 适用 >冲切验算三维云图结果（图4–25）。

```
MIDAS/Text Editor - [钢筋混凝土结构抗震分析及设计 楼板设计 V870.rcs]
File  Edit  View  Window  Help

00001 ==========================================================================
00002  midas Gen - RC-Slab Shear Checking [ GB50010-10 ]                  Version 870
00003 ==========================================================================
00004
00005
00006 ==========================================================================
00007    [[[*]]]   PUNCHING CHECK MAXIMUM RESULT DATA BY FORCE : DOMAIN 2层楼板-S3.
00008 ==========================================================================
00009
00010  -. Information of Parameters.
00011     Elem No.   : 107
00012     LCB No.    :   15
00013     Materials  :  fcu =      30.0000 MPa.,   ft  =      1.4300 MPa.
00014     Thickness  :  100.0000 mm.
00015     Covering   :  dB  =  30.0000 mm.
00016                   dT  =  30.0000 mm.
00017     Beta_h   =   1.0000
00018     Beta_s   =   2.0000
00019     u_m      =2280.0000 mm.
00020     d        =   70.0000 mm.
00021     Eta1     = 0.4 + 1.2/Beta_s            =   1.0000
00022     Eta      = Eta1                        =   1.0000
00023     Vr       = (0.7*Beta_h*ft)*Eta*u_m*d   =  159759.6000 N.
00024
00025  -. Information of Forces and Result.
00026     Vu       =    17920.0909 N.
00027     Vr       =   159759.6000 N.
00028     RatV     = Vu / Vr =    0.112  <  1.0   ---> O.K !
00029
00030 ==========================================================================
00031    [[[*]]]   PUNCHING CHECK MAXIMUM RESULT DATA BY FORCE : DOMAIN 2层楼板-S4.
00032 ==========================================================================
00033
00034  -. Information of Parameters.
00035     Elem No.   : 124
00036     LCB No.    :   15
00037     Materials  :  fcu =      30.0000 MPa.,   ft  =      1.4300 MPa.
00038     Thickness  :  100.0000 mm.
00039     Covering   :  dB  =  30.0000 mm.
00040                   dT  =  30.0000 mm.
00041     Beta_h   =   1.0000
00042     Beta_s   =   2.0000
00043     u_m      =2280.0000 mm.
00044     d        =   70.0000 mm.
00045     Eta1     = 0.4 + 1.2/Beta_s            =   1.0000
00046     Eta      = Eta1                        =   1.0000
00047     Vr       = (0.7*Beta_h*ft)*Eta*u_m*d   =  159759.6000 N.
00048
00049  -. Information of Forces and Result.
00050     Vu       =    19469.2290 N.
00051     Vr       =   159759.6000 N.
00052     RatV     = Vu / Vr =    0.122  <  1.0   ---> O.K !

Ready                                              Ln 0 / 52 , Col 1      NUM
```

图4–24　抗剪验算 板冲切验算设计结果

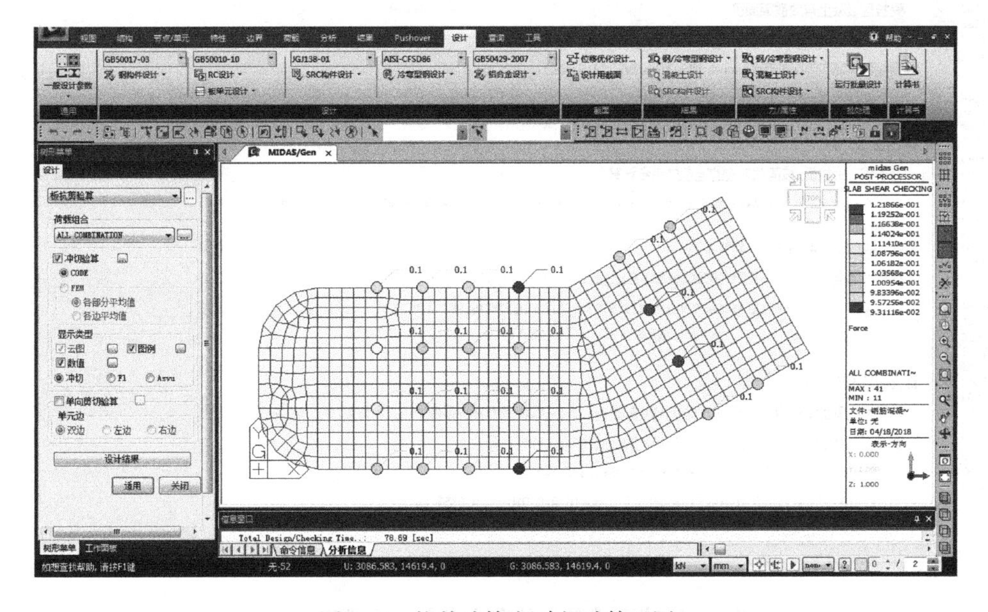

图4–25　抗剪验算 板冲切验算云图

注：《混凝土结构设计规范》GB 50010—2010第6.5.1条，在局部荷载或集中反力作用下，不配置箍筋或弯起钢筋的板的冲切承载力应按照公式（6.5.1−1）计算。

4.6.8 板正常使用状态验算

主菜单>设计>板单元设计 板单元设计>板正常使用状态验算>荷载工况/荷载组合：ALL COMBINATION>勾选抗弯设计：单元、顶底、方向−1>显示类型：云图、图例>裂缝>《混凝土结构设计规范》>裂缝宽度>裂缝计算书（图4−26）。

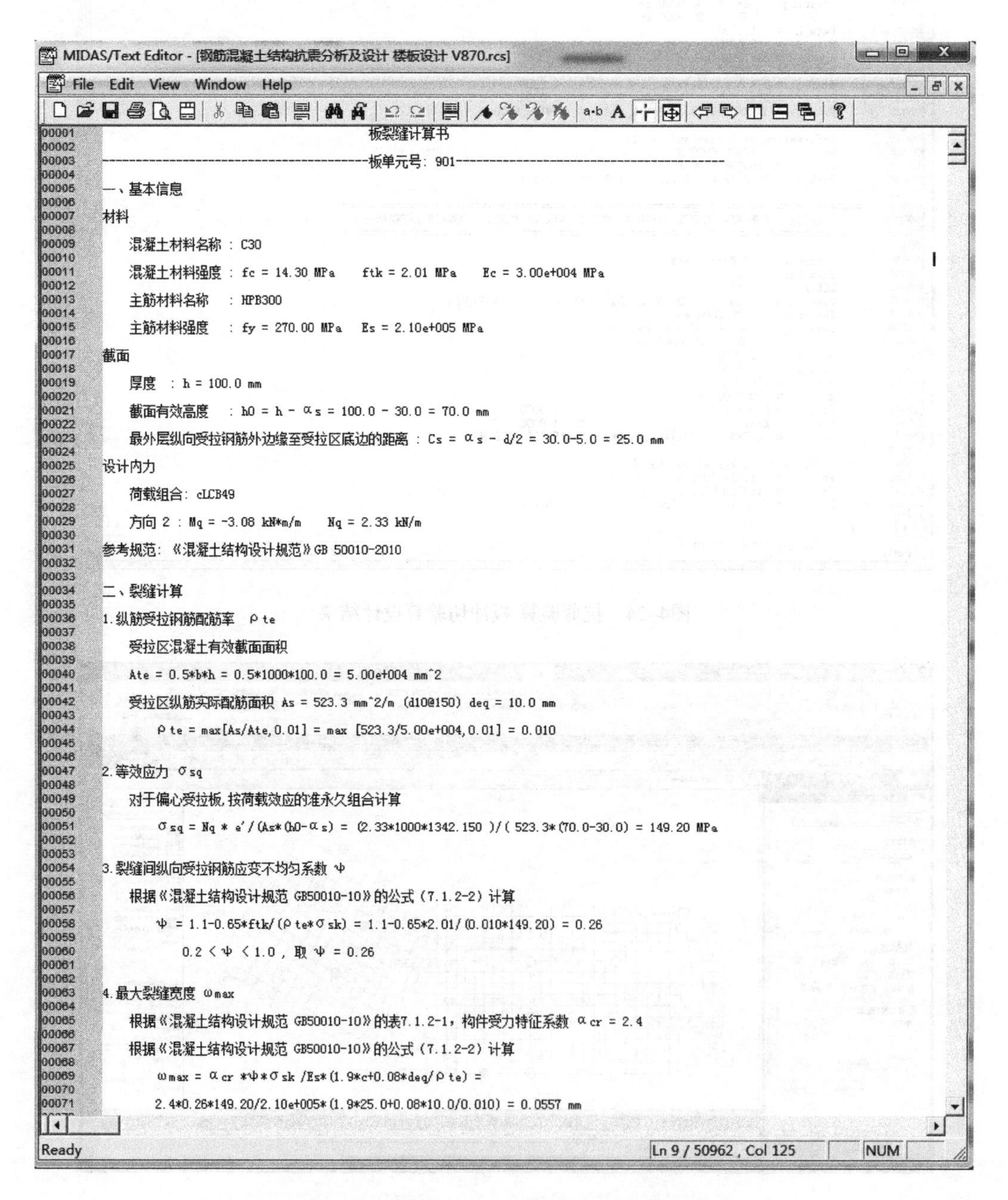

MIDAS/Text Editor - [钢筋混凝土结构抗震分析及设计 楼板设计 V870.rcs]

File Edit View Window Help

板裂缝计算书

--板单元号: 901--

一、基本信息

材料

混凝土材料名称 : C30

混凝土材料强度 : fc = 14.30 MPa ftk = 2.01 MPa Ec = 3.00e+004 MPa

主筋材料名称 : HPB300

主筋材料强度 : fy = 270.00 MPa Es = 2.10e+005 MPa

截面

厚度 : h = 100.0 mm

截面有效高度 : h0 = h - αs = 100.0 - 30.0 = 70.0 mm

最外层纵向受拉钢筋外边缘至受拉区底边的距离 : Cs = αs - d/2 = 30.0-5.0 = 25.0 mm

设计内力

荷载组合: cLCB49

方向 2 : Mq = -3.08 kN*m/m Nq = 2.33 kN/m

参考规范: 《混凝土结构设计规范》GB 50010-2010

二、裂缝计算

1.纵筋受拉钢筋配筋率 ρte

受拉区混凝土有效截面面积

Ate = 0.5*b*h = 0.5*1000*100.0 = 5.00e+004 mm^2

受拉区纵筋实际配筋面积 As = 523.3 mm^2/m (d10@150) deq = 10.0 mm

ρte = max[As/Ate,0.01] = max [523.3/5.00e+004,0.01] = 0.010

2.等效应力 σsq

对于偏心受拉板,按荷载效应的准永久组合计算

σsq = Nq * e'/(As*(h0-αs) = (2.33*1000*1342.150)/(523.3*(70.0-30.0) = 149.20 MPa

3.裂缝间纵向受拉钢筋应变不均匀系数 ψ

根据《混凝土结构设计规范 GB50010-10》的公式 (7.1.2-2) 计算

ψ = 1.1-0.65*ftk/(ρte*σsk) = 1.1-0.65*2.01/(0.010*149.20) = 0.26

0.2 < ψ < 1.0 , 取 ψ = 0.26

4.最大裂缝宽度 ωmax

根据《混凝土结构设计规范 GB50010-10》的表7.1.2-1，构件受力特征系数 αcr = 2.4

根据《混凝土结构设计规范 GB50010-10》的公式 (7.1.2-2) 计算

ωmax = αcr *ψ*σsk /Es*(1.9*c+0.08*deq/ρte) =

2.4*0.26*149.20/2.10e+005*(1.9*25.0+0.08*10.0/0.010) = 0.0557 mm

Ready Ln 9 / 50962 , Col 125 NUM

图4−26 板正常使用状态验算 单个板裂缝计算书

继续点击[裂缝整体结果统计]>查看整体计算结果（图4–27）。

MIDAS/Text Editor - [钢筋混凝土结构抗震分析及设计 楼板设计 V870.rcs]

File Edit View Window Help

板裂缝计算的整体结果输出

子区域名称	单元号	板厚度 (cm)	荷载组合	Mq (kN*m/m)	Nq (kN/m)	钢筋等级 (MPa)	实际配筋	实配As (cm^2/m)	σsq (MPa)	ω (mm)
S1	1288	10.00	cLCB52	-3.820	3.573	300.00	d10@150	5.23	185.91	0.11286
S2	1184	10.00	cLCB52	-4.569	1.254	300.00	d10@150	5.23	219.46	0.16512
S3	1395	10.00	cLCB59	0.066	-10.812	300.00	d12@200	5.66	1048.92	1.22574
S4	986	10.00	cLCB58	-0.058	-9.578	300.00	d16@100	20.11	594.74	0.39617
S5	1220	10.00	cLCB50	-5.216	1.942	300.00	d10@150	5.23	251.03	0.21430

Ready　Ln 0 / 15, Col 1　NUM

图4–27　板正常使用状态验算 板裂缝整体计算书

继续点击[适用]>查看板裂缝三维云图结果（图4–28）。

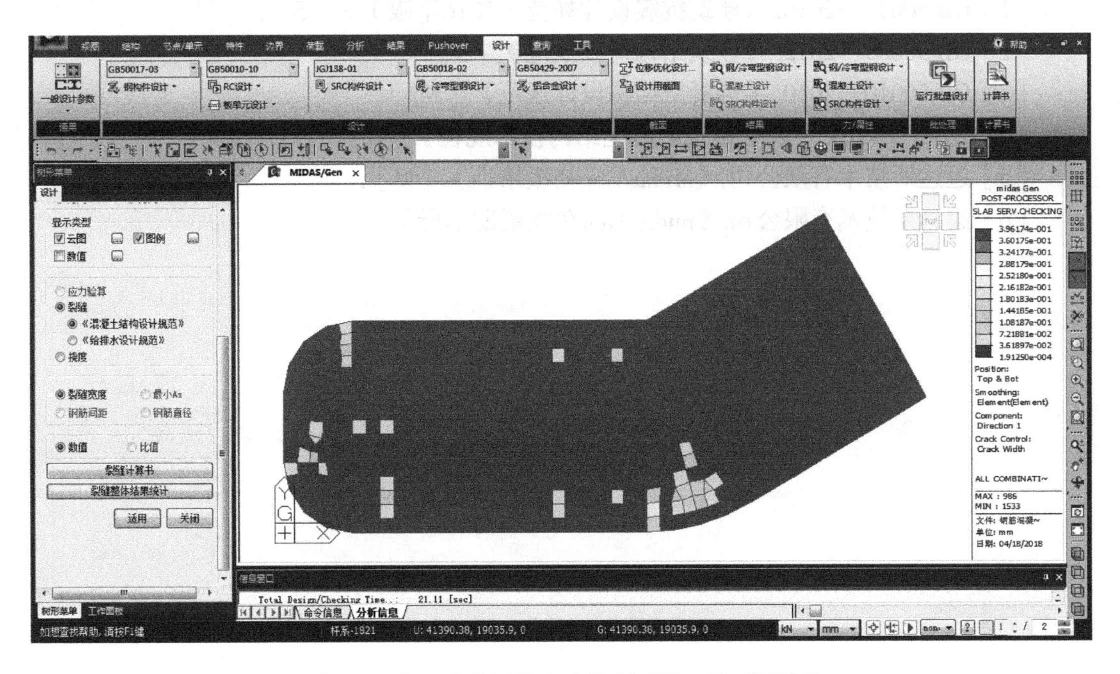

图4–28　板正常使用状态验算 板裂缝三维云图结果

注： 1. 裂缝计算中可以勾选《给排水设计规范》，验算出单个板与整体板的裂缝计算书。

2. 《混凝土结构设计规范》GB 50010—2010第7.1.2条，在矩形、T形、倒T形和I形截面的钢筋混凝土受拉、受弯和偏压构件及预应力混凝土轴心受拉和受弯构件中，按荷载标准组合或准永久组合并考虑长期作用影响的最大裂缝宽度按公式（7.1.2–1）、（7.1.2–2）、（7.1.2–3）、（7.1.2–4）计算。

3. 《建筑给排水设计规范》GB 50015—2003附录A，A.0.1受弯、大偏心受拉或受压构件的最大裂缝宽度按公式（A.0.1–1）、（A.0.1–2）计算，A.0.2受弯、大偏心受压、大偏心受拉构件的计算截面纵向受拉钢筋应力σ_{sq}按公式（A.0.2–1）、（A.0.2–2）计算。

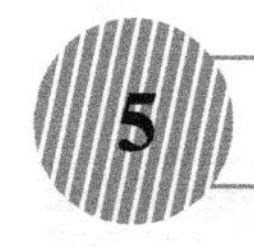

5 结语

本例运用midas Gen完成钢筋混凝土框架剪力墙结构抗震分析与设计的跟随操作及结果查看，采用刚性楼板分析，主要用于整体指标的控制（层刚度、位移角等）。

若以板构件配筋设计为目的，建立模型时，需建立楼板单元，同时，在层数据文件中不考虑刚性楼板假定，分析后进行构件配筋设计，即第4节内容。

通过本例，读者可对层结果、反应谱设置、板设计等基本功能有深入了解，最终实现举一反三，完成同类型工程项目的分析与设计。

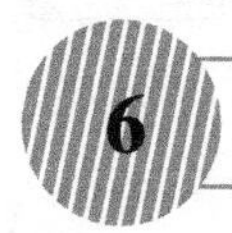

6 参考文献

[1] GB 50011—2010,《建筑抗震设计规范（2016年版）》[S].

[2] GB 50009—2012,《建筑结构荷载规范》[S].

[3] GB 50010—2010,《混凝土结构设计规范》[S].

[4] JGJ 3—2010,《高层建筑混凝土结构技术规程》[S].

[5] 迈达斯技术有限公司,《Midas/Gen初级培训》[M].

[6] 迈达斯技术有限公司,《midas Gen在线帮助手册》.

案例2 钢筋混凝土结构施工阶段分析

概要

使用midas Gen施工阶段分析功能，模拟建筑物实际施工过程。

主要步骤如下:

1 模型信息

2 建立模型（前处理）

2.1 设定操作环境及定义材料和截面

2.2 建立框架梁

2.3 建立框架柱及剪力墙、次梁

2.4 楼层复制及生成层数据文件

2.5 定义结构组、边界组、荷载组

2.6 赋予结构组

2.7 定义边界条件及赋予边界组

2.8 定义荷载工况及楼面荷载

2.9 输入施工阶段楼面荷载

2.10 输入使用阶段楼面活荷载

2.11 定义自重

2.12 设置施工阶段及分析控制数据

2.13 定义结构类型

3 运行分析及结果查看（后处理）

3.1 运行分析

3.2 查看施工阶段分析结果

3.3 定义荷载组合

3.4 查看使用阶段分析结果

3.5 施工阶段柱弹性收缩结果

4 结语

5 参考文献

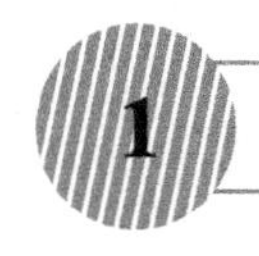

1　模型信息

本案例建立某六层钢筋混凝土框–剪结构模型进行施工阶段分析模拟，同时考虑钢筋混凝土结构中混凝土材料的时间依存特性：收缩、徐变和抗压强度的变化。

基本数据如下：（单位：mm）

轴网尺寸：见图1–1 结构平面图

主梁：250×450（直），250×500（曲）　　次梁：250×400

连梁：250×1000　　柱：500×500

混凝土：C30　　剪力墙：250

层高：一层：4.5m　　二～六层：3.0m

场地：Ⅱ类　　设防烈度：7度（0.10g）

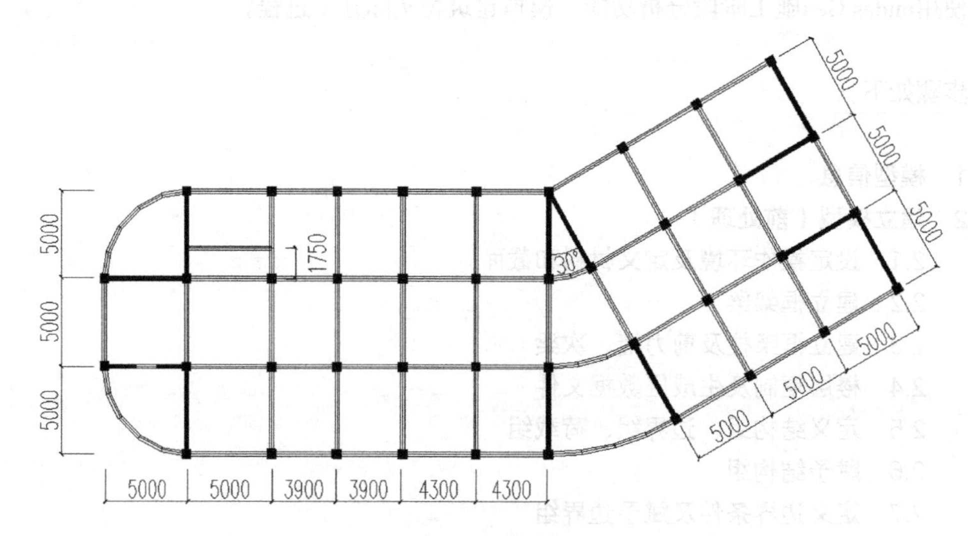

图1–1　结构平面图

注：本例模型数据及信息与案例1钢筋混凝土结构抗震分析及设计中的示例模型基本一致，仅增加施工阶段和材料依存性等分析设置。

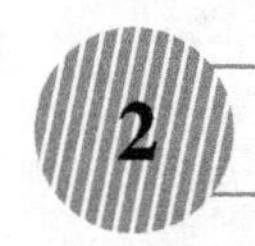

2　建立模型（前处理）

2.1　设定操作环境及定义材料和截面

1. 主菜单>文件>新项目>保存>文件名：钢筋混凝土结构施工阶段分析>保存。

2. 主菜单>工具>单位系>长度：m，力：kN>确定。亦可在模型窗口右下角点击图标 kN m 的下拉三角，修改单位体系，如图2–1所示。

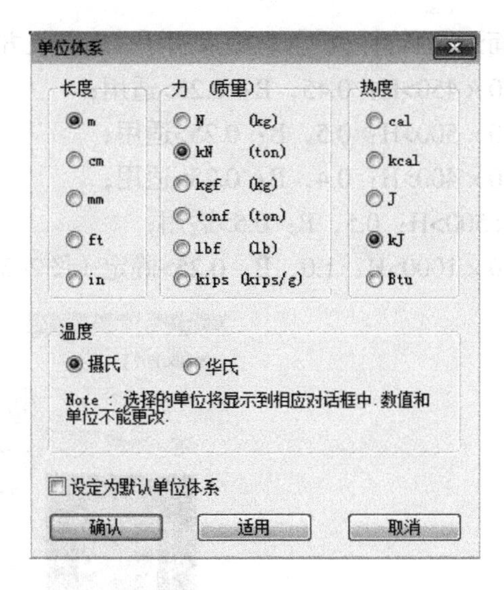

图2-1　单位体系

3. 主菜单>特性>材料>材料特性值>添加>设计类型：混凝土>规范：GB10（RC）>数据库：C30>确认（图2-2）。

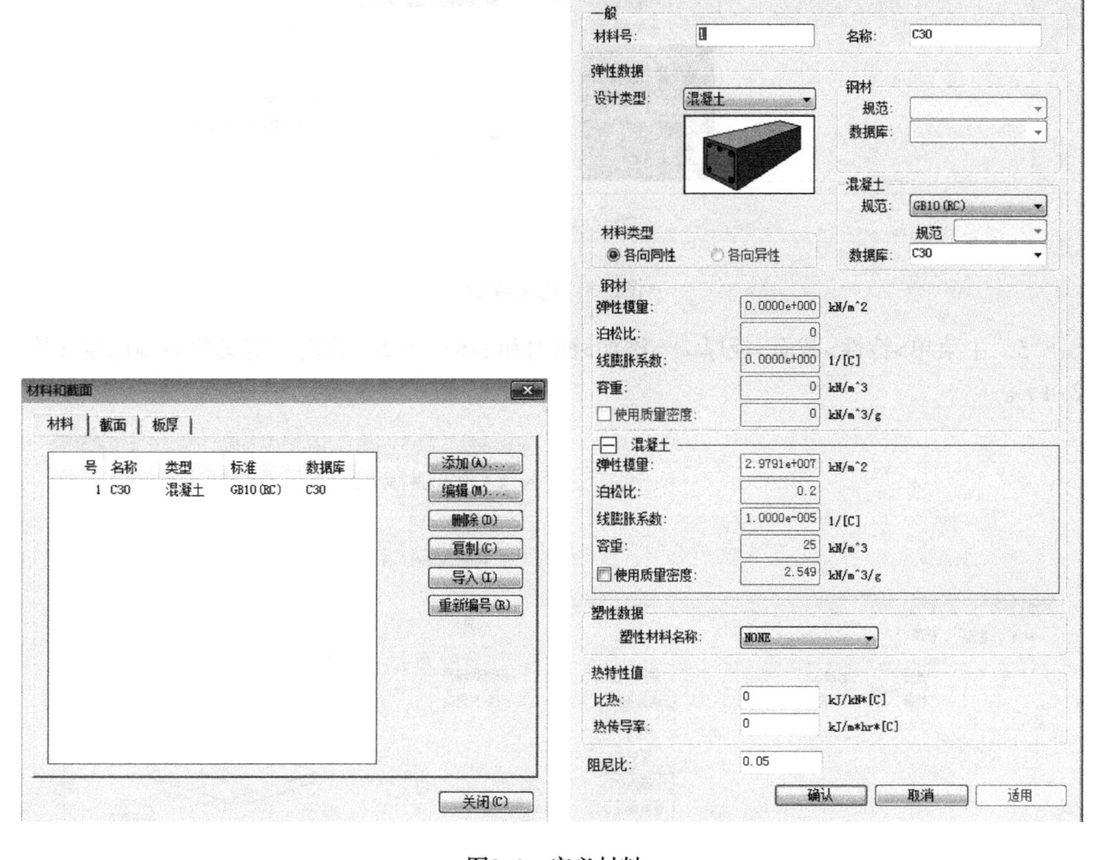

图2-2　定义材料

4．主菜单>特性>截面>截面特性值>数据库/用户>实腹长方形截面>用户>
主梁截面，名称：250×450>H：0.45，B：0.25>适用；
曲梁截面，名称：250×500>H：0.5，B：0.25>适用；
次梁截面，名称：250×400>H：0.4，B：0.25>适用；
柱截面，名称：500×500>H：0.5，B：0.5>适用；
连梁截面，名称：250×1000>H：1.0，B：0.25>确定（图2-3）。

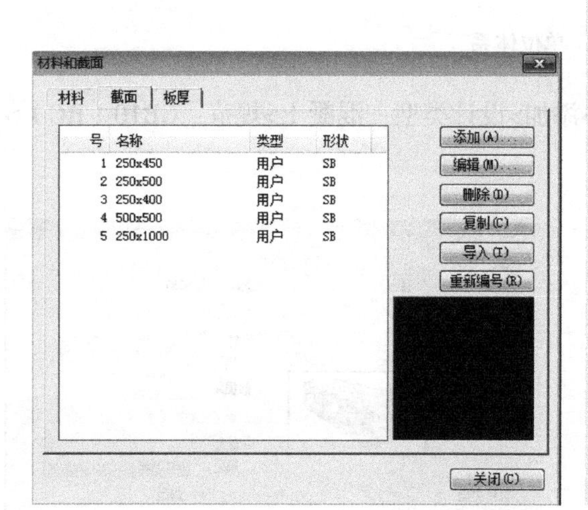

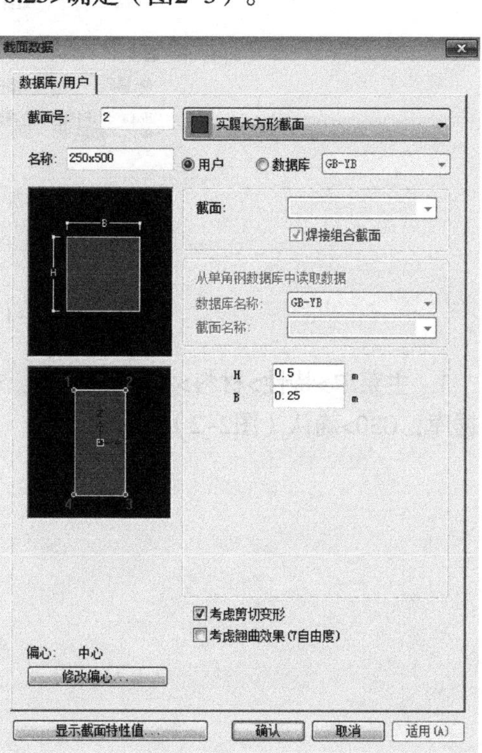

图2-3　定义截面

5．主菜单>特性>截面>板厚>添加>面内和面外：0.25>确定，定义剪力墙厚度（图2-4）。

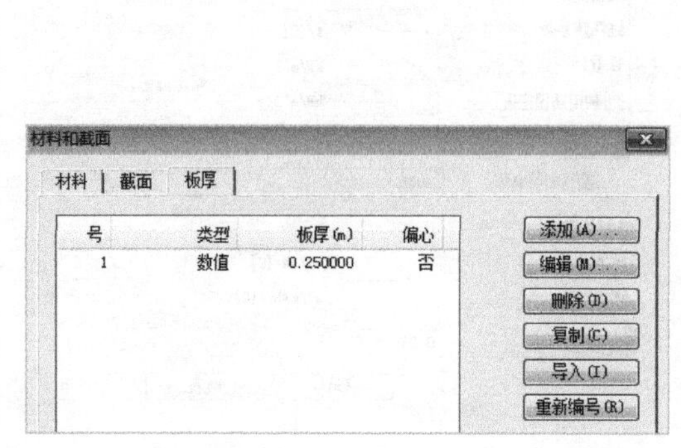

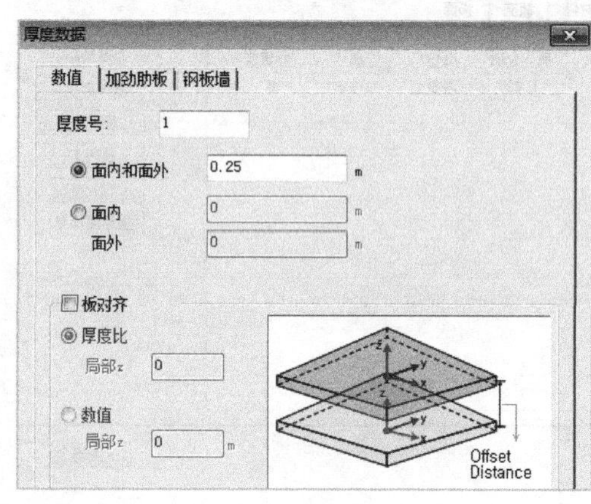

图2-4　定义厚度

6. 主菜单>特性>时间依存性材料>徐变/收缩>添加>名称：creep>设计标准：中国规范>28天材龄抗压强度（标准值）：30000kN/m^2>相对湿度：70%>构件理论厚度：1m（先假定此值，通过步骤7，程序会根据截面尺寸自动计算）>开始收缩时混凝土的材龄：3天>确认>关闭。定义混凝土材料收缩徐变函数（图2-5）。

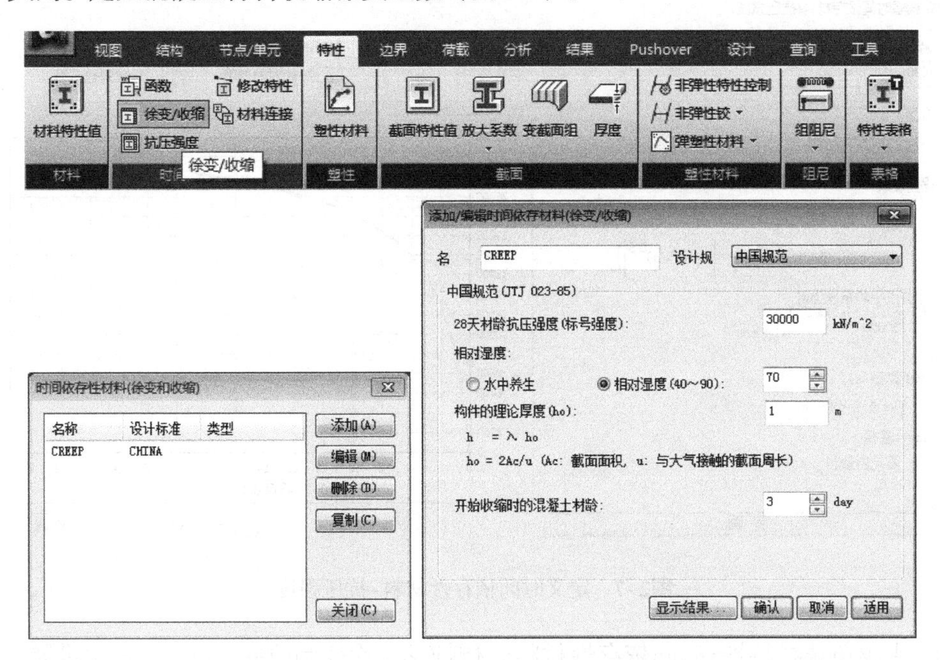

图2-5　定义时间依存性材料　收缩徐变

7. 主菜单>特性>时间依存性材料>修改特性>修改单元的材料时间依存性特性>选项：添加/替换>单元依存材料特性：构件理论厚度>自动计算>规范：中国标准>a:0.5>全选>适用（图2-6）。

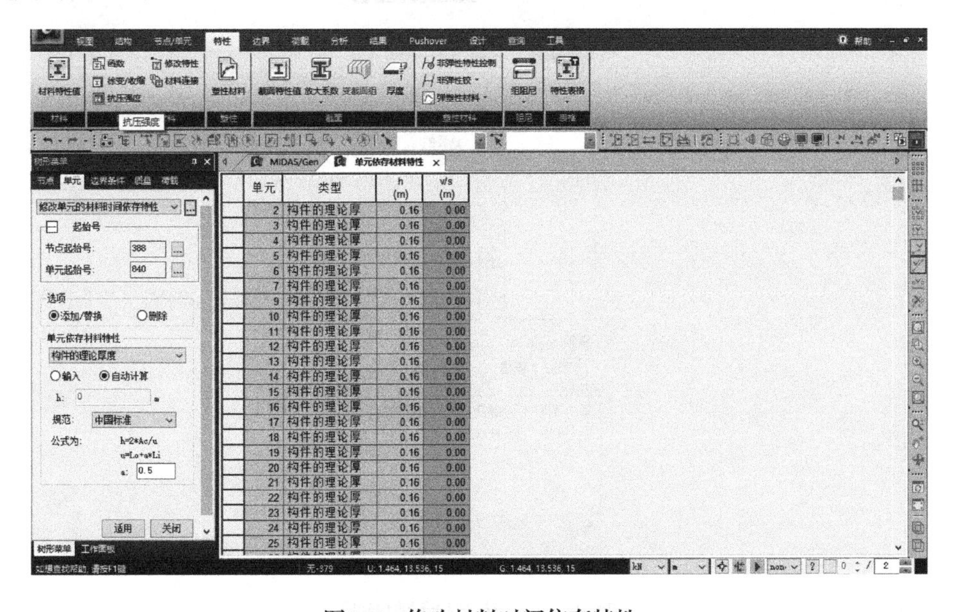

图2-6　修改材料时间依存特性

8．主菜单>特性>时间依存性材料>抗压强度>添加>名称：C30>类型：设计规范>规范：CEB–FIP（2010）>混凝土平均抗压强度：30000kN/m^2>水泥种类：32.5R,42.5N:0.25>ansys建模：石灰岩骨料：0.9>重画，绘制曲线>确认>关闭（图2–7）。

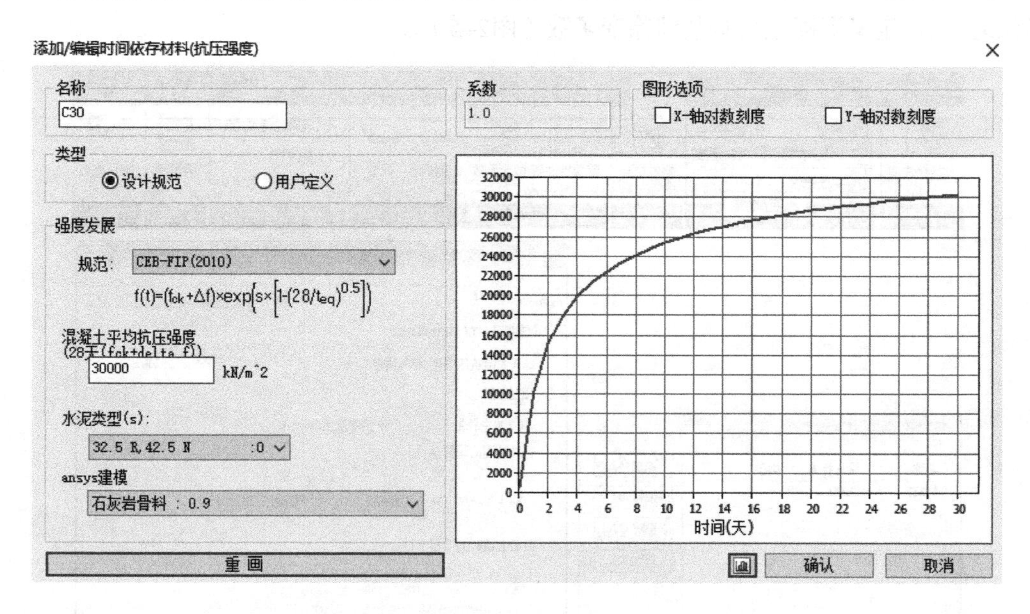

图2–7　定义时间依存性材料–抗压强度

9．主菜单选择特性>时间依存性材料>材料连接>徐变和收缩：creep>强度进展：C30>选择指定的材料点选1:C30>[>]选择的材料1:C30>添加/编辑>关闭。将时间依存材料特性与定义的一般材料连接起来（图2–8）。

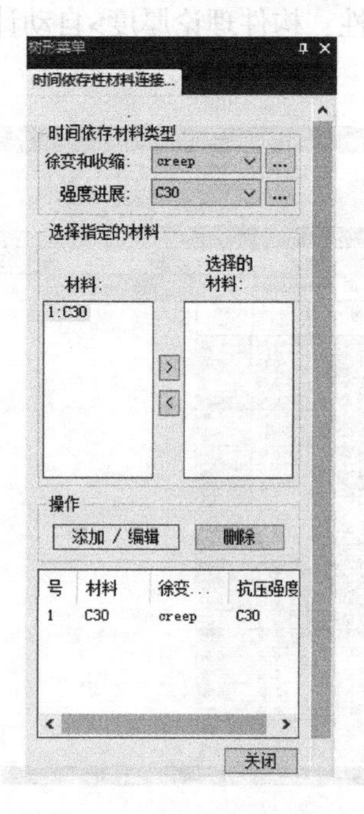

图2–8　时间依存性材料连接

2.2　建立框架梁

1. 主菜单>节点/单元>节点>建立节点>坐标：0, 0, 0>复制次数：1>距离：（dx,dy,dz）：0，15，0>点击适用。主菜单>节点/单元>单元>建立单元>单元类型：一般梁/变截面梁>材料名称：C30>截面名称：250×450>节点连接：1,2（模型窗口中直接点取节点1,2）。建立第一根梁单元，然后关闭（图2-9）。

注：点击右上角动态视图控制，实现9个方向的视角查看。点击快捷工具栏显示节点号，显示单元号。

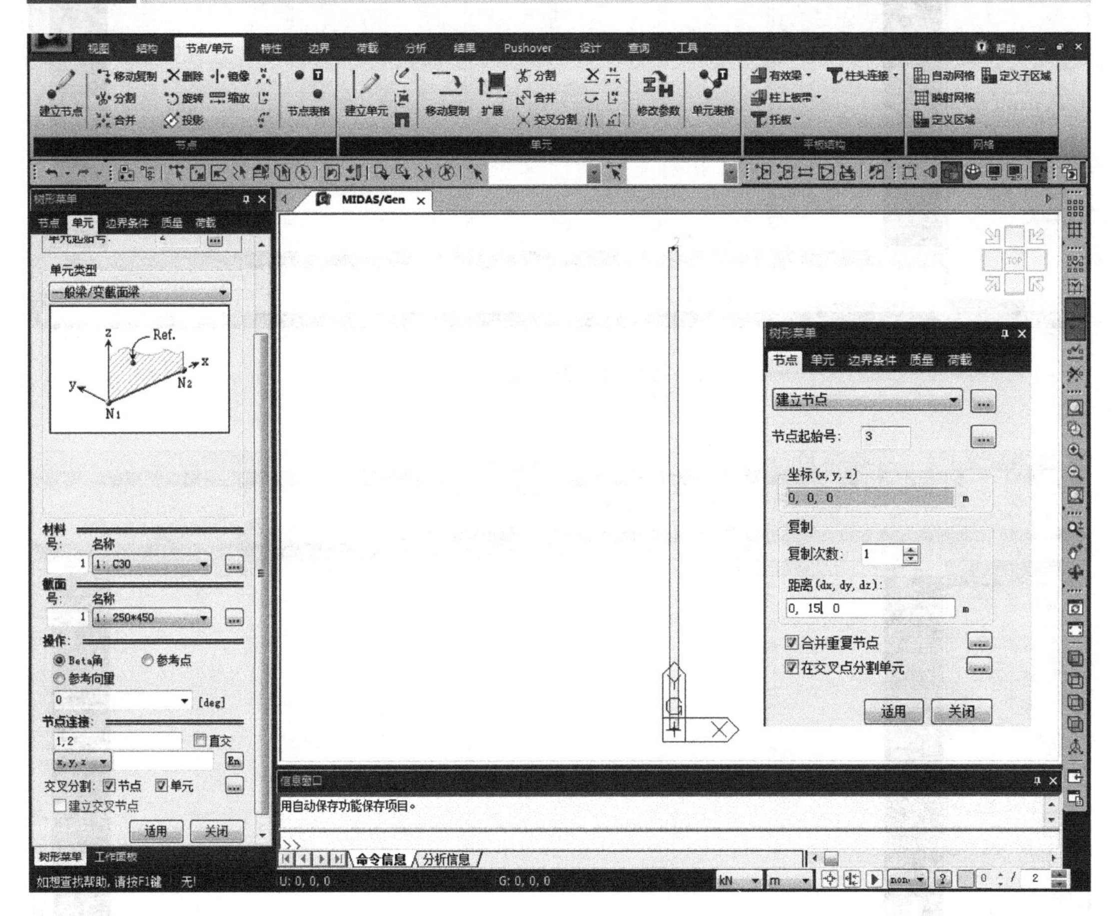

图2-9　建立梁单元

2. 复制单元

主菜单>节点/单元>单元>移动复制>选择复制对象：点击选取刚建立的单元>形式：复制>任意间距>方向：x>间距：2@5,2@3.9,2@4.3>适用（图2-10）。

3. 主菜单选择>节点/单元>单元>建立单元>材料名称：C30>截面名称：250×450>交叉分割：节点和单元都勾选>节点连接：在模型中点选节点1、13（图2-11）。

4. 复制单元

主菜单>节点/单元>单元>移动复制>形式：复制，点击选取刚建立的单元>任意间距：方向：y，间距：3@5>交叉分割：节点和单元都勾选>适用（图2-12）。

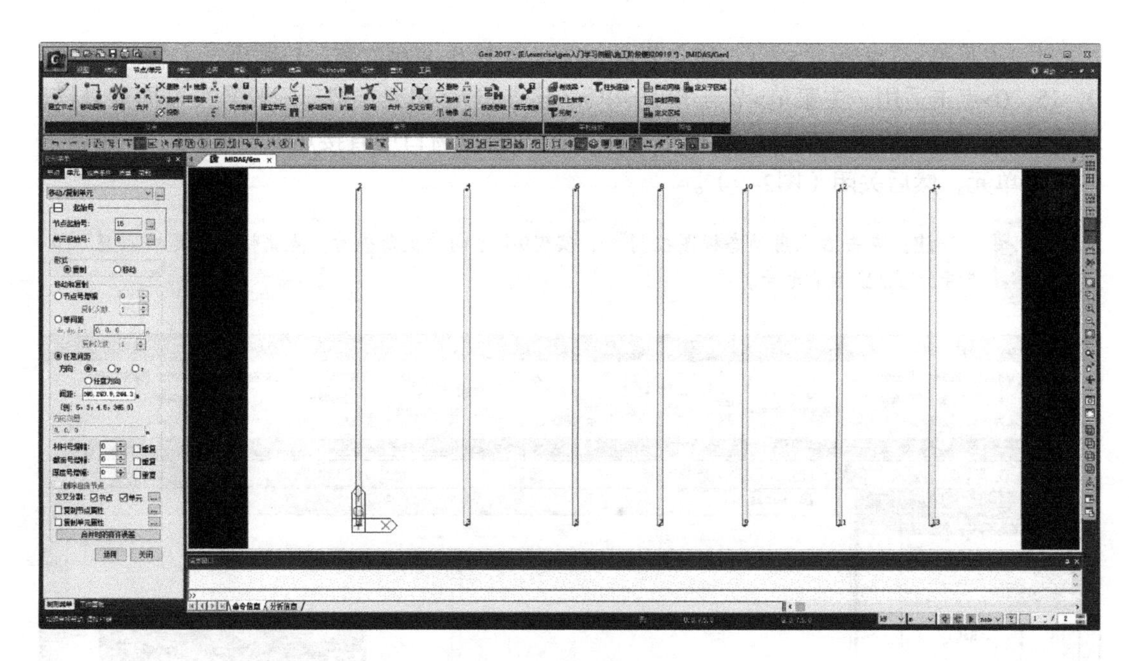

图2-10　复制梁单元

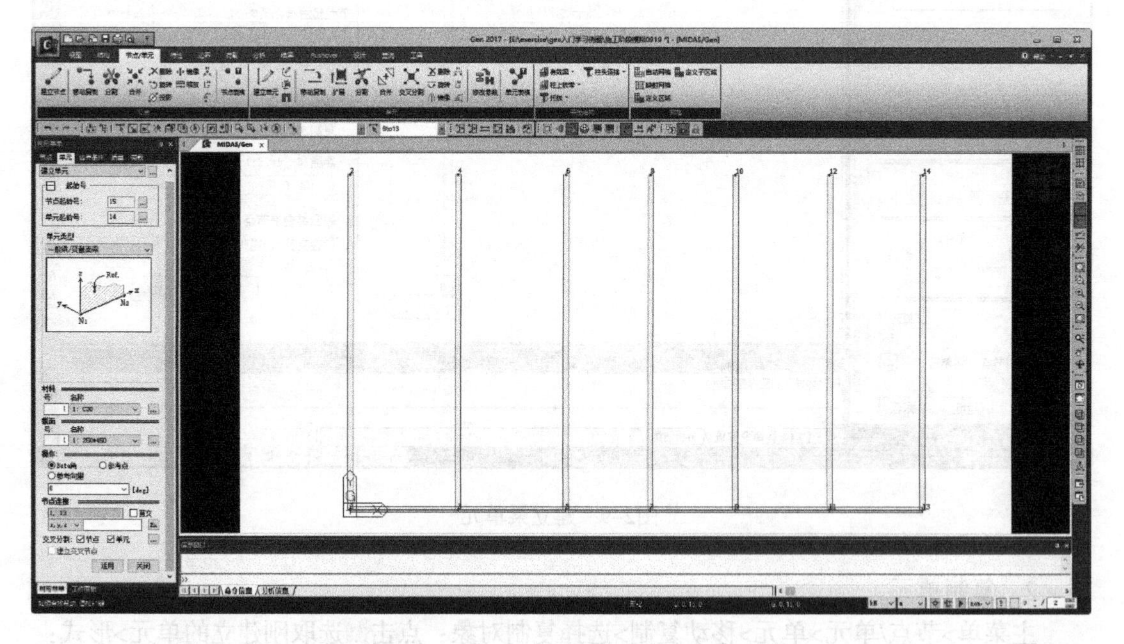

图2-11　建立梁单元

5．定义用户坐标系：主菜单>结构>坐标系/平面>UCS>X-Y平面>坐标原点：26.4,15,0（亦可直接选择已建框架模型右上角14号节点）>旋转角度：-60>保存当前UCS>输入名称：“用户坐标1”（可自定义）>确认（图2-13）。

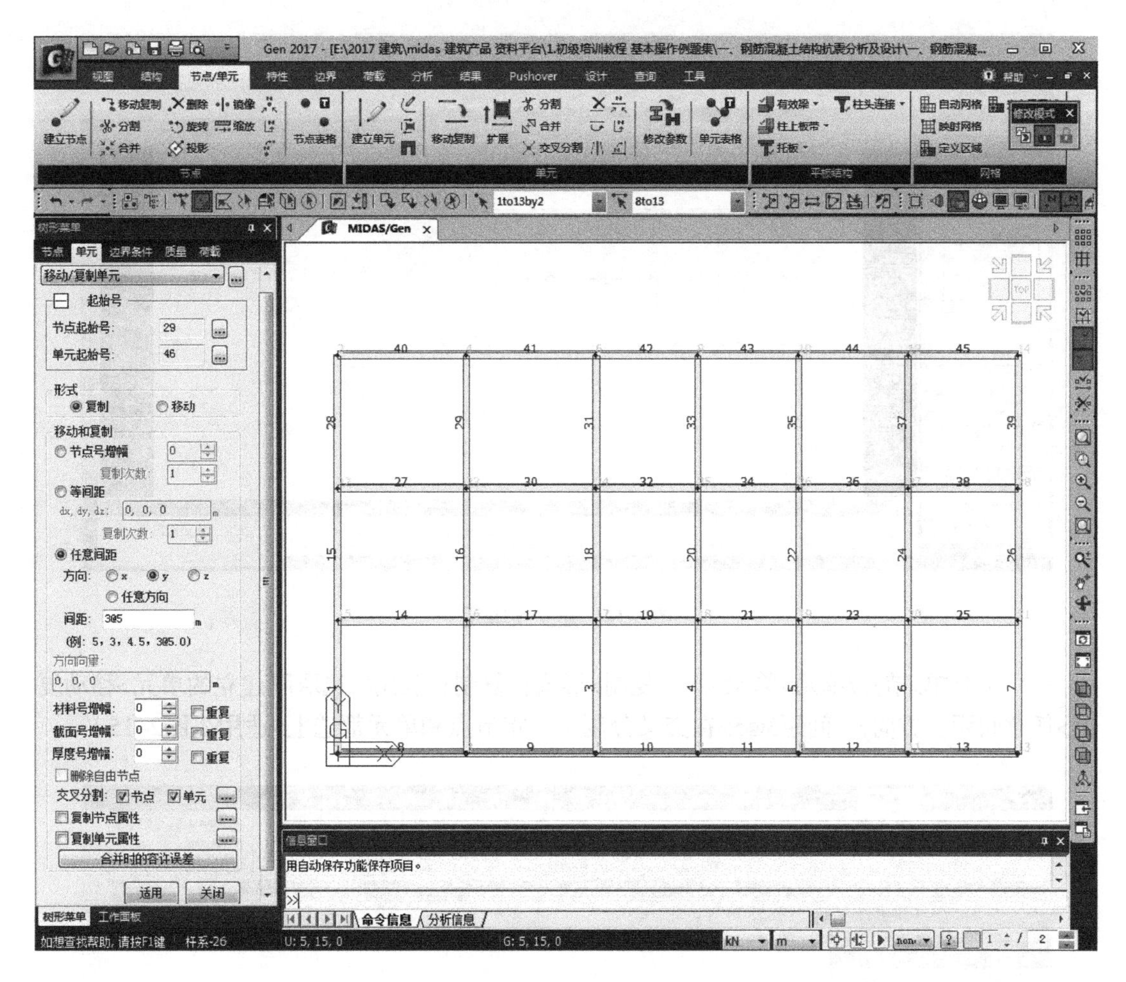

图2–12　复制梁单元

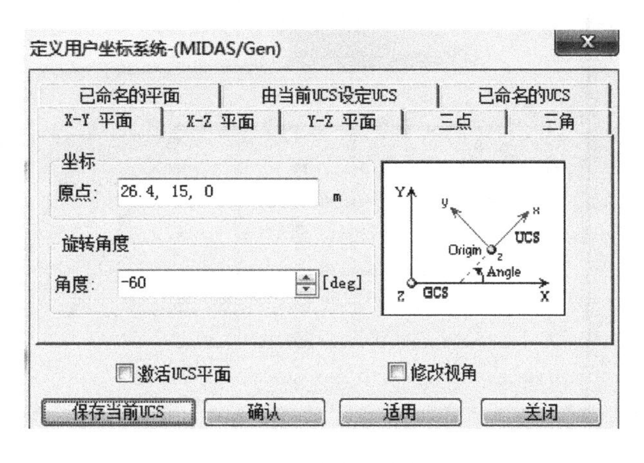

图2–13　定义用户坐标系

6．主菜单>节点/单元>单元>建立单元>单元类型：一般梁/变截面梁>材料 名称：C30>截面名称：250×450>节点连接：模型中选中14号节点（图2–14模型右上角节点）>点击[x, y, z ▾]>选择相对坐标[dx, dy, ▾]：15,0,0>点击[En]。

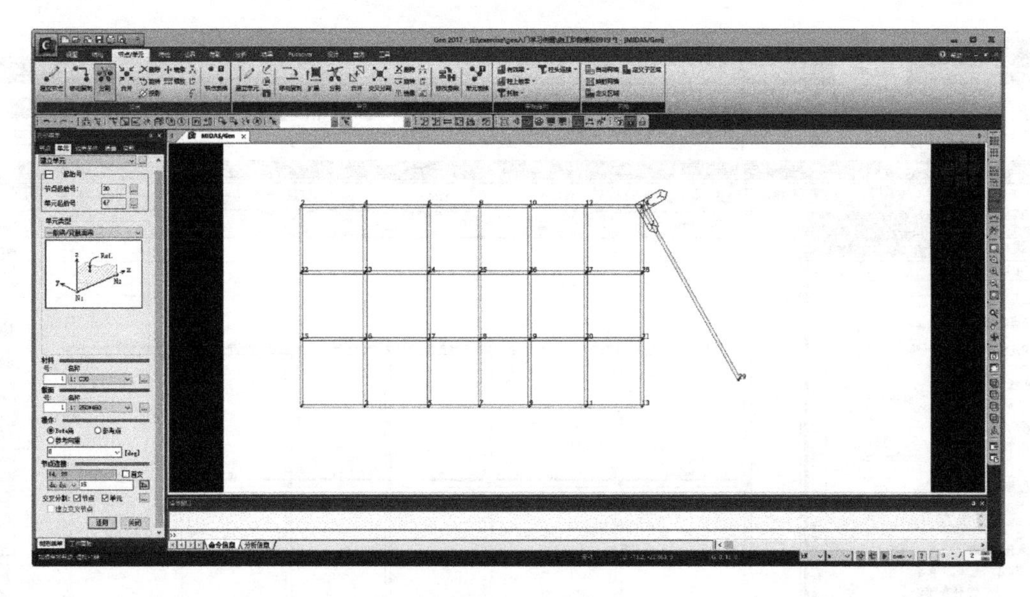

图2-14 建立梁单元

7. 主菜单>节点/单元>单元>移动复制>形式：复制；利用选取刚建立的单元>移动复制>任意间距：方向y，间距3@5>在交叉分割项，将节点和单元都选上>适用（图2-15）。

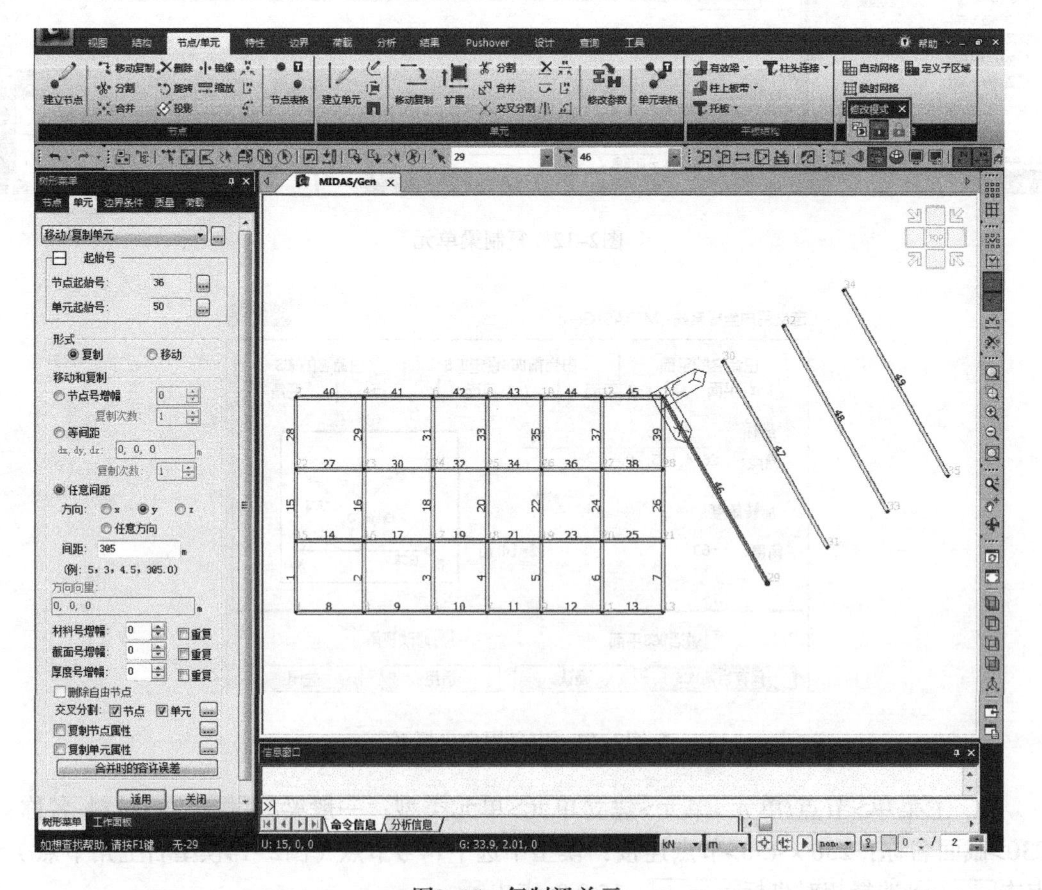

图2-15 复制梁单元

8．主菜单>节点/单元>单元>建立单元>单元类型：一般梁/变截面梁>材料名称：C30>截面名称：250×450>交叉分割：节点和单元都勾选>节点连接：29,35（在模型中选中节点29,35）。

工作树中，点击建立单元 ▼>选择移动/复制单元>点击选取刚建立的单元>形式：复制>任意间距>方向：x>间距：3@-5>交叉分割：节点和单元都勾选>适用（图2-16）。

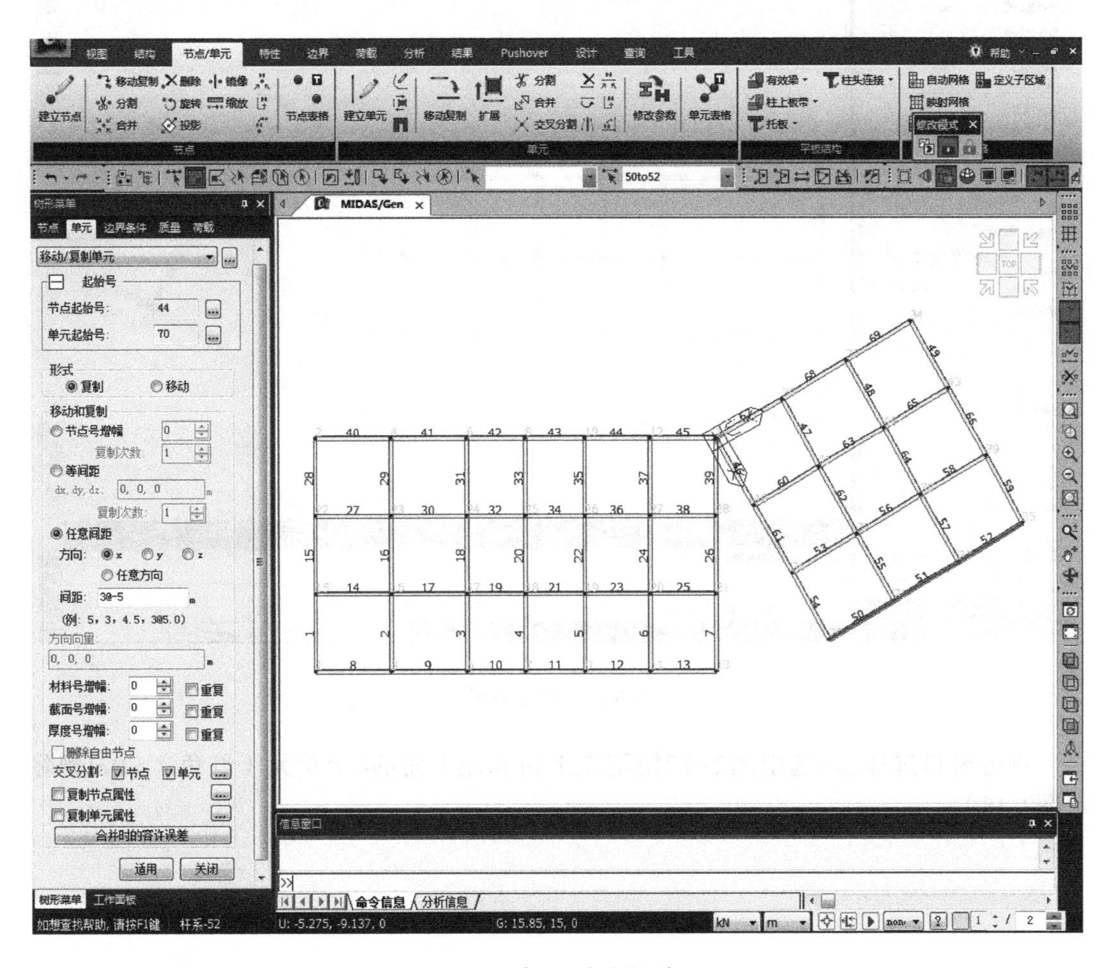

图2-16　建立、复制梁单元

9．建立曲线梁

主菜单>视图坐标系>整体坐标系。

主菜单>节点/单元>单元>在曲线上建立直线单元>曲线类型：弧中心+两点>单元类型：梁单元>材料名称：C30>截面名称：曲梁截面>

分割数量：2>C：14>P1：28，P2：40（直接点选节点）；

分割数量：3>C：14>P1：21，P2：36；

分割数量：4>C：14>P1：13，P2：29；

分割数量：4>C：23>P1：22，P2：4；

分割数量：4>C：16>P1：3，P2：15；>关闭（图2-17）。

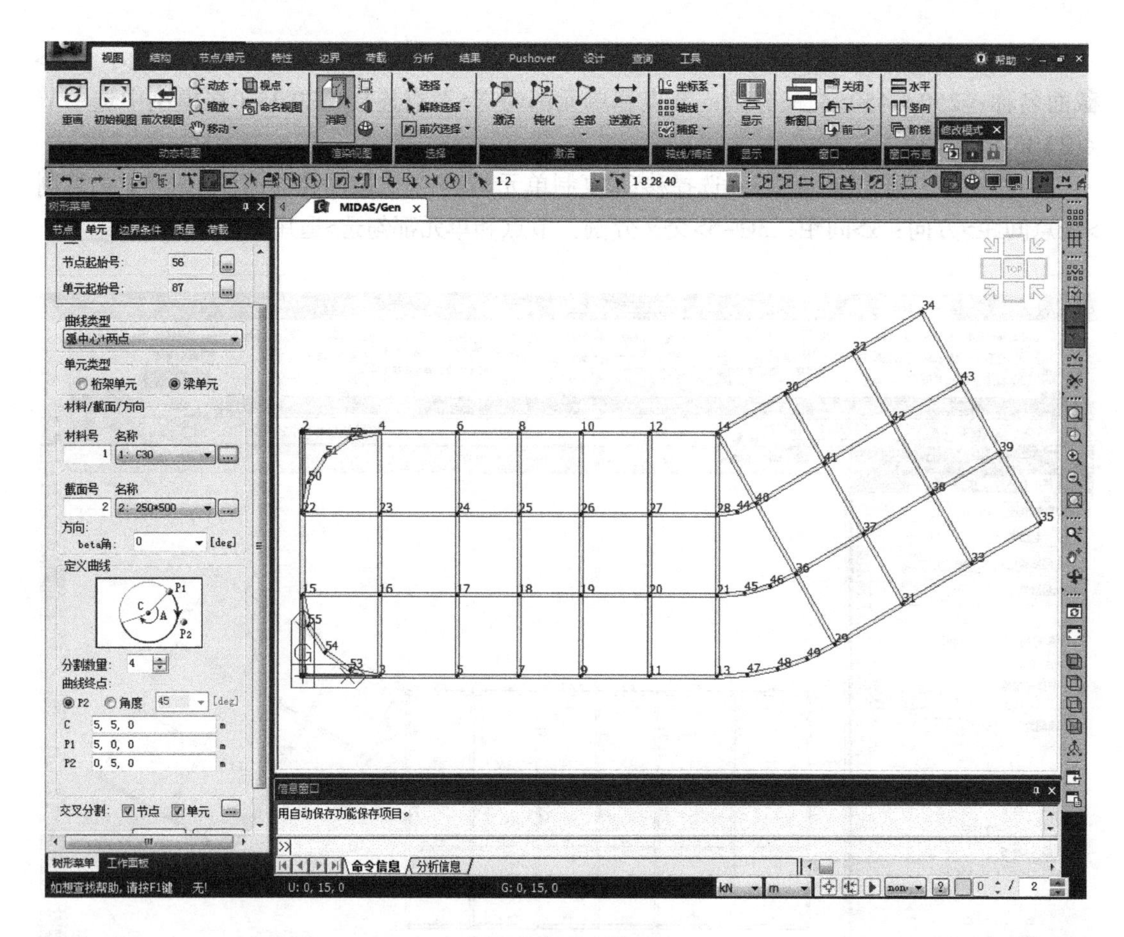

图2-17 建立曲梁

点击窗口选择 >选中图2-17模型左上角和左下角的4个单元（红色）>Del删除（图2-18）。

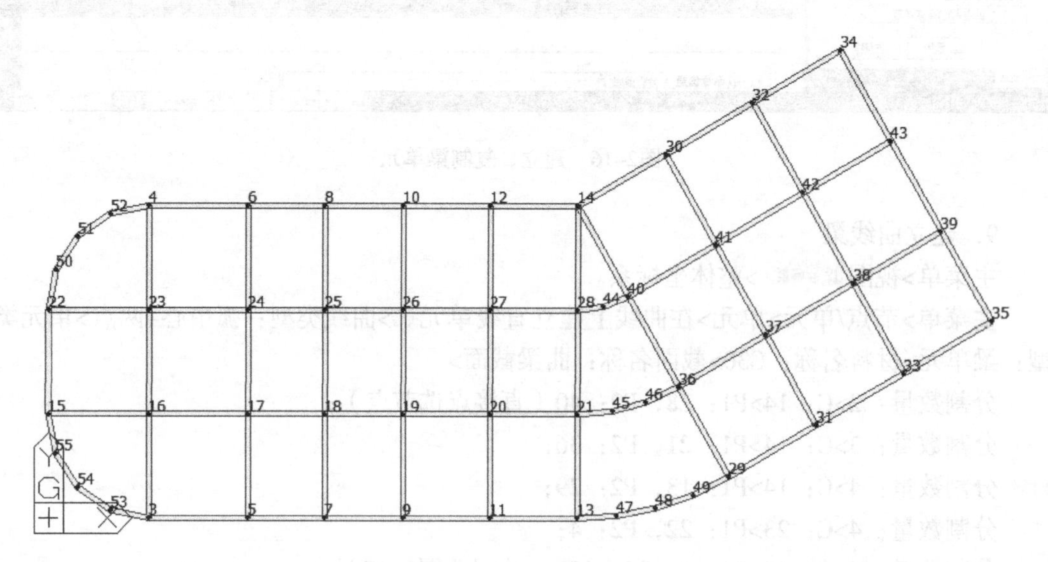

图2-18 删除多余主梁

2.3　建立框架柱及剪力墙、次梁

1．主菜单>节点/单元>单元>扩展>扩展类型：节点→线单元>单元类型：梁单元>材料：C30>截面：500×500>生成形式：复制和移动>等间距>dx,dy,dz：0,0,–4.5>复制次数>1>在模型窗口中选择生成柱的节点（如图2–19所示）>适用。

注：选择节点时，可先选中全部节点和单元，然后在快捷工具栏将 2to7 9to27 29to39 中单元号删除，这时就只有节点被选中了，再按住shift键反选不需要的节点即可。

2．主菜单>节点/单元>单元>修改参数>参数类型>单元坐标轴方向>Beta角：60>模型窗口中选择框架2部分需旋转的框架柱（图2–19显示为红色的柱）>适用。

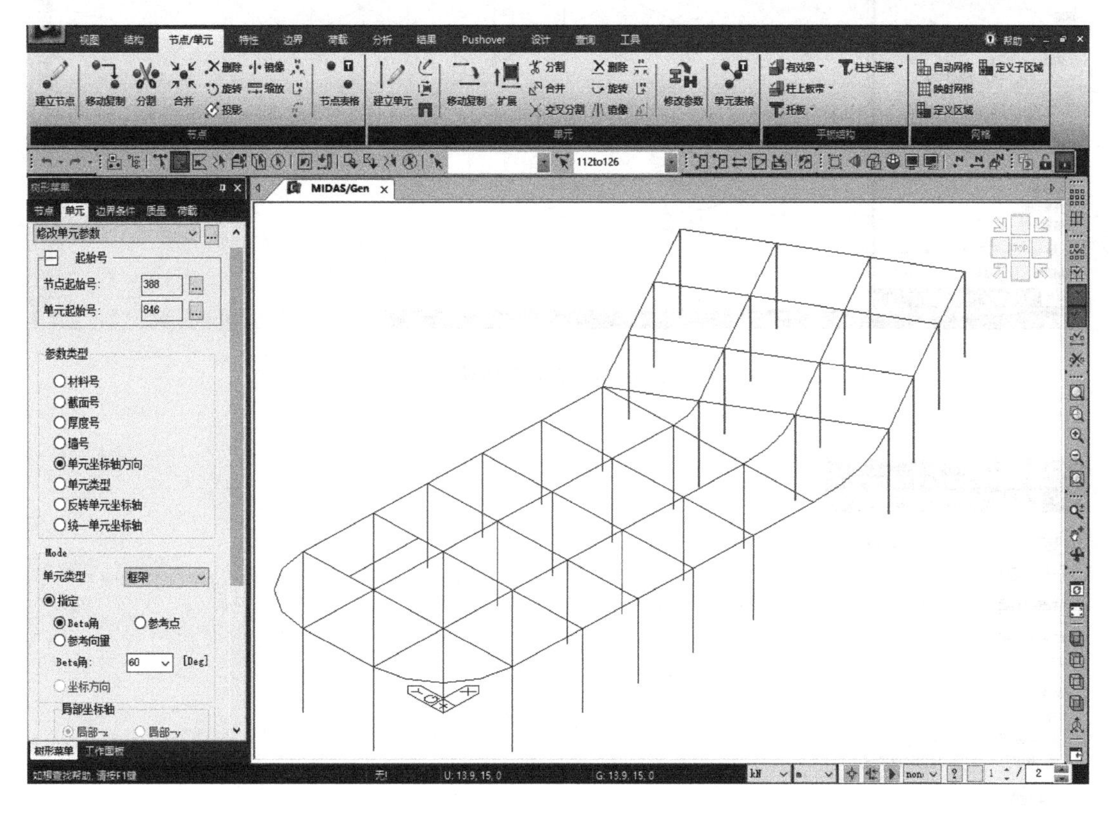

图2–19　建立框架柱

3．主菜单>节点/单元>单元>扩展>扩展类型：线单元→平面单元>单元类型：墙单元>原目标：删除和移动都不勾选>材料：C30>厚度：0.25>生成形式：复制和移动>等间距>dx,dy,dz：0,0,–4.5>选择生成墙的梁单元（如图2–20所示）>适用。

4．主菜单>节点/单元>单元>分割>单元类型：墙单元>任意间距:x:0>z:1.9,1.2>选择图2–20中14号梁单元下面的墙单元>适用>关闭（图2–21）。

原墙单元被分割成3个墙单元，选中间140号墙单元，Del删除。原墙上梁单元同时被分割成3个单元，选中中间138号单元（连梁）>在工作树中点击5号截面（250×1000）并按住，拖放至模型窗口，完成连梁截面的修改。由于连梁截面高1m，原梁高为0.45m，不对齐，故在主菜单 结构>结构类型>勾选“图形显示时，将梁顶标高与楼面标高（X-Y平面）平齐”（图2-22）。

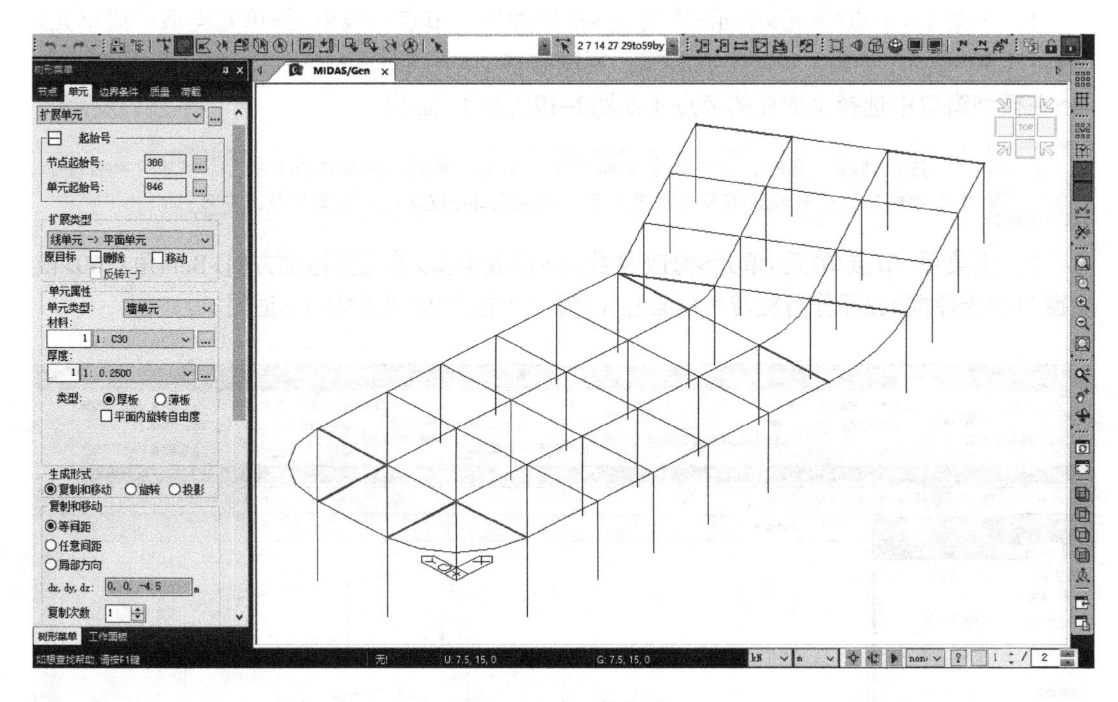

图2-20 建立剪力墙

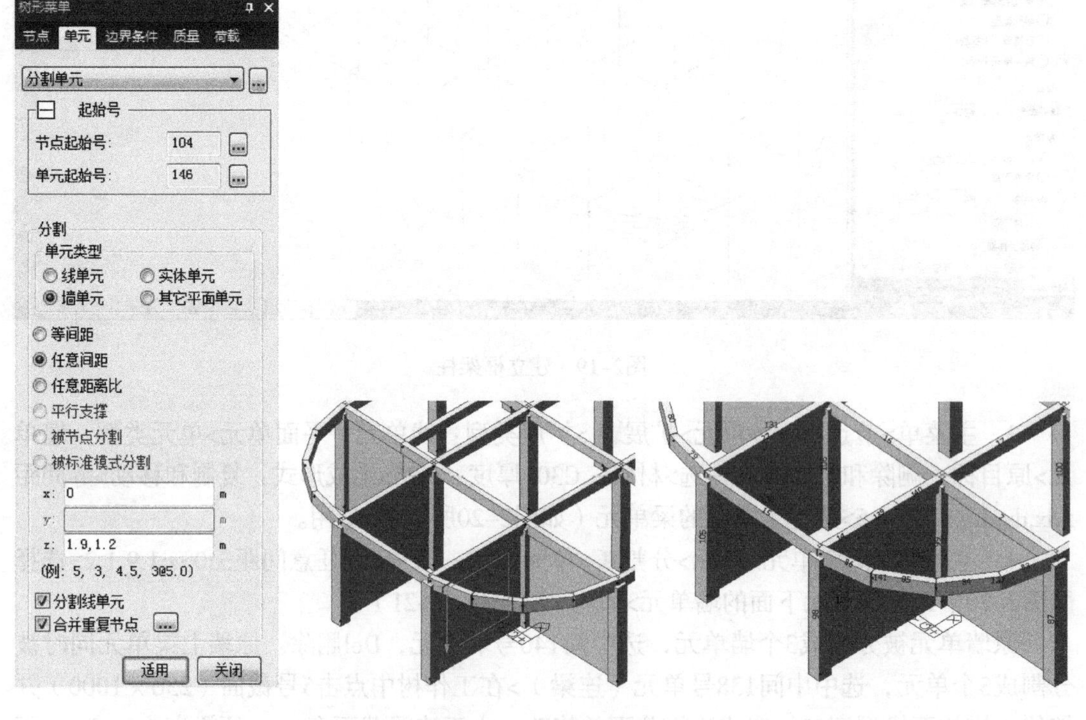

图2-21 分割墙单元

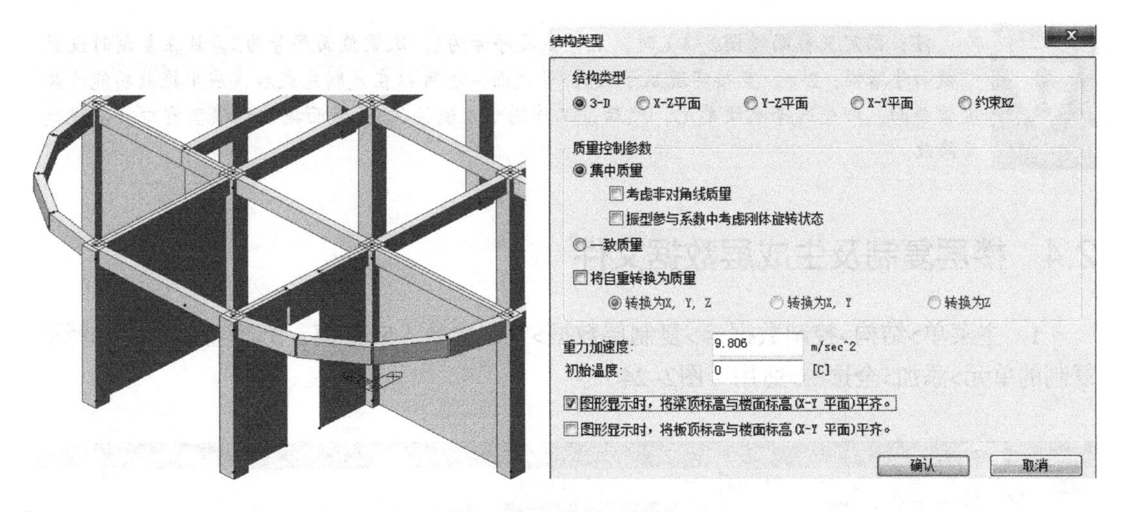

图2-22　开洞、顶对齐

注：此步操作未采用“剪力墙洞口”功能。因底层洞口高度不变（3m），底层高4.5m，其他层高3m，自动计算连梁高度=层高-洞口高。由此，定义层数据时，其他层自动计算的连梁高是0m，导致复制层数据时报错。

5．主菜单>节点/单元>单元>移动复制>点击框选30号单元>形式：复制>等间距：0,1.75,0>截面号增幅：2>交叉分割：节点和单元都勾选>适用（图2-23）。

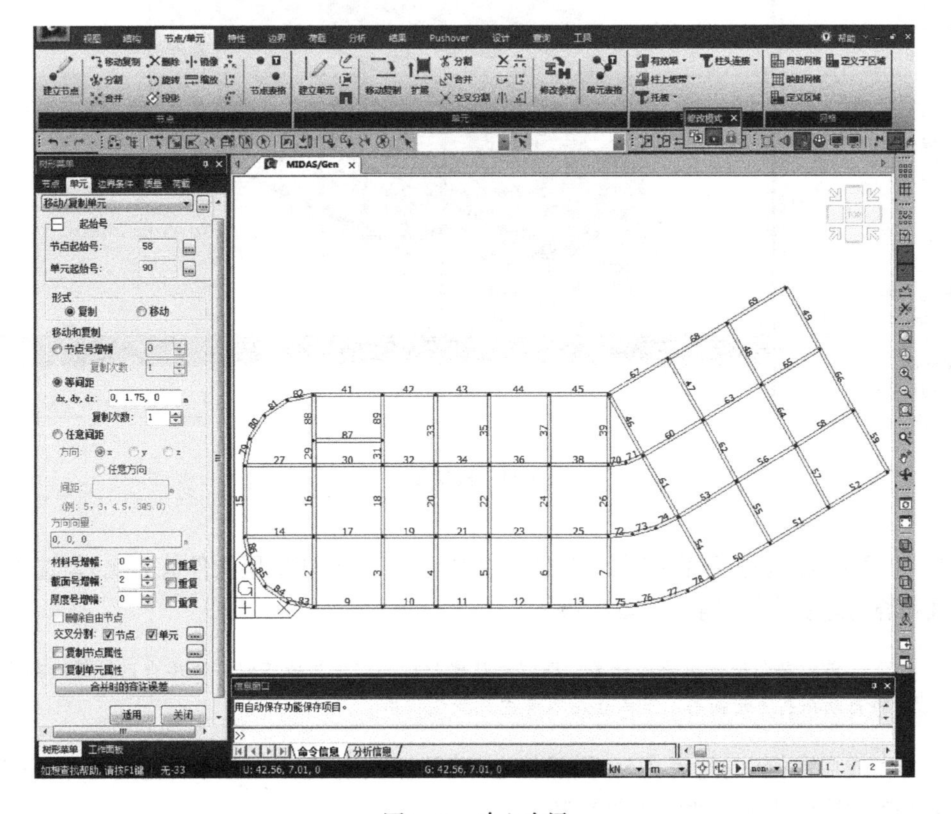

图2-23　建立次梁

注：因定义截面（图2-3）时，主梁截面序号为1，次梁截面序号为3，故在复制时设置“截面号增幅：2”，直接实现赋予次梁3号截面。也可以在复制完成后，应用拖放功能修改次梁截面，即先选择次梁单元，然后，工作树中左键按住3号截面拖放到模型窗口，实现截面修改。

2.4　楼层复制及生成层数据文件

1. 主菜单>结构>控制数据 >复制层数据>复制次数：5>距离：3>模型窗口中选择要复制的单元>添加>全选 >适用（图2-24）。

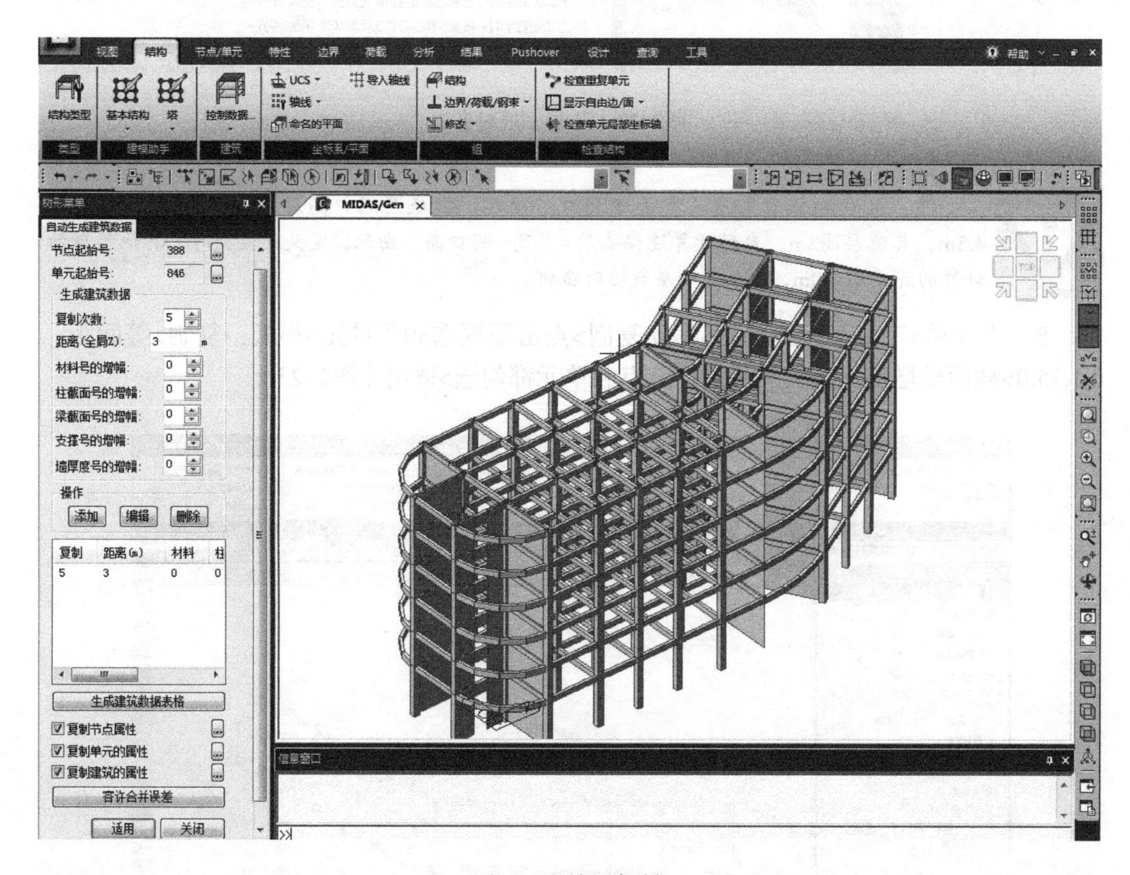

图2-24　楼层复制

2. 主菜单>结构>控制数据 >定义层数据>点击 >勾选 层构件剪力比>勾选 弹性板风荷载和静力地震作用>确认（图2-25）。

注：若勾选使用地面标高，则程序认定此标高以下为地下室。程序自动计算风荷载时，将自动判别地面标高以下的楼层不考虑风荷载作用。

点击生成层数据>勾选考虑5%偶然偏心>确认。表格最后一列可设置是否考虑刚性楼板，若为弹性楼板选择不考虑（图2-25）。

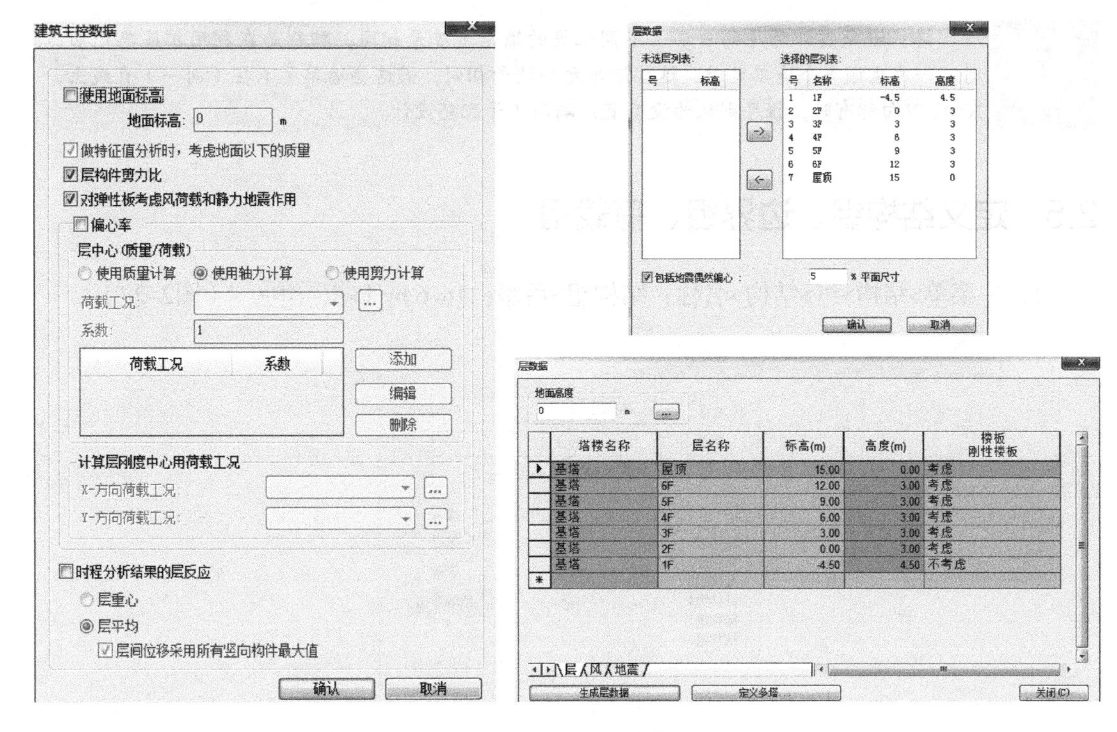

图2-25　定义层数据

3. 主菜单>结构>控制数据>自动生成墙号>所有>确认（图2-26）。

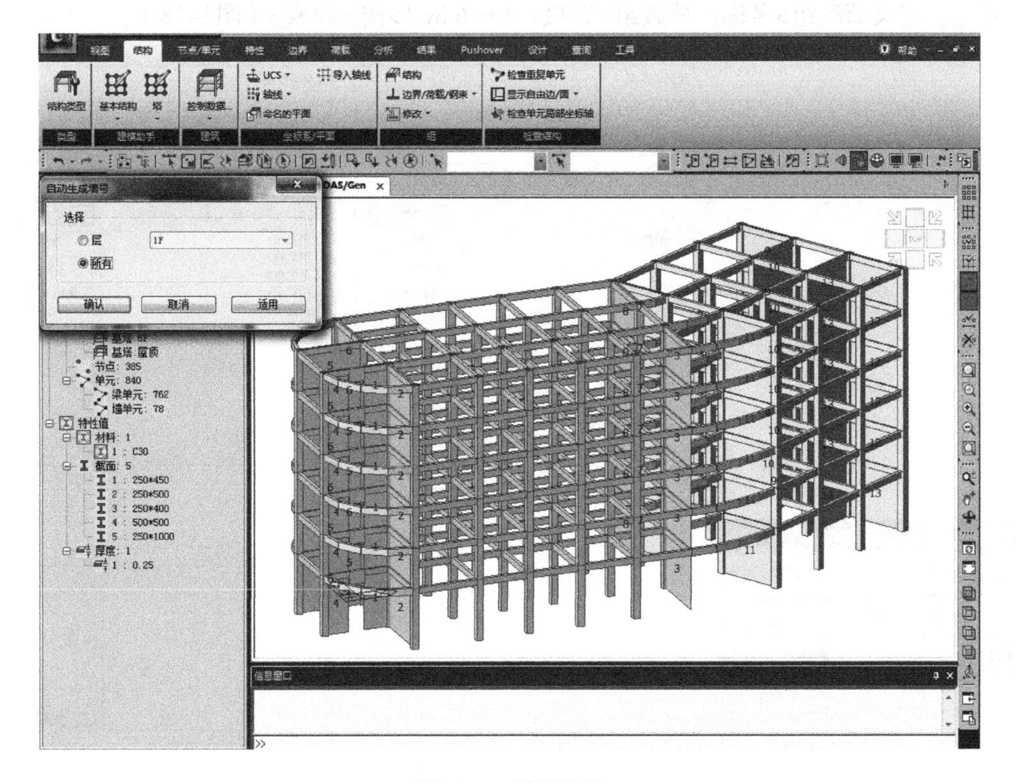

图2-26　设置墙号

注：避免设计时（同一层）不同位置的墙单元编号相同，特别是在利用扩展单元功能时，一次生成多个墙单元时，这些墙单元的墙号相同，若这些墙单元不在（同一）直线上，X向、Y向都有时，程序则认为没有直线墙而不予配筋设计。

2.5 定义结构组、边界组、荷载组

1．主菜单>结构>组>结构>名称：结构组>后缀：1to 6 by 1>按添加(A)（图2-27）。

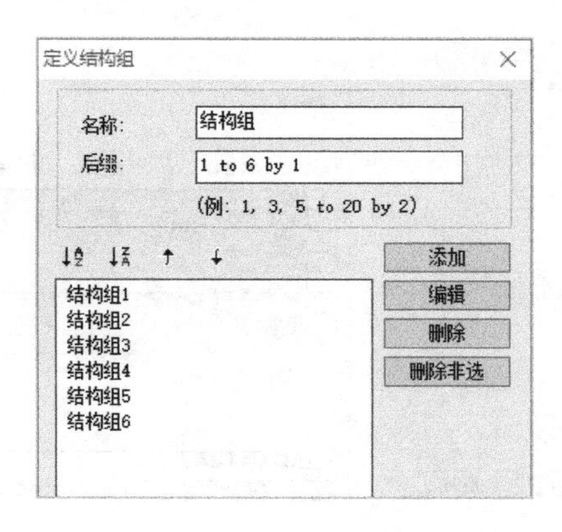

图2-27 定义结构组

2．主菜单>结构>组>边界/荷载/钢束>定义边界组>名称：边界组>后缀：1>按添加(A)。定义荷载组>名称：荷载组>后缀：1 to 6 by 1>按添加(A)（图2-28）。

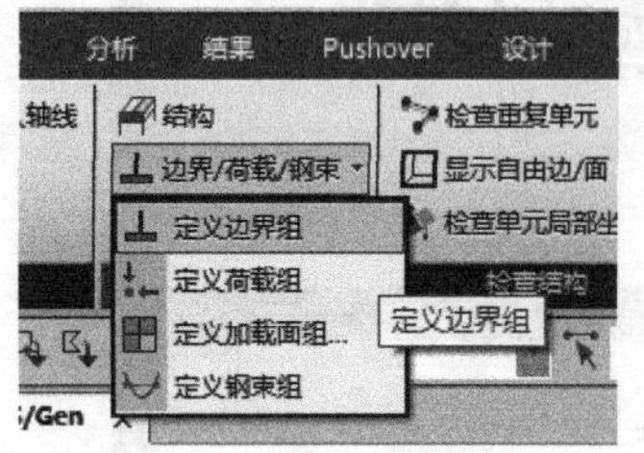

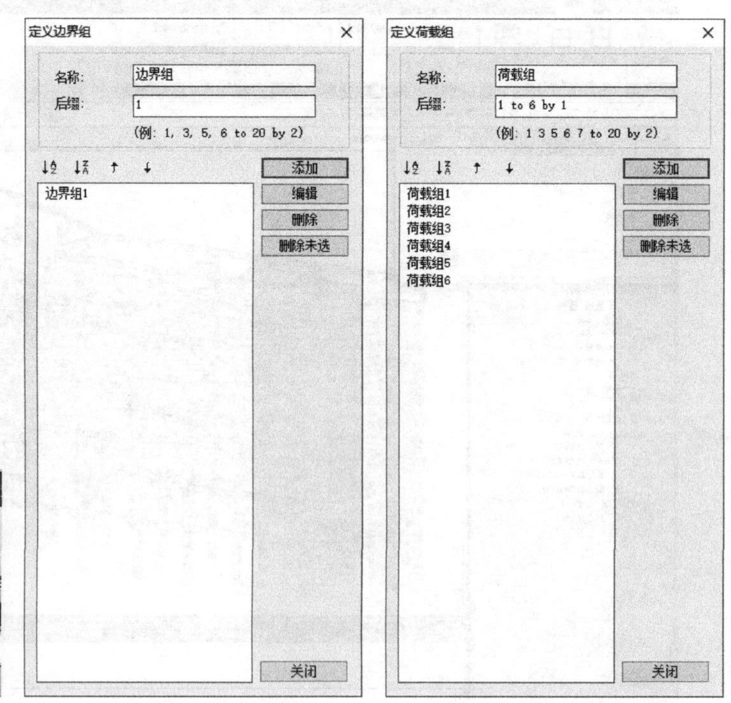

图2-28 定义边界组

2.6　赋予结构组

1．主菜单>视图>激活>全部>按属性激活>点选：层>选择：2F层>选择：+板下>激活>关闭（图2–29）。

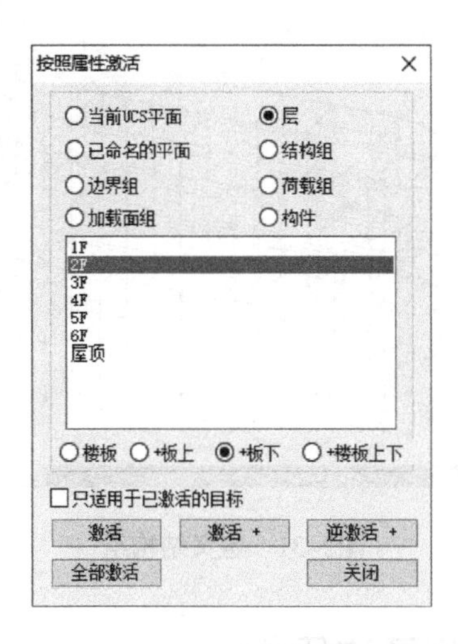

图2–29　激活2F层

2．快捷工具栏>全选>树形菜单：组>选中：结构组1，按住鼠标左键，拖放至模型窗口，将第一层所有单元赋予结构组1（图2–30）。

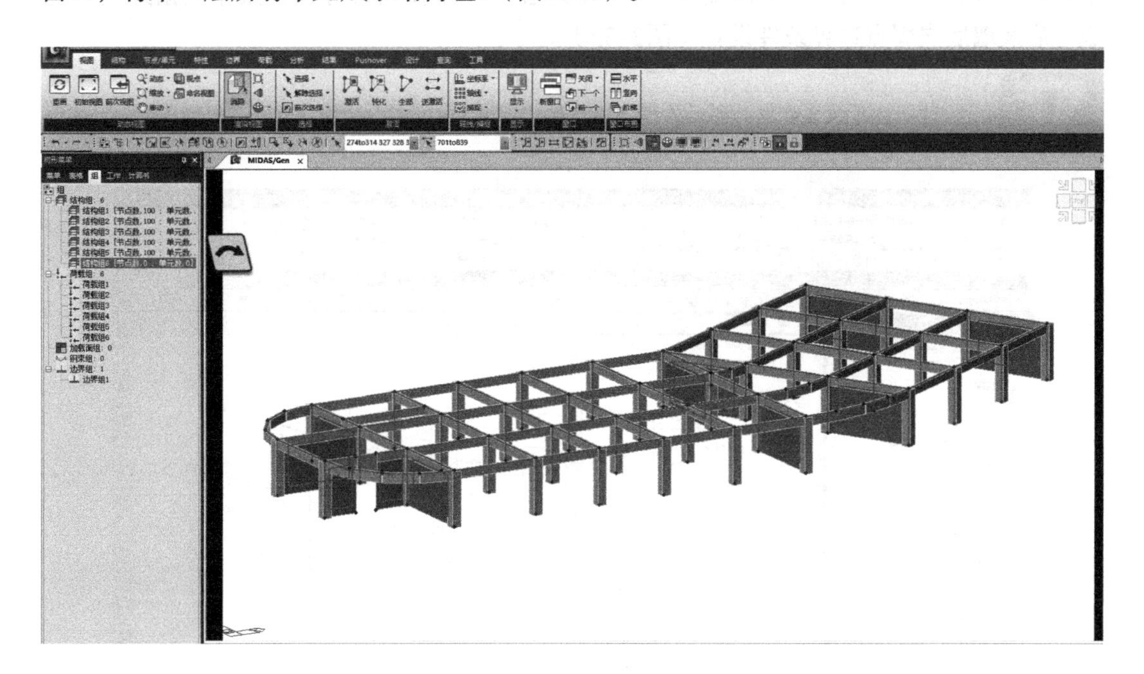

图2–30　定义结构组

重复步骤1、2，把3F、4F、5F、6F、屋顶单元赋予结构组2、结构组3、结构组4、结构组5、结构组6（图2–31）。

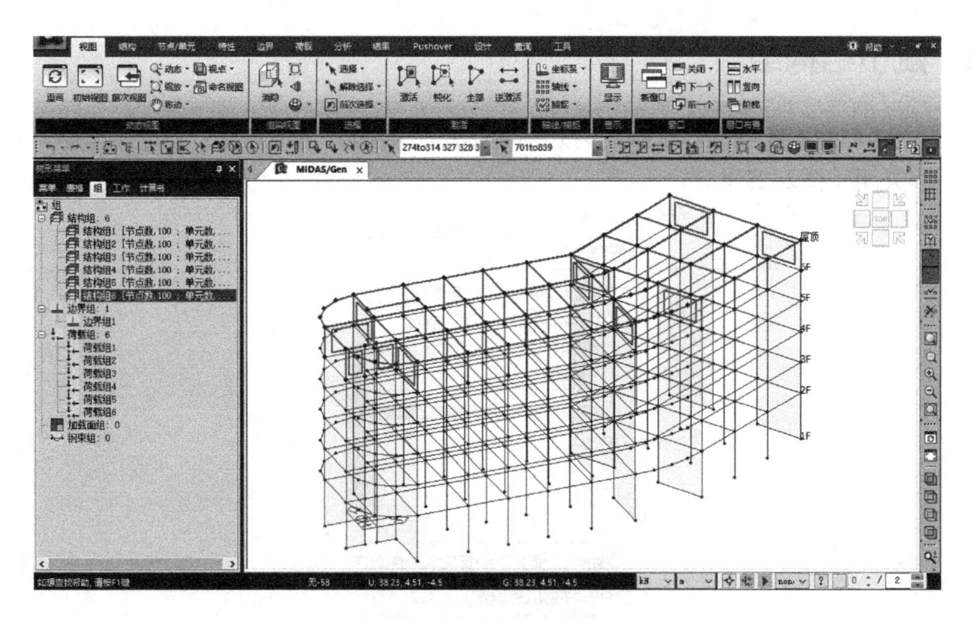

图2-31　定义结构组

2.7　定义边界条件及赋予边界组

主菜单>边界>一般支承>边界组名称：边界组1>勾选 D-ALL、Rx、Ry、Rz>在快捷工具栏平面选择>XY平面>Z坐标-4.5>适用>关闭>在工作树边界条件菜单点击适用。完成柱底及墙底嵌固点边界条件设置（图2-32）。

注：边界组名称中，务必选择“边界组1”。

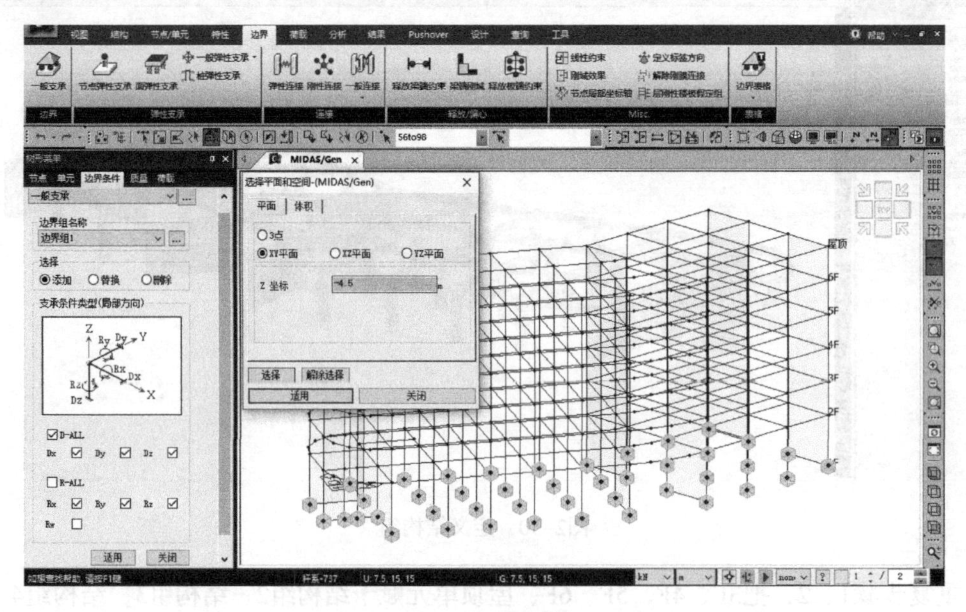

图2-32　定义边界条件及赋予边界组

2.8　定义荷载工况及楼面荷载

1. 主菜单>荷载>荷载类型>静力荷载>荷载工况>静力荷载工况>名称：DC>类型：施工阶段荷载>添加；名称：LC>类型：施工阶段荷载>添加；名称：LL>类型：活荷载>添加>关闭（图2-33）。

注：DC-施工阶段施加的恒荷载；LC-施工阶段楼面施加的施工荷载；LL-使用阶段活荷载。

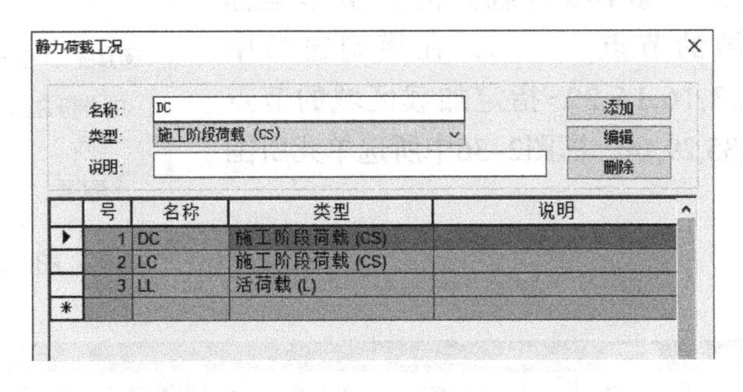

图2-33　定义荷载工况

2. 主菜单>荷载>静力荷载>分配楼面荷载>定义楼面荷载类型>名称：OFFICE1>荷载工况：DC>楼面荷载：-4.3>荷载工况：LC>楼面荷载：-1.0>添加(A)>名称：OFFICE2>荷载工况：LL>楼面荷载：-2.0>添加(A)（图2-34）。

注：OFFICE1-楼面上的施工阶段荷载，OFFICE2-楼面上的使用阶段活荷载。

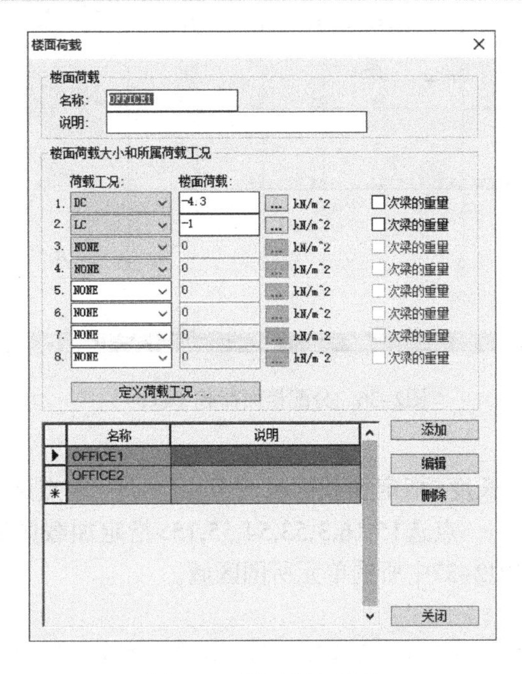

图2-34　定义楼面荷载

2.9 输入施工阶段楼面荷载

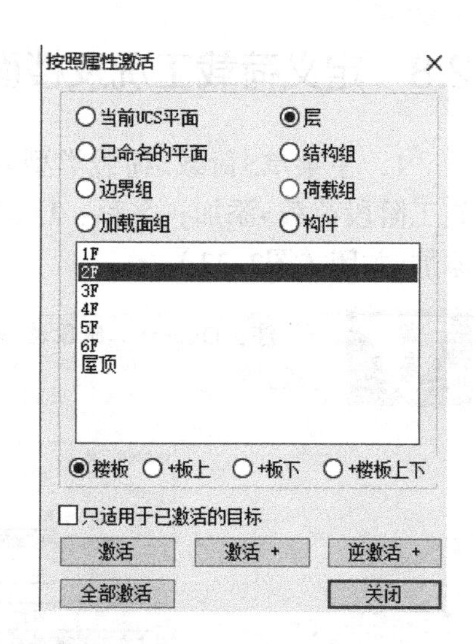

图2-35 激活2F

1．主菜单>视图>激活>全部>按属性激活>点选：层>选择：2F层>选择：楼板>[激活]>关闭（图2-35）。

2．主菜单>荷载>静力荷载>初始荷载/其他>分配楼面荷载>荷载组名称：荷载组1>楼面荷载：OFFICE1>分配模式：双向>荷载方向：整体坐标系Z>指定加载区域的节点[　　]，在模型窗口中点选22,23,4,14,13,3,16,15,22>指定加载区域的节点[　　]，点选14,34,35,29,14，即图2-36中所选单元所围区域。

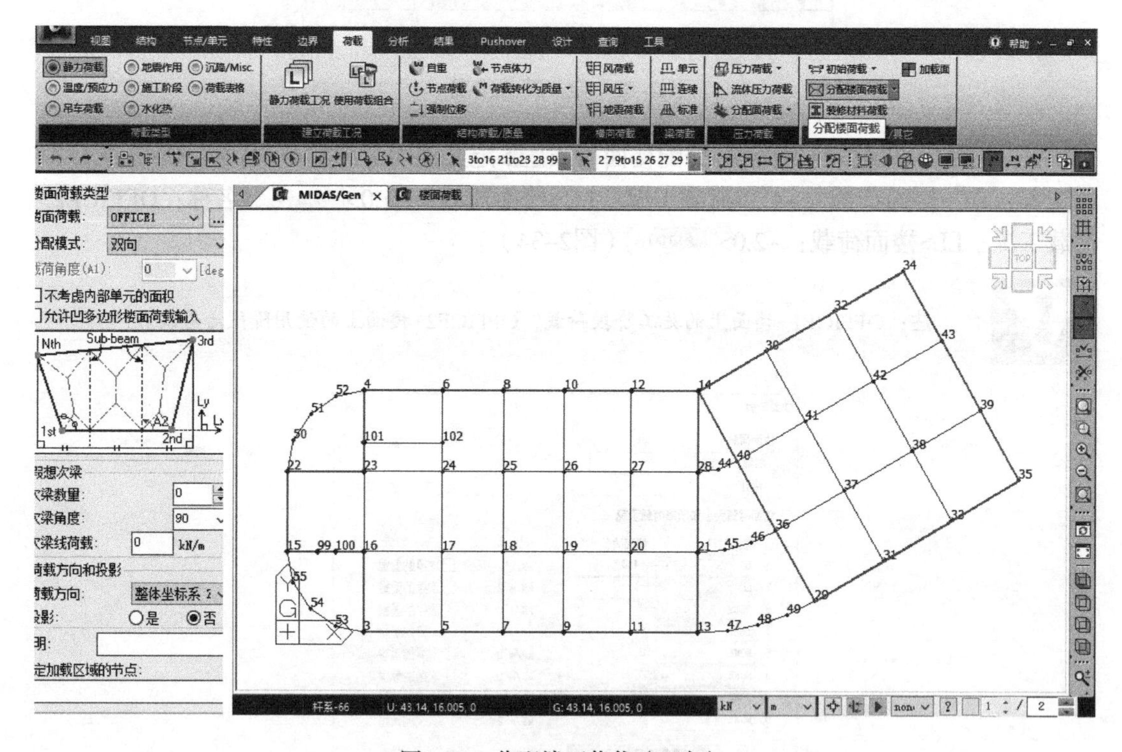

图2-36 分配楼面荷载（双向）

分配模式：多边形-长度>指定加载区域的节点[　　]，点选22,50,51,52,4,23,22>指定加载区域的节点[　　]，点选15,16,3,53,54,55,15>指定加载区域的节点[　　]，点选14,29,49,48,47,13,14。即图2-37中所选单元所围区域。

注：楼面荷载分配不上，可检查分配区域内是否有空节点、重复节点、重复单元。

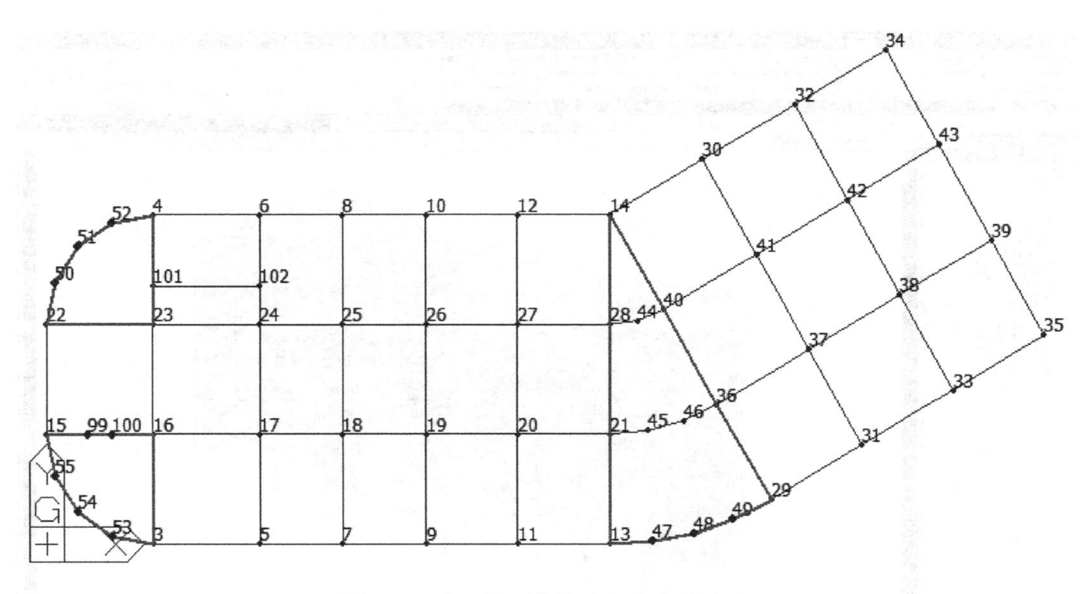

图2-37　分配楼面荷载（多边形-长度）

3．重复步骤1、2，把楼面荷载OFFICE1施加到3F（荷载组名称：荷载组2）、4F（荷载组名称：荷载组3）、5F（荷载组名称：荷载组4）、6F（荷载组名称：荷载组5）、屋顶（荷载组名称：荷载组6）（图2-38）。

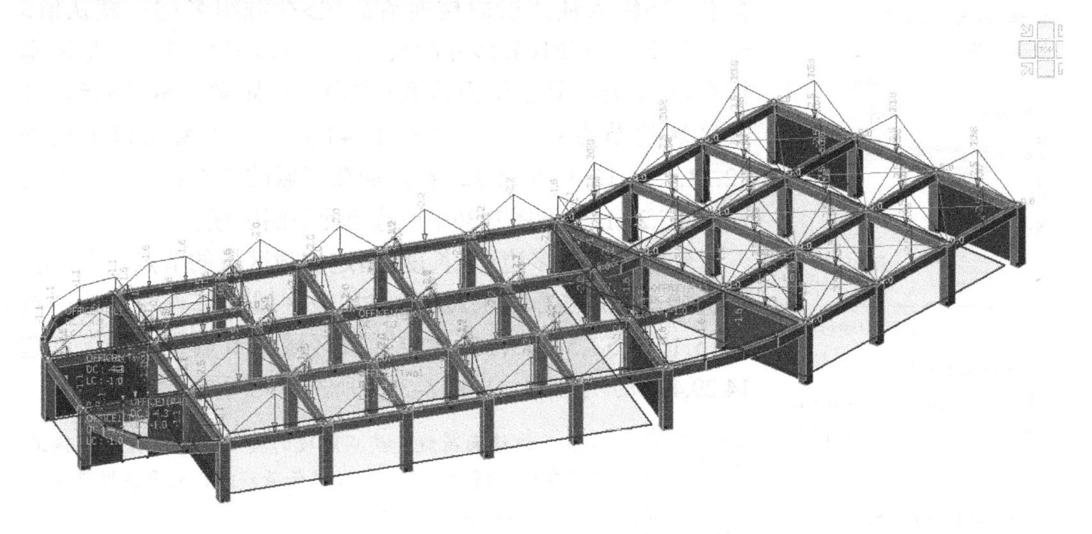

图2-38　分配楼面荷载

4．主菜单>视图>激活>全部>全部激活，或者快捷工具栏全部激活，或者Ctrl+A>查看输入的施工阶段楼面荷载（图2-39）。

2.10　输入使用阶段楼面活荷载

1．主菜单>视图>激活>全部>按属性激活>点选：层>选择：2F层>选择：楼板>激活>关闭（图2-40）。

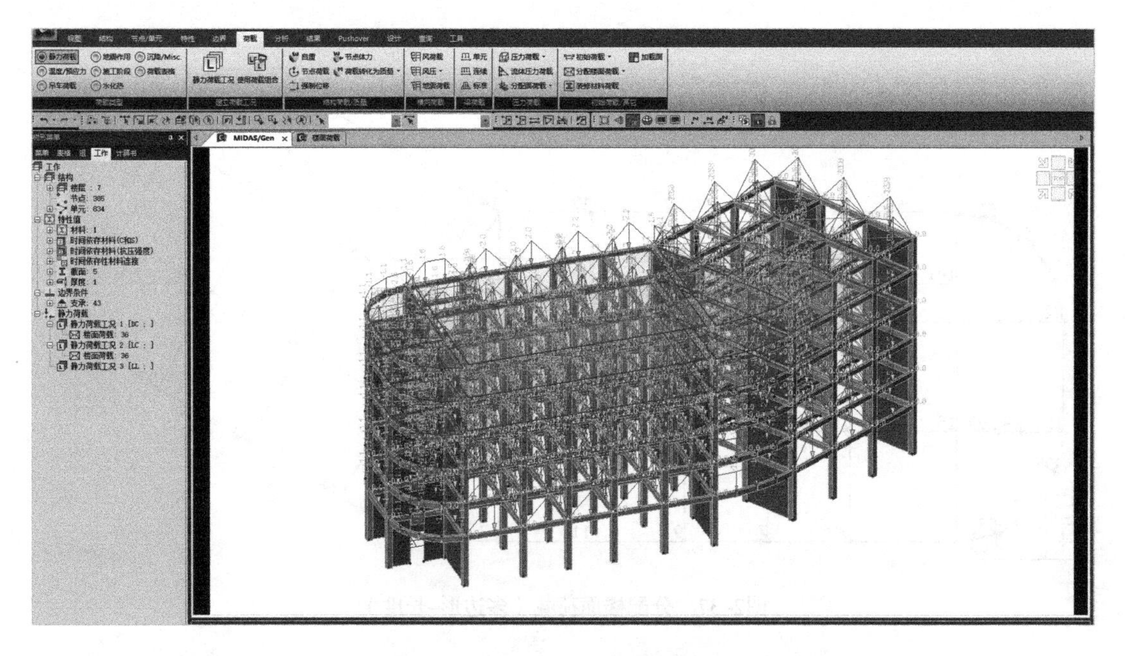

图2-39　查看施工阶段楼面荷载

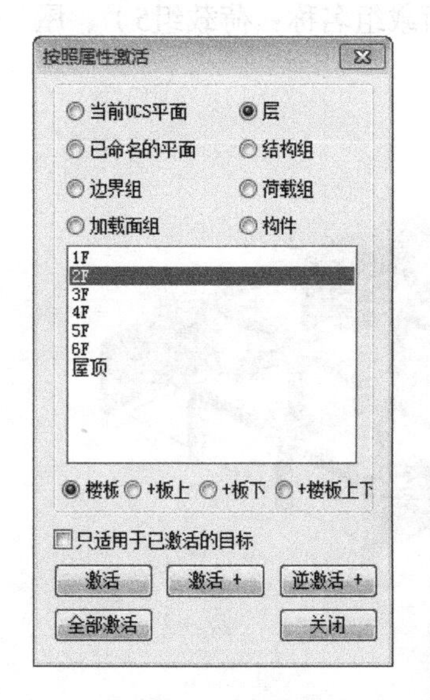

图2-40　按层激活

2. 主菜单>荷载>静力荷载>初始荷载/其他>分配楼面荷载>输入使用阶段楼面活荷载>荷载组名称：默认值>楼面荷载：OFFICE2>分配模式：双向>荷载方向：整体坐标系Z>勾选：复制楼面荷载>方向：z>距离：5@3>指定加载区域的节点：☐（图2-41），在模型窗口中点选22,23,4,14,13,3,16,15,22>指定加载区域的节点：☐点选14,34,35,29,14，即图2-36中所选单元所围区域。

分配模式：多边形-长度>指定加载区域的节点☐，点选22,50,51,52,4,23,22>指定加载区域的节点☐，点选15,16,3,53,54,55,15>指定加载区域的节点☐，点选14,29,49,48,47,13,14。即图2-37中所选单元所围区域。

注：该楼面荷载是使用阶段的楼面荷载，并不是施工阶段的荷载，所以，在施加该楼面荷载时，无需设置荷载组信息，荷载组选择默认组。

3. 主菜单>视图>激活>全部>全部激活>查看输入的使用阶段楼面活荷载（图2-42）。

2.11　定义自重

主菜单>荷载>静力荷载>结构荷载/质量>自重>荷载工况名称：DC（施工阶段荷载）>荷载组名称：荷载组1（施工阶段分析时，自重一定要定义在第一施工阶段的荷载组1，其他施工阶段程序自动读取）>自重系数：Z=-1>添加>关闭（图2-43）。

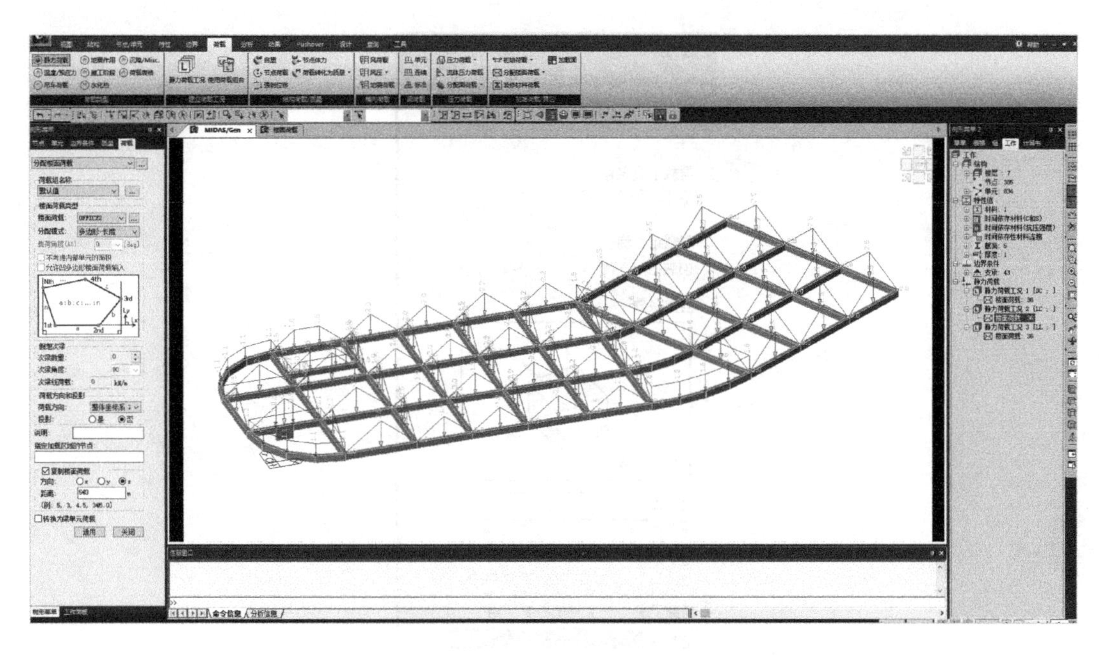

图2-41　分配楼面荷载

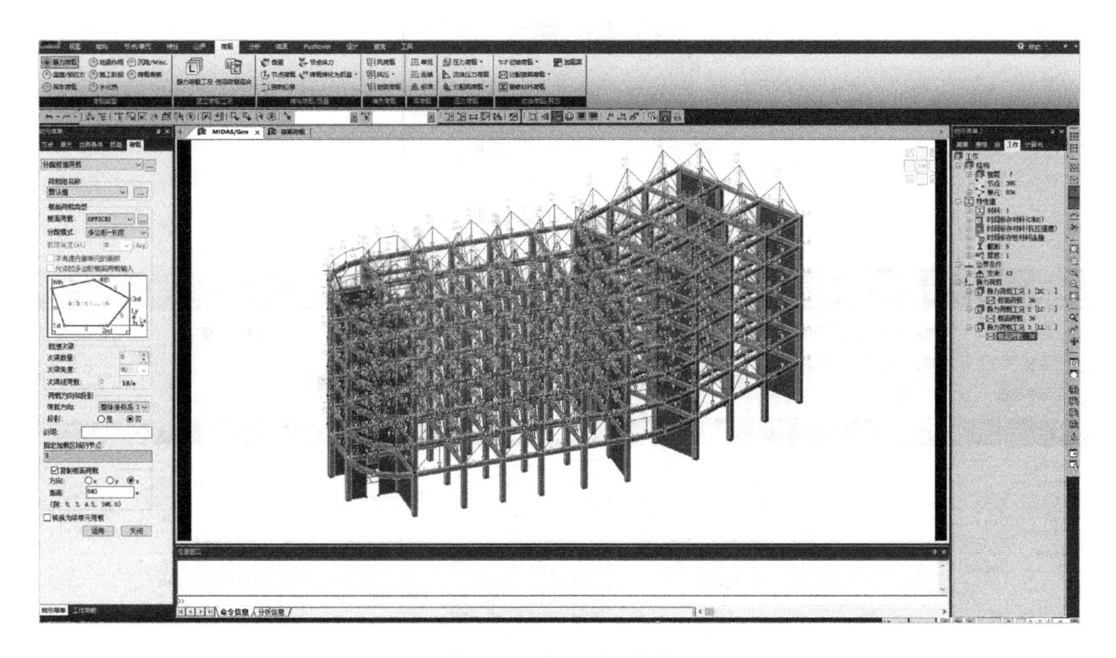

图2-42　分配楼面荷载

2.12　设置施工阶段及分析控制数据

1. 主菜单>荷载>荷载类型>施工阶段>施工阶段数据>定义施工阶段>添加>名称：CS1>持续天数：10>保存结果：勾选施工阶段>单元：结构组1>材龄：3（三天开始有强度）>按[添加(A)]>边界：边界组1>[添加(A)]>荷载：荷载组1>[添加(A)]>[确认]（图2-44）。

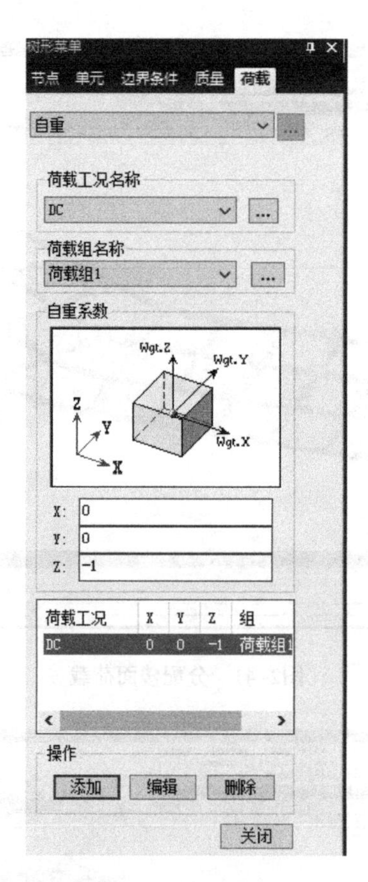

图2-43 定义自重

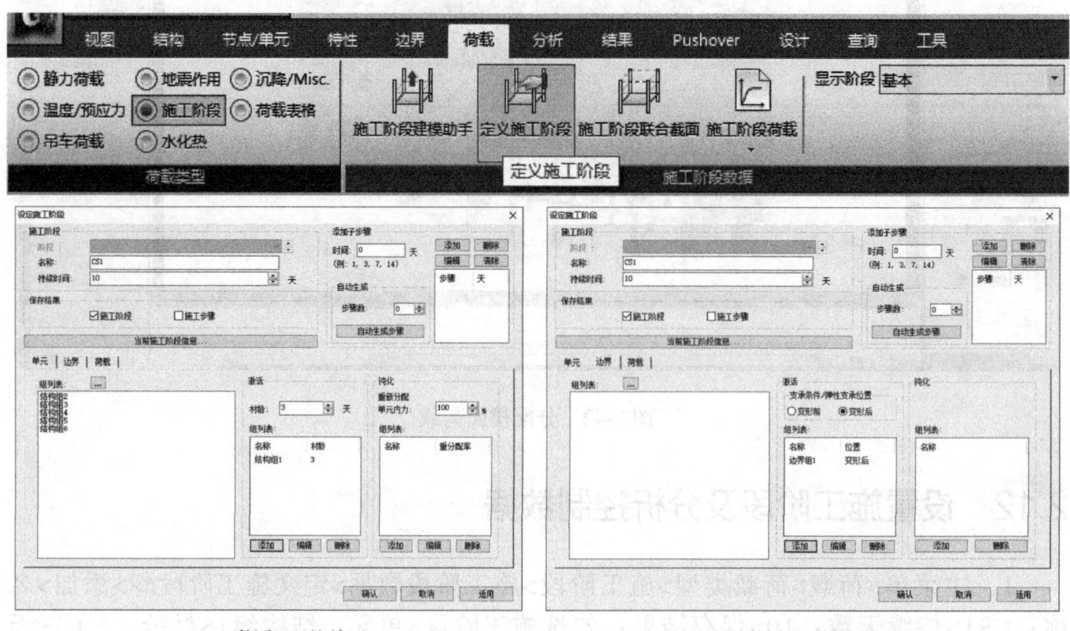

(*a*) 激活CS1的单元 (*b*) 激活CS1的边界

图2-44 定义第一个施工阶段（CS1）（一）

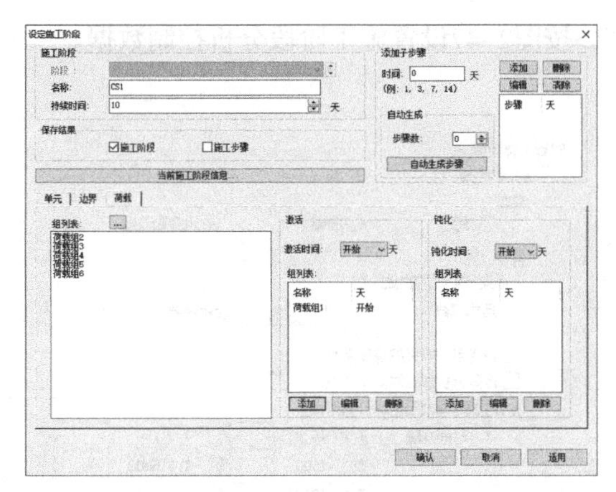

(c) 激活CS1的荷载

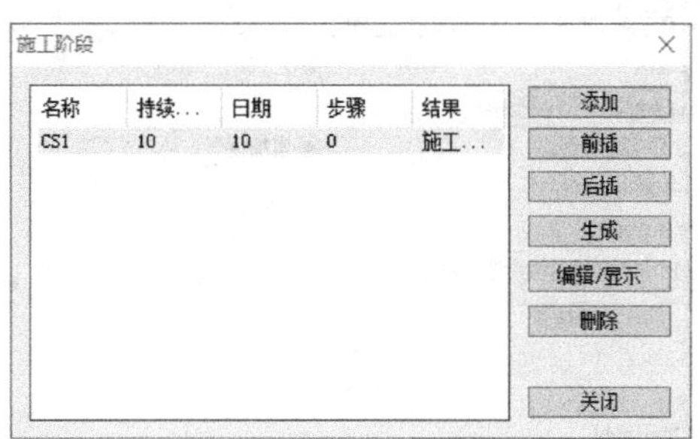

(d) 完成施工阶段CS1定义

图2–44　定义第一个施工阶段（CS1）（二）

2．重复步骤1，定义施工阶段：CS2（结构组2、荷载组2、）、CS3（结构组3、荷载组3、）、CS4（结构组4、荷载组4、）、CS5（结构组5、荷载组5、）、CS6（结构组6、荷载组6）（图2–45）。

注：CS2～CS6无需再激活边界组，因本例边界条件全部赋予在边界组1中，且边界组1已经在CS1中激活完成。

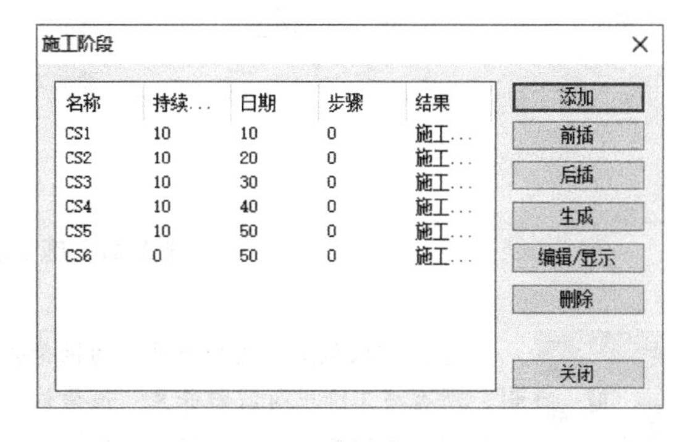

图2–45　定义其他施工阶段

3．主菜单>荷载>施工阶段>施工阶段数据>显示阶段 基本 >在模型窗口选择显示各施工阶段（图2–46）。

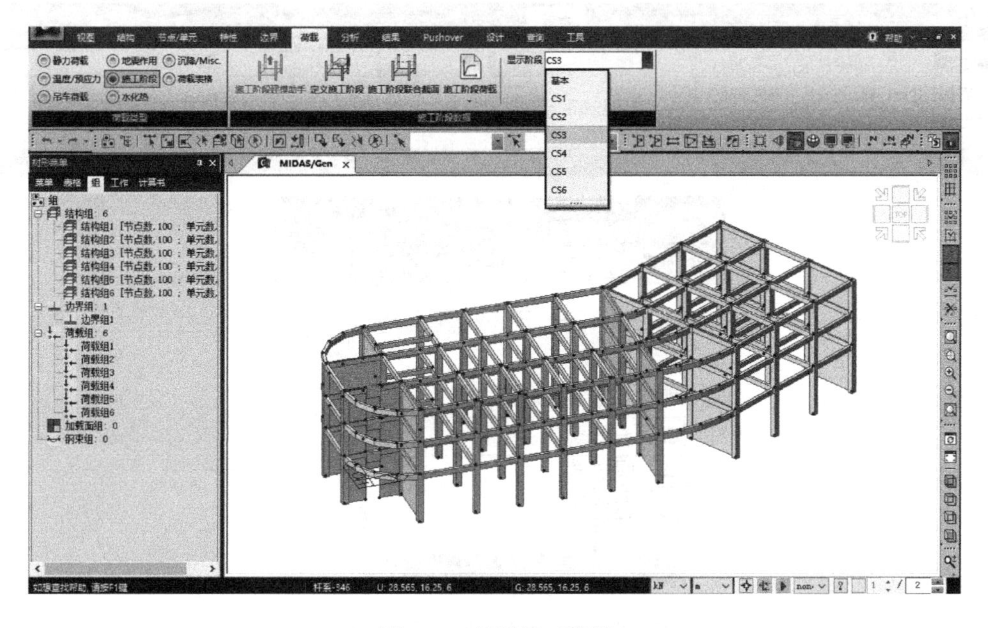

图2–46　显示施工阶段

4．主菜单>分析>分析控制>施工阶段>按图2-47设置施工阶段分析控制数据。

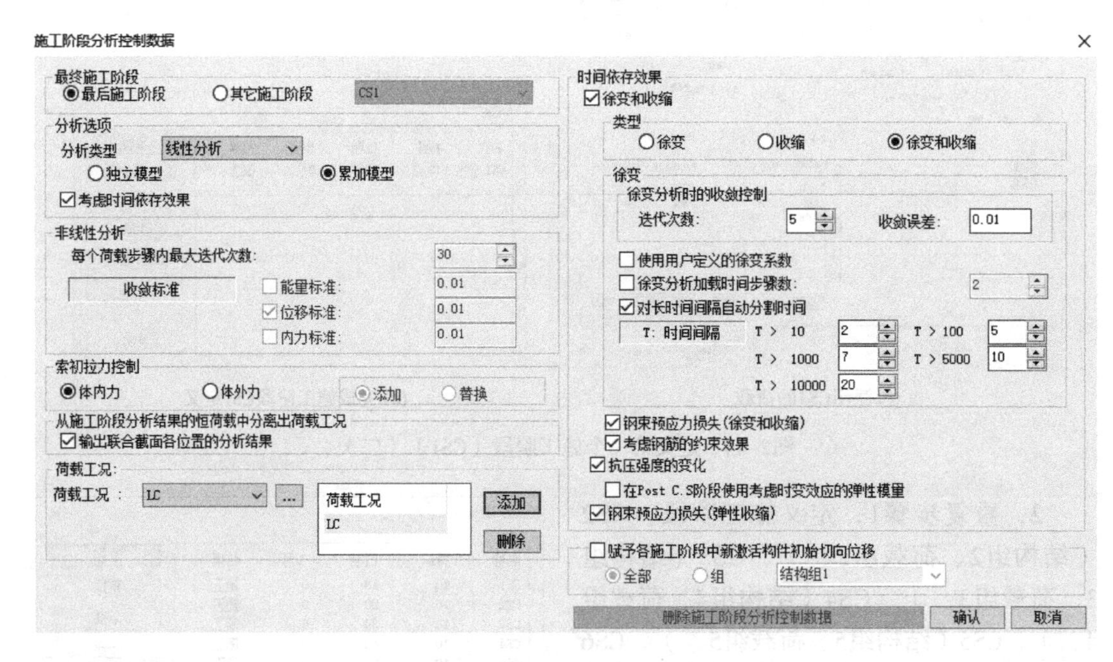

图2-47　施工阶段分析控制

注：“从施工阶段分析结果的恒荷载中分离出荷载工况”：在施工阶段中查看分析结果时，所有施工阶段荷载归并至“恒荷载”中，如想查看某个施工阶段荷载（如：LC-施工阶段楼面施加的施工荷载）的分析结果，可分离该荷载工况至“活荷载”中。同时，自动生成荷载组合时，该工况的分项系数按活荷载类别取值（图2-48）。

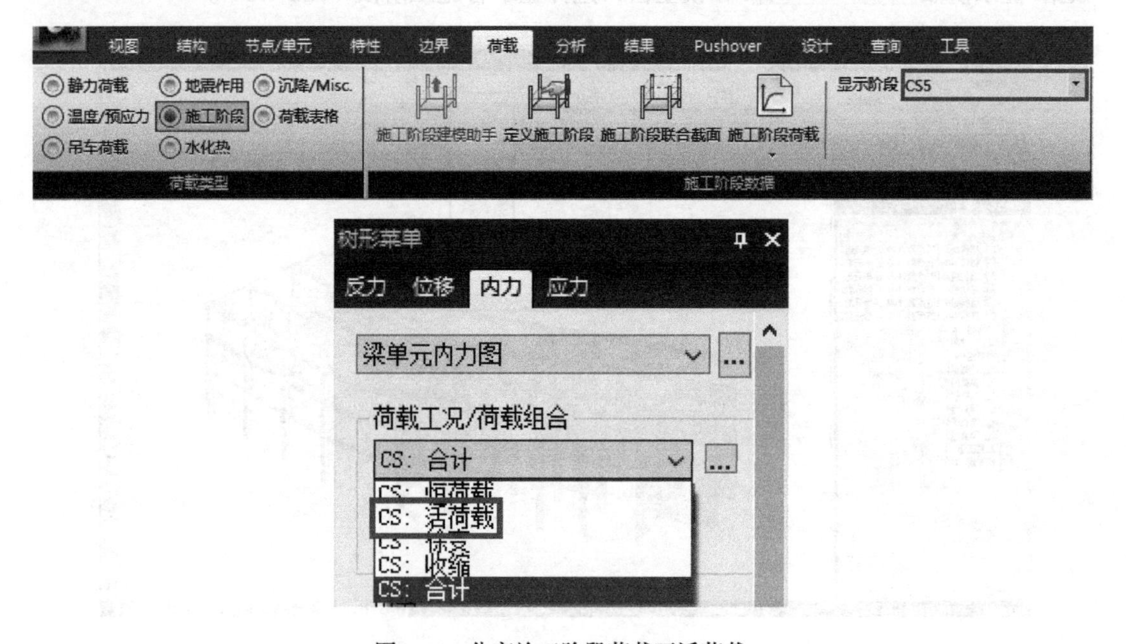

图2-48　分离施工阶段荷载至活荷载

2.13　定义结构类型

1．主菜单>荷载>施工阶段>施工阶段数据>显示阶段>将显示阶段切换到基本阶段。否则，进一步操作时，信息窗口会提示错误信息（图2–49）。

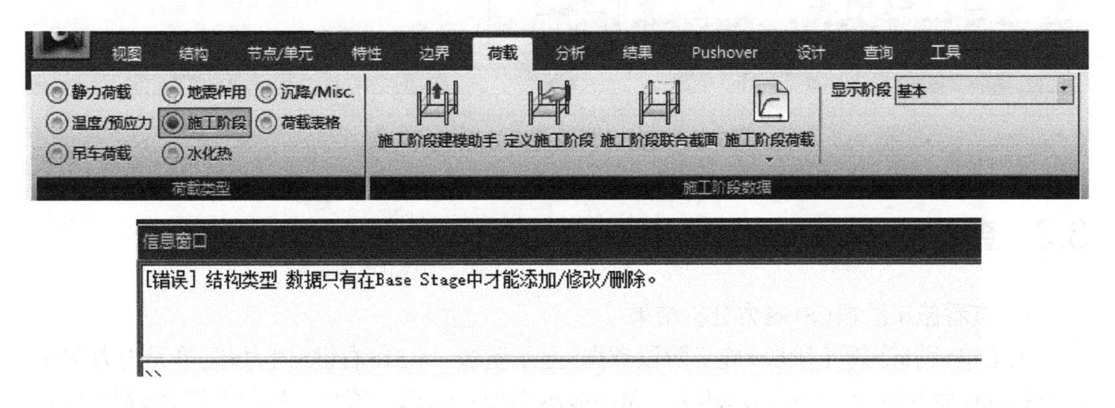

图2–49　恢复基本施工阶段状态

2．主菜单>结构>类型>结构类型>结构类型：3–D（三维分析）>将结构的自重转换为质量：不勾选。本例不做反应谱分析，故无需将自重转换为质量（图2–50）。

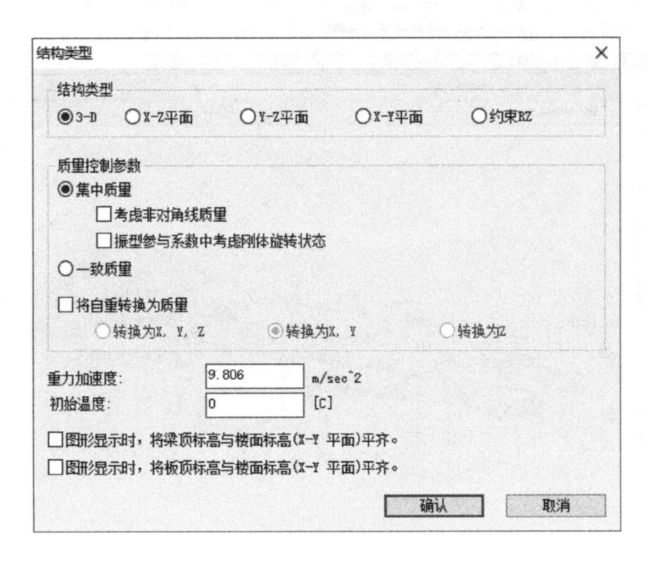

图2–50　定义结构类型

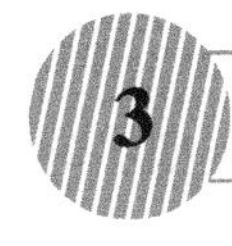

运行分析及结果查看（后处理）

3.1　运行分析

主菜单>分析>运行分析，或者直接点击快捷菜单中的运行分析（图3–1）。

注：正常运行分析后，如想切换至前处理模型，点击快捷菜单中的前处理🔒。如想切换至后处理模式，点击快捷菜单中的后处理🔒。

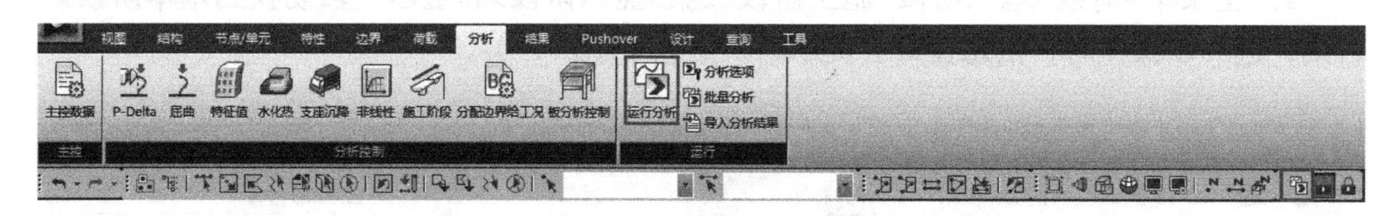

图3-1　运行分析及前后处理模式切换

3.2　查看施工阶段分析结果

1. 查看施工阶段CS1内力分析结果

主菜单>荷载>施工阶段>施工阶段数据>显示阶段：CS1>右键>内力>梁单元内力图>荷载工况/荷载组合：CS合计>内力：My>显示类型：勾选等值线、数值和图例>适用（图3-2）。

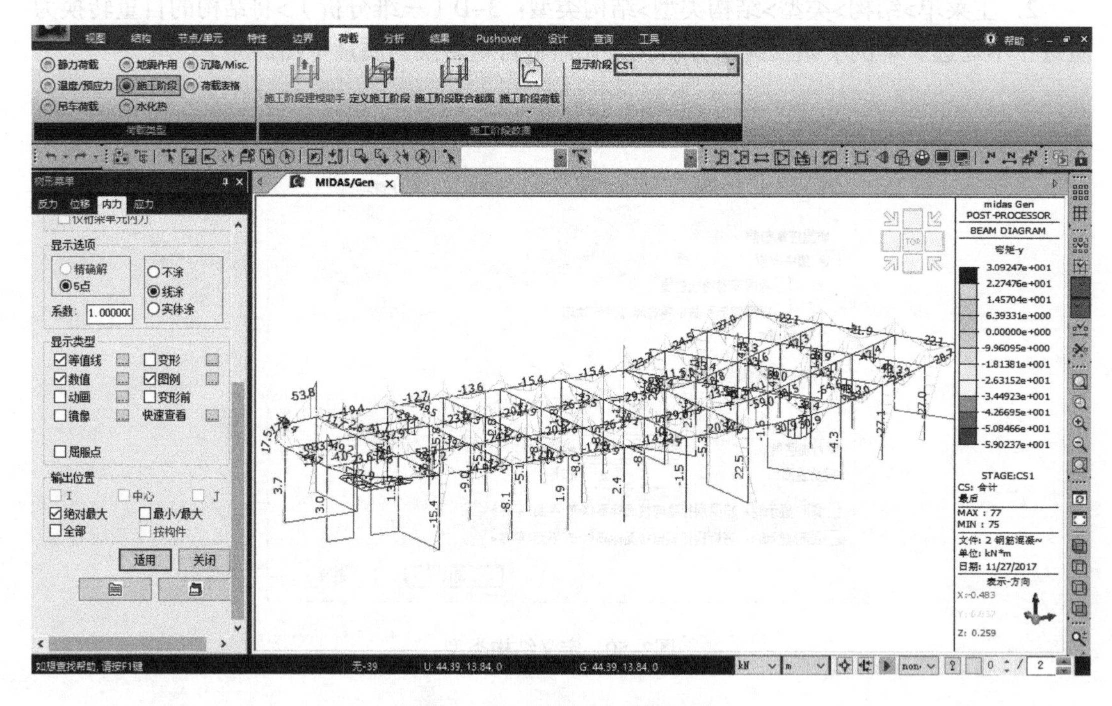

图3-2　CS1阶段梁单元内力图

2. 右键>内力>墙单元内力>荷载工况/荷载组合：CS合计>内力：My>显示类型：勾选等值线、数值和图例>适用（图3-3）。

3. 重复步骤1，可查看其他施工阶段CS3、CS4、CS5、CS6的内力、应力和位移等分析结果。亦可在荷载工况/荷载组合中选择：活荷载，查看2.12节中施工阶段分析控制数据中，分离出的LC工况的分析结果。图3-4以CS3为例。

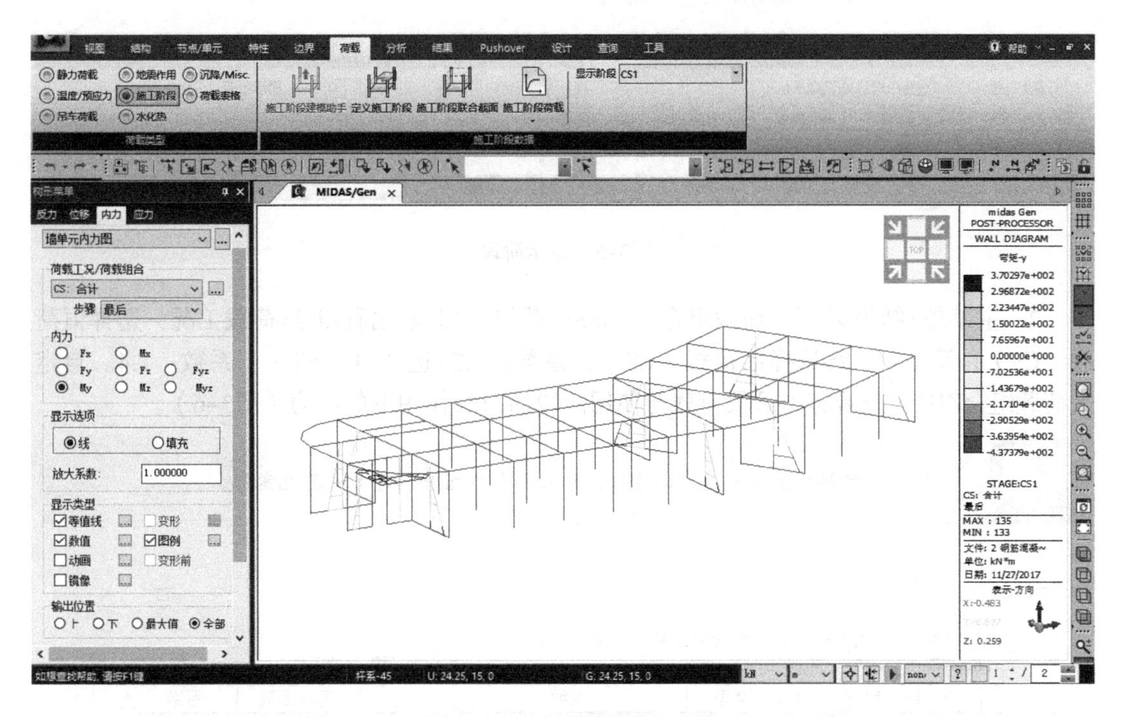

图3–3　CS1阶段墙单元内力图

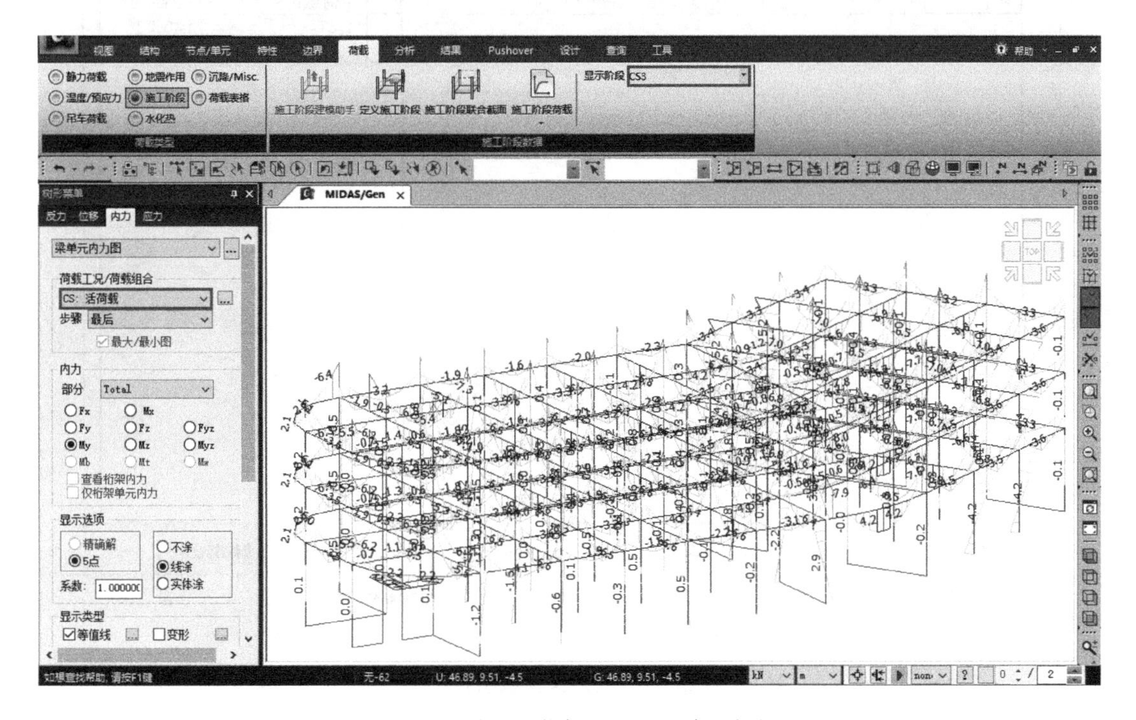

图3–4　CS3阶段活荷载（LC）梁单元内力图

3.3　定义荷载组合

1．主菜单>荷载>施工阶段>施工阶段数据>显示阶段：PostCS（图3–5）。

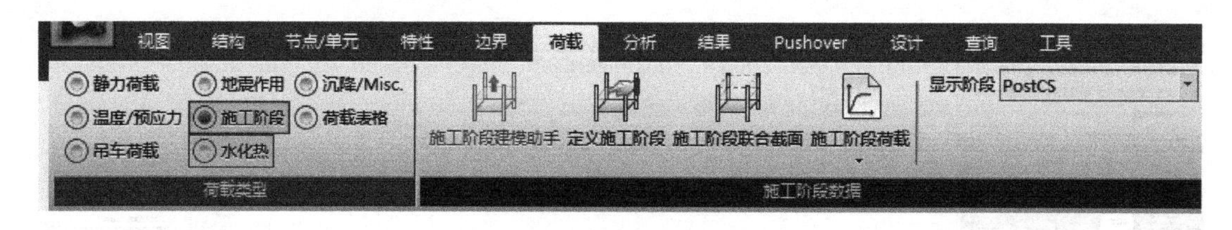

图3–5 显示阶段

2. 主菜单>结果>组合>荷载组合>一般>荷载组合列表>名称ZH1>荷载工况：选择恒荷载（CS），系数：1.2>选择活荷载（CS），系数：1.2>选择LL（ST），系数：1.4。自定义荷载组合ZH1，查看施工阶段荷载与使用阶段活荷载作用下的内力（图3–6）。

注：亦可根据具体规范自动生成设计验算荷载组合，可参考其他案例。

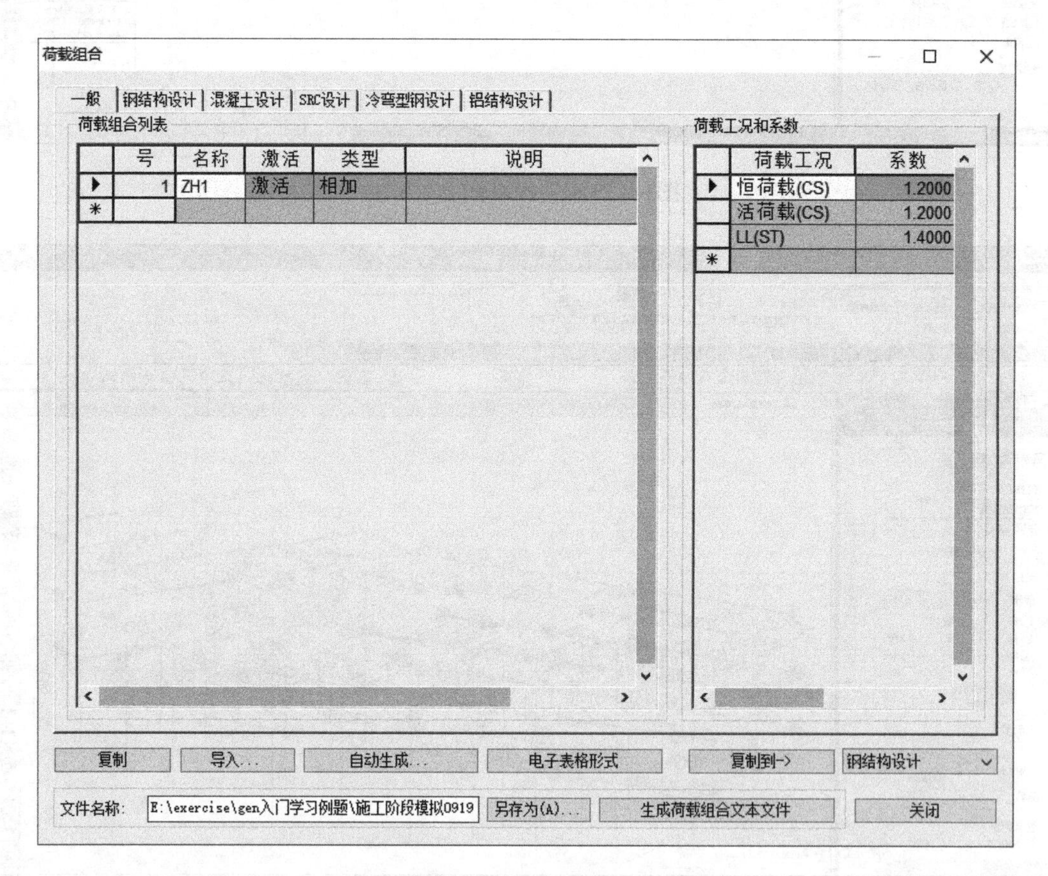

图3–6 自定义荷载组合

3.4 查看使用阶段分析结果

主菜单>结果>结果>内力>梁单元内力图 >荷载工况/荷载组合：ZH1>内力：My>显示类型：勾选等值线和图例>适用（图3–7）。

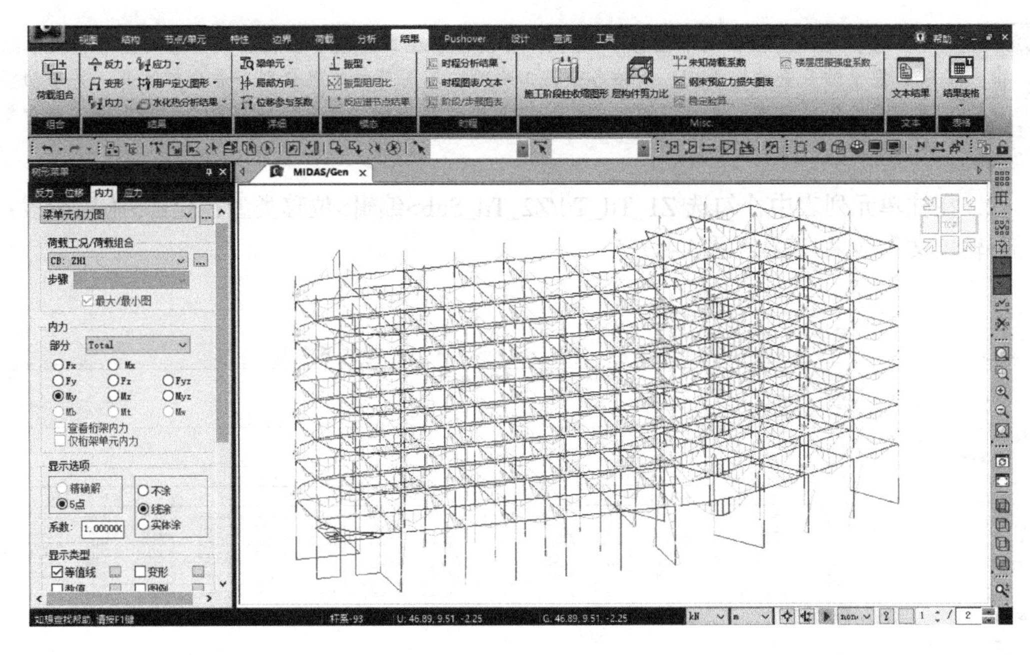

图3-7　PostCS阶段内力

3.5　施工阶段柱弹性收缩结果

1．主菜单>结果>其他（Misc）>施工阶段柱收缩图形>添加新的柱单元>名称：Z1>坐标信息：X=10,Y=0>勾选：一次性加载总变形>确认>添加新的柱单元>名称：Z2>坐标信息：X=22.1,Y=0>勾选：施工阶段总变形>确认（图3-8）。

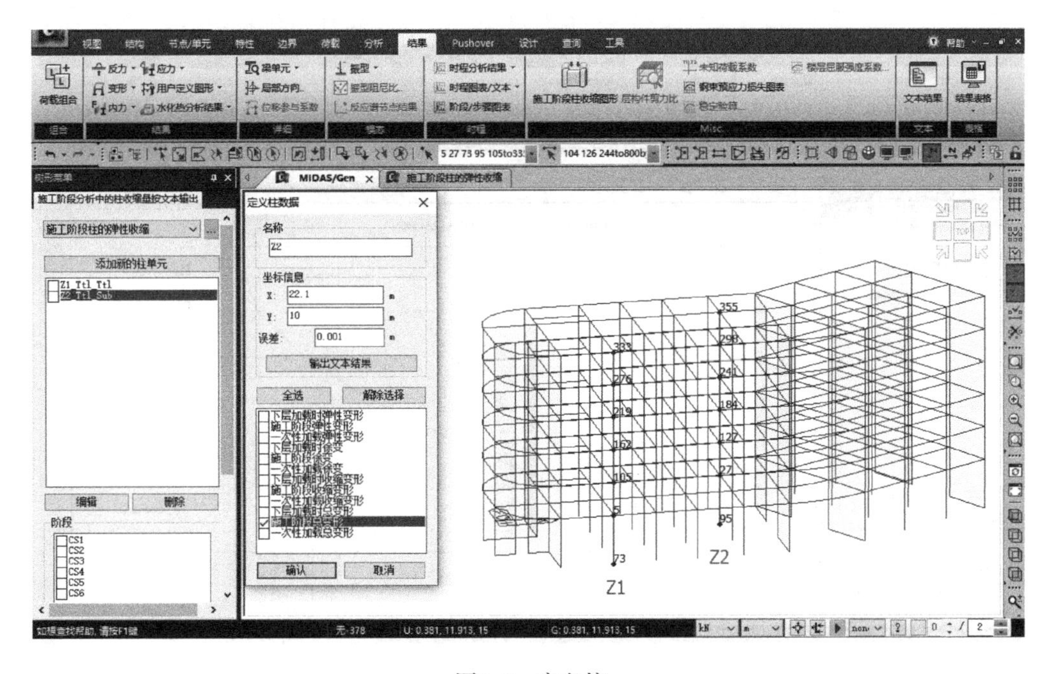

图3-8　定义柱

注：施工阶段柱收缩图形功能，可按各个施工阶段输出柱压缩变形的图形和文本结果，便于结果查看。否则，需按各个施工阶段、不同荷载工况分别查看分析结果，并手动整理归并各阶段数据。本节以图3-8所示的2根框架柱为例，设置柱底节点73、95坐标，查看各施工阶段柱的轴向变形。

2．在柱单元列表中，勾选 Z1_Ttl_Ttl/Z2_Ttl_Sub>编辑>位移类型：全部>施工阶段：全部>输出文本结果>确认（图3-9）。

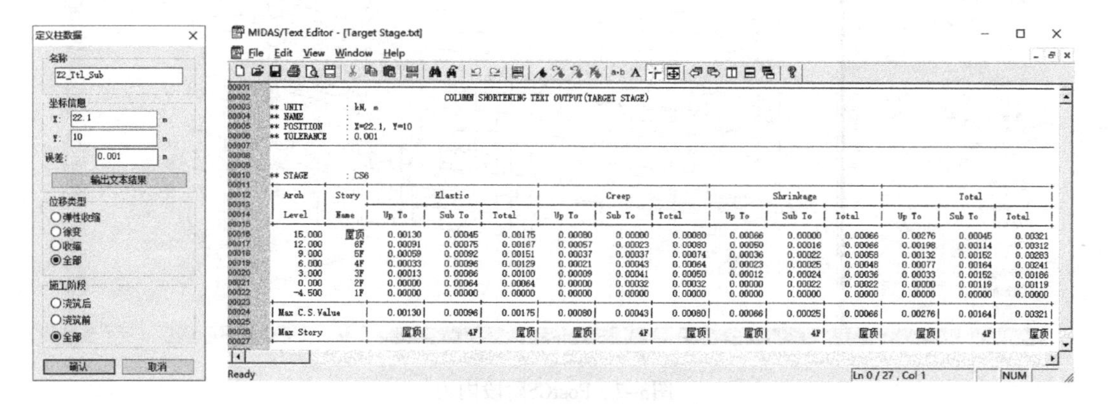

COLUMN SHORTENING TEXT OUTPUT(TARGET STAGE)

** UNIT : kN, m
** NAME :
** POSITION : X=22.1, Y=10
** TOLERANCE : 0.001

** STAGE : CS6

Arch Level	Story Name	Elastic Up To	Elastic Sub To	Elastic Total	Creep Up To	Creep Sub To	Creep Total	Shrinkage Up To	Shrinkage Sub To	Shrinkage Total	Total Up To	Total Sub To	Total Total
15.000	屋顶	0.00130	0.00045	0.00175	0.00080	0.00000	0.00080	0.00066	0.00000	0.00066	0.00276	0.00045	0.00321
12.000	6F	0.00091	0.00075	0.00167	0.00057	0.00023	0.00080	0.00050	0.00016	0.00066	0.00198	0.00114	0.00312
9.000	5F	0.00059	0.00092	0.00151	0.00037	0.00037	0.00074	0.00036	0.00022	0.00058	0.00132	0.00152	0.00283
6.000	4F	0.00033	0.00096	0.00129	0.00021	0.00043	0.00064	0.00023	0.00025	0.00048	0.00077	0.00164	0.00241
3.000	3F	0.00013	0.00086	0.00100	0.00009	0.00041	0.00050	0.00012	0.00024	0.00036	0.00033	0.00152	0.00186
0.000	2F	0.00000	0.00064	0.00064	0.00000	0.00032	0.00032	0.00000	0.00022	0.00022	0.00000	0.00119	0.00119
-4.500	1F	0.00000	0.00000	0.00000	0.00000	0.00000	0.00000	0.00000	0.00000	0.00000	0.00000	0.00000	0.00000
Max C.S.Value		0.00130	0.00096	0.00175	0.00080	0.00043	0.00080	0.00066	0.00025	0.00066	0.00276	0.00164	0.00321
Max Story		屋顶	4F	屋顶	屋顶	4F	屋顶	屋顶	4F	屋顶	屋顶	4F	屋顶

图3-9 设置柱输出项及文本结果

注：Elastic，CS：合计，产生的压缩变形；Creep，CS：徐变，产生的压缩变形；Shrinkage，CS：收缩，产生的压缩变形。与在施工阶段中查看对应工况的分析结果是一致的。

3．在柱单元列表中，勾选 Z1_Ttl_Ttl和Z2_Ttl_Sub>阶段：CS6>Y轴选项：层>适用（图3-10）。

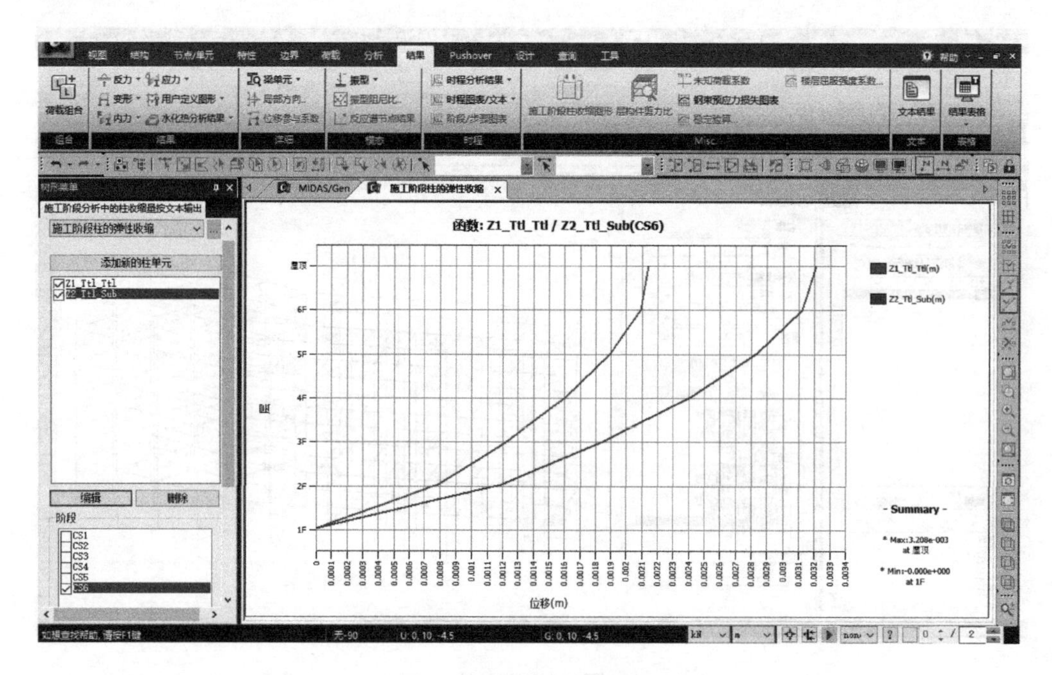

图3-10 柱弹性收缩图形

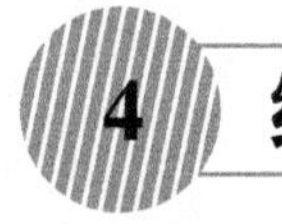

4 结语

本例主要运用midas Gen 施工阶段模拟功能，完成了钢筋混凝土框架剪力墙结构的施工阶段分析跟随操作。

通过本例，读者可以对施工阶段定义和模拟、收缩徐变定义等功能有深入了解，同时，掌握施工阶段柱弹性压缩结果的查看。亦可将本文所述功能进一步应用在超高层框筒结构的施工阶段变形分析和控制相关项目中。

5 参考文献

[1] GB 50009—2012，《建筑结构荷载规范》[S].

[2] GB 50010—2010，《混凝土结构设计规范》[S].

[3] JGJ 3—2010，《高层建筑混凝土结构技术规程》[S].

[4] 迈达斯技术有限公司，《Midas/Gen 初级培训》[M].

[5] 迈达斯技术有限公司，《midas Gen在线帮助手册》.

案例3 地下综合管廊结构分析及设计

概要

使用midas Gen进行地下综合管廊结构分析及设计。讲解板、梁、柱构件的设计及验算功能。

主要步骤如下：

1 模型信息

2 建立模型（前处理）

2.1 设定操作环境、材料和截面

2.2 建立模型

2.2.1 建立底板

2.2.2 建立底层侧壁

2.2.3 建立中板

2.2.4 建立顶层侧壁

2.2.5 建立顶板

2.2.6 建立柱及补充修改模型

2.3 定义边界

2.4 定义及施加荷载

2.4.1 荷载概况

2.4.2 定义荷载工况

2.4.3 施加荷载

3 分析及设计（后处理）

3.1 分析结果查看

3.1.1 定义子区域

3.1.2 分析

3.1.3 生成荷载组合

3.1.4 地基承载力及抗浮验算

3.1.5 板构件抗剪承载力验算

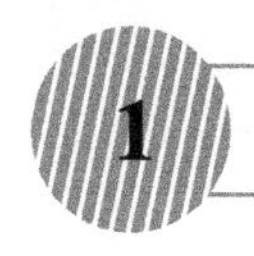

1 模型信息

本工程为某地下综合管廊交叉口，初选结构方案为梁+板+柱结构体系，结构主要构件尺寸如下：（单位：mm）

梁：600×1000；

柱：800×800、600×1200（暗柱/扶壁柱）；

板：顶板500、中板300、底板600、外侧壁600、隔墙300；

管廊净高：顶层3.5m、底层3.3m；

顶板覆土：厚度3m，人工压实回填土（内摩擦角18°，黏聚力0）

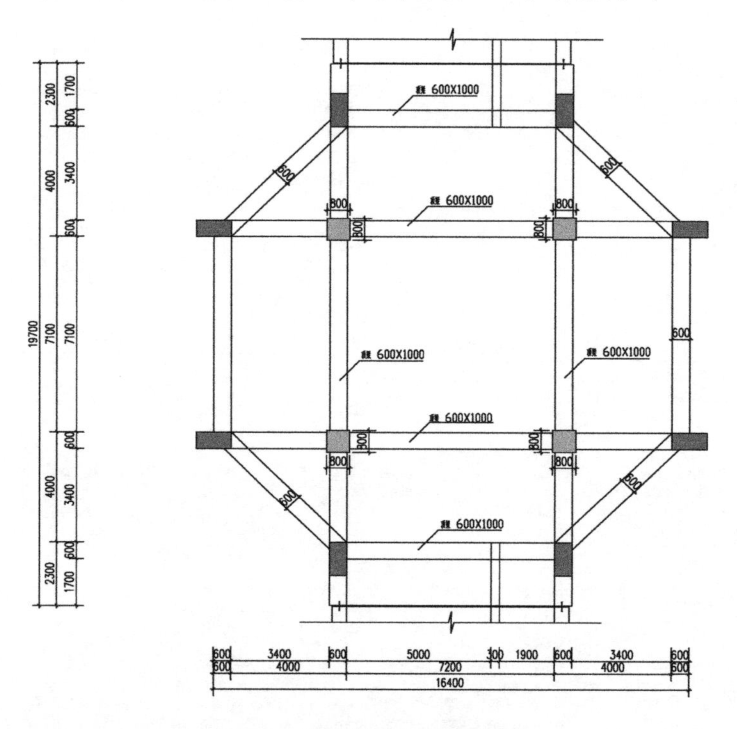

图1-1 交叉口顶板平面布置图

根据《中国地震动参数区划图》GB 18306—2015、《混凝土结构耐久性设计规范》GB/T 50476—2008、《城市综合管廊工程技术规范》GB 50838—2015、《地下工程防水技术规范》GB 50108—2008等规定及相关技术资料，本工程其他结构设计信息如下：

抗震设防烈度：6度（0.05g）；

设计地震分组：第二组；

场地类别：Ⅱ类

混凝土强度等级：C40；

钢筋级别：主筋HRB400级、箍筋HRB335级；

混凝土保护层厚度c：30mm（临水面50mm）；

最大裂缝宽度：0.2mm；

抗浮稳定性系数：1.05；
设计地下水位：地表下3m。

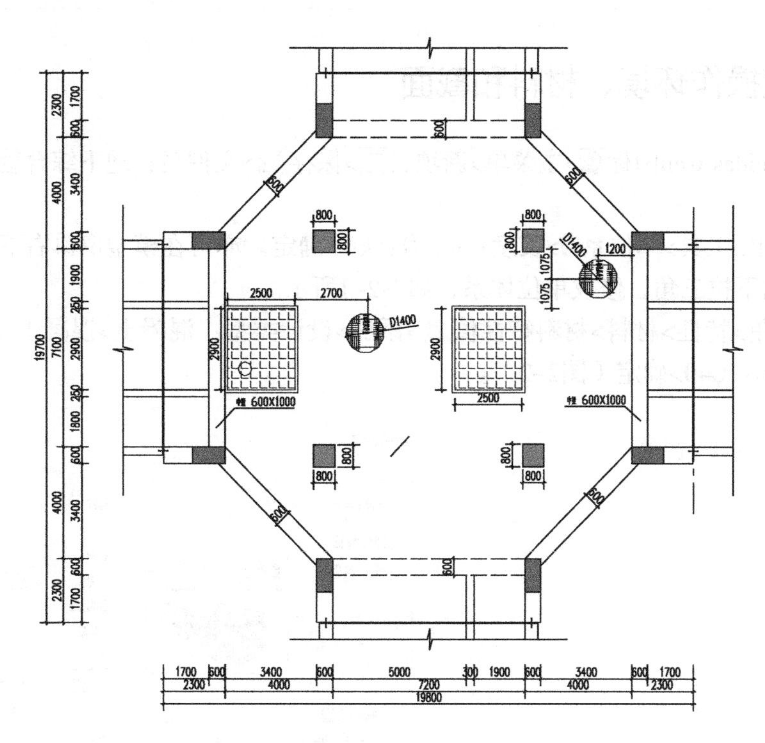

图1-2　交叉口中板平面布置图

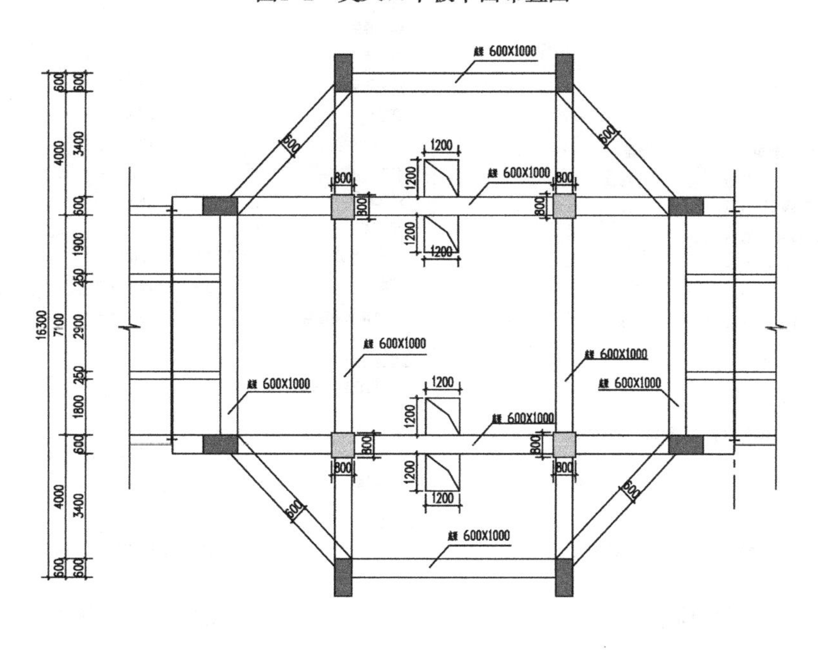

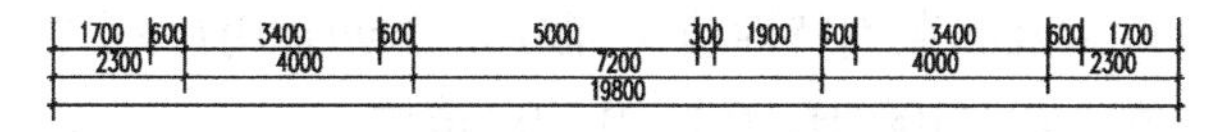

图1-3　交叉口底板平面布置图

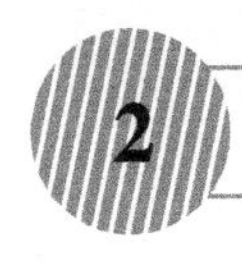

2 建立模型（前处理）

2.1 设定操作环境、材料和截面

1．双击midas Gen图标>主菜单>新项目>保存>文件名：地下综合管廊结构分析与设计>保存。

2．主菜单>工具>单位系>长度：m，力：kN>确定。亦可在模型窗口右下角点击图标 kN m 的下拉三角，修改单位体系，如图2-1所示。

3．主菜单>特性>材料>材料特性值>添加>设计类型：混凝土>混凝土 规范：GB10（RC）数据库：C40>确定（图2-2）。

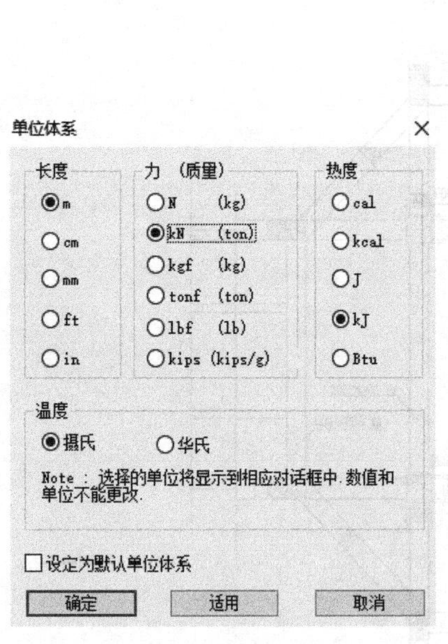

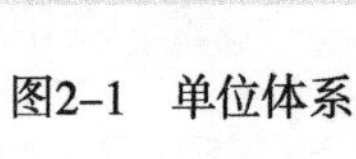
图2-1 单位体系

图2-2 定义材料

4．主菜单>特性>截面>截面特性值>添加>数据库/用户>实腹长方形截面>用户

辅助截面：名称：100*100 H：0.1，B：0.1适用；

柱截面：名称：800*800 H：0.8，B：0.8适用；

暗柱截面1：名称：600*1200 H：0.6，B：1.2适用；
暗柱截面2：名称：1200*600 H：1.2，B：0.6适用；
梁截面：名称：1000*600 H：1，B：0.6确定（图2-3）。

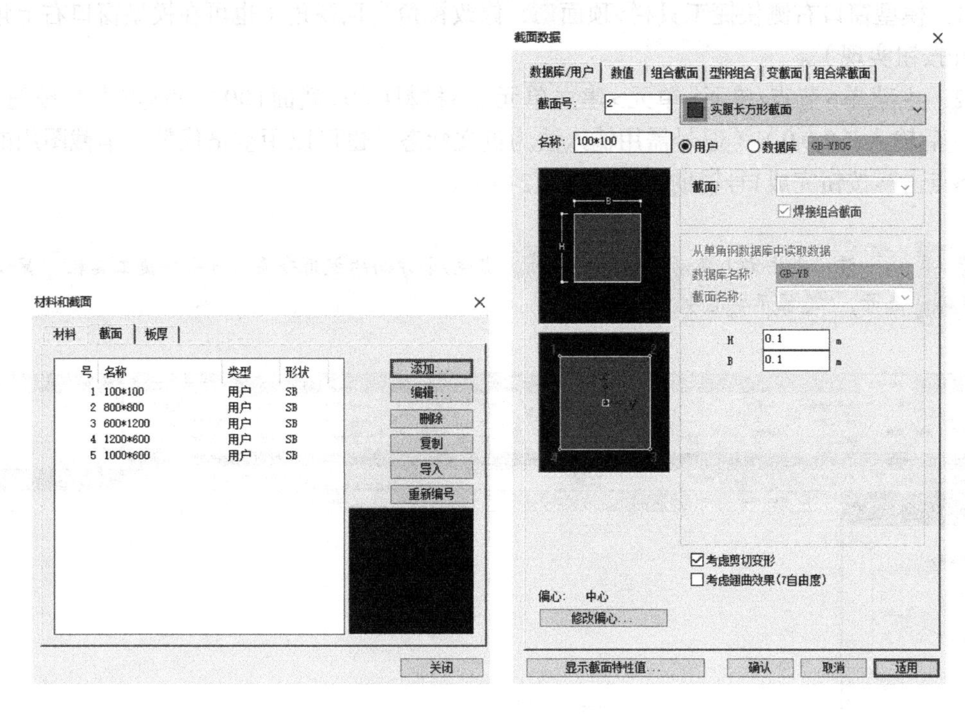

图2-3　定义截面

5. 主菜单>特性>截面>板厚>添加>面内和面外：0.6>适用>面内和面外：0.5适用>面内和面外：0.3>确认，然后关闭定义厚度界面（图2-4）。

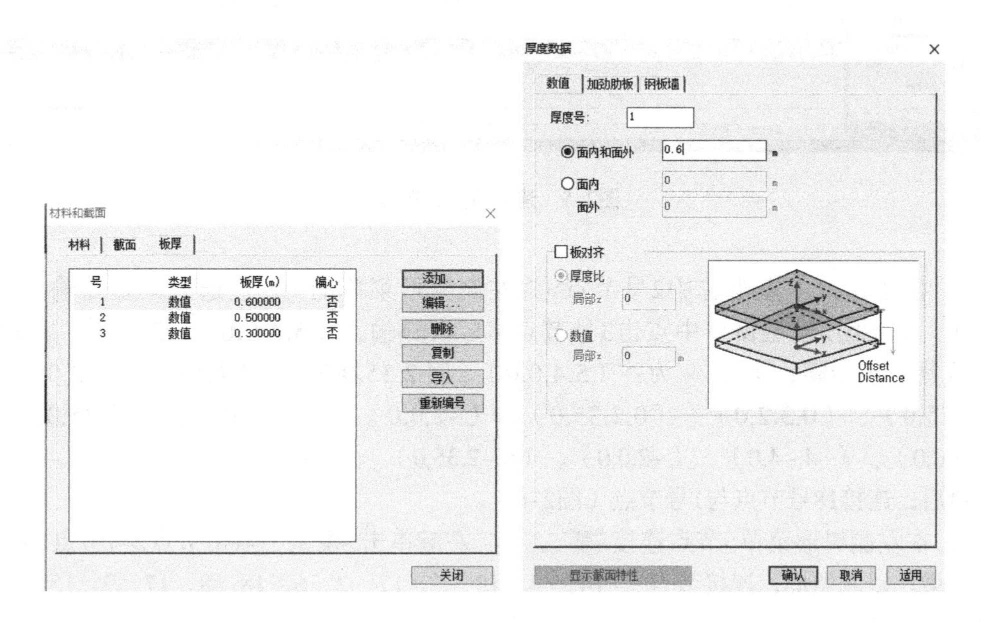

图2-4　定义厚度

2.2 建立模型

2.2.1 建立底板

1．模型窗口右侧快捷工具栏>顶面，修改视角为顶视角（也可在模型窗口右上角点击TOP按钮实现）。

2．主菜单>节点/单元>单元>建立单元>材料C40>截面100*100>点击按钮>在x, y, z后输入（2,0,0）（逗号需用输入法为英文状态，也可以用空格代替，本截图用的空格）>点击按钮完成1号辅助梁建立（图2–5）。

注：点击右上角动态视图控制，实现9个方向的视角查看。点击快捷工具栏显示节点号，显示单元号。

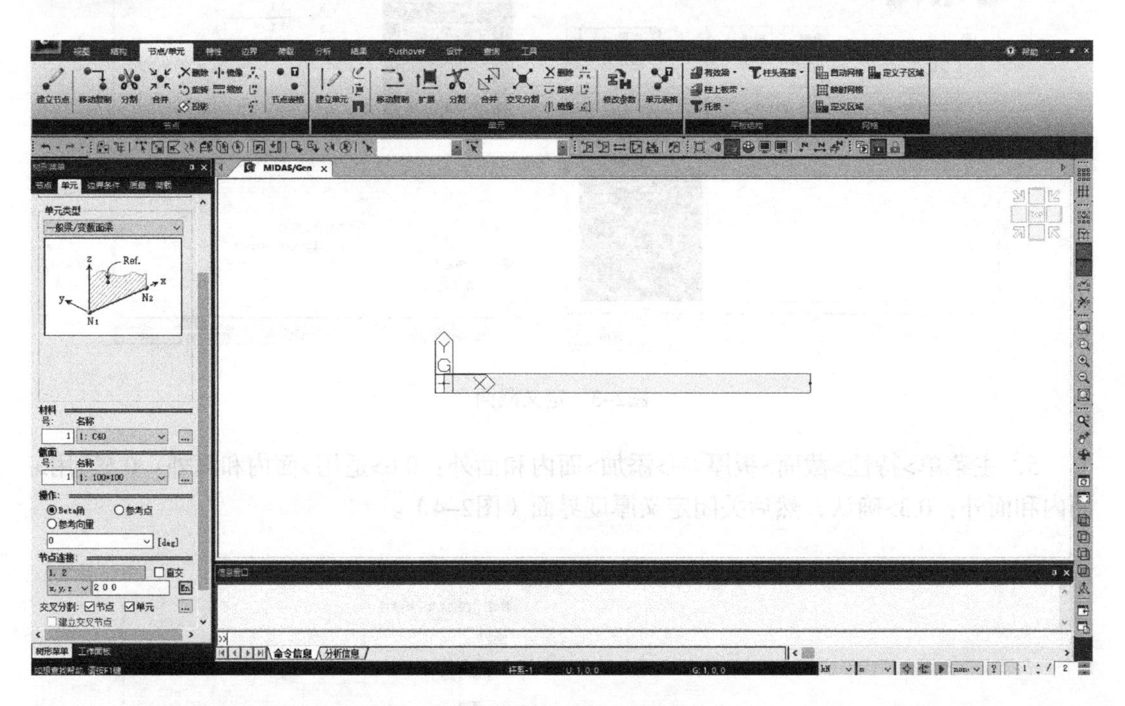

图2–5 建立节点、单元

3．模型窗口中点击选中2号节点>将左侧树形菜单的x, y, z选为dx, dy,输入（4, –4,0）>点击>模型窗口中点击3号节点>dx, dy,输入（5.4,0,0）>点击。以此类推，重复上述步骤，dx, dy,为：（5.4,0,0）、（2.35,0,0）、（4,4,0）、（2,0,0）、（0,2.25,0）、（0,3.2,0）、（0,2.35,0）、（–2,0,0）、（–4,4,0）、（–2.35,0,0）、（–5.4,0,0）、（–4,–4,0）、（–2,0,0）、（0,–2.35,0）、（0,–3.2,0），依次连接3–18号节点，最后，连接18号节点与1号节点（图2–6）。

4．在左侧树形菜单>节点连接左键单击>模型中点击节点2与节点15，建立辅助梁。以此类推，连接节点3、14，4、13，5、12，2、6，18、8，17、9，15、11，6、11（图2–7）。

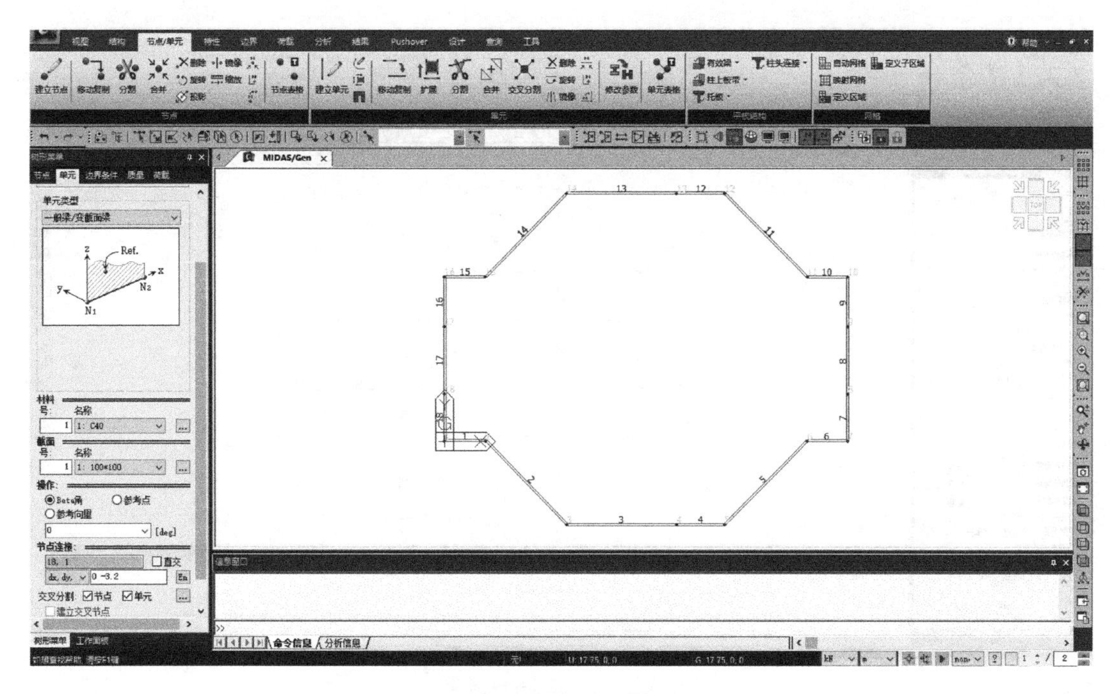

图2–6　建立底板轮廓线

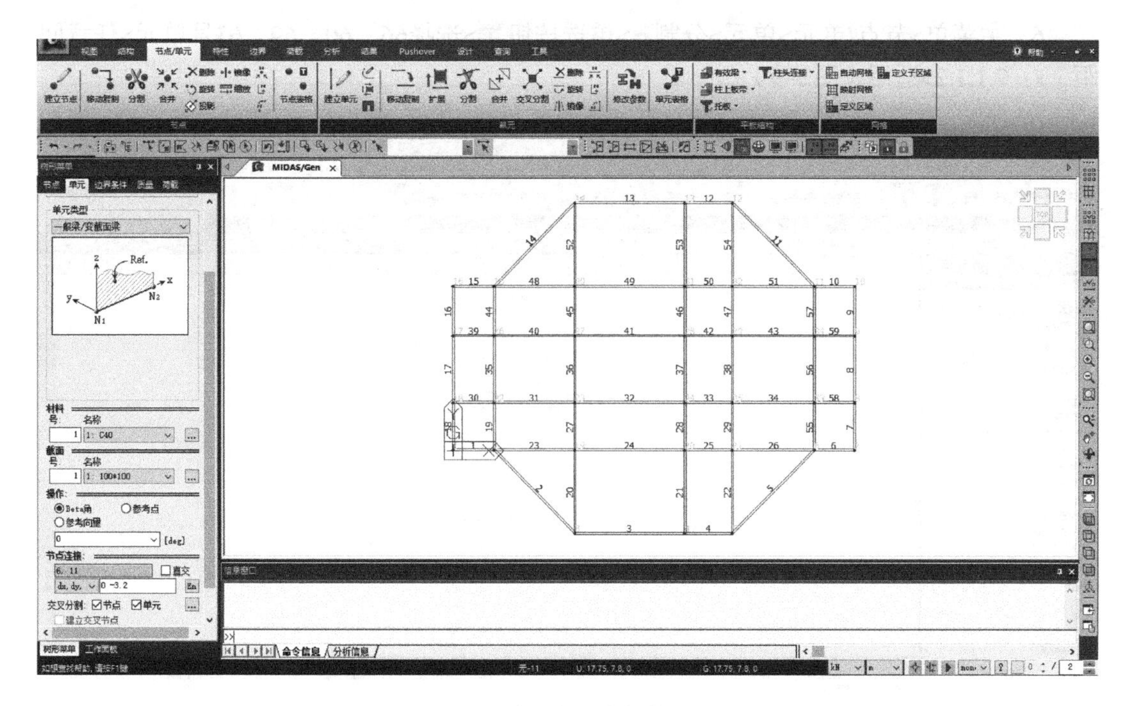

图2–7　建立底板内部辅助梁

5．主菜单>节点/单元>单元>移动复制>快捷工具栏>单选按钮>选择下图的24、49号单元>等间距dx,dy,dz：0,1.2,0>勾选 交叉分割: ☑节点 ☑单元 >适用。重新选择24、49号单元>等间距 dx,dy,dz：0,–1.2,0>适用（图2–8）。

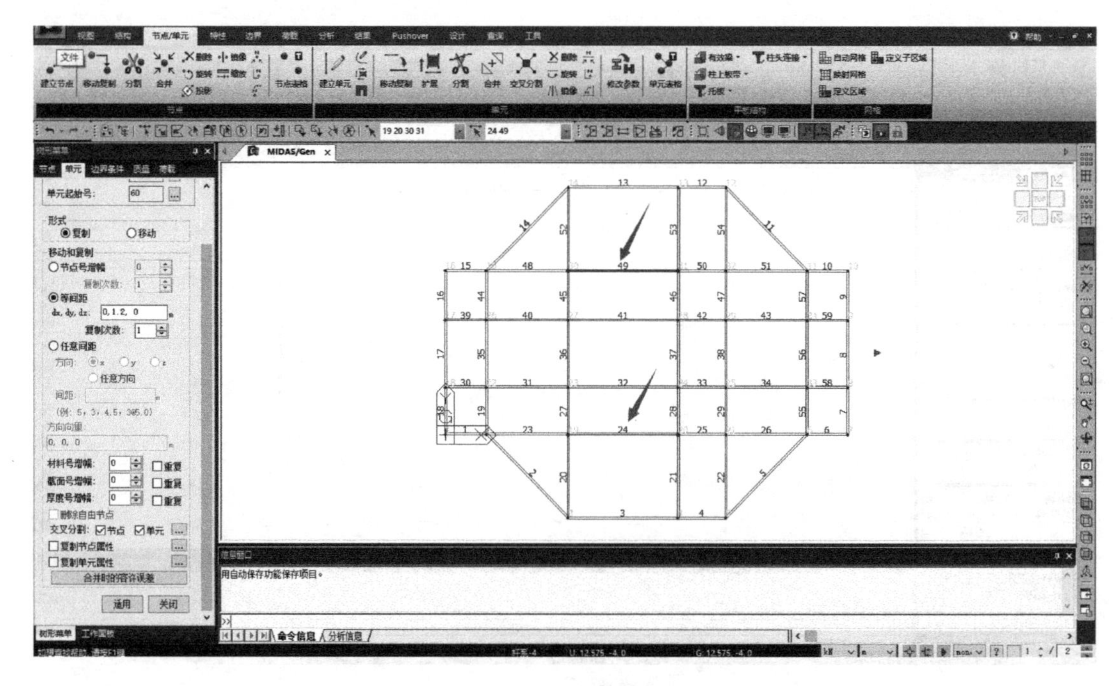

图2-8 复制构件

6. 主菜单>节点/单元>单元>分割>单选按钮>选择66、60、69、63号单元>任意间距，x：2.1,1.2>适用（图2-9）。

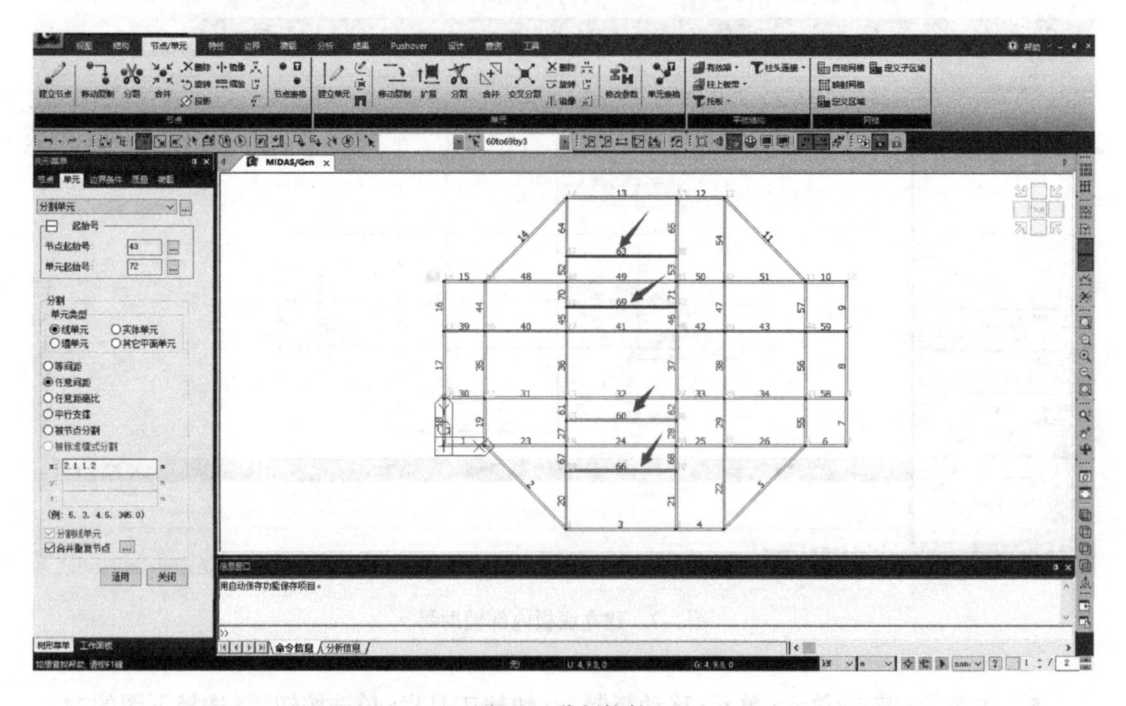

图2-9 分割构件

7. 主菜单>节点/单元>单元>建立单元>材料C40>截面100*100>节点连接：45、49，

46、50，43、47，44、48>关闭，建立集水坑轮廓线（图2-10）。

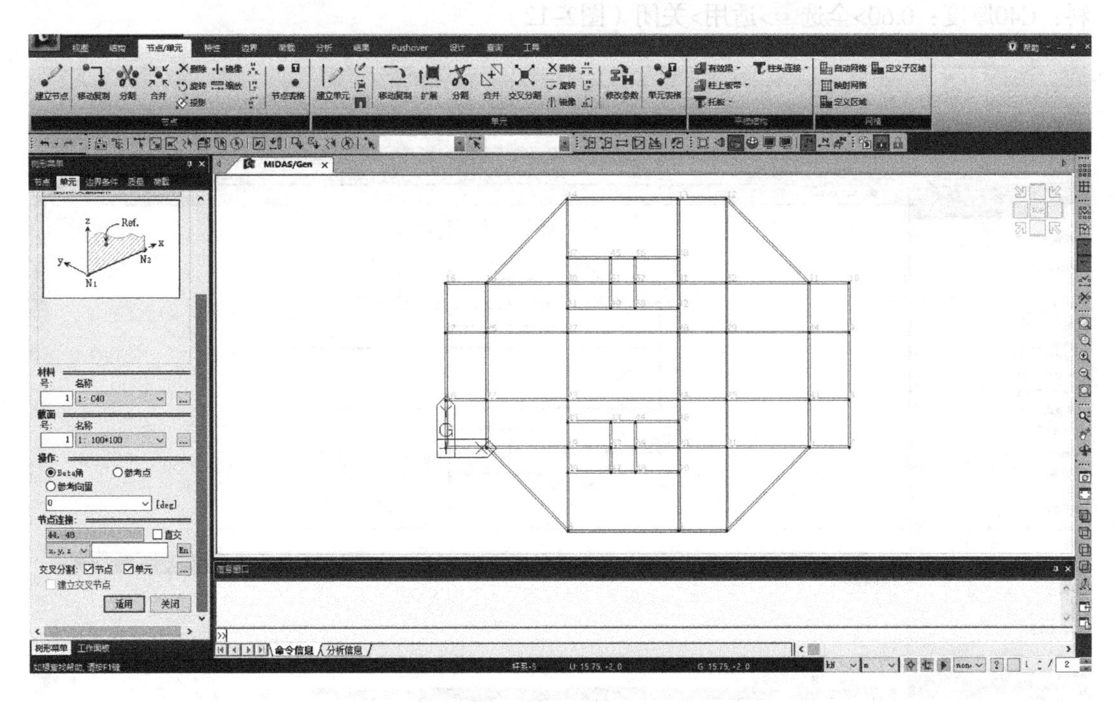

图2-10　建立集水井轮廓

8．在左侧树形菜单选择工作选项卡>窗口选择底板梁构件位置处的辅助梁>左键点击截面5：1000*600，拖放至模型窗口，修改辅助梁截面（以下简称拖放功能）（图2-11）。

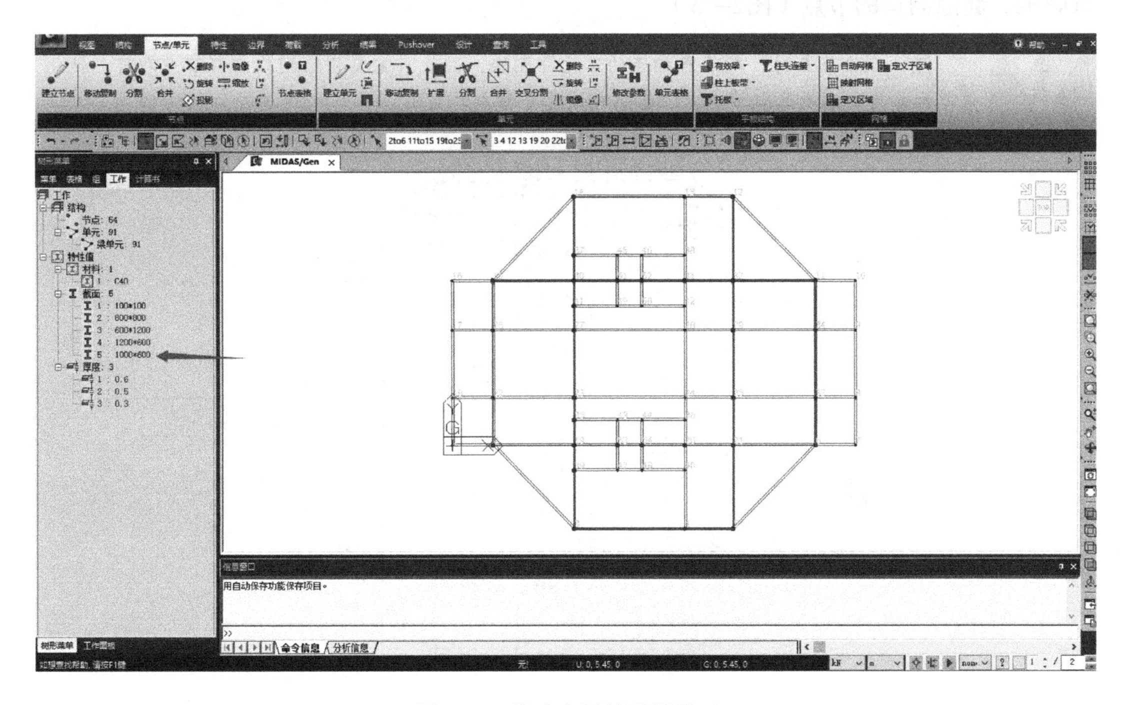

图2-11　修改底板辅助梁截面

9. 主菜单>节点/单元>网格>自动网格 自动网格 >网格尺寸：长度0.5m>单元类型：板材料：C40厚度：0.60>全选 >适用>关闭（图2-12）。

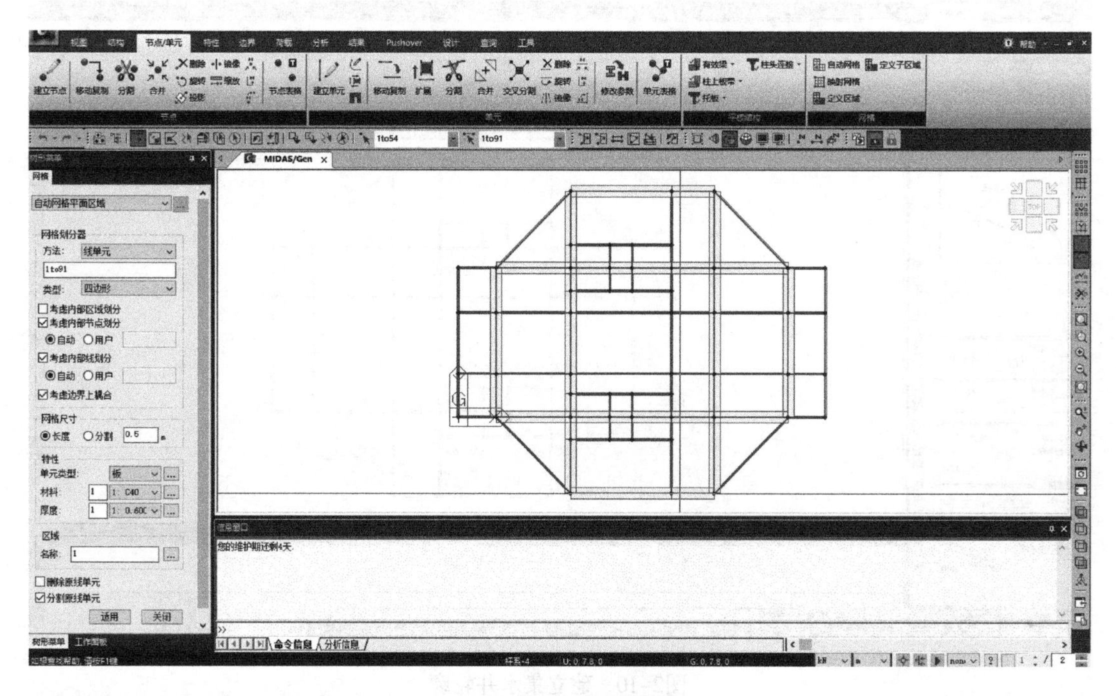

图2-12 自动网格生成底板

10. 左侧树形菜单选择工作选项卡 工作 >单元>板单元>右键>钝化>选择洞口内部节点>Delete，删除洞口的节点（图2-13）。

注：删除节点时，与节点相连的单元即删除，因此只需要删除洞口内部节点即可。钝化板单元是为了方便选取节点，Ctrl+A可恢复全部单元显示。

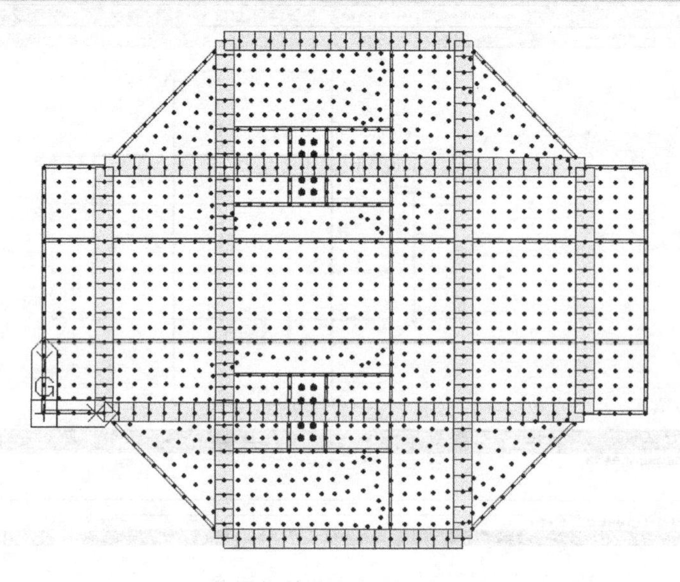

图2-13 生成集水井洞口

2.2.2　建立底层侧壁

主菜单>节点/单元>单元>扩展>扩展类型：线单元 -> 平面单元 >原目标，不勾选删除>复制和移动>等间距 dx, dy, dz：0,0,3.75/8>复制次数：8>如图2-14所示选择需生成底层侧壁位置处的梁单元。可窗口选择或多边形选择（双击鼠标左键即可结束多变形选择）>适用。为方便选择单元可消隐（Ctrl+H）显示模型（图2-15）。

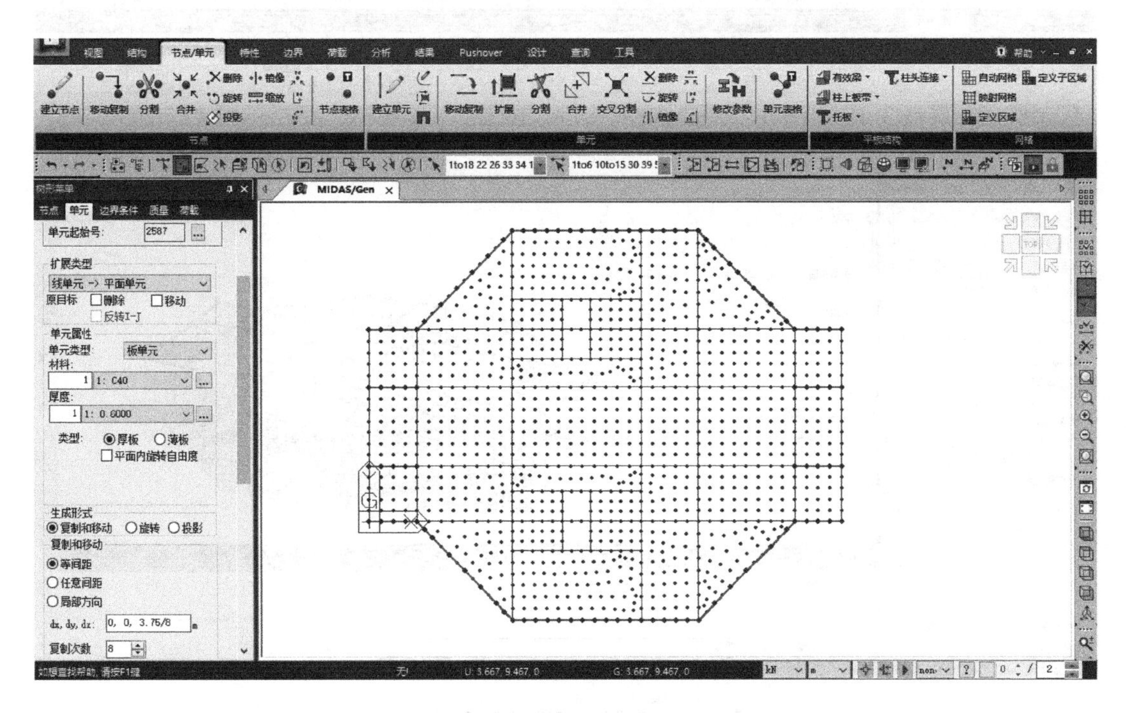

图2-14　建立底层侧壁

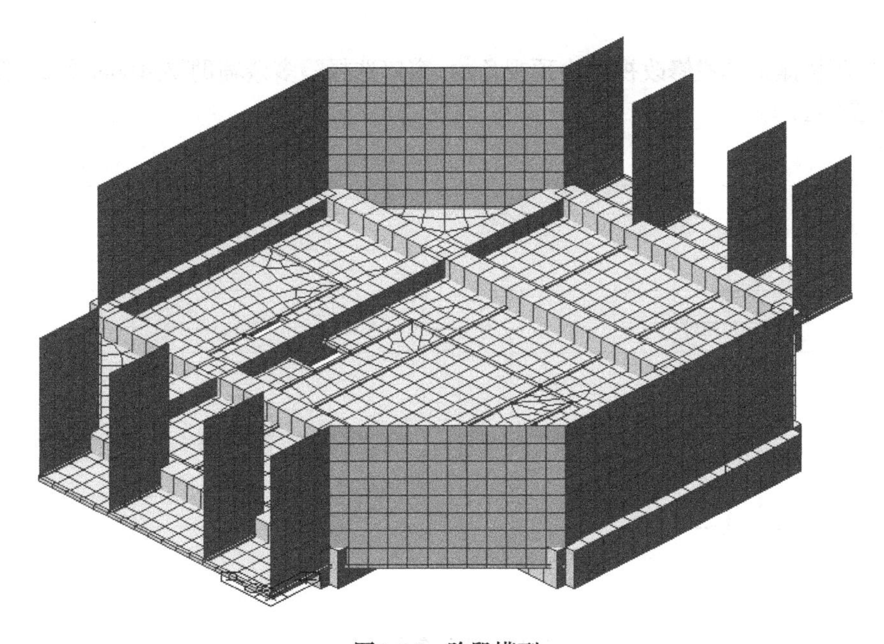

图2-15　阶段模型

2.2.3 建立中板

1. 左侧树形菜单选择工作选项卡 工作 >单元>双击梁单元，选中底板梁单元>主菜单>节点/单元>单元>移动复制 >复制：等间距 dx, dy, dz：0,0,3.75>复制次数：1>适用。快捷工具栏平面选择 >XY平面>Z坐标：3.75m>适用>关闭>F2激活（图2–16）。

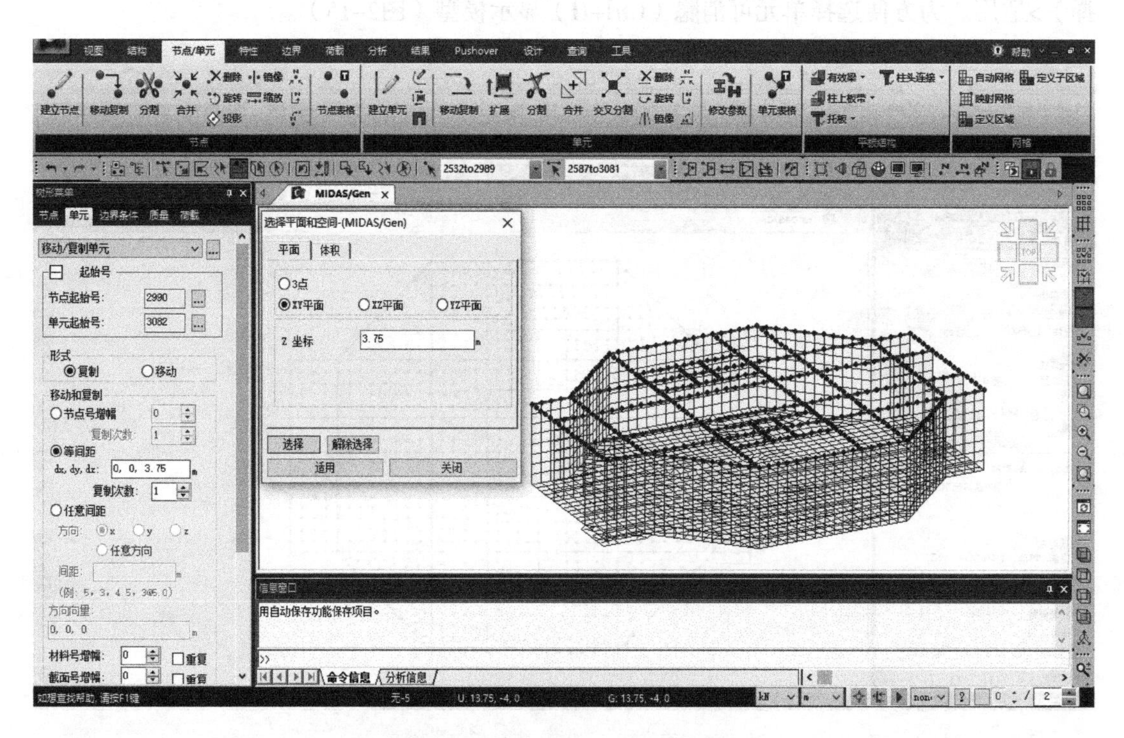

图2–16 复制底板梁至中板并激活

2. 右侧快捷工具栏修改视角为顶视角 >窗口选择 多余辅助梁>Delete键，删除多余辅助梁（图2–17）。

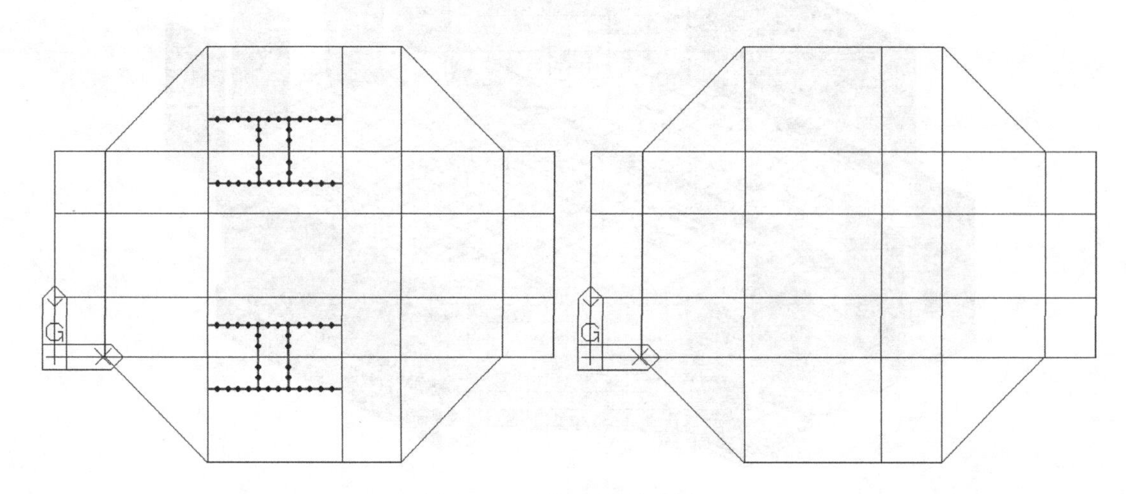

图2–17 删除多余辅助梁

3．主菜单>节点/单元>单元合并>全选>适用（图2–18）。

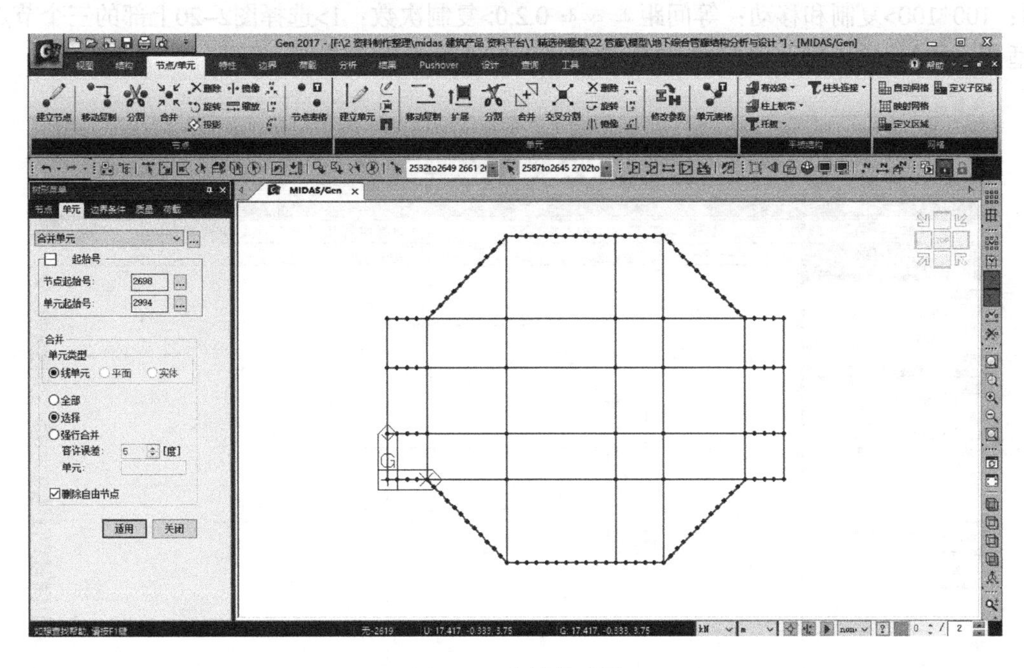

图2–18　合并辅助梁

4．主菜单>节点/单元>单元>移动复制>等间距 dx, dy, dz: 2.5,0,0复制次数：1>窗口选择图2–19中所示梁2612号单元>交叉分割：勾选节点、单元>适用，生成中板一个洞口辅助梁。等间距 dx, dy, dz: –2.5,0,0>窗口选择2624号单元>适用，生成中板另一个洞口辅助梁。

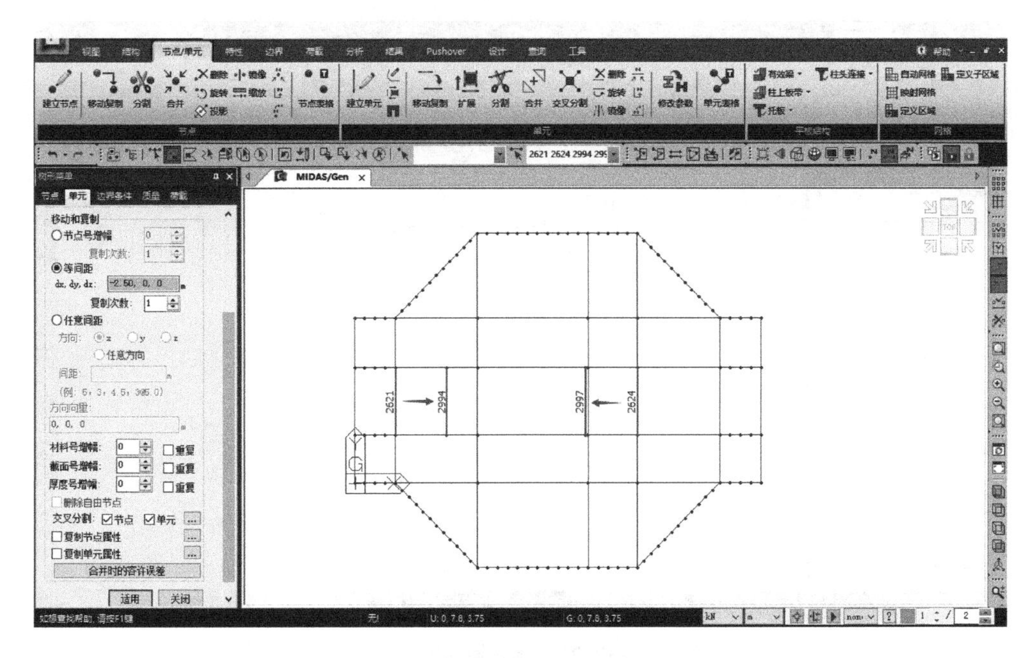

图2–19　复制梁

5．主菜单>节点/单元>单元>扩展 >扩展类型 节点 -> 线单元 材料：C40>截面：100*100>复制和移动：等间距 dx, dy, dz: 0,2,0>复制次数：1>选择图2-20上部的三个节点>适用。类似，等间距 dx, dy, dz: 0,-2,0>选择图2-20下部的三个节点>适用。

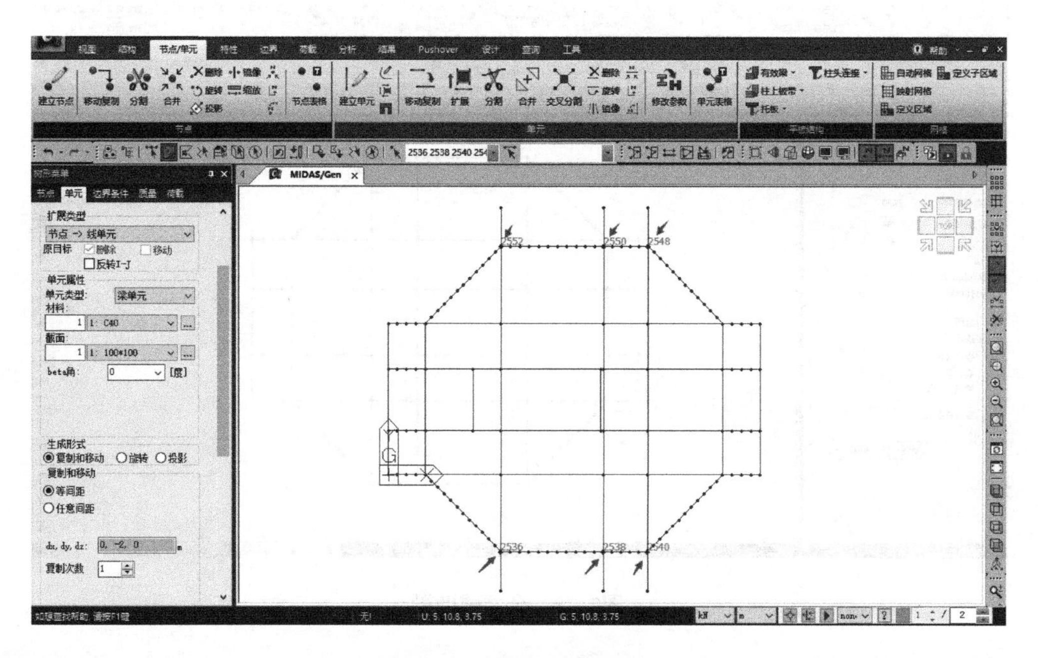

图2-20 扩展生成辅助梁

6．主菜单>节点/单元>单元>建立单元 >材料：C40>截面：100*100>连接节点，建立图2-21所示辅助梁单元。

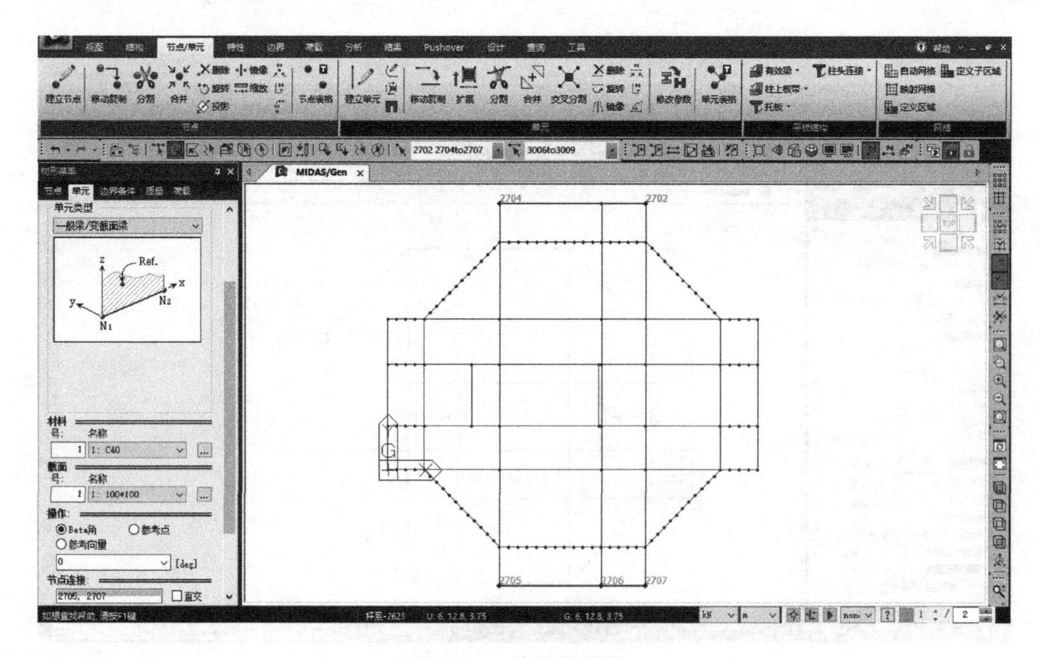

图2-21 建立辅助梁

7. 主菜单>节点/单元>单元>在曲线上建立直线单元>曲线类型：圆中心+两点>截面为100*100>分割数量为8>圆心C坐标：（8.2,4.45,3.75）P1：（8.9,4.45,3.75）P2：（8.2,5.15,3.75）>适用，建立圆形洞口。圆心C坐标：（16.25,6.4,3.75），P1：（15.75,6.4,3.75），P2：（16.25,5.7,3.75）>适用，建立另一个圆形洞口（图2–22）。

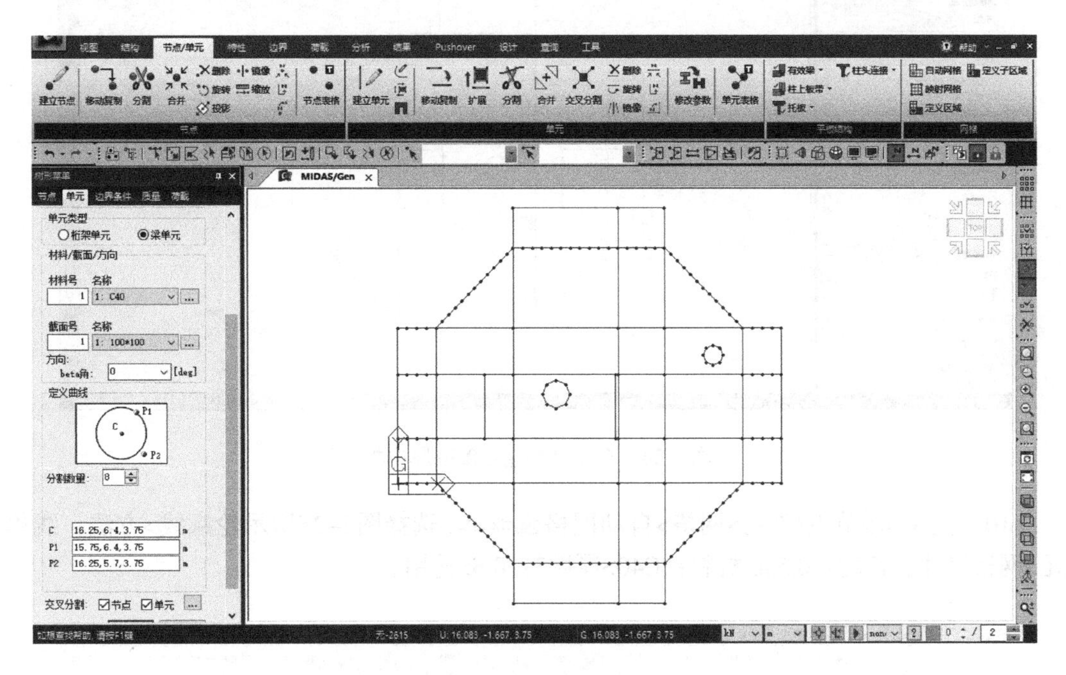

图2–22　建立圆形洞口

8. 窗口选择选择图2–23所示单元>Delete，删除多余辅助梁。主菜单>节点/单元>单元>合并单元>快捷工具栏全选按钮>适用。

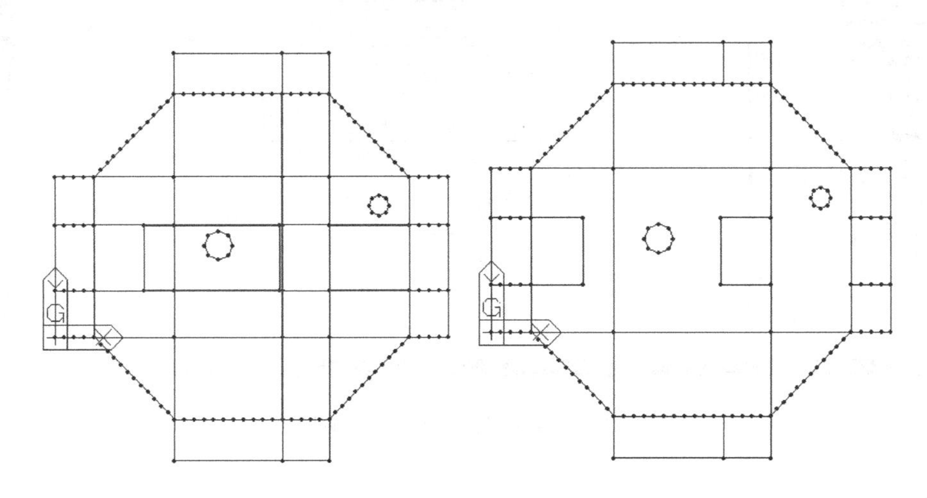

图2–23　多余辅助梁删除及单元合并

9. 主菜单>节点/单元>网格>自动网格>选择图2–24所示轮廓线>方法：线单元>网格尺寸，长度：0.5m>材料：C40>厚度3：0.3>适用。

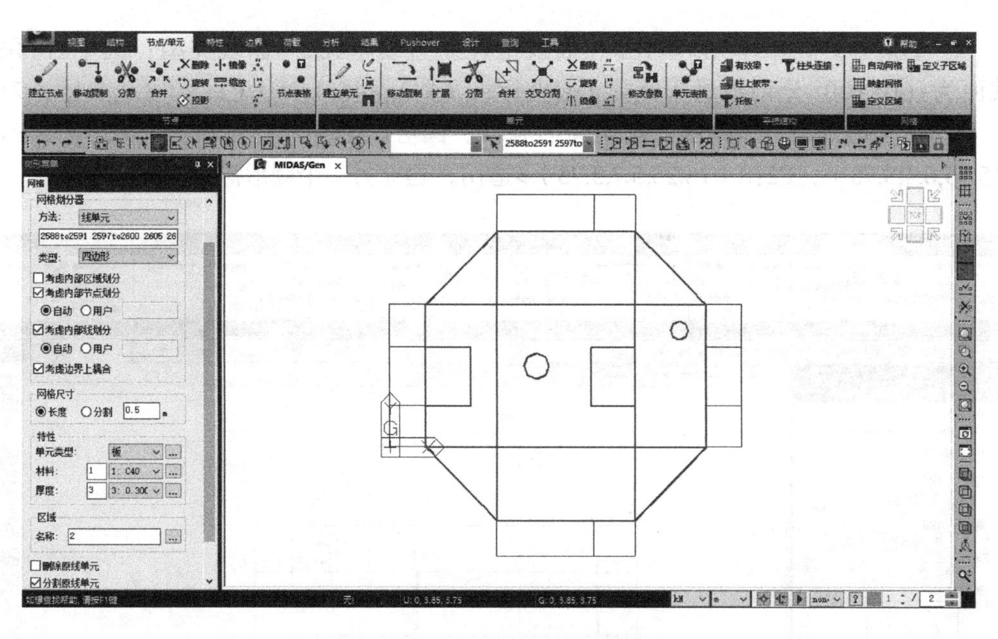

图2-24　自动网格生成0.3m厚中板

10. 主菜单>节点/单元>网格>自动网格 >选择图2-25所示轮廓线>方法：线单元>网格尺寸，长度：0.5m>材料：C40>厚度3：0.6>适用。

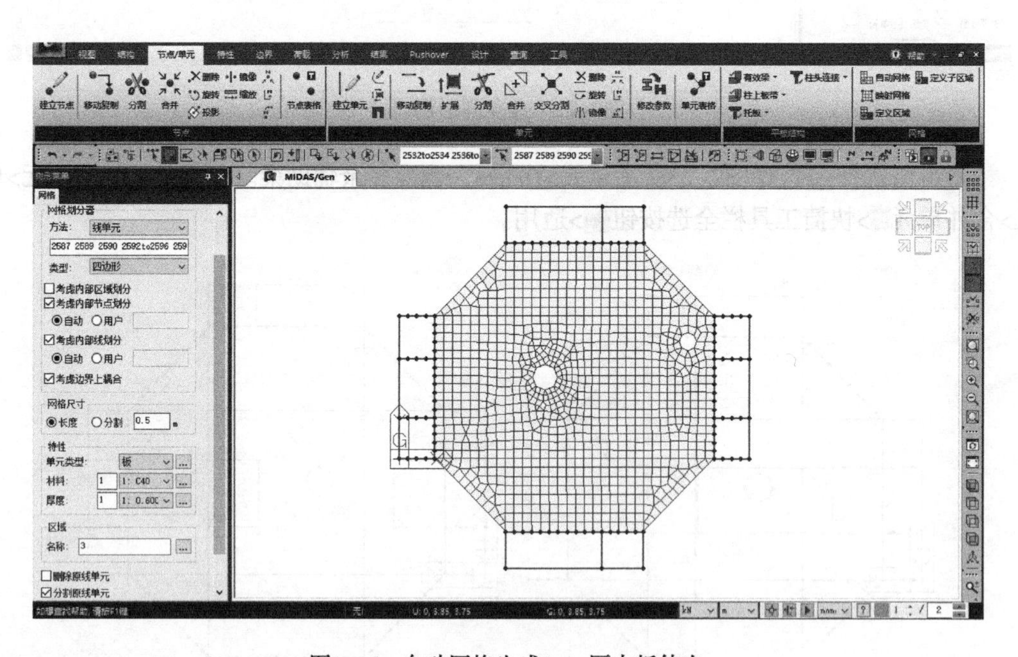

图2-25　自动网格生成0.6m厚中板伸出

注：可点击模型窗口右上角的“动态视图”切换视角（图2-26），Ctrl+H切换是否消隐模型，以便操作。

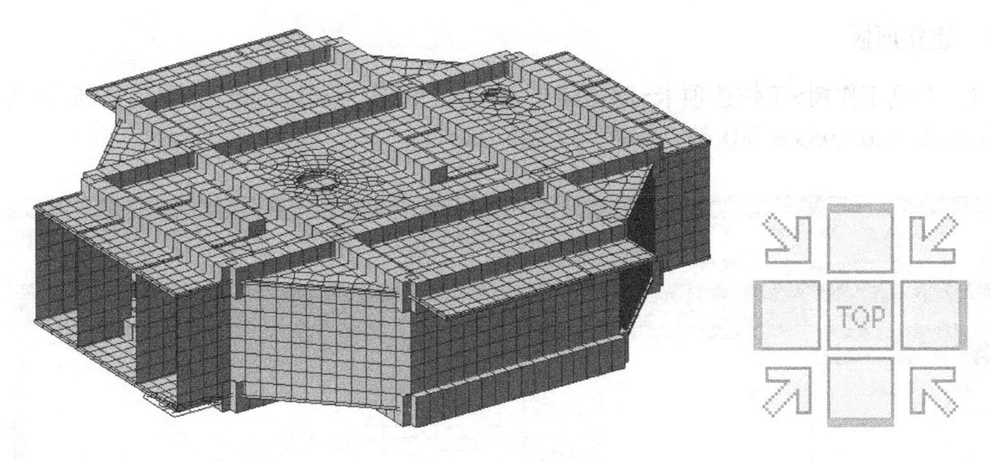

图2-26　阶段模型及动态视图

2.2.4　建立顶层侧壁

1. 快捷工具栏平面选择 >XY平面>Z坐标：3.75m>适用>关闭>F2，激活，因需以中板所在面为基准完成后续操作。模型窗口右上角动态视图控制 >点击TOP顶视图，以便操作。

2. 左侧工作树>工作选项卡>双击梁单元>F2激活。主菜单>节点/单元>单元>扩展 >扩展类型为 线单元 -> 平面单元 >原目标，不勾选删除>材料：C40>厚度1：0.6>复制和移动：等间距 dx, dy, dz: 0,0,3.95/8复制次数：8>窗口选择 或多边形选择 ，选择生成顶层侧壁所需的梁单元（双击鼠标左键即可结束多变形选择）>适用（图2-27）。

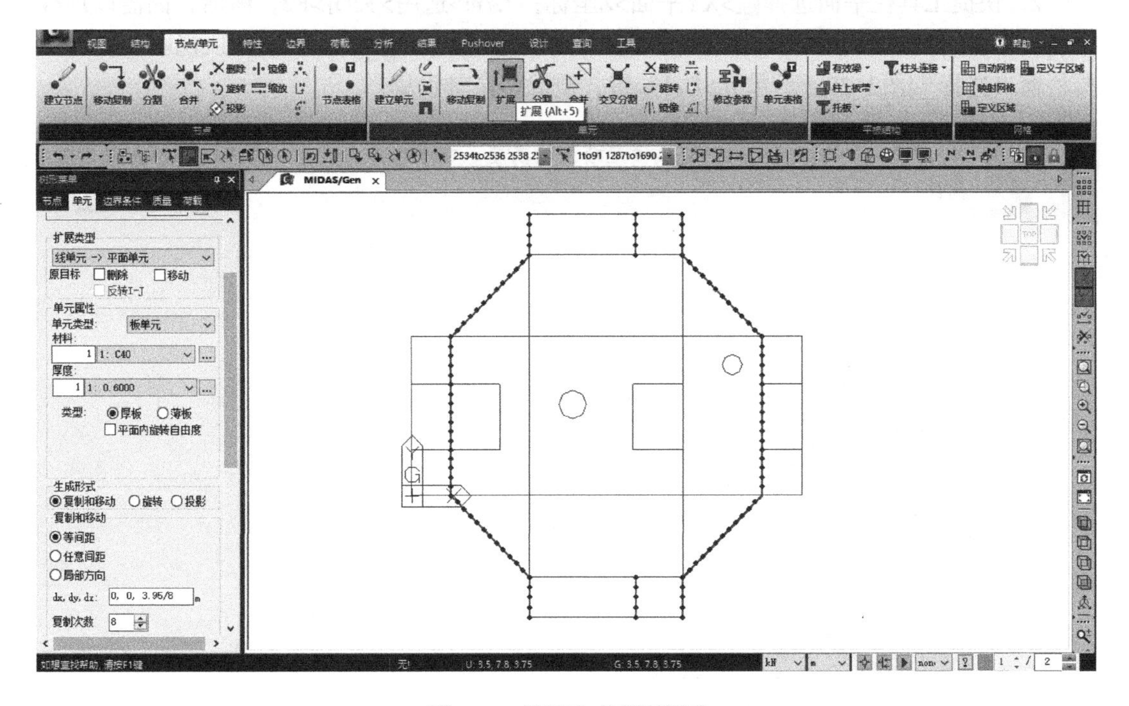

图2-27　扩展生成顶层侧壁

2.2.5 建立顶板

1．左侧工作树>工作选项卡>双击梁单元>主菜单>节点/单元>单元>移动复制>等间距 dx, dy, dz：0,0,3.95>复制次数：1>适用（图2–28）。

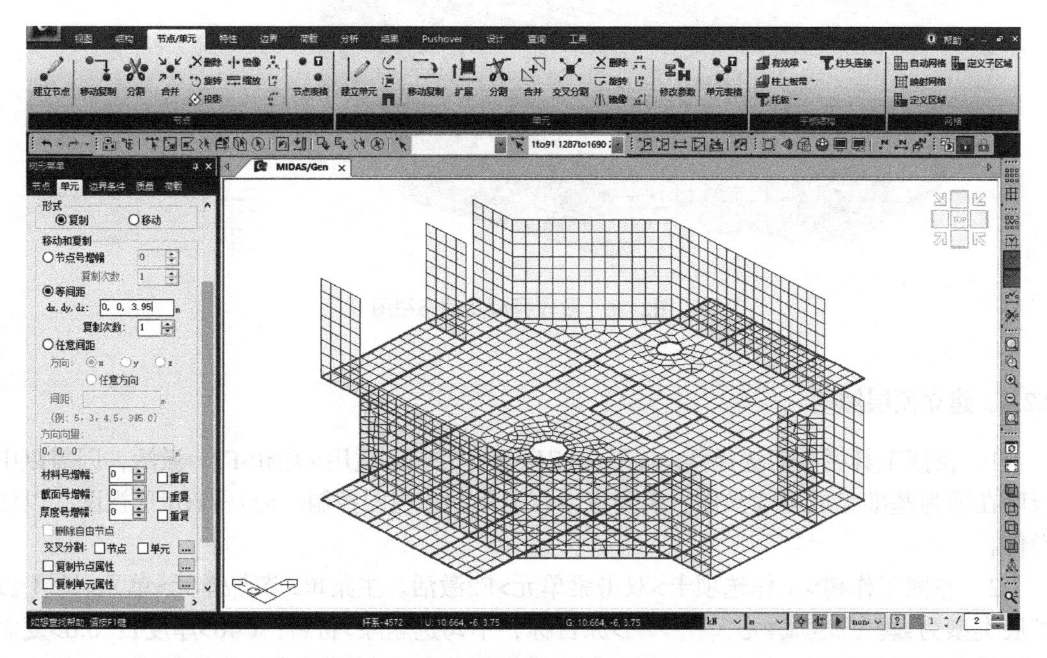

图2–28 复制到顶板轮廓线

2．快捷工具栏平面选择>XY平面>Z坐标：7.7m>适用>关闭>F2，激活，因需以顶板所在面为基准完成后续操作。模型窗口右上角动态视图控制>点击TOP顶视图。快捷工具栏窗口选择图2–29所示单元>Delete键，删除多余辅助梁。

注：7.7=3.75+3.95，是底板至顶板的高度。节点选择需注意不要多选，防止误删除构件。

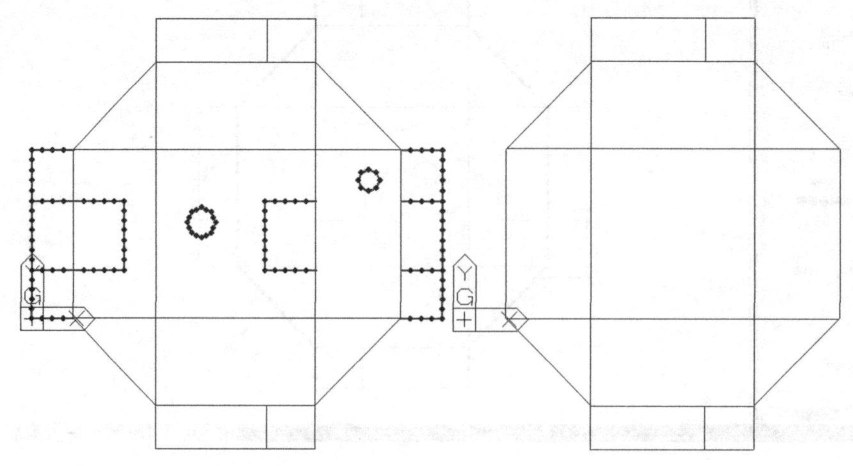

图2–29 删除辅助梁

3．主菜单>节点/单元>单元>合并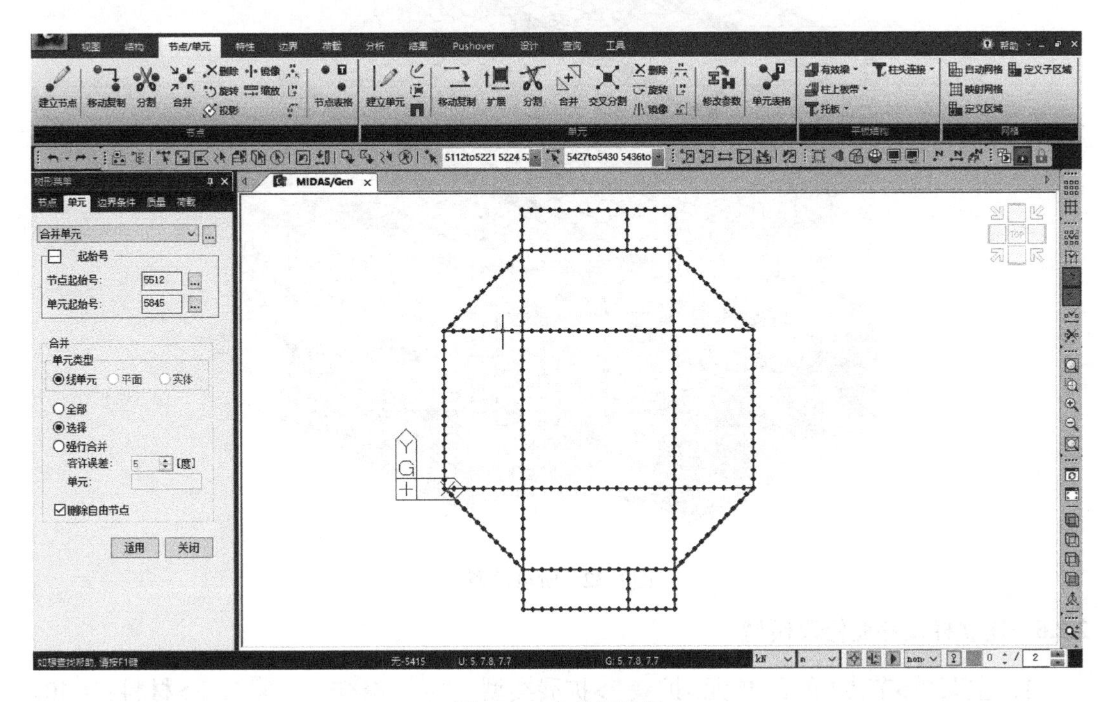>全选按钮>适用（图2-30）。

图2-30　合并辅助梁

4．主菜单>节点/单元>网格>自动网格>全选，选择图2-31所示轮廓线>方法：线单元>网格尺寸长度：0.5m>材料：C40>厚度3：0.6>适用>关闭（图2-32）。

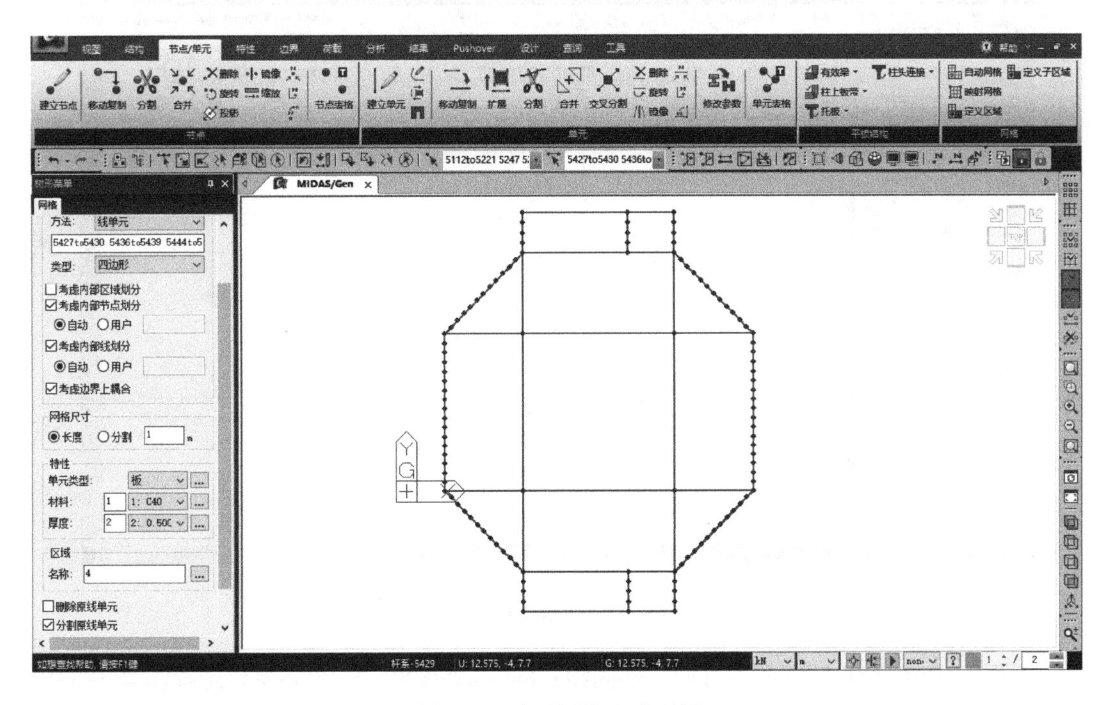

图2-31　自动网格生成顶板

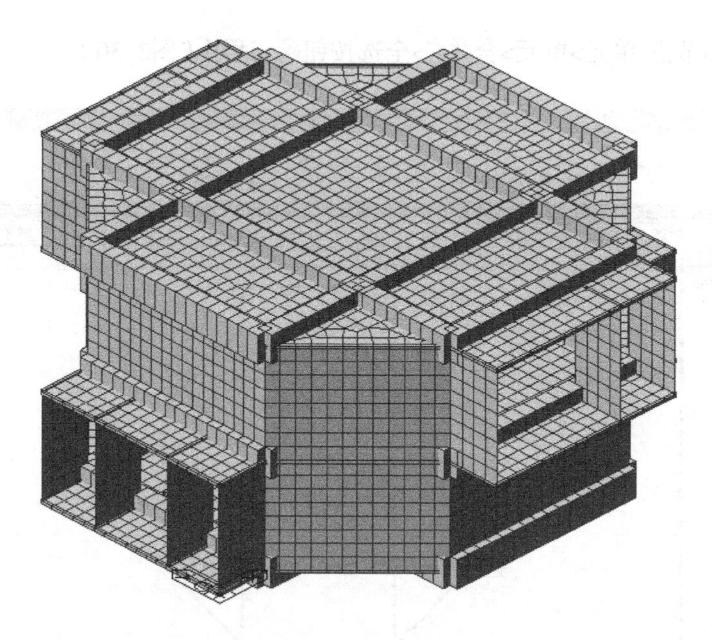

图2-32 阶段模型

2.2.6 建立柱及补充修改模型

1．主菜单>节点/单元>单元>扩展>扩展类型：节点 -> 线单元>材料：C40>截面 2：800*800>复制和移动>任意间距方向：z>间距：-3.95,-3.75>窗口选择图2-33中5266、5268、5249、5247号节点（中部4个节点）>适用，生成内部柱。

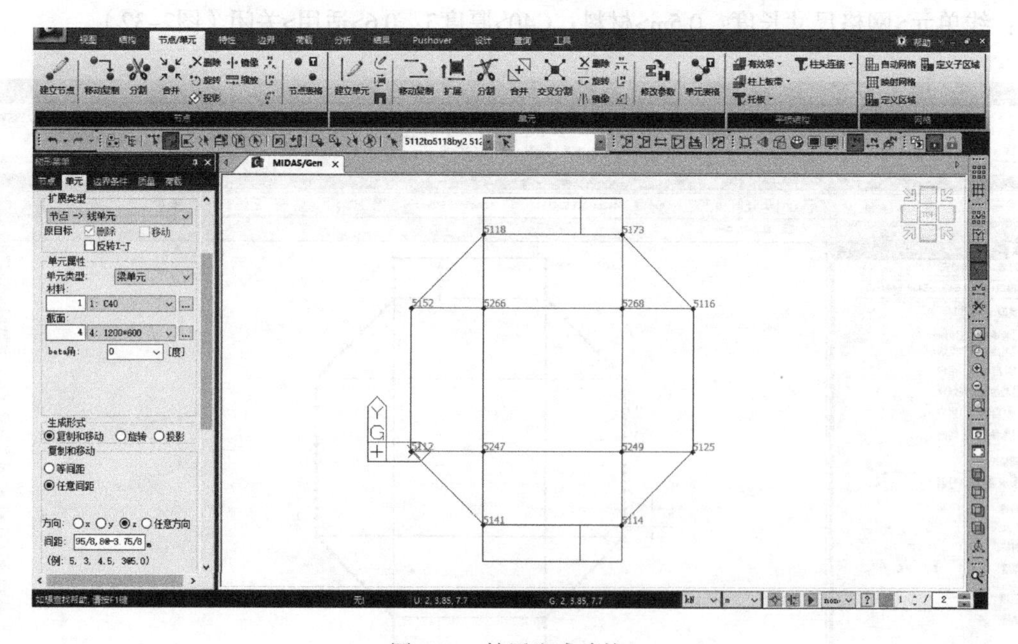

图2-33 扩展生成暗柱

截面：600*1200>任意间距方向：z>间距：8@-3.95/8,8@-3.75/8>窗口选择图2-33中5118、5173、5114、5141号节点（上下4个节点）>适用>关闭，生成上部和下部柱。

截面：1200*600>窗口选择图2-33中5152、5116、5112、51425号节点（左右4个节点）>适用，生成左侧和右侧柱（图2-34）。

注：此处间距为8@-3.95/8代表垂直向下扩展8次，每次距离为-3.95/8。选择这个间距及次数的原因主要为暗柱要和侧壁的网格节点对应。

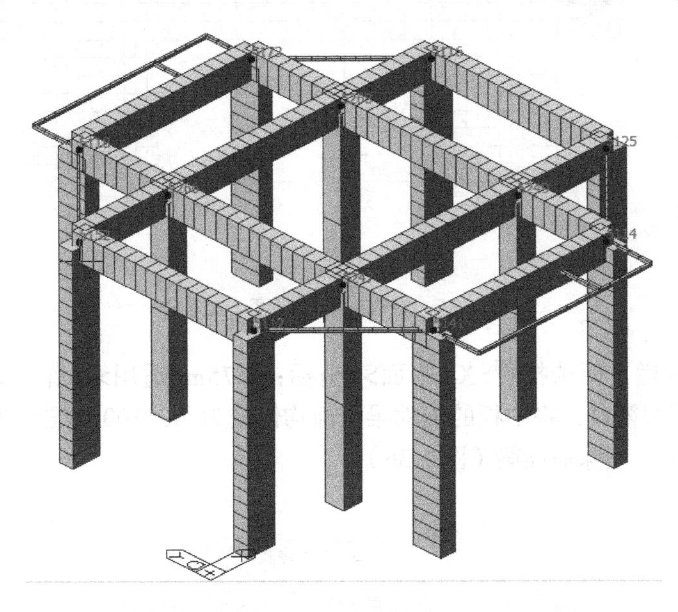

图2-34　阶段模型

2．全部激活Ctrl+A>前视图或右侧快捷工具栏正面视角>窗口选择图2-35中左图所示单元，选择顶层管廊内隔墙。右视图或右侧快捷工具栏右面视角窗口选择图2-35中左图所示单元，选择底层管廊内隔墙。工作树>工作选项卡>点击截面 3：0.3，拖放至模型窗口，修改内隔墙厚度为0.3m。

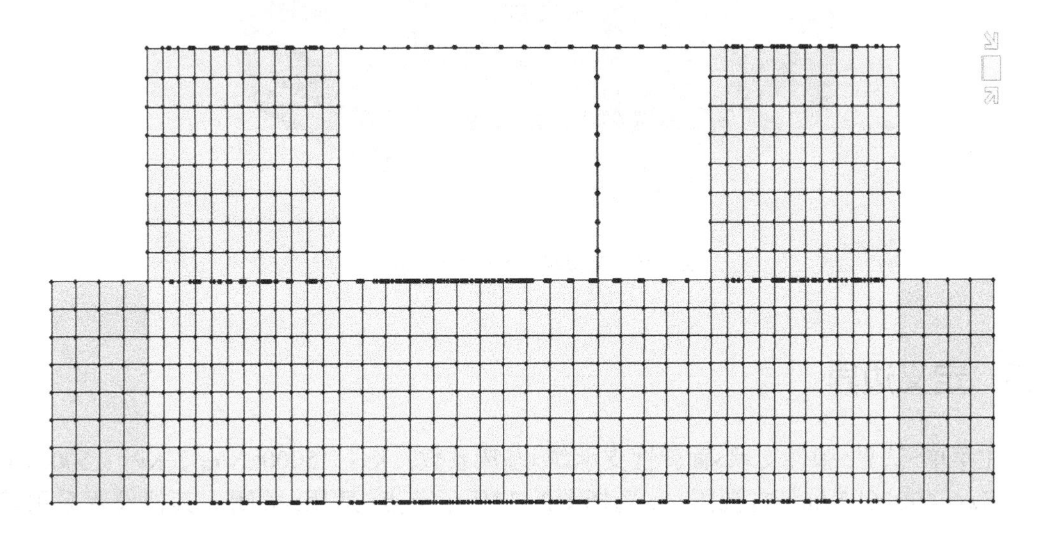

图2-35　修改内隔墙厚度（一）

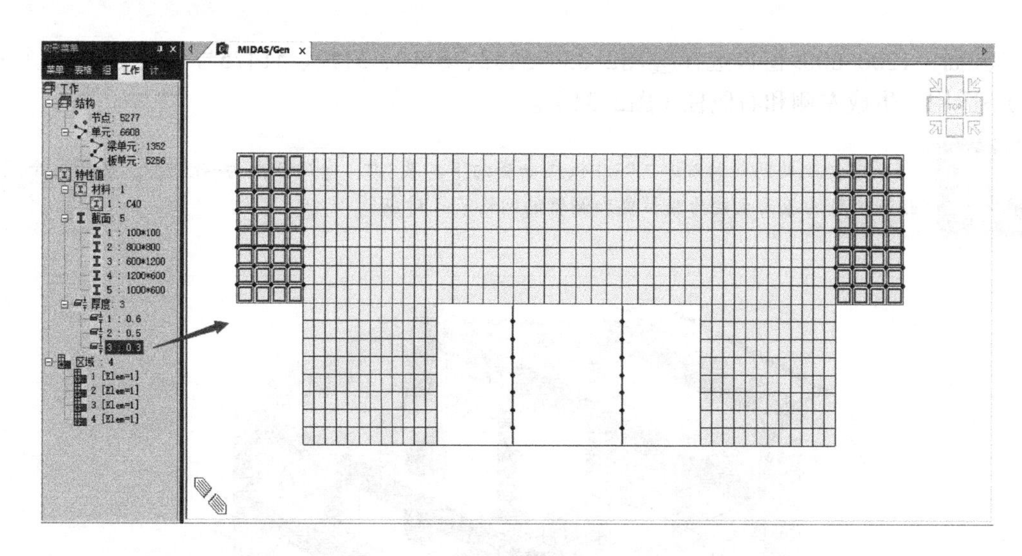

图2-35 修改内隔墙厚度（二）

3．快捷工具栏平面选择>XY平面>Z坐标：3.75m>适用>工作树，点击截面 1：100*100拖放至模型窗口，将中板的辅助梁截面均修改为100*100>双击左侧树形菜，截面1：100*100>Delete，删除辅助梁（图2-36）。

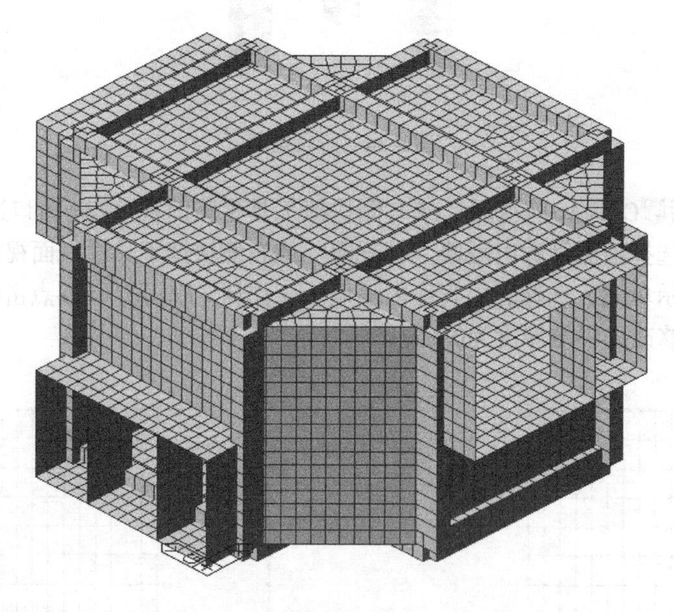

图2-36 阶段模型修改内隔墙厚度

2.3 定义边界

主菜单>边界>弹性支承>面弹性支承>基床系数：Kx：15000kN/m^3，Ky：15000kN/m^3，Kz：40000kN/m^3>右视图>选择图2-37所示节点>适用>关闭。其他设置采用默认值。

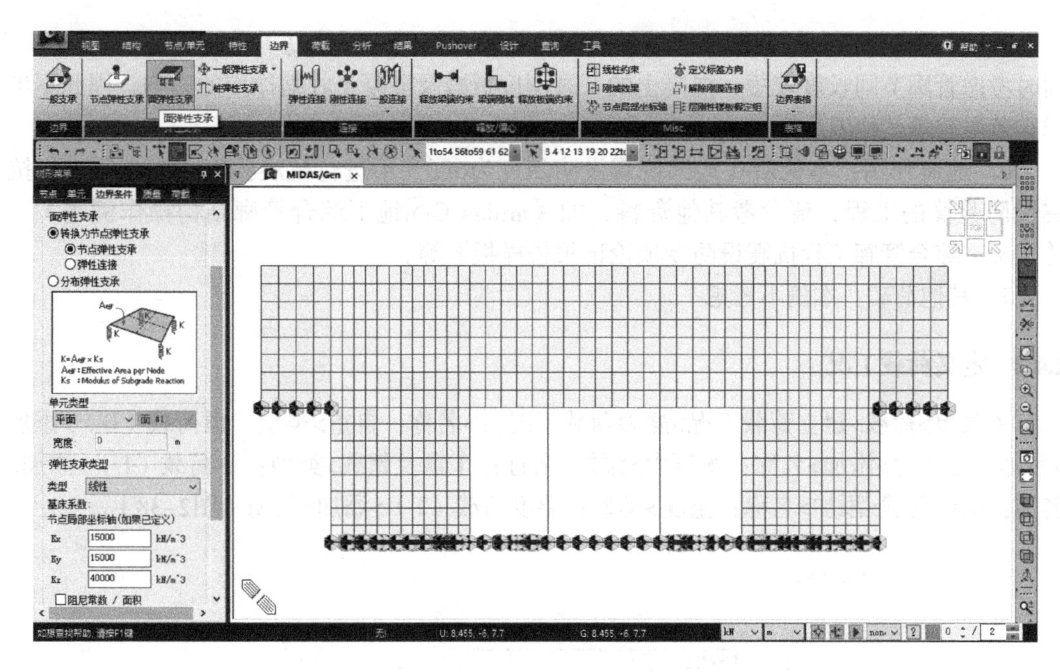

图2-37 施加边界约束

注：对于基床系数取值，可根据经验，亦可参考：《城市轨道交通岩土工程勘察规范》GB 50307-2012附录H；顾晓鲁等主编的《地基与基础》（第三版），表12-2-1；中国船舶工业总公司第九设计院编写的《弹性地基梁及矩形板计算》；戴学清、柏雪梅写的文章《基床系数的确定方法综述》等资料。本例竖向基床系数取40000，水平基床系数取竖向基床系数的1/2～1/3，取15000。

本例未考虑土体仅受压特性、未考虑侧壁土约束，若实际项目需考虑结构局部鼓起、地震作用等，则需考虑土体只受压特性及侧壁土约束，具体方法不在本文介绍，可参考其他技术资料。

2.4 定义及施加荷载

2.4.1 荷载概况

1．自重：本例混凝土容重取25kN/m^3，自重由软件根据自重系数自动计算；管廊内部找平垫层厚度取10cm，容重为20kN/m^3，则找平垫层荷载为20kN/m^3 × 0.1m=2kN/m^2，作用于管廊底板；管线及设备自重本例取4kN/m^2，作用于管廊顶层及底层板。

2．土压力/水压力：本管廊采用明挖施工，回填人工填土，容重取18kN/m^3，土体浮容重为10kN/m^3，主动土压力系数K_a=tan^2（45−φ/2）=0.53，地下水位为地下3m，本例采用水土分算方法计算水压力及土压力。

3．地面超载及车辆荷载：本例管廊顶板覆土层厚度3m，车辆荷载按城-A级考虑，参考《给水排水工程构筑物结构设计规范》GB 50069—2002、《给水排水工程结构设计手册》（第二版），本例地面堆载及超载对顶板取10kN/m^2，侧壁取10 × 1/3≈3.4kN/m^2。

4．管线活荷载及检修荷载：本例共取4.5kN/m^2。

5. 温度作用：本例考虑湿度当量温差为内外壁10℃（外壁高），由于是地下结构，同时考虑管廊节间长度较短、混凝土的开裂刚度折减及混凝土收缩徐变的影响，因此不考虑季节温差等其他温度影响。

6. 地震作用：本例所在地区抗震设防烈度为6度，不进行抗震验算，对于需进行抗震设防验算的工程，请参考其他资料，如《midas Gen地下综合管廊结构操作例题》、《×××综合管廊工程抗震设防专项论证报告样板》等。

7. 其他荷载：本例不考虑。

2.4.2 定义荷载工况

主菜单>荷载>建立荷载工况>静力荷载工况>名称：自重>类型：恒荷载（D）>添加>名称：土压力>添加>名称：水压力>添加>名称：车辆及超载>类型：活荷载（L）>添加>名称：检修荷载>添加>名称：温度>类型：温度荷载（T）>添加>关闭（图2-38）。

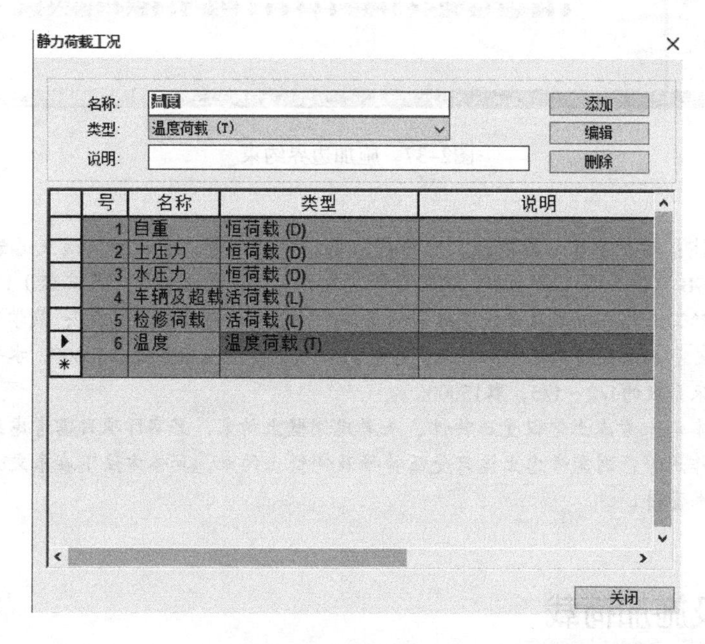

图2-38 定义荷载工况

2.4.3 施加荷载

1. 主菜单>荷载>结构荷载/质量>自重>荷载工况名称：自重>自重系数：Z=-1>添加>关闭。

2. 主菜单>荷载>压力荷载>定义压力荷载类型 定义压力荷载类型 >定义压力荷载名称：顶板>荷载工况1：土压力>P1：-54（$-18\times3=-54kN/m^2$）>荷载工况2：车辆及超载：P1：-10>添加，定义管廊顶板的均布压力荷载。同样操作，添加中板和底板均布压力荷载：

中板：自重，$P1=-4kN/m^2$；检修荷载，$P1=-4.5kN/m^2$。

底板：自重：$P1=-(4+2)=-6kN/m^2$，水压力：$P1=10\times7.7=77kN/m^2$，检修荷载检修荷载，$P1=-4.5kN/m^2$，然后点击关闭（图2-39）。

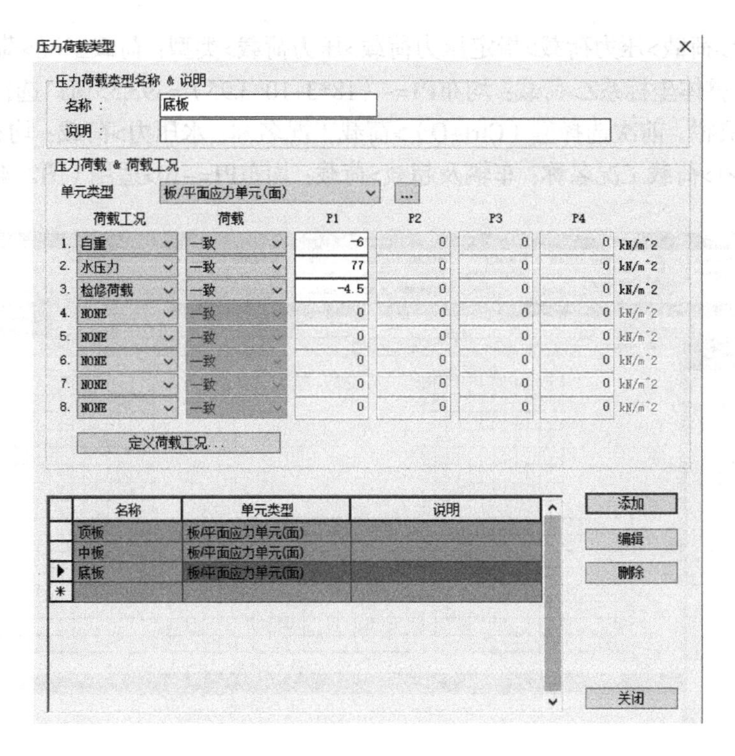

图2-39　定义自重、压力荷载类型

3．视角修改为正面>主菜单>荷载>压力荷载>指定压力荷载 指定压力荷载 >压力荷载>类型：荷载类型>荷载类型名称：顶板>方向：整体坐标系Z>窗口选择>适用>荷载类型名称为：中板>适用>底板>适用。按图2-40所示选择对应节点。

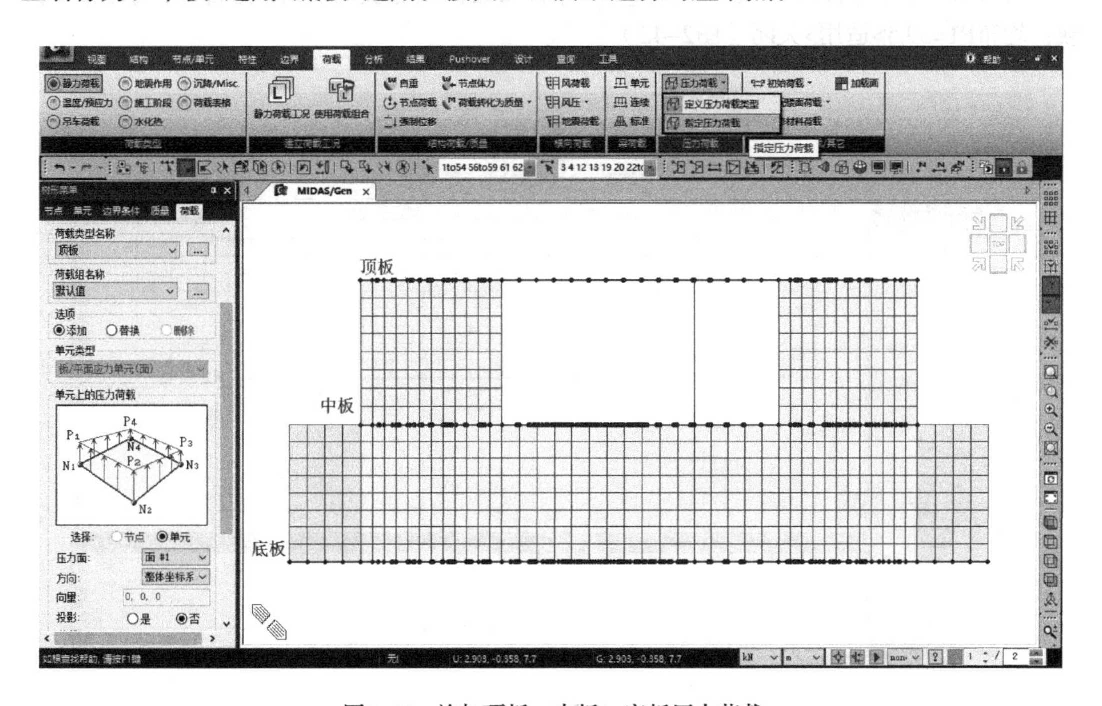

图2-40　施加顶板、中板、底板压力荷载

4. 主菜单>荷载>压力荷载>指定压力荷载>压力荷载>类型：荷载工况>荷载工况名称：土压力>方向：整体坐标系Z>荷载：均布P1=-（18*3+10*3.95）=-93.5>窗口选择外部中板>适用。快捷工具栏，前次选择（Ctrl+Q）>荷载工况名称：水压力>荷载：均布P1=-39.5>适用。前次选择>荷载工况名称：车辆及超载>荷载：均布P1=-10>适用（图2-41）。

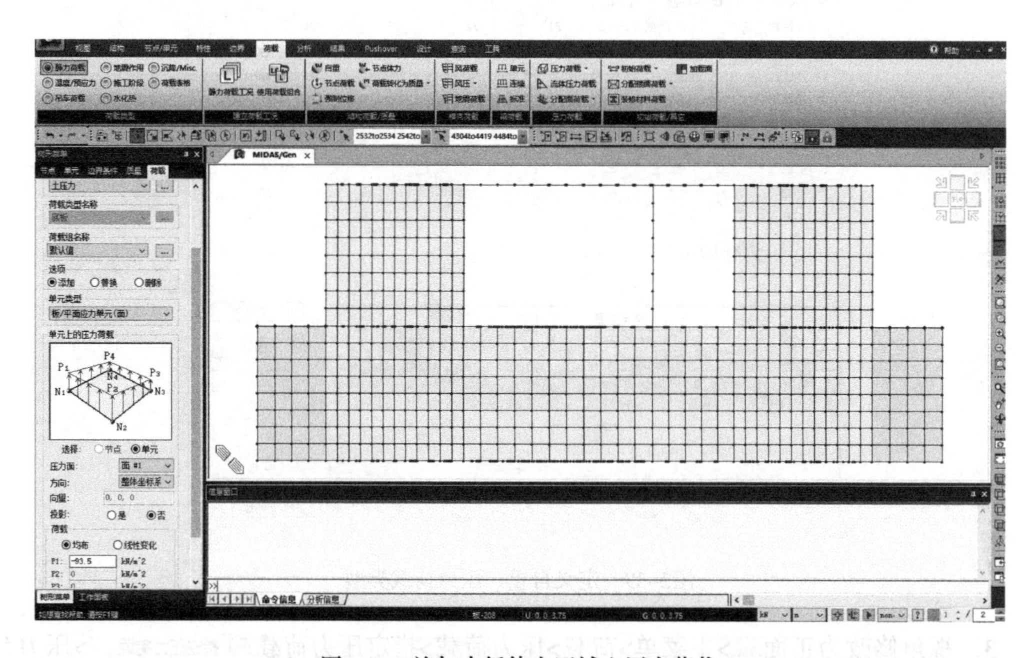

图2-41 施加中板伸出区域土压力荷载

5. 修改视角为右面>窗口选择顶部管廊延伸段底板>荷载工况名称：水压力>荷载：均布P1=39.5>适用>关闭（图2-42）。

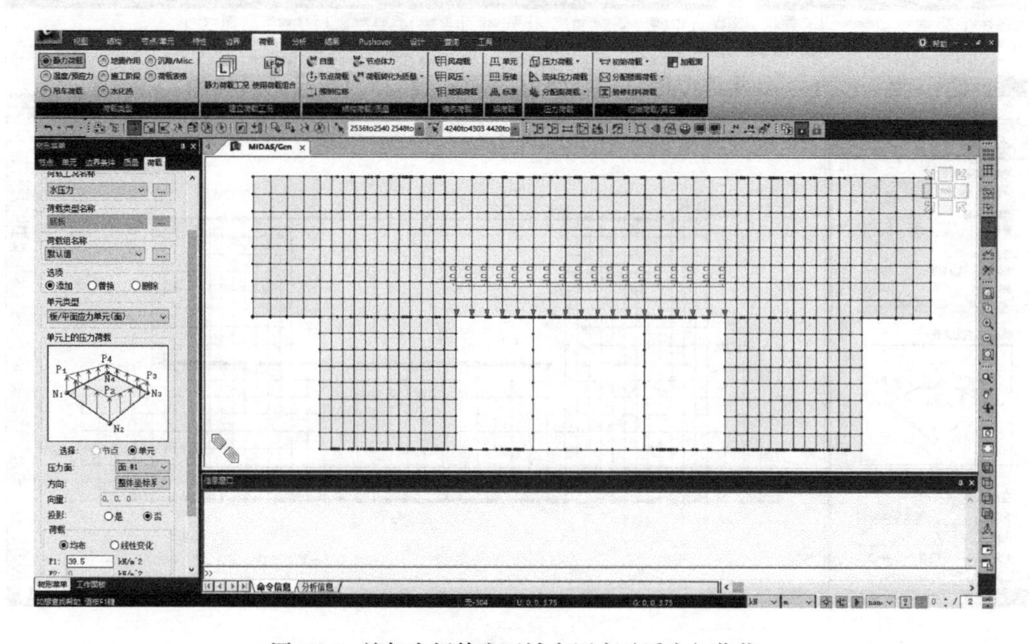

图2-42 施加中板伸出区域水压力（浮力）荷载

6. 树形菜单工作>双击厚度1：0.6>激活（F2），激活模型中所有板厚为0.6m的板>视角修改为正面>窗口选择图2-43所示中板及底板>钝化（Ctrl+F2），实现仅侧壁处于激活状态。

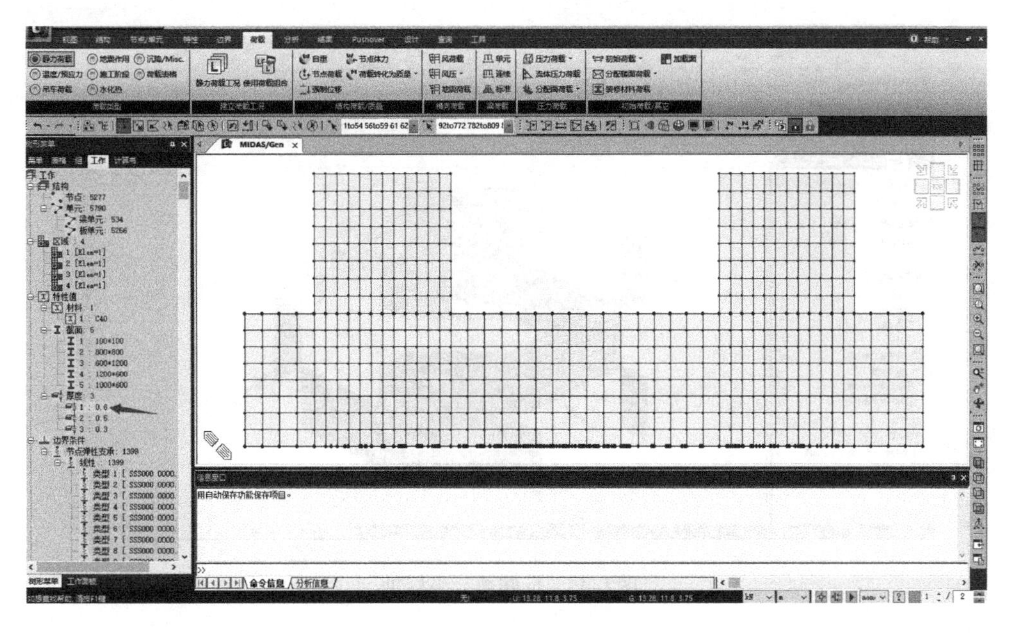

图2-43 仅激活侧壁

7. 主菜单>结构>检查结构>检查单元局部坐标轴 检查单元局部坐标轴 >正面及背面颜色确认>确定。可以查看大部分板外侧为红色，内侧为蓝色，但存在少量的板外部为蓝色，内部为红色，说明这些板的单元坐标轴与其他板不统一（图2-44）。

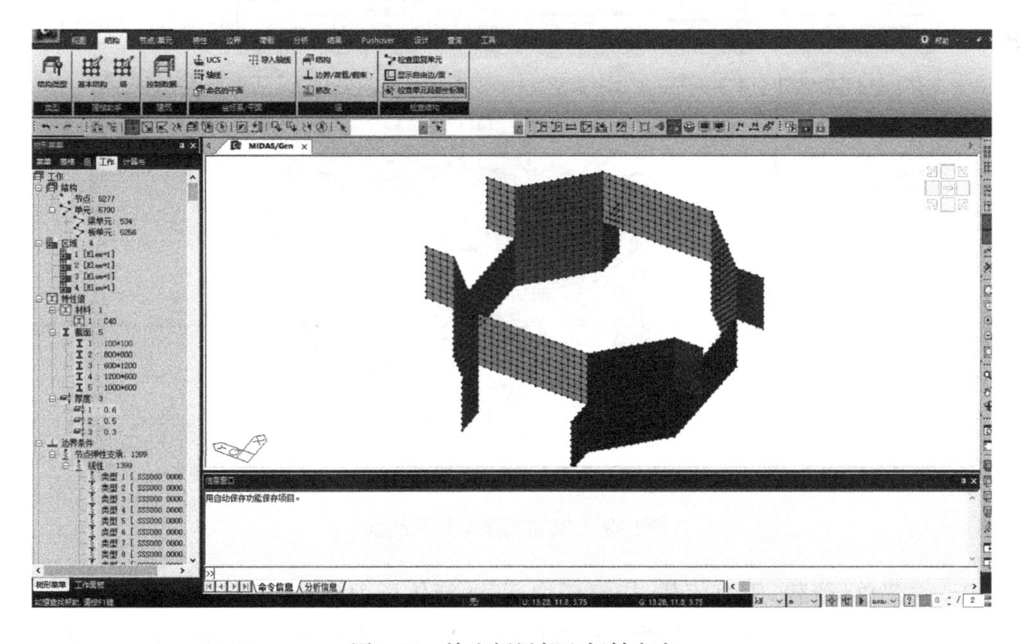

图2-44 检查板局部坐标轴方向

8. 主菜单>节点/单元>单元>修改参数>反转单元坐标轴单元>类型：平面>窗口选择外部为蓝色的侧壁>适用。侧壁局部坐标系z统一为指向外侧，可点击显示>单元>勾选单元坐标系，进行查看（图2–45）。

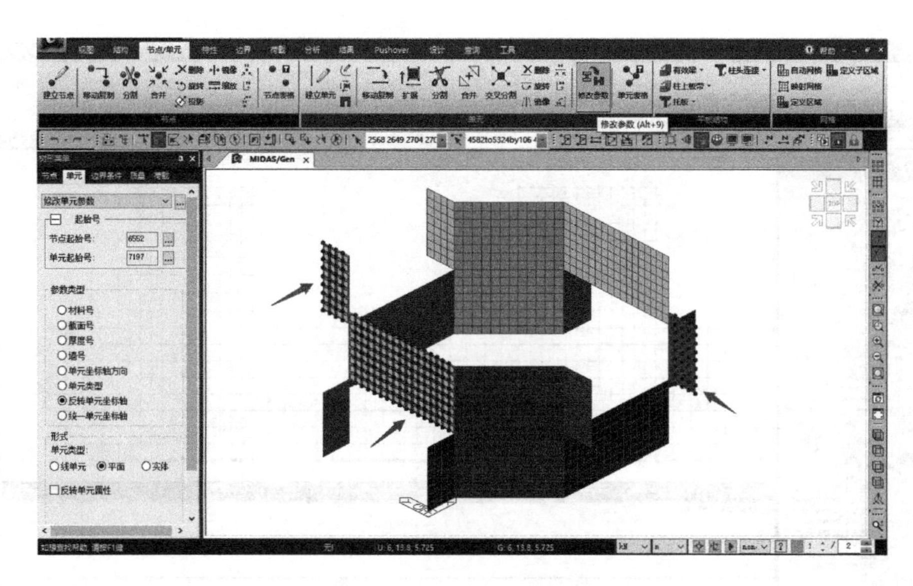

图2–45 反转单元坐标轴

9. 主菜单>荷载>压力荷载>指定压力荷载>压力荷载>类型：荷载工况>荷载工况名称：车辆及超载>方向：局部坐标系z>荷载 均布，P1=–3.4>全选>适用，施加侧壁车辆及超载荷载（图2–46）。

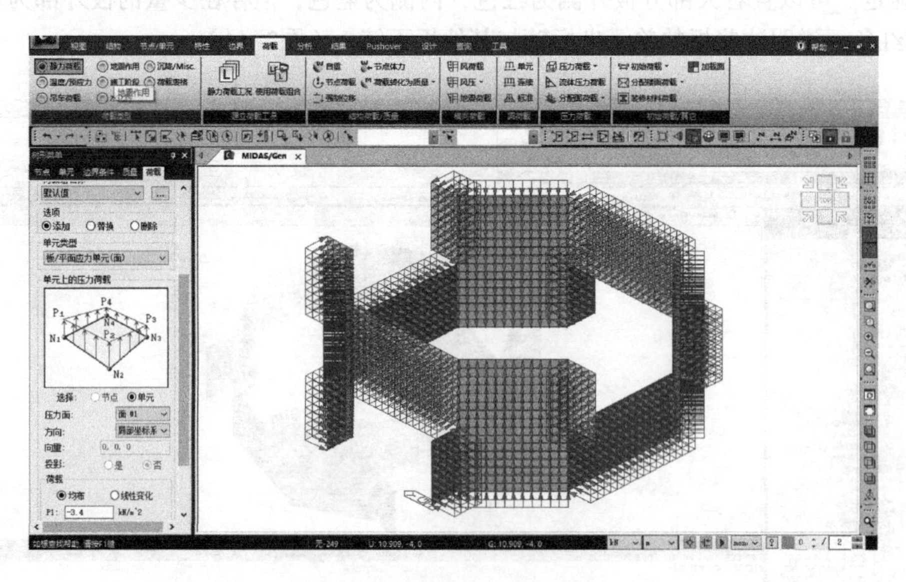

图2–46 施加侧壁车辆及超载

10. 主菜单>荷载>压力荷载>指定压力荷载>流体压力>荷载工况名称：土压力>荷载类型：线性荷载>参考高度：7.7>均布压力荷载（Po）：–54*0.53（顶板土压力×主动土压

力系数）>流体容重输入：-10*0.53（土体浮容重×主动土压力系数）>全选>适用，添加侧壁土压力（图2-47）。

荷载工况名称：水压力>参考高度输入7.7>均布压力荷载输入：0（7.7m顶板处水压力）>流体容重：-10>适用，添加侧壁水压力。

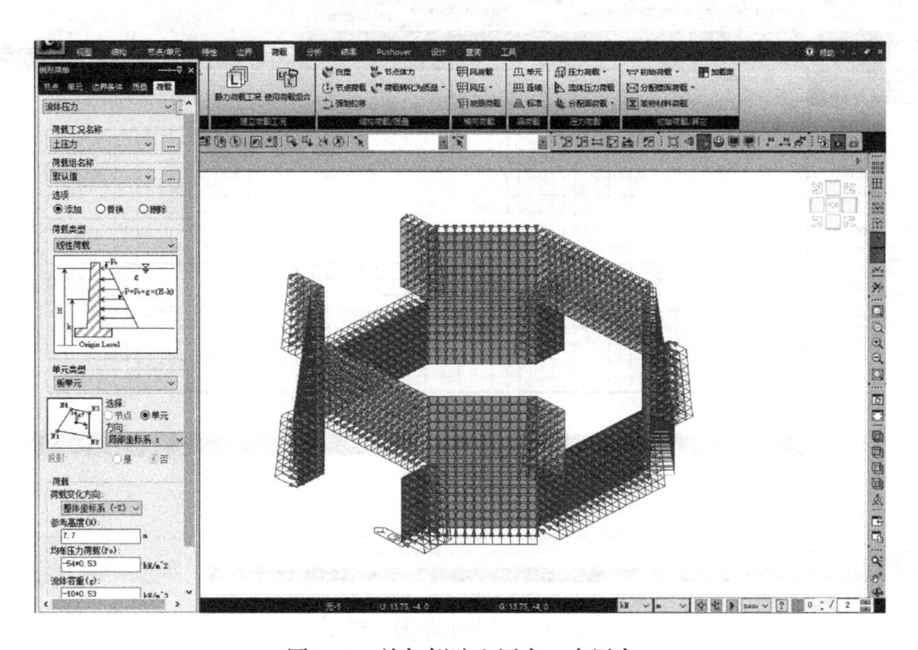

图2-47　施加侧壁土压力、水压力

11. 主菜单>荷载>荷载类型>温度/预应力>温度荷载>温度梯度>荷载工况名称：温度>单元类型：板>温度梯度 T2z-T1z：10>全选>适用，添加侧壁湿度当量温差荷载（图2-48）。

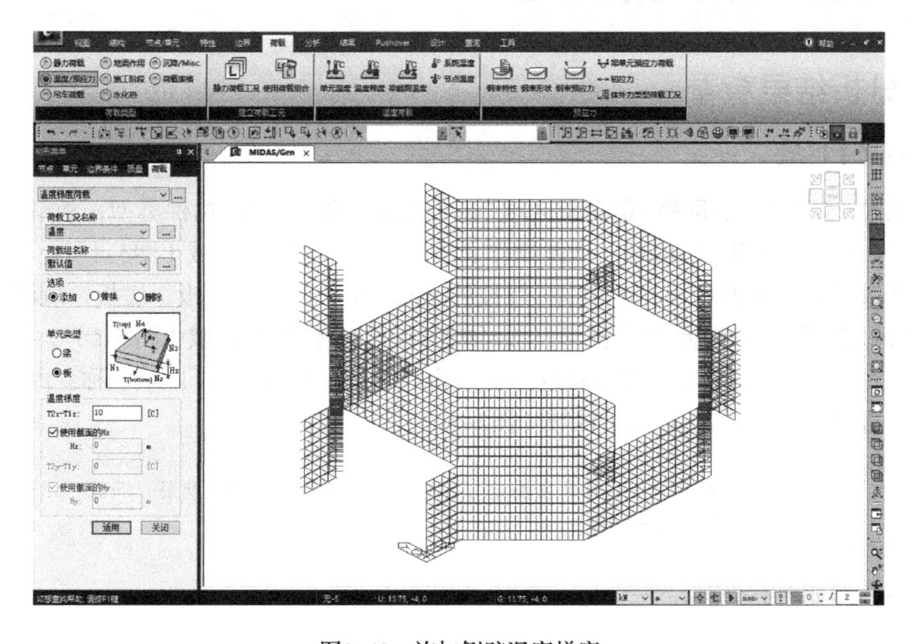

图2-48　施加侧壁温度梯度

12. 温度梯度 T2z–T1z：–10>全部激活（快捷键Ctrl+A）>选择底板>适用>关闭，添加底板湿度当量温差荷载（图2–49）。

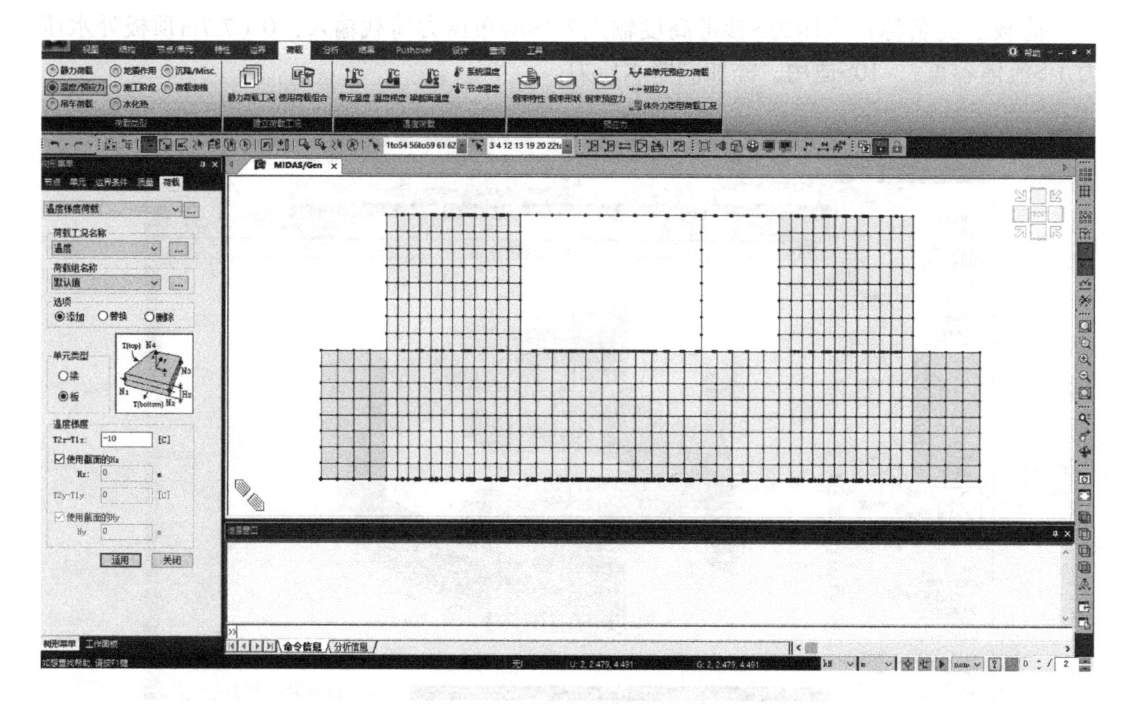

图2–49 施加底板温度梯度

3 分析及设计（后处理）

3.1 分析结果查看

3.1.1 定义子区域

主菜单>节点/单元>网格>定义子区域>子区域名称：顶板>构件类型：板>窗口选择顶板>添加，添加顶板子区域。依此操作，添加中板和底板子区域（图3–1）。

树形菜单双击厚度1：0.6>前视图>按住shift，窗口选择顶板、底板，取消顶底板选择>子区域名称：外侧壁>构件类型：板>添加。添加外侧壁子区域（图3–2）。

前视图>窗口选择内隔墙>右视图>窗口选择内隔墙>子区域名称：内隔墙>构件类型：板>添加，添加内隔墙子区域（图3–3）。

注：此处定义子区域目的主要是可以分区域定义设计及验算配筋，而且可以通过子区域输出板详细设计文本结果。

完整模型如图3–4所示。

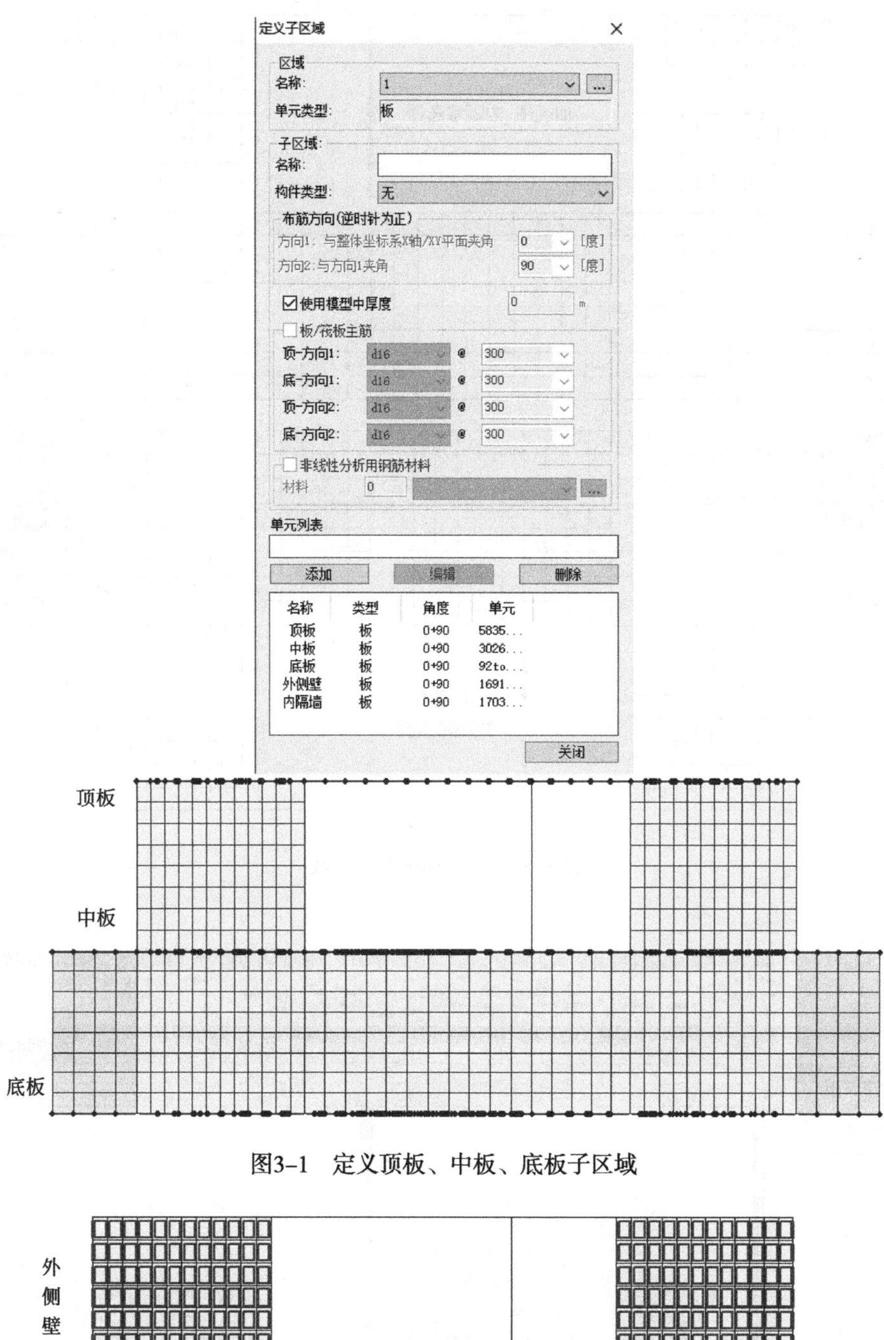

图3-1　定义顶板、中板、底板子区域

外侧壁

图3-2　定义外侧壁子区域

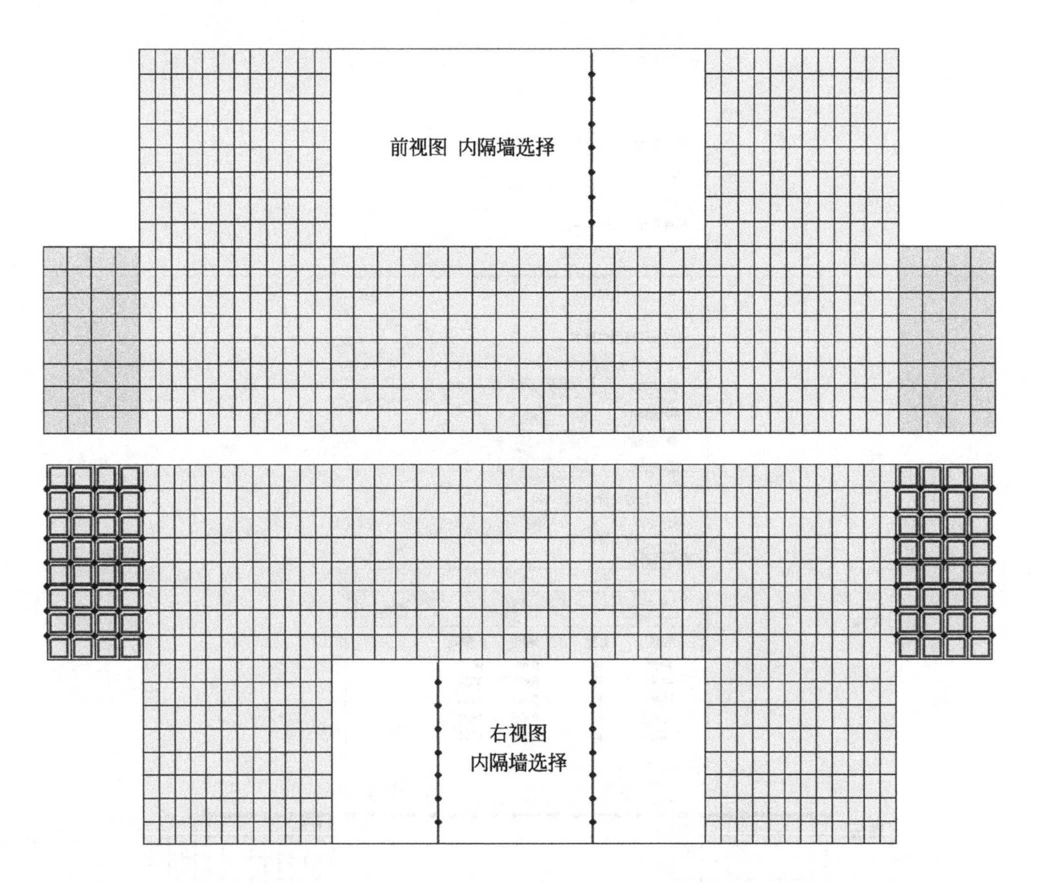

图3-3 定义内隔墙子区域

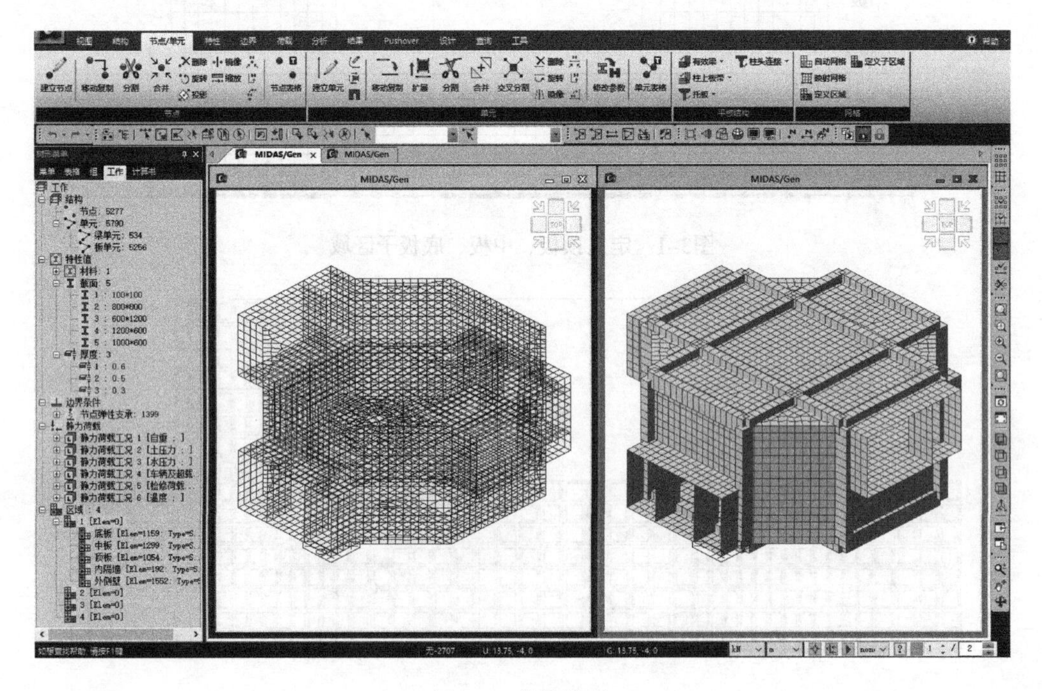

图3-4 完整模型

3.1.2　分析

主菜单>分析>运行>运行分析，或直接在快捷工具栏点击运行分析。

3.1.3　生成荷载组合

主菜单>结果>组合>荷载组合>一般/混凝土设计>自动生成>选择规范：混凝土>设计规范：GB 50010—10>活荷载控制系数Gamma_L：1.1>确认（图3-5）。

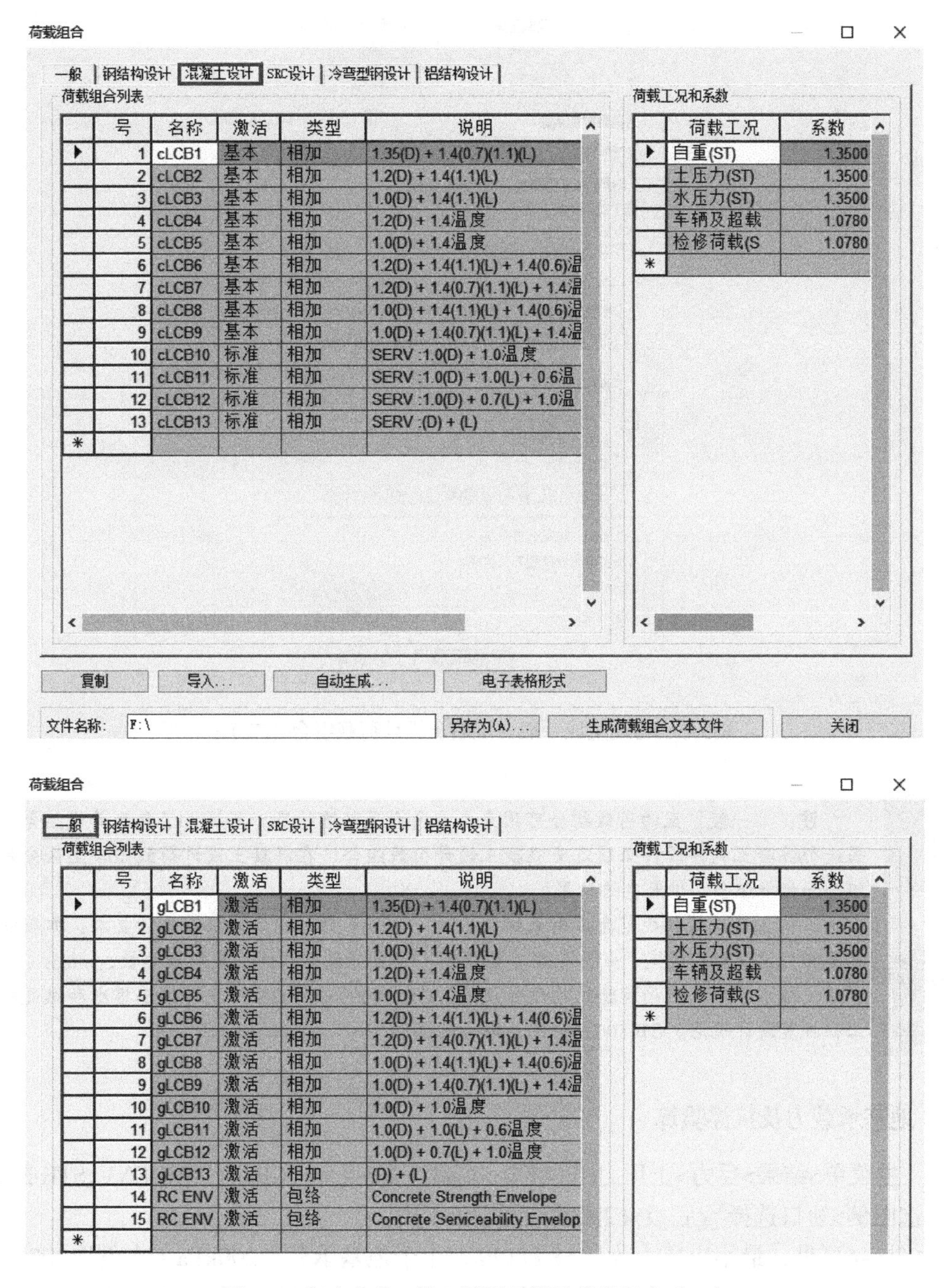

图3-5　自动生成一般、混凝土设计荷载组合（一）

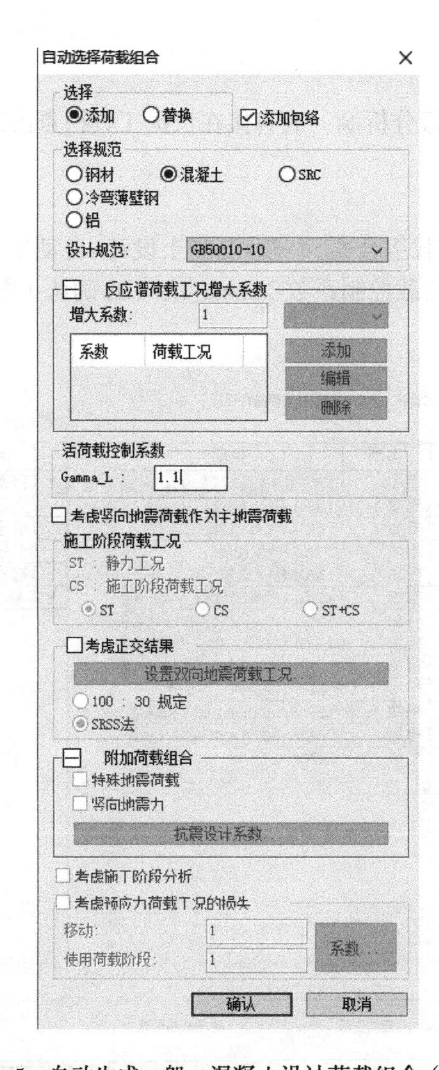

图3-5 自动生成一般、混凝土设计荷载组合（二）

注：“一般”里的荷载组合可用来查看内力及包络结果，其提供了包络荷载组合。而若进行混凝土构件设计必须定义混凝土设计荷载组合，在混凝土设计荷载组合里区分基本组合和标准组合，但无包络结果。

本例按建筑结构规范生成荷载组合。地下综合管廊结构设计根据设计要求，亦应满足其他相关设计规范规定，如需采用其他规范，可自行设置相关荷载组合参数，midas Gen增加了《给水排水工程构筑物结构设计规范》GB 50069—2002及《室外给水排水和燃气热力工程抗震设计规范》GB 50032—2003的荷载组合。

3.1.4 地基承载力及抗浮验算

1. 主菜单>结果>反力>土压力 土压力 >荷载工况/组合：CBall：RC ENV_STR成分：PZ>勾选图例>窗口选择底板>F2激活>顶视角>适用。

由图3-6可见，最小土压力为-168.88kPa，小于地基承载力200kPa（本例取200kPa，实际工程需根据实际情况选取），地基承载力满足要求。底板中部为拉应力22.75kPa，会出现局部鼓起，土体与结构发生分离。本例仅为展示功能操作，故定义边界时未考虑土仅受压特性及侧壁约束，所以，分析结果仅供参考，实际工程设置边界时务必根据土体特性准确计算并施加土体约束，同时需考虑工程实际荷载生成荷载组合。

注：只有在梁单元、板单元和实体单元上使用“模型->边界条件->面弹性支承”，定义了节点弹性支承或分布弹性支承时，才显示土压力。使用“模型->边界条件->节点弹性支承”定义的节点弹性支承并不适用。

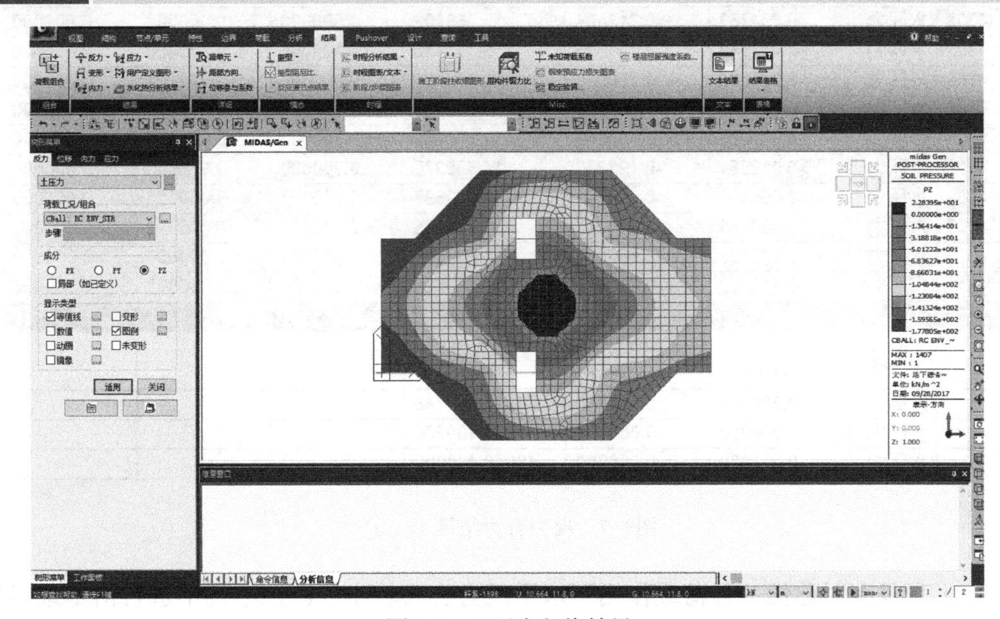

图3-6　土压力包络结果

2．主菜单>结果>反力>点击反力后面的 >勾选：自重、土压力、水压力>确认下拉至表格最下方，查看反力合力。

由反力合力结果（图3-7）可知，自重及土压力合力为：21817.66+16301.10kN，水压力竖向合力为18648.43kN，抗浮系数：37024.81/18648.43=2.04>1.05，满足《城市综合管廊工程技术规范》GB 50838—2015第8.1.9条抗浮稳定要求。

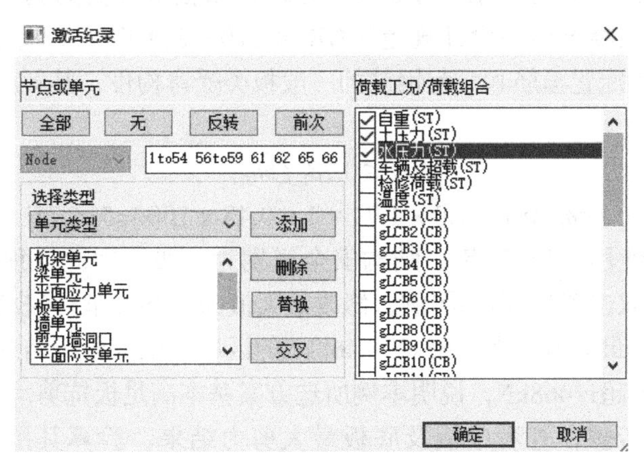

图3-7　反力合力结果（一）

节点	荷载	FX (kN)	FY (kN)	FZ (kN)	MX (kN*m)	MY (kN*m)	MZ (kN*m)
4295	水压力	-0.028482	-0.192989	-15.171498	0.000000	0.000000	0.000000
4296	水压力	-0.021368	-0.192379	-15.093818	0.000000	0.000000	0.000000
4297	水压力	-0.013913	-0.193041	-15.063452	0.000000	0.000000	0.000000
4298	水压力	-0.006215	-0.194512	-15.081036	0.000000	0.000000	0.000000
4299	水压力	0.001657	-0.196484	-15.144116	0.000000	0.000000	0.000000
4300	水压力	0.009634	-0.198763	-15.245332	0.000000	0.000000	0.000000
4301	水压力	0.017560	-0.201111	-15.369299	0.000000	0.000000	0.000000
4302	水压力	-0.034783	-0.212404	-15.456409	0.000000	0.000000	0.000000
4303	水压力	-0.031558	-0.201393	-15.183453	0.000000	0.000000	0.000000
4304	水压力	-0.027922	-0.194910	-14.955495	0.000000	0.000000	0.000000
4305	水压力	-0.023532	-0.191768	-14.784062	0.000000	0.000000	0.000000
4306	水压力	-0.018385	-0.190856	-14.677400	0.000000	0.000000	0.000000
4307	水压力	-0.012551	-0.191363	-14.639920	0.000000	0.000000	0.000000
4308	水压力	-0.006146	-0.192749	-14.672697	0.000000	0.000000	0.000000
4309	水压力	0.000689	-0.194671	-14.772551	0.000000	0.000000	0.000000
4310	水压力	0.007822	-0.196930	-14.929603	0.000000	0.000000	0.000000
4311	水压力	0.015128	-0.199563	-15.123725	0.000000	0.000000	0.000000

反力合力

荷载	FX (kN)	FY (kN)	FZ (kN)
自重	0.000000	0.000000	21817.661748
土压力	0.000000	0.000000	16301.100000
水压力	0.000000	0.000000	-18648.430000

图3-7 反力合力结果（二）

本工程具有对称性，各荷载作用下水平反力合力较小，因此本例不进行沿基地滑动验算。

3.1.5 板构件抗剪承载力验算

1. 关闭反力表格结果>全部激活（Ctrl+All）>窗口选择顶板>F2，激活顶板>修改为顶视角>主菜单>结果>内力>板单元内力>荷载工况/组合：CBall：RC ENV_STR内力>选项：用户>内力选择Vmax>勾选图例>适用，查看顶板最大剪力结果。

通过查看顶板最大剪力结果（图3-8）可知，顶板最大剪力为693.7kN，顶板厚度为500mm，根据《混凝土结构设计规范》GB 50010—2010第6.3.3条，式（6.3.3-1）及（6.3.3-2）规定，不配置箍筋和弯起钢筋的一般板类受弯构件，其斜截面受剪承载力应符合下列规定：

$$V \leqslant 0.7\beta_h f_t b h_0$$

对于顶板：$0.7\beta_h f_t b h_0 = 0.7 \times 1.0 \times 1.71 \times 1 \times 0.43 \times 1000 = 514.71$kN，同时考虑到地下综合管廊结构设计使用年限100年，结构安全级别为一级，因此，顶板允许最大剪力为514.71/1.1=468kN。双击图3-9右侧图例，修改最大值为468>回车>修改最小值为-468>单击模型窗口，可以查看最大剪力在-468kN～468kN的区域。根据分析结果，仅梁、柱、板相交区域局部最大剪力超过468kN，说明本例所选方案基本满足板抗剪承载力要求。

2. 参考1中的步骤，查看中板及底板最大剪力结果，验算其抗剪承载力是否满足要求。

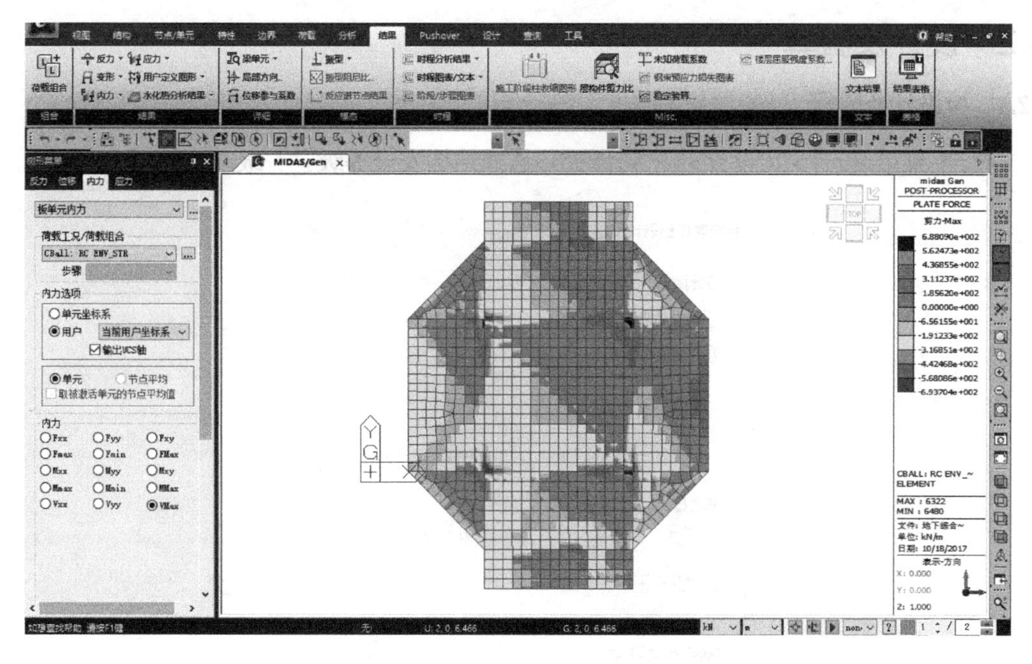

图3-8　顶板最大剪力结果

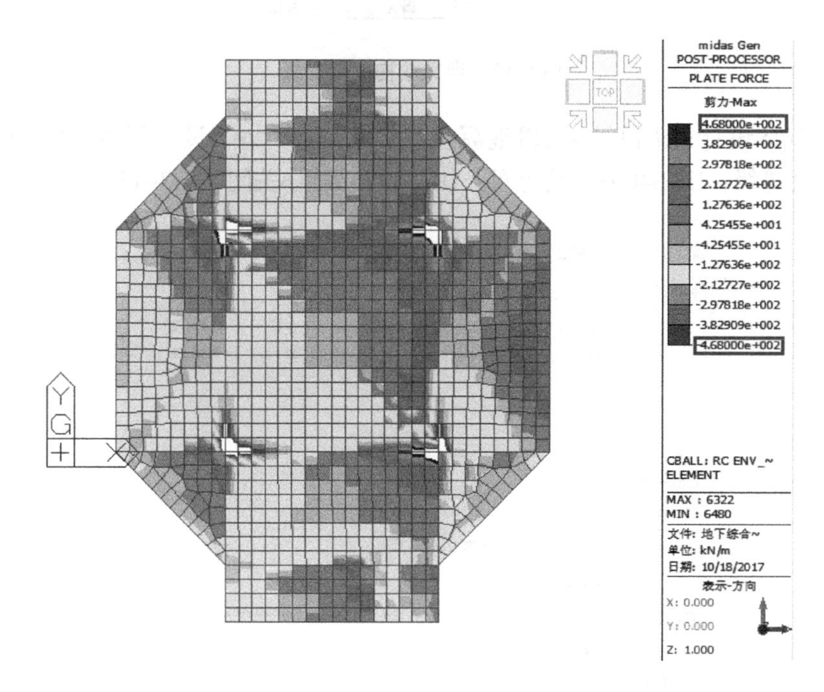

图3-9　顶板最大剪力在-468kN～468kN的区域

在查看板最大剪力及验算板抗剪承载力时，对于安全级别为一级的结构，需除以1.1的系数。同时，需关注不满足抗剪承载力的区域分布，而不是仅看最大值、最小值。建议修改图例的最大值及最小值，查看不满足抗剪承载力的区域，若不满足抗剪承载力要求的区域在梁、板、柱的重叠区域，可暂不考虑该区域的影响，因这些区域通常为钢筋加密区及需要进一步做局部冲切等计算。

3.2 设计及验算

3.2.1 板设计及验算

1. 主菜单>设计>RC设计>设计规范>选择结构安全等级：一级>确认（图3-10）。

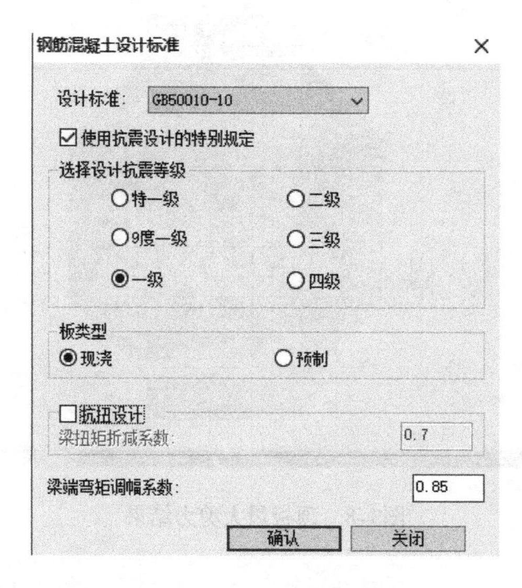

图3-10 定义结构安全等级

2. 主菜单>设计>RC设计>编辑混凝土材料编辑混凝土材料>设计规范GB10（RC）>等级：C40>主筋等级：HRB400>箍筋等级：HRB335>编辑>关闭（图3-11）。

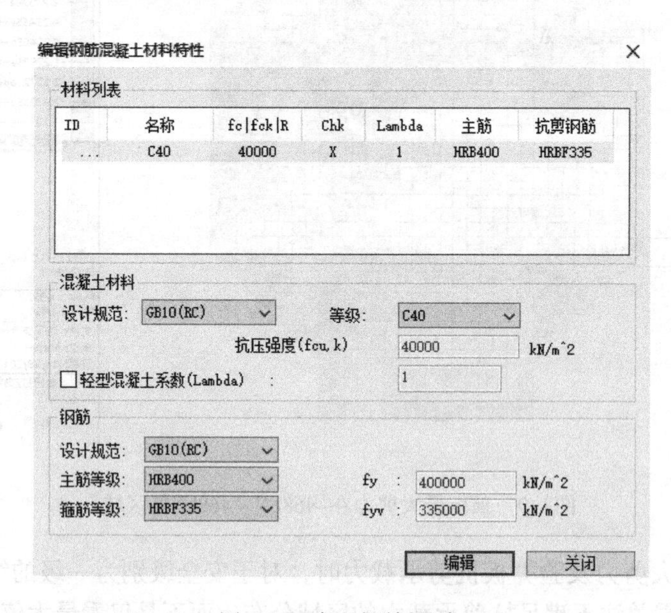

图3-11 定义钢筋级别

3. 主菜单>设计>板单元设计板单元设计>正常使用状态荷载组合类型>选择cLCB12>选择准永久的>确认（图3-12）。

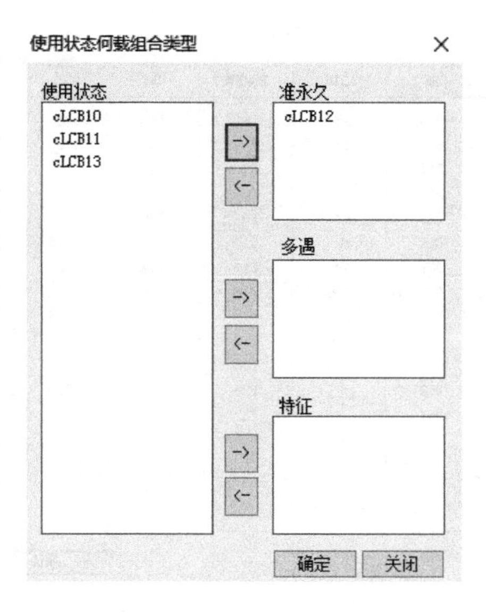

图3-12　定义准永久组合

4．主菜单>设计>板单元设计 板单元设计 >设计用钢筋参数 设计用钢筋参数... >不勾选板基本构造筋>板设计 钢筋... >选择GB　d18、d20、d22、d25>确认>钢筋中心距钢筋面距离，方向1：0.065m，方向2：0.065m>确定（图3-12、图3-13）。

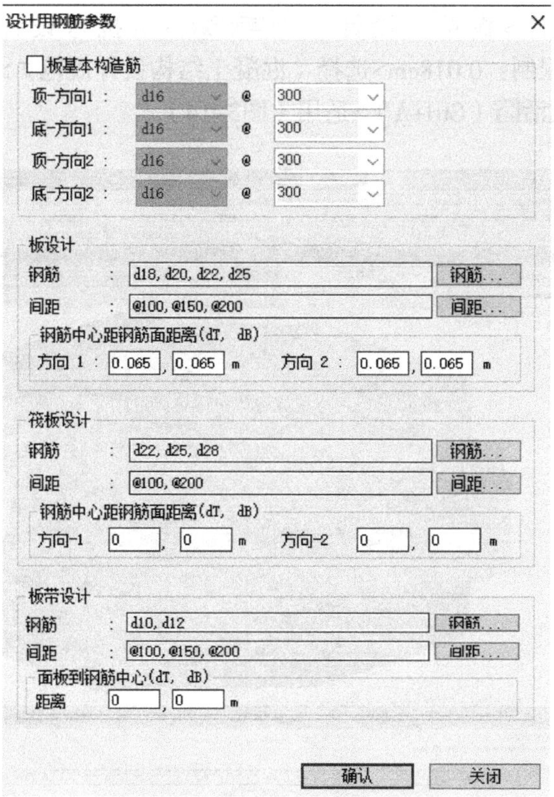

设计用钢筋参数

☐板基本构造筋
顶-方向1：d16 @ 300
底-方向1：d16 @ 300
顶-方向2：d16 @ 300
底-方向2：d16 @ 300

板设计
钢筋　：d18, d20, d22, d25　钢筋...
间距　：@100, @150, @200　间距...
钢筋中心距钢筋面距离(dT, dB)
方向 1：0.065, 0.065 m　方向 2：0.065, 0.065 m

筏板设计
钢筋　：d22, d25, d28　钢筋...
间距　：@100, @200　间距...
钢筋中心距钢筋面距离(dT, dB)
方向-1 0, 0 m　方向-2 0, 0 m

板带设计
钢筋　：d10, d12　钢筋...
间距　：@100, @150, @200　间距...
面板到钢筋中心(dT, dB)
距离 0, 0 m

确认　关闭

图3-13　定义选筋参数（一）

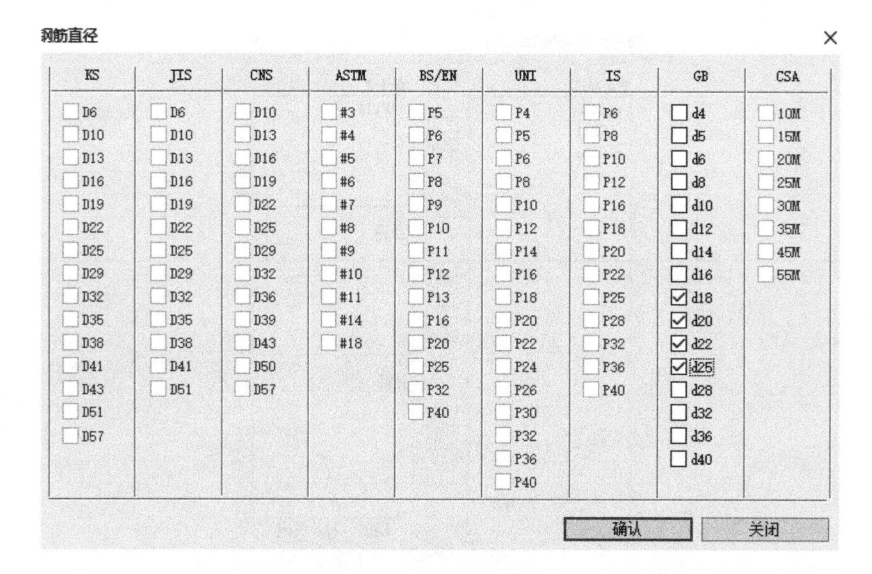

图3-13 定义选筋参数（一）

注：《混凝土结构设计规范》规定的混凝土保护层厚度为钢筋表面对混凝土边缘距离，《城市综合管廊工程技术规范》规定混凝土保护层厚度对于迎水面不小于50mm，本例考虑钢筋直径及半径影响，初定钢筋边缘至混凝土边缘距离为0.065m。

5．主菜单>设计>板单元设计 板单元设计 >板抗弯设计 板抗弯设计... >勾选 ☑裂缝反算钢筋面积>裂缝限制：0.018cm>选择《混凝土结构设计规范》>模型右下角单位修改为 kN cm >全部激活（Ctrl+A）>适用（图3-14）。

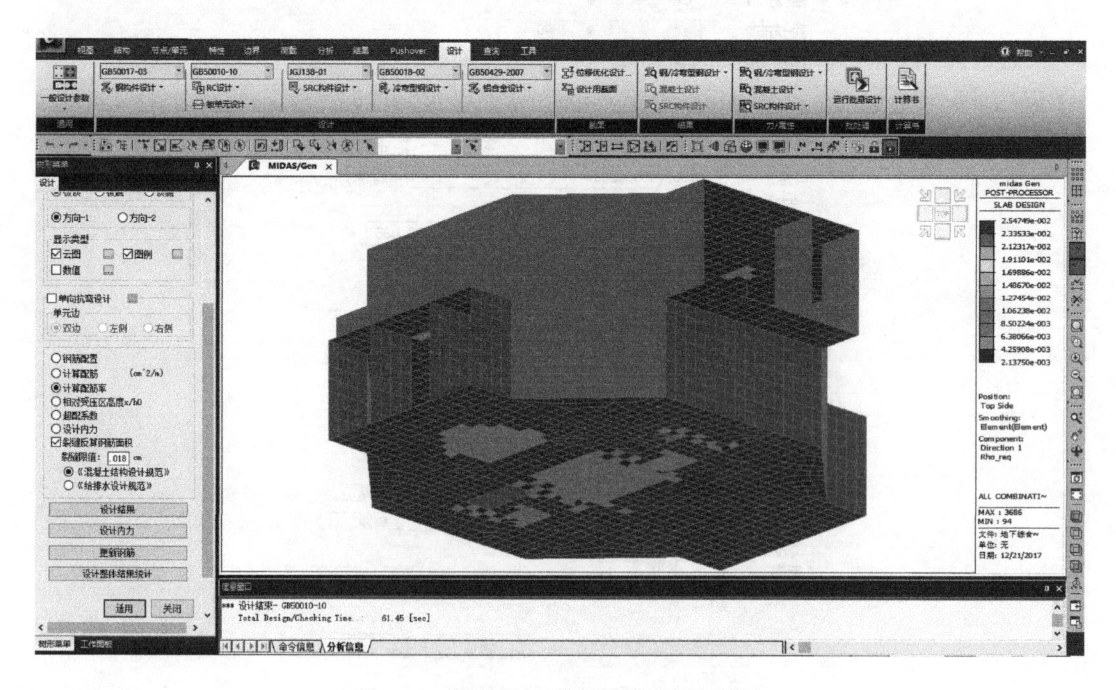

图3-14 查看方向1板顶计算配筋率结果

注：1. 在右侧图例点击 Reset Max/Min 重置最大值/最小值（若不点击 Reset Max/Min 则采用图3-7中查看内力时设置的最大值、最小值）。

2. 本例裂缝宽度及由裂缝宽度反算配筋采用《混凝土结构设计规范》GB 50010—2010计算，亦可采用《给水排水工程构筑物结构设计规范》GB 50069—2002计算裂缝及由裂缝反算配筋。

通过修改左侧菜单的选项，可以查看：板顶/板底、方向1/方向2的钢筋配置、计算配筋、计算配筋率、相对受压区高度x/h_0、超配系数、设计内力等设计结果（图3-15、图3-16）。

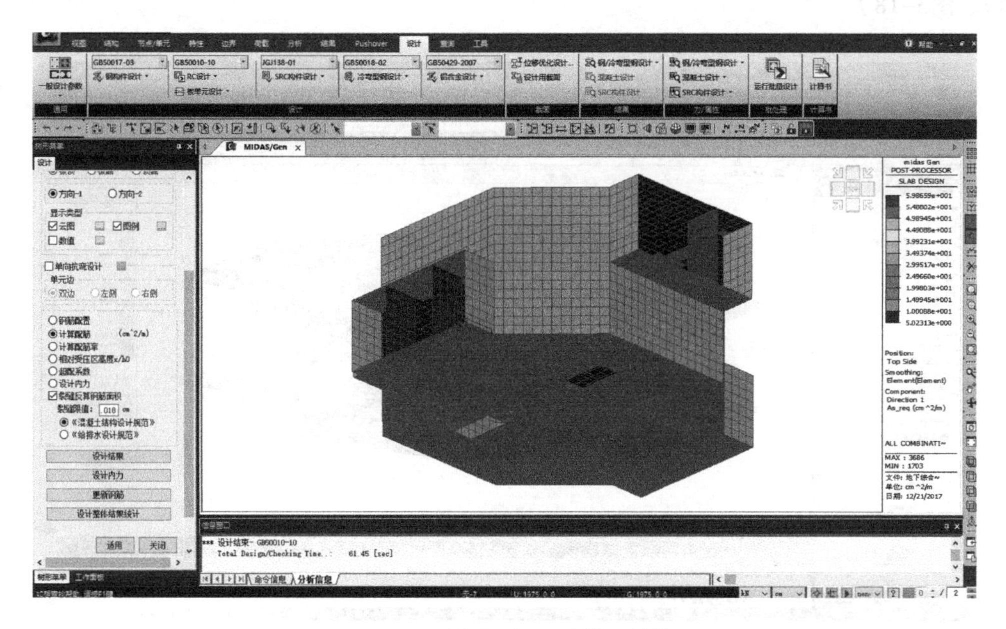

图3-15　查看方向1板顶计算配筋结果

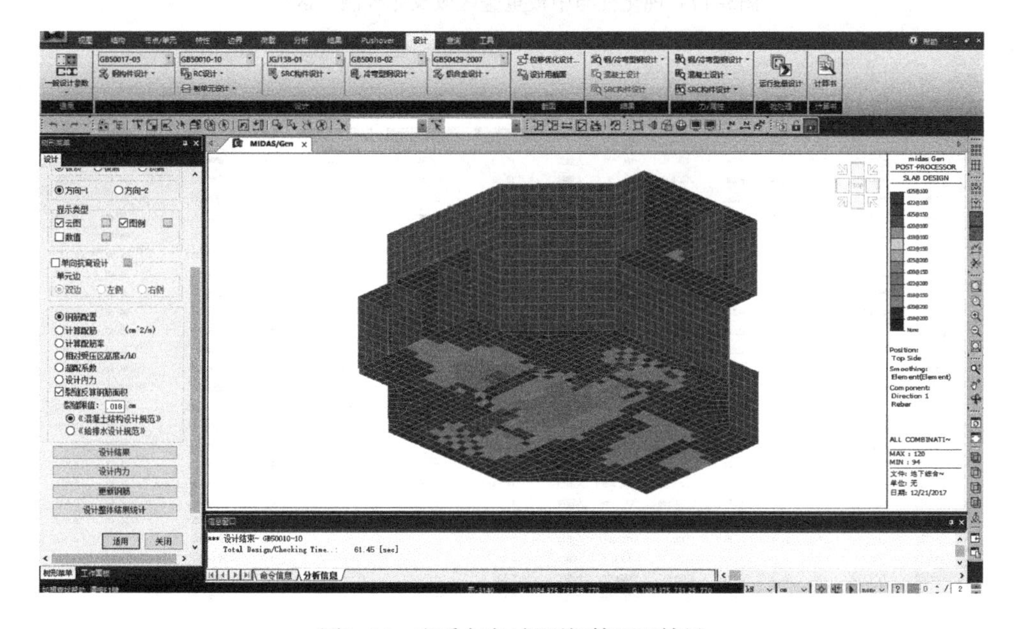

图3-16　查看方向1板顶钢筋配置结果

通过查看板“钢筋配置”结果，初选顶板、中板及侧壁配筋d20@100即可满足承载力及由裂缝反算配筋要求，底板除洞口外选择d22@100即可。因此，本例内隔墙初选18@150，顶板、中板及侧壁配筋d20@100，底板d22@100，均为对称配筋。对于底板洞口区域，通过设置暗梁并设置附加钢筋解决洞口局部配筋较大问题。

6. 钝化（Ctrl+F2）柱与板重叠区域及洞口边缘区域，主菜单>设计>板单元设计 板单元设计 >板抗弯设计 板抗弯设计... >勾选☑裂缝反算钢筋面积>裂缝限制：0.018cm>选择《混凝土结构设计规范》>设计整体结果统计，查看按照子区域统计的各板设计结果（图3-17、图3-18）。

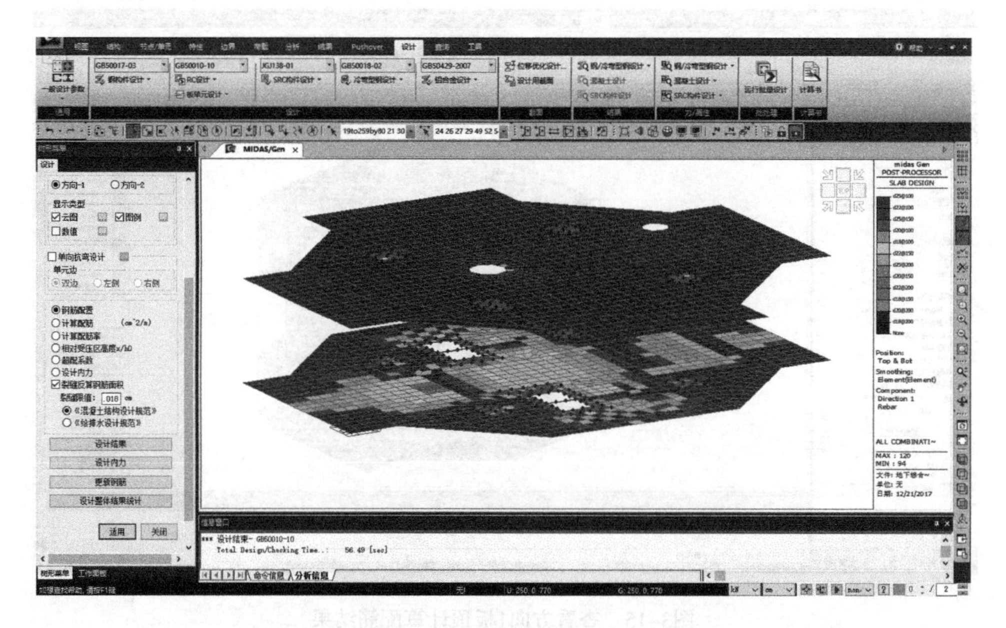

图3-17 钝化柱与中板重叠区域及底板洞口区域

MIDAS/Text Editor - [地下综合管廊结构分析与设计]

File Edit View Window Help

板配筋计算整体结果输出

子区域名称	配筋位置	单元号	板厚度 (cm)	荷载组合	M (kN*m/m)	N (kN/m)	受力类型	计算配筋面积 (cm 2/m)	裂缝反算钢筋面积 (cm 2/m)	裂缝计算荷载组合	屈服强度 (MPa)	实际配筋	实配As (cm 2/m)	配筋率 (%)
顶板	板顶方向1	6480	50.00	cLCB1	-236.512	-160.831	大偏拉	15.63	22.55	cLCB12	400.00	d20@100	31.42	0.722
顶板	板底方向1	6599	50.00	cLCB1	253.807	-183.897	大偏拉	16.82	23.20	cLCB12	400.00	d20@100	31.42	0.722
顶板	板顶方向2	6480	50.00	cLCB1	-232.689	-114.061	大偏拉	15.37	22.36	cLCB12	400.00	d20@100	31.42	0.722
顶板	板底方向2	6615	50.00	cLCB1	241.255	-75.581	大偏拉	15.96	22.38	cLCB12	400.00	d20@100	31.42	0.722
中板	板顶方向1	3176	30.00	cLCB2	-80.977	-161.993	大偏拉	9.97	13.08	cLCB12	400.00	d20@100	31.42	1.337
中板	板底方向1	3581	30.00	cLCB2	97.714	-221.328	大偏拉	12.14	16.88	cLCB12	400.00	d20@100	31.42	1.337
中板	板顶方向2	3954	30.00	cLCB2	-148.972	-33.563	大偏拉	19.07	30.64	cLCB12	400.00	d20@100	31.42	1.337
中板	板底方向2	3644	30.00	cLCB2	95.937	-215.367	大偏拉	11.91	16.37	cLCB12	400.00	d20@100	31.42	1.337
中板	板顶方向1	4471	60.00	cLCB9	-6.718	23.251	小偏拉	11.44	—	—	400.00	d20@100	31.42	0.587
中板	板底方向1	4471	60.00	cLCB1	9.902	40.009	小偏拉	11.44	—	—	400.00	d20@100	31.42	0.587
中板	板顶方向2	4471	60.00	cLCB1	18.378	-102.009	大偏拉	11.44	—	—	400.00	d20@100	31.42	0.587
中板	板底方向2	4435	60.00	cLCB7	174.694	-199.050	大偏拉	11.44	14.21	cLCB12	400.00	d20@100	31.42	0.587
底板	板顶方向1	973	60.00	cLCB7	-390.667	-290.827	大偏拉	21.07	35.28	cLCB12	400.00	d22@100	38.01	0.710
底板	板底方向1	854	60.00	cLCB1	314.667	-363.043	大偏拉	16.84	—	—	400.00	d22@100	38.01	0.710
底板	板顶方向2	1106	60.00	cLCB7	-397.409	-309.432	大偏拉	21.44	36.34	cLCB12	400.00	d22@100	38.01	0.710
底板	板底方向2	1267	60.00	cLCB1	337.481	-337.776	大偏拉	18.10	—	—	400.00	d22@100	38.01	0.710
外侧壁	板顶方向1	5151	60.00	cLCB1	-10.950	-98.325	大偏拉	11.44	—	—	400.00	d20@100	31.42	0.587
外侧壁	板底方向1	2200	60.00	cLCB7	219.581	-133.338	大偏拉	11.64	16.55	cLCB12	400.00	d20@100	31.42	0.587
外侧壁	板顶方向2	1731	60.00	cLCB1	-296.686	-491.835	大偏拉	15.85	—	—	400.00	d20@100	31.42	0.587
外侧壁	板底方向2	2200	60.00	cLCB7	250.558	-183.660	大偏拉	13.32	19.50	cLCB12	400.00	d20@100	31.42	0.587
内隔墙	板顶方向1	1802	30.00	cLCB1	2.709	-453.655	大偏拉	5.02	—	—	400.00	d18@150	16.97	0.722
内隔墙	板底方向1	1802	30.00	cLCB1	2.709	-453.655	大偏拉	5.02	—	—	400.00	d18@150	16.97	0.722
内隔墙	板顶方向2	1802	30.00	cLCB1	18.799	-2058.565	大偏压	5.02	—	—	400.00	d18@150	16.97	0.722
内隔墙	板底方向2	1802	30.00	cLCB1	18.799	-2058.565	大偏压	5.02	—	—	400.00	d18@150	16.97	0.722

图3-18 板设计整体统计结果

7. 主菜单>节点/单元>网格>定义子区域>下部子区域列表中选择顶板/中板/外侧壁>勾选板/筏板主筋>修改顶-方向1、底-方向1、顶-方向2、底-方向2钢筋均为d20@100>编辑，同样，内隔墙配筋数据修改为：d18@150，底板配筋数据修改为：d22@100（图3-19）。

注： midas Gen可根据设计配筋自动更新配筋，实际项目中也可使用图3-17中的更新配筋按钮生成钢筋。

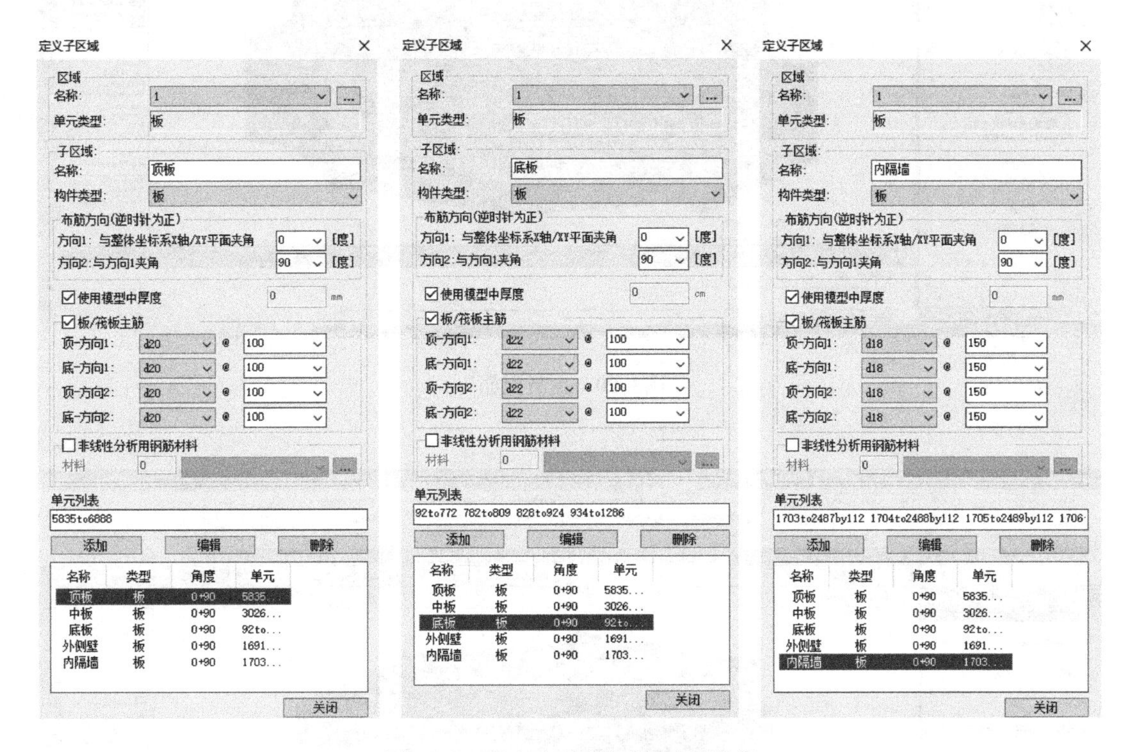

图3-19　通过子区域修改板配筋数据

8. 主菜单>设计>板单元设计 板单元设计 >板抗弯设计 板抗弯设计... >适用>更新钢筋，生成板实际配筋（图3-20）。

注： 步骤7定义各个子区域配筋数据后，需更新配筋。步骤5的板设计主要是按各个板单元配筋，而实际工程配筋通常是按区域（顶板、底板等）统一配筋，故步骤5并未直接更新钢筋，而是在步骤7完成子区域钢筋设置后，再更新钢筋数据。

定义板钢筋还可以在工作树中选择“钢筋数据”，在模型中选定区域，使用拖放功能实现。亦可使用“验算用板钢筋”功能实现。在实际项目中应结合实际情况选择合适方法，如：需考虑端部附加配筋时，可以采用验算用板钢筋功能。

9. 主菜单>设计>板单元设计 板单元设计 >板正常使用状态验算>选择《混凝土结构设计规范》>适用，查看各板在各个方向的裂缝宽度结果（图3-21、图3-22）。

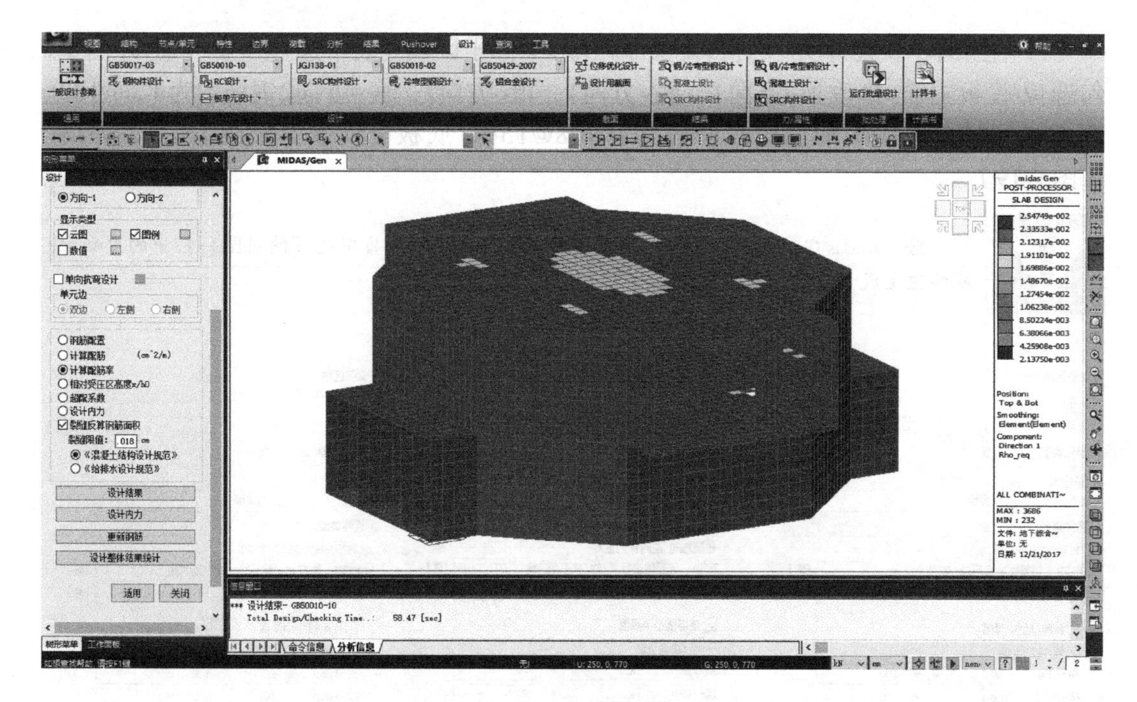

图3-20　更新配筋

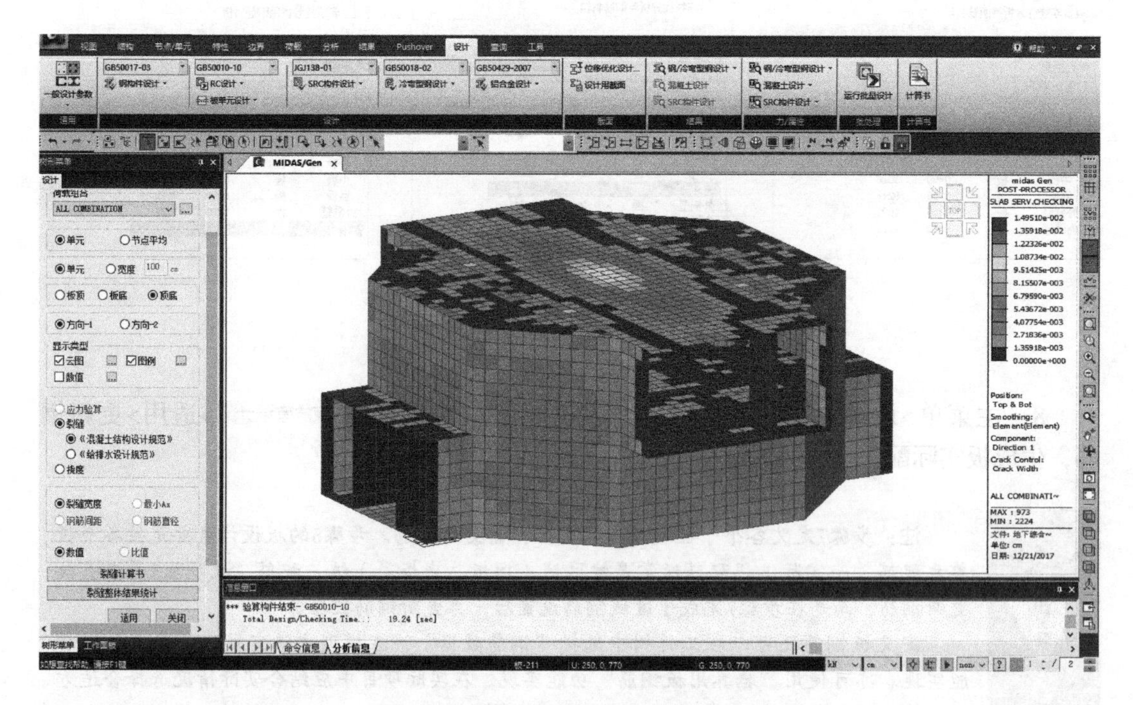

图3-21　查看顶底方向1裂缝宽度结果

通过裂缝结果可知，最大裂缝宽度为0.017cm，小于裂缝宽度限值0.02cm，因此裂缝宽度满足要求。

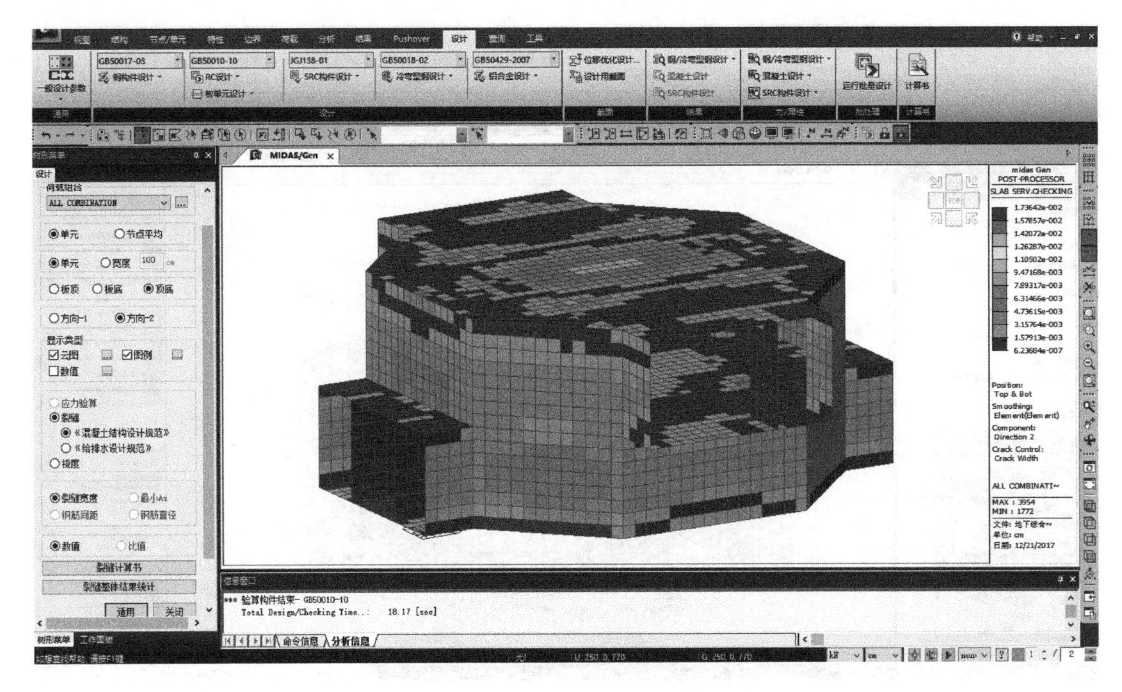

图3-22　查看顶底方向2裂缝宽度结果

注：由于在步骤6中钝化了板与柱重叠区域及洞口边缘区域，因此图中未包含钝化区域。

10．主菜单>设计>板单元设计 板单元设计 >板正常使用状态验算>选择《混凝土结构设计规范》>裂缝整体结果统计，查看各板裂缝宽度统计结果（图3-23）。

MIDAS/Text Editor - [地下综合管廊结构分析与设计]

File Edit View Window Help

板裂缝计算的整体结果输出

子区域名称	单元号	板厚度 (cm)	荷载组合	Mq (kN*m/m)	Nq (kN/m)	钢筋等级 (MPa)	实际配筋	实配As (cm^2/m)	σsq (MPa)	ω (mm)
顶板	6599	50.00	cLCB12	184.401	-153.086	400.00	d20@100	31.42	155.08	0.10345
中板	3954	30.00	cLCB12	-102.322	-27.917	400.00	d20@100	31.42	159.28	0.17364
底板	1106	60.00	cLCB12	-307.216	-258.506	400.00	d22@100	38.01	173.65	0.15694
外侧壁	4764	60.00	cLCB12	149.384	34.525	400.00	d20@100	31.42	106.65	0.06585
内隔墙	5375	30.00	cLCB12	-15.472	-1588.672	400.00	d18@150	16.97	44.60	0.01981

图3-23　查看裂缝宽度整体统计结果

3.2.2　梁、柱设计及验算

1．主菜单>设计>通用>一般设计参数 >指定构件 指定构件 >分配类型：自动>选择类型：全部>适用，将分割的梁、柱指定为一根构件（图3-24）。

分配类型：手动>选择类型：根据选择>分别窗口选择 图3-25所示的4列梁单元>适用，手动定义构件。如自动定义构件时这4根梁构件已经定义完成，则忽略此步骤即可。

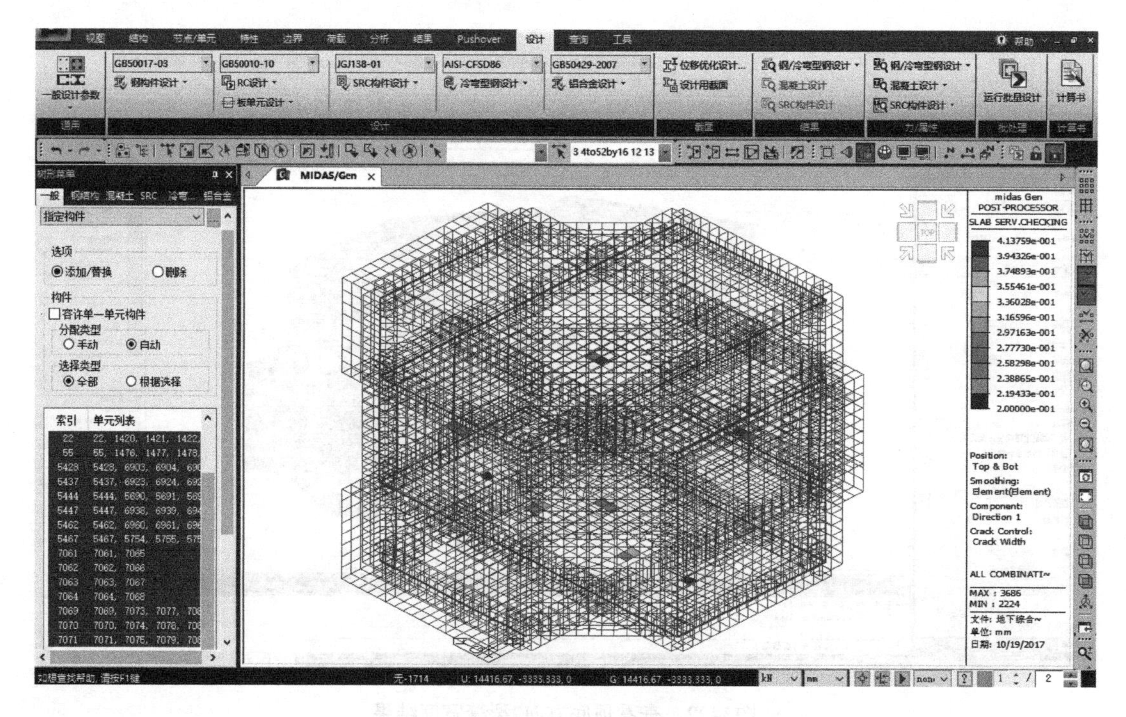

图3-24　自动指定构件

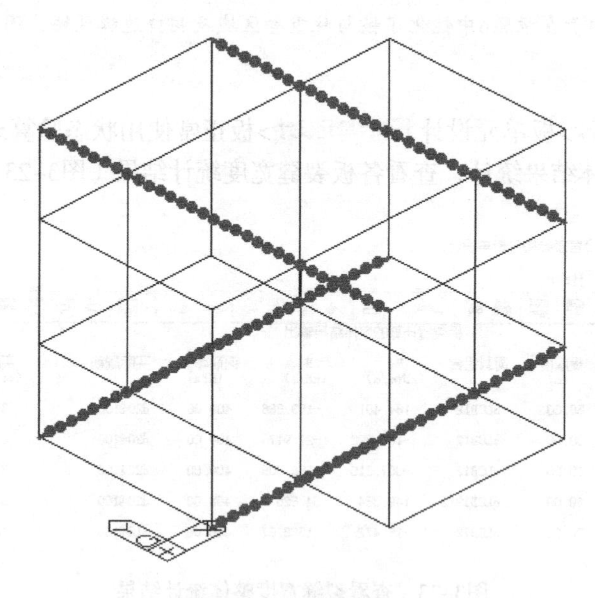

图3-25　手动指定构件

2．主菜单>设计>设计>RC设计>定义设计用钢筋直径>定义>用于梁/柱设计用的主筋、箍筋及dT、dB参数，如图3-26所示。

3．主菜单>设计>设计>RC设计>混凝土构件设计>梁设计，进行梁配筋设计。

4．设计完成后，在弹出的设计结果表格中勾选1000*600截面，点击图形结果，查看梁结果（图3-27）。

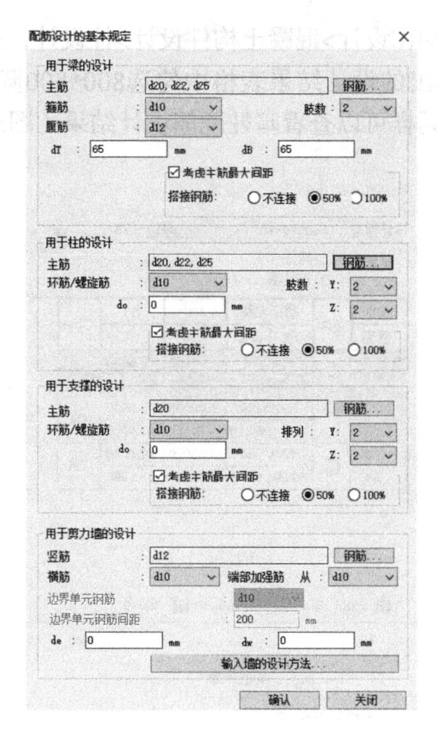

图3–26　定义钢筋设计参数

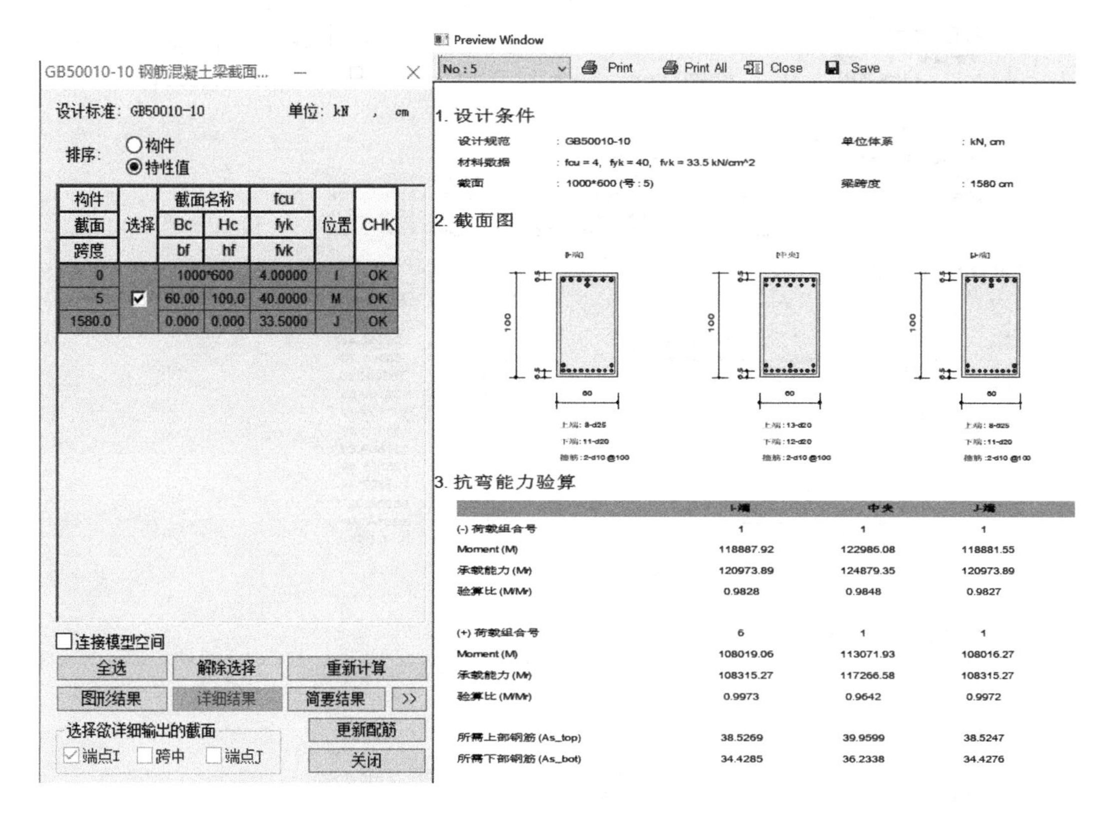

图3–27　梁配筋设计结果

5．主菜单>设计>设计>RC设计>混凝土构件设计>柱设计，进行柱配筋设计。

6．设计完成后，在弹出的设计结果表格中勾选800*800截面，点击图形结果，查看800*800柱配筋设计结果。同样可以查看暗柱配筋设计结果（图3–28）。

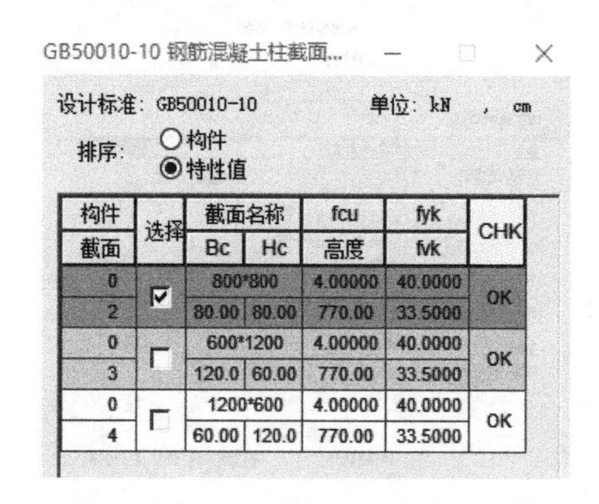

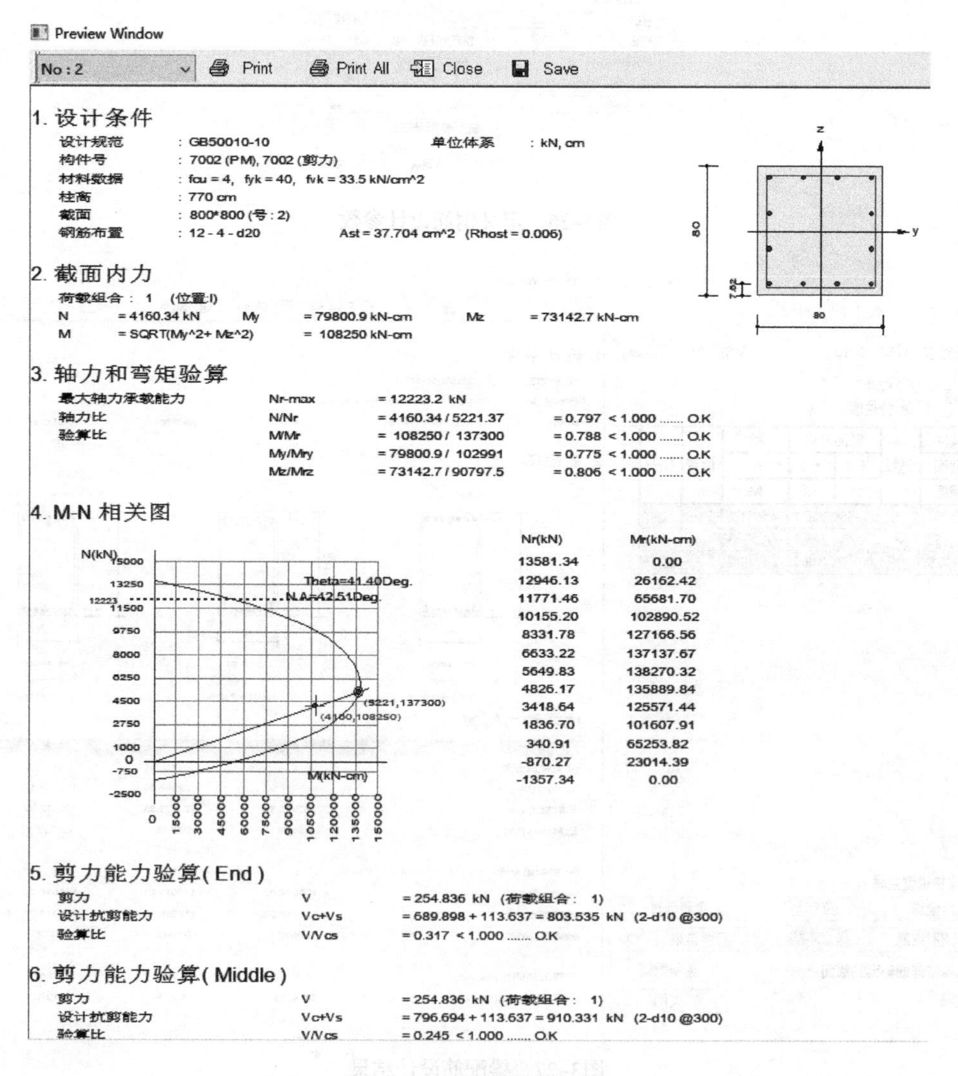

图3–28　柱配筋设计结果

7. 树形菜单>单元>双击梁单元>F2 激活，激活所有梁单元>主菜单>设计>结果>混凝土设计>勾选 钢筋>适用，可查看配筋简要结果（图3-29）。

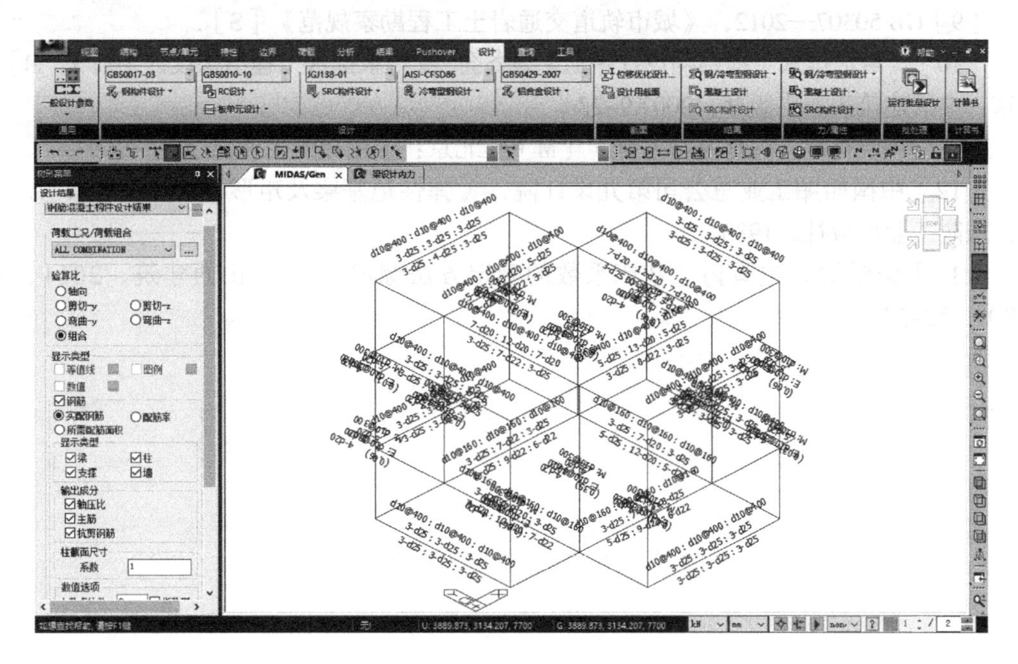

图3-29　配筋简图结果

4 结语

本案例运用midas Gen 进行地下综合管廊结构设计，通过一管廊交叉口实例，讲解从建模、边界、荷载到结果查看、方案调整、设计及验算功能。主要使用到了midas Gen中根据轮廓线生成板、利用扩展功能生成板、扩展功能修改厚度、面弹性支撑功能、压力荷载、流体压力荷载、荷载组合、土压力、最大剪力、板配筋设计及验算、梁与柱设计功能，实现地下综合管廊结构设计全流程。

通过本管廊交叉口设计可以发现，对于地下综合管廊结构设计，除了重视抗弯验算及压弯验算外，还应重视板类构件抗剪验算和裂缝宽度问题。

5 参考文献

[1] GB 50838—2015，《城市综合管廊工程技术规范》[S].
[2] GB 50009—2012，《建筑结构荷载规范》[S].
[3] GB 50010—2010，《混凝土结构设计规范》[S].
[4] GB/T 50476—2008，《混凝土结构耐久性设计规范》[S].
[5] GB 50069—2002，《给水排水工程构筑物结构设计规范》[S].
[6] JTG D60—2015，《公路桥梁设计通用规范》[S].

[7] GB 50007—2011，《建筑地基基础设计规范》[S].

[8] GB 50108—2008，《地下工程防水技术规范》[S].

[9] GB 50307—2012，《城市轨道交通岩土工程勘察规范》[S].

[10]《给水排水工程结构设计手册》编委会.《给水排水工程结构设计手册》[M]. 北京：中国建筑工业出版社，2007.9-28.

[11] 顾晓鲁等.《地基与基础》[M]. 北京：中国建筑工业出版社，2003.

[12] 中国船舶工业总公司第九设计院.《弹性地基梁及矩形板计算》[M]. 北京：国防工业出版社，1983.

[13] 戴学清，柏雪梅. 基床系数的确定方法综述 [J]. 山西建筑，2011，37（8）：52-53.

案例4 钢结构框架分析及优化设计

概要

通过某六层带斜撑的钢结构框架案例来介绍midas Gen的钢结构分析设计及钢结构自动优化设计功能。介绍Gen2017新增的抗震等级设置、宽厚比及长细比验算内容。

主要步骤如下：

1 **模型信息**
2 **建立模型（前处理）**
  2.1 设定操作环境及定义材料和截面
  2.2 建立框架梁、柱及斜撑
  2.3 楼层复制及生成层数据文件
  2.4 定义边界条件
  2.5 输入楼面及梁单元荷载
  2.6 输入风荷载
  2.7 输入反应谱分析数据
  2.8 定义结构类型及荷载转换为质量
3 **运行分析及优化设计（后处理）**
  3.1 运行分析
  3.2 自动生成荷载组合
  3.3 查看分析结果
  3.4 设置设计条件
  3.5 钢构件截面验算及手动优化
  3.6 钢构件自动优化
4 **结语**
5 **参考文献**

1 模型信息

本案例通过建立一个六层带斜撑的钢框架结构（图1-1），详细介绍midas Gen框架建模助手、荷载和边界条件施加、钢结构构件验算及优化设计等功能。

案例模型的基本数据如下：（单位：mm）

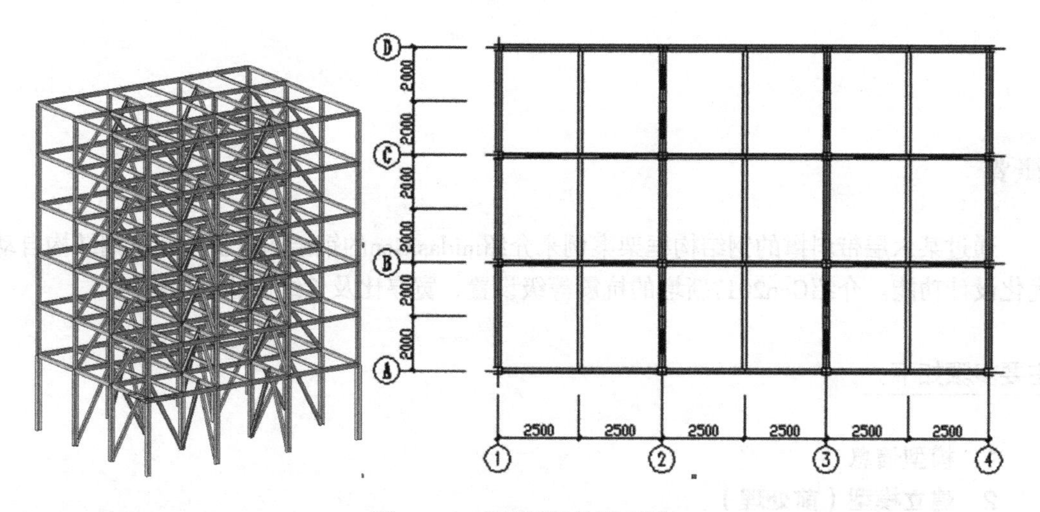

图1-1　3D模型及结构平面图

1～5层主梁：HM 244×175×7/11	6层主梁：HM 244×175×7/11
1层中柱：HW 200×204×12/12	1层边柱：HW 200×204×12/12
2～6层中柱：HW 200×204×12/12	2～6层边柱：HW 200×204×12/12
1层斜撑：HN 125×60×6/8	2～3层斜撑：HN 125×60×6/8
4～6层斜撑：HN 125×60×6/8	次梁：HN 200×100×5.5/8

层高：4.5m（一层），3.0m（其他层）；设防烈度：8度（0.20g）；场地类别：Ⅱ类；设计地震分组：第1组；地面粗糙度：A；基本风压：0.35kN/m^2；钢材：Q235。

荷载：1～5层楼面：恒荷载4.0kN/m^2；活荷载2.0kN/m^2；6层屋面：恒荷载5.0kN/m^2，活荷载1.0kN/m^2；1～5层最外圈主梁上线荷载4.0kN/m；6层最外圈主梁上线荷载1.0kN/m。

2 建立模型（前处理）

2.1 设定操作环境及定义材料和截面

1. 双击midas Gen图标>主菜单>新项目>保存>文件名：钢结构框架分析及优化设计>保存。

2. 主菜单>工具>单位系>长度：m，力：kN>确定。亦可在模型窗口右下角点击图标 kN ▾ m ▾ 的下拉三角，修改单位体系（图2-1）。

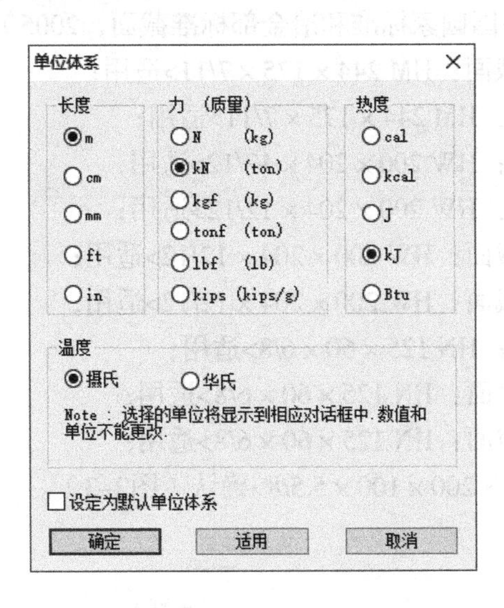

图2-1　单位体系

3．主菜单>特性>材料>材料特性值>添加>设计类型：钢材>规范：GB12（S）>数据库：Q235>确认（图2-2）。

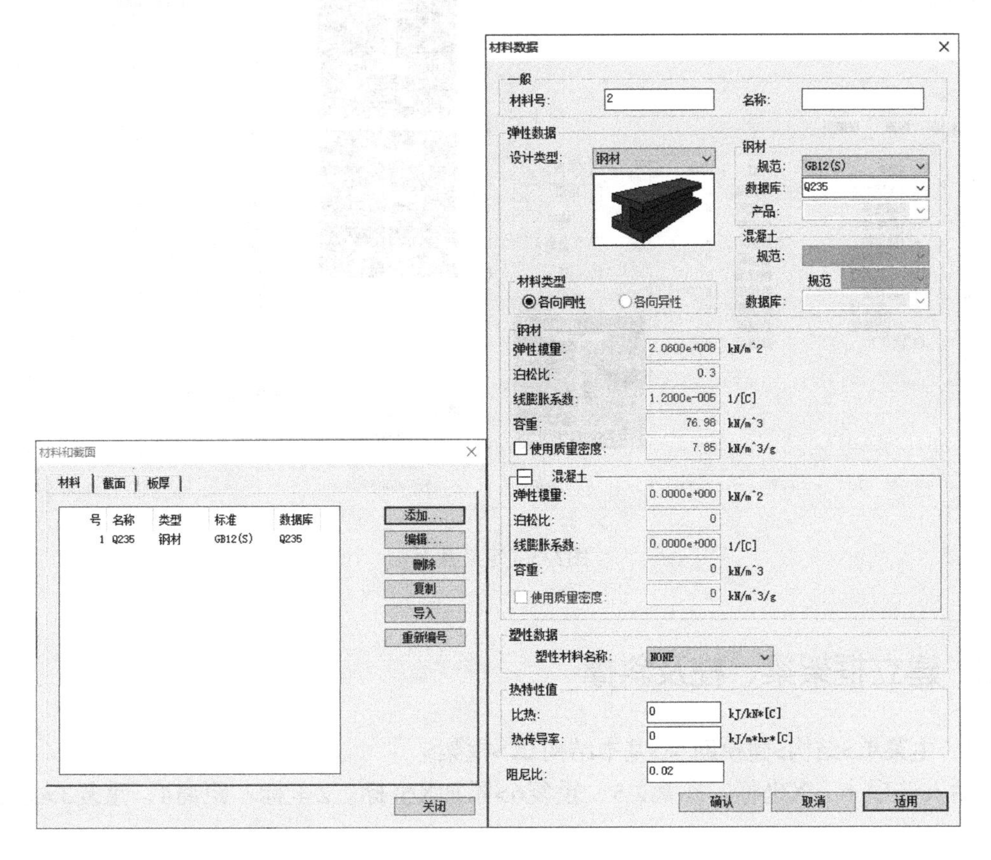

图2-2　定义材料

4．主菜单>特性>截面>截面特性值>添加>数据库/用户>工字形截面>数据库：GB-YB05（GB-YB（05）：中国国家标准和冶金部标准截面，2005）>

名称：1～5层主梁>截面：HM 244×175×7/11>适用；

名称：6层主梁>截面：HM 244×175×7/11>适用；

名称：1层中柱>截面：HW 200×204×12/12>适用；

名称：1层边柱>截面：HW 200×204×12/12>适用；

名称：2～6层中柱>截面：HW 200×204×12/12>适用；

名称：2～6层边柱>截面：HW 200×204×12/12>适用；

名称：1层斜撑>截面：HN 125×60×6/8>适用；

名称：2～3层斜撑>截面：HN 125×60×6/8>适用；

名称：4～6层斜撑>截面：HN 125×60×6/8>适用；

名称：次梁>截面：HN 200×100×5.5/8>确认（图2-3）。

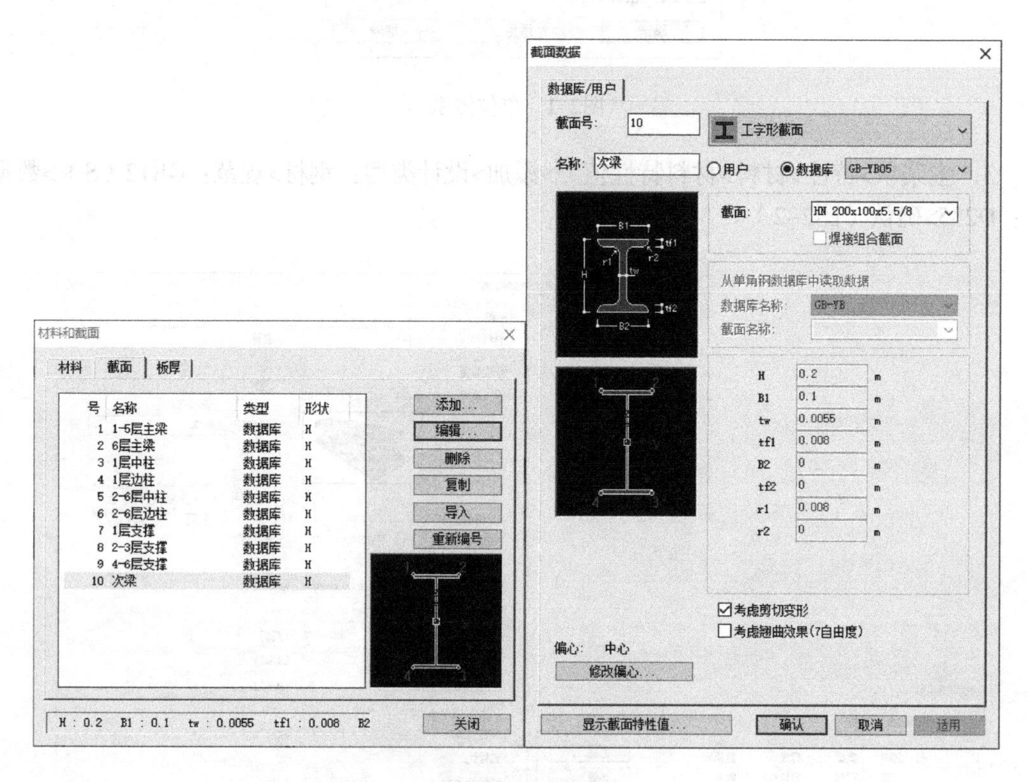

图2-3　定义截面

2.2 建立框架梁、柱及斜撑

1．主菜单>结构>建模助手>基本结构>框架>

输入选项卡：X坐标：距离2.5，重复6>添加X坐标。Z坐标：距离4，重复3>添加Z坐标。

编辑选项卡：Beta角 90度>材料Q235>截面1-5层主梁>生成框架 生成框架 。

插入选项卡：插入点0,0,0>Alpha -90>适用>关闭（图2-4）。

注：框架建模助手默认在XZ平面生成框架，需旋转框架至XY平面，故在插入选项卡设置alpha：-90°，即按右手螺旋法则绕X轴旋转90°。由此主梁梁高方向也被调整为Y方向，故为保持主梁梁高为仍为Z方向，在编辑选项卡中选择Beta：90°即可。详见《结构帮》2015年第二期。

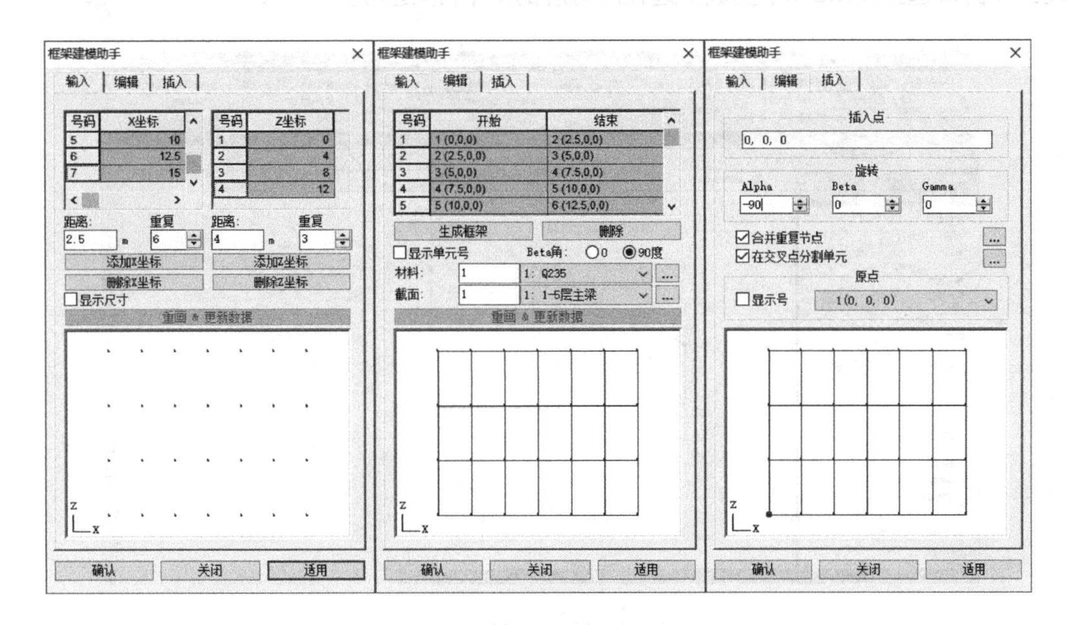

图2-4　框架建模助手

2. 窗口选择如图2-5所示的次梁单元>在工作树中，选择截面 10：次梁>按住鼠标左键，拖放至模型窗口，完成次梁截面修改。

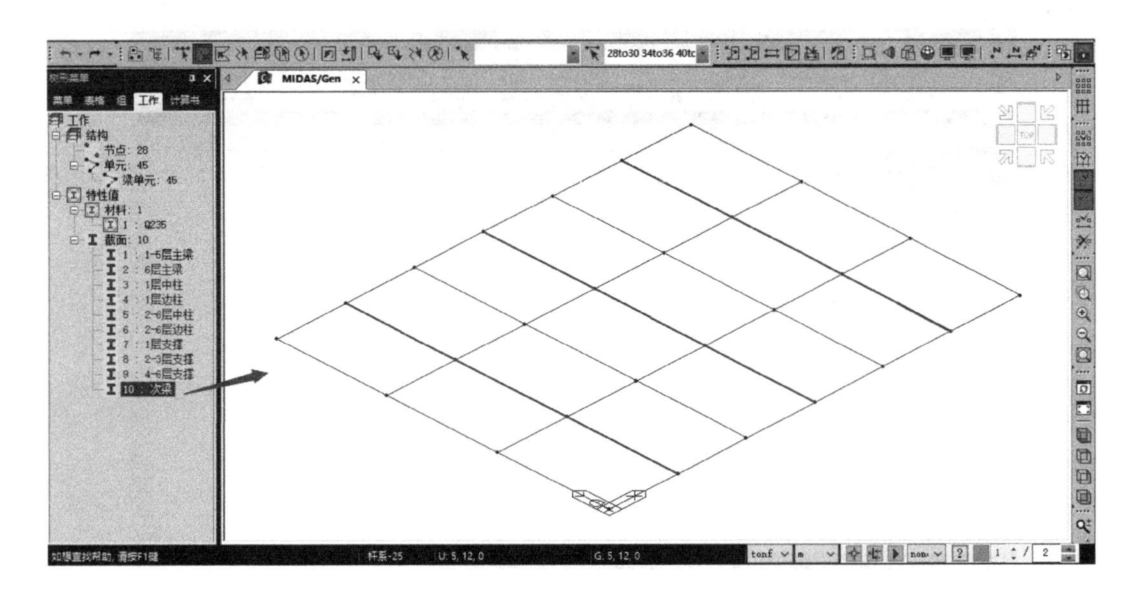

图2-5　修改次梁截面

注：可切换是否消隐视图（Ctrl+H）。

3. 主菜单>节点/单元>单元>扩展>扩展类型：节点→线单元>单元类型：梁单元>材料：Q235>截面 4：1层边柱>生成形式：复制和移动>等间距>dx,dy,dz：0,0,–4.5>复制次数：1>窗口选择图2–6中生成的边柱所对应的上节点>适用。

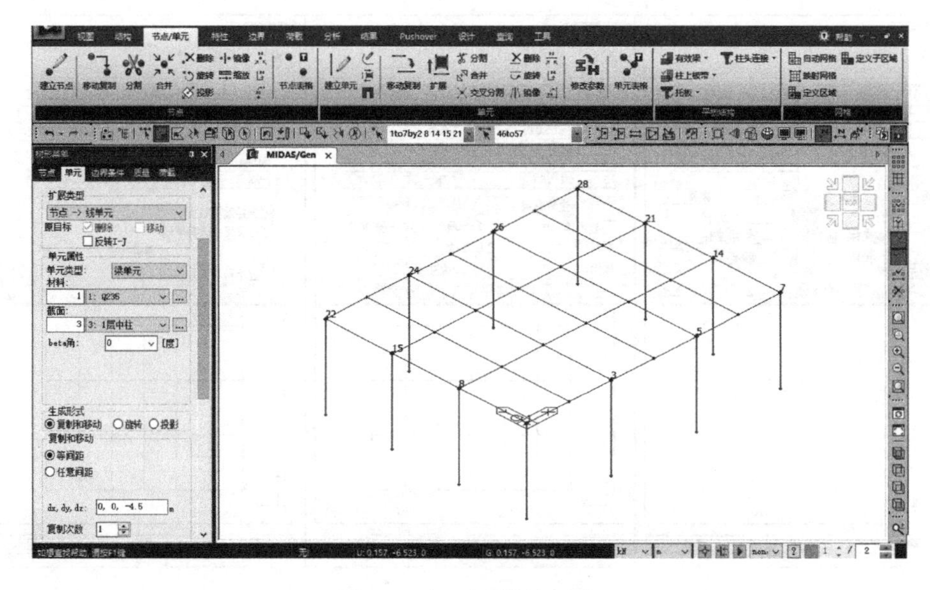

图2–6　建立底层框架边柱

4. 左侧工作树中，扩展选项卡，修改：截面 3：1层中柱>窗口选择图2–7中生成的中间柱所对应的上节点>适用。

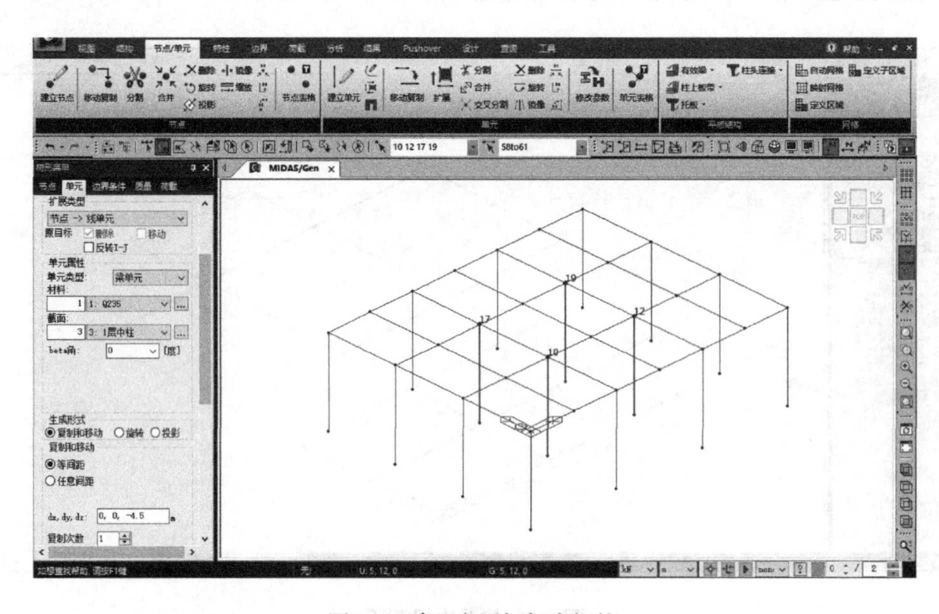

图2–7　建立底层框架中间柱

5. 主菜单>节点/单元>单元>建立单元>单元类型：桁架单元>材料：Q235>截面名称7：1层斜撑>交叉分割：节点和单元都勾选>节点连接：将鼠标光标移动至“节点连接”输入框中，然后再在模型窗口中，点取各斜撑的两个端节点的方式来建立斜撑，如下所示：

建立X向斜撑，依次连接节点：33、9；9、41；42、13；13、34；35、16；16、43；44、20；20、36（图2–8）。

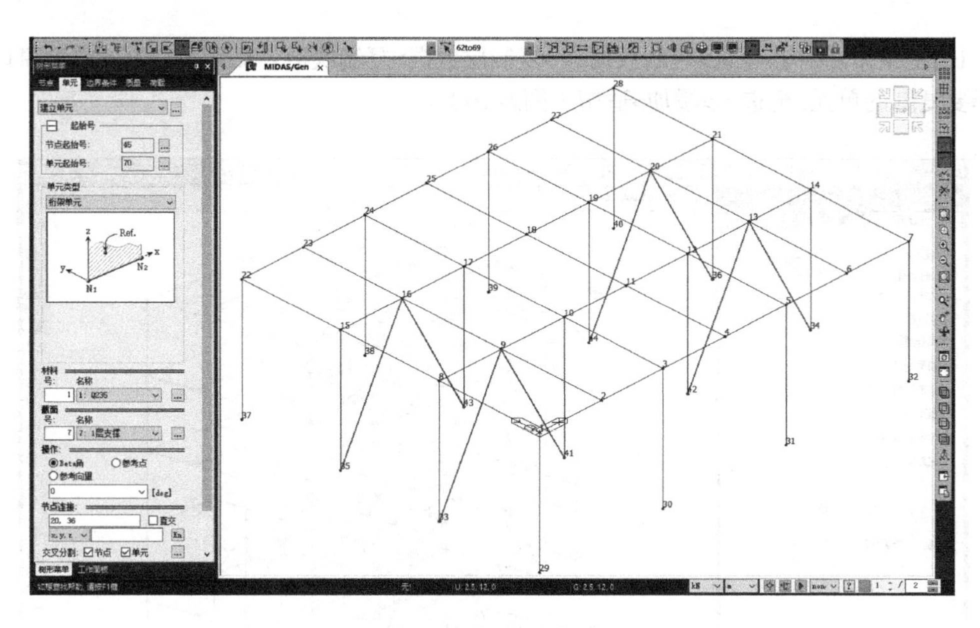

图2–8　建立X向斜撑

建立Y向斜撑，依次连接节点：38、33号梁单元中点；43、45；41、31号梁单元中点；30、46；39、39号梁单元中点；44、47；42、37号梁单元中点；31、48（图2–9）。

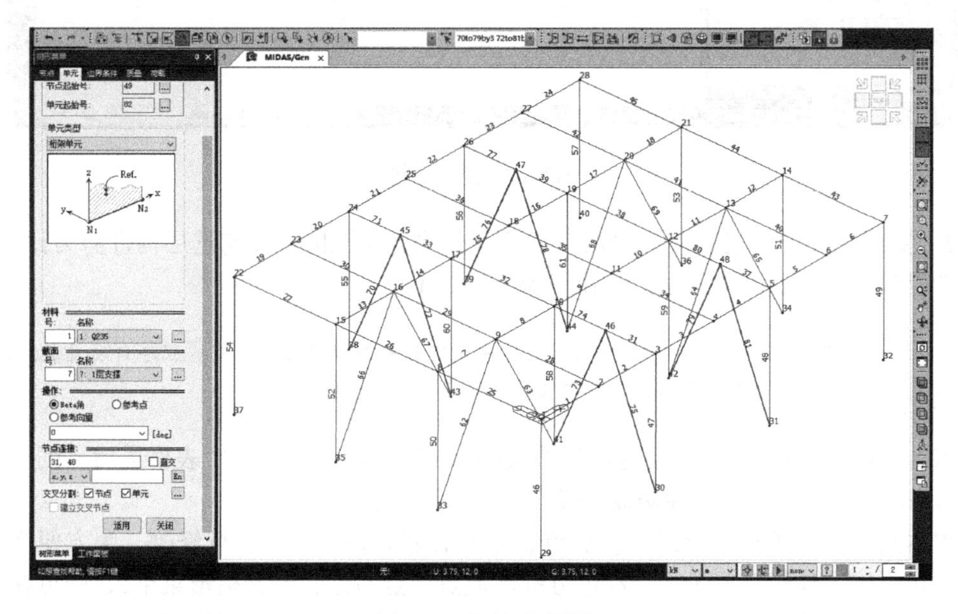

图2–9　建立Y向斜撑

注：当程序右下角单元捕捉控制输入2时 1 / 2 ，则建立节点或单元时，可自动捕捉单元的二等分点（即中点），可无需先执行分割单元的操作步骤。

2.3　楼层复制及生成层数据文件

1．主菜单>结构>建筑>控制数据>复制层数据>复制次数：5>距离：3m>模型窗口中选择要复制的单元>全选>添加>适用（图2–10）。

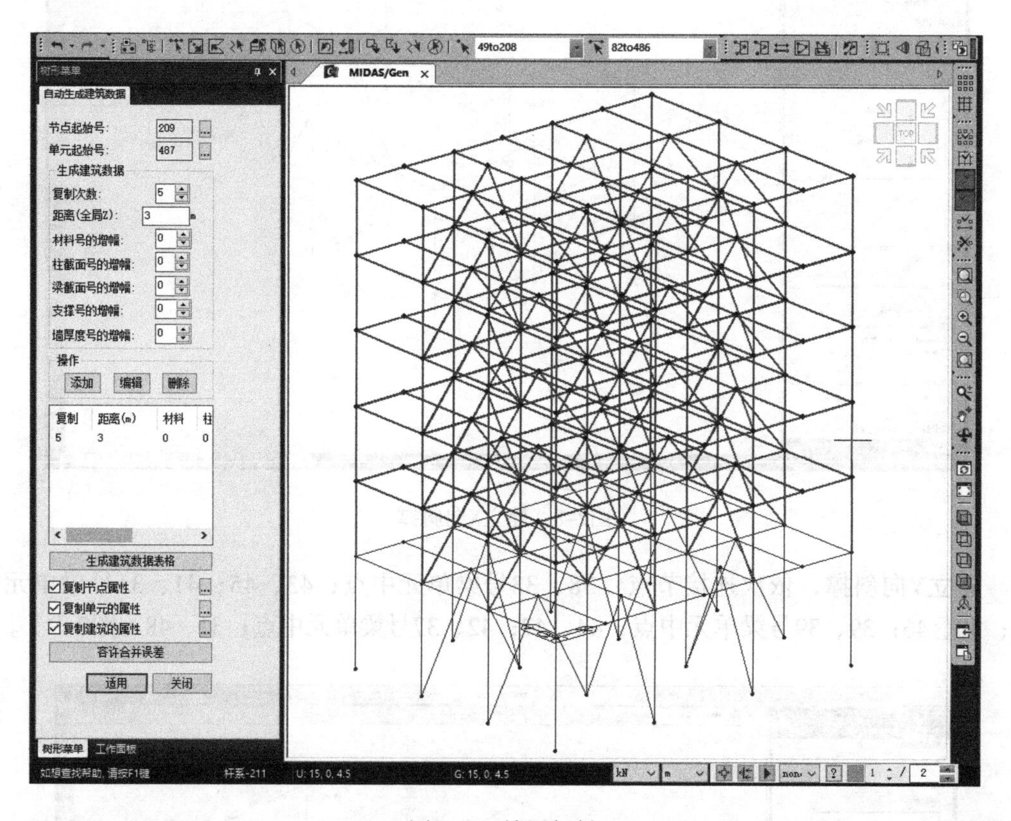

图2–10　楼层复制

2．主菜单>结构>建筑>控制数据>定义层数据>点击[...]>勾选层构件剪力比>勾选对弹性板考虑风荷载和静力地震作用>确认（图2–11）。

注：若勾选使用地面标高，则程序认定此标高以下为地下室。程序自动计算风荷载时，将自动判别地面标高以下的楼层不考虑风荷载作用。

点击生成层数据>勾选包括地震偶然偏心：5%平面尺寸>确认。表格最后一列可设置是否考虑刚性楼板，若为弹性楼板的楼层则可选择不考虑。

因本案例截面进行了分组，楼层组装完成后需对相应截面进行修改。为方便修改操作，可在快捷工具栏上（图2–12红色方框区域点）点右键，勾选树形菜单2，则可在模型窗口右侧显示树形菜单2（用户可根据个人使用习惯设置是否显示树形菜单2）。

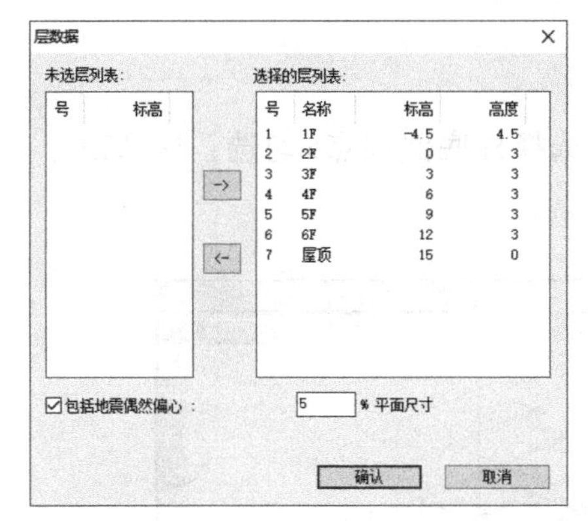

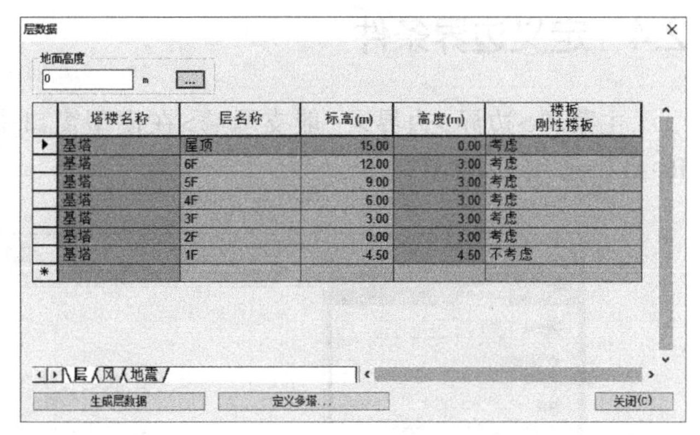

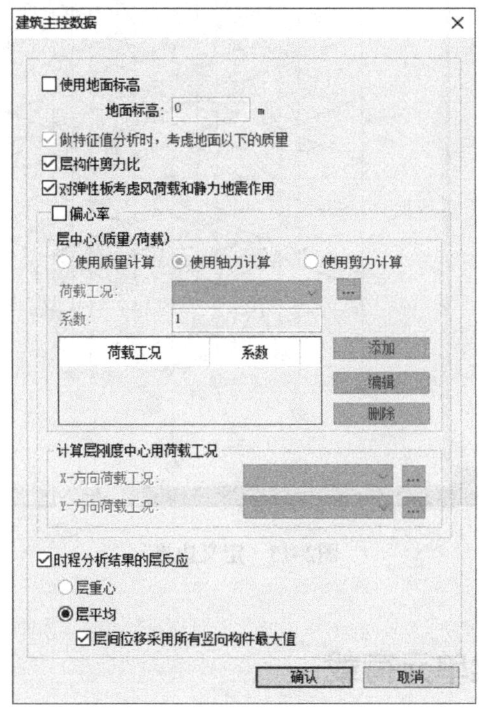

图2-11　定义层数据

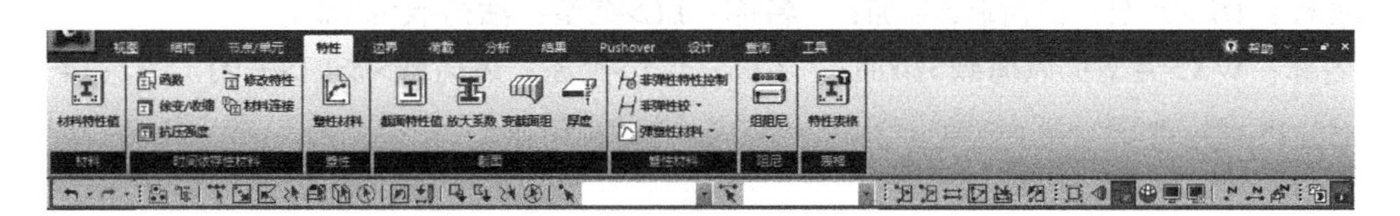

图2-12　显示树形菜单2

注： 双击树形菜单中的截面，即可在模型窗口中选中相同截面的构件，配合“按属性激活”选择按属性“层”激活相应楼层，然后选中需进行修改的截面再将树形菜单2中即将修改的截面拖放入模型窗口中，则可实现截面的快速修改。同时也需灵活使用“选择”、“解除选择”、“激活”、“钝化”功能。最终需达到的目的是将前面定义的不同楼层不同构件的截面成功赋予模型中。

2.4 定义边界条件

主菜单>边界>边界>一般支承>在模型窗口中选择柱底嵌固点>勾选：D-ALL、R-ALL>适用（图2-13）。

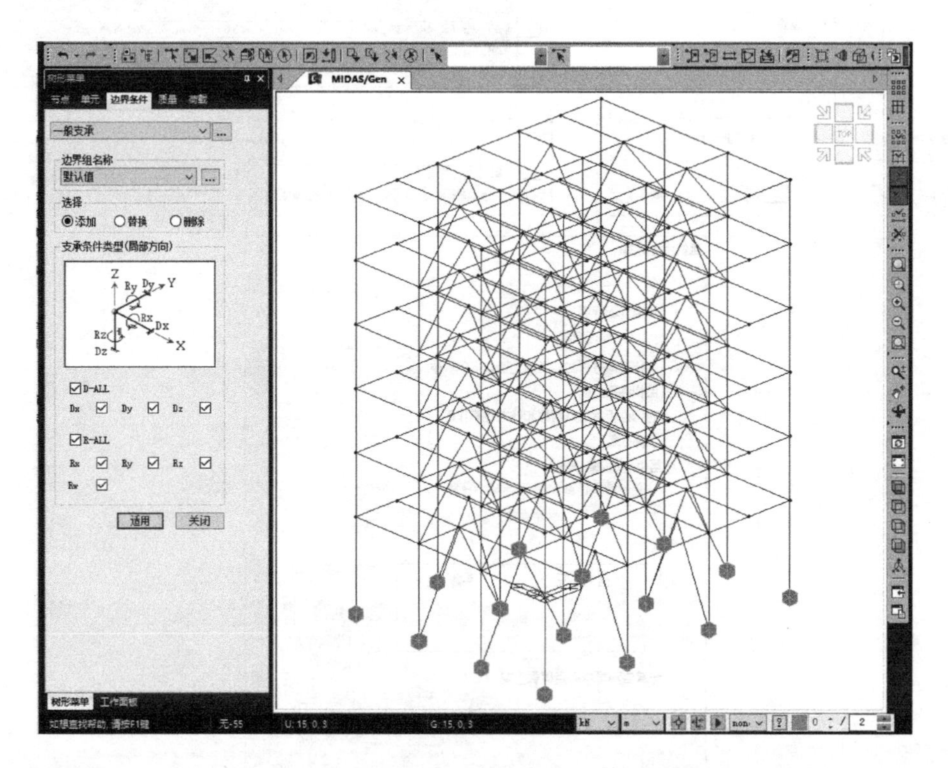

图2-13 定义边界

2.5 输入楼面及梁单元荷载

1. 主菜单>荷载>荷载类型>静力荷载>建立荷载工况>静力荷载工况>
名称：DL>类型：恒荷载>添加； 名称：LL>类型：活荷载>添加；
名称：WX>类型：风荷载>添加； 名称：WY>类型：风荷载>添加>关闭（图2-14）。

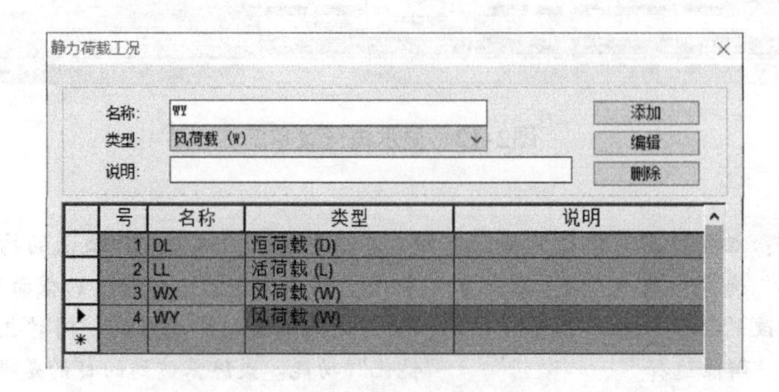

号	名称	类型	说明
1	DL	恒荷载 (D)	
2	LL	活荷载 (L)	
3	WX	风荷载 (W)	
4	WY	风荷载 (W)	

图2-14 定义静力荷载工况

2．主菜单>荷载>荷载类型>静力荷载>结构荷载/质量>自重>荷载工况名称：DL>自重系数：Z：–1>添加>关闭（图2–15）。

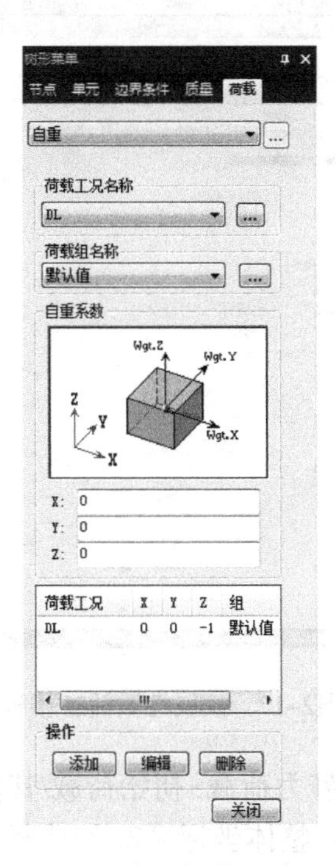

图2–15　定义恒载DL自重

3．主菜单>荷载>荷载类型>静力荷载>初始荷载/其他>分配楼面荷载>定义楼面荷载类型>名称：楼面>荷载工况：DL>楼面荷载：–4.0> LL>楼面荷载：–2.0>添加；

名称：屋面>荷载工况：DL>楼面荷载：–5.0> LL>楼面荷载：–1.0>添加（图2–16）。

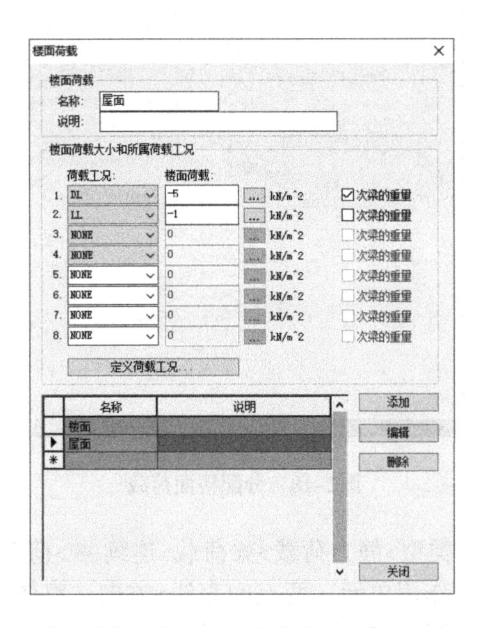

图2–16　定义楼面荷载类型（荷载单位为kN/m^2，方向向下为负值）

4. 快捷工具栏>按属性激活>层>2F>楼板>激活>关闭（图2–17）。

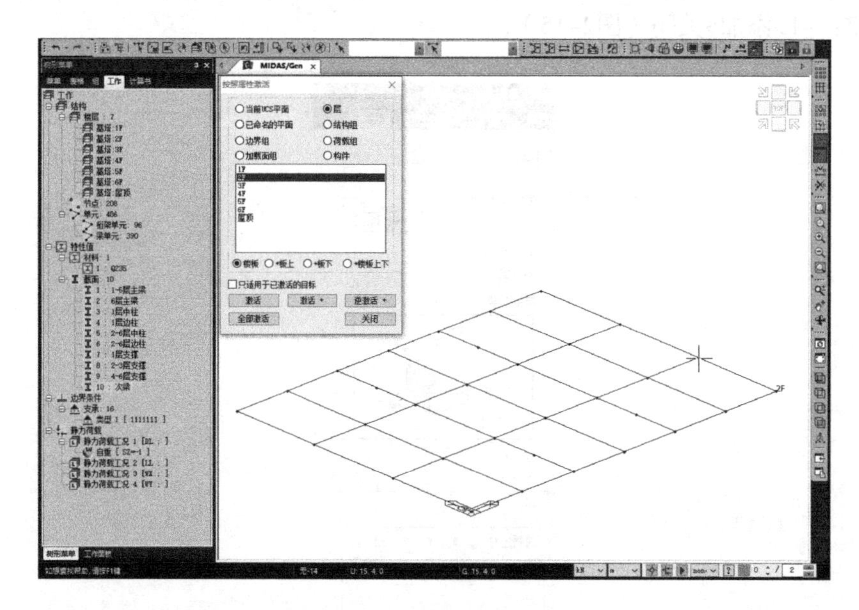

图2–17 按属性激活2F楼板

5. 主菜单>荷载>荷载类型>静力荷载>初始荷载/其他>分配楼面荷载>楼面荷载：楼面>分配模式：双向>荷载方向：整体坐标系Z>勾选复制楼面荷载>方向：z，距离4@3>点击指定加载区域节点：选择四个角点即可（如图2–18所示）。

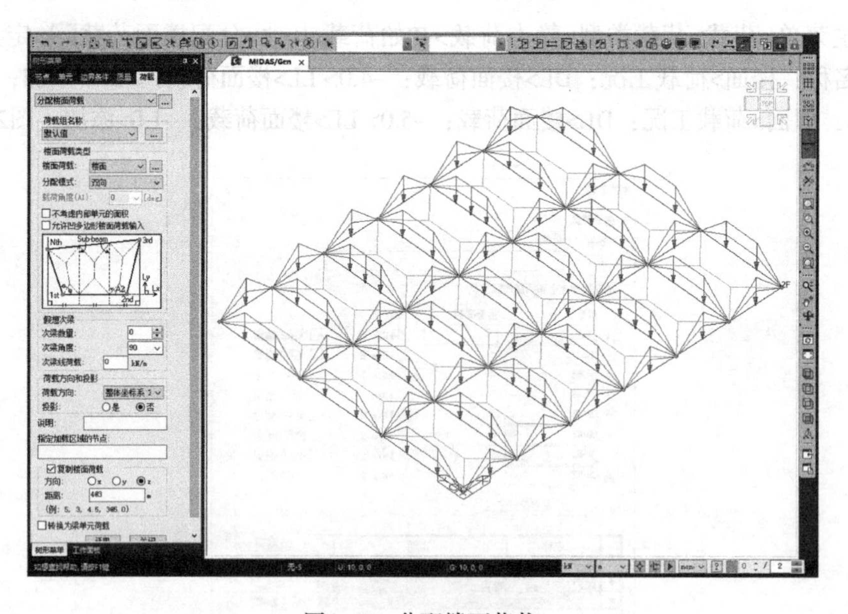

图2–18 分配楼面荷载

6. 主菜单>荷载>荷载类型>静力荷载>梁荷载>连续>荷载工况：DL>选项：添加>荷载类型：均布荷载>荷载作用单元：两点间直线>方向：整体坐标系Z>数值：相对值>x1：0，x2：1，W= –4>勾选复制荷载>方向z>距离4@3>点击 加载区间（两点）：选择加载梁单元区段的节点（图2–19）。

注： 如采用“梁荷载>单元>…”或“梁荷载>连续>荷载作用单元：选择的单元”，都无法实现直接复制荷载至其他楼层。所以，使用“梁荷载>连续>荷载作用单元：两点间直线”的操作方式。

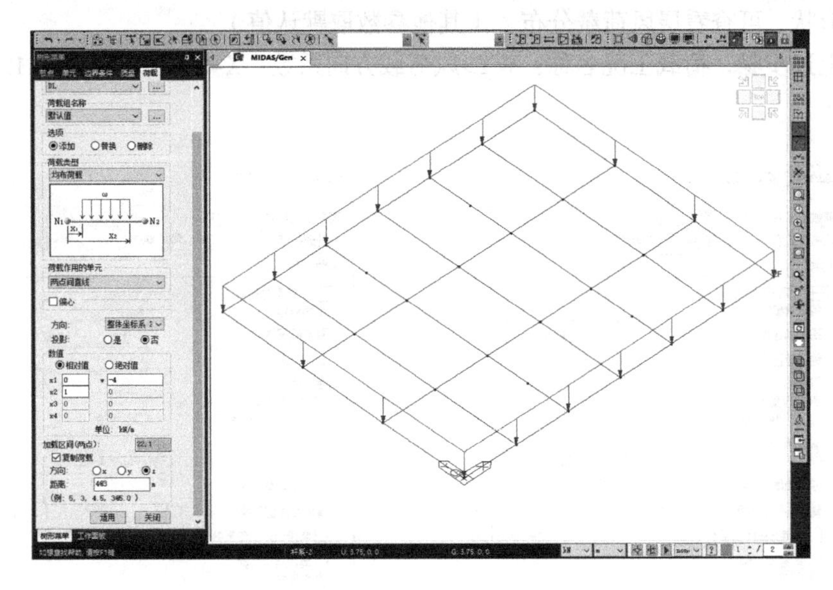

图2–19　定义梁单元荷载

7．快捷工具栏>按属性激活 >层>屋顶>楼板>激活>关闭。

重复上述步骤5、步骤6分别施加屋面荷载及梁单元荷载。

8．Ctrl+A激活所有单元>左侧树形菜单>工作>静力荷载>静力荷载工况>楼面荷载或梁单元荷载>右键>显示、表格等，查看荷载施加状态（图2–20）。

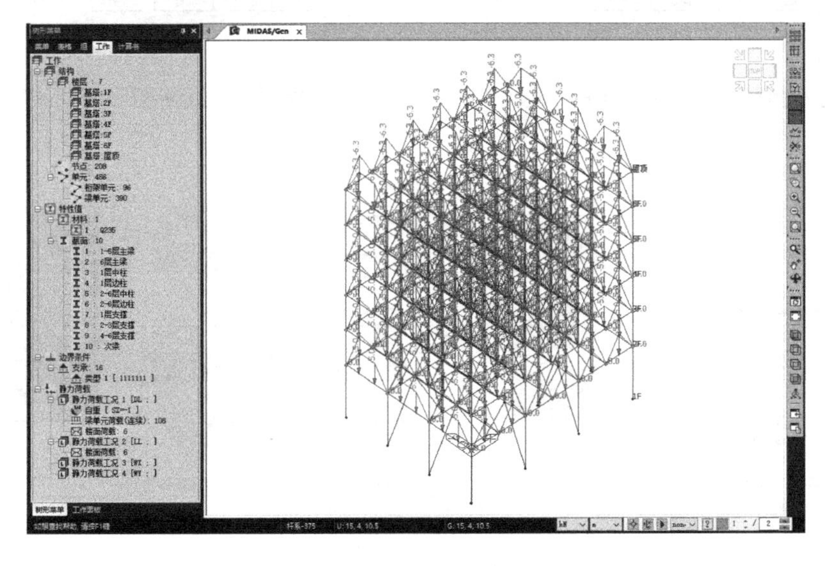

图2–20　显示荷载

2.6 输入风荷载

主菜单>荷载>静力荷载>横向荷载>风荷载▤>添加>荷载工况名称：WX>风荷载规范：China（GB 50009—2012）>说明：建筑结构荷载规范>地面粗糙度：A>基本风压：0.35>阻尼比：0.02>基本周期：自动计算>风荷载方向系数：X-轴：1，Y-轴：0>适用。点击风荷载形状，可查看层风荷载分布。（其他参数取默认值）

重复上述步骤，荷载工况名称：WY>风荷载方向系数：X-轴：0，Y-轴：1>确认（图2-21）。

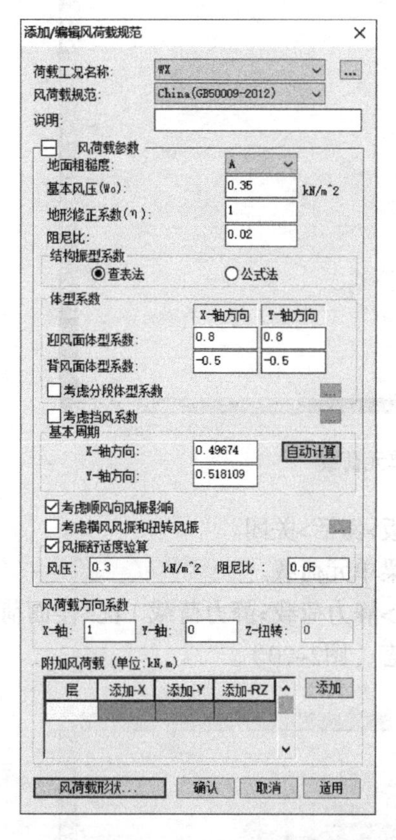

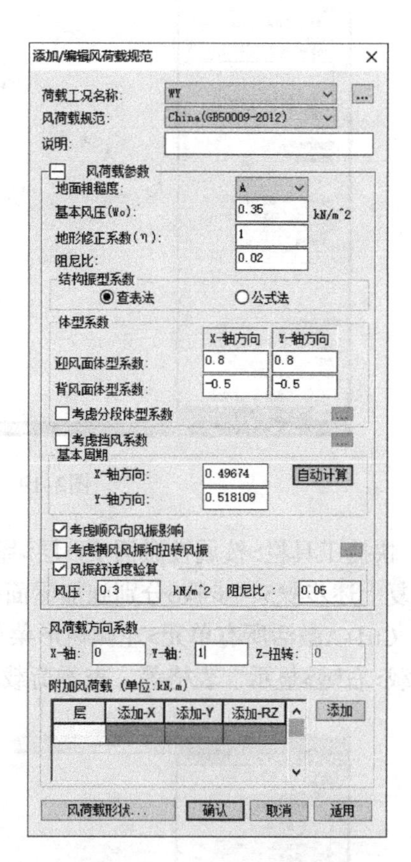

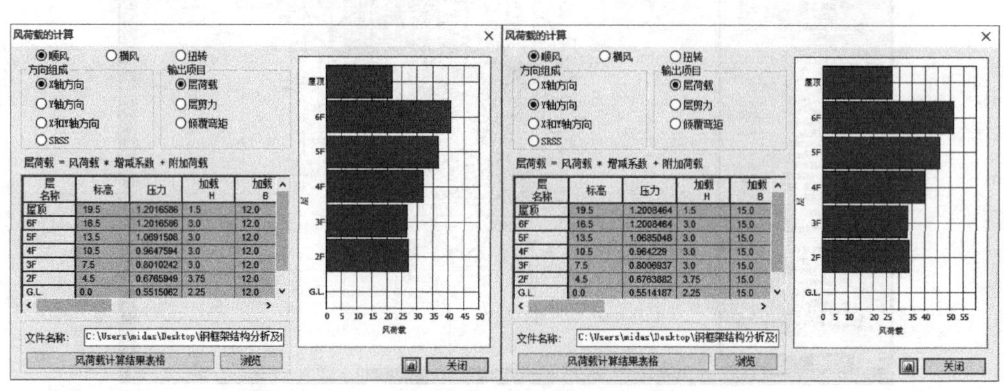

图2-21 风荷载输入

2.7　输入反应谱分析数据

1. 主菜单>荷载>荷载类型>地震作用>反应谱数据>反应谱函数>添加>设计反应谱>China（GB 50011—2010）>设计地震分组：1>地震设防烈度：8度（0.20*g*）>场地类别：Ⅱ>地震影响：多遇地震>阻尼比：0.02>确认（图2-22）。

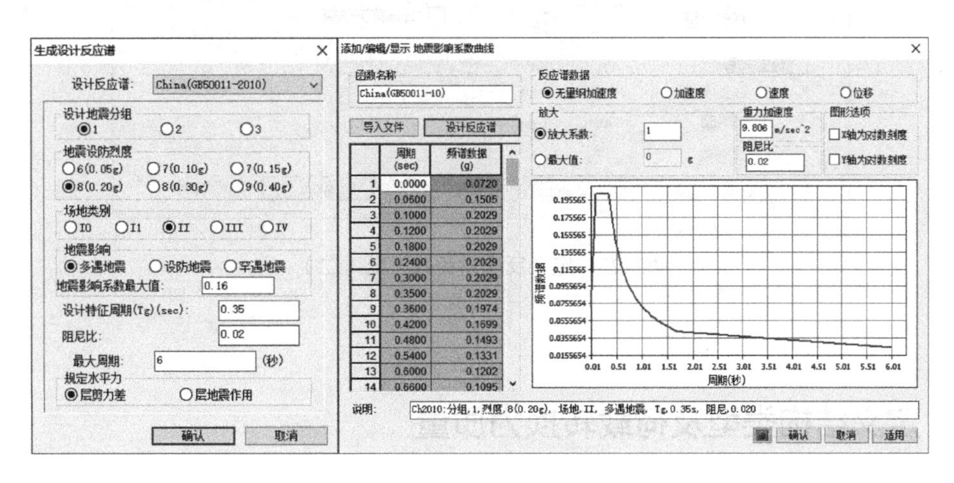

图2-22　生成设计反应谱

2. 主菜单>荷载>荷载类型>地震作用>反应谱数据>反应谱（定义反应谱工况）>荷载工况名称：RX>方向：X-Y>地震作用角度：0°>系数：1>周期折减系数：1>勾选谱函数：China（GB 50011-10）（0.02）>勾选偶然偏心>特征值分析控制>分析类型：Lanczos>频率数量（振型数）：6>确认>模态组合控制>振型组合类型：CQC>勾选 考虑振型正负号>勾选 沿主振型方向>勾选选择振型形状>全部选择>确定>添加。

重复步骤2，荷载工况名称：RY>地震作用角度：90°>添加（图2-23）。

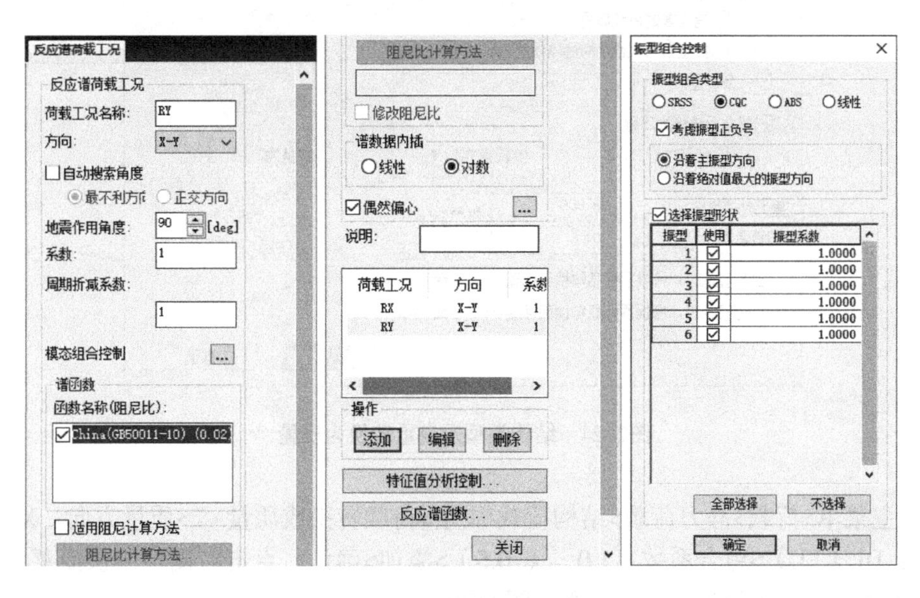

图2-23　定义反应谱荷载工况（一）

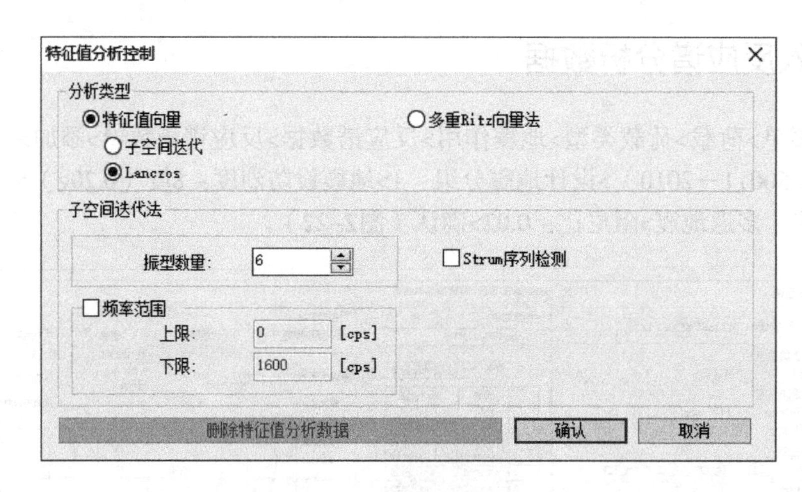

图2-23 定义反应谱荷载工况（二）

2.8 定义结构类型及荷载转换为质量

1. 主菜单>结构>结构类型>结构类型：3-D>质量控制参数：集中质量>勾选将自重转换为质量：转换为X、Y（地震作用方向）（图2-24）。

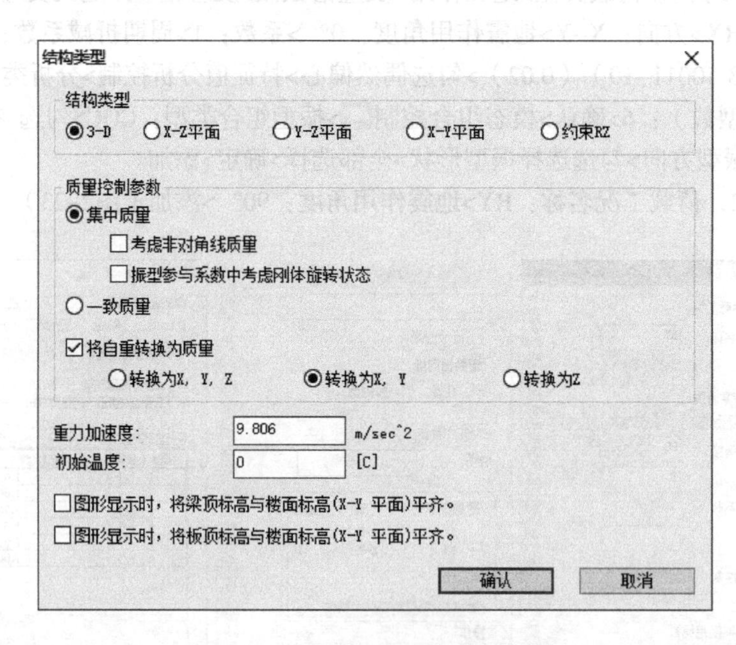

图2-24 结构类型及自重转换为质量

2. 主菜单>荷载>静力荷载>结构荷载/质量>荷载转换成质量>质量方向：X，Y>荷载工况：DL（LL）>组合系数：1.0 （0.5）>添加>确认。点击右侧竖向快捷菜单>重画或初始画面，恢复模型显示状态（图2-25）。

注：此处转换的荷载不包括自重。自重转换为质量，在步骤1中实现。因本例只计算水平地震作用，故转换的质量方向仅选择X,Y。当计算竖向地震作用时，需选择X,Y,Z。

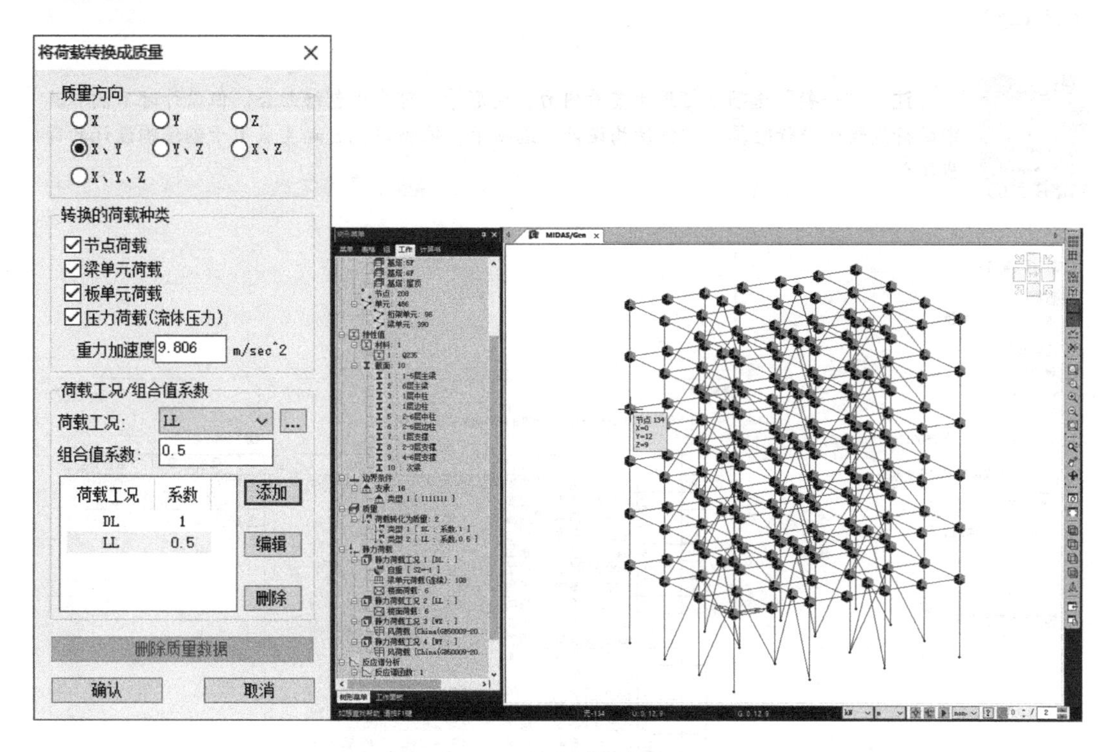

图2-25　荷载转换为质量

3　运行分析及优化设计（后处理）

3.1　运行分析

主菜单>分析>运行分析，或者直接点击快捷菜单中的运行分析（图3-1）。

注：如想切换至前处理模型，点击快捷菜单中的前处理。如想切换至后处理模式，点击快捷菜单中的后处理。

图3-1　运行分析及前后处理模式切换

3.2 自动生成荷载组合

主菜单>结果>组合>荷载组合>钢结构设计>自动生成>设计规范：GB 50017–03>确认（图3–2）。

注：“一般”选项卡可用于查看内力、变形等，可生成包络组合，但设计时不调取其中的荷载组合进行验算。“钢结构设计”选项卡，依据规范自动生成用于钢结构设计的荷载组合。

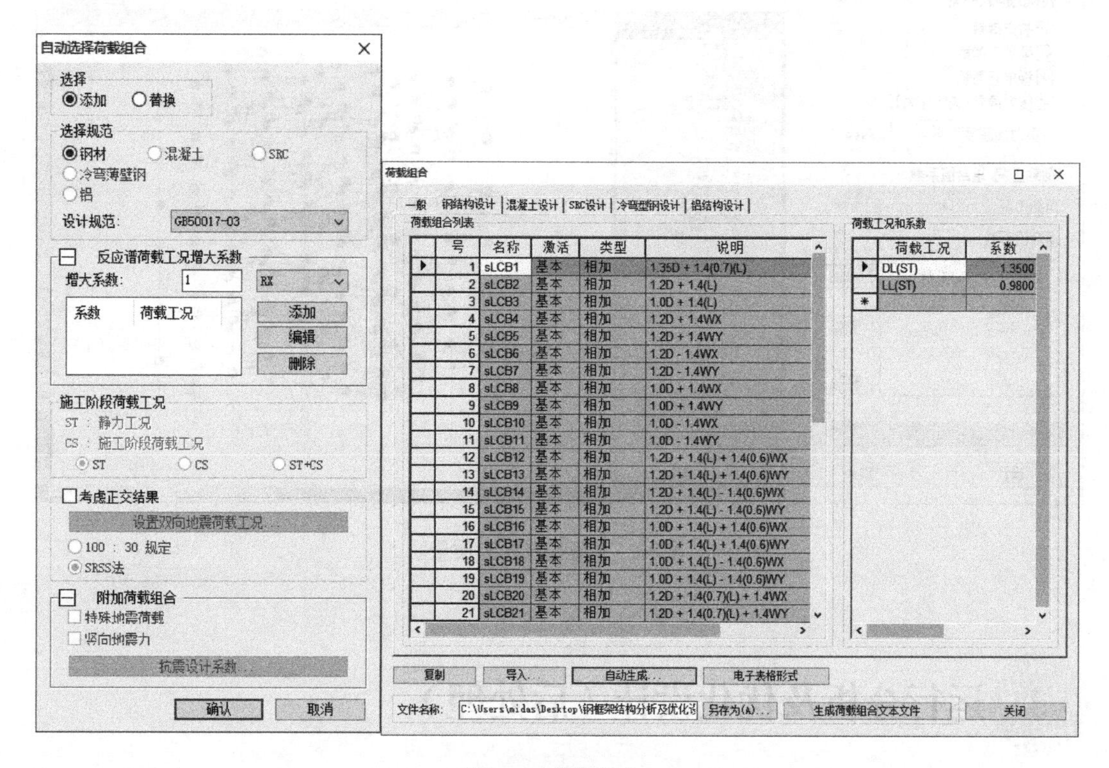

图3–2　荷载组合

3.3 查看分析结果

1. 主菜单>结果>内（应）力>梁单元内（应）力图>查看在各种工况组合下的梁单元内（应）力图（图3–3）。

2. 主菜单>结果或模型窗口中右键，都可以查看丰富的分析结果：反力、位移、内力、应力、周期与振型、梁单元细部分析结果、层结果、结果表格等（图3–4）。

注：分析结果的查看，可参看“案例1钢筋混凝土结构抗震分析及设计”后处理部分，本例着重介绍优化设计，故在此不赘述。

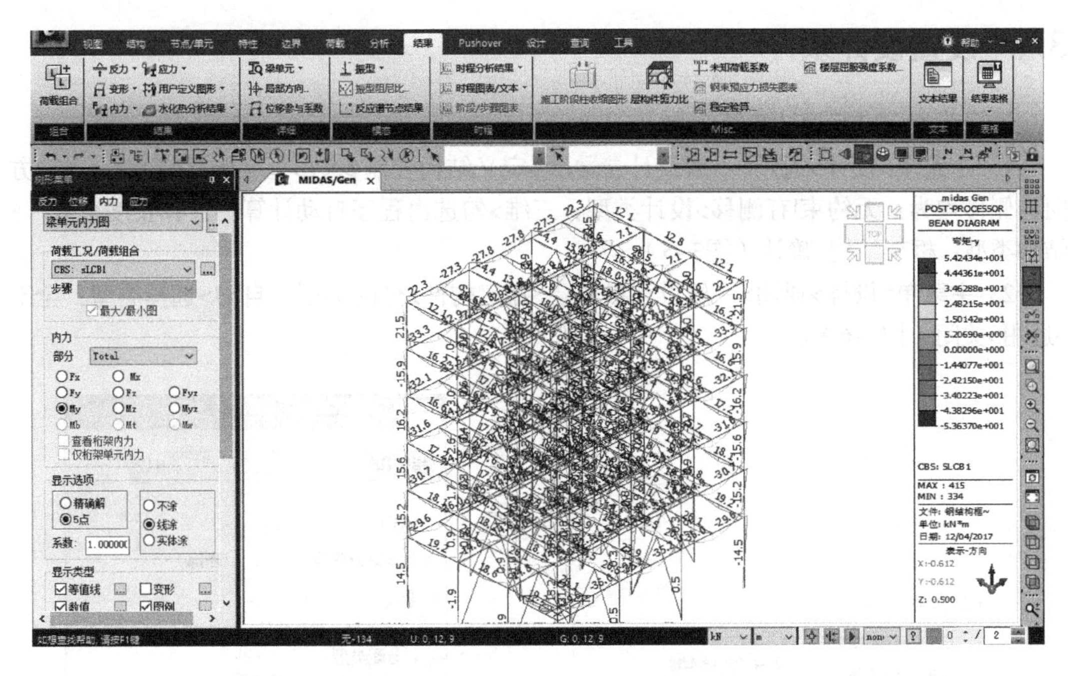

图3-3　梁单元内（应）力图

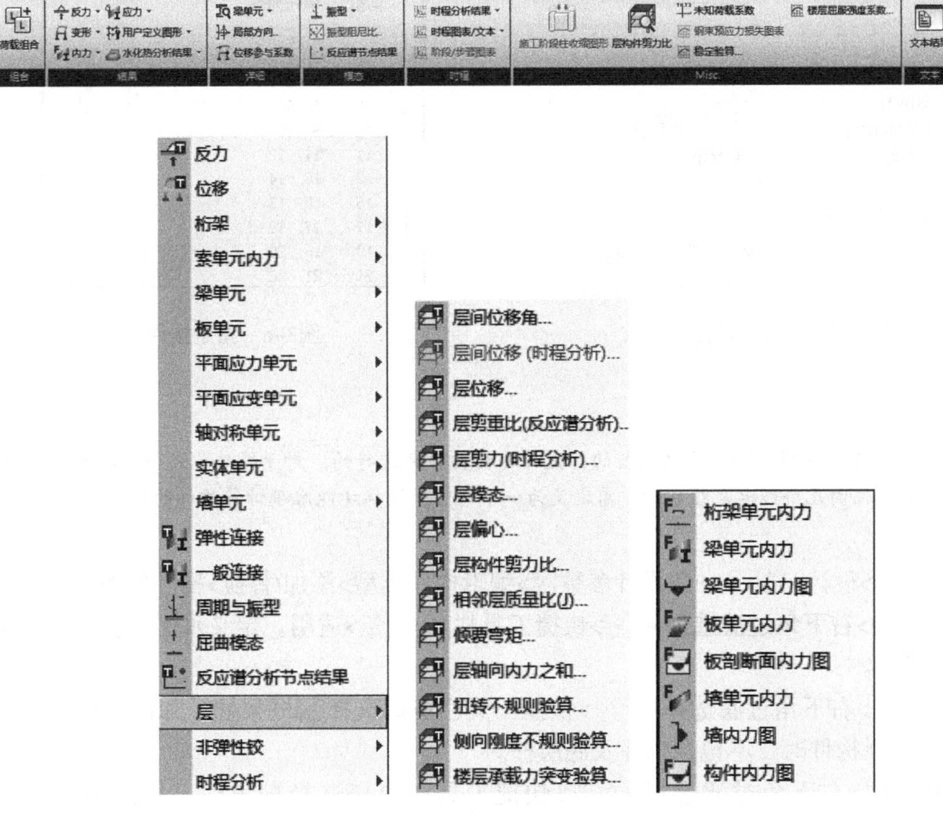

图3-4　丰富的分析结果

3.4 设置设计条件

按规范规定进行设计验算：

1．主菜单>设计>通用>一般设计参数>定义结构控制参数>框架侧移特性X、Y轴方向的侧移均为：无约束|有侧移>设计类型：三维>勾选由程序自动计算“计算长度系数”>结构类型：框架结构>确认（图3-5）。

2．主菜单>设计>通用>一般设计参数>指定构件>分配类型：自动>选择类型：全部>适用>关闭（图3-6）。

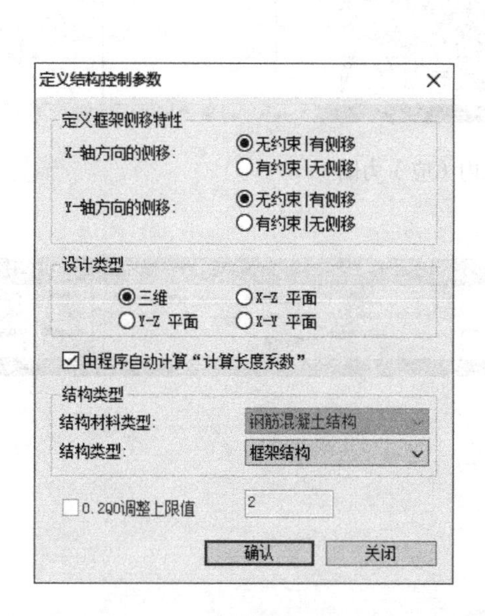

图3-5 定义结构控制参数

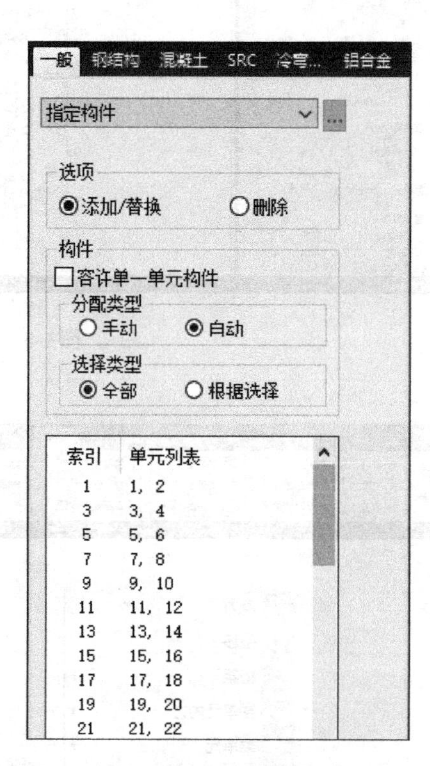

图3-6 指定构件

注：分析是按单元来进行的，设计是按构件来进行的。对于梁单元或桁架单元，当一个构件由几个线单元组成时，需定义为一个构件，这样才能准确计算构件的计算长度。

3．主菜单>设计>通用>一般设计参数>编辑构件类型>添加/替换>构件类型：

梁>框架梁>右下角过滤选择xy>快捷工具栏 全选>适用。定义水平构件为框架梁构件（图3-7）。

柱>框架柱>右下角过滤选择z>快捷工具栏窗口选择框架柱，如图3-8所示>适用。注意，选择构件时，不包括角柱及底层柱。

柱>框架柱>右下角过滤选择z>快捷工具栏窗口选择角柱，如图3-9所示>适用。

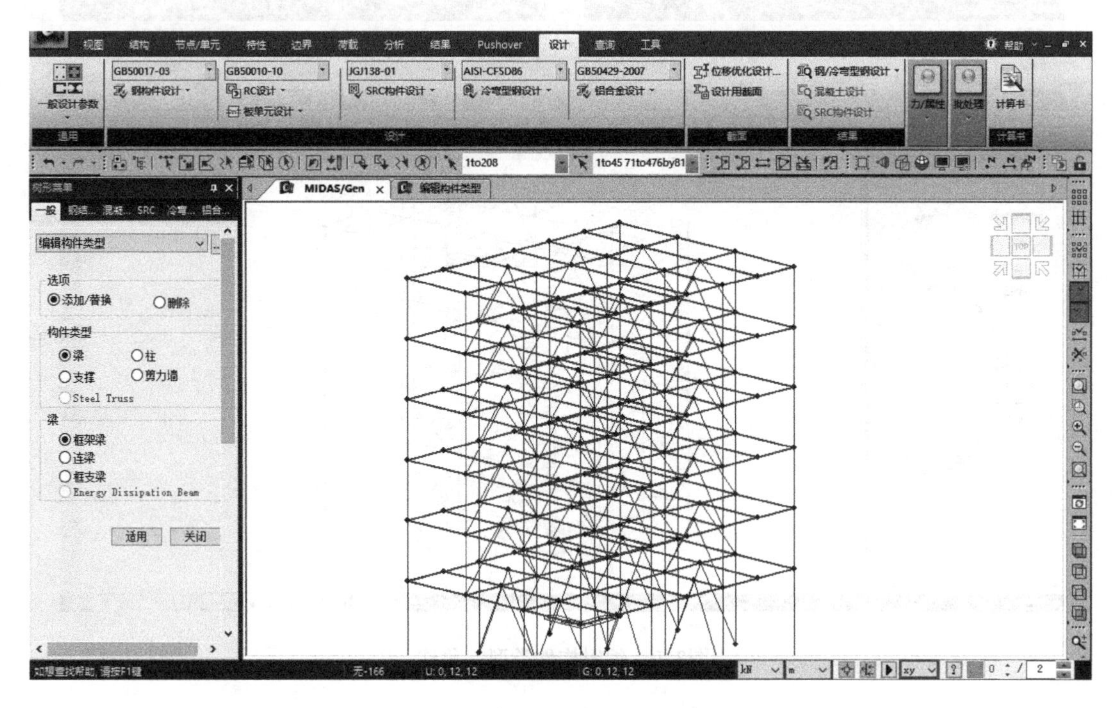

图3–7　编辑构件类型：框架梁

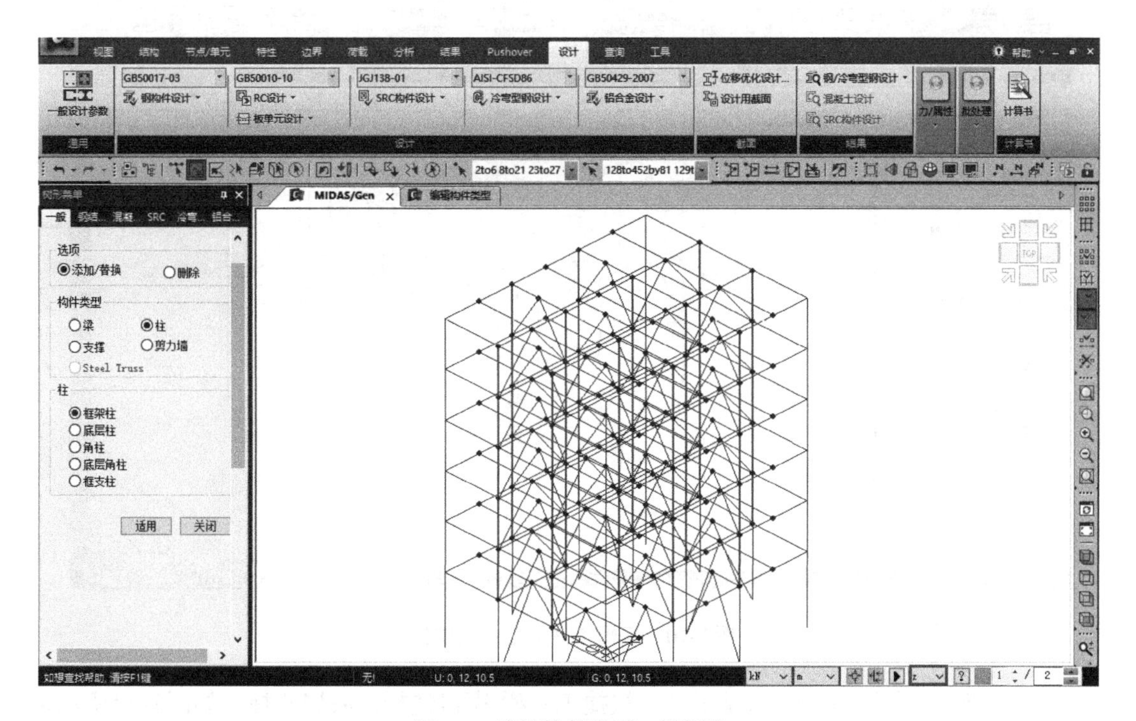

图3–8　编辑构件类型：框架柱

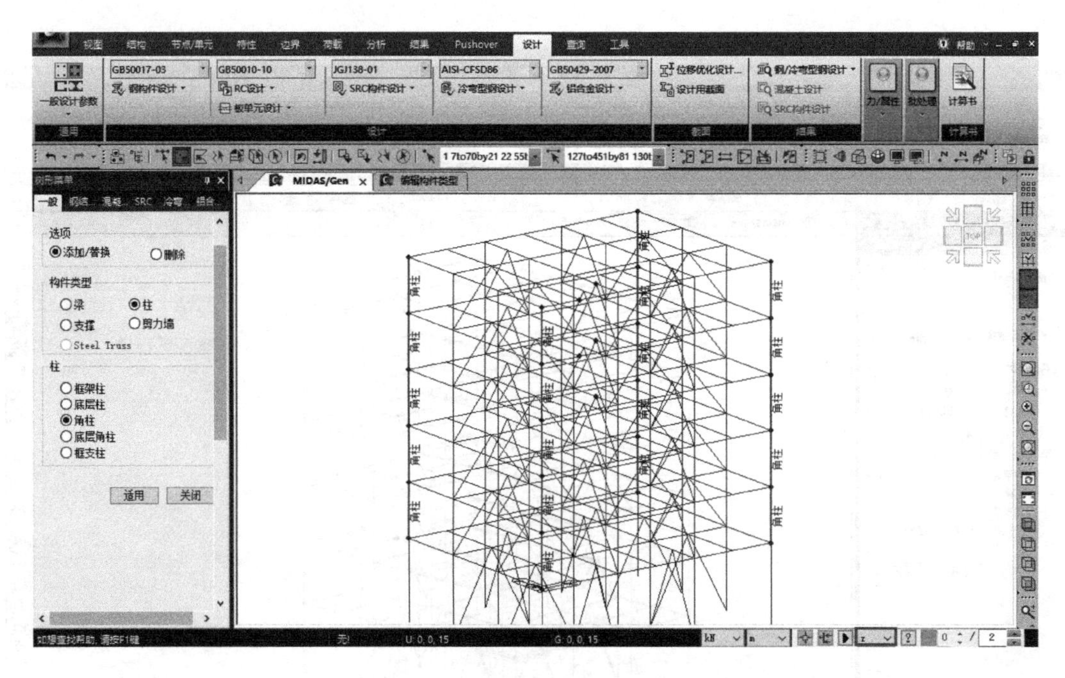

图3-9 编辑构件类型：角柱

柱>框架柱>右下角过滤选择 z >快捷工具栏窗口选择底层柱，如图3-10所示>适用。

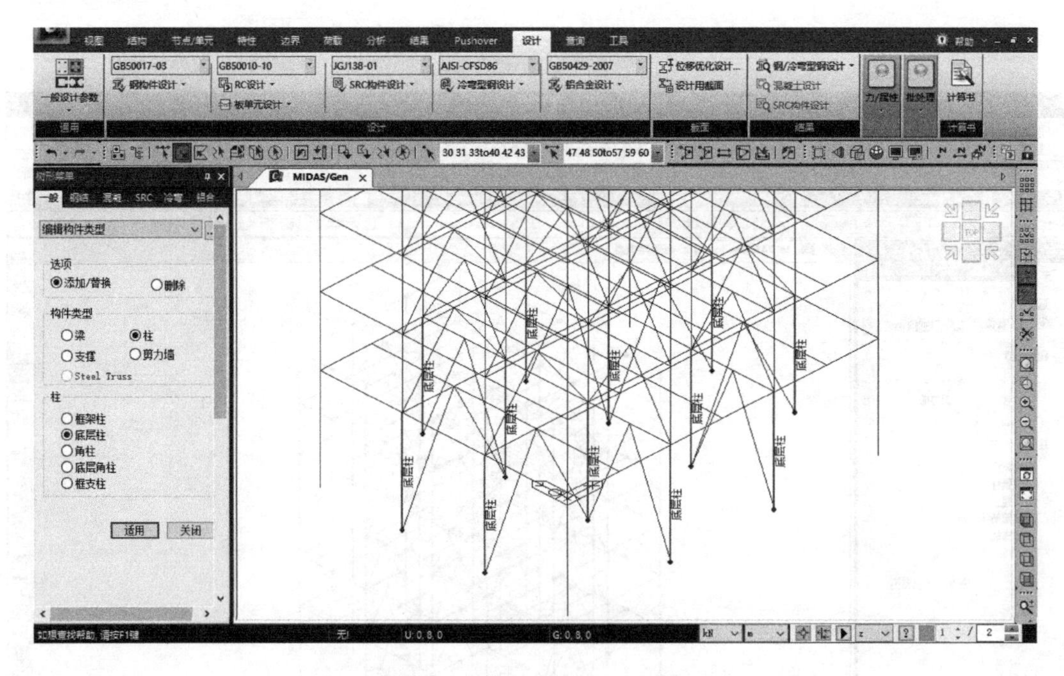

图3-10 编辑构件类型：底层柱

柱>框架柱>右下角过滤选择 z >快捷工具栏 窗口选择底层角柱，如图3-11所示>适用。

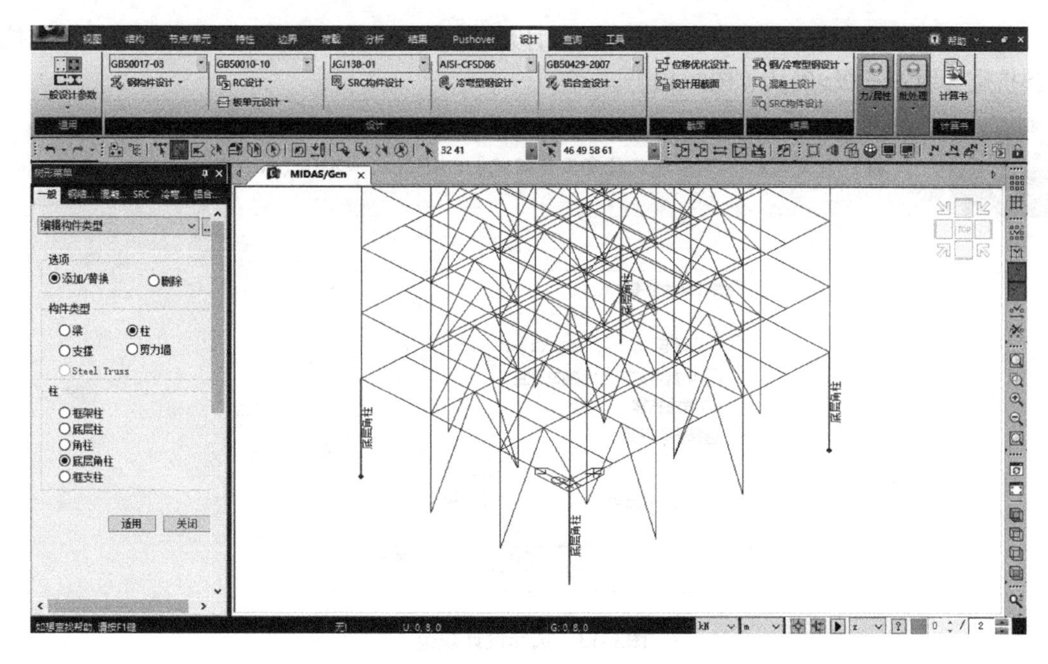

图3-11　编辑构件类型：底层角柱

支撑>中心支撑（Center Brace）>右下角过滤选择 none ，关闭过滤功能>窗口选择斜撑单元>适用（图3-12）。

注：关于中心支撑和偏心支撑设置可参考《建筑抗震设计规范》GB 50011—2010（2016年版）8.1.6及条文说明。

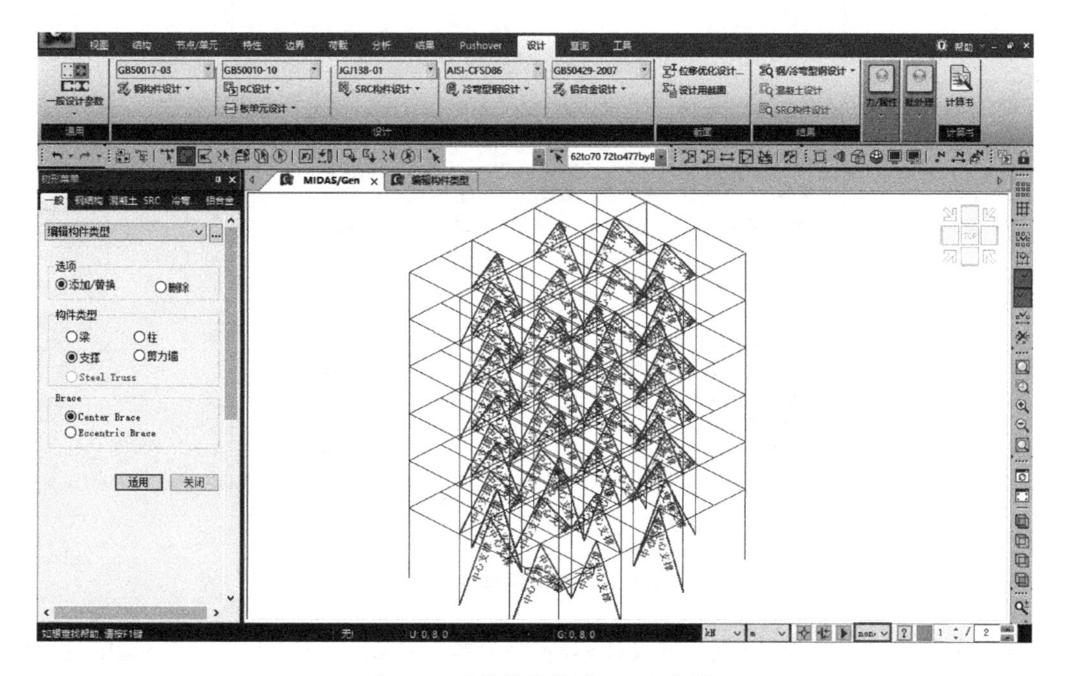

图3-12　编辑构件类型：中心支撑

4. 主菜单>设计>设计>钢构件设计>设计规范>设计标准：GB 50017-03>勾选考虑抗震>抗震等级：三级>确认（图3-13）。

注：抗震等级参见《建筑抗震设计规范》GB 50011—2010（2016版）表8.1.3。

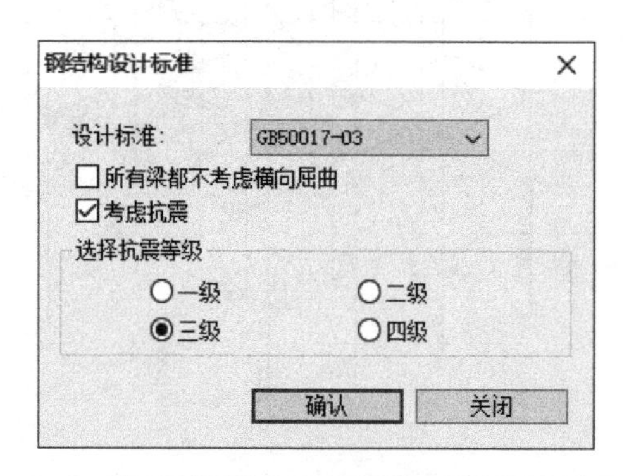

图3-13 选择设计规范

5. 主菜单>设计>设计>钢构件设计>编辑钢材>规格：GB12（S）>等级：Q235>编辑。设置设计所需的钢材（图3-14）。

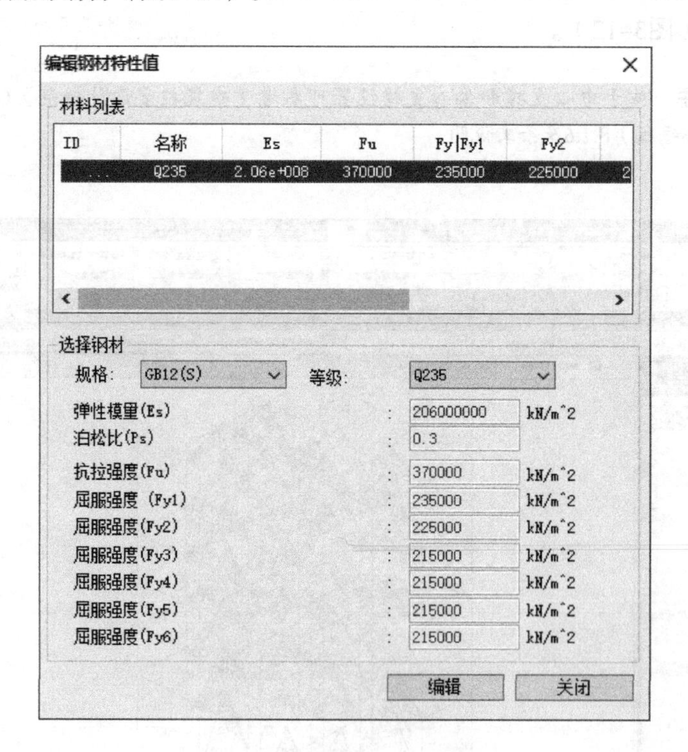

图3-14 编辑钢材特性值

6. 主菜单>设计>设计>钢构件设计>等效临界弯矩系数>勾选由程序计算>选中全部框架梁>适用。

注： 该系数用于计算梁的整体稳定（《钢结构设计规范》GB 50017—2003第5.2.2条）。特殊构件需自定义其值时，选中对应梁构件，直接输入Beta_b值，点击适用即可。

3.5　钢构件截面验算及手动优化

1．主菜单>设计>设计>钢构件设计>点击钢构件验算。程序计算完成后自动弹出“截面验算对话框”>勾选未通过验算的截面：1层中柱、1层边柱、1层斜撑、2-3层斜撑、4-6层斜撑>修改，程序弹出“修改钢材的材料特性和截面”对话框>截面号：3>GB-YB05>工形截面>设置搜索截面数据库>限定条件（H、B1、tw、tf），本例输入0，搜索所有规格>极限验算比：0.6到1>搜索适合截面>在满足要求的截面中选择截面，本例选择：HW250×250×9/14>修改（图3-15）。

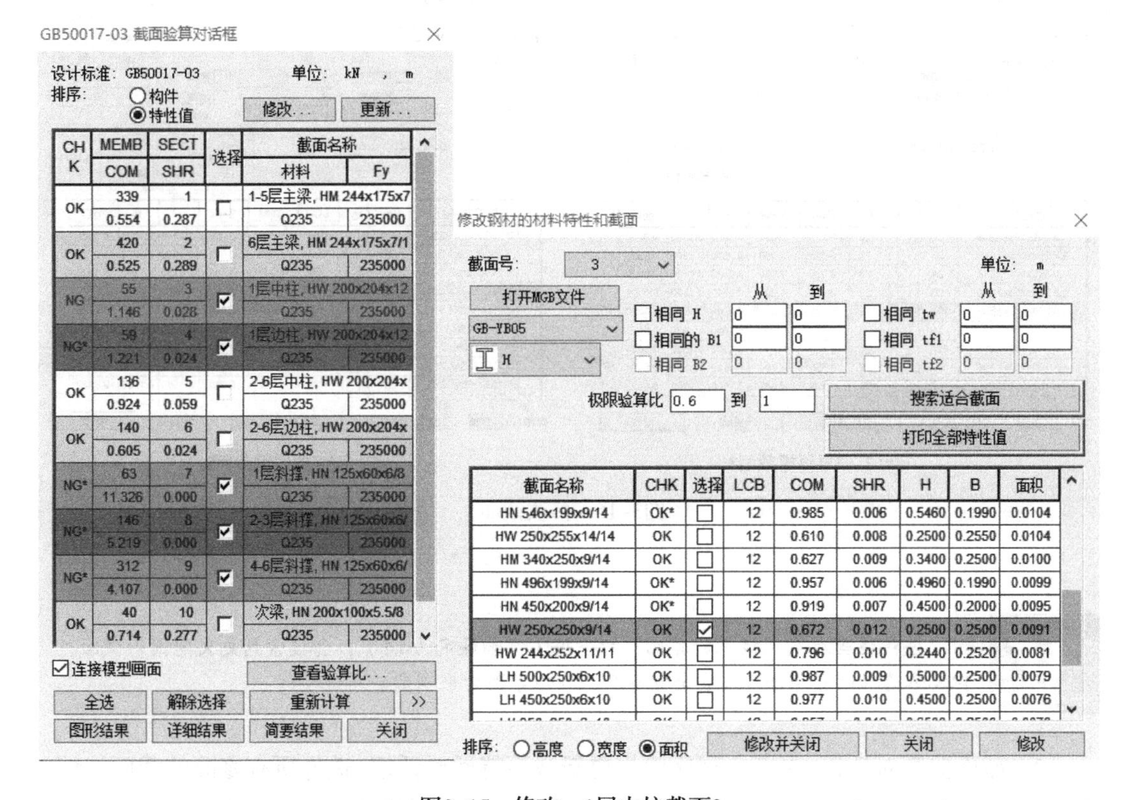

图3-15　修改：1层中柱截面3

重复步骤1，选择截面号：4>搜索适合截面>选择：HW250×250×9/14>修改；

选择截面号：7>搜索适合截面>选择：LH250×200×4.5/8>修改；

选择截面号：8>搜索适合截面>选择：LH200×150×4.5/6>修改；

选择截面号：9>搜索适合截面>选择：LH200×150×4.5/6>修改>关闭（图3-16）。

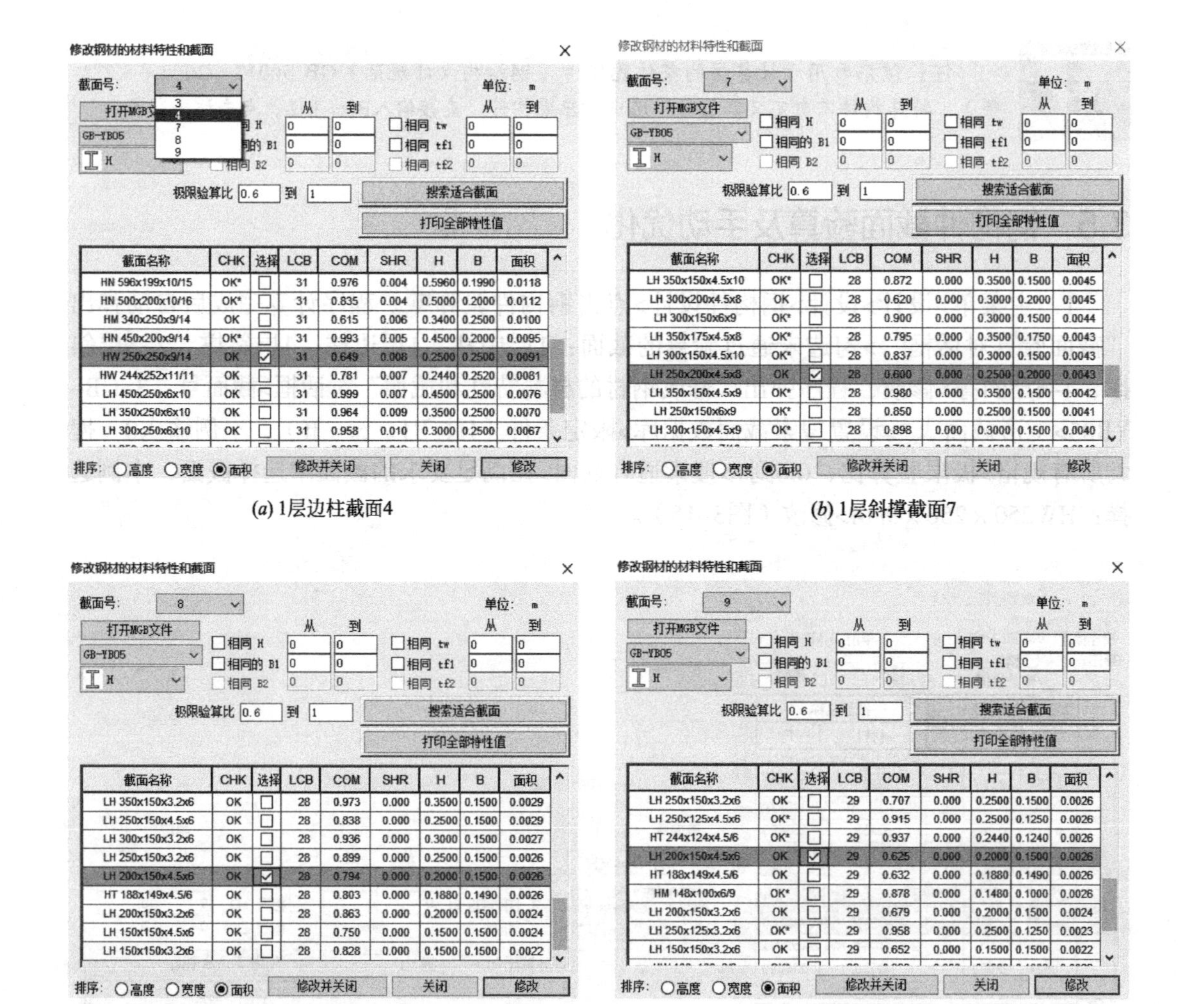

图3-16 修改截面

注：适当放宽“极限验算比”的下限（例如设定为0.1），会搜索到更大范围的截面，但具体选择时宜综合考虑安全储备及经济性等因素来确定。

2．截面验算对话框>更新，程序弹出更新截面特性对话框>选择所有修改的截面特性>点击左向，自动更新截面特性>弹出：分析/设计结果将被删除、要继续吗？>是>重新分析>重新验算。修改截面特征值后，再返回截面特征值截面查看，会发现截面参数已经自动完成修改（图3-17）。

3．重新验算完成后，弹出“截面验算对话框”，此时所有截面均满足验算要求。勾选连接模型画面>勾选想要查看的单元，则在模型窗口中可以看到选中的单元（图3-18）。

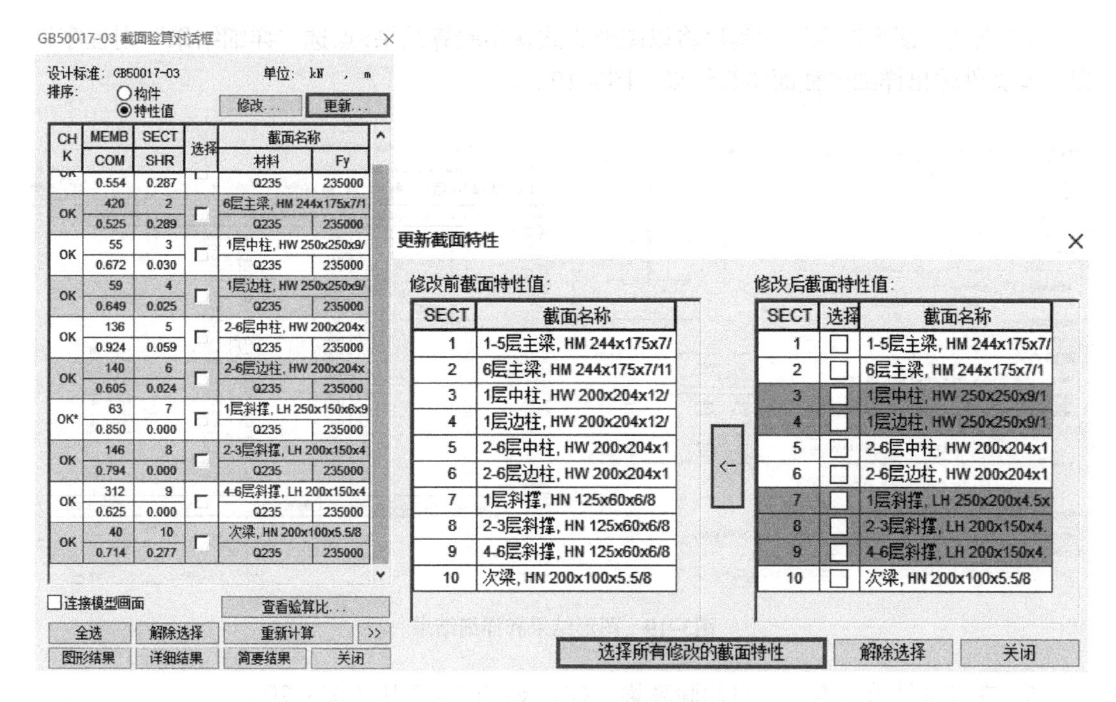

图3-17　更新截面特性值

注：在"特性值"排序下，"图形结果"和"详细结果"中所显示的杆件为本组特性值中验算比值最大的。如想要查看指定杆件结果，在排序中选择"构件"即可。

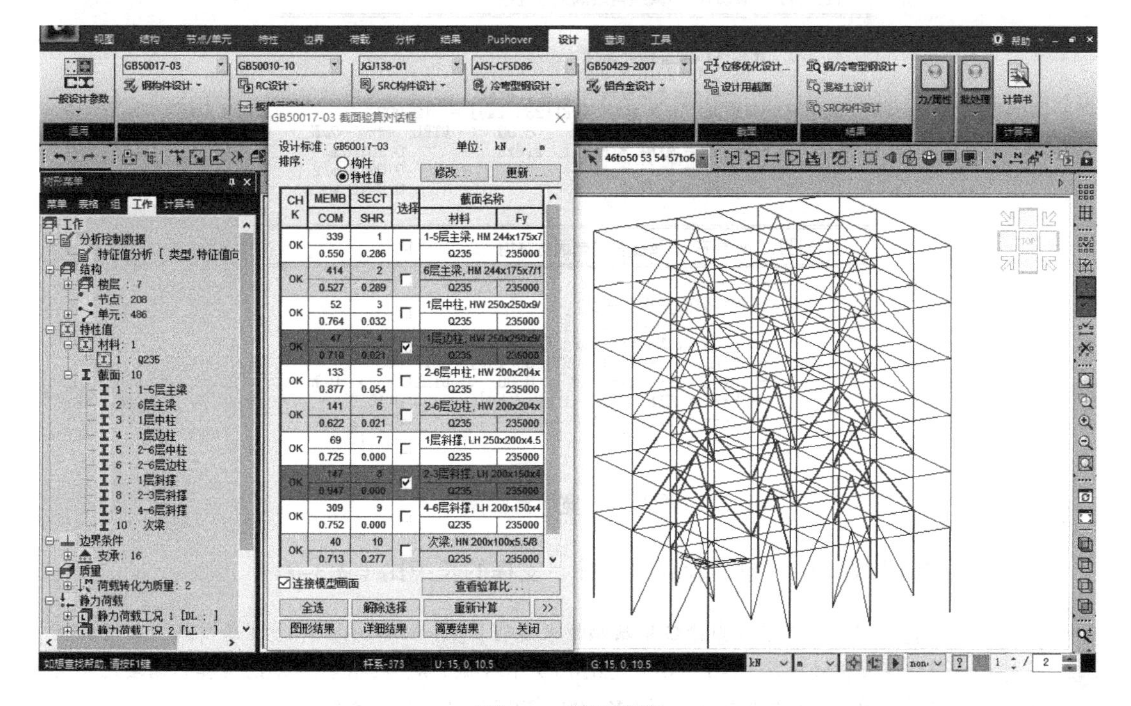

图3-18　截面验算

4. 点选“图形结果”则程序将以图形方式输出验算结果>点选“详细结果”则程序将以文本文件输出详细的截面验算结果（图3-19）。

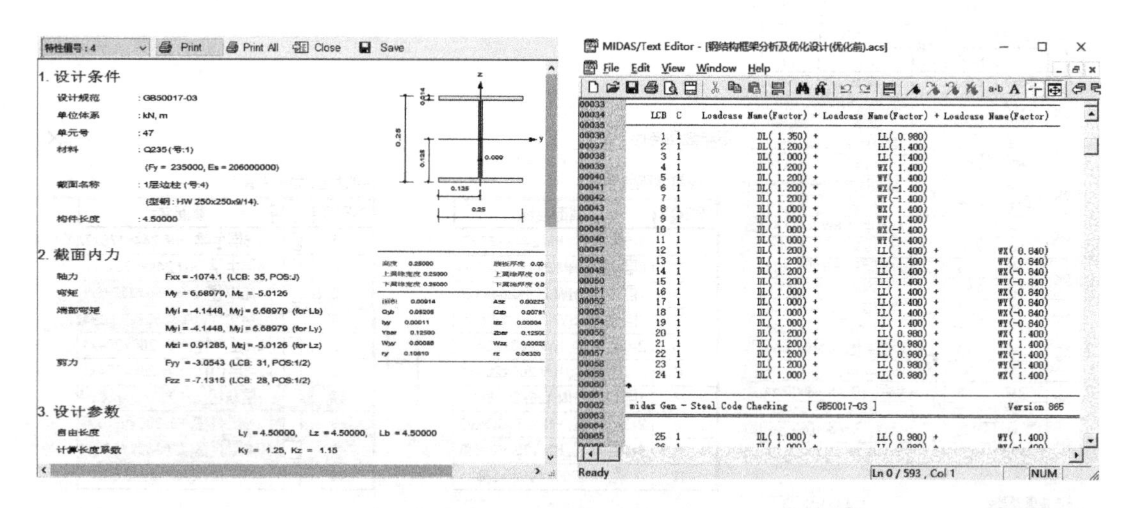

图3-19 图形结果和详细结果

5. 在详细结果文本中，自动验算梁、柱、支撑的宽厚比（图3-20）。

注：根据《高层民用建筑钢结构技术规程》JGJ 99—2015 1.0.2自动判断，多层按照《建筑抗震设计规范》GB 50011—2010（2016年版）表8.3.2、表8.4.1、8.5.2验算。高层则按照《高层民用建筑钢结构技术规程》JGJ 99—2015表7.4.1、表7.5.3验算。

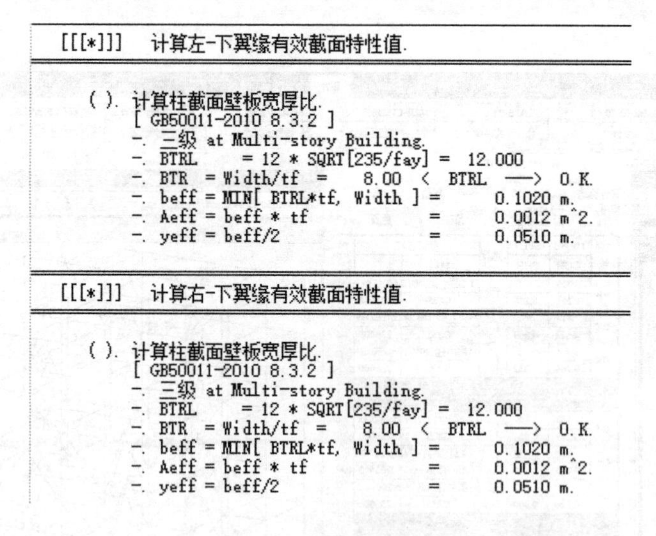

```
[[[*]]]  计算左-下翼缘有效截面特性值.

    ( ). 计算柱截面壁板宽厚比.
       [ GB50011-2010 8.3.2 ]
       -. 三级 at Multi-story Building.
       -. BTRL      = 12 * SQRT[235/fay] =  12.000
       -. BTR  = Width/tf  =     8.00  <  BTRL   ---> O.K.
       -. beff = MIN[ BTRL*tf, Width ] =       0.1020 m.
       -. Aeff = beff * tf             =       0.0012 m^2.
       -. yeff = beff/2                =       0.0510 m.

[[[*]]]  计算右-下翼缘有效截面特性值.

    ( ). 计算柱截面壁板宽厚比.
       [ GB50011-2010 8.3.2 ]
       -. 三级 at Multi-story Building.
       -. BTRL      = 12 * SQRT[235/fay] =  12.000
       -. BTR  = Width/tf  =     8.00  <  BTRL   ---> O.K.
       -. beff = MIN[ BTRL*tf, Width ] =       0.1020 m.
       -. Aeff = beff * tf             =       0.0012 m^2.
       -. yeff = beff/2                =       0.0510 m.
```

图3-20 宽厚比验算

6. 在详细结果文本中，自动验算梁、柱、支撑的长细比（图3-21）。

注：根据《高层民用建筑钢结构技术规程》JGJ 99—2015 1.0.2自动判断，多层按照《建筑抗震设计规范》GB 50011—2010（2016年版）8.3.1、8.4.1、8.5.2验算。高层则按照《高层民用建筑钢结构技术规程》JGJ 99—2015 7.3.9、7.5.2验算。

```
( ). 轴向受压构件长细比(Kl/i)验算.
     [ GB50011-2010  8.3.1 ]
     -. Kl/i  =    97.7  <   100.0   ---> 0.K.

( ). 计算正则化长细比.
     -. Lambda1    = Pi * SQRT(Es/fy)    =  93.014
     -. Lambda_by = (KLy/iy) / Lambda1 =   0.687

( ). 计算轴向受压构件强轴整体稳定验算的承载力 (Nrc_y).
     [ GB50017-03  附录 C ] - Lambad_by > 0.215.
     -. f        =  215000.000 KPa.
     -. Alpha1 = 0.6500
     -. Alpha2 = 0.9650
     -. Alpha3 = 0.3000
     -. AAA     = Alpha2 + Alpha3*Lambda_by + Lambda_by^2             = 1.6429
     -. Phi_y   = {AAA-SQRT[AAA^2-4*Lambda_by^2]} / (2*Lambda_by^2) = 0.7862
     -. Nrc_y   = Phi_y * f * Aeff          =         1209.09 kN.

( ). 强轴整体稳定验算 (N/Nrc_y).
          N                795.59
     -. ------  =  ---------------  =  0.658  <  1.000   ---> 0.K.
        Nrc_y             1209.09

( ). 计算正则化长细比.
     -. Lambda1    = Pi * SQRT(Es/fy)    =  93.014
     -. Lambda_bz = (KLz/iz) / Lambda1 =   1.050

( ). 计算轴向受压构件弱轴整体稳定验算的承载力 (Nrc_z).
     [ GB50017-03  附录 C ] - Lambad_bz > 0.215.
     -. f        =  215000.000 KPa.
     -. Alpha1 = 0.6500
     -. Alpha2 = 0.9650
     -. Alpha3 = 0.3000
     -. AAA     = Alpha2 + Alpha3*Lambda_bz + Lambda_bz^2             = 2.3836
     -. Phi_z   = {AAA-SQRT[AAA^2-4*Lambda_bz^2]} / (2*Lambda_bz^2) = 0.5699
     -. Nrc_z   = Phi_z * f * Aeff          =          876.40 kN.
```

图3-21　长细比验算

3.6　钢构件自动优化

1．主菜单>设计>设计>钢构件设计>钢结构优化设计>弹出“钢截面的优化设计”对话框>全选，亦可根据需要选择>分析选项，反复计算次数：10（最大循环次数为10）>确认>柱截面设计>施加的轴力和弯矩：轴力和弯矩>组合柱连接方法：外缘尺寸>确认>设计和分析，程序自动进行优化设计（图3-22）。

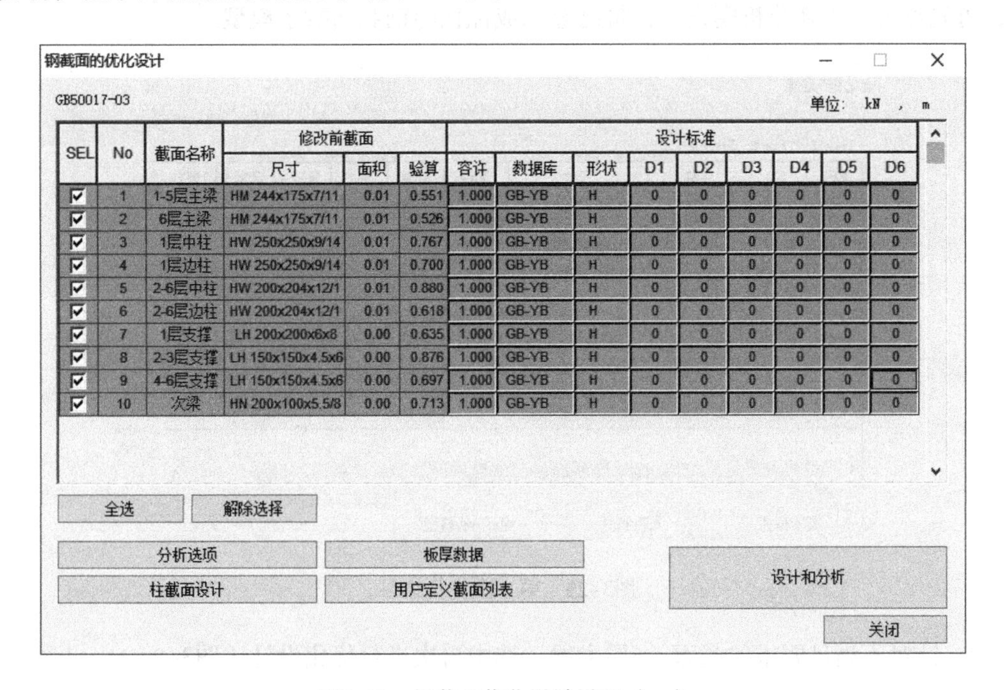

SEL	No	截面名称	修改前截面			设计标准									
			尺寸	面积	验算	容许	数据库	形状	D1	D2	D3	D4	D5	D6
☑	1	1-5层主梁	HM 244x175x7/11	0.01	0.551	1.000	GB-YB	H	0	0	0	0	0	0
☑	2	6层主梁	HM 244x175x7/11	0.01	0.526	1.000	GB-YB	H	0	0	0	0	0	0
☑	3	1层中柱	HW 250x250x9/14	0.01	0.767	1.000	GB-YB	H	0	0	0	0	0	0
☑	4	1层边柱	HW 250x250x9/14	0.01	0.700	1.000	GB-YB	H	0	0	0	0	0	0
☑	5	2-6层中柱	HW 200x204x12/1	0.01	0.880	1.000	GB-YB	H	0	0	0	0	0	0
☑	6	2-6层边柱	HW 200x204x12/1	0.01	0.618	1.000	GB-YB	H	0	0	0	0	0	0
☑	7	1层支撑	LH 200x200x6x8	0.00	0.635	1.000	GB-YB	H	0	0	0	0	0	0
☑	8	2-3层支撑	LH 150x150x4.5x6	0.00	0.876	1.000	GB-YB	H	0	0	0	0	0	0
☑	9	4-6层支撑	LH 150x150x4.5x6	0.00	0.697	1.000	GB-YB	H	0	0	0	0	0	0
☑	10	次梁	HN 200x100x5.5/8	0.00	0.713	1.000	GB-YB	H	0	0	0	0	0	0

图3-22　钢截面优化设计设置（一）

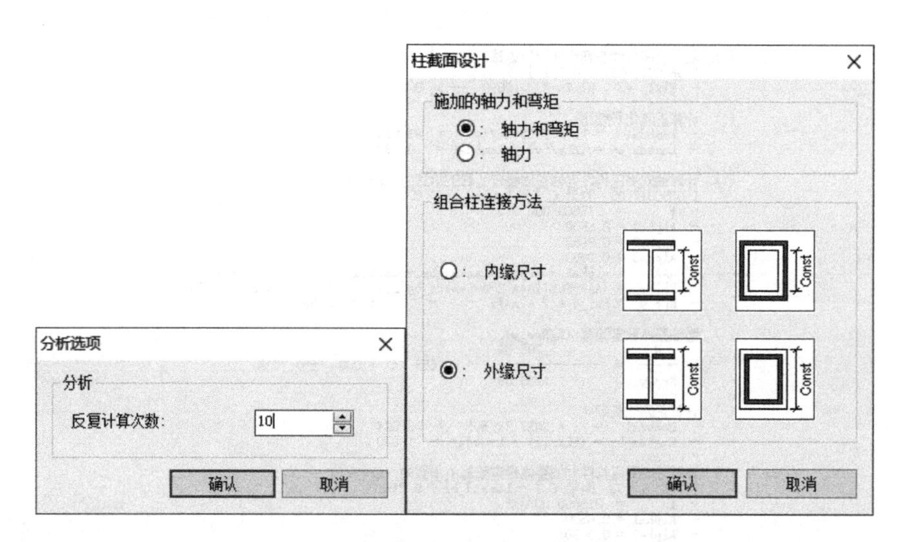

图3-22 钢截面优化设计设置（二）

注：设计标准所包含的各列用于设定优化条件：

数据库：选择钢截面数据库，本例题使用“GB-YB05”数据库。其中：“BUILT”为程序内置的焊接截面数据库；“用户”为用户在“用户定义截面列表”中定义的截面数据库。

形状：可修改截面形状（包括L、C、H、T等）。

D1~D6：对截面尺寸进行限定，0，表示搜索所有截面。

其他设置，详见在线帮助手册。

2．由图3-23可知，第一次优化后，6层主梁的组合验算应力比超限不满足要求。此时，可先点击“更新分析模型”，将已经完成优化的钢截面赋予模型。

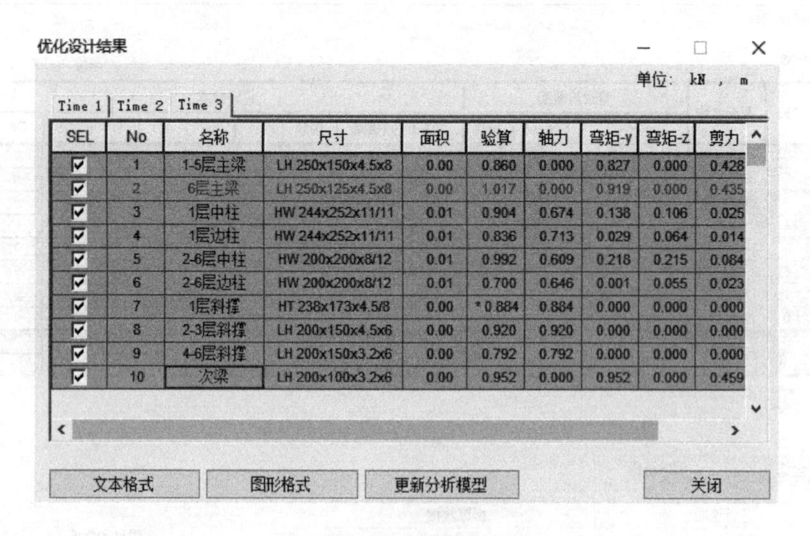

SEL	No	名称	尺寸	面积	验算	轴力	弯矩-y	弯矩-z	剪力
☑	1	1-5层主梁	LH 250x150x4.5x8	0.00	0.860	0.000	0.827	0.000	0.428
☑	2	6层主梁	LH 250x125x4.5x8	0.00	1.017	0.000	0.919	0.000	0.435
☑	3	1层中柱	HW 244x252x11/11	0.01	0.904	0.674	0.138	0.106	0.025
☑	4	1层边柱	HW 244x252x11/11	0.01	0.836	0.713	0.029	0.064	0.014
☑	5	2-6层中柱	HW 200x200x8/12	0.01	0.992	0.609	0.218	0.215	0.084
☑	6	2-6层边柱	HW 200x200x8/12	0.01	0.700	0.646	0.001	0.055	0.023
☑	7	1层斜撑	HT 238x173x4.5/8	0.00	* 0.884	0.884	0.000	0.000	0.000
☑	8	2-3层斜撑	LH 200x150x4.5x6	0.00	0.920	0.920	0.000	0.000	0.000
☑	9	4-6层斜撑	LH 200x150x3.2x6	0.00	0.792	0.792	0.000	0.000	0.000
☑	10	次梁	LH 200x100x3.2x6	0.00	0.952	0.000	0.952	0.000	0.459

图3-23 第一次优化结果

3．针对不满足要求的截面：6层主梁，选中再次进行优化设计（图3-24）。（可重复多次进行优化）

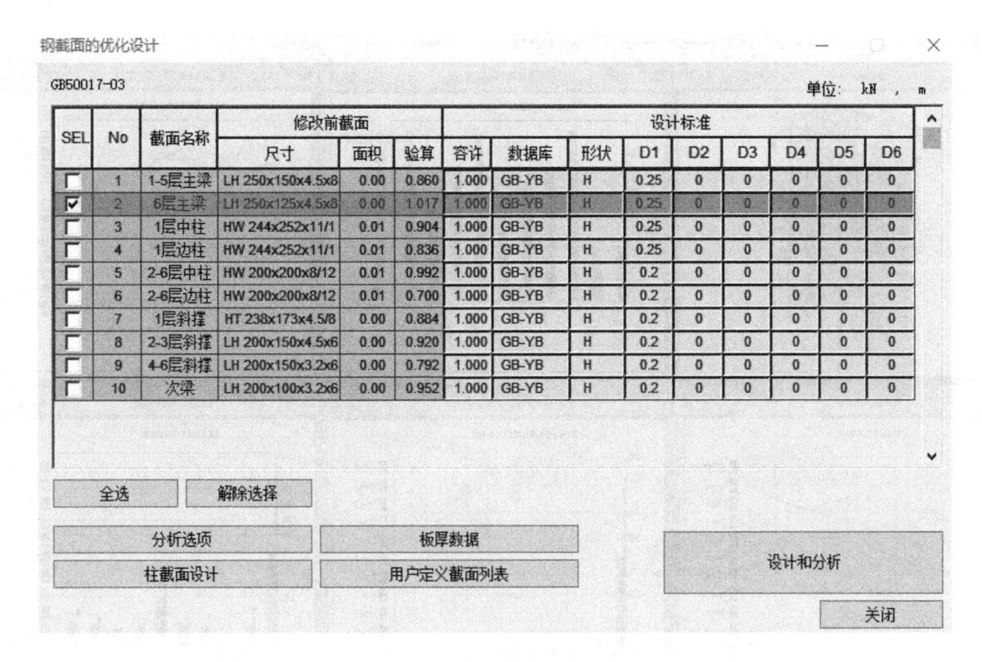

SEL	No	截面名称	修改前截面			设计标准								
			尺寸	面积	验算	容许	数据库	形状	D1	D2	D3	D4	D5	D6
☐	1	1-5层主梁	LH 250x150x4.5x8	0.00	0.860	1.000	GB-YB	H	0.25	0	0	0	0	0
☑	2	6层主梁	LH 250x125x4.5x8	0.00	1.017	1.000	GB-YB	H	0.25	0	0	0	0	0
☐	3	1层中柱	HW 244x252x11/1	0.01	0.904	1.000	GB-YB	H	0.25	0	0	0	0	0
☐	4	1层边柱	HW 244x252x11/1	0.01	0.836	1.000	GB-YB	H	0.25	0	0	0	0	0
☐	5	2-6层中柱	HW 200x200x8/12	0.01	0.992	1.000	GB-YB	H	0.2	0	0	0	0	0
☐	6	2-6层边柱	HW 200x200x8/12	0.01	0.700	1.000	GB-YB	H	0.2	0	0	0	0	0
☐	7	1层斜撑	HT 238x173x4.5/8	0.00	0.884	1.000	GB-YB	H	0.2	0	0	0	0	0
☐	8	2-3层斜撑	LH 200x150x4.5x6	0.00	0.920	1.000	GB-YB	H	0.2	0	0	0	0	0
☐	9	4-6层斜撑	LH 200x150x3.2x6	0.00	0.792	1.000	GB-YB	H	0.2	0	0	0	0	0
☐	10	次梁	LH 200x100x3.2x6	0.00	0.952	1.000	GB-YB	H	0.2	0	0	0	0	0

图3-24　选择再次优化截面

再次优化结果如图3-25所示>更新分析模型，将优化后钢截面赋予模型。

SEL	No	名称	尺寸	面积	验算	轴力	弯矩-y	弯矩-z	剪力
☐	1	1-5层主梁	LH 250x150x4.5x8	0.00	0.860	0.000	0.826	0.000	0.428
☑	2	6层主梁	LH 250x125x6x8	0.00	0.992	0.000	0.878	0.000	0.333
☐	3	1层中柱	HW 244x252x11/11	0.01	0.904	0.674	0.138	0.106	0.025
☐	4	1层边柱	HW 244x252x11/11	0.01	0.837	0.714	0.029	0.064	0.014
☐	5	2-6层中柱	HW 200x200x8/12	0.01	0.992	0.610	0.218	0.215	0.084
☐	6	2-6层边柱	HW 200x200x8/12	0.01	0.700	0.646	0.001	0.055	0.023
☐	7	1层斜撑	HT 238x173x4.5/8	0.00	* 0.884	0.884	0.000	0.000	0.000
☐	8	2-3层斜撑	LH 200x150x4.5x6	0.00	0.920	0.920	0.000	0.000	0.000
☐	9	4-6层斜撑	LH 200x150x3.2x6	0.00	0.792	0.792	0.000	0.000	0.000
☐	10	次梁	LH 200x100x3.2x6	0.00	0.952	0.000	0.952	0.000	0.459

图3-25　再次优化结果

4．点击文本格式及图形格式>查看杆件应力、杆件重量、结构整体重量等数据在优化设计前后的变化情况及最后结果（图3-26）。

注：优化设计功能是针对截面特性值进行的，如需得到最佳的优化设计结果，建议在钢结构优化设计之前，进行更为详细的截面分组。截面分组需结合建筑要求、杆件受力、结构特点等多方面因素。通常情况下，分组越细致，优化设计效果越好。

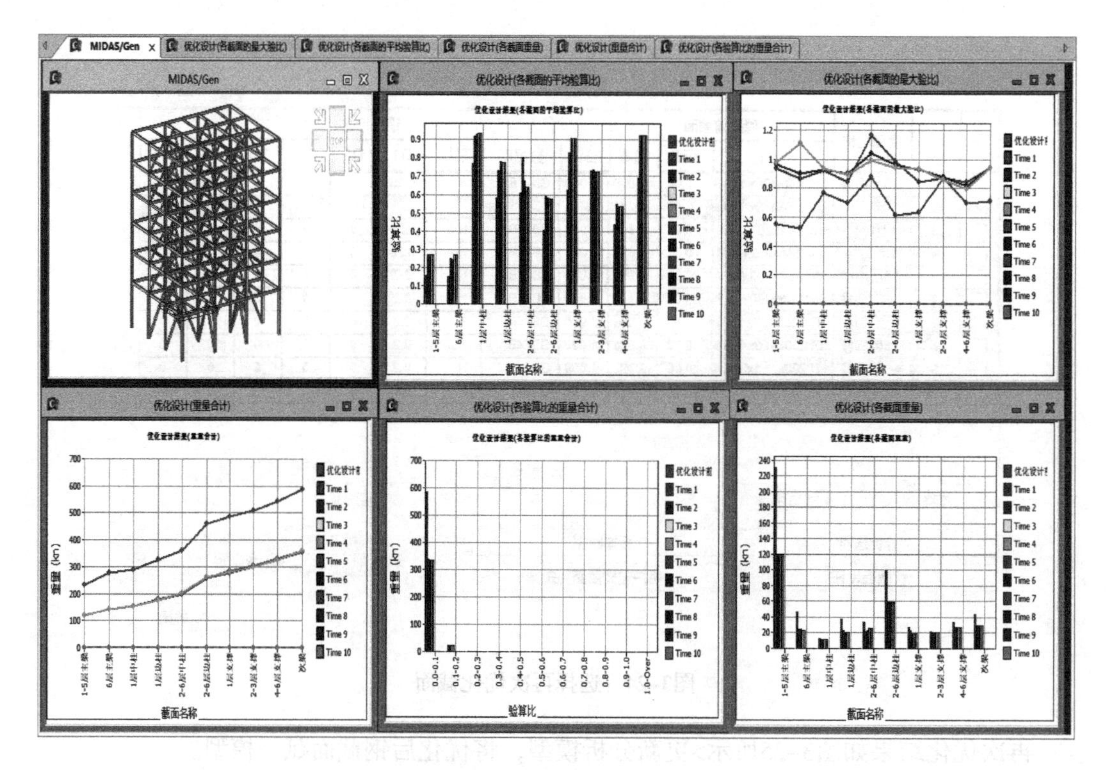

图3-26 优化设计的图形结果

现将初设截面、手动优化后截面、自动优化后截面的数据列于表3-1供对比。

设计前后结果对比 **表3-1**

编号	截面名称	优化前	手动优化后	自动优化后
1	1～5层主梁	HM 244×175×7/11	HM 244×175×7/11	LH 250×150×4.5×8
2	6层主梁	HM 244×175×7/11	HM 244×175×7/11	LH 250×125×6×8
3	1层中柱	HW 200×204×12/12	HW 250×250×9/14	HW 244×252×11/11
4	1层边柱	HW 200×204×12/12	HW 250×250×9/14	HW 244×252×11/11
5	2～6层中柱	HW 200×204×12/12	HW 200×204×12/12	HW 200×200×8/12
6	2～6层边柱	HW 200×204×12/12	HW 200×204×12/12	HW 200×200×8/12
7	1层斜撑	HN 125×60×6/8	LH 250×200×4.5×8	HT 238×173×4.5/8
8	2～3层斜撑	HN 125×60×6/8	LH 200×150×4.5×6	LH 200×150×4.5×6
9	4～6层斜撑	HN 125×60×6/8	LH 200×150×4.5×6	LH 200×150×3.2×6
10	次梁	HN 200×100×5.5/8	HN 200×100×5.5/8	LH 200×100×3.2×6
结构重量（t）			60.32	45.51

5．主菜单>设计>结果>钢/冷弯型钢设计>钢构件设计>荷载工况/荷载组合：ALL COMBINATION>验算比：组合>勾选验算，显示：梁、柱、斜撑>柱截面尺寸系数：1（指显示的柱截面尺寸放大系数）>在模型窗口中选择需要显示的单元>适用。查看验算结果（图3-27）。

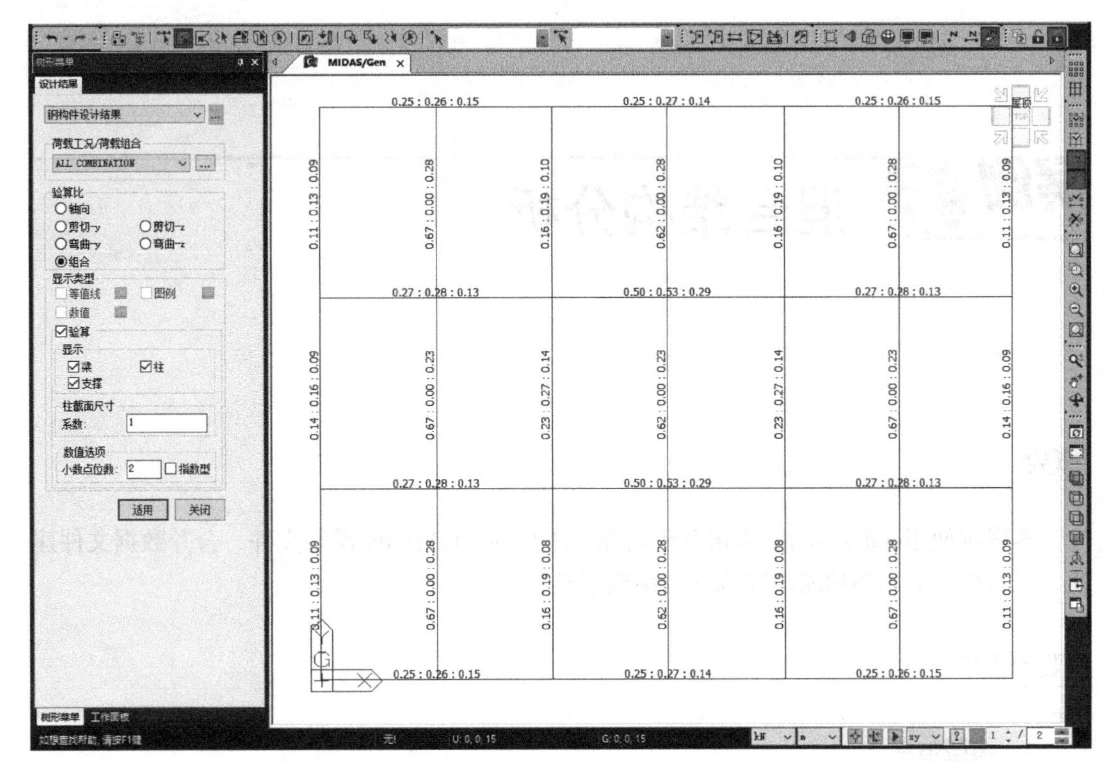

图3-27　钢构件验算结果平面输出

4　结语

本案例运用midas Gen中强大的钢结构优化设计功能，完成钢结构的优化设计，可极大提供设计效率。

通过本例，读者可以对层结构设置、钢结构设计流程、手动和自动优化设计方法、midas Gen2017新增的抗震等级设置、宽厚比及长细比验算内容有深入了解，亦可将本文所述功能进一步应用到钢结构项目比选中。

5　参考文献

[1] GB 50011—2010，《建筑抗震设计规范（2016年版）》[S].
[2] JGJ 99—2015，《高层民用建筑钢结构技术规程》[S].
[3] GB 50009—2012，《建筑结构荷载规范》[S].
[4] GB 50017—2003，《钢结构设计规范》[S].
[5] 迈达斯技术有限公司,《Midas/Gen 初级培训》[M].
[6] 迈达斯技术有限公司,《midas Gen在线帮助手册》.

案例5 混合结构分析

概要

本案例使用midas Gen反应谱分析功能，采用导入CAD-dxf模型文件、合并数据文件建模、定义组阻尼比等功能，完成混合结构建模分析。

主要步骤如下：

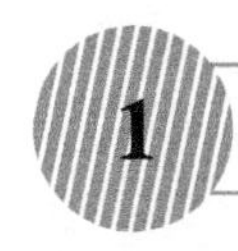

1 模型信息

本案例介绍使用midas Gen反应谱分析功能完成钢筋混凝土框架+钢结构网架构成的混合结构的分析（图1-1～图1-4）。CAD绘制网架并导入，然后合并数据文件建立模型，并使用组阻尼比计算真实的振型阻尼比。（本例题数据仅供参考）

模型基本数据如下：（单位：mm）

钢筋混凝土框架

柱：400×400　　主梁：250×400

次梁：150×300　　混凝土：C30

层高：4m　　层数：1

网架

上弦：P 168×5.5　　下弦P 127×4.5　　腹杆：P 73×3

场地：Ⅱ类　　设防烈度：7度（0.10*g*）

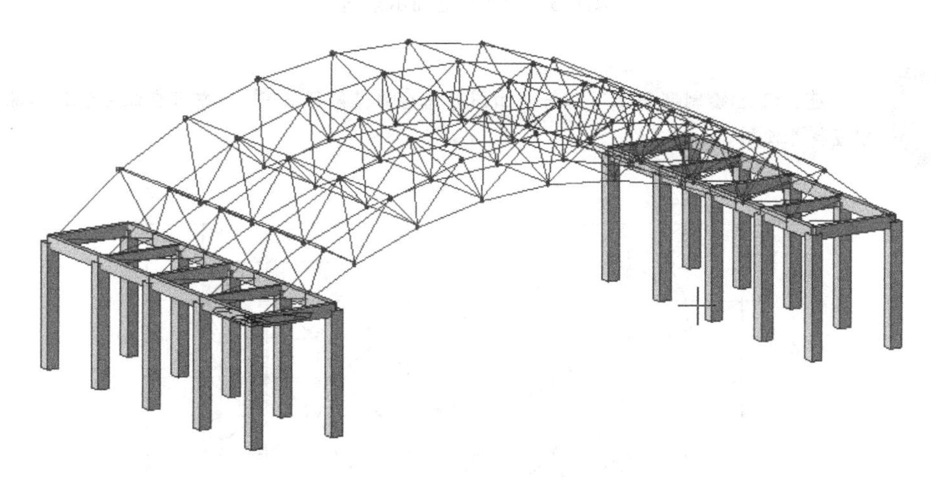

图1-1　分析模型

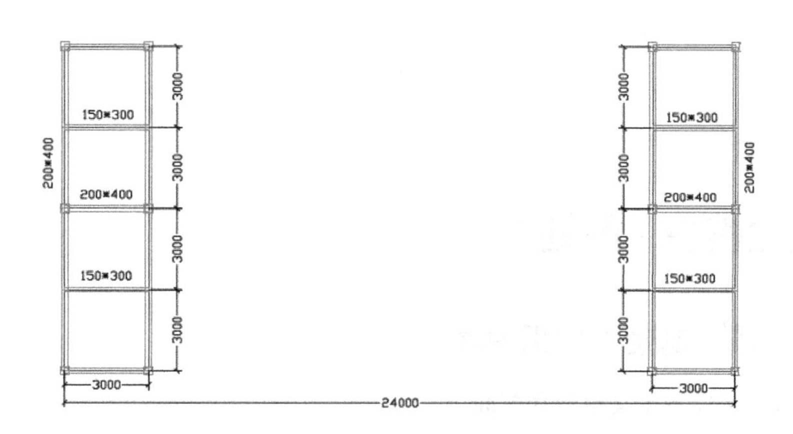

图1-2　钢筋混凝土框架平面示意图

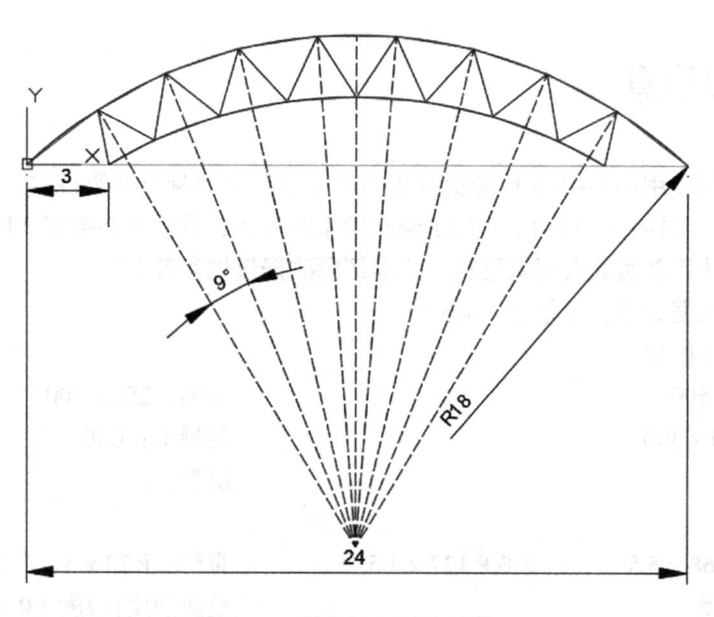

图1-3　钢网架立面示意图

注：CAD绘制网架上下弦杆平面图并保存为“网架.dxf”，亦可在配套资料的源文件中查找并使用。

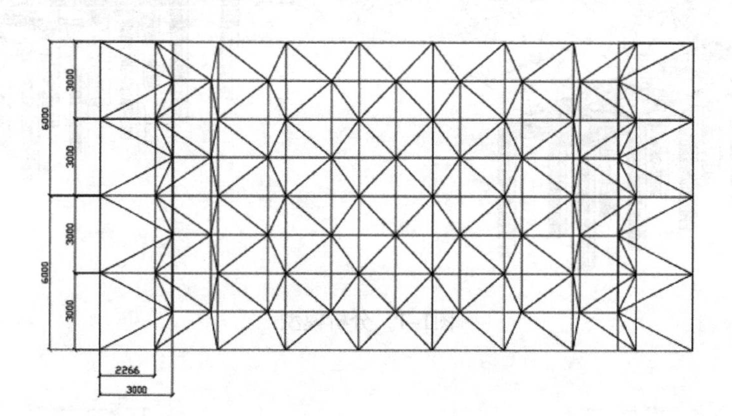

图1-4　整体模型平面示意图

2　建立模型（前处理）

2.1　建立钢筋混凝土框架模型

2.1.1　设定操作环境及定义材料和截面

1. 双击midas Gen图标，打开Gen程序>主菜单>新项目>保存>文件名：钢筋混凝土框架>保存。

2．主菜单>工具>单位系>长度：m，力：kN>确定。亦可在模型窗口右下角点击图标kN m的下拉三角，修改单位体系（图2–1）。

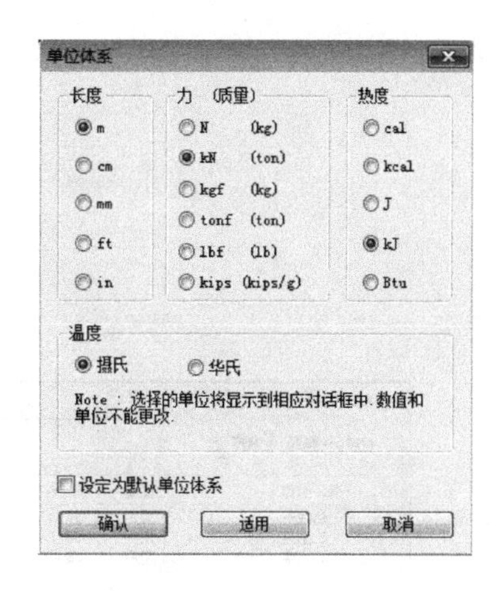

图2–1　单位体系

3．主菜单>特性>材料特性值>添加>设计类型：混凝土>规范：GB10（RC）>数据库：C30>确定（图2–2）。

4．主菜单>特性>截面特性值>数据库/用户>实腹长方形截面>用户>

柱截面，名称：柱子>H：0.4，B：0.4>适用；

主梁截面，名称：主梁>H：0.4，B：0.2>适用；

次梁截面，名称：次梁>H：0.3，B：0.15>适用（图2–3）。

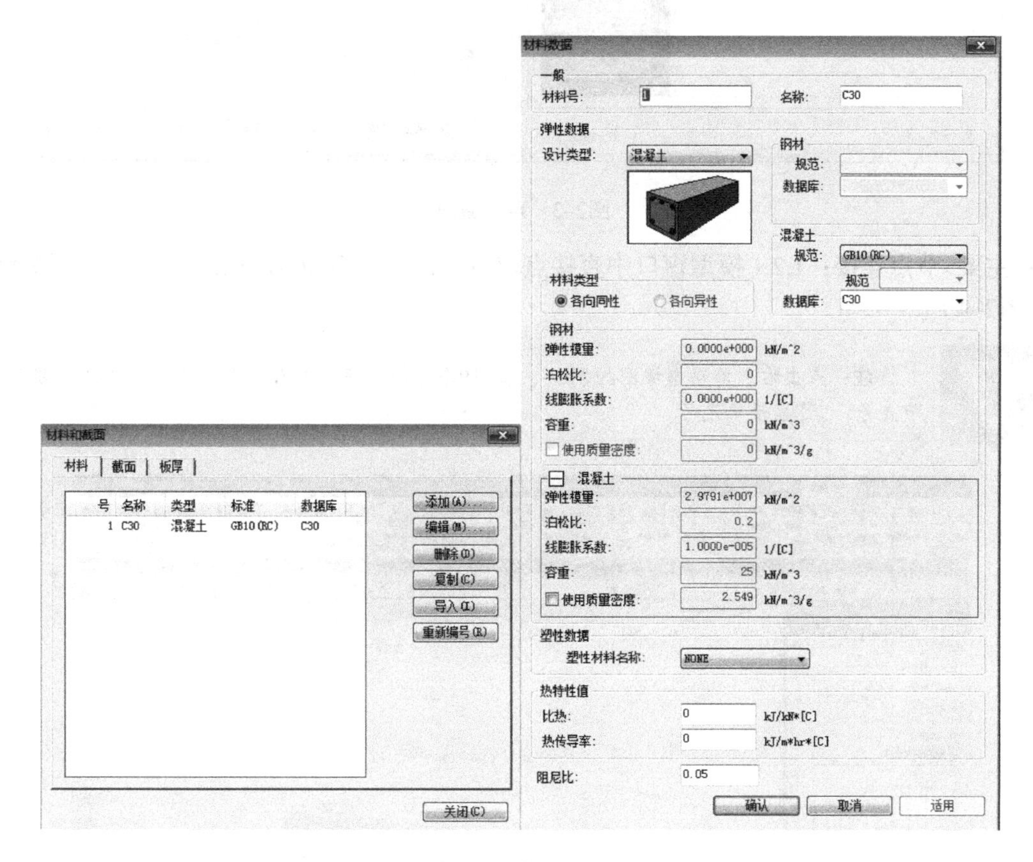

图2–2　定义材料

2.1.2　建立框架梁

1．主菜单>节点/单元>建立节点>坐标：0,0,0>复制次数：1>距离：3,0,0>适用。工作树节点右侧>单元>建立单元>单元类型：一般梁/变截面梁>材料名称：C30>截面名称：

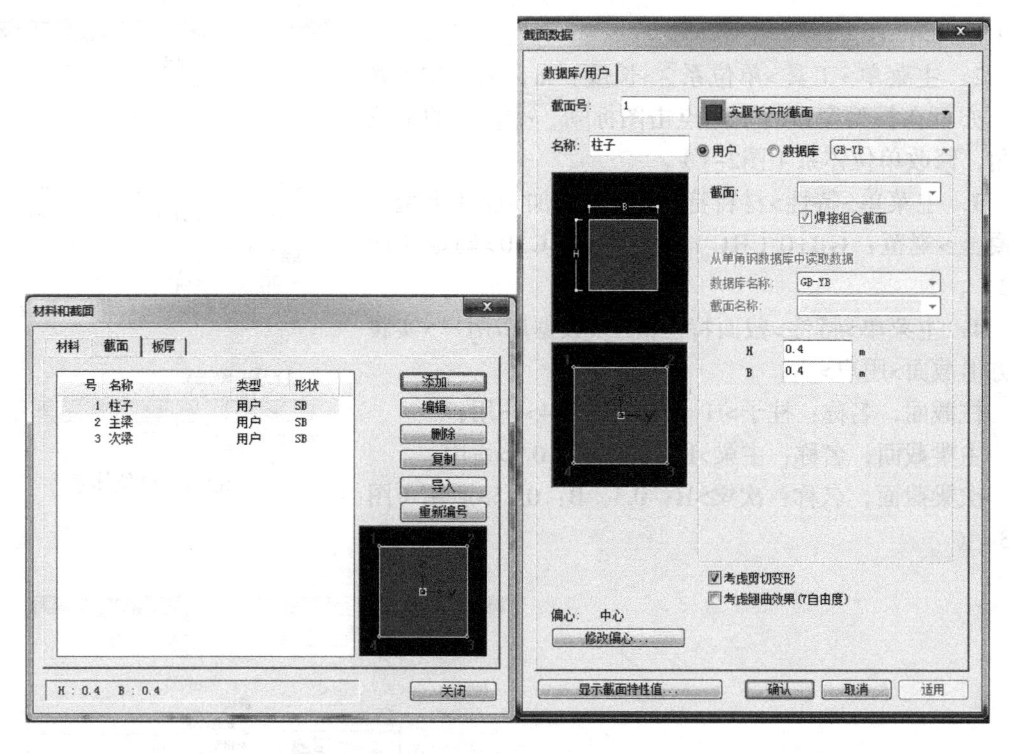

图2–3 定义截面

2：主梁>节点连接：1,2（模型窗口中直接点取节点1,2）。建立第一根梁单元，然后关闭（图2–4）。

注：点击右上角动态视图控制，实现9个方向的视角查看。点击快捷工具栏显示节点号，显示单元号。

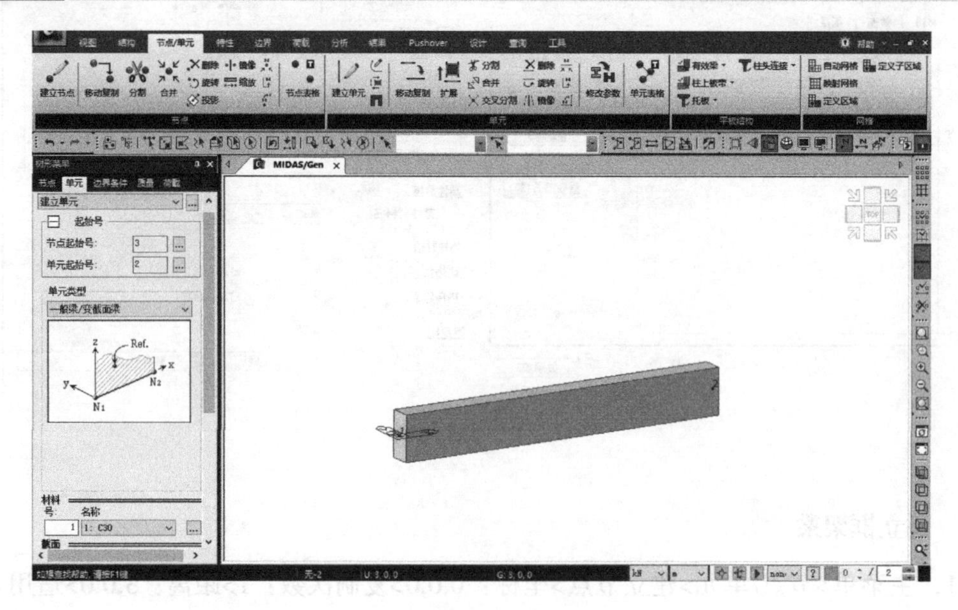

图2–4 建立节点、单元

2. 主菜单>节点/单元>单元>移动复制 >点击 选取最新建立的个体，选择刚刚建立的单元>形式：复制>等间距>方向：dx,dy,dz：0,3,0>复制次数：4>适用>关闭（图2-5）。

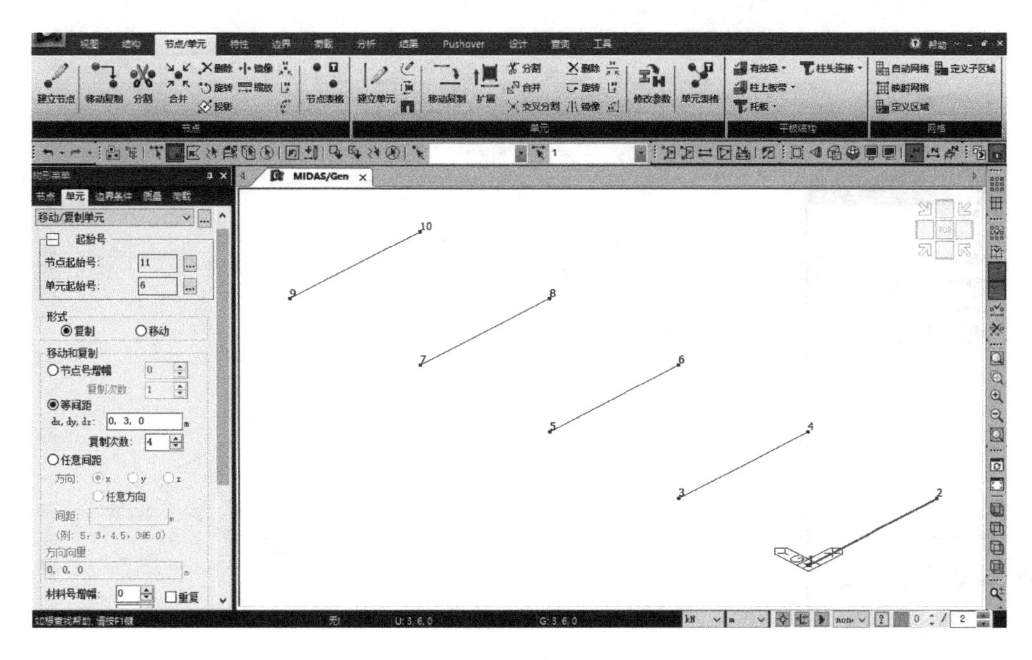

图2-5　复制单元

3. 快捷工具栏窗口选择 单元2和单元4>工作目录树中选中截面3：次梁，按住拖放至模型窗口，修改单元2和单元4截面为次梁截面（图2-6）。

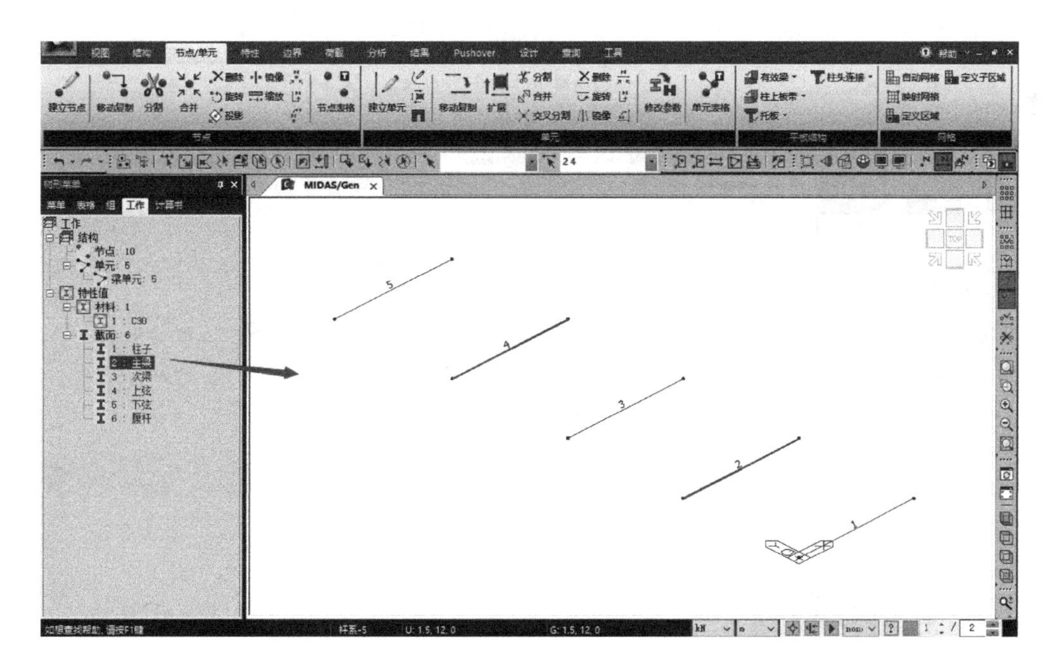

图2-6　赋予次梁截面

4. 主菜单>节点/单元>单元>建立单元 >单元类型：一般梁/变截面梁>材料名称：C30>截面名称：2：主梁>节点连接：1,9>节点连接：2,10，模型窗口中直接点取节点>适用（图2-7）。

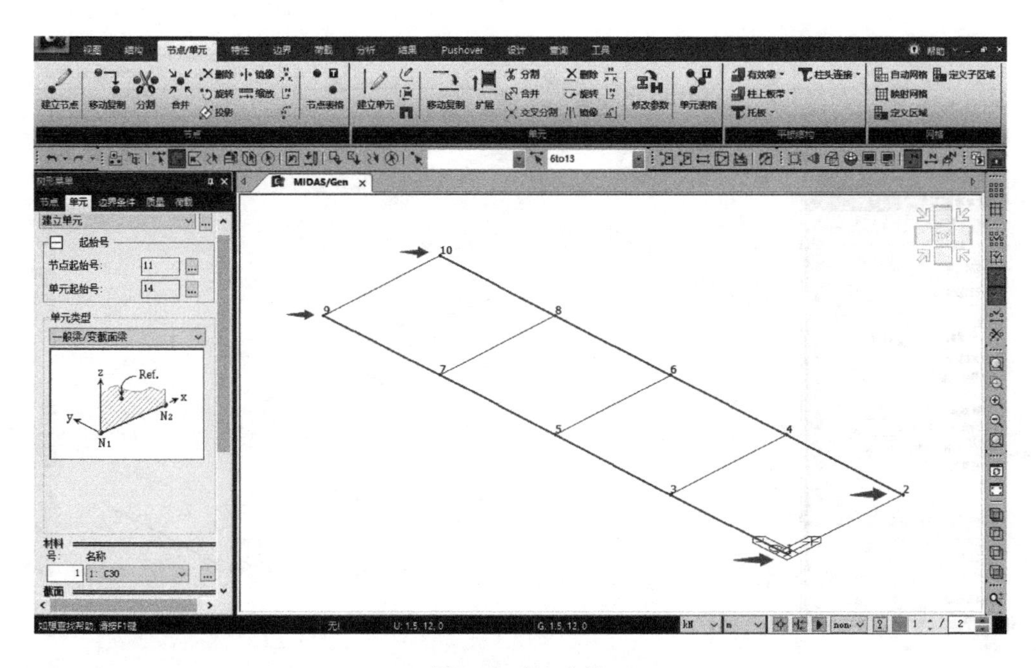

图2-7 建立主梁

5. 主菜单>节点/单元>单元>移动复制 >形式：复制>等间距>dx,dy,dz：21,0,0>复制次数：1>快捷工具栏点击全选 ，选择所有已经建立的单元>适用（图2-8）。

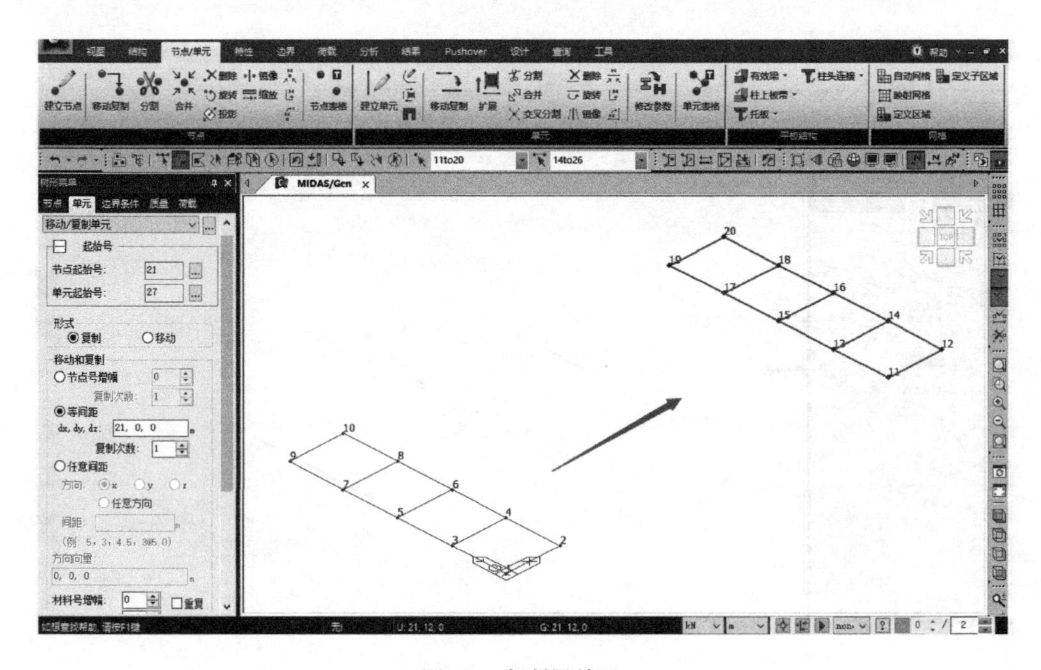

图2-8 复制梁单元

6. 主菜单>节点/单元>单元>扩展>扩展类型：节点->线单元>单元类型：梁单元>材料：C30>截面名称：柱子>bete角：0>生成形式：复制和移动>等间距：0,0,-4>复制次数：1>点击全选>适用>关闭（图2-9）。

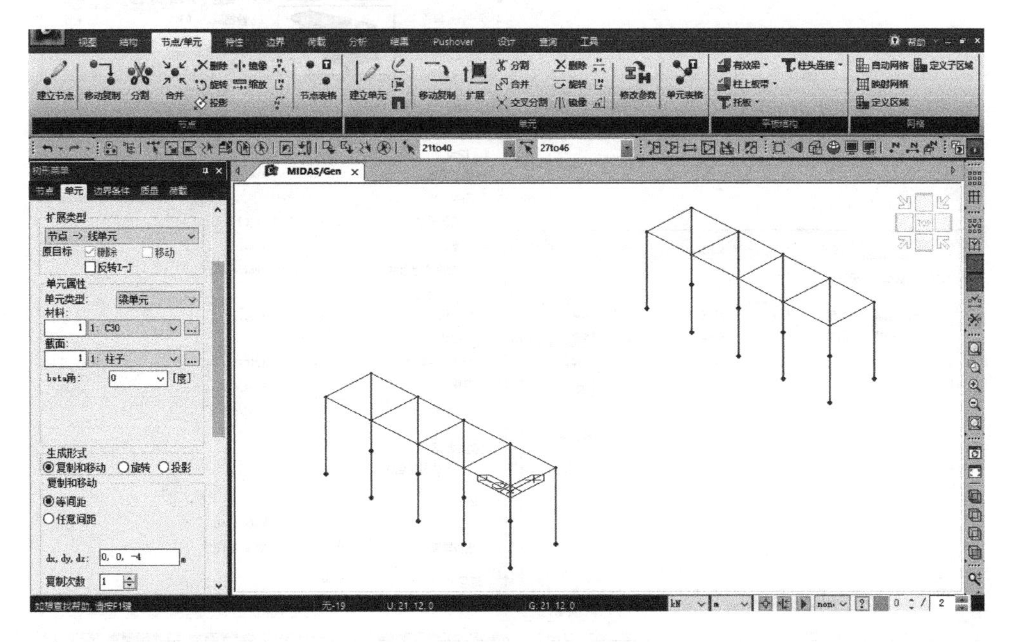

图2-9　扩展单元建立框架柱

7. 保存模型。

2.2　建立网架模型

2.2.1　设定操作环境及定义材料和截面

1. 新项目>保存>文件名：网架>保存。

2. 主菜单>工具>单位系>长度：m,力：kN>确定。亦可在模型窗口右下角点击图标 kN m 的下拉三角，修改单位体系。该步骤与2.1.1中步骤2相同。

3. 主菜单>特性>材料>材料特性值>添加>设计类型：钢材>规范：GB12（S）>数据库：Q345>确定（图2-10）。

4. 主菜单>特性>截面>截面特性值>数据库/用户>管形截面 管型截面 >用户>

上弦截面，名称：上弦>D：0.168，tw：0.0055>适用；

下弦截面，名称：下弦>D：0.127，tw：0.0045>适用；

腹杆截面，名称：腹杆>D：0.073，tw：0.003>确认（图2-11）。

2.2.2　建立网架模型

1. 文件>导入>AutoCADDXF>搜索 网架.dxf 文件>所有层>选择upperchord>点击 > >材料：1：Q345>截面：1：上弦>原点：0,0,0>旋转角度Rx：90>适用>选择的层>选择upperchord>点击 < >所有层>选择bottomchord>点击 > >截面：2：下弦>原点：0,1.5,0>确

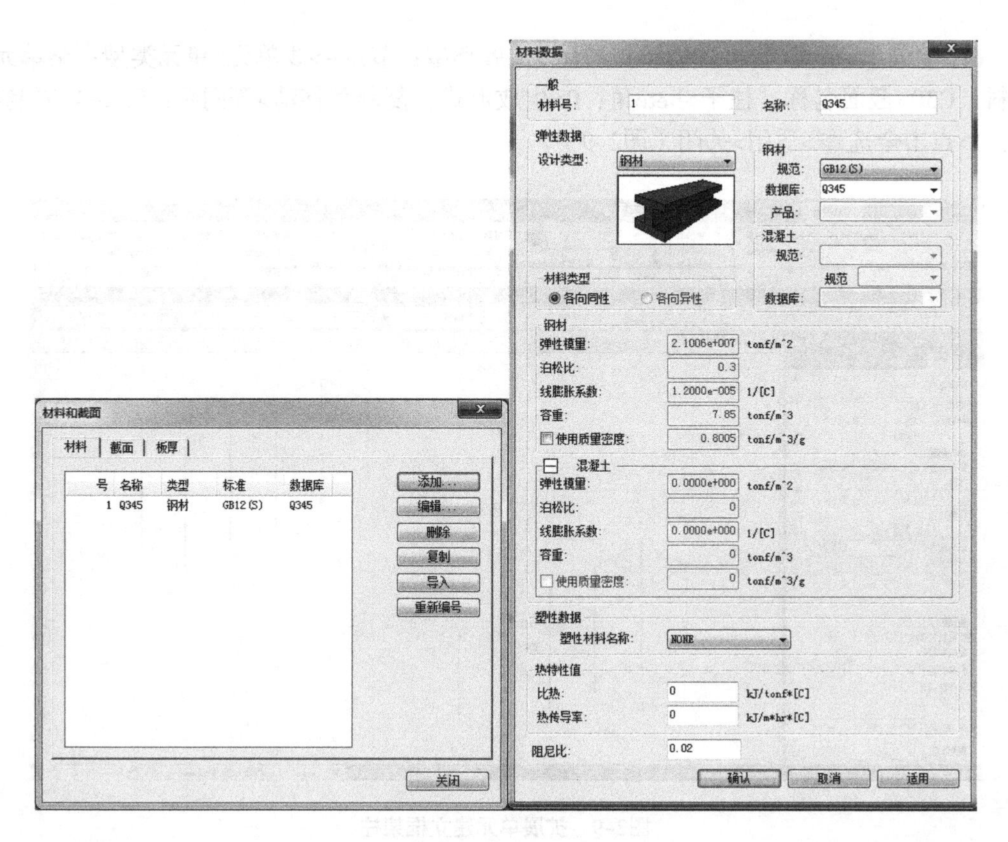

图2-10 定义材料

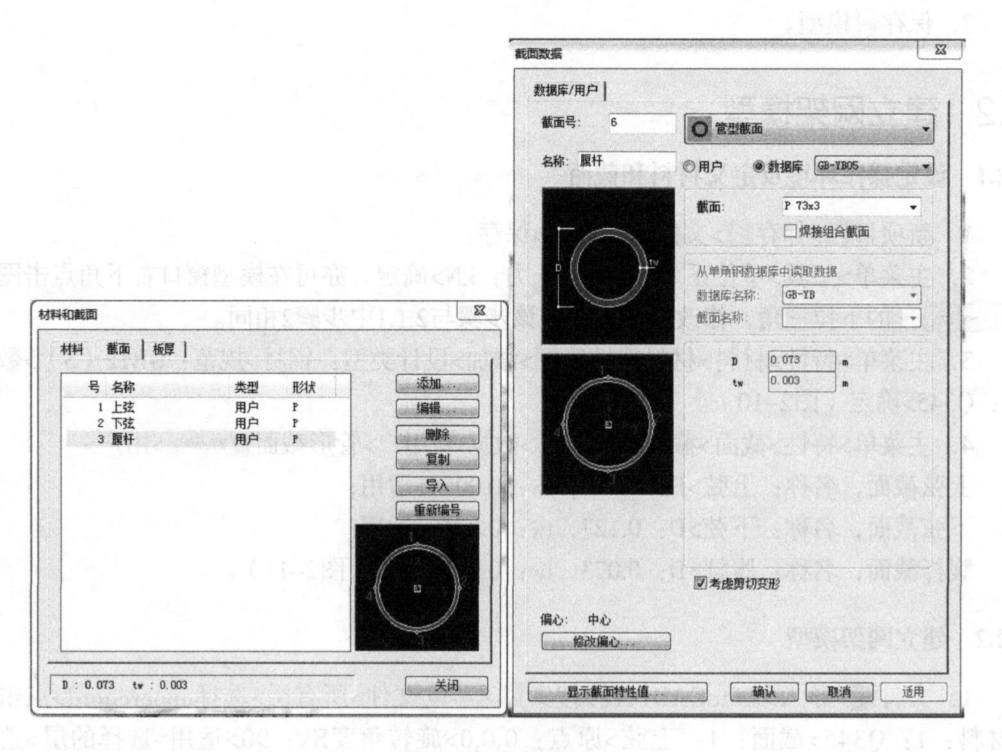

图2-11 定义截面

认。导入上弦和下弦杆节点和单元（图2–12）。

注：本例dxf文件单位设置为m，与Gen中的单位体系一致，故无需调整放大系数。

原点位置与dxf文件中的绘制坐标一致，如果需要平移在原点输入相应值即可，比如：本例中下弦杆起点在Y=1.5m处，故原点为：0,1.5,0。

由于CAD中在XY坐标系下绘制，而Gen中其方向为XZ平面，故旋转角度Rx需要设置为90。

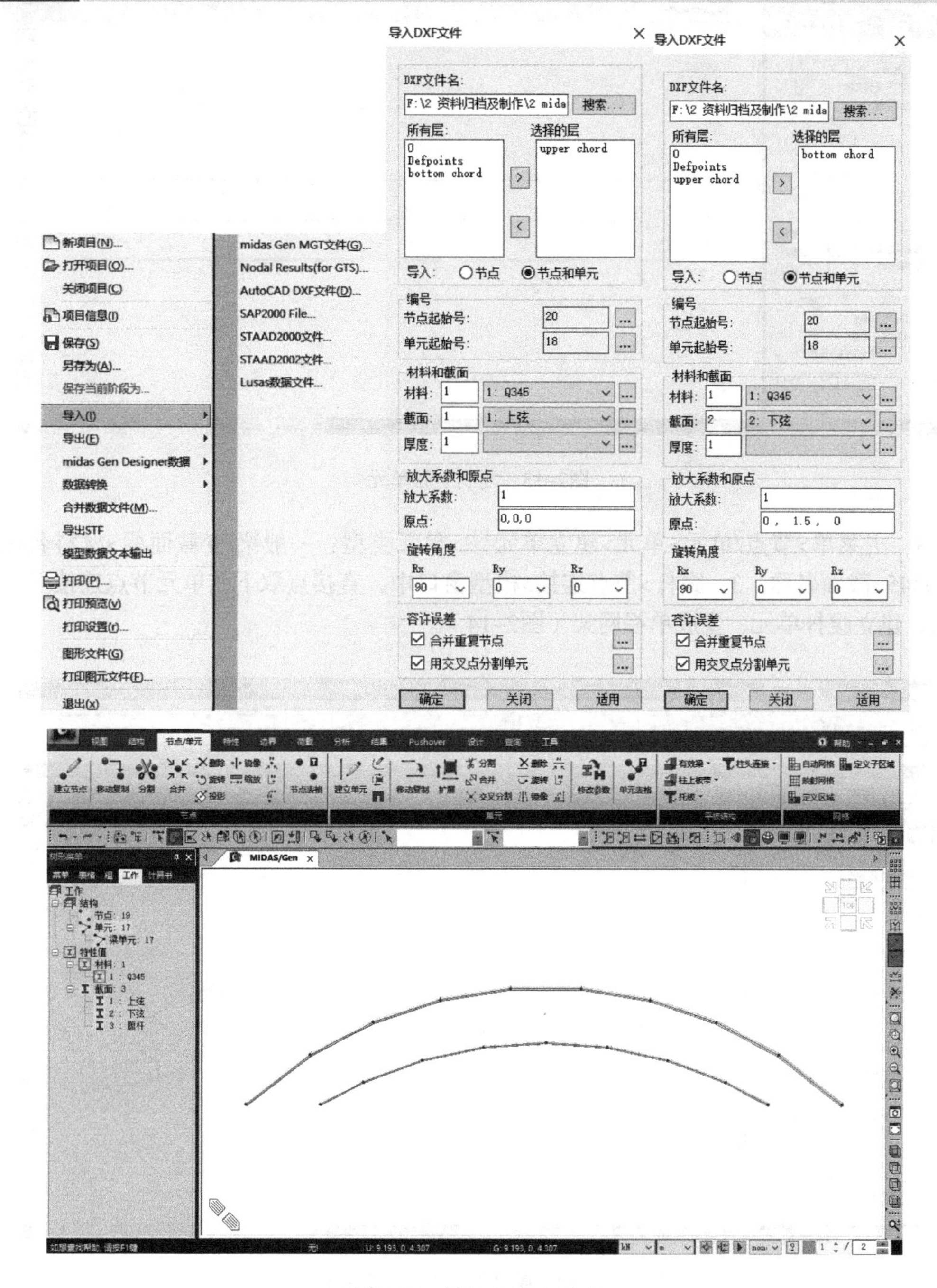

图2–12　导入上弦和下弦

2．主菜单>节点/单元>单元>移动复制 >形式：复制>等间距>dx,dy,dz：0,3,0>复制次数：1>快捷工具栏窗口选择 上弦所有单元>适用（图2-13）。

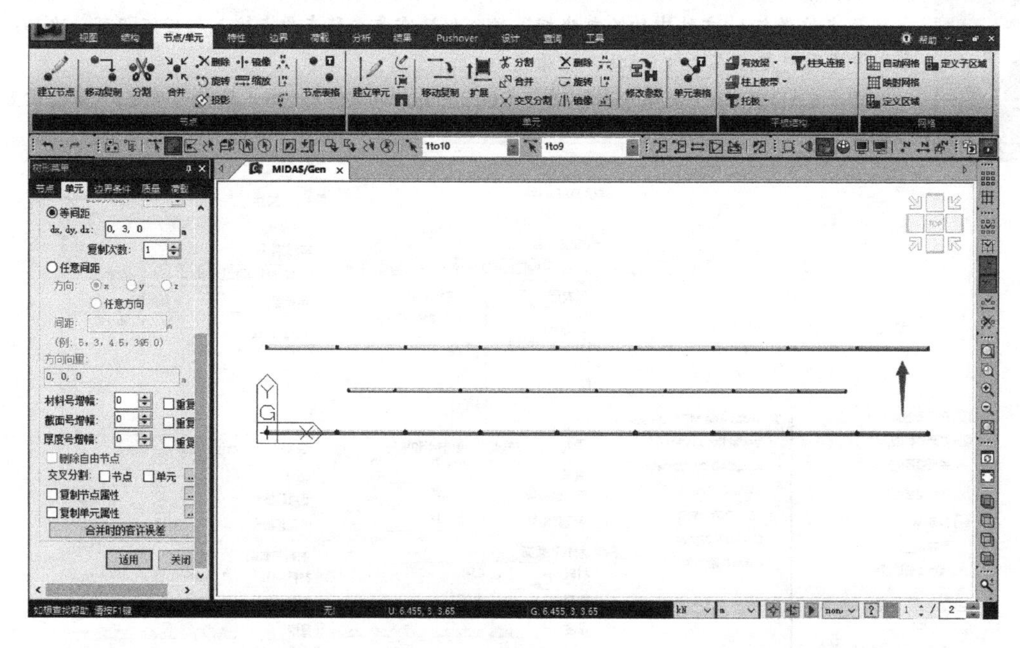

图2-13　复制上弦单元

3．主菜单>节点/单元>单元>建立单元 >单元类型：一般梁/变截面梁>材料名称：1：Q345>截面名称：3：腹杆>节点连接>模型窗口中，直接点取下弦单元节点连接至上弦节点，建立腹杆单元，生成单榀网架（图2-14）。

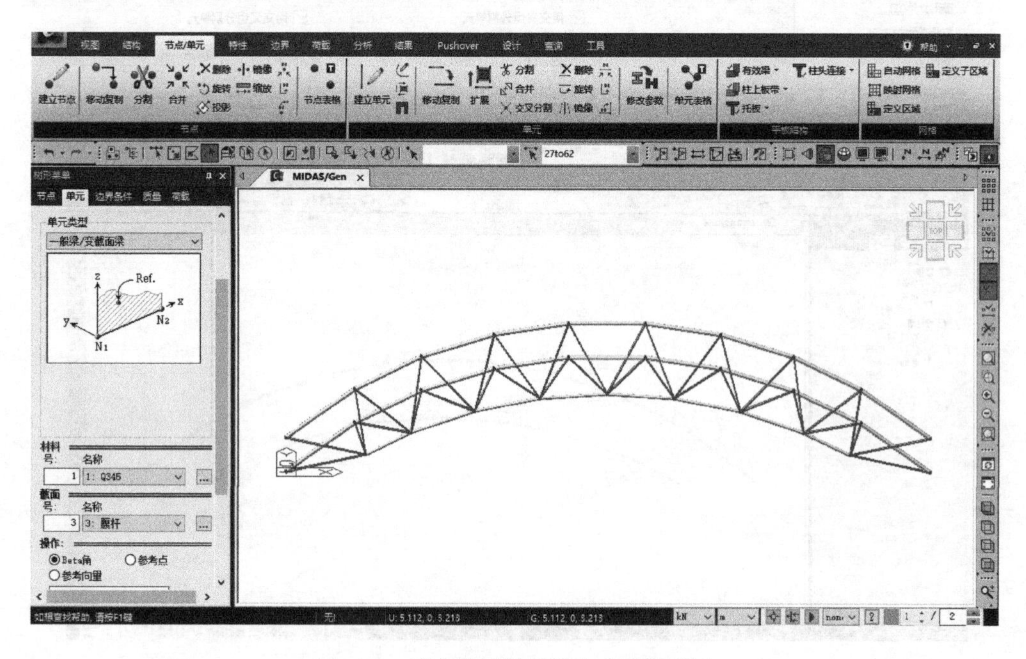

图2-14　建立腹杆单元并生成单榀网架

4．主菜单>节点/单元>单元>移动复制 >形式：复制>等间距>dx,dy,dz：0,3,0>复制次数：3>快捷工具栏窗口选择 所有单元>适用（图2-15）。

主菜单>结构>检查结构>检查重复单元 ，自动删除模型中重复单元。

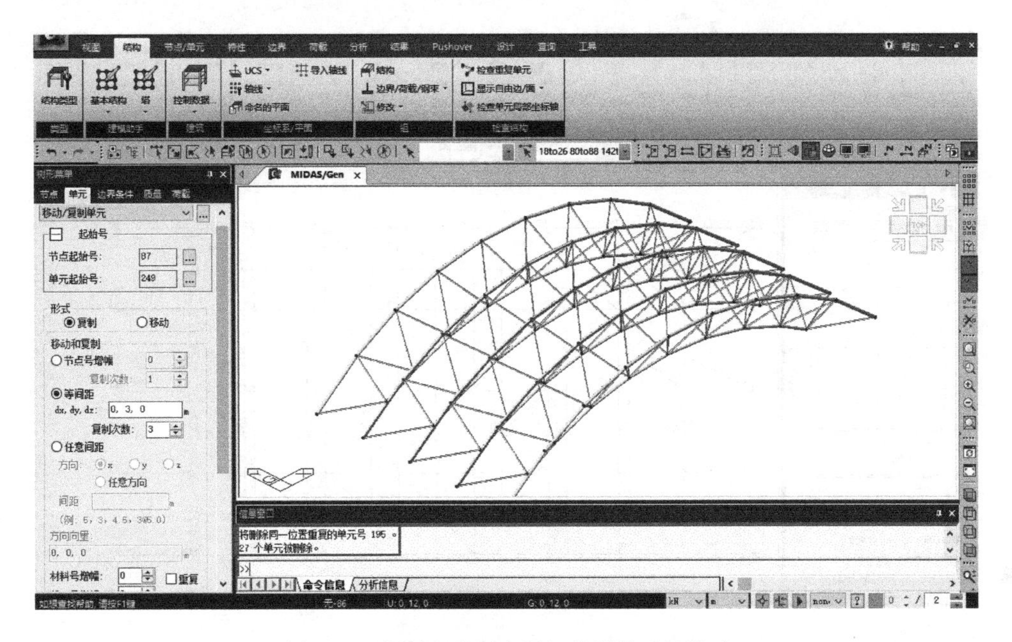

图2-15　复制生成所有网架并删除重复单元

5．主菜单>节点/单元>单元>建立单元 >单元类型：一般梁/变截面梁>材料名称：1：Q345>截面名称：1：上弦>动态视图TOP顶视图 >节点连接>点选最外侧上弦节点（9,85、8,84、7,83、1,77、2,78、3,79、4,80、5,81），建立沿Y向上弦单元（图2-16）。

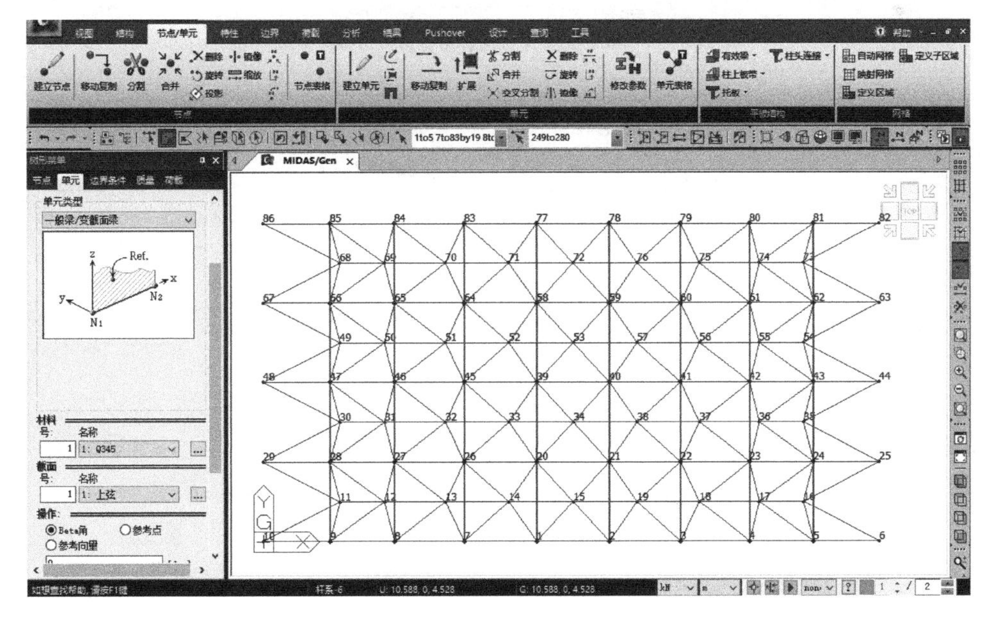

图2-16　建立Y向上弦单元

6. 主菜单>节点/单元>单元>建立单元 >单元类型：一般梁/变截面梁>材料名称：1：Q345>截面名称：2：下弦>节点连接>点选最外侧下弦节点（12,69、13,70、14,71、15,72、19,76、18,75、17,74），建立沿Y向下弦单元>关闭（图2-17）。

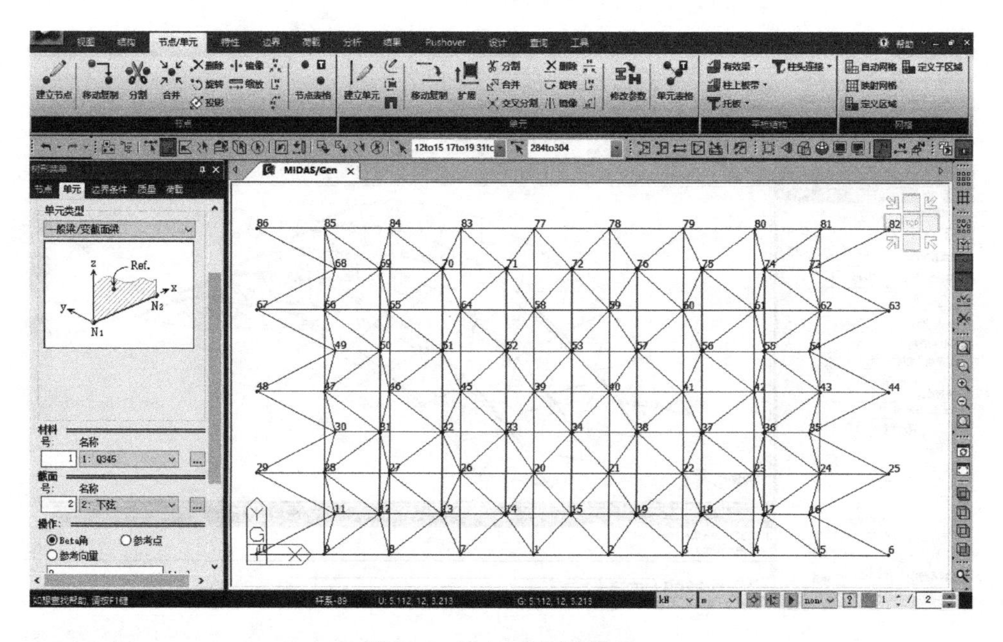

图2-17 建立Y向下弦单元

7. 主菜单>结构>组>结构 >名称：网架>添加>关闭（图2-18）。

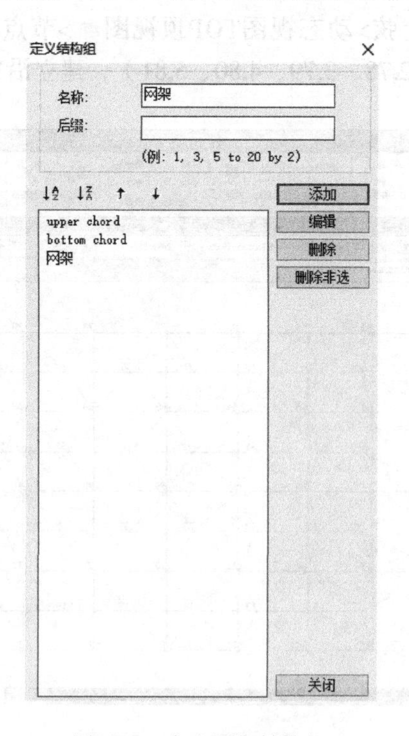

图2-18 定义网架结构组

8．快捷工具栏全选>树形菜单>组>结构组>点选网架>按住拖放至模型窗口。把所有单元赋予到“网架”结构组（图2–19）。

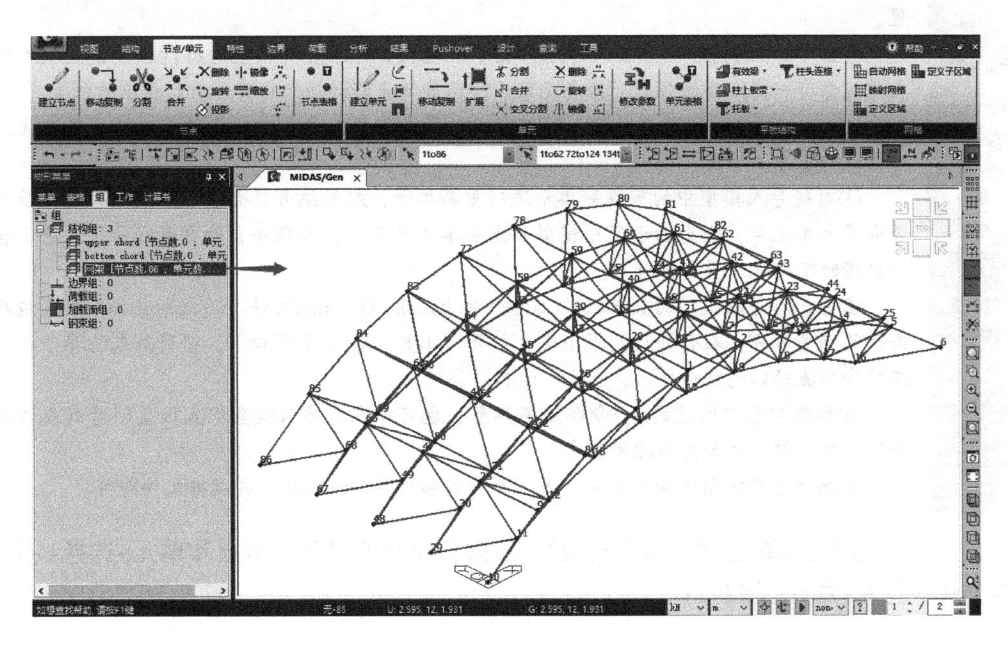

图2–19 赋予网架结构组

2.3 合并数据文件

1．主菜单>保存模型（网架.mgb）>文件>另存为...>混合结构框架&网架>文件>合并数据文件>搜索：钢筋混凝土框架.mgb>打开>勾选建立组>勾选重新编号>勾选用交叉点分割单元>确定（图2–20）。

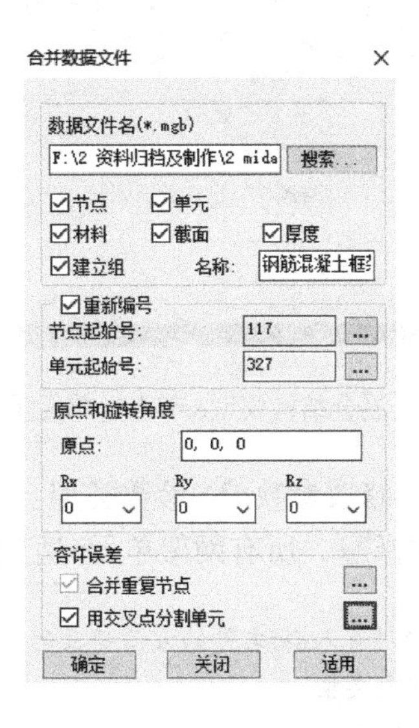

图2–20 合并数据文件：钢筋混凝土框架模型

注：（1）由于坐标误差导致节点不重合，可在容许误差中设置。

（2）原点和旋转角度，用来确定待合并模型的原点（0,0,0）在当前模型中的几何位置。

（3）为了避免合并数据文件后出错不宜查找，可在合并模型时将待合并模型插入到当前模型有一定距离的位置，检查无误后，通过节点移动功能将其移动到相应的位置。

（4）如果要保留待导入模型的荷载或边界条件，或希望对比合并前后的结果变化，可通过如下方法实现：

①对待导入模型中的节点和单元进行重新编号，起始编号要大于当前模型的最大节点号和最大单元号，避免由于两个模型节点或单元号重合，而程序自动重新编号。注意，合并数据时不勾选“重新编号”。

②导出待导入模型的mgt文件（文件>导出midas Gen mgt文件），找到施加荷载或边界条件的相关部分，在合并后的模型中，打开“工具>mgt命令窗口”，将荷载或边界条件对应的命令流粘贴到空白处后，点击“运行”即可。

③如果对②中所述的mgt命令流不熟悉，也可以在待导入模型中直接复制荷载或边界条件表格，粘贴至合并后的模型中。

本例待合并模型仅为节点和单元，无荷载和边界，故直接合并数据文件即可。

2. 主菜单>节点/单元>单元>重新编号>重新编号的对象：节点和单元>选择：全部或全选>适用>关闭（图2–21）。

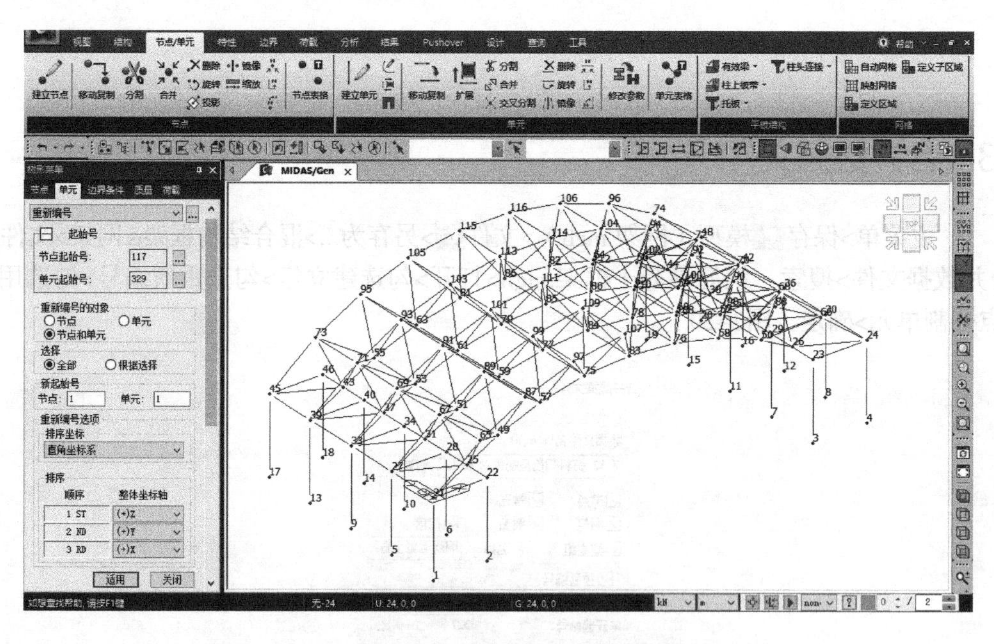

图2–21 混合结构模型&节点、单元重新编号

3. 主菜单>节点/单元>单元>修改参数>参数类型：单元类型>原类型：一般梁/变截面梁>修改为：桁架单元>窗口选择，所有网架单元>适用>关闭（图2–22）。

注：因网架模型是通过导入dxf文件的方法建立的，默认单元类型是梁单元，所以，在合并数据文件后，修改单元类型。

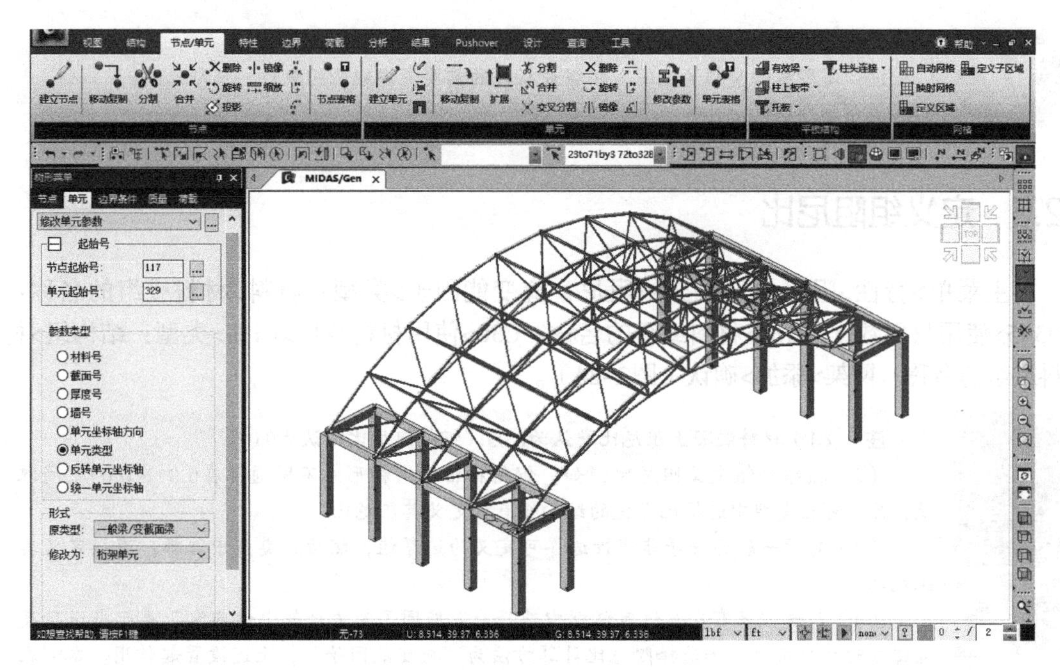

图2-22　修改网架梁单元为桁架单元

2.4　定义边界条件

主菜单>边界>一般支承>选择：添加>勾选：D-ALL>勾选：Rx、Ry、Rz>窗口选择柱底节点>适用>关闭（图2-23）。

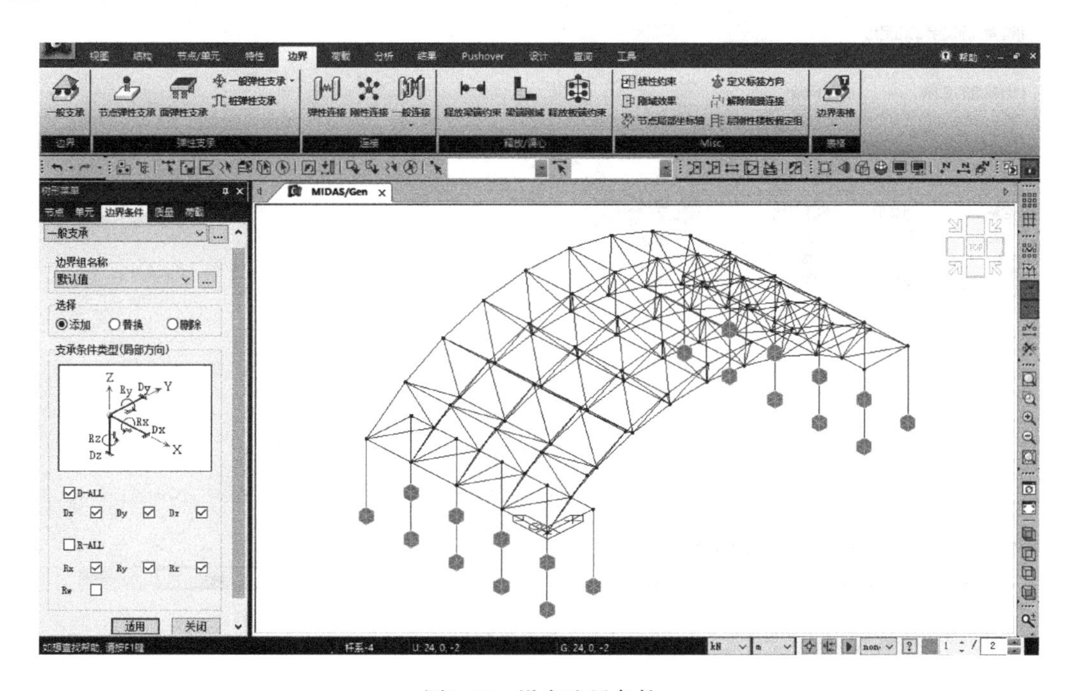

图2-23　设定边界条件

注：薄壁截面受扭为主时，根据分析目的需要考虑翘曲约束时，可勾选Rw。

2.5 定义组阻尼比

主菜单>特性>阻尼>组阻尼>组阻尼：应变能因子>类型：材料>材料或组的名称：Q345>使用材料数据>添加>材料或组的名称：C30>使用材料数据>添加>类型：结构组>材料或组的名称：网架>添加>确认（图2–24）。

注：（1）材料混凝土阻尼比默认为0.05，钢材阻尼比默认为0.02。

（2）按结构组定义阻尼比，如：钢结构由于结构形式不同通常在0.01～0.04之间取值，此时可在类型中选择已定义的结构组直接定义其阻尼比。

（3）对于一般连接等非线性边界可定义为边界组，然后在类型中选择，直接定义其阻尼比。

（4）勾选“只有在其他对话框中选择应变能因子时才计算上诉内容”表示当进行反应谱或时程分析时，如选择阻尼比计算方法为“应变能因子”，上述设置起作用。本例在2.7节步骤2定义反应谱工况时，选择阻尼比计算方法：应变能因子。

（5）可定义重复定义阻尼比时的优选项，故无需担心重复设置了组阻尼比的问题。如本例，钢架部分既按材料Q345定义阻尼比，同时也按钢架结构组定义了阻尼比。

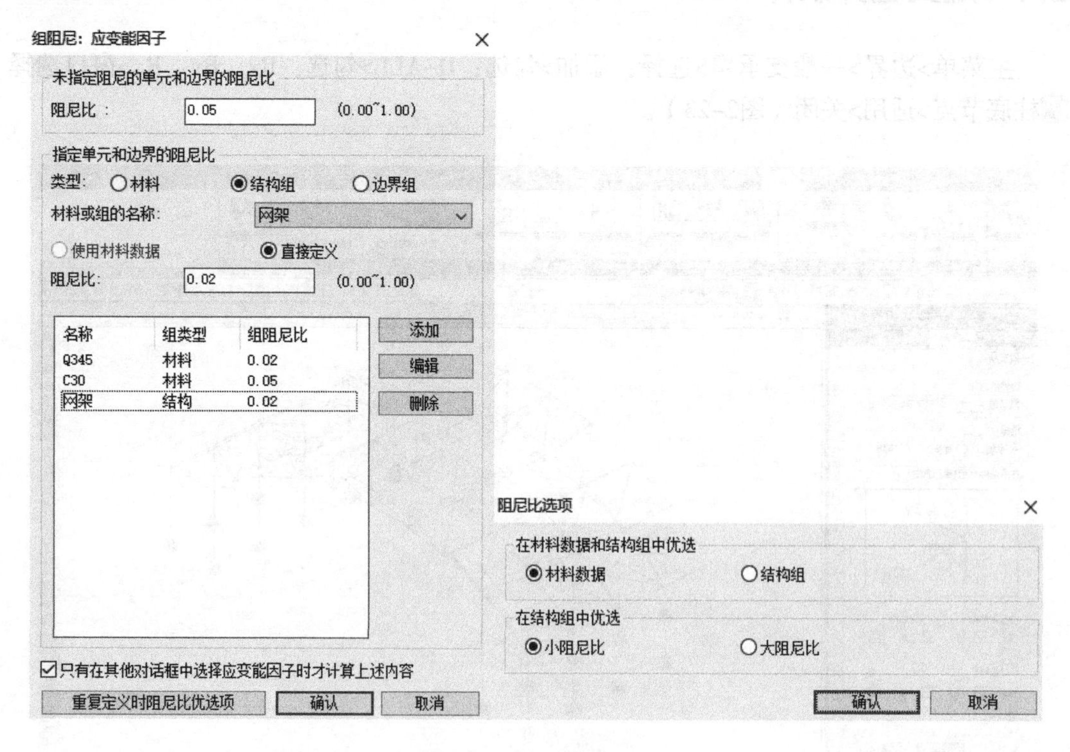

图2–24　定义组阻尼比

2.6 定义荷载工况及荷载

1. 主菜单>荷载>荷载类型>静力荷载>建立荷载工况>静力荷载工况>名称：DL>类型：恒荷载>添加；名称：LL>类型：活荷载>添加；名称：WY>类型：风荷载>添加>关闭（图2-25）。

静力荷载工况

名称：WY
类型：风荷载（W）
说明：
添加
编辑
删除

	号	名称	类型	说明
	1	DL	恒荷载 (D)	
	2	LL	活荷载 (L)	
▶	3	WY	风荷载 (W)	
*				

图2-25 定义静力荷载工况

2. 主菜单>荷载>荷载类型>静力荷载>结构荷载/质量>自重>荷载工况名称：DL>自重系数：Z：-1>添加>关闭（图2-26）。

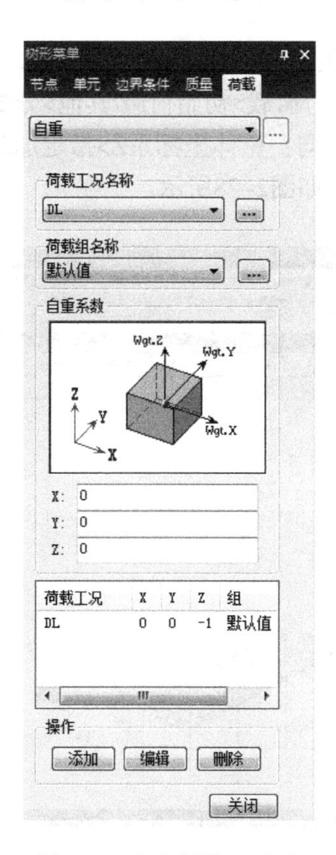

图2-26 定义恒载DL自重

3. 主菜单>荷载>荷载类型>静力荷载>初始荷载/其他>分配楼面荷载>定义楼面荷载类型>名称：normal>荷载工况：DL>楼面荷载：–5>荷载工况：LL>楼面荷载：–2>添加>关闭（图2–27）。

楼面荷载

楼面荷载
名称: normal
说明:

楼面荷载大小和所属荷载工况

	荷载工况:	楼面荷载:		
1.	DL	–5	kN/m^2	☑次梁的重量
2.	LL	–2	kN/m^2	☐次梁的重量
3.	NONE	0	kN/m^2	☐次梁的重量
4.	NONE	0	kN/m^2	☐次梁的重量
5.	NONE	0	kN/m^2	☐次梁的重量
6.	NONE	0	kN/m^2	☐次梁的重量
7.	NONE	0	kN/m^2	☐次梁的重量
8.	NONE	0	kN/m^2	☐次梁的重量

定义荷载工况...

名称	说明
normal	

添加 编辑 删除

图2–27 定义楼面荷载

4. 左侧树形菜单>组>结构组>双击钢筋混凝土框架>F2，激活钢筋混凝土框架所在单元。

主菜单>荷载>荷载类型>静力荷载>初始荷载/其他>分配楼面荷载>楼面荷载类型：normal>分配模式：双向>荷载方向：整体坐标系Z>指定加载区域节点：，在模型窗口中点选框架梁所围范围，如图2–28所示。

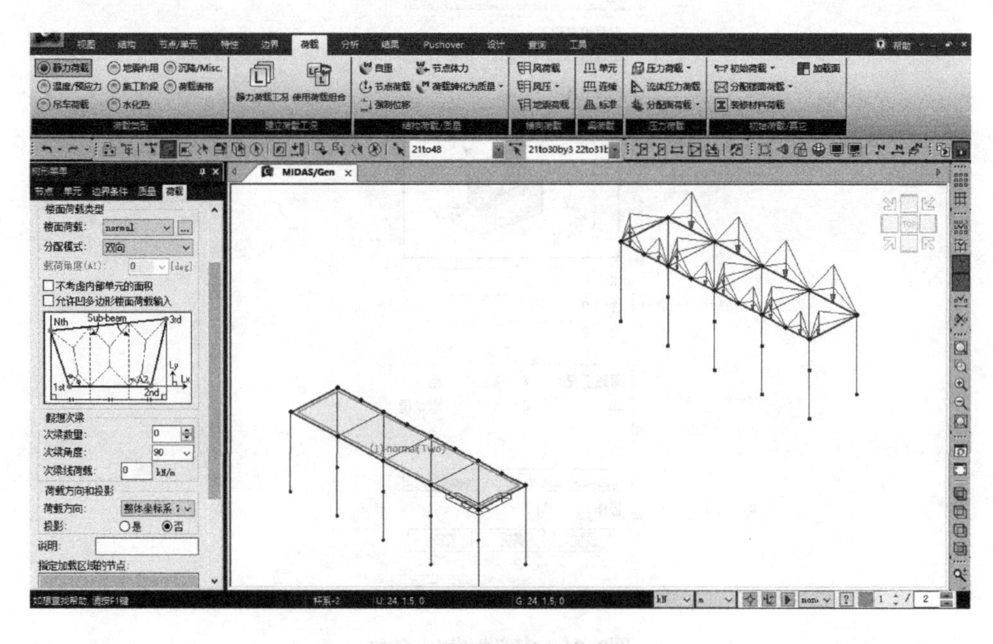

图2–28 分配楼面荷载

5．Ctrl+All激活全部单元，右上角动态视图>前视图 >快捷工具栏多边形选择 >围选网架的上弦杆单元后，双击确认>F2激活（图2-29）。

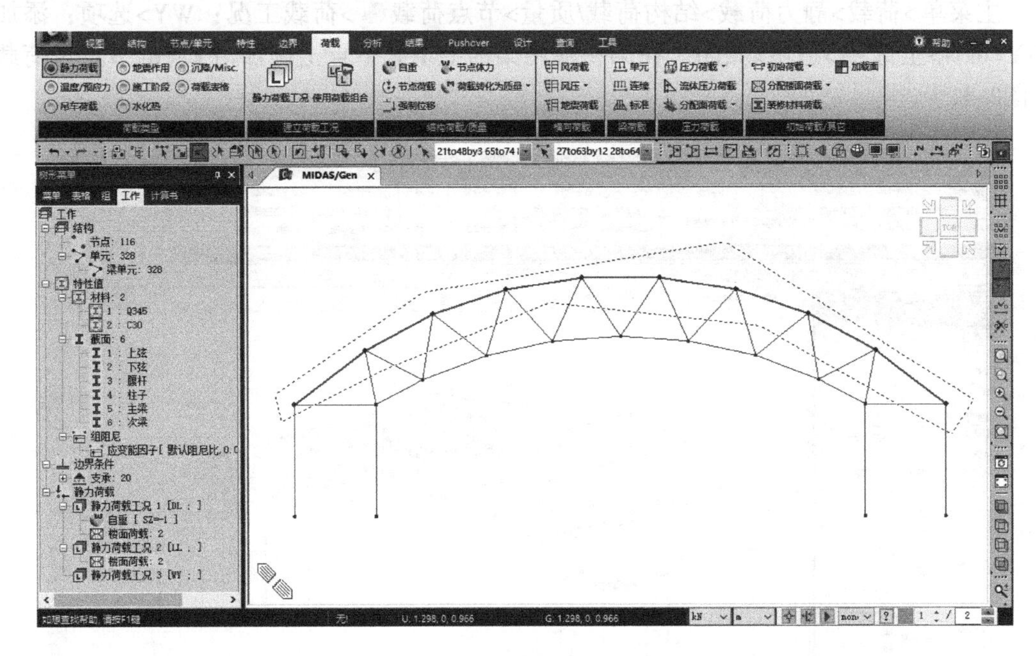

图2-29 选择上弦杆单元

6．主菜单>荷载>静力荷载>结构荷载/质量>节点荷载 >荷载工况：DL>选项：添加>FZ=-2kN>全选 >适用。荷载工况：LL>选项：添加>FZ=-4kN>全选 >适用>关闭（图2-30）。

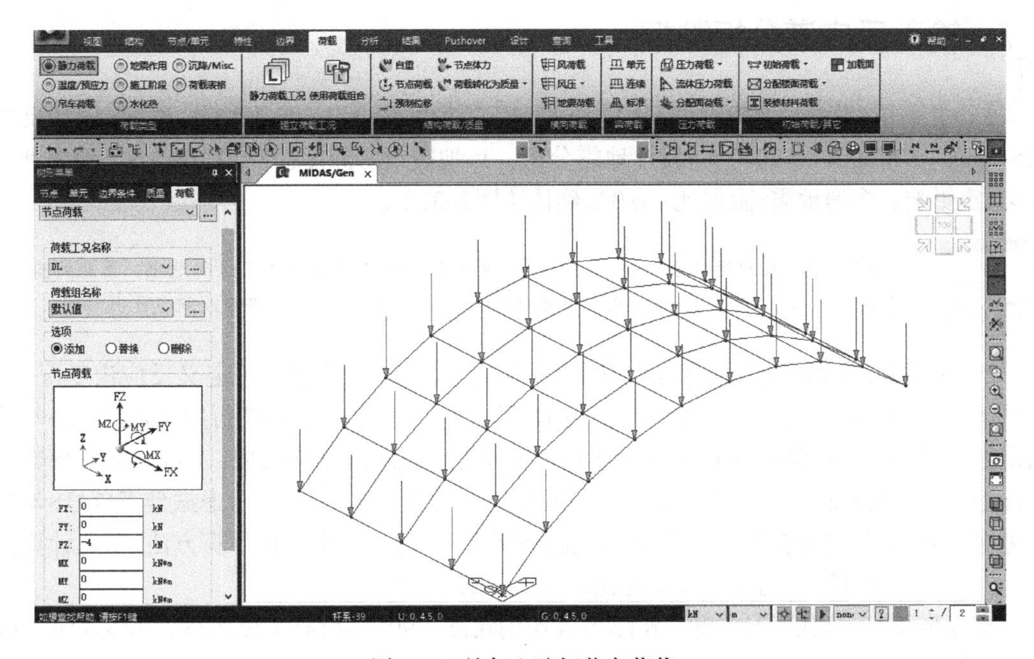

图2-30 施加上弦杆节点荷载

7．Ctrl+All激活全部单元>左侧树形菜单>组>结构组>双击 upper chord>按住Ctrl键，双击 bottom chord，选中第一榀网架的上下弦。

主菜单>荷载>静力荷载>结构荷载/质量>节点荷载>荷载工况：WY>选项：添加>FY=6kN>全选>适用>关闭。在第一榀网架的上下弦节点上施加沿Y向的节点风荷载（图2–31）。

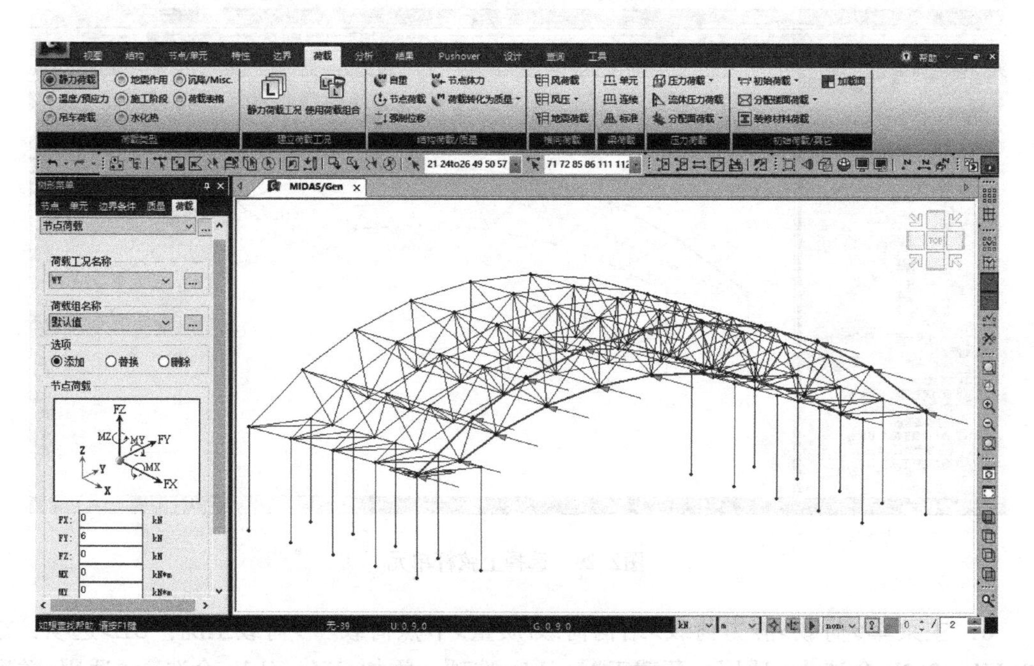

图2–31　施加WY风荷载

2.7　输入反应谱分析数据

1．主菜单>荷载>荷载类型>地震作用>反应谱数据>反应谱函数>添加>设计反应谱>China（GB 50011—2010）>设计地震分组：1>地震设防烈度：7（0.10*g*）>场地类别：Ⅱ>地震影响：多遇地震>阻尼比：0.04>确认（图2–32）。

注：由于本例为混合结构，材料不同阻尼比不同，2.5节定义了组阻尼比，故此处阻尼比暂时输入综合阻尼比0.04，在本节步骤2中定义反应谱工况时，将修改阻尼比并替换。

2．主菜单>荷载>荷载类型>地震作用>反应谱数据>反应谱（定义反应谱工况）>荷载工况名称：RX>方向：X–Y>地震作用角度：0°>系数：1>周期折减系数：0.8>勾选谱函数：China（GB 50011–10）（0.05）>特征值分析控制>分析类型：Lanczos>频率数量（振型数）：10>确认>模态组合控制>振型组合类型：CQC>勾选考虑振型正负号>勾选沿主振型方向>勾选选择振型形状>全部选择>确定>勾选适用阻尼比计算方法>阻尼计算方法：应变能因子>确认>勾选修改阻尼比>添加（图2–33）。

重复步骤2，荷载工况名称：RY>地震作用角度：90°>荷载工况名称：RZ>方向：Z>添加>关闭。

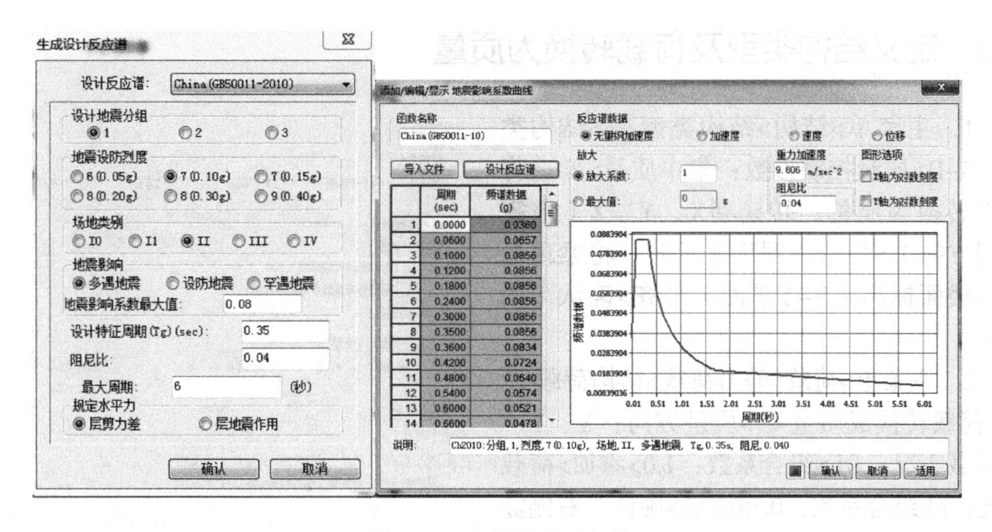

图2-32　生成设计反应谱

注：“适用阻尼计算方法”选择应变能因子，按已定义的组阻尼比（2.5节），基于应变能因子法计算各振型阻尼比。勾选“修改阻尼比”，则步骤1定义反应谱函数中输入的阻尼比将被替换。

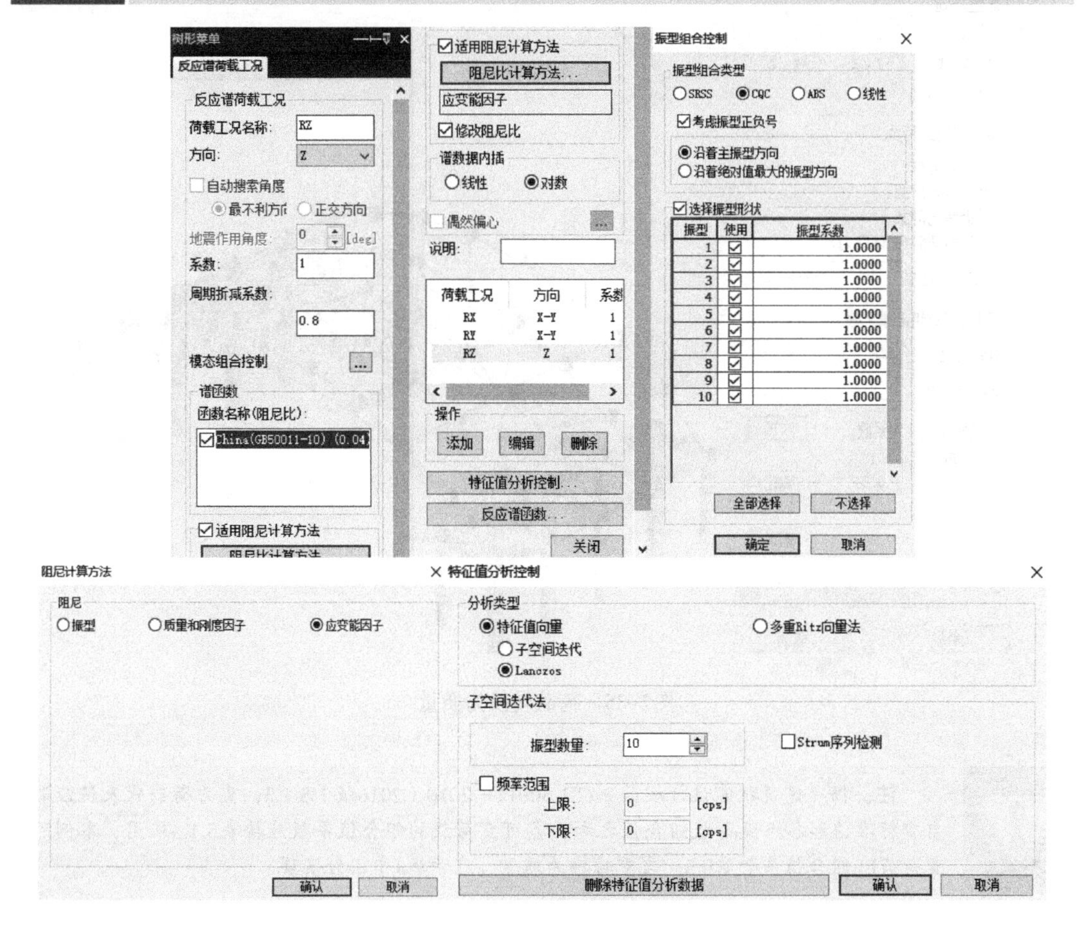

图2-33　定义反应谱荷载工况

2.8 定义结构类型及荷载转换为质量

1．主菜单>结构>结构类型>结构类型：3-D>质量控制参数：集中质量>勾选将自重转换为质量：转换到X、Y、Z（地震作用方向）>勾选：图形显示时，将梁顶标高与楼面标高（X-Y平面）平齐>确认（图2-34）。

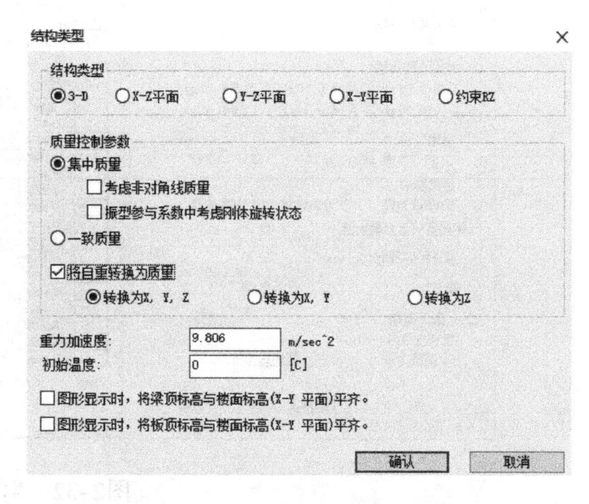

图2-34 结构类型及自重转换为质量

2．主菜单>荷载>静力荷载>结构荷载/质量>荷载转换成质量>质量方向：X、Y、Z>荷载工况：DL>组合系数：1.0>添加>荷载工况：LL组合系数：0.5>添加>确认。右侧竖向快捷工具栏>重画或初始画面，恢复模型初始显示状态（图2-35）。

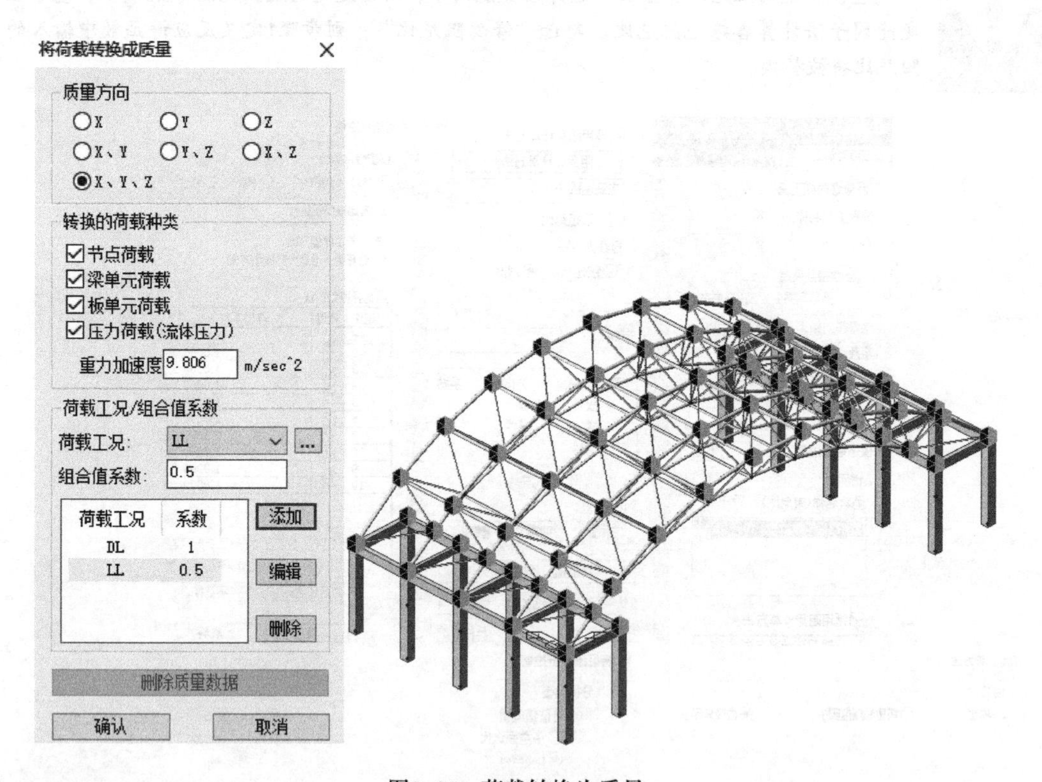

图2-35 荷载转换为质量

注：据《建筑抗震设计规范》GB 50011—2010（2016版）5.1.3，重力荷载代表值应取自重标准值和各可变荷载组合值之和，各可变荷载的组合值系数应按表5.1.3采用，本例可变荷载LL组合值系数取0.5。自重转换为质量，在步骤1中已经实现。

3 运行分析及结果查看（后处理）

3.1 运行分析

主菜单>分析>运行分析，或者直接点击快捷菜单中的运行分析（图3-1）。

注：点击快捷菜单中的前处理和后处理按钮切换前后处理状态。

图3-1 运行分析及前后处理模式切换

3.2 生成荷载组合

主菜单>结果>组合>荷载组合>混凝土设计>自动生成>设计规范：GB 50010-10>确认。钢结构设计>自动生成>设计规范：GB 50017-03>确认（图3-2）。

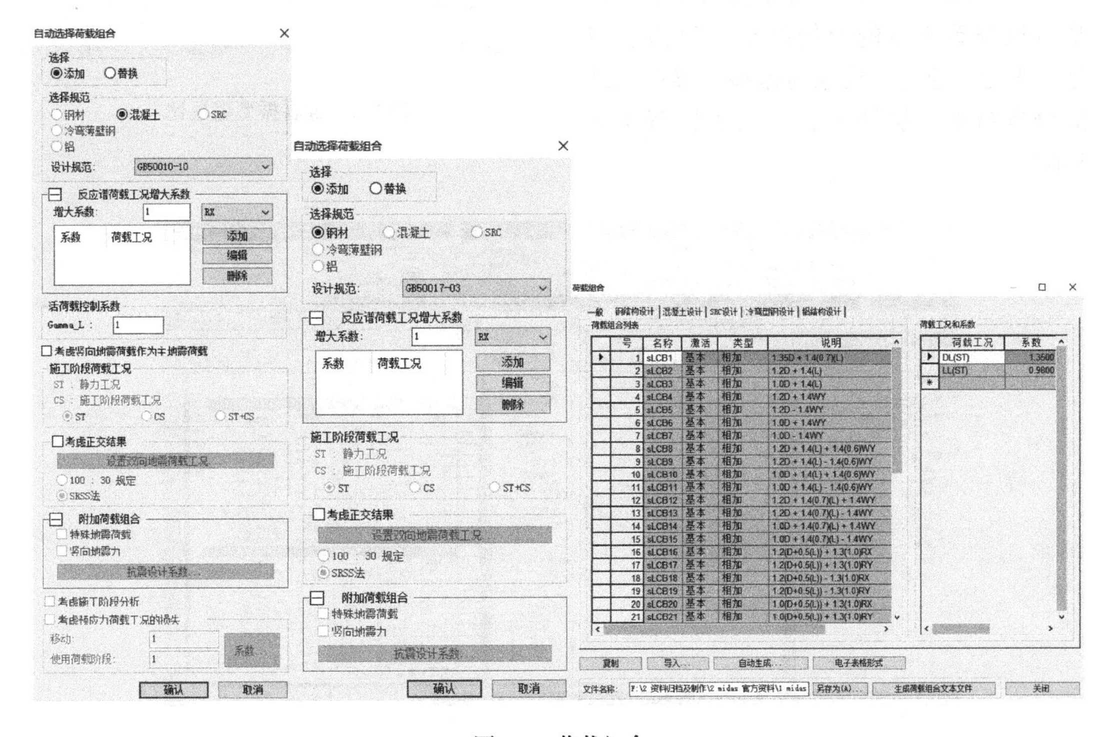

图3-2 荷载组合

注：“一般”选项卡可用于查看内力、变形等，可生成包络组合，但设计时不调取其中的荷载组合进行验算。

3.3 分析结果

3.3.1 阻尼比和模态

1．主菜单>结果>模态>振型阻尼比。表格中给出每个振型的频率、周期、振型参与质量和振型阻尼比，其中，振型阻尼比就是反应谱荷载工况计算时所取用的（图3–3）。

2．主菜单>结果>模态>振型>振型形状，查看自振模态>，查看周期、频率等表格结果（图3–4）。

3.3.2 内力及其他

1．主菜单>结果>内力>桁架单元内力，查看各工况下的桁架单元内力结果（图3–5）。

2．主菜单>结果或模型窗口中右键，都可以查看丰富的分析结果：反力、位移、内力、应力、周期与振型、梁单元细部分析结果、层结果、结果表格等（图3–6）。

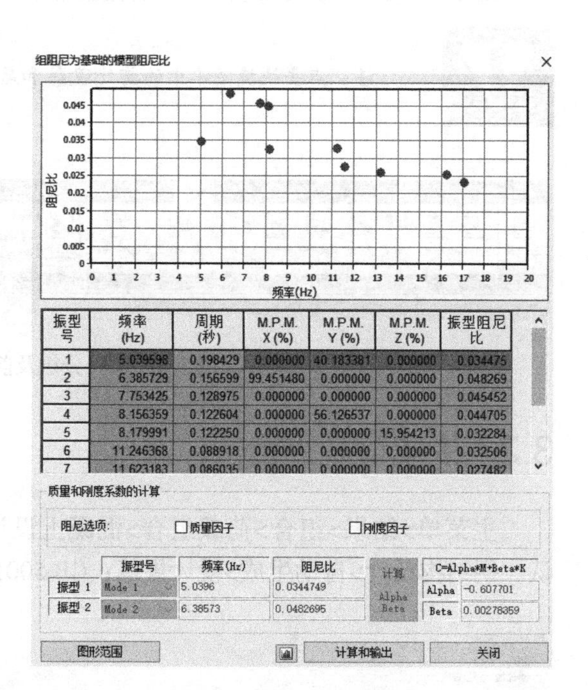

图3–3 查看振型阻尼比

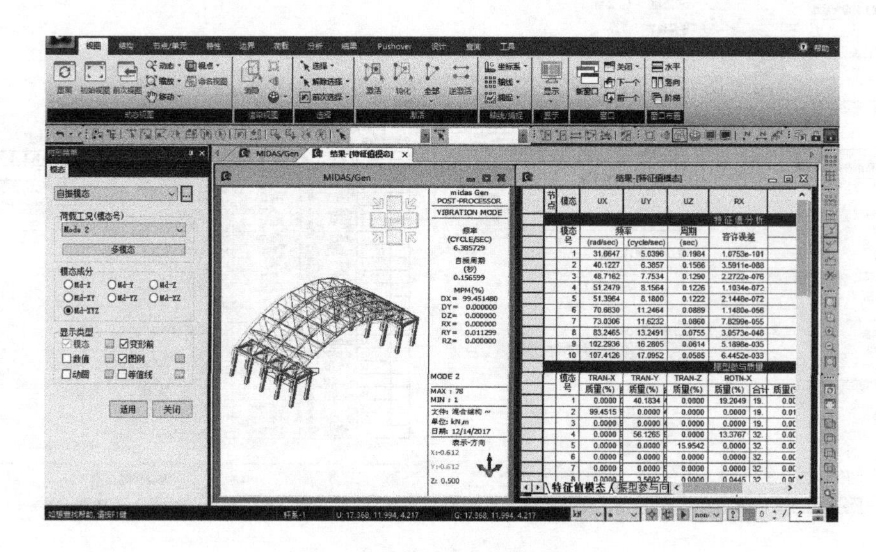

图3–4 查看自振模态（振型）

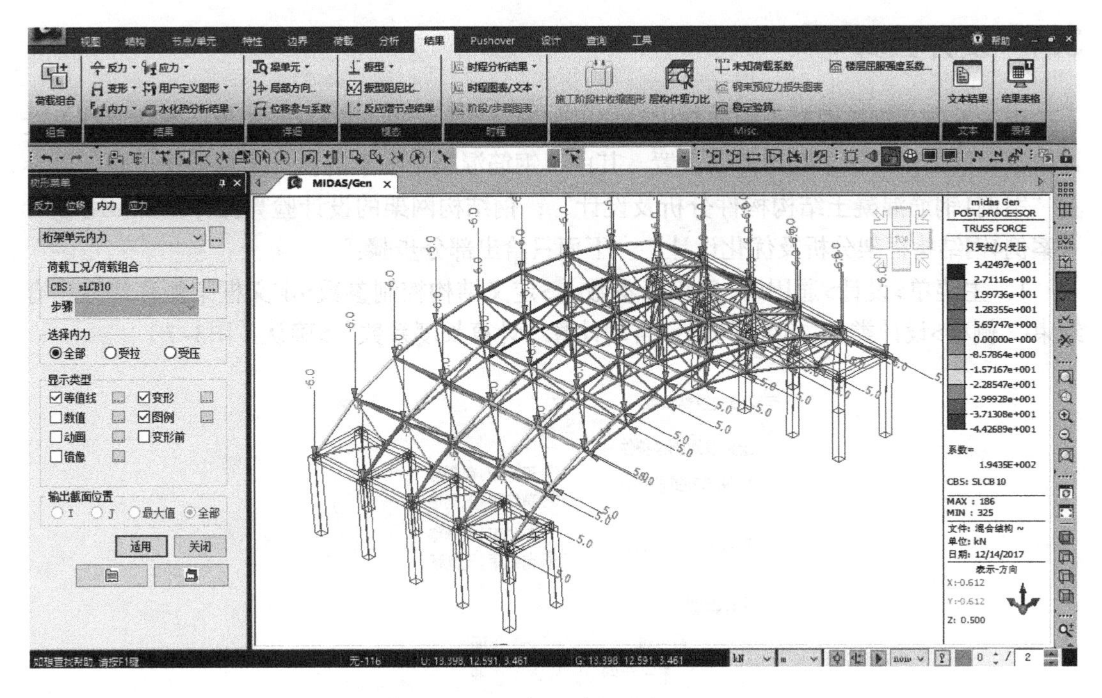

图3-5 桁架单元内力

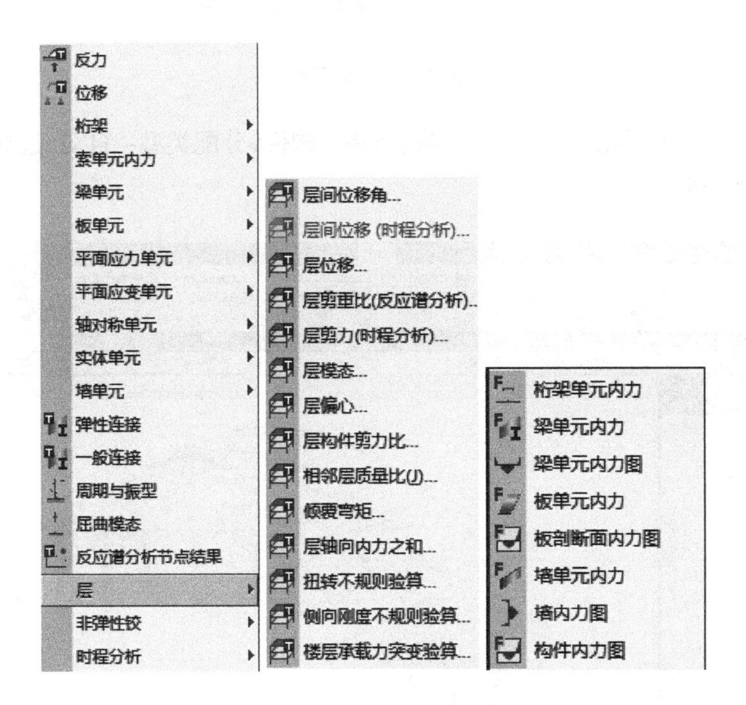

图3-6 丰富的分析结果

注：分析结果的查看，可参看“案例1钢筋混凝土结构抗震分析及设计”后处理部分，在此不赘述。

3.4 设计验算

由于本例是钢筋混凝土框架和钢结构网架混合结构，故一般设计参数、钢筋混凝土设计参数和钢结构设计参数均需要设置。其中，钢筋混凝土框架的设计验算操作步骤，可参看“案例1钢筋混凝土结构构件分析及设计”；钢结构网架的设计验算操作步骤，可参看“案例4钢结构框架分析及优化设计”。下面只给出部分步骤：

1. 主菜单>设计>通用>一般设计参数>定义结构控制参数>定义框架侧移特性：有约束|无侧移>设计类型：3维>勾选：自动计算“计算长度系数”>确认（图3–7）。

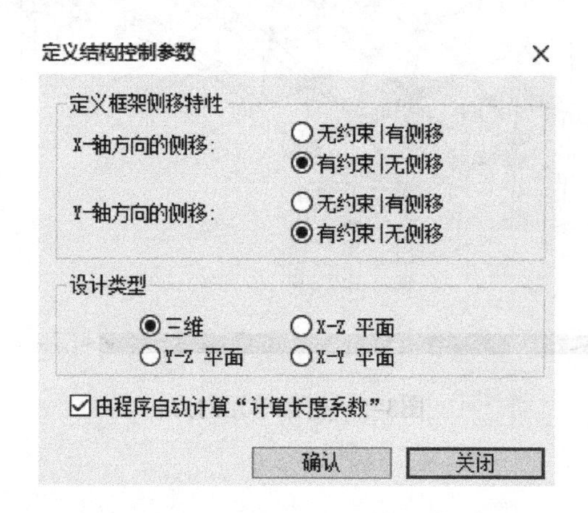

图3–7 控制参数

2. 主菜单>设计>通用>一般设计参数>指定构件>分配类型：自动>选择类型：全部>适用>关闭（图3–8）。

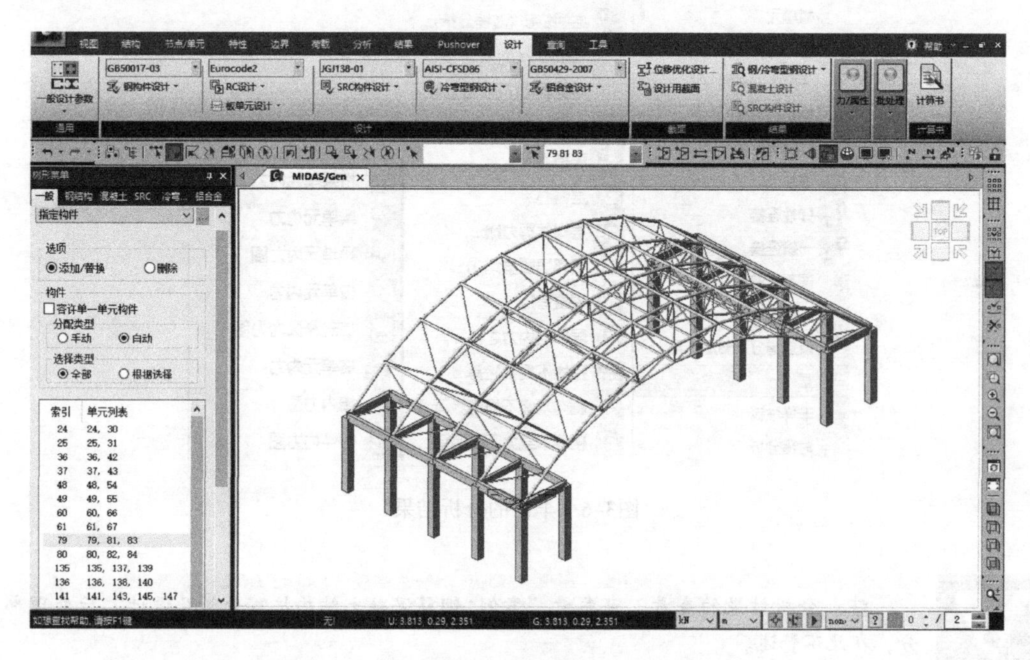

图3–8 指定构件

3. 主菜单>设计>钢构件设计>设计规范>设计标准：GB50017-03>勾选：考虑抗震>选择抗震等级：二级>确认（图3-9）。

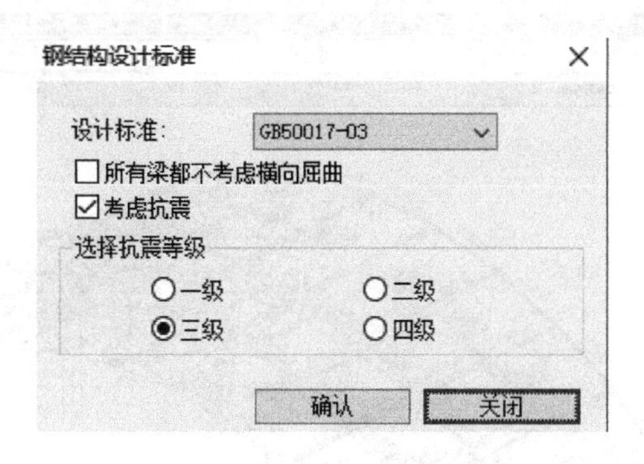

图3-9 钢构件设计标准

4. 主菜单>设计>钢构件设计>钢构件验算，按构件或特性值查看构件验算结果（图3-10）。

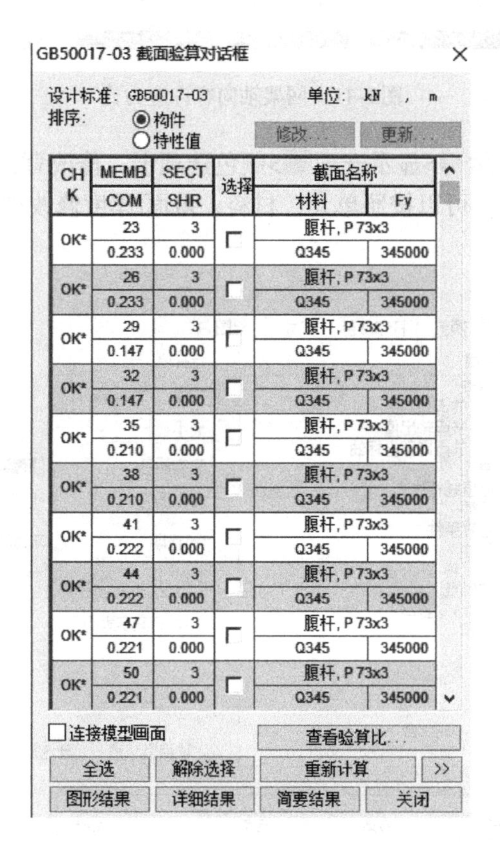

CHK	MEMB / COM	SECT / SHR	选择	截面名称 / 材料	Fy
OK*	23 / 0.233	3 / 0.000	□	腹杆, P 73x3 / Q345	345000
OK*	26 / 0.233	3 / 0.000	□	腹杆, P 73x3 / Q345	345000
OK*	29 / 0.147	3 / 0.000	□	腹杆, P 73x3 / Q345	345000
OK*	32 / 0.147	3 / 0.000	□	腹杆, P 73x3 / Q345	345000
OK*	35 / 0.210	3 / 0.000	□	腹杆, P 73x3 / Q345	345000
OK*	38 / 0.210	3 / 0.000	□	腹杆, P 73x3 / Q345	345000
OK*	41 / 0.222	3 / 0.000	□	腹杆, P 73x3 / Q345	345000
OK*	44 / 0.222	3 / 0.000	□	腹杆, P 73x3 / Q345	345000
OK*	47 / 0.221	3 / 0.000	□	腹杆, P 73x3 / Q345	345000
OK*	50 / 0.221	3 / 0.000	□	腹杆, P 73x3 / Q345	345000

图3-10 钢构件截面验算结果

5. 主菜单>设计>结果>钢/冷弯型钢设计>钢构件设计>钢结构设计结果>荷载工况/荷载组合：ALL COMBINATION>验算比：组合>显示类型：等值线、图例和数值（图3-11）。

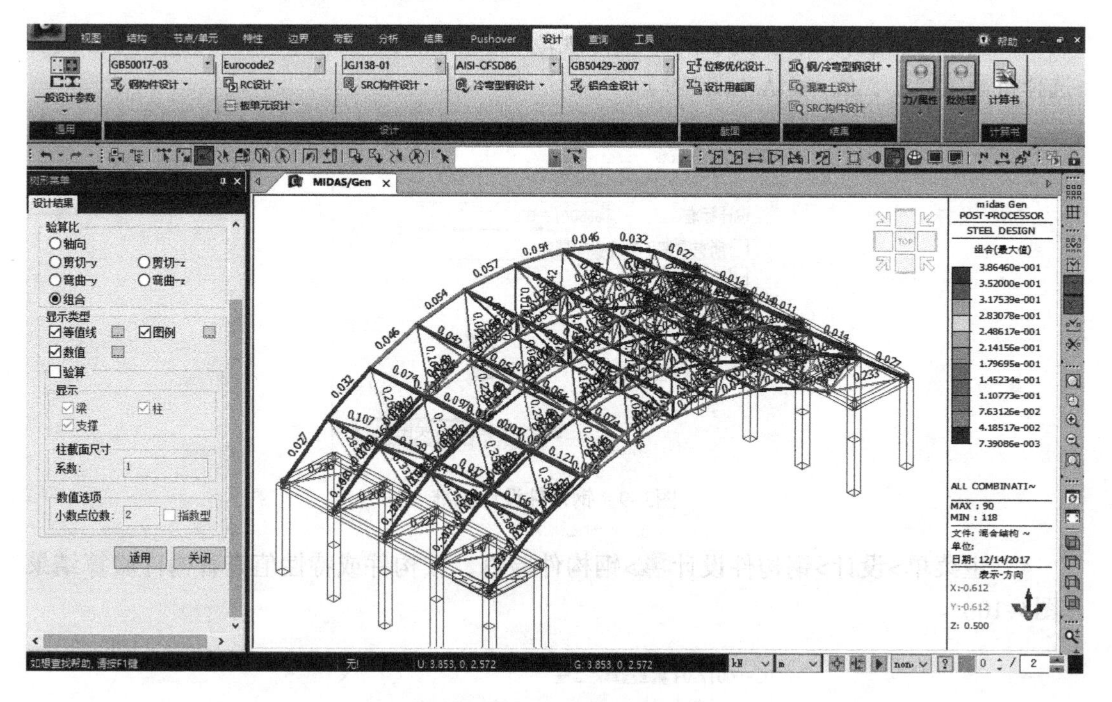

图3-11　网架轴向容许应力比

6．主菜单>视图>显示>显示选项>颜色选项卡，修改背景色、视图颜色、信息窗口等的颜色>绘图选项卡，可以按照单元、材料、截面/厚度修改视图颜色（图3-12）。

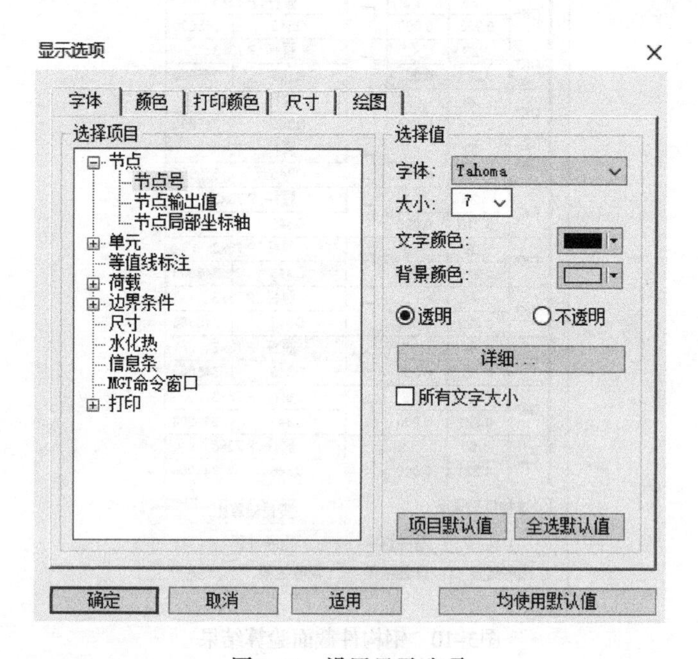

图3-12　设置显示选项

7．主菜单>工具>用户自定义，根据需要设置树形菜单2、信息窗口等，以提高模型操作效率和便捷性（图3-13）。

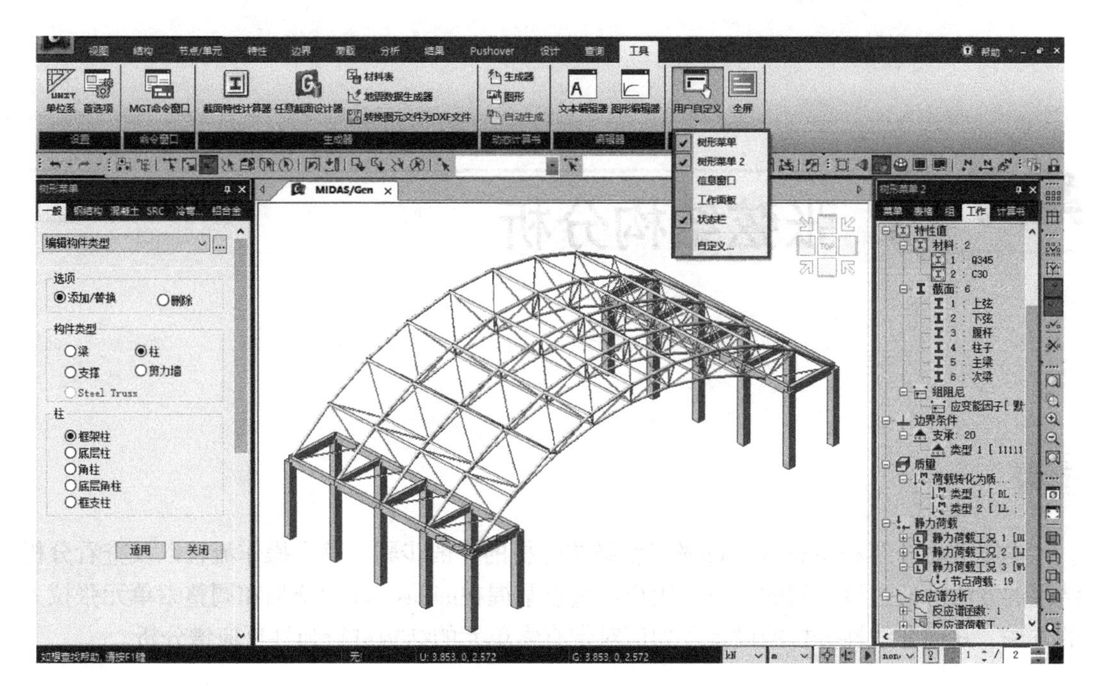

图3–13　设置显示选项

4　结语

本案例运用midas Gen 完成钢筋混凝土框架+钢结构网架构成的混合结构的反应谱工况分析。

通过本案例，读者可掌握CAD图形文件（dxf格式）导入建模、合并数据文件生成合并模型、组阻尼比定义、查看振型阻尼比等功能。所涉及的功能，读者可应用在同类项目中的分析设计中。

5　参考文献

[1] GB 50011—2010，《建筑抗震设计规范（2016年版）》[S].
[2] GB 50009—2012，《建筑结构荷载规范》[S].
[3] GB 50010—2010，《混凝土结构设计规范》[S].
[4] GB 50017—2003，《钢结构设计规范》[S].
[5] 迈达斯技术有限公司，《Midas/Gen 初级培训》[M].
[6] 迈达斯技术有限公司，《midas Gen在线帮助手册》.
[7] 侯晓武等,《midas Gen常见问题解答》[M]. 中国建筑工业出版社，2014.

案例6 张弦结构分析

概要

本案例将介绍利用midas Gen做张弦结构分析的一般步骤、整个操作流程以及查看分析结果的方法。通过该案例的学习，用户可重点掌握在midas Gen中施加和调整索单元张拉力的方法、几何非线性分析的设置及如何对带有索单元的结构进行弹性反应谱分析。

主要步骤如下：

1 建立模型

1.1 模型信息

1.2 设定操作环境及定义材料和截面

1.3 建立张弦桁架的一个锥体

1.4 建立张弦网架及拉索

1.5 定义边界条件

1.6 定义荷载工况及荷载

1.7 定义几何非线性分析控制数据

1.8 运行分析

1.9 查看结果

2 初始态索拉力确定

2.1 结构形态介绍

2.2 迭代确定索初拉力

3 索单元结构反应谱分析

3.1 确定初始单元内力

3.2 输入反应谱分析数据

3.3 定义结构类型及荷载转换为质量

3.4 运行分析并查看结果

4 关于索初拉力的施加方法

5 结语

6 参考文献

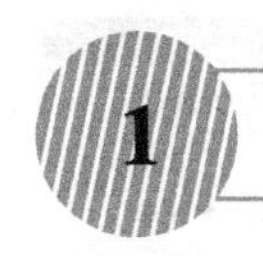

1 建立模型

张弦结构是将上弦刚性受压构件通过撑杆与下弦拉索组合在一起形成自平衡的受力体系，是一种大跨度预应力空间结构体系。上弦刚性构件可以是实腹式梁，也可以是格构式桁架，前者可称作张弦梁，后者可称为张弦桁架，本案例为张弦桁架。

1.1 模型信息

本案例张弦桁架的几何形状、边界条件以及所使用的构件如图1-1所示。边界条件为一端铰接，另一端为滑动支座。施加的荷载只考虑自重、屋盖作用恒荷载、活荷载、索的初拉力。本例仅为说明方法，故并未考虑所有可能荷载情况，实际工程可根据设计要求确定需要施加的荷载。

基本数据如下：（单位：mm）

上（下）弦主梁：P299 × 14　　　　腹杆：P152 × 8

上弦支撑：P121 × 6　　　　撑杆：P159 × 8

拉索：D100（预应力索）　　　　钢材：Q345

上弦梁圆弧半径：R=168m　　　　上下弦距离：1.8m

荷载：自重、屋面恒荷载 10kN、屋面活荷载 5kN、索初拉力初值100kN。

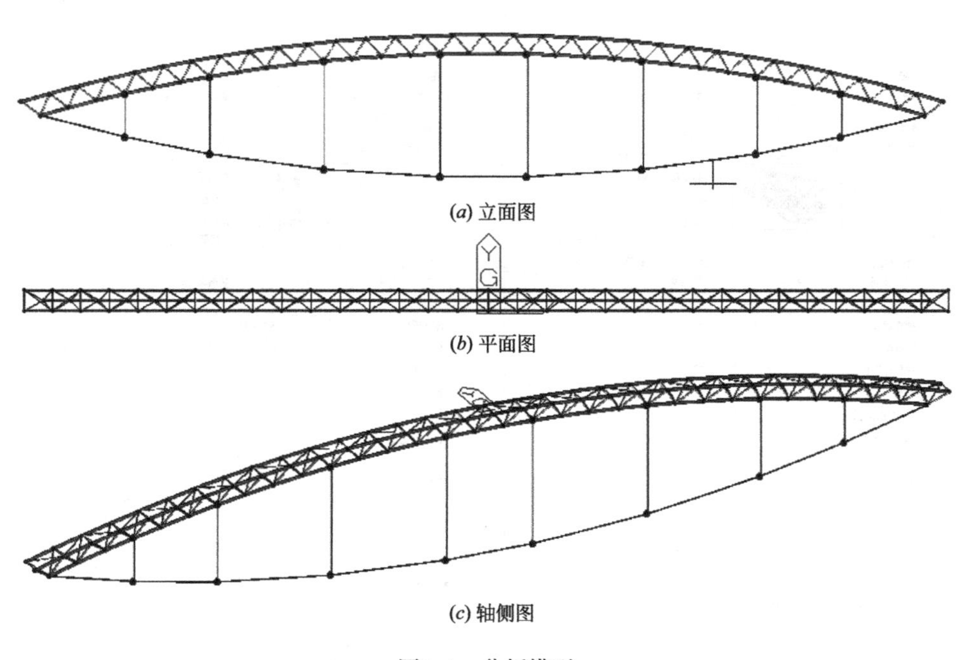

(a) 立面图

(b) 平面图

(c) 轴侧图

图1-1　分析模型

1.2 设定操作环境及定义材料和截面

1. 主菜单>文件>新项目>文件>保存>文件名：张弦结构分析>保存。

2. 主菜单>工具>单位系>长度：m， 力：kN>确定。亦可在模型窗口右下角点击图标 kN m 的下拉三角，修改单位体系（图1-2）。

3. 主菜单>特性>材料>材料特性值>添加>材料号：1>名称：Q345>设计类型：钢材>规范：GB03（S）>数据库：Q345>材料类型：各向同性>适用。

继续添加拉索的材料特性值：设计类型>用户定义>名称：Cable>材料号：2>规范：无>材料类型：各向同性>用户定义>弹性模量：1.85e8>泊松比：0.3>容重：76.98>确认（图1-3）。

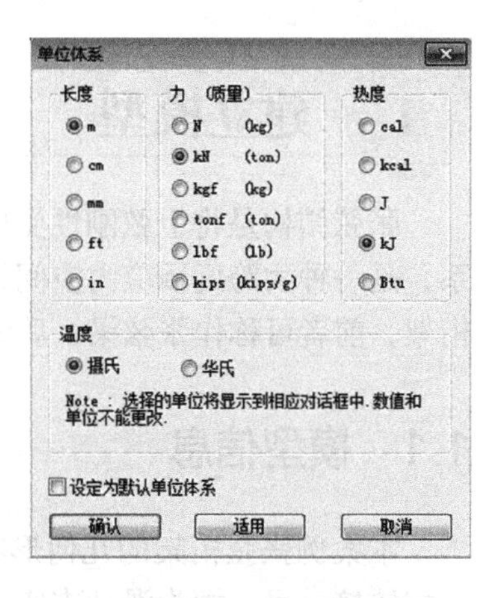

图1-2 单位体系

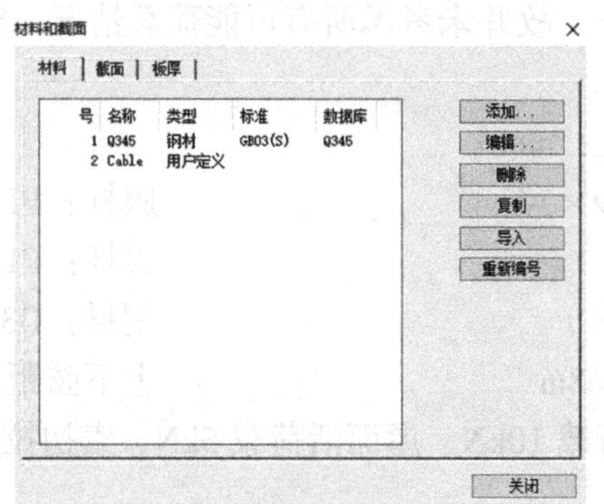

图1-3 定义材料

4．主菜单>特性>截面>截面特性值▣>添加>数据库/用户>管型>数据库：GB-YB05>截面：P 299×14>适用>截面：P 152×8>适用>截面：P 121×6>适用>截面：P 159×8>适用>实腹圆形截面>名称：D100>用户>D：0.1m>确认。添加上弦、下弦、腹杆、撑杆及索截面（图1-4）。

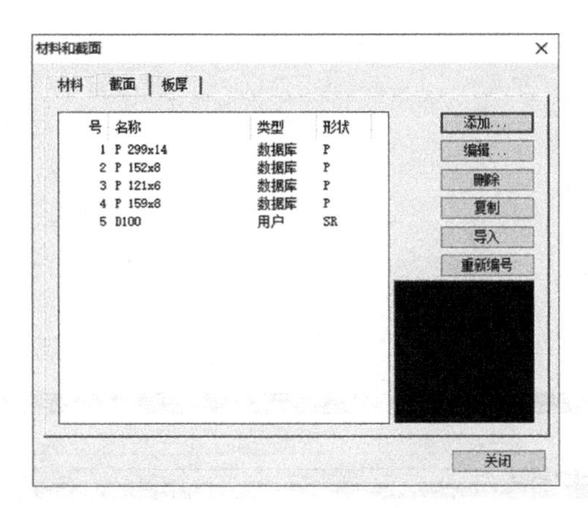

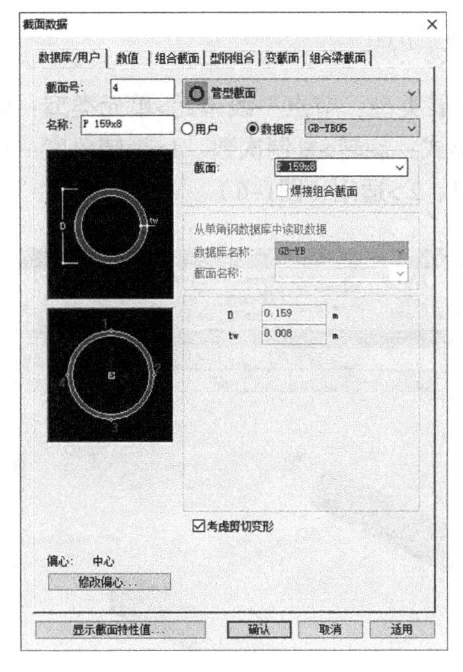

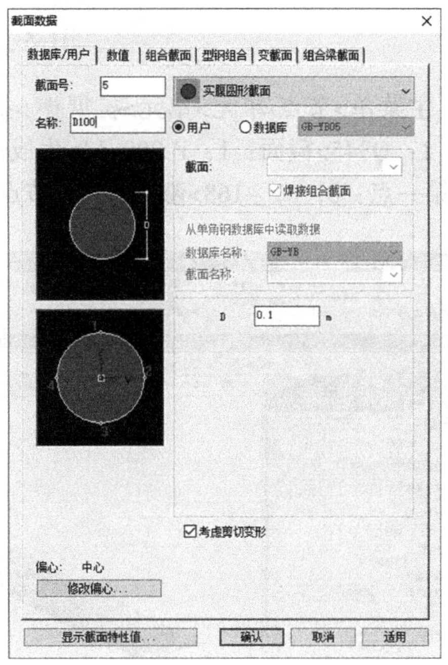

图1-4　定义截面

1.3　建立张弦桁架的一个锥体

1．主菜单>节点/单元>节点>建立节点（Ctrl+Alt+1）>坐标：0，1，0>复制次数：1>dx，dy，dz：0，-2，0>适用>坐标：0，0，-1.8>复制次数：0>适用>关闭（图1-5）。

注：点击右上角动态视图控制，实现9个方向的视角查看。点击快捷工具栏显示节点号，显示单元号。Ctrl+H为消隐切换，可方便拾取节点等操作。

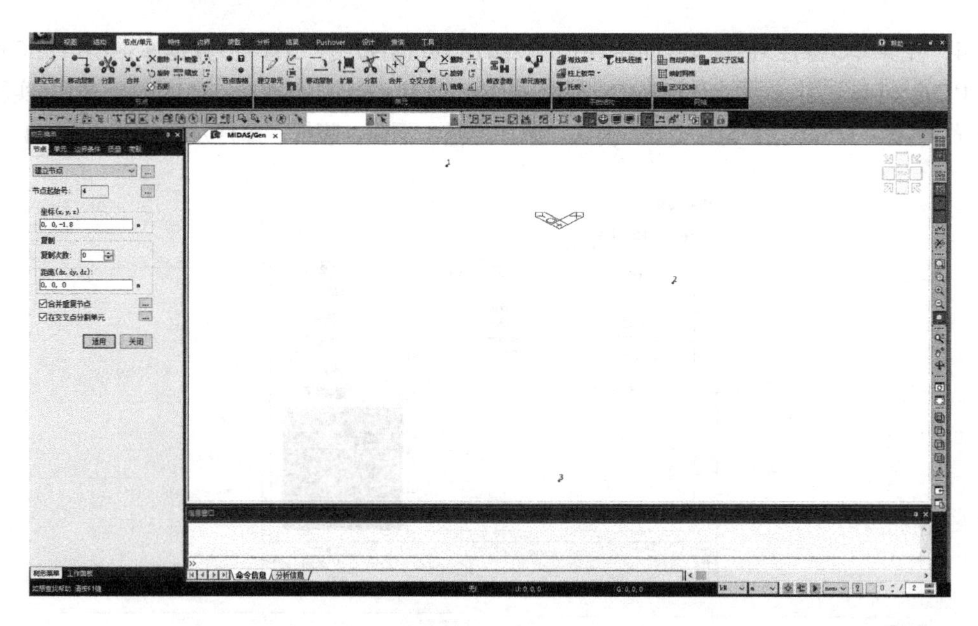

图1–5 建立节点

2．主菜单>节点/单元>单元>扩展 >扩展类型：节点→线单元>单元类型：梁单元>材料：1：Q345>截面：1：P 299x14>生成形式：旋转>复制次数：1>旋转角度：1>旋转轴：y>第一点：0，0，–168>窗口选择 节点1、2 >适用（图1–6）。

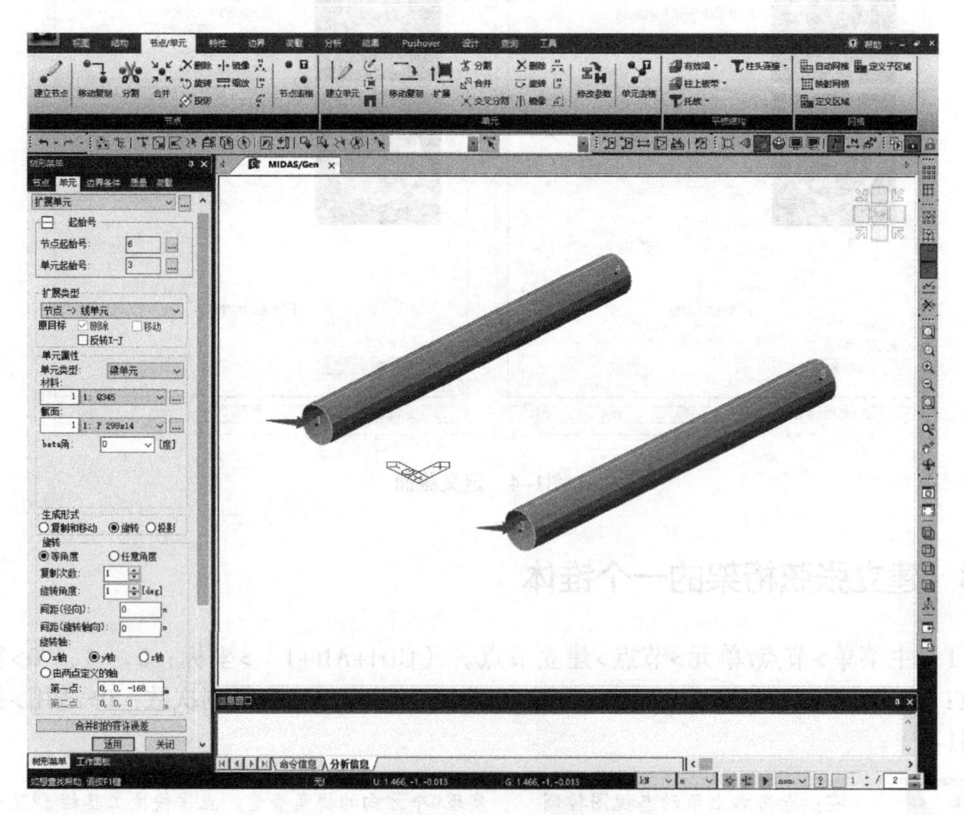

图1–6 扩展节点1、2生成单节上弦

注：上弦桁架圆弧对应半径R=168m，则单节弦长为圆心角1°对应的弦长：$\pi R/180\approx$2.932m。故旋转扩展时，基点为圆心0，0，−168，绕y轴旋转1°。

重复步骤2：……旋转角度：0.5>旋转轴：y>第一点：0，0，−166.2>窗口选择节点3>适用（图1-7）。

注：下弦桁架圆弧对应半径R=168−1.8=166.2m，则单节弦长为圆心角0.5°对应的弦长：$\pi R/360\approx$1.45m。故旋转扩展时，基点为圆心0，0，−166.2，绕y轴旋转0.5°。

快捷键可通过：主菜单>工具>用户自定义>自定义>键盘，实现自定义和修改。

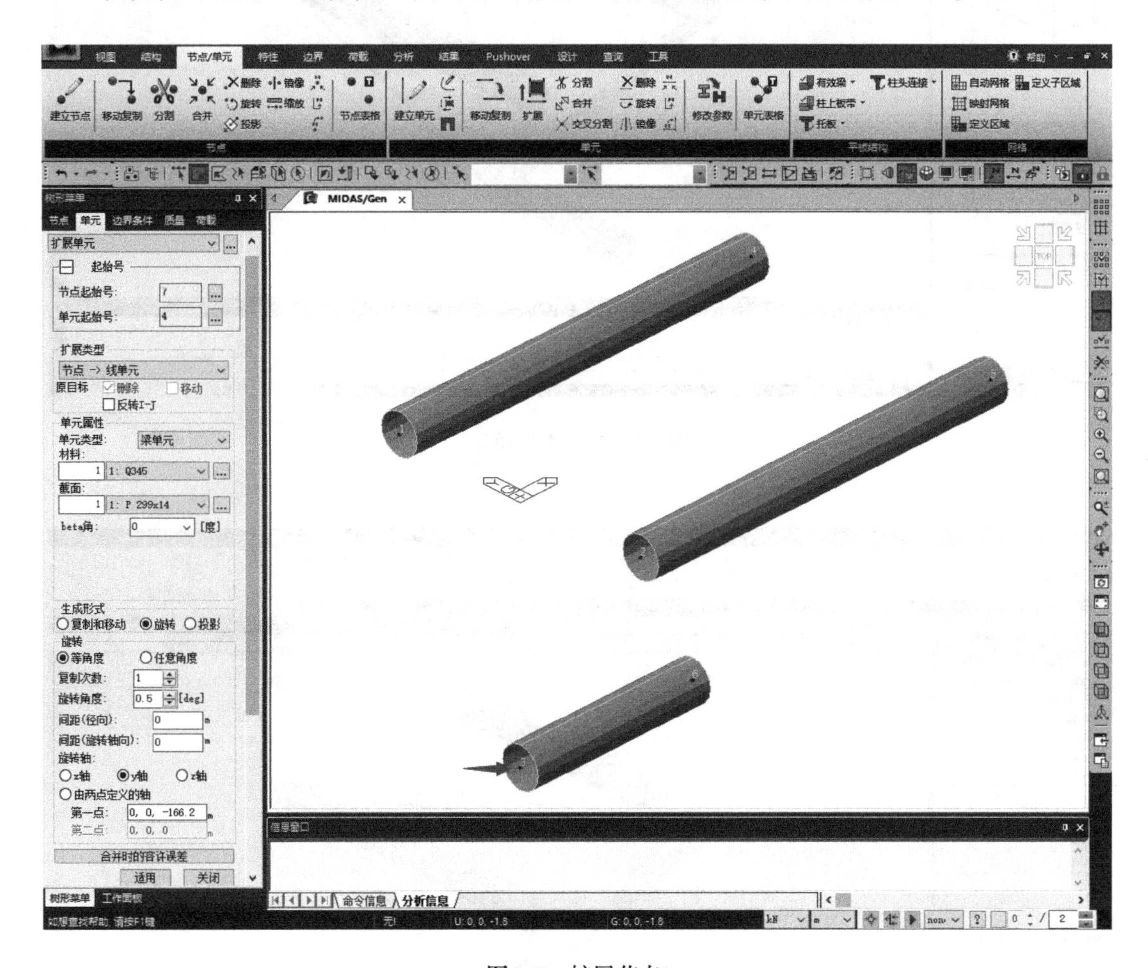

图1-7 扩展节点3

3. 主菜单>节点/单元>单元>建立单元（快捷键Alt+1）>单元类型：桁架单元>材料：1：Q345>截面：2：P152×8>点击连接节点1，6、2，6、4，6、5，6，建立腹杆（图1-8）。

重复步骤3，截面：3：P121×6>点击连接节点1，2、4，5、1，5>关闭。建立上弦支撑单元（图1-9）。

窗口选择节点3>Del，删除辅助节点和单元（图1-10）。

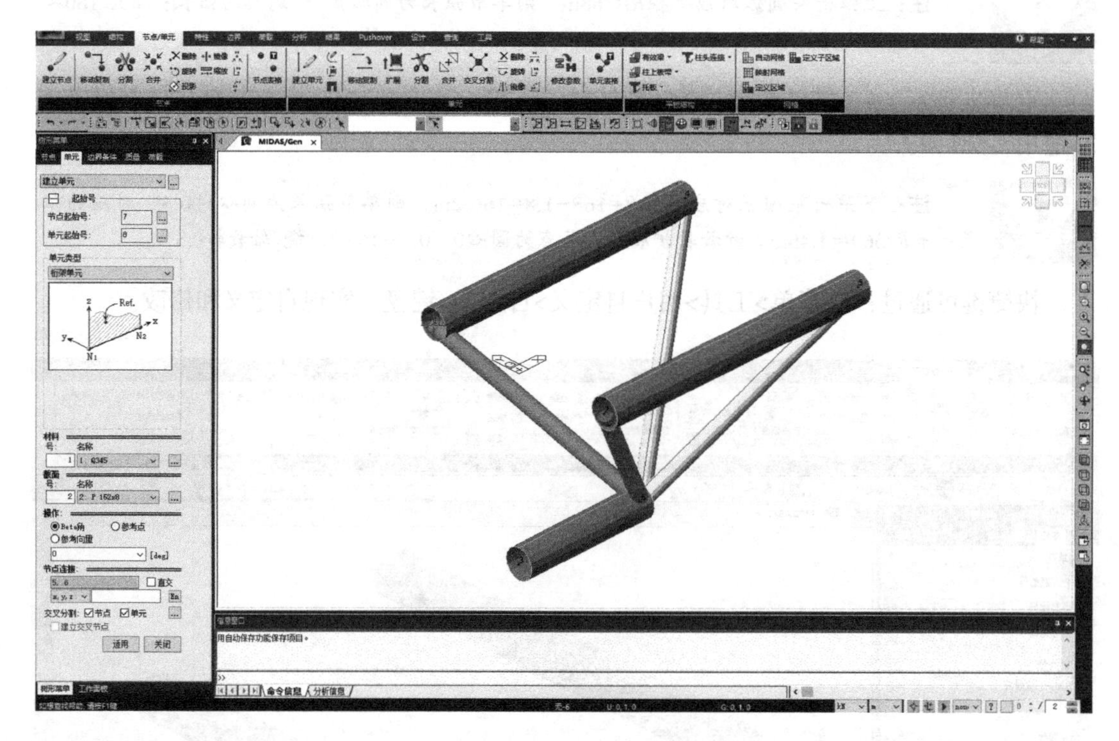

图1-8 建立腹杆单元

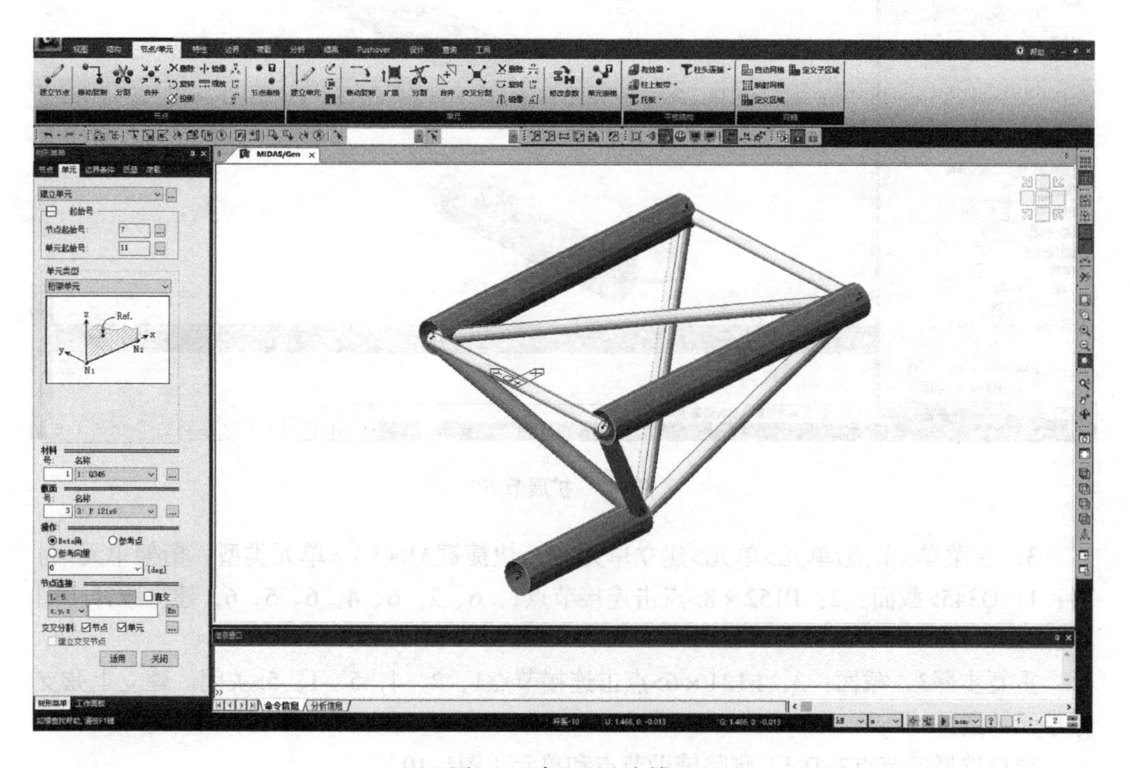

图1-9 建立上弦支撑

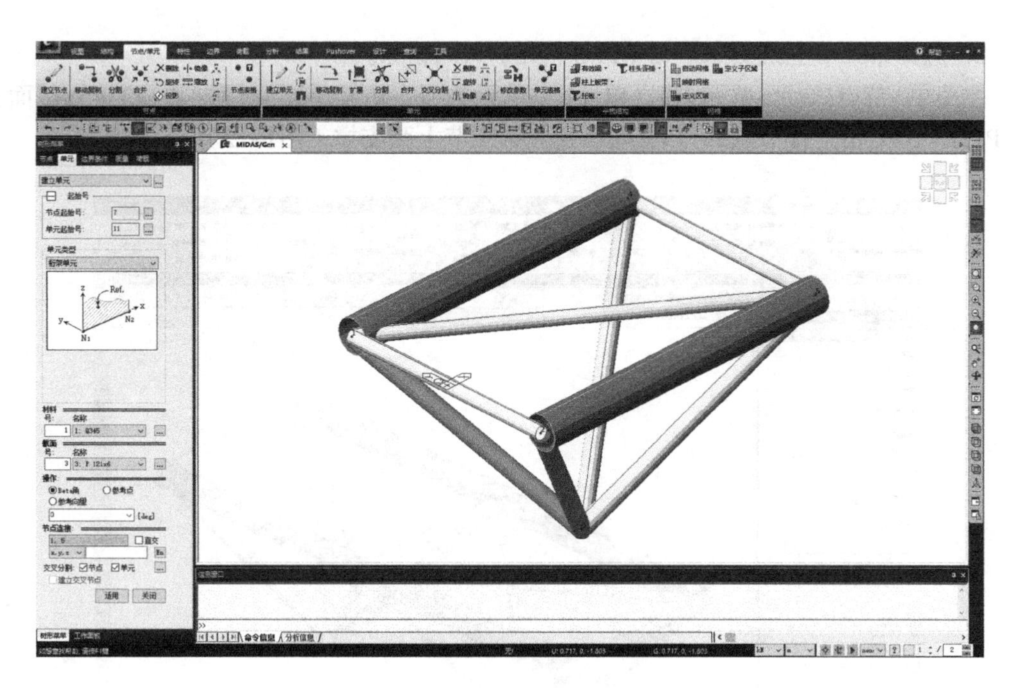

图1-10　删除辅助节点和单元

1.4　建立张弦网架及拉索

1. 主菜单>节点/单元>单元>旋转>形式：复制>等角度>复制次数：1>旋转角度：1>旋转轴：绕y轴>第一点：0，0，-168>全选>适用>关闭（图1-11）。

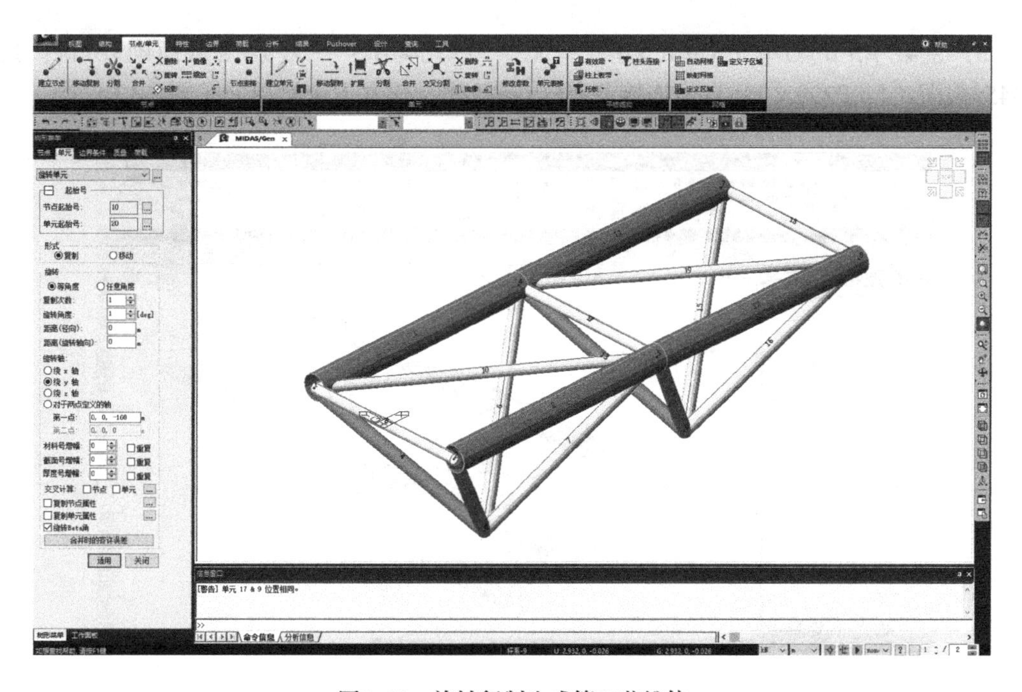

图1-11　旋转复制生成第二节锥体

2. 选择第二节上弦支撑单元（19号单元）>Del删除。

主菜单>节点/单元>单元>建立单元 >单元类型：桁架单元>材料：1：Q345>截面：3：P121×6>点击连接节点5，7>关闭。建立第二节上弦支撑（图1-12）。

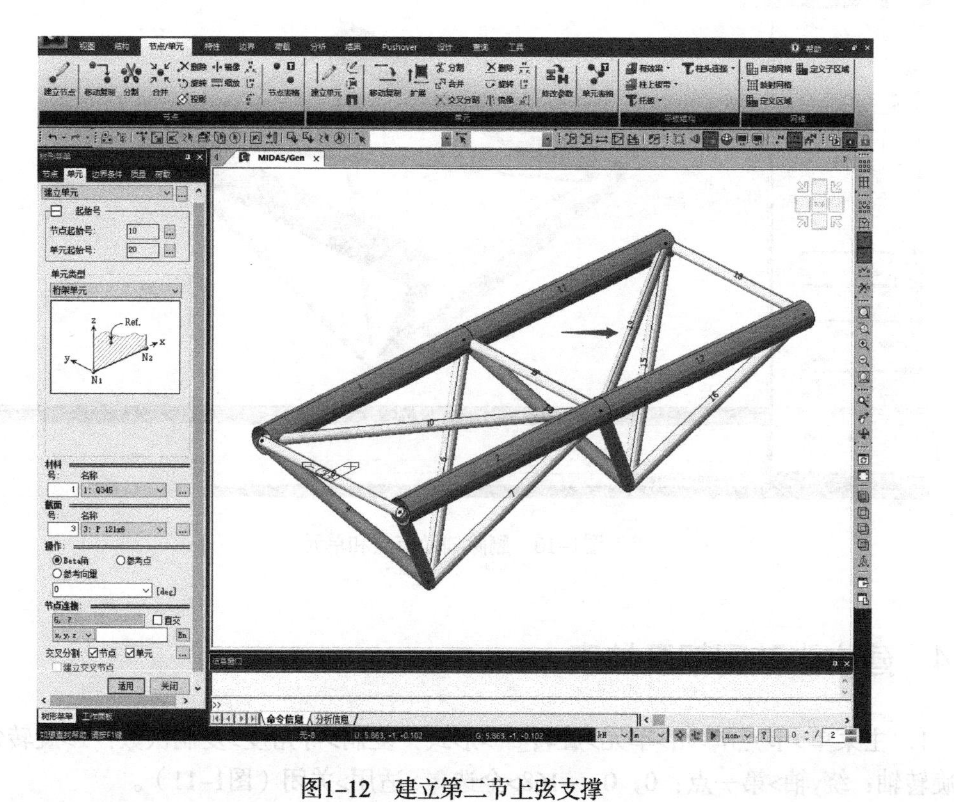

图1-12 建立第二节上弦支撑

3. 主菜单>节点/单元>单元>建立单元 >单元类型：一般梁/变截面梁>材料：1：Q345>截面：1：P299×14>点击连接节点6，9>关闭。建立下弦梁单元（图1-13）。

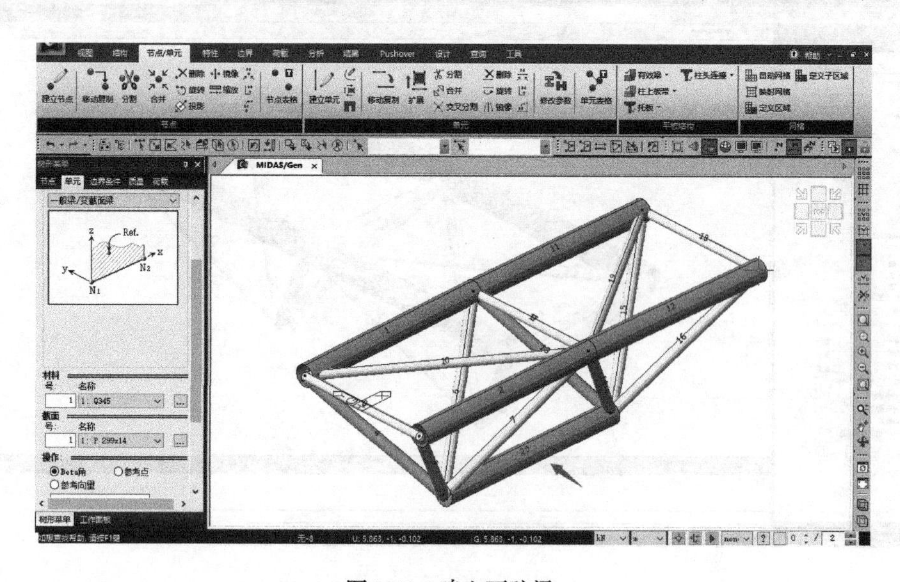

图1-13 建立下弦梁

4．主菜单>节点/单元>单元>旋转>形式：复制>等角度>复制次数：7>旋转角度：2>旋转轴：绕y轴>第一点：0，0，-168>全选>适用（图1-14）。

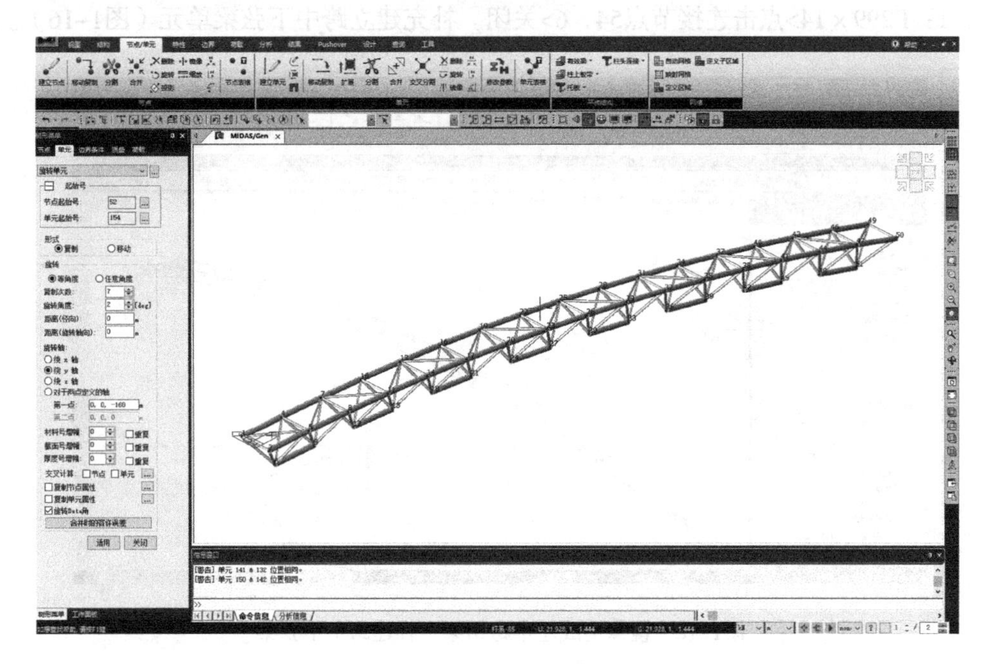

图1-14　旋转复制建立右侧张弦桁架

5．主菜单>节点/单元>单元>建立单元>单元类型：一般梁/变截面梁>材料：1：Q345>截面：1：P299×14>点击连接节点9，12、15，18、21，24、27，30、33，36、39，42、45，48>关闭。补充建立下弦梁（图1-15）。

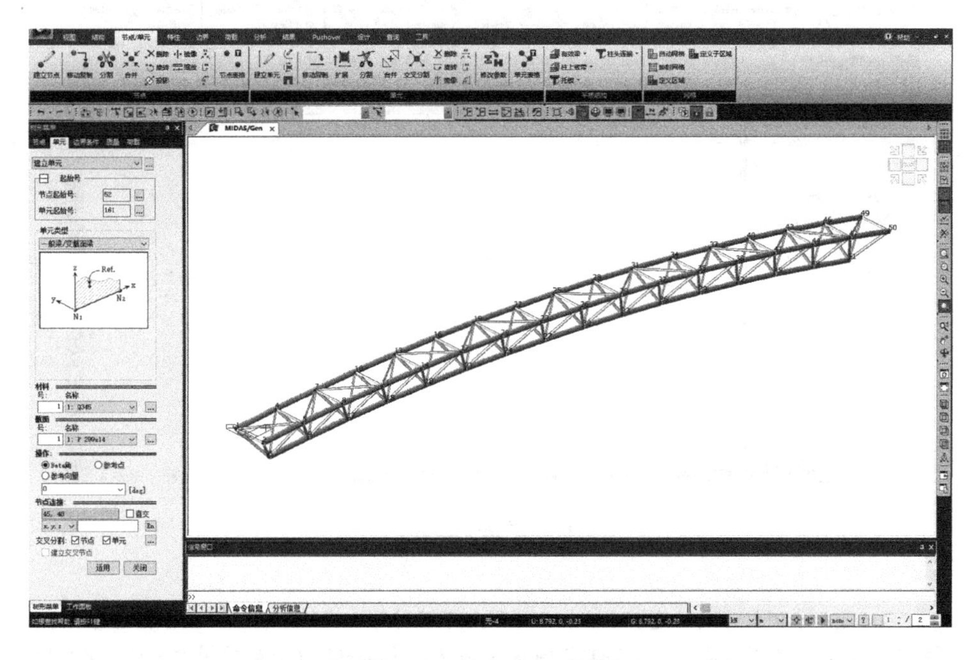

图1-15　补充建立下弦梁

6. 主菜单>节点/单元>单元>镜像>勾选：反转单元坐标系>全选>适用。

主菜单>节点/单元>单元>建立单元>单元类型：一般梁/变截面梁>材料：1：Q345>截面：1：P299×14>点击连接节点54，6>关闭。补充建立跨中下弦梁单元（图1-16）。

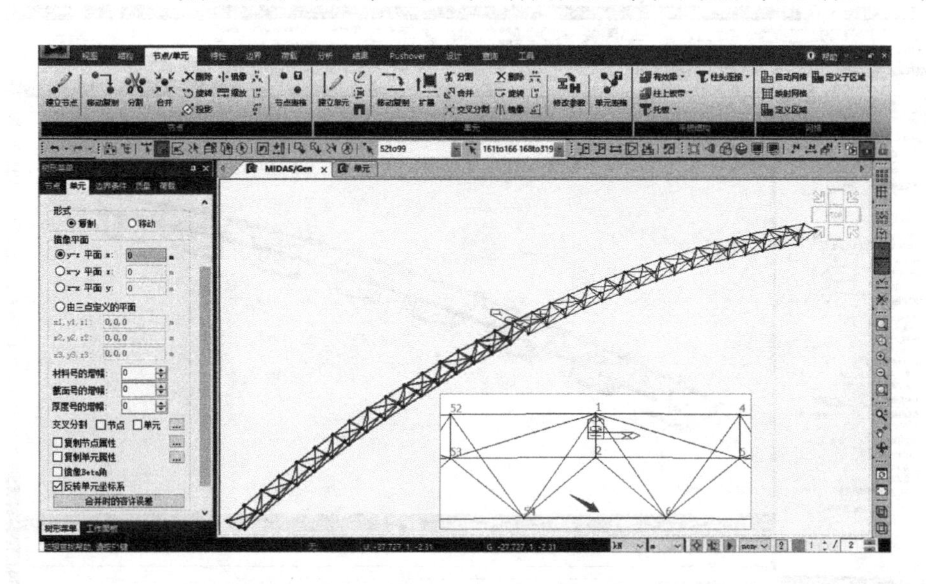

图1-16　镜像生成左半跨桁架、补建跨中下弦梁

7. 主菜单>结构>检查结构>检查重复单元。主菜单>节点/单元>节点>镜像>形式：复制>窗口选择支撑对应的下弦节点（90、81、69、57、9、21、33、42）>镜像平面：x-y平面>z：-7.840487（或模型窗口点取下弦端节点99或51）>适用>关闭（图1-17）。

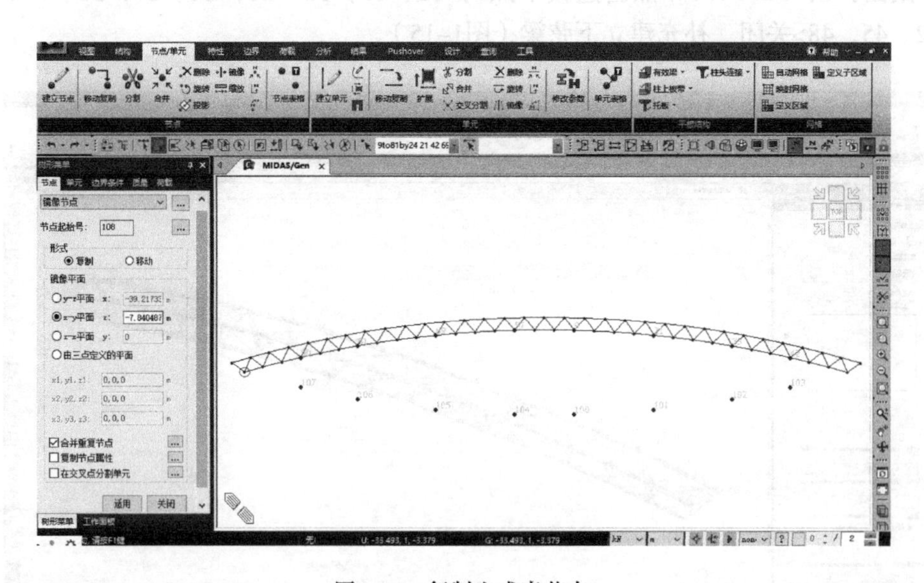

图1-17　复制生成索节点

注：本例仅为演示建模方法，索形取与下弦对称，实际工程项目宜根据设计要求确定。另外，类似弧形结构，通过CAD绘制dxf文件然后导入midas Gen的建模方式往往更方便。

8. 主菜单>节点/单元>单元>建立单元>单元类型：只受拉/钩/索单元>勾选：索>初拉力：100kN>材料：2：Cable>截面：5：D100>在模型窗口中，依次连接节点99、107、106、105、104、100、101、102、103、51>关闭，建立索单元（图1-18）。

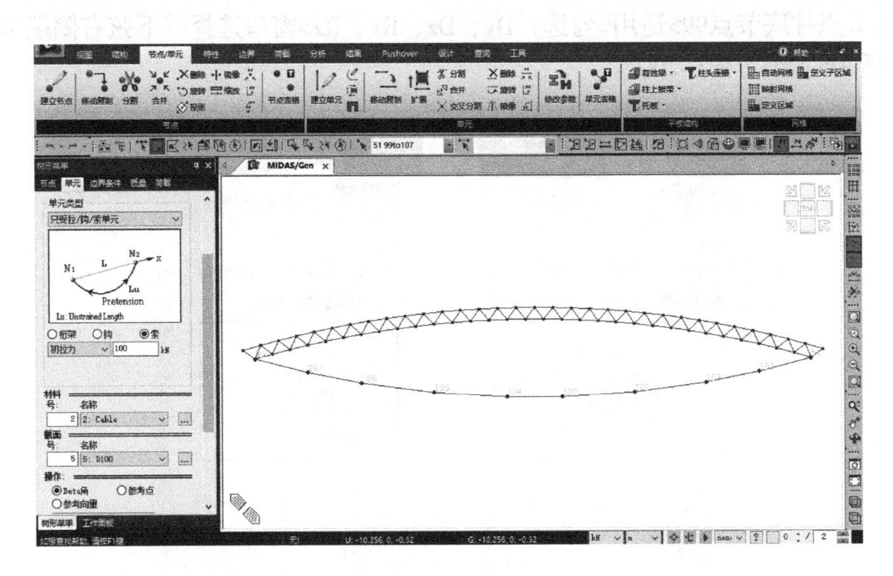

图1-18　建立索单元

注：建立索单元时，亦可先建立桁架单元，然后通过主菜单>节点/单元>单元>单元表格，或者选择索单元>右键>单元>单元详细表格中修改单元类型为索单元，同时修改索的初拉力值。也可通过主菜单>节点/单元>单元>修改参数>单元类型中实现修改。

9. 主菜单>节点/单元>单元>建立单元>单元类型：桁架单元>材料：1：Q345>截面：4：P 159x8>在模型窗口中，依次连接节点90，107、81，106、69，105、57，104、9，100、21，101、33，102、42，103>关闭，建立支撑（桁架单元）（图1-19）。

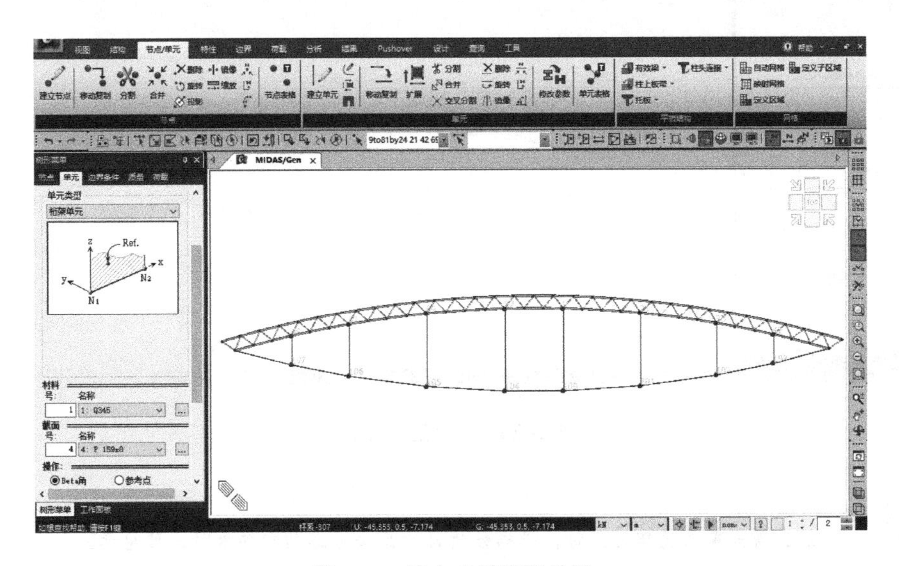

图1-19　建立支撑桁架单元

1.5 定义边界条件

主菜单>边界>一般支承>选择：添加>勾选：D-ALL>勾选：Rx、Rz>窗口选择下弦左侧端节点柱底节点99>适用>勾选：Dy、Dz、Rx、Rz>窗口选择下弦右侧端节点柱底节点51>适用>关闭（图1-20）。

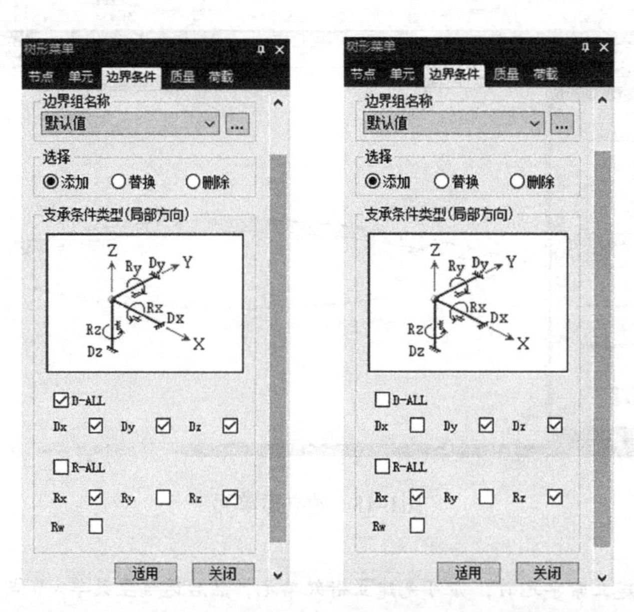

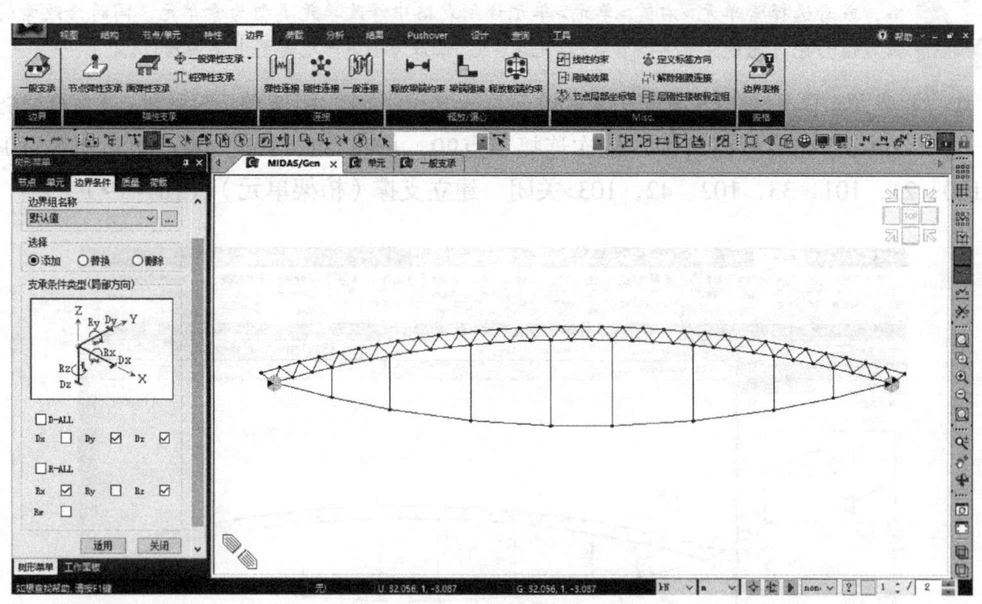

图1-20 定义边界条件

注：薄壁截面受扭为主时，根据分析目的需要考虑翘曲约束时，可勾选Rw。

1.6 定义荷载工况及荷载

定义荷载工况，并输入自重、屋面恒荷载、屋面活荷载。

1．主菜单>荷载>荷载类型>静力荷载>建立荷载工况>静力荷载工况>

名称：DL>类型：恒荷载>添加；名称：LL>类型：活荷载>添加>关闭（图1–21）。

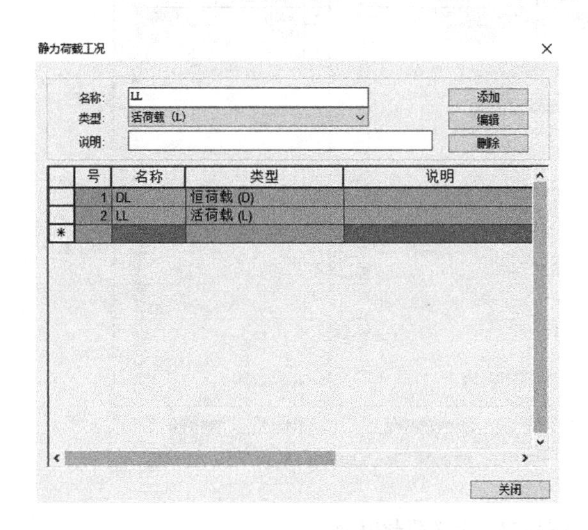

图1–21　定义荷载工况

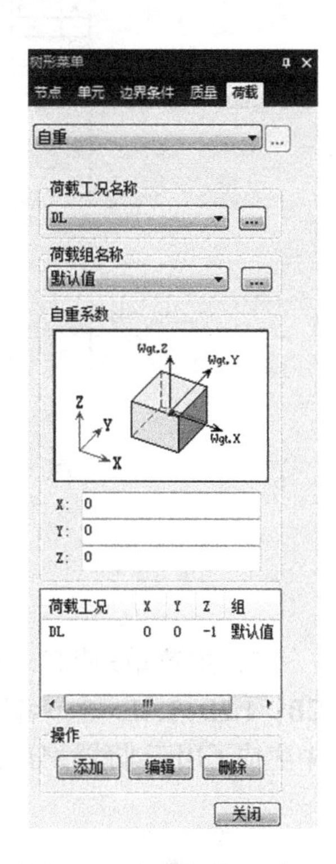

图1–22　定义恒载DL 自重

2．主菜单>荷载>荷载类型>静力荷载>结构荷载/质量>自重>荷载工况名称：DL>自重系数：Z–1>添加>关闭（图1–22）。

3．主菜单>荷载>静力荷载>结构荷载/质量>节点荷载>荷载工况：DL>选项：添加>FZ=–10kN>快捷工具栏：多边形选择>适用>荷载工况：LL >FZ=–5KN>快捷工具栏：前次选择>适用>关闭（图1–23）。

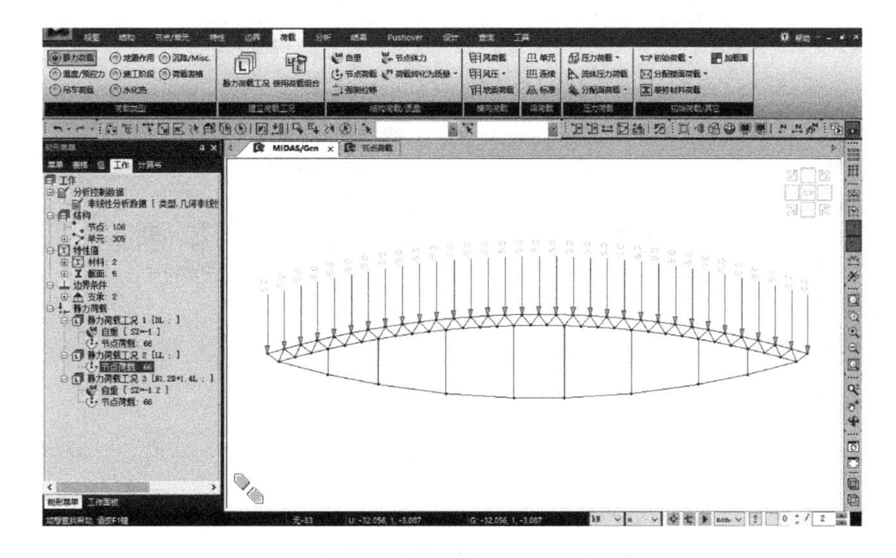

图1–23　输入恒、活荷载

4. 主菜单>结果>组合>荷载组合>一般>名称：1.2D+1.4L>荷载工况和系数>荷载工况DL>系数1.2>荷载工况LL>系数1.4>关闭（图1–24）。

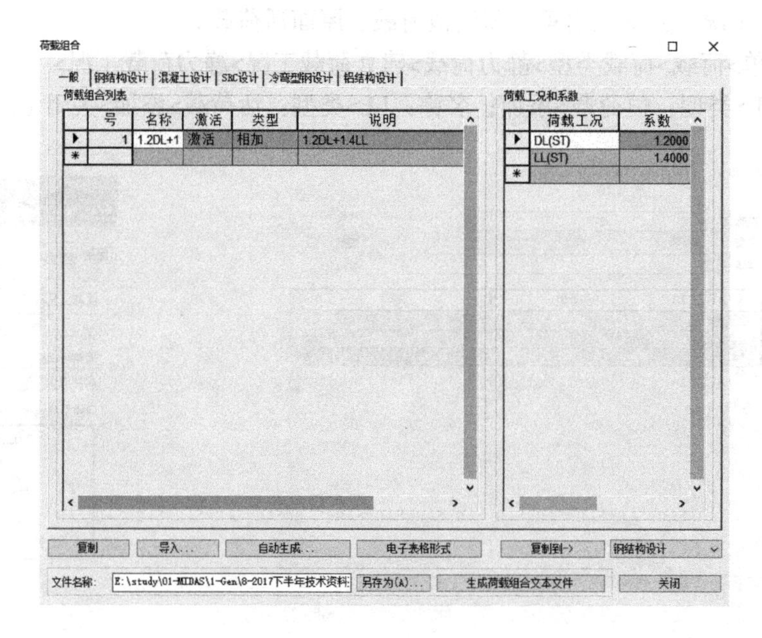

图1–24 定义荷载组合

5. 主菜单>荷载>静力荷载>建立荷载工况>使用荷载组合>定义的组合中选择：CB：1.2D+1.4L>→>名称：N>生成位置：钢结构设计>适用>关闭。此时在定义的组合框中生成了用于非线性分析的荷载组合CBC：N1.2D+1.4L（图1–25）。

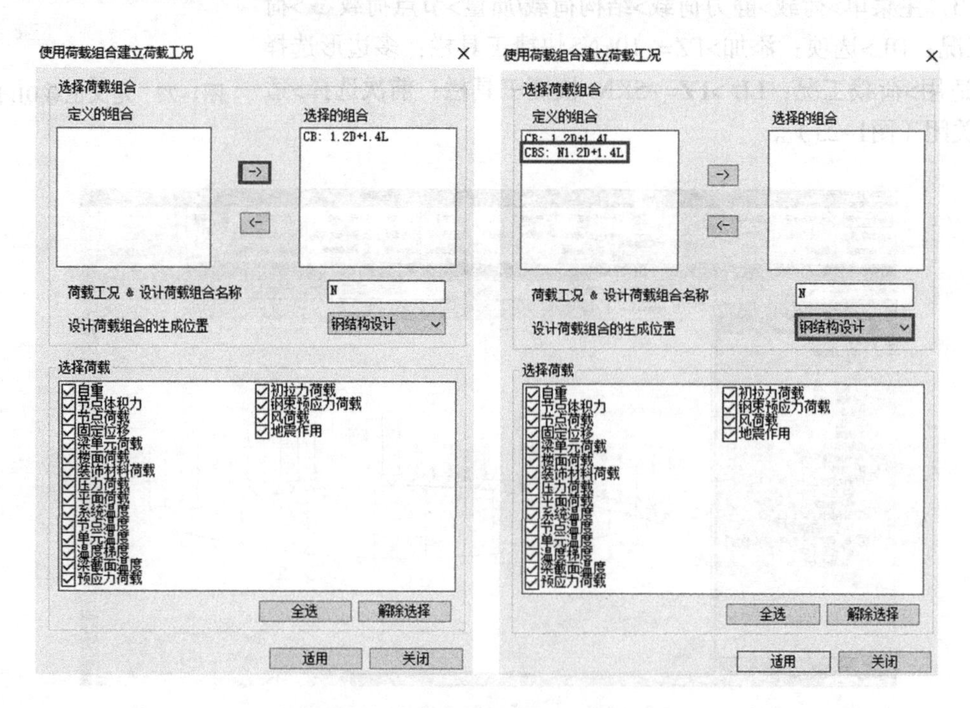

图1–25 定义非线性分析的荷载组合

此时，主菜单>荷载>荷载类型>静力荷载>建立荷载工况>静力荷载工况……（步骤1），会自动生成非线性分析使用的荷载工况：N1.2D+1.4L（图1–26）。

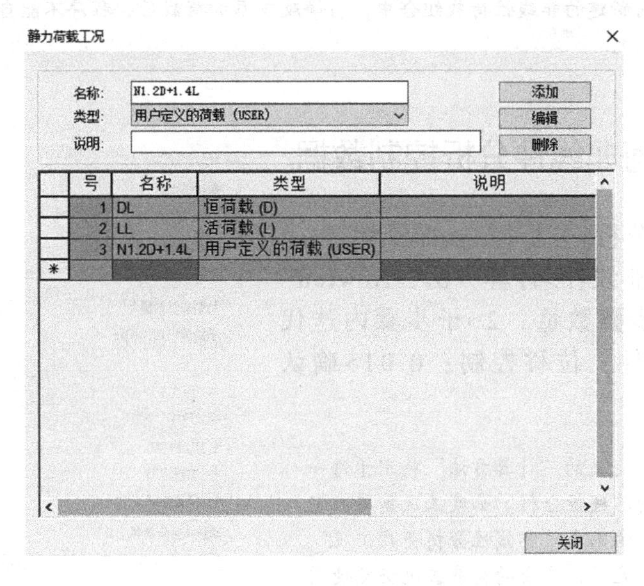

图1–26 生成非线性分析的荷载工况

同时，主菜单>结果>组合>荷载组合>一般……（步骤4），已经定义完成的名称为1.2D+1.4L的荷载组合，其激活项自动修改为钝化。钢结构设计表单中自动生成了非线性分析对应的荷载组合：N1.2D+1.4L（图1–27）。

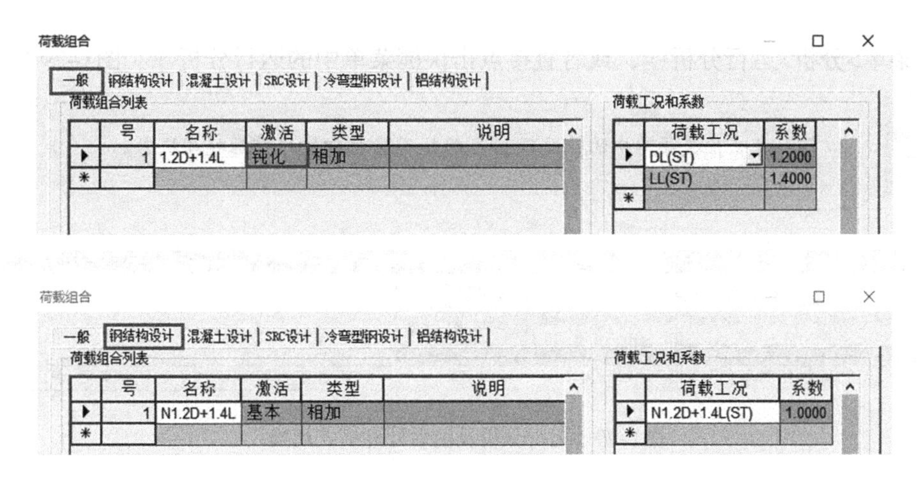

图1–27 自动生成非线性分析的荷载组合

注：只有在步骤4中定义了荷载组合后，步骤5“使用荷载组合”中才会显示。然后，Gen会在荷载工况和荷载组合中，自动生成非线性荷载组合N1.2D+1.4L。

线弹性分析时，荷载与其效应是线性关系，故荷载组合时直接线性叠加荷载效应即可。但是非线性分析时，由于荷载和其效应是非线性关系，故需应用“荷载>建立荷载工况>使用荷载组合”功能定义非线性分析的荷载组合，用于查看相应的非线性分析结果。

生成非线性荷载组合后，如果又修改或添加非线性荷载组合中涉及的荷载，需要重复步骤4和5，重新生成非线性荷载组合。因为，程序生成非线性组合是将对应工况的荷载直接复制到新建的非线性荷载组合中，当修改或添加荷载后，程序不能自动重新复制荷载至非线性工况。

1.7 定义几何非线性分析控制数据

1. 主菜单>分析>分析控制>非线性>非线性类型：几何非线性>计算方法：Newton-Raphson>加载步骤数量：2>子步骤内迭代次数60>收敛条件：位移控制：0.01>确认（图1–28）。

注：定义的“计算方法”将用于每一个工况的非线性分析。如某工况需单独定义分析方法则在“非线性分析荷载工况”中设置，此时，其余的荷载工况仍然使用“计算方法”中设定方法计算。

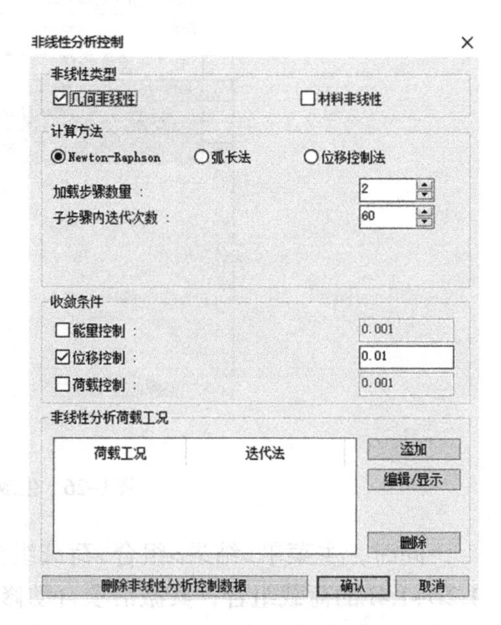

图1–28 非线性分析控制数据

1.8 运行分析

主菜单>分析>运行分析，或者直接点击快捷菜单中的运行分析（图1–29）。

注：点击快捷菜单中的前处理和后处理按钮切换前后处理状态。

图1–29 运行分析及前后处理模式切换

如信息窗口出现“[错误] 在几何非线性分析中不能计算层中心、层剪力。请修改建筑物控制数据”的提示，则在：主菜单>结构>建筑>控制数据中，取消“层构件剪力比”的勾选即可（图1–30）。

如信息窗口中出现图1–31所示的提示，表示未收敛（设定的计算步骤内未达到收敛条件）。此时，需要调整“非线性分析控制数据”中的有关参数。不收敛的原因可能是荷载导致的变形过大、子步骤迭代次数少、收敛条件偏小等。

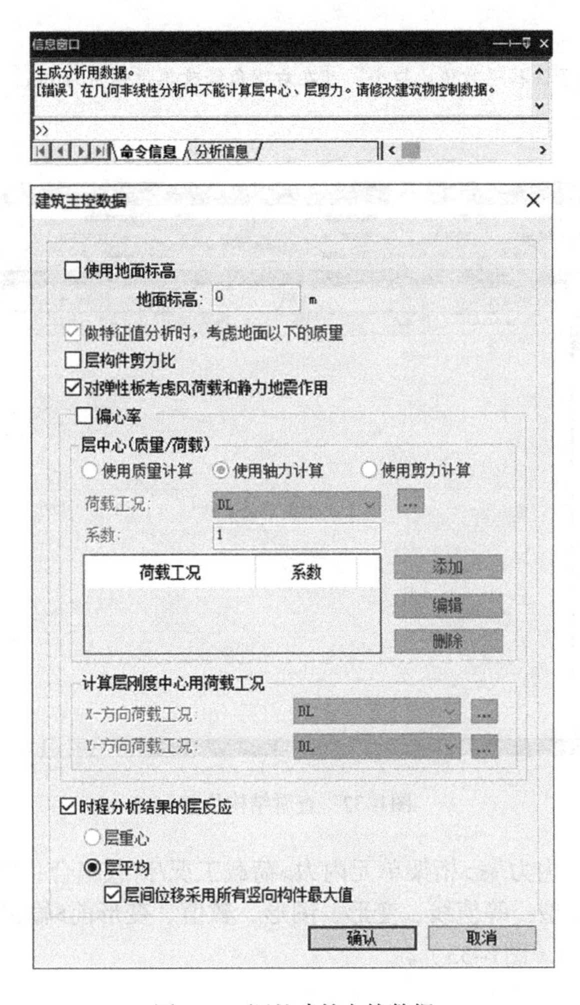

图1–30　调整建筑主控数据

注： 结果收敛说明满足平衡状态，即使收敛条件稍宽松些，结果也是可使用的。否则，如果不收敛，说明未满足平衡状态，结果是不可信的。

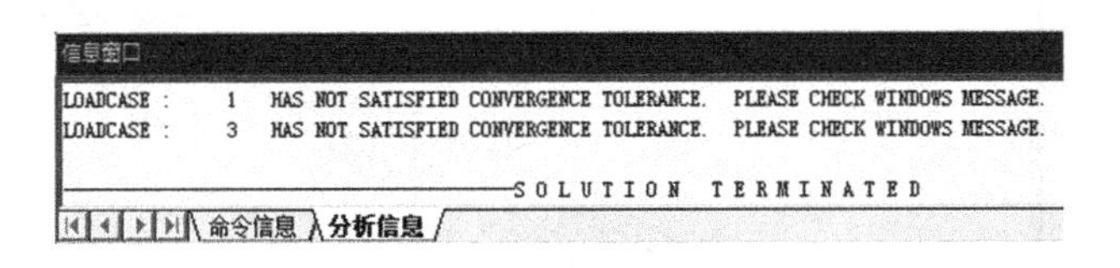

图1–31　未收敛信息提示

1.9　查看结果

1. 主菜单>结果>变形>位移等值线>荷载工况/荷载组合：CBS：N1.2D+1.4L>位移：DXYZ>显示类型：等值线、变形、图形、数值、变形前>适用，可查看结构的位移（图1–32）。

注：由于位移通常值比较小，可在右下角修改单位体系为mm。

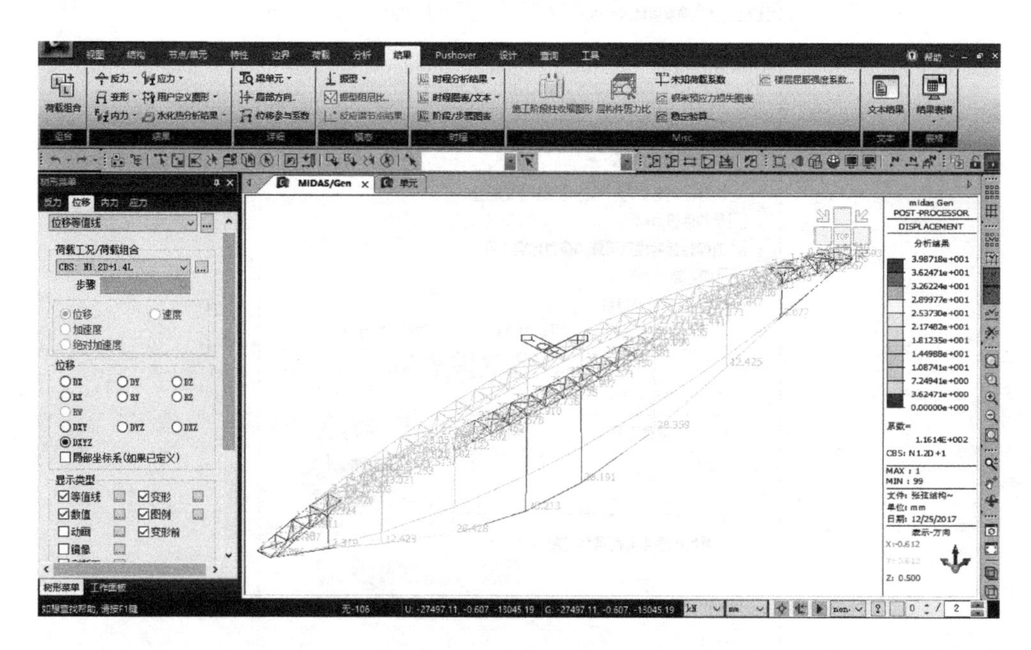

图1-32　查看结构位移

2．主菜单>结果>内力 >桁架单元内力>荷载工况/荷载组合：CBS：N1.2D+1.4L>选择内力：全部>显示类型：等值线、变形、图形、数值、变形前>输出截面位置：最大值>适用，可查看桁架内力（图1-33）。

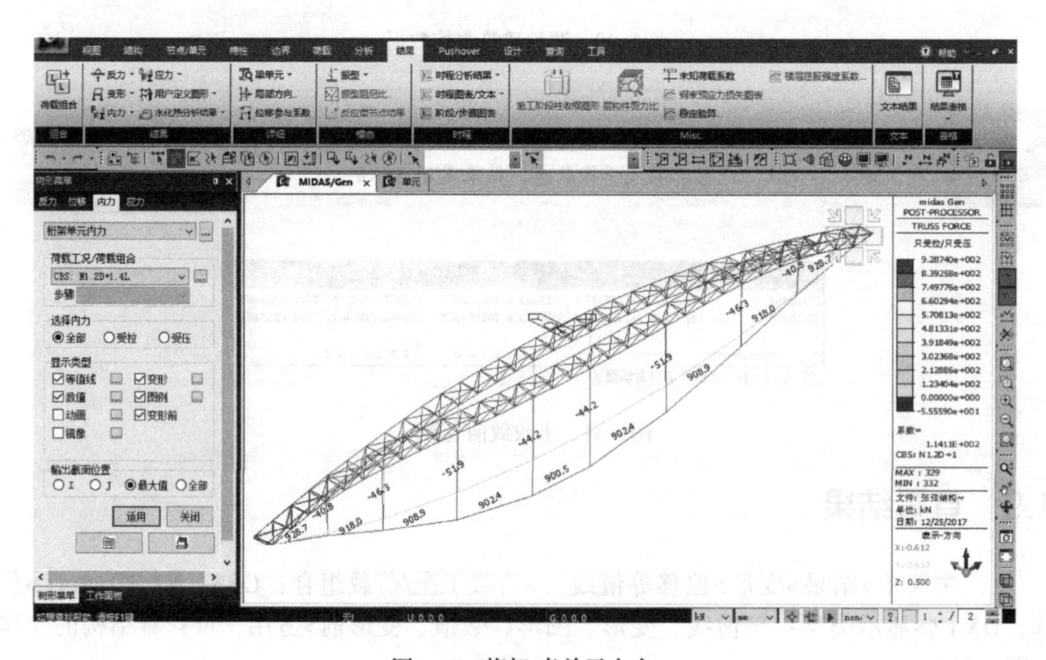

图1-33　桁架/索单元内力

注：图1–33是把桁架梁部分单元钝化后（Ctrl+F2）的显示状态。类似的，如果只想显示结构中部分单元的内力数值，而其他的构件又要同时显示出来时，可以“快捷工具栏显示选项>绘图>被钝化的目标>选择值>勾选：显示单元、节点”即可。如重新激活全部单元，可按快捷键Ctrl+All（图1–34）。

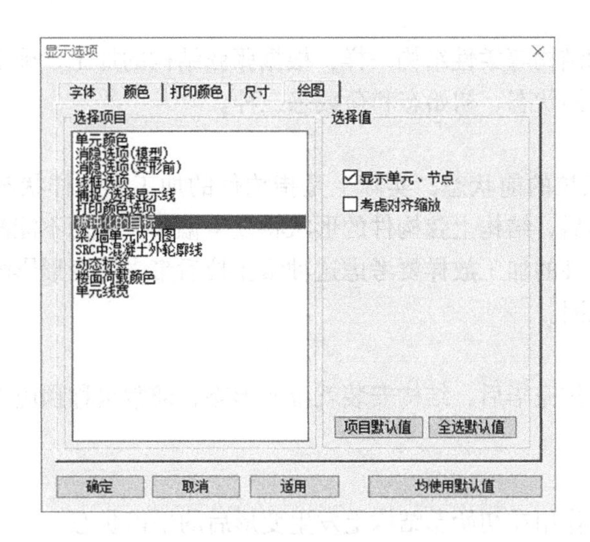

图1–34　显示选项

3. 主菜单>结果>表格>结果表格>索单元内力>内力和信息>选择单元和荷载工况/组合>确定，可查看索单元内力表格和索单元信息（图1–35）。

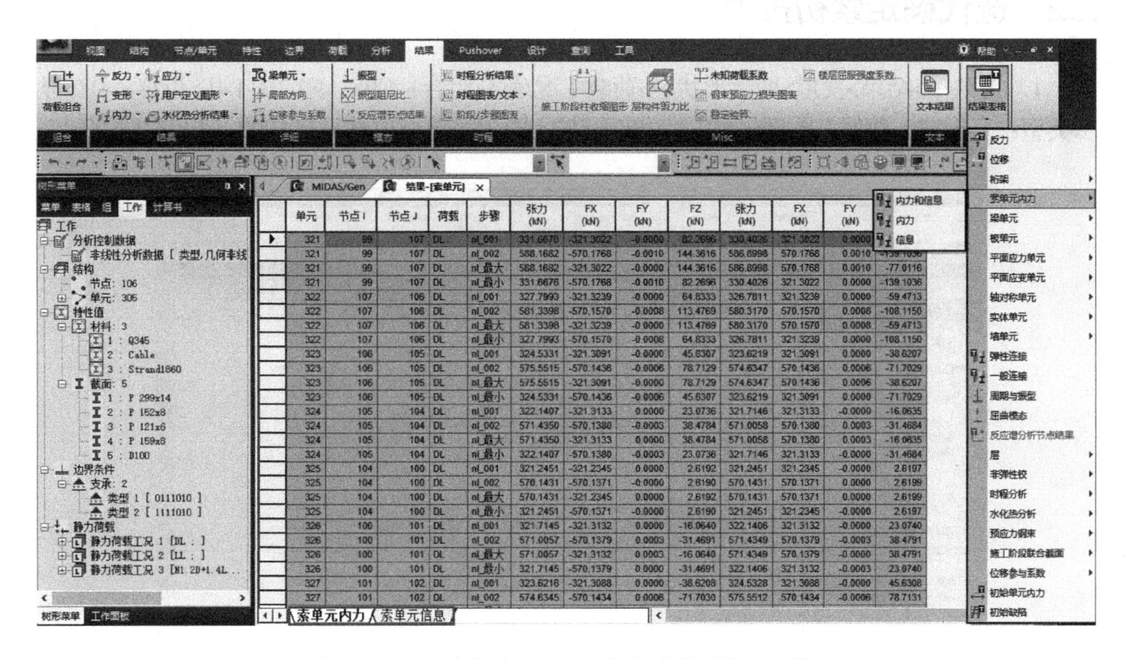

图1–35　查看索单元内力表格和索单元信息表格

亦可在“结果表格”中选中桁架等查看桁架单元内力和应力。

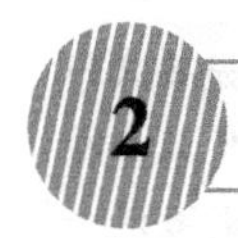

2 初始态索拉力确定

2.1 结构形态介绍

张弦结构像悬索结构等柔性结构一样，根据张弦结构的加工、施工及受力特点，通常将其结构形态定义为零状态、初始态和荷载态三种。

1．零状态

零状态是拉索张拉的前状态，实际上是指构件的加工和放样状态，通常也称结构放样态。当索张拉完毕后，结构上弦构件的形状将发生偏离，从而不能满足建筑的要求，因此，张弦结构上弦构件的加工放样要考虑这种索张拉后带来的变形影响，这是张弦结构要进行零状态定义的原因。

2．初始态

初始态是拉索张拉完毕后，结构安装就位的形态，通常也称预应力态，是建筑施工图中所明确的结构外形。

3．荷载态

荷载态是外荷载作用在初始态结构上发生变形后的平衡状态。

本节通过逆迭代法，确定初始态的索初拉力，使结构在该初拉力作用下，结构起拱值控制在跨度的1/600以内。本例跨度88.8m，起拱限值约148mm，在此范围内可近似认为满足要求。

2.2 迭代确定索初拉力

1．主菜单>结果>变形>变形形状>荷载工况/荷载组合：CBS：N1.2D+1.4L>位移：DZ>显示类型：变形前、数值、图例>适用，可知下弦拉索104号节点位移=-154.792mm（图2-1）。

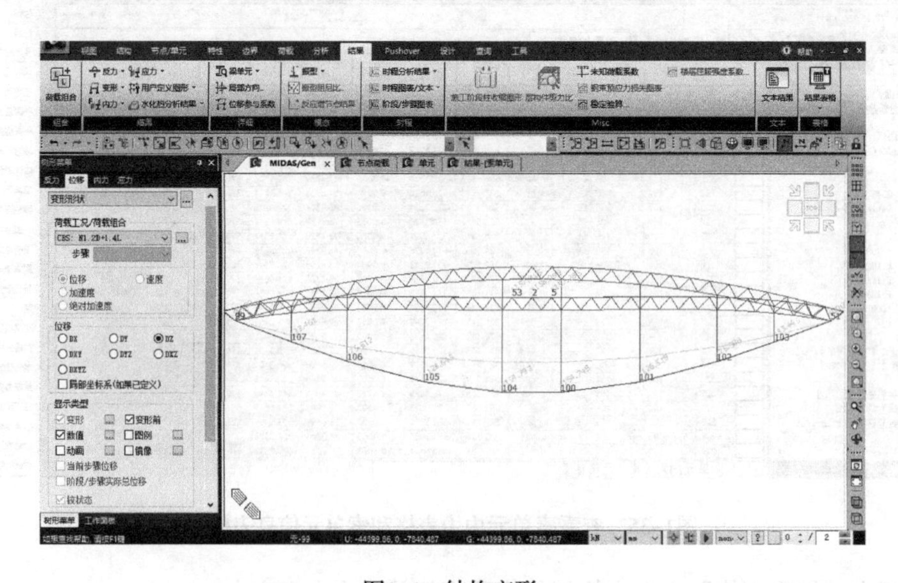

图2-1 结构变形

2. 主菜单>快捷工具栏>前处理🔒>工作树中双击“只受拉单元”>主菜单节点/单元>单元>单元表格>只受拉桁架单元索单元>张力>把100修改为500>运行分析（图2-2）。

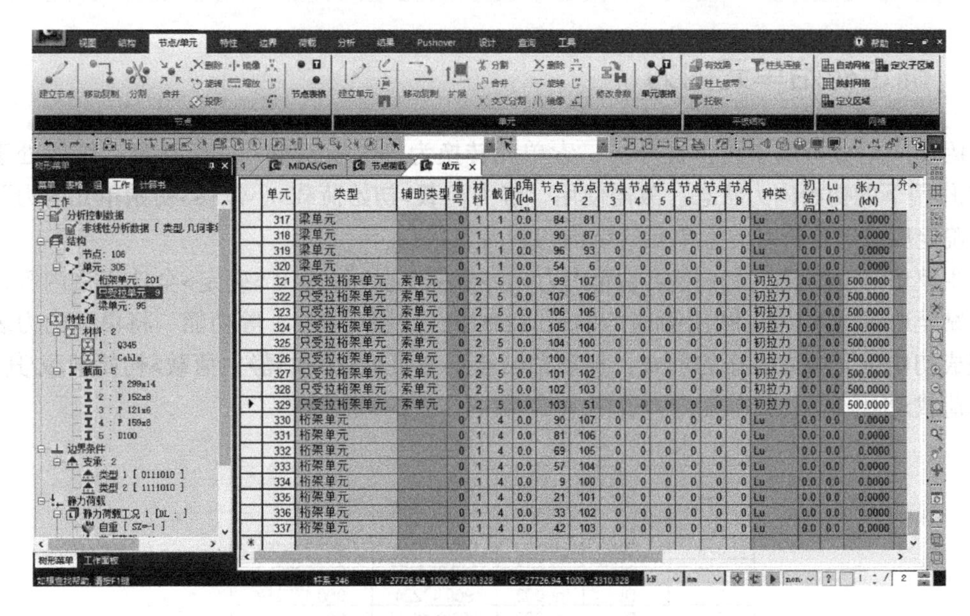

图2-2 修改索初拉力为500kN

重复步骤1，可知，下弦拉索104号节点位移=-108.759mm。

……

重复步骤2，修改初拉力N=2000kN。

重复步骤1，可知，下弦拉索104号节点位移=4.691mm，上挠且小于148mm。

至此，可确定索初拉力为2000kN时，基本满足设计要求（图2-3）。

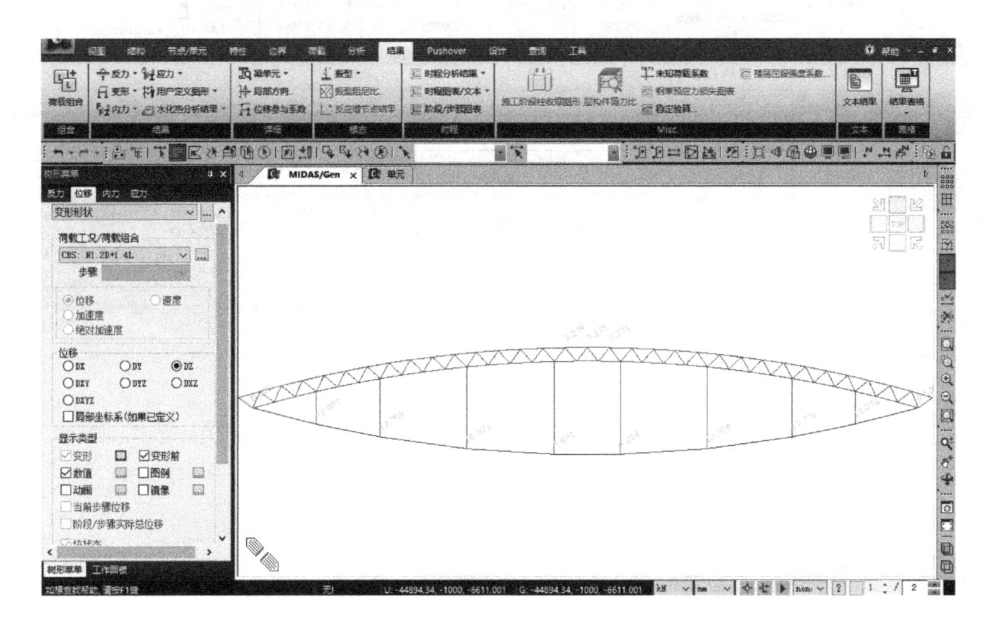

图2-3 索初拉力修改为2000kN时，结构变形

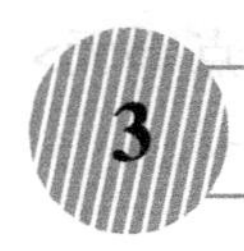

3 索单元结构反应谱分析

3.1 确定初始单元内力

因反应谱分析属于线弹性分析，索单元转换为等效桁架单元进行计算，结构处于恒载DL作用下的初始内力状态。故需使用“静力荷载>初始荷载>小位移>初始单元内力”功能，确定反应谱分析时的索单元的结构初始内力状态。

主菜单>结果>内力>桁架单元内力>…>荷载工况>勾选DL>确定>全选表格内容，复制粘贴至Excel文档中。利用筛选（单元321t329、步骤nl_002）等功能，将单元内力表格整理成初始单元内力表格的形式，复制粘贴至：主菜单>荷载>静力荷载>初始荷载/其他>初始荷载>小位移>初始单元内力表格中（图2–4、图2–5）。

单元	荷载	步骤	内力-I (kN)	内力-J (kN)
321	DL	nl_002	928.180379	926.925507
322	DL	nl_002	917.615605	916.623065
323	DL	nl_002	908.634191	907.726789
324	DL	nl_002	902.354933	901.930013
325	DL	nl_002	900.47224	900.472239
326	DL	nl_002	901.929994	902.354914
327	DL	nl_002	907.726792	908.634196
328	DL	nl_002	916.623028	917.615568
329	DL	nl_002	926.925453	928.180324

图2–4 筛选得到索单元内力

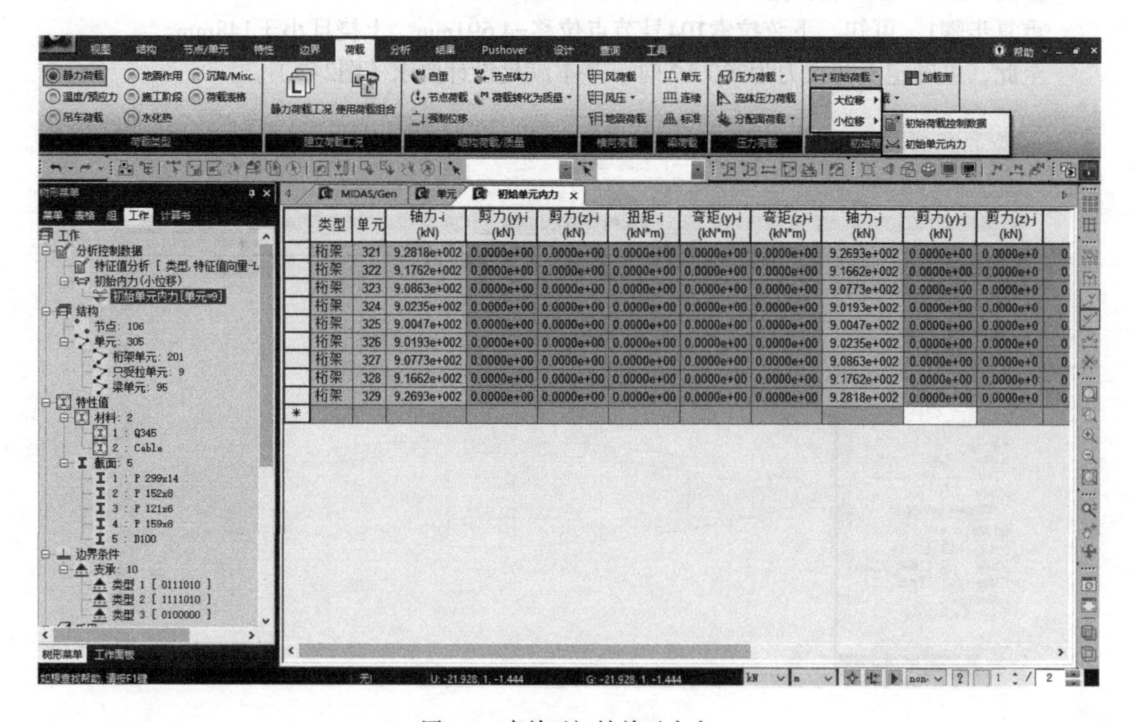

图2–5 索单元初始单元内力

3.2 输入反应谱分析数据

1．主菜单>荷载>荷载类型>地震作用>反应谱数据>反应谱函数>添加>设计反应谱>China（GB50011–2010）>设计地震分组：1>地震设防烈度：7（0.10*g*）>场地类别：Ⅱ>地震影响：多遇地震>阻尼比：0.02>确认（图2–6）。

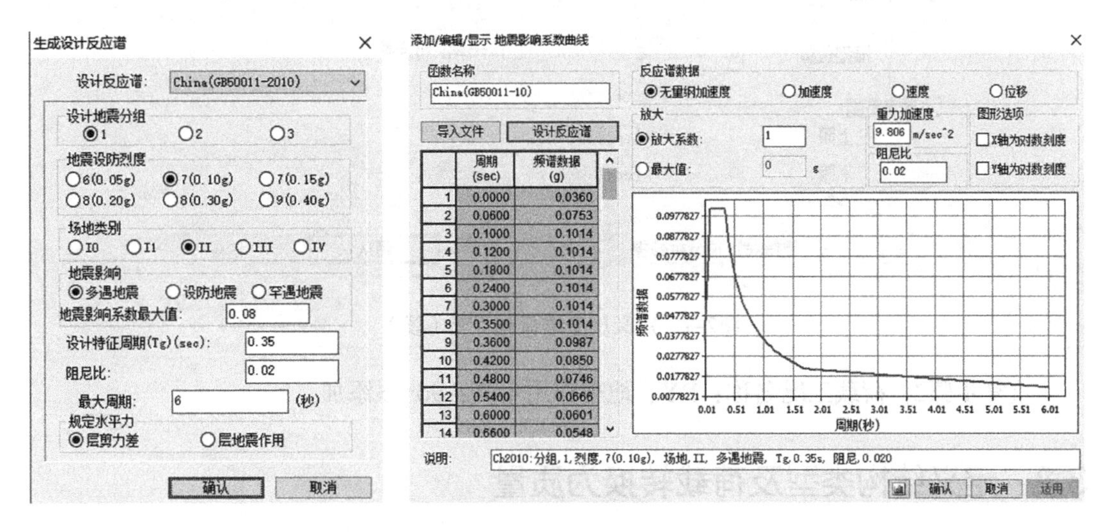

图2–6 生成设计反应谱

2．主菜单>荷载>荷载类型>地震作用>反应谱数据>反应谱（定义反应谱工况）>荷载工况名称：RX>方向：X–Y>地震作用角度：0° >系数：1>周期折减系数：0.8>勾选谱函数：China（GB50011–10）（0.02）>特征值分析控制>分析类型：Lanczos>频率数量（振型数）：6>确认>模态组合控制>振型组合类型：CQC>勾选考虑振型正负号>勾选沿主振型方向>勾选选择振型形状>全部选择>确定>添加（图2–7）。

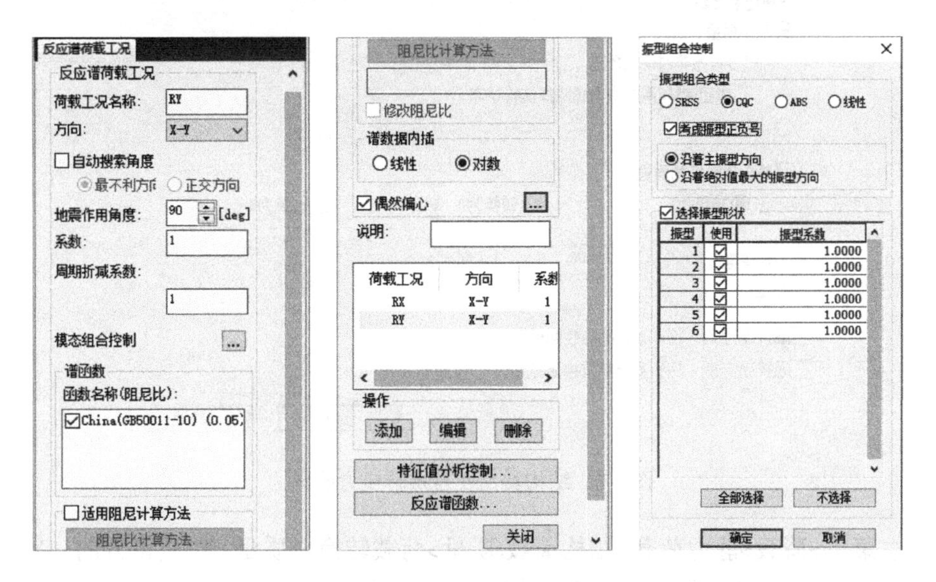

图2–7 定义反应谱荷载工况

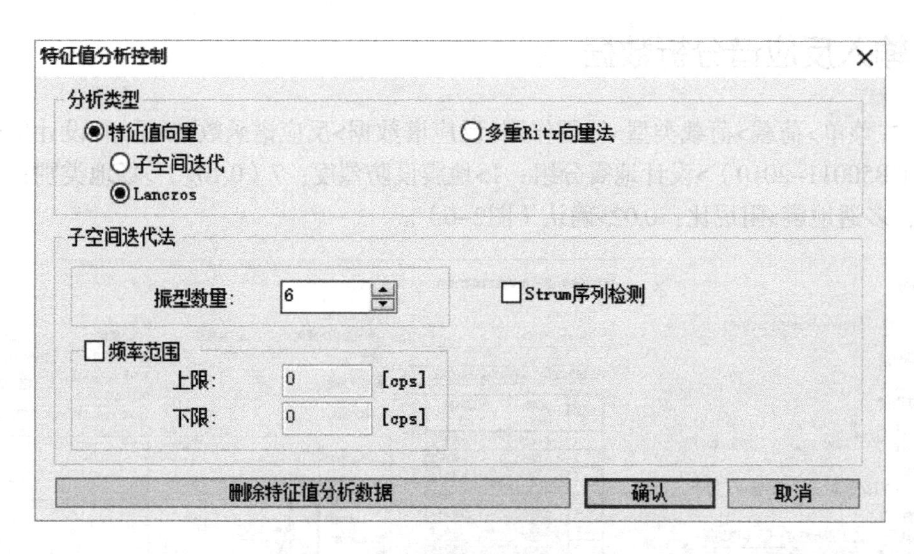

图2-7 定义反应谱荷载工况（续）

重复步骤2，荷载工况名称：RY、地震作用角度：90° >添加。

3.3 定义结构类型及荷载转换为质量

1．主菜单>结构>结构类型>结构类型：3-D >质量控制参数：集中质量>勾选将自重转换为质量：转换为X、Y、Z（地震作用方向）（图2-8）。

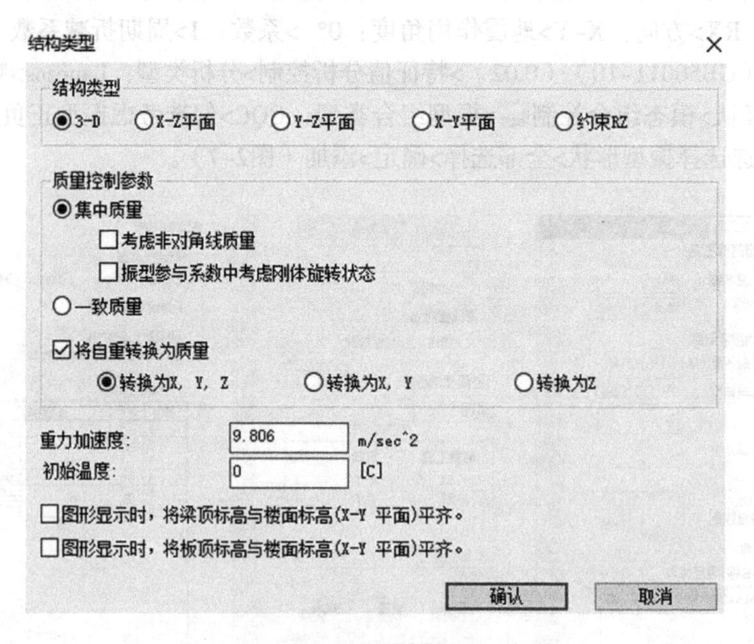

图2-8 结构类型及自重转换为质量

2．主菜单>荷载>静力荷载>结构荷载/质量>荷载转换成质量>质量方向：X，Y>荷载工况：DL/LL>组合值系数：1.0/0.5>添加>确认（图2-9）。

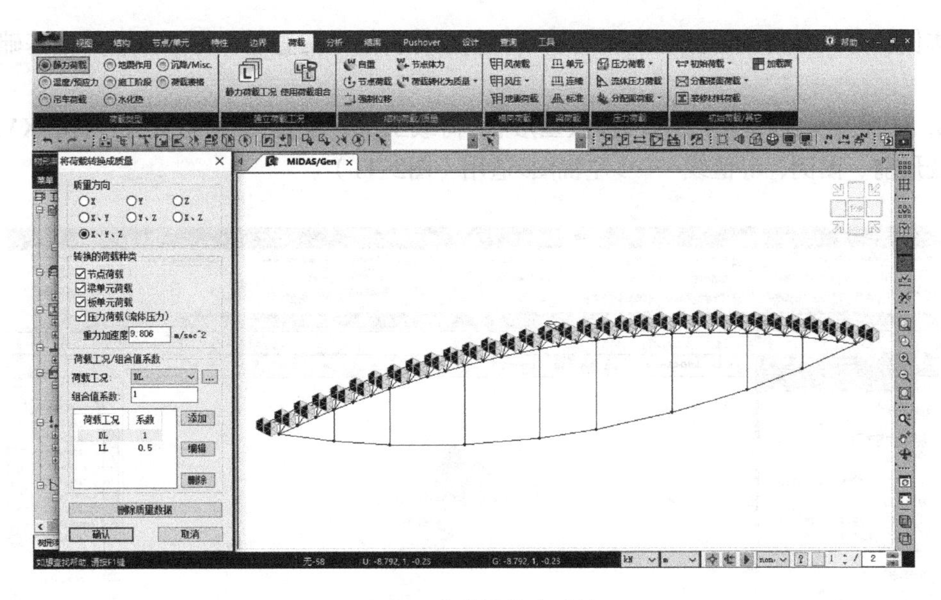

图2-9　荷载转换为质量

注：此处转换的荷载不包括自重。自重转换为质量，在步骤1中实现。

3.4　运行分析并查看结果

1. 树形菜单>分析控制数>删除：非线性分析数据>快捷工具栏>运行分析（图2-10）。

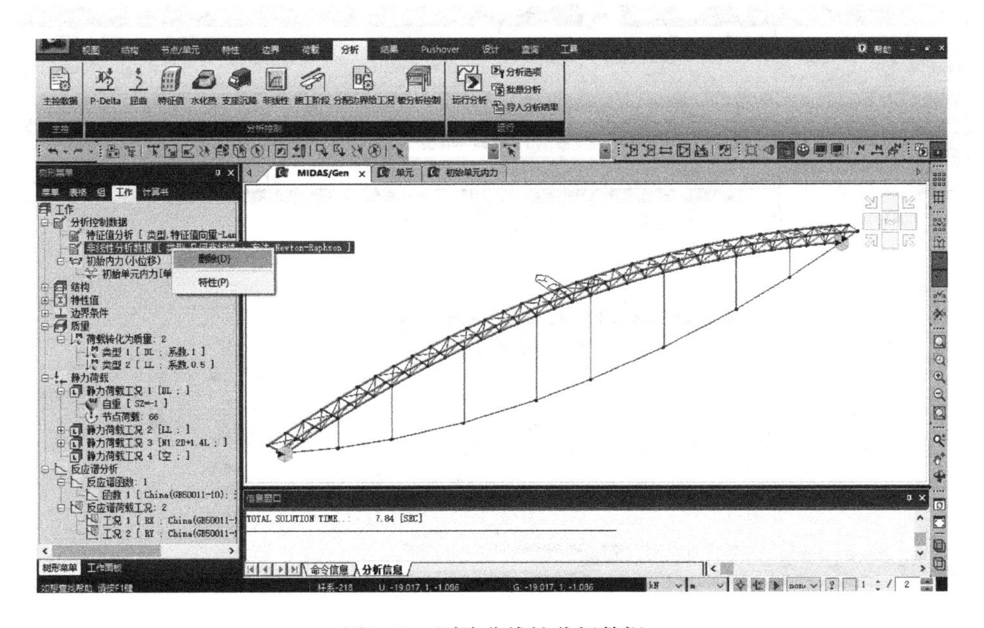

图2-10　删除非线性分析数据

本例仅介绍如何查看振型及周期结果，其余分析结果的查看，可以参看其他基础操作例题。

2．主菜单>结果>模态>振型>振型形状>荷载工况：Mode1>模态成分：Md-XYZ>勾选：变形前、图例、等值线……>左视图>适用（图2-11）。

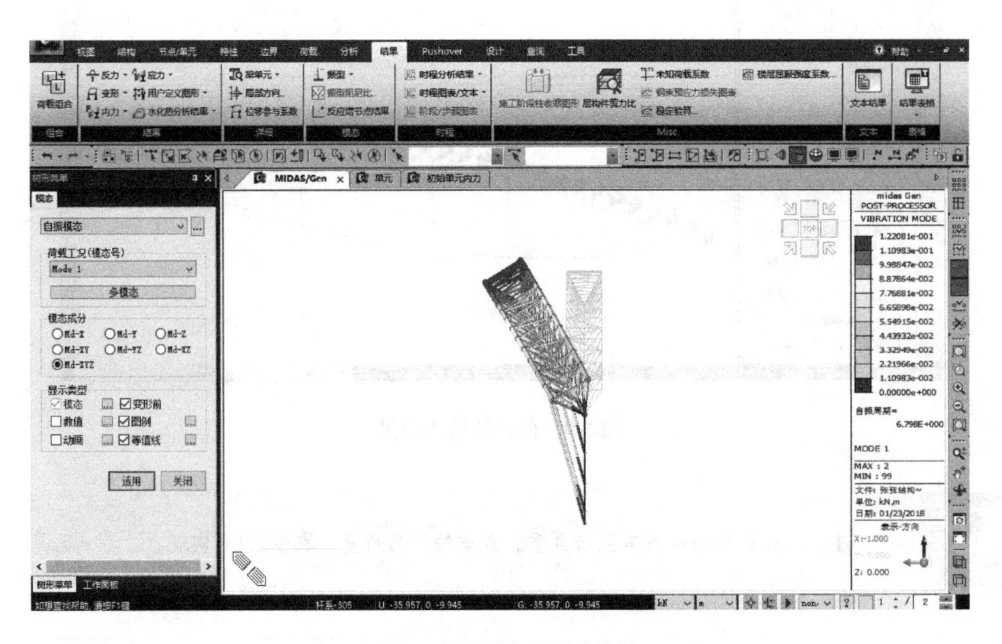

图2-11　查看模态图形结果

进一步：点击[...]>选择想查看的特征值模态，查看表格结果：频率、周期、参与质量等（图2-12）。

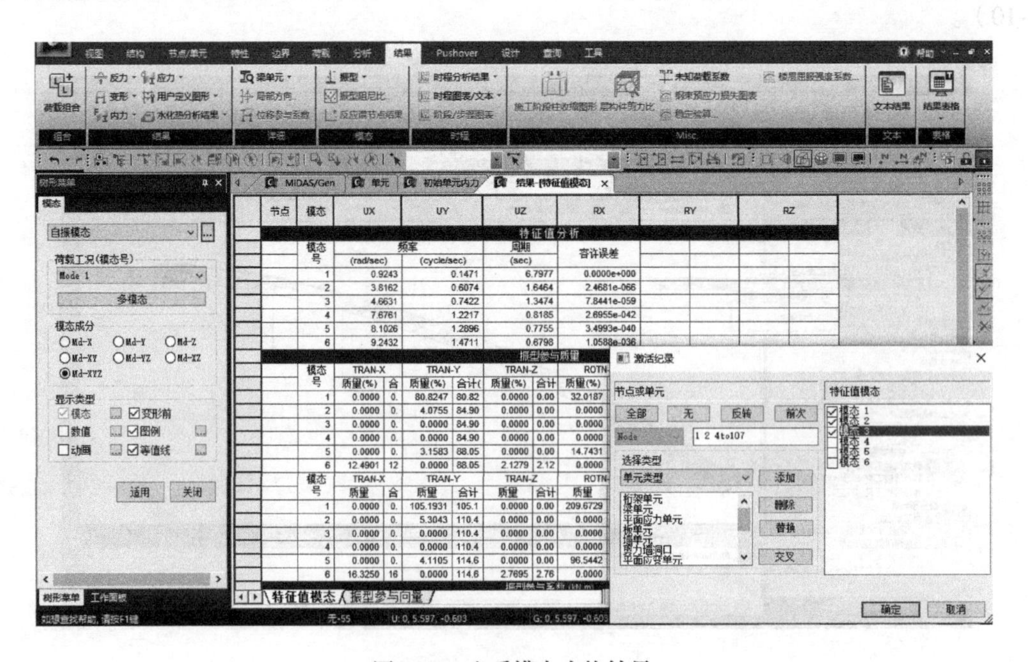

图2-12　查看模态表格结果

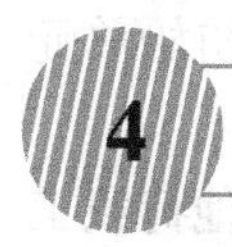

4 关于索初拉力的施加方法

此处详细介绍midas Gen中，进行几何非线性分析（大位移）分析时，给索单元施加初拉力的四种方法：

1. 荷载>静力荷载>初始荷载/其他>初始荷载>大位移>几何刚度初始荷载。

施加的初拉力相当于内力。这可以用以下两点来理解：一是该力不属于任何荷载工况。在查看某一荷载工况下的索单元内力时，显示的数值为该荷载工况作用下索单元内力和索中初拉力两者的合力。二是它只作用在施加了力的索单元上，在分析时该方法加的初拉力只影响索单元的刚度，不会对结构中其他构件产生内力或者位移。（添加一个空工况，即只给工况类型，不添加任何属于该类型的荷载值，分析后可以看到空工况作用下结构中不产生位移，只有索单元有内力，其余构件的内力为零。）几何刚度初始荷载提供的是刚度，而不是外力，外力是会对整个结构产生影响的。可以这样理解，在进行几何非线性分析的时候，索其实相当于桁架，只是在每一步迭代时，索单元内的拉力会不断变化，索单元的刚度也在不断变化，索单元就好比是一根截面在不断变化的桁架单元。

2. 在建立单元的时候，“单元类型”选择为索单元时，使用无应力长度Lu、初拉力及水平力。

3. 荷载>温度/预应力>预应力>初拉力。

方法2、3施加的初拉力相当于外力。它们的共同点是都会对结构中的其他构件产生影响，带来位移及内力。但是两者又有不同，最主要的不同是：建立索单元的时候添加的初拉力，既是外力，同时还影响索单元在计算时候的初始刚度；而使用“初拉力荷载”添加的初拉力，只是外力，不影响索单元在计算时候的初始刚度。另外二者还有以下的不同：

（1）方法2施加的初拉力，不需要设定为荷载工况，在计算后，查看某工况下的结构内力时，得到的结果是该工况和初拉力共同作用的结果。（可以在模型中添加一个空工况，分析后可以看到该工况下，结构中会产生位移，除了索单元有内力外，其余构件也会有内力。）在分析时该方法加的初拉力既影响索单元的初始刚度，又对其他构件产生内力。

工程中，如果需要模拟张拉索单元后，考虑其他构件中也带有内力的情况，可以使用该方法添加初拉力，然后可以进行结构在其他工况的荷载作用下的非线性分析。

（2）方法三需要设定初拉力为某一荷载工况，当需要查看另外一个工况和初拉力共同作用的结果时，要将二者放在同一个工况内，进行非线性计算。在需要考虑施工过程（例如分批张拉索单元）的时候，可以采用这种方法施加初拉力并设定施工阶段进行分析。

（3）使用建立单元的时候添加初拉力和添加初拉力荷载的方式给索单元施加张拉力，对结构的作用是一样的，即在张拉力和相同的外荷载作用下，结构的反应是一样的。只是二者的用途稍有不同，方法2比较直接，但是不适合做分批张拉索的施工阶段分析，方法3则适用于施工阶段分析。

注：在仅使用“初拉力荷载”给索添加初拉力的时候，分析时有时候会提示错误或者不收敛，此时，可以添加一个较小的“几何刚度初始荷载”，这样分析的时候容易收敛，对索单元的内力影响也不大。

4．主菜单>荷载>荷载类型>静力荷载>初始荷载/其他>初始荷载>小位移>初始单元内力。

初始荷载仅添加到指定工况的内力中结构处于初始的平衡状态，可以作为其他荷载工况的初始状态，主要的分析类型是小位移下初始荷载用于线性分析或动力分析。

5 结语

本例主要围绕张弦梁结构介绍了midas Gen中索单元结构的应用。通过不断迭代调整索初拉力，满足设计目标要求。根据索内力，利用小位移>初始单元内力功能赋予索单元初始几何刚度，以完成线性反应谱分析。由于篇幅有限，涉及的概念和理论不能尽述，可关注midas官方技术资料。

6 参考文献

[1] GB 50009—2012，《建筑结构荷载规范》[S].
[2] GB 50010—2010，《混凝土结构设计规范》[S].
[3] JGJ 3—2010，《高层建筑混凝土结构技术规程》[S].
[4] 迈达斯技术有限公司，《Midas/Gen初级培训》[M].
[5] 迈达斯技术有限公司，《midas Gen在线帮助手册》.

案例 7 开孔部细部分析

概要

使用midas Gen 对工字梁腹板的开孔部分完成建模和细部分析。细部分析通常采用板单元或者实体单元建立模型，进行精细的网格划分，根据细部分析结果指导具体的工程设计项目。

主要步骤如下：

1 **模型信息**
2 **建立模型（前处理）**
 2.1 设定操作环境及定义材料和截面
 2.2 建立模型
 2.3 自动网格划分
 2.4 定义边界条件
 2.5 定义荷载工况及输入荷载
3 **运行分析及结果查看（后处理）**
 3.1 运行分析
 3.2 查看分析结果
  3.2.1 查看板单元应力
  3.2.2 局部方向内力的合力
4 **结语**
5 **参考文献**

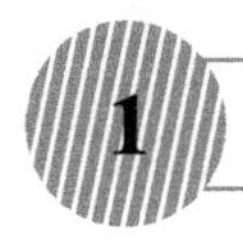

1 模型信息

本例题介绍的是工字梁腹板存在圆形洞口部时，为对开孔部进行加强设计而进行的建模、分析及查看结果的过程。材料采用Q235，基本数据如图1-1所示。

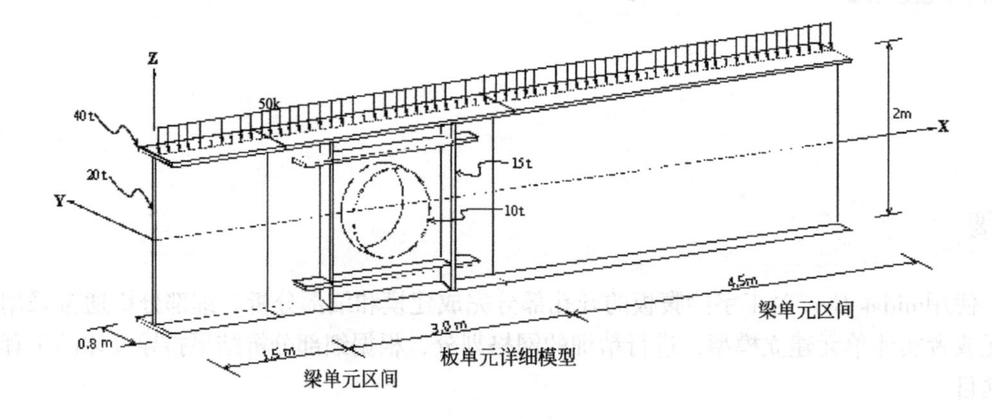

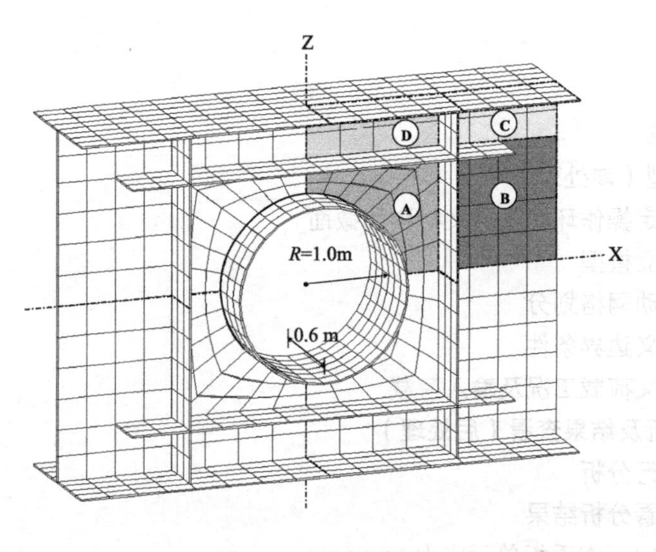

图1-1 开孔部详图

2 建立模型（前处理）

2.1 设定操作环境及定义材料和截面

1. 双击midas Gen图标，打开Gen程序>主菜单>新项目>保存>文件名：开孔部细部分析>保存。

2. 主菜单 工具>单位系>长度：m，力：kN>确定。亦可在模型窗口右下角点击图标 kN ▾ m ▾ 的下拉三角，修改单位体系，如图2-1所示。

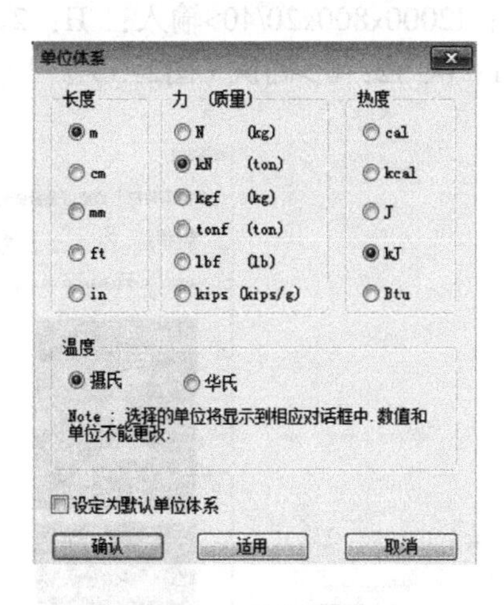

图2-1　单位体系

3．主菜单>特性>材料特性值>添加>设计类型：钢材>规范：GB12（S）>数据库：Q235>确认（图2-2）。

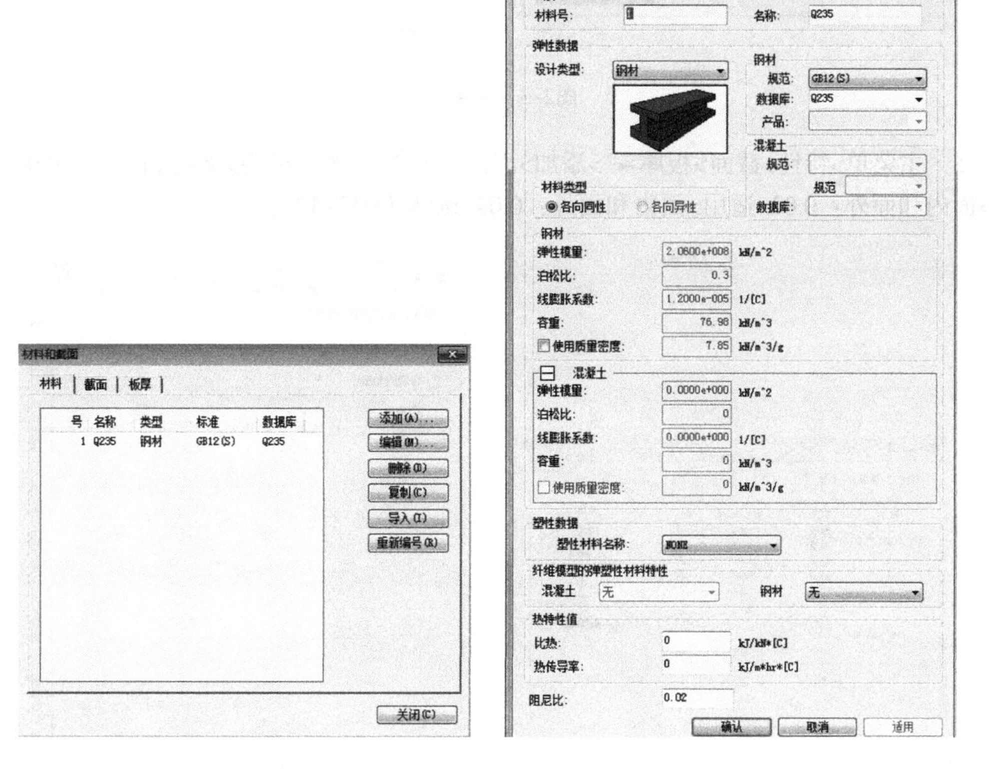

图2-2　定义材料

4．主菜单>特性>截面>截面特性值>添加>数据库/用户>实腹长方形截面>用户>名称：虚梁>H：0.01，B：0.01>适用；

工字形截面>用户>名称：I2000x800x20/40>输入：H：2、B1：0.8、tw：0.02、tf1：0.04、B2：0.8、tf2：0.04、r1：0、r2：0 >确认（图2–3）。

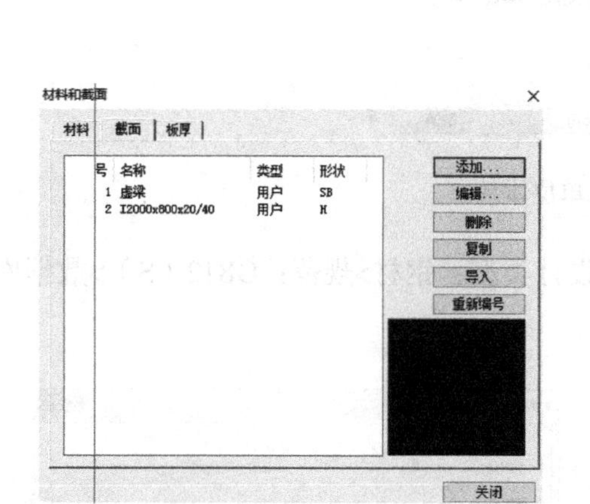

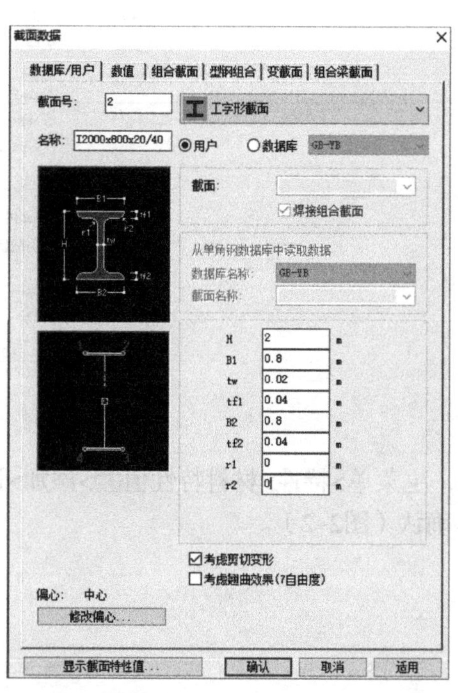

图2–3 定义截面

5. 主菜单>特性>截面>板厚>添加>面内和面外：0.01>适用>面内和面外：0.015>适用>面内和面外：0.02>适用>面内和面外：0.04>确认（图2–4）。

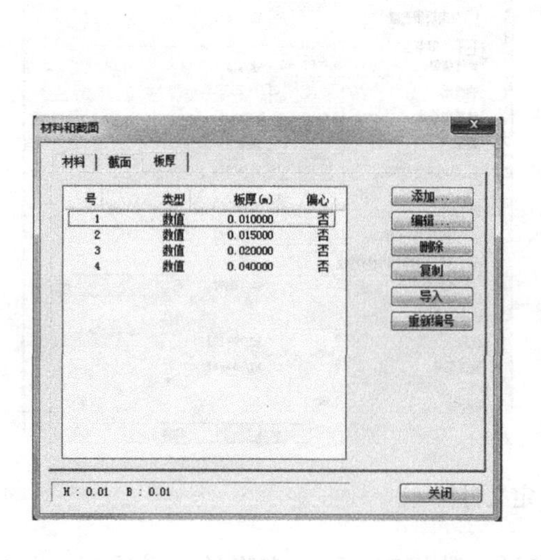

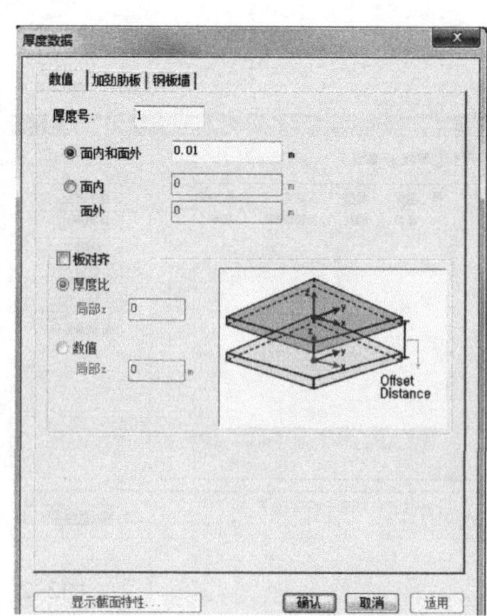

图2–4 定义厚度

2.2 建立模型

1. 主菜单>节点/单元>建立节点 >坐标：0，0，0>复制次数：2>距离：0，0.4，0>适用。窗口选择 刚刚建立的节点>树形菜单 节点 下拉菜单>移动/复制节点>形式：复制>等间距dx，dy，dz：0，0，2>复制次数：1>适用（图2–5）。

注：主菜单>工具>用户自定义 >可定义勾选 树形菜单 2 和 信息窗口 ，以便于模型操作。

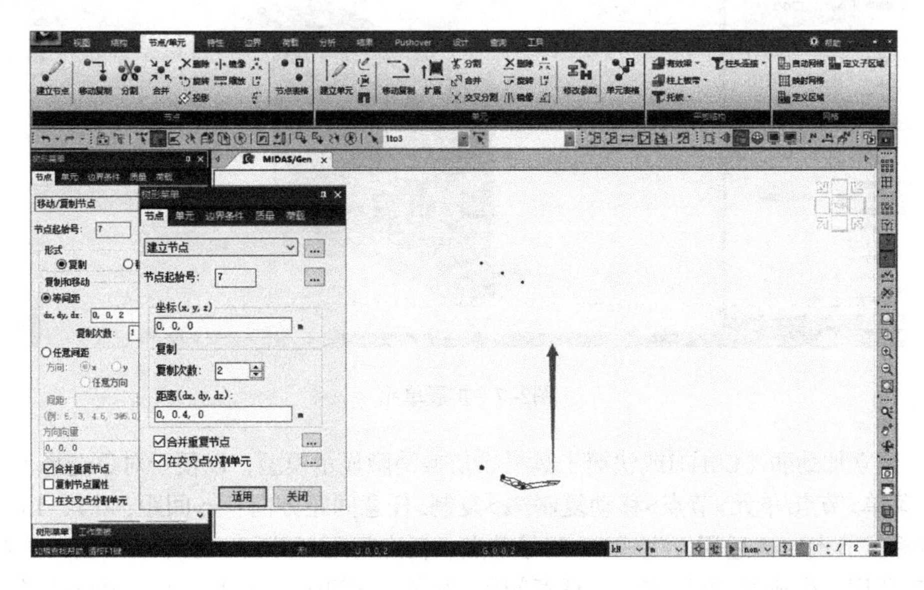

图2–5 建立节点、复制节点

2. 主菜单>节点/单元>单元>建立单元 >材料名称：Q235>截面名称：虚梁>交叉分割：节点和单元都勾选>快捷工具栏点击节点号（显示节点号）>节点连接：在模型窗口中点选节点1 to 3、4 to 6、2 to 5>关闭（图2–6）。

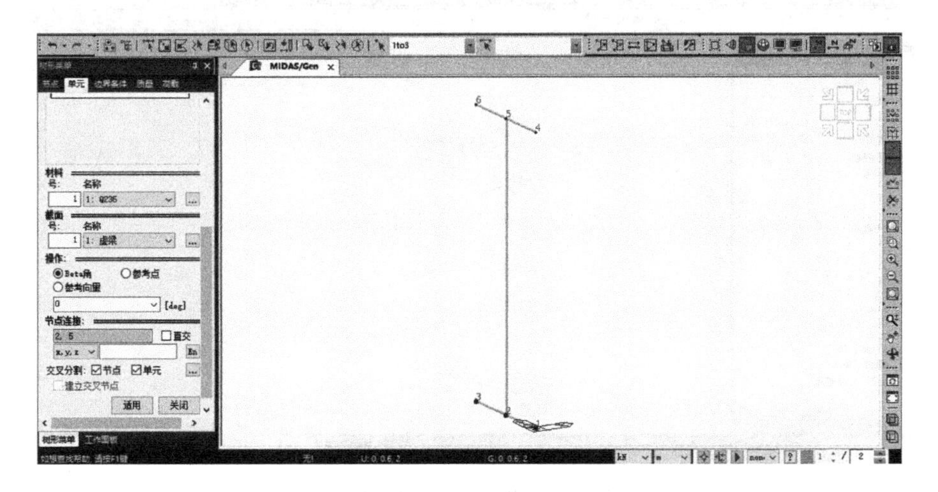

图2–6 建立单元

3. 主菜单>节点/单元>单元>扩展 快捷工具栏全部选择 >扩展类型：线单元–>平面单元>原目标不勾选>单元类型：板单元>材料：Q235>厚度：0.02 >类型：厚板>生成形式：复制和移动>等间距dx，dy，dz：3，0，0>复制次数：1>适用（图2–7）。

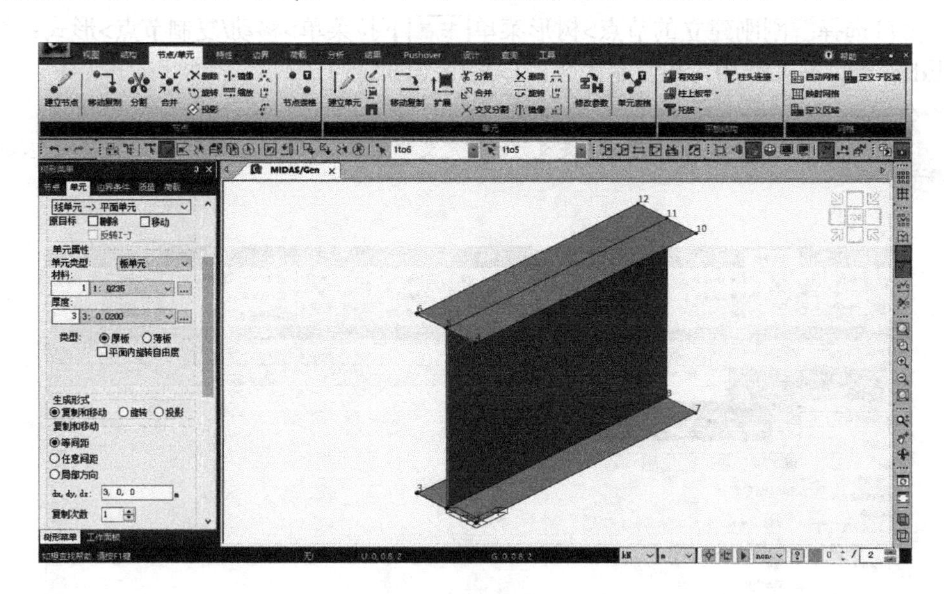

图2–7 扩展单元

4. 建立加劲肋（Ctrl+H或快捷工具栏 切换消隐显示模型，以便于对象选择）

主菜单>节点/单元>节点>移动复制 >复制>任意间距方向：x>间距：0.7，1.6，0.7>窗口选择 节点1~6>适用，生成13~24号节点。任意间距>间距：0.35，2.3>窗口选择 节点2、5>适用，生成25~28号节点。任意间距>方向：z>间距：–0.3，–1.4>窗口选择 节点26、28>适用，生成29~32号节点（图2–8）。

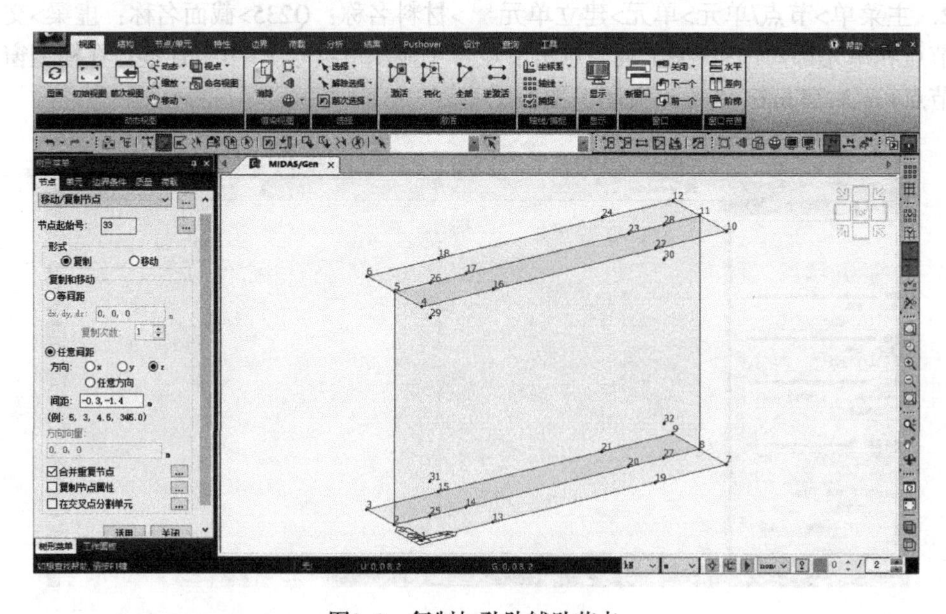

图2–8 复制加劲肋辅助节点

5．主菜单>节点/单元>单元>建立单元 >材料名称：Q235>截面名称：虚梁>交叉分割：节点和单元都勾选>节点连接：在模型窗口中点选节点29 to 30、31 to 32、17 to 14、23 to 20>关闭（图2–9）。

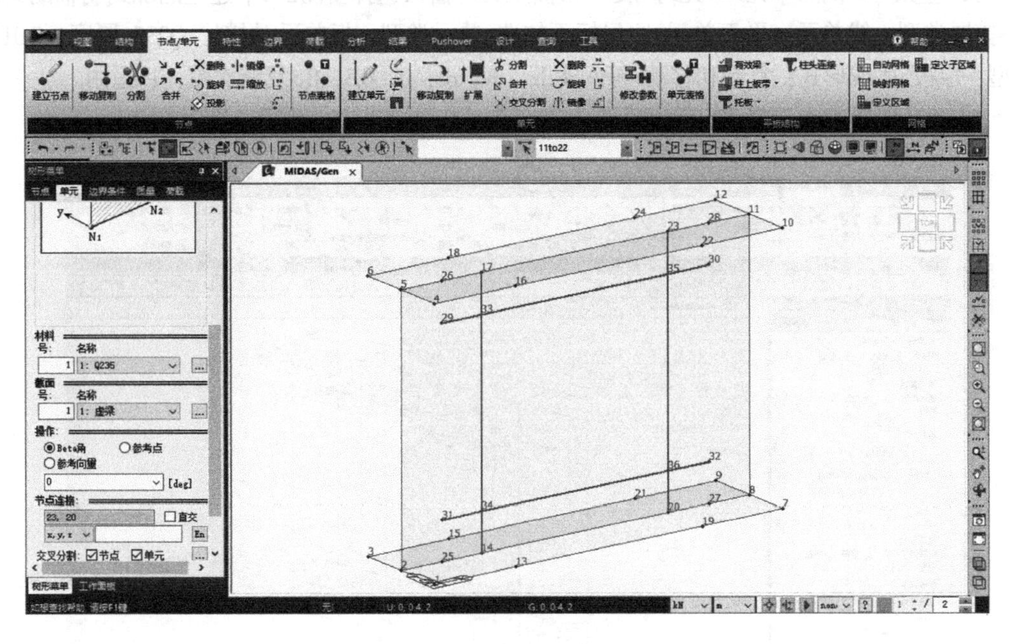

图2–9　建立加劲肋辅助梁单元

6．主菜单>节点/单元>单元>在曲线上建立直线单元 >曲线类型：圆中心+两点>单元类型：梁单元>材料：Q235>截面：虚梁>分割数量：32>C：1.5，0.4，1或鼠标放置到腹板单元中心，会自动拾取>P1：1，0.4，1>P2：0.7，0.4，1.7（33号节点）>适用（图2–10）。

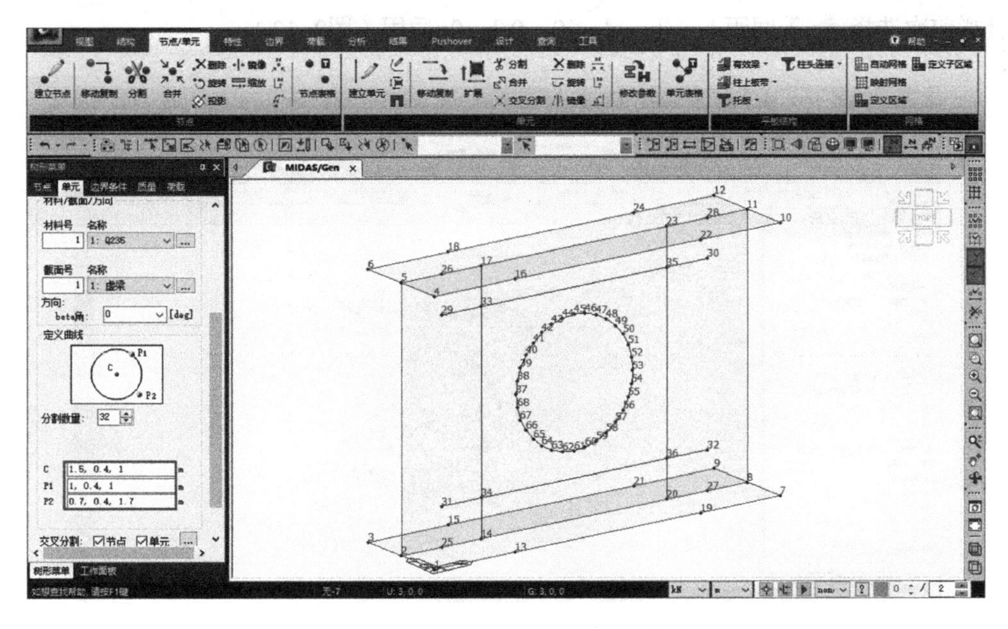

图2–10　建立圆形洞口辅助梁单元

注：P1用来确定曲线单元的起点和半径，无需实际建立该节点，仅坐标值满足半径值即可。P2用来确定曲线单元所在的平面，本例拾取的是33号节点。

7．主菜单>节点/单元>单元>扩展 快捷工具栏窗口选择 图2-9中建立的加劲肋辅助梁单元>扩展类型：线单元->平面单元>原目标不勾选>单元类型：板单元>材料：Q235>厚度：0.015>类型：厚板>生成形式：复制和移动>等间距dx，dy，dz：0，0.3，0>复制次数：1>适用。

快捷工具栏前次选择 >等间距dx，dy，dz：0，-0.3，0>适用（图2-11）。

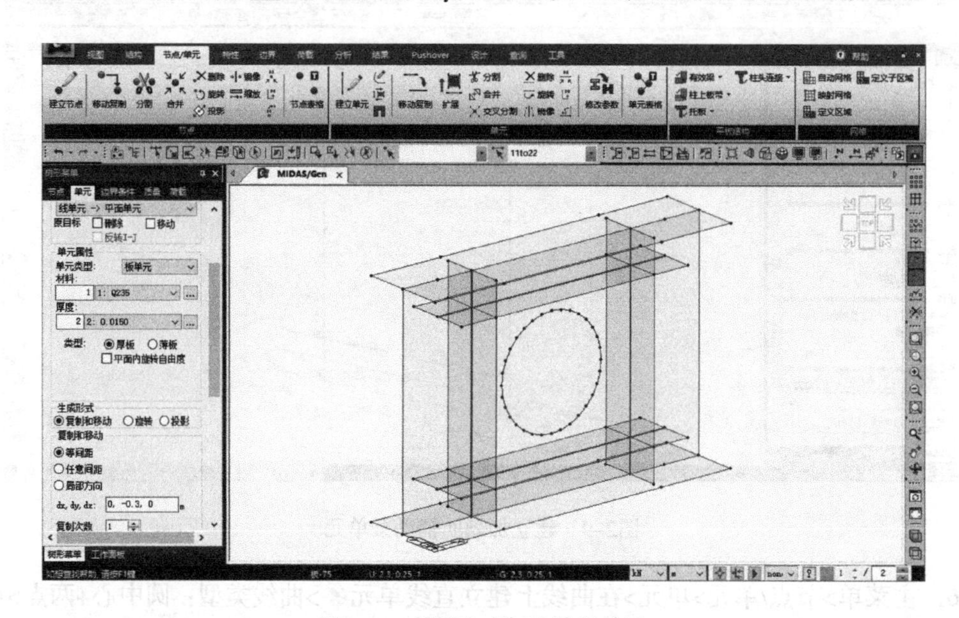

图2-11 扩展生成加劲肋板单元

快捷工具栏窗口选择 图2-10中建立的圆形洞口辅助梁单元>厚度：0.01>适用。快捷工具栏前次选择 >等间距dx，dy，dz：0，0.3，0>适用（图2-12）。

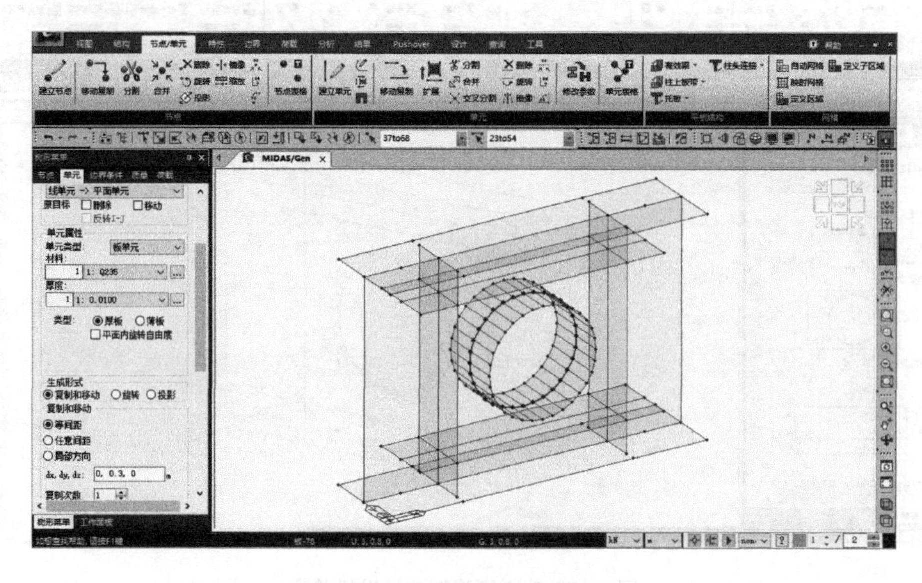

图2-12 扩展生成洞口板单元

8. 树形菜单：工作>双击梁单元>按Delete键，删除辅助梁单元（图2-13）。

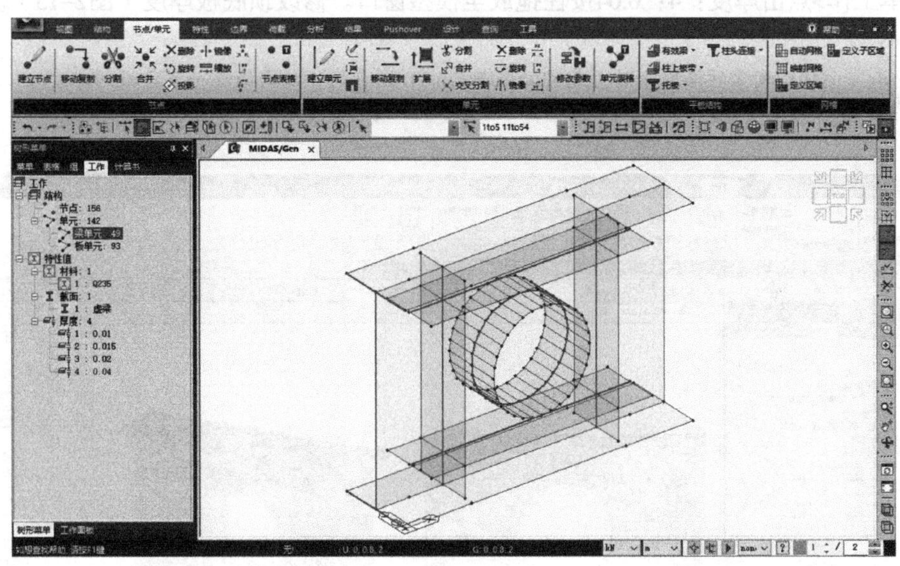

图2-13　选择辅助梁单元并删除

2.3　自动网格划分

网格通常分为自动网格和映射网格两种，本例以自动网格为例。

1. 主菜单>节点/单元>网格>自动网格 >网格划分器：平面单元>点击窗口选择 全部选择>网格尺寸长度：0.1m>单元类型：板>材料：Q235>厚度0.015>区域名称：洞口区域>适用（图2-14）。

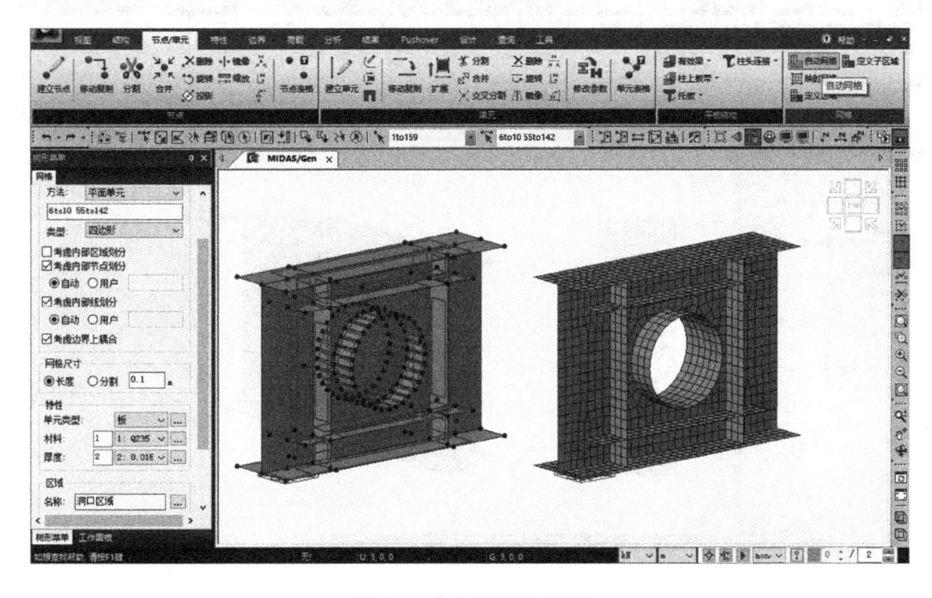

图2-14　自动网格划分

2．模型窗口右上角点击 或右侧竖向快捷工具栏选择正视图>窗口选择 顶底板单元>树形菜单工作>点击厚度：4：0.04按住拖放至模型窗口。修改顶底板厚度（图2–15）。

注：由于网格划分时，是按肋板厚度0.015划分的，故需修改一下各板的厚度。

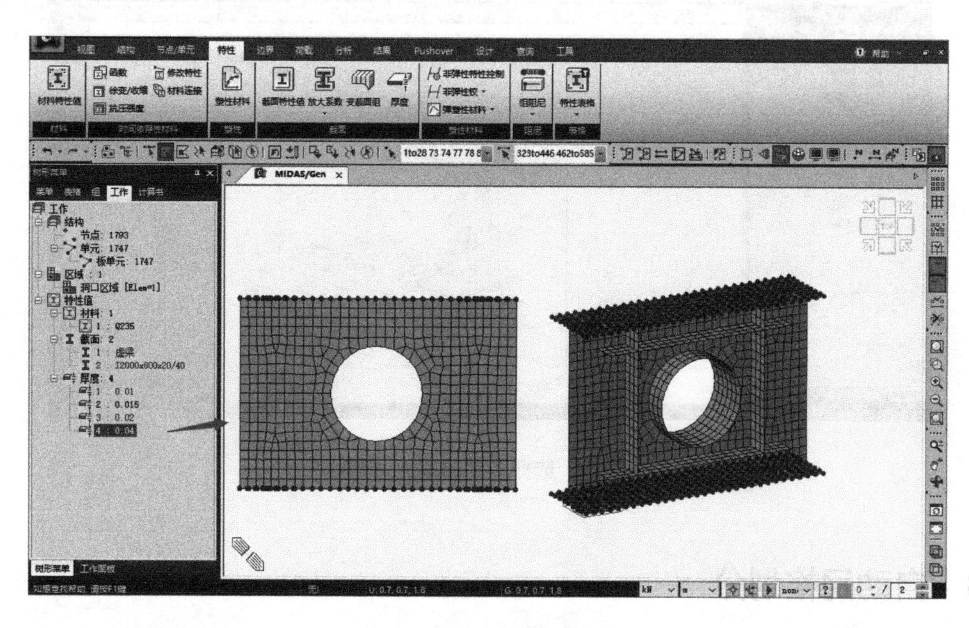

图2–15 修改顶底板厚度

同上，模型窗口右上角点击 或右侧竖向快捷工具栏选择右视图>窗口选择 腹板单元>树形菜单工作>点击厚度：3：0.02按住拖放至模型窗口。修改腹板厚度（图2–16）。

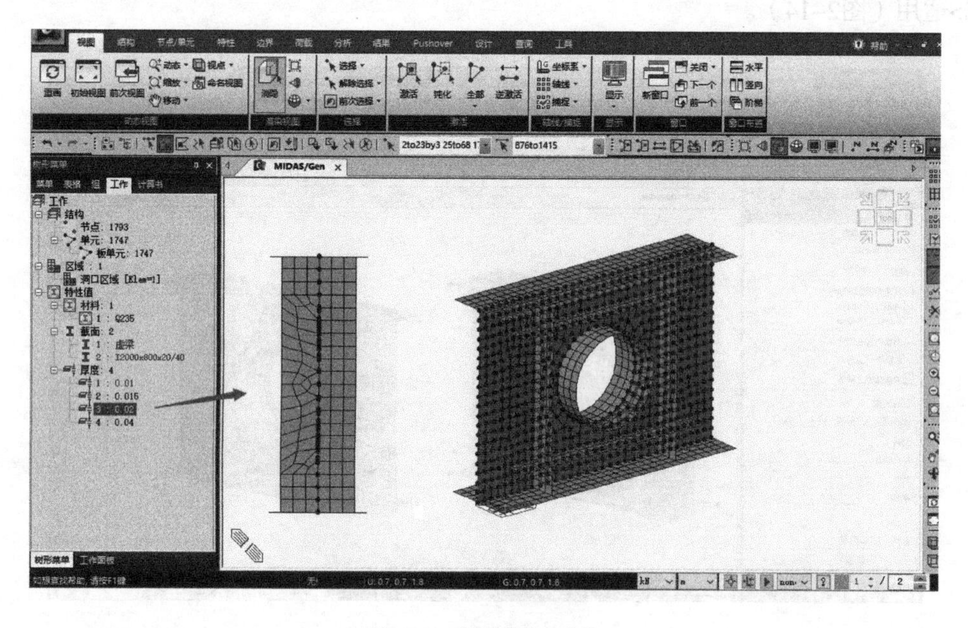

图2–16 修改腹板厚度

同上，模型窗口右上角点击或右侧竖向快捷工具栏选择正视图>多边形选择洞口单元>树形菜单工作>点击厚度：1：0.01按住拖放至模型窗口。修改洞口厚度（图2–17）。

图2–17　修改洞口厚度

3．主菜单>节点/单元>节点>复制节点>窗口选择腹板中心节点1206>形式：复制>等间距dx，dy，dz：–3，0，0>复制次数：1>适用；窗口选择腹板中心节点1461>形式：复制>等间距dx，dy，dz：9，0，0>复制次数：1>适用>关闭（图2–18）。

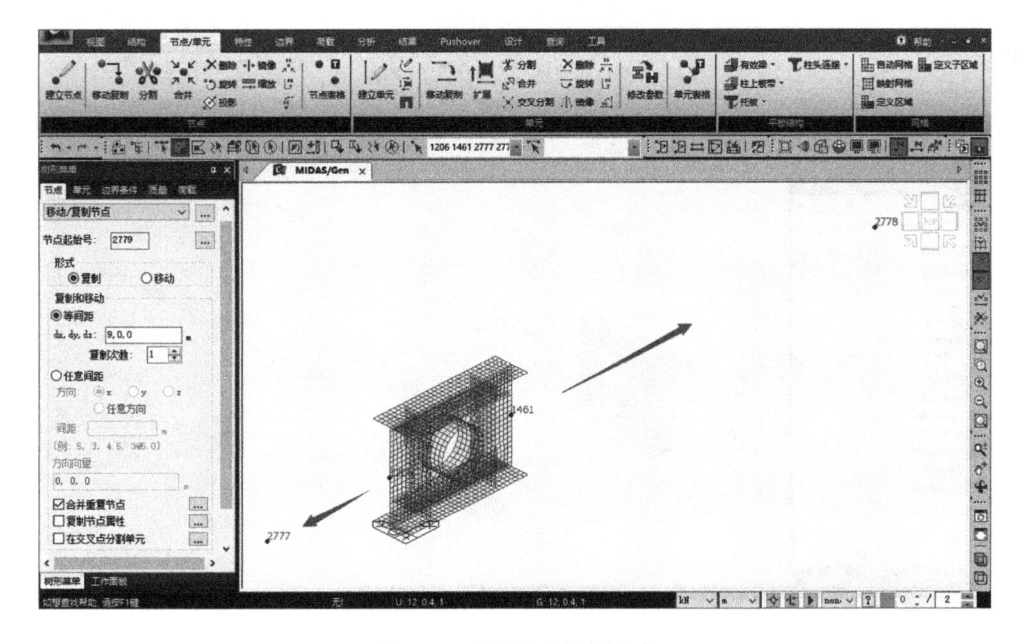

图2–18　复制生成梁端节点

4．主菜单>节点/单元>单元>建立单元 >单元类型：一般梁/变截面梁>材料名称：Q235>截面名称：I2000x800x20/40>节点连接：在模型窗口中点选节点2777 to 1206、1461 to 2778>关闭。建立工字梁其他部位的梁单元（图2-19）。

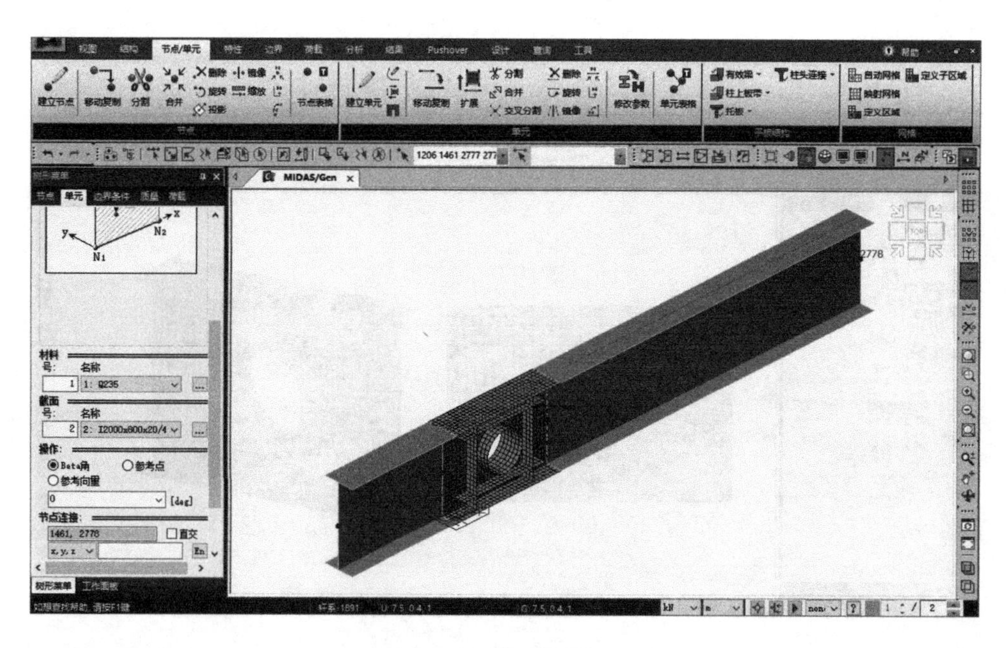

图2-19 建立梁单元

5．主菜单>节点/单元>单元>分割单元 >单元类型：线单元>等间距x方向分割数量：3>窗口选择 1890单元>适用>等间距 x方向分割数量：9>窗口选择 1891单元>适用>关闭（图2-20）。

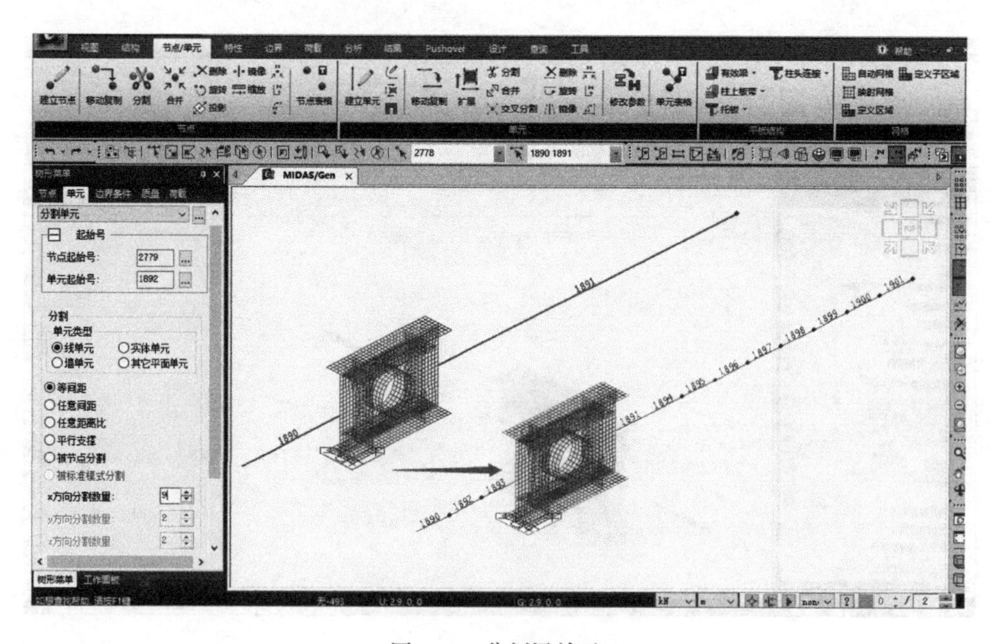

图2-20 分割梁单元

2.4 定义边界条件

1．主菜单>边界>一般支承>主菜单>边界>一般支承>勾选：D-ALL>勾选：Rx>窗口选择梁端节点>适用>关闭（图2-21）。

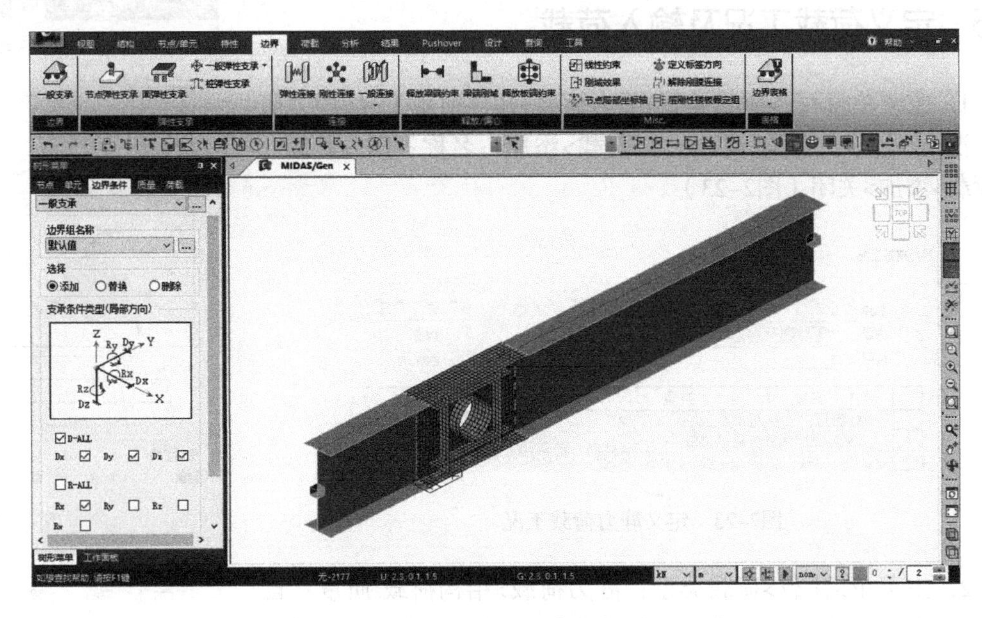

图2-21　定义梁端边界

2．主菜单>边界>连接>刚性连接>主节点号：1206或鼠标点取腹板中心节点>类型 刚体 >勾选复制刚性连接>方向：x>间距：3>窗口选择开孔部左端面上节点（1206节点除外）>适用>关闭（图2-22）。

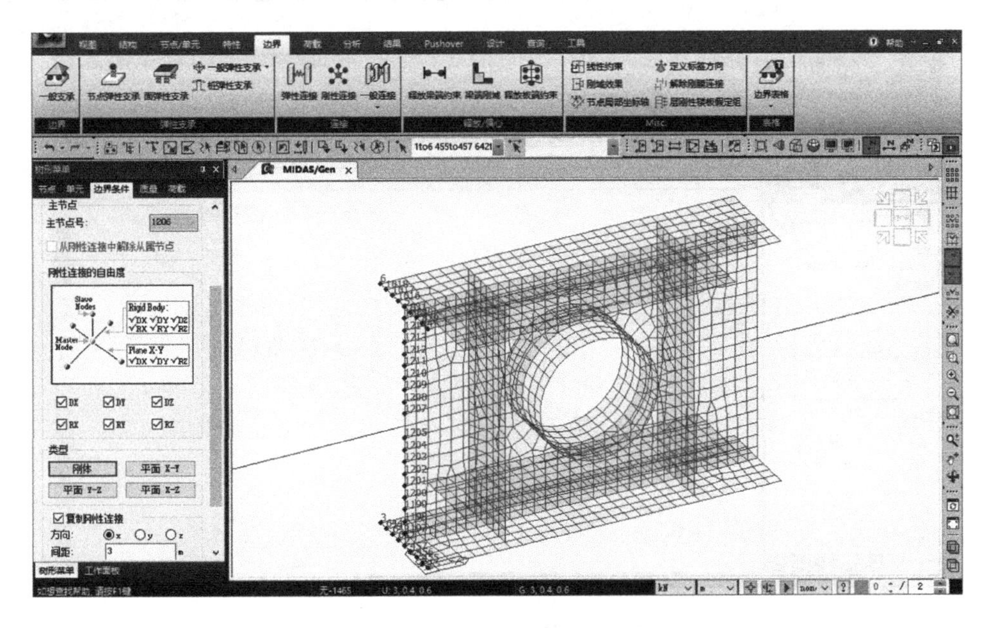

图2-22　定义刚性连接

注：本步操作利用“刚性连接”功能，把线单元的梁和板单元的洞口区域连接起来，实现梁单元和板单元的变形协调。按住shift选中1206节点可实现取消该节点的选取。树形菜单边界条件>刚性连接>类型1/2>右键>显示，可显示设置的刚性连接。

2.5 定义荷载工况及输入荷载

1. 主菜单>荷载>荷载类型>静力荷载>建立荷载工况>静力荷载工况>名称：自重>类型：恒荷载>添加；名称：DL>类型：恒荷载>添加>关闭（图2-23）。

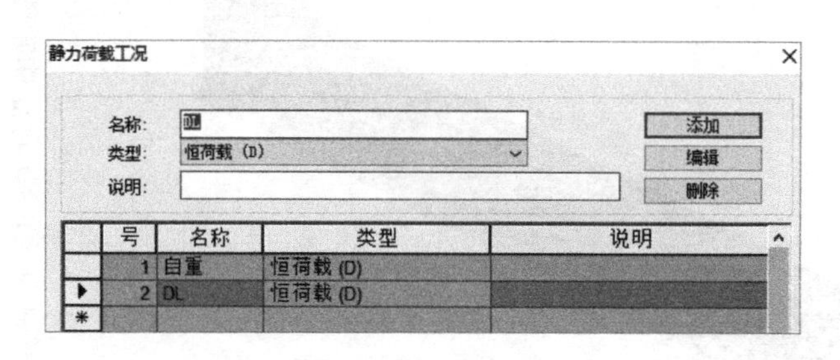

图2-23 定义静力荷载工况

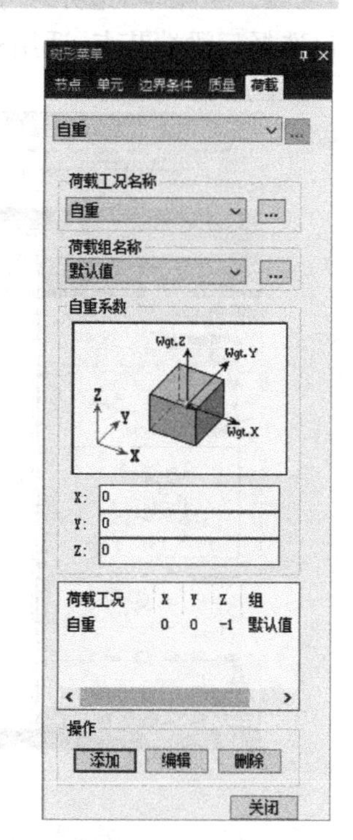

图2-24 定义自重

2. 主菜单>荷载>荷载类型：静力荷载>结构荷载/质量：自重>荷载工况名称：自重>自重系数：Z：-1>添加>关闭（图2-24）。

3. 主菜单>荷载>荷载类型：静力荷载>梁荷载：梁单元荷载>荷载工况名称：DL>选项：添加>荷载类型：均布荷载>方向：整体坐标系Z>投影：否>数值：相对值>x1：0，x2：1，W：-50>窗口选择线单元>适用>关闭（图2-25）。

图2-25 输入线单元均布荷载

4．树形菜单>工作>区域>双击洞口区域>F2激活>平面选择>平面XZ平面>Y坐标：0.4或鼠标拾取腹板上任意节点>关闭>F2激活腹板（图2–26）。

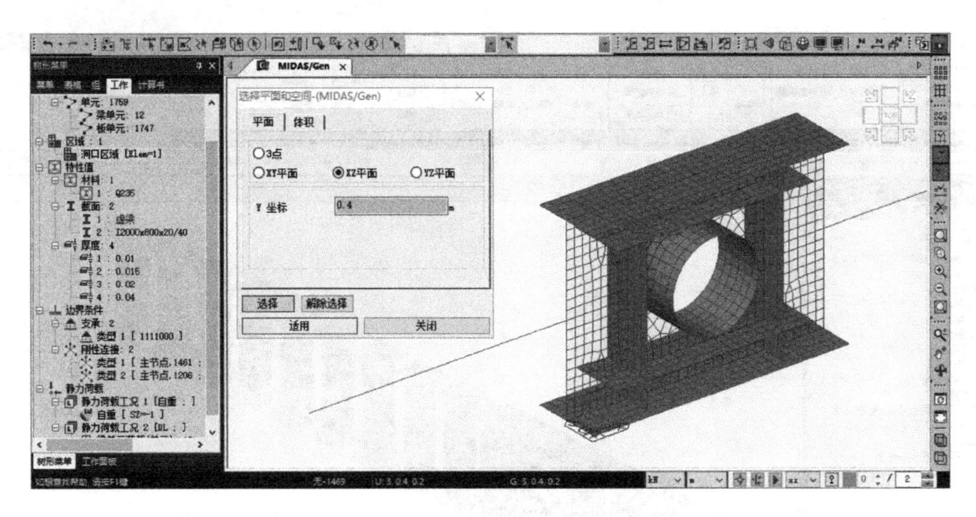

图2–26　仅激活洞口区域腹板单元

5．主菜单>荷载>荷载类型：静力荷载>结构荷载/质量>节点荷载>模型窗口右上角点击或右侧竖向快捷工具栏选择正视图>荷载工况名称：DL>选项：添加>FZ：–2.34>窗口选择腹板顶部端节点5、11>适用> FZ：–4.69>窗口选择腹板顶部其他节点>适用（图2–27）。

注：洞口区域腹板长3m，共33个节点，将线载–50KN/m换算为节点集中力，则端节点荷载值为：$P3/（33-1）\times-50\times1/2=-2.34$；其他节点荷载值为：$P=3/（33-1）\times-50=-4.69$。

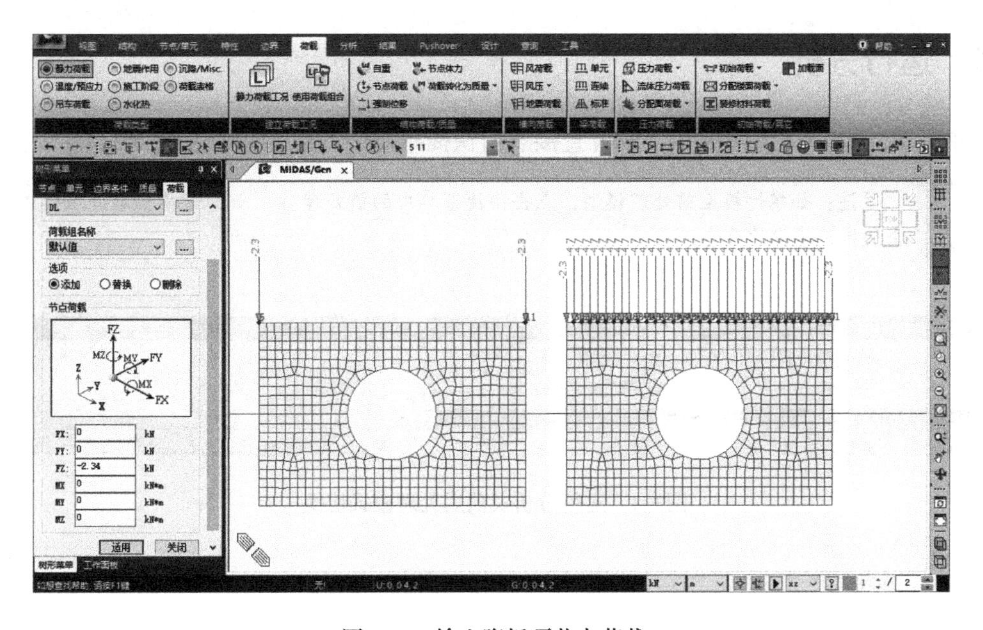

图2–27　输入腹板顶节点荷载

6. Ctrl+A或点击快捷工具栏全部激活>快捷工具栏消隐（Ctrl+H）>收缩单元（Ctrl+K），来检查模型（图2-28）。

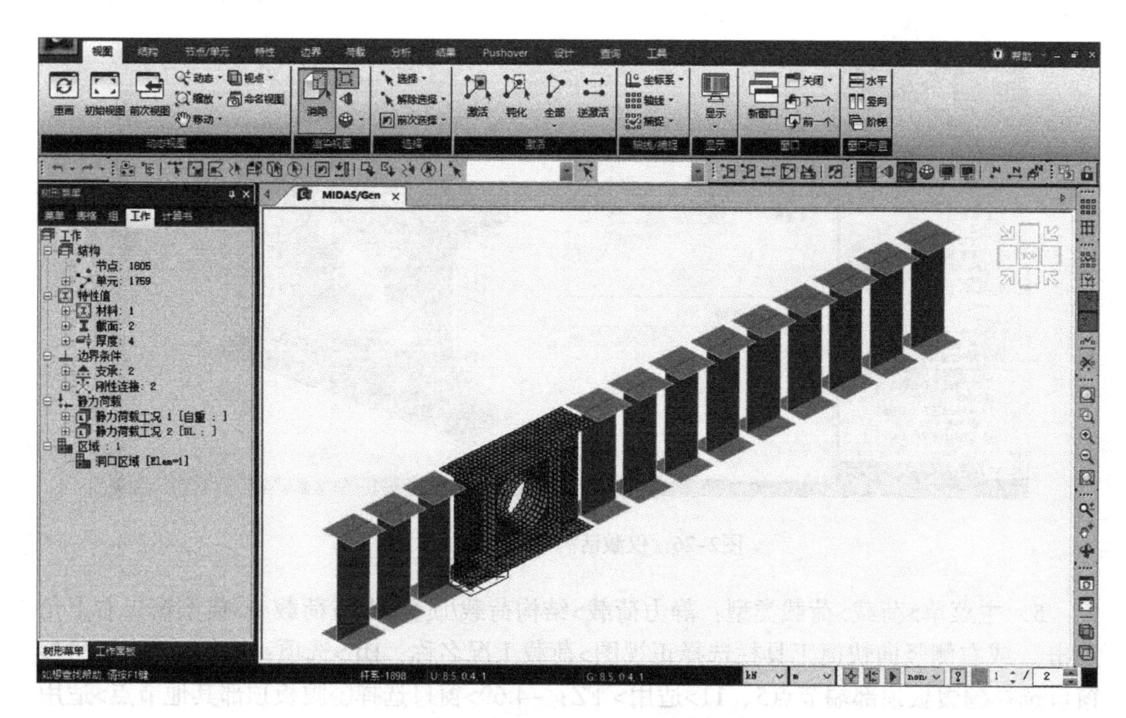

图2-28 消隐、缩小单元检查模型

3 运行分析及结果查看（后处理）

3.1 运行分析

主菜单>分析>运行分析，或者直接点击快捷菜单中的运行分析（图3-1）。

注：如想切换至前处理模型，点击快捷菜单中的前处理。如想切换至后处理模式，点击快捷菜单中的后处理。

图3-1 运行分析及前后处理模式切换

3.2 查看分析结果

3.2.1　查看板单元应力

1. 主菜单>结果：应力>平面应力/板单元应力>荷载工况/荷载组合应力>ST：自重或ST：DL>应力：Sig-xx>显示类型：勾选等值线、图例等>适用。可查看板的细部的各应力结果（图3-2）。

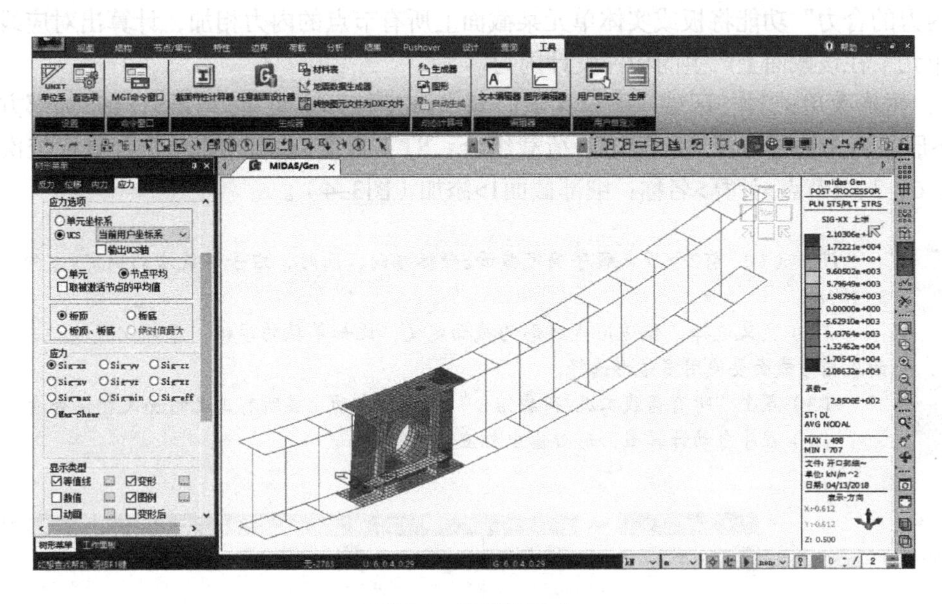

图3-2　板单元应力

2. 右键>位移>变形形状或位移等值线>荷载工况/荷载组合应力>ST：自重或ST：DL>位移：DZ>显示类型：勾选等值线、图例、数值等>适用。查看任意节点的位移（图3-3）。

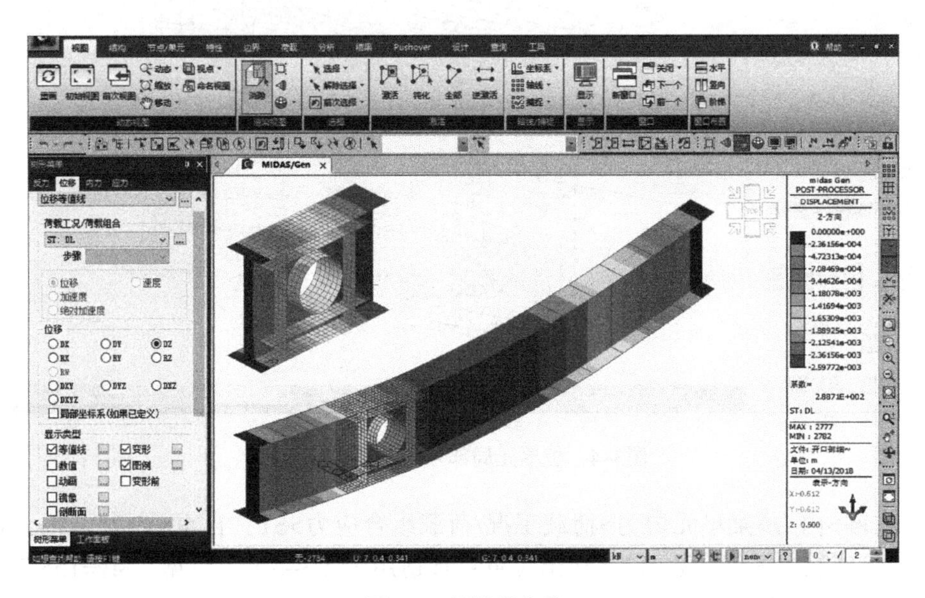

图3-3　板单元位移

注：如仅想查看开孔部板单元的结果：树形菜单工作>区域：双击洞口区域>F2激活，然后，再查看应力、位移等结果。

3.2.2 局部方向内力的合力

因按规范进行结构设计时通常采用的是线单元（梁单元）结果体系，故使用“局部方向内力的合力”功能将板或实体单元某截面上所有节点的内力相加，计算出对应线单元（梁单元）在该截面上产生的构件设计内力。

1．树形菜单>工作>区域：洞口区域，双击>F2激活>主菜单>结果>详细>局部方向内力>形式：多边形选择>荷载工况/荷载组合：ST：自重>位置，鼠标依次点取1、4、6、3、1节点>计算>名称：细部截面1>添加（图3-4）。

注：（1）前2个节点顺序确定截面z坐标方向，同时，右手螺旋法则确定x方向，如图3-4所示。

（2）交叉选择，仅适用直线形的截面定义，比如单独的顶板、底部或腹板。工字形截面或箱形截面要使用多边形选择。

（3）点击“所有荷载工况/荷载组合”，则会自动生成所有工况的txt文档供查看。

（4）程序自动计算截面形心输出相应内力结果。

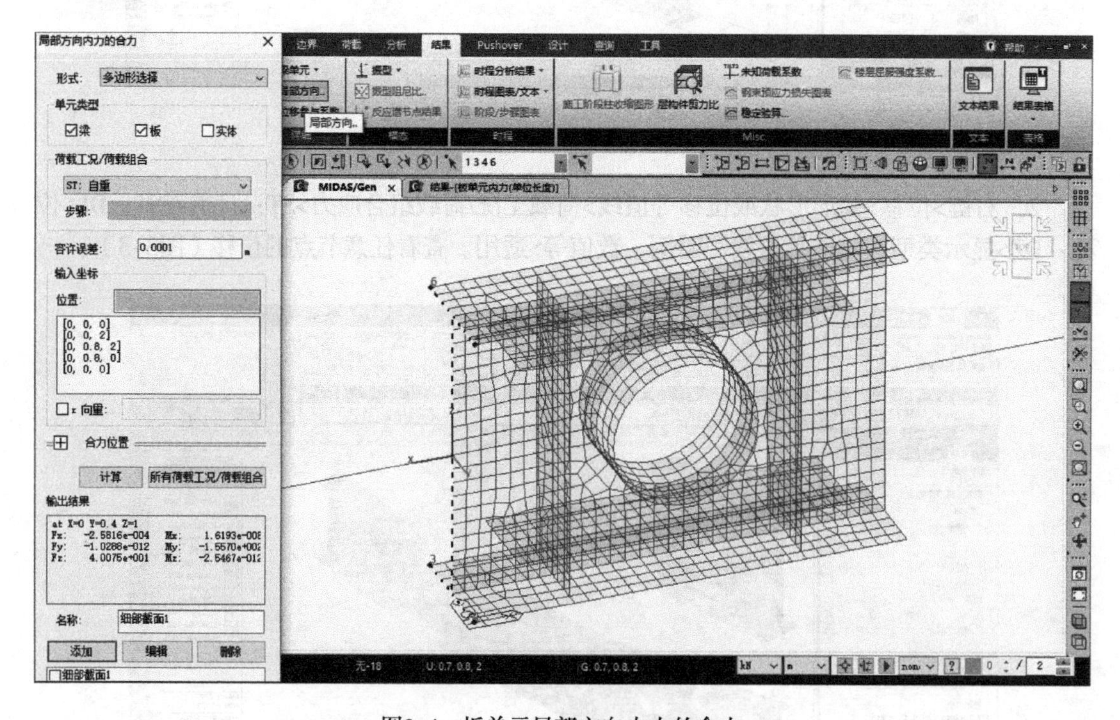

图3-4　板单元局部方向内力的合力

2．右键>内力>梁单元内力>荷载工况/荷载组合应力>ST：自重>内力：My>显示类型：勾选等值线、图例、数值等>输出位置：J>适用（图3-5）。可见，My=155.7，与图3-4所示的输出结果My：-1.5570e+002一致。

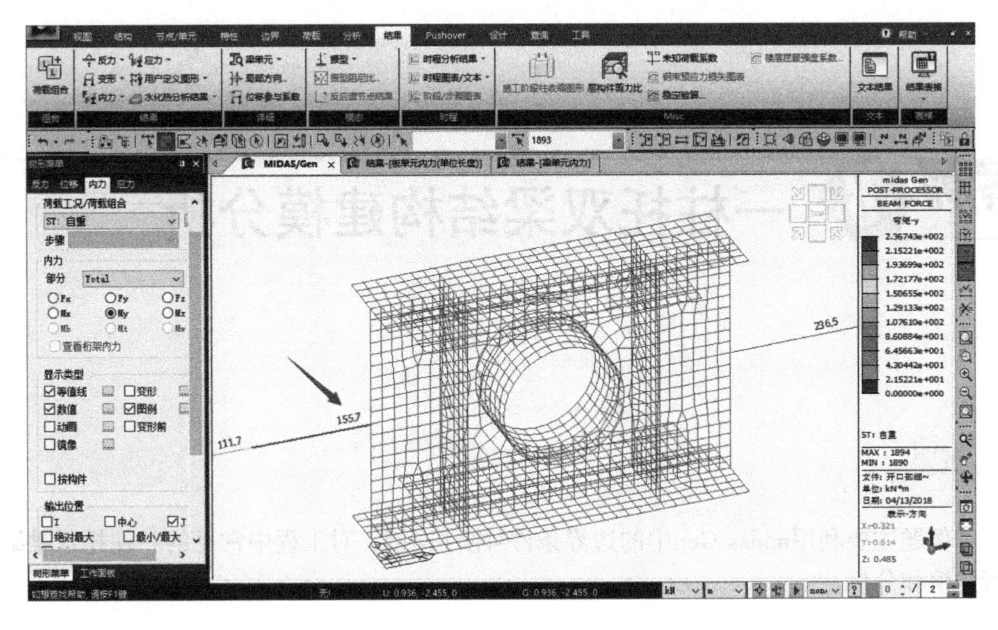

图3-5　梁单元内力图

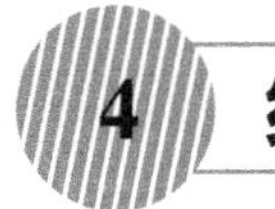

4 结语

本例运用midas Gen 完成洞口细部分析模型的建立、板单元内力及局部方向内力的合力的查看。

通过本例，读者可对简单的多尺度模型的建立、分析和结果查看有一定了解和掌握。

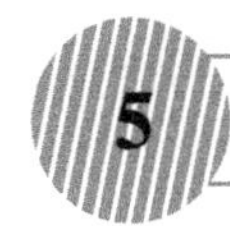

5 参考文献

［1］迈达斯技术有限公司，《midas Gen初级培训》［M］.

［2］迈达斯技术有限公司，《midas Gen在线帮助手册》.

案例8 一柱托双梁结构建模分析

概要

本例题主要利用midas Gen中的边界条件-刚性连接，对工程中常见的一柱托双梁结构进行建模和分析。

主要步骤如下：

1 **模型信息**

2 **建立模型（前处理）**

2.1 设定操作环境及定义材料和截面

2.2 建立柱和梁

2.3 定义边界条件

2.4 设置荷载工况及输入荷载

3 **运行分析及结果查看（后处理）**

3.1 运行分析

3.2 生成荷载组合

3.3 分析及设计验算结果

3.3.1 反力和位移

3.3.2 内力与应力

3.3.3 梁单元细部分析

4 **结语**

5 **参考文献**

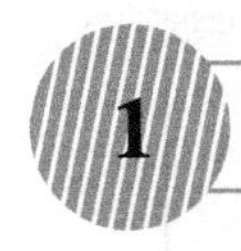

1 模型信息

本例建立一个简单的柱+双梁结构模型，通过边界条件-刚性连接连接柱和双梁，从而实现一柱托双梁结构的建模分析。

例题模型的基本数据如下：（单位：mm）

主梁：400×200　　　　柱：1000×400　　　　混凝土：C30

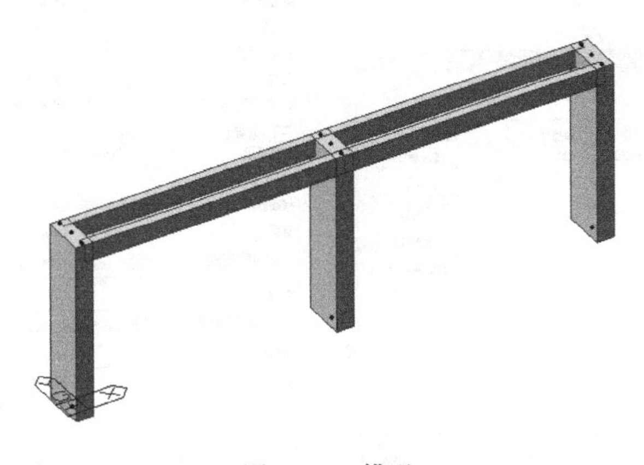

图1-1　3D模型

2 建立模型（前处理）

2.1 设定操作环境及定义材料和截面

1．双击midas Gen图标，打开Gen程序>主菜单>新项目>保存>文件名：一柱托双梁>保存。

2．主菜单>工具>单位系>长度：m，力：kN>确定。亦可在模型窗口右下角点击图标 kN m 的下拉三角，修改单位体系（图2-1）。

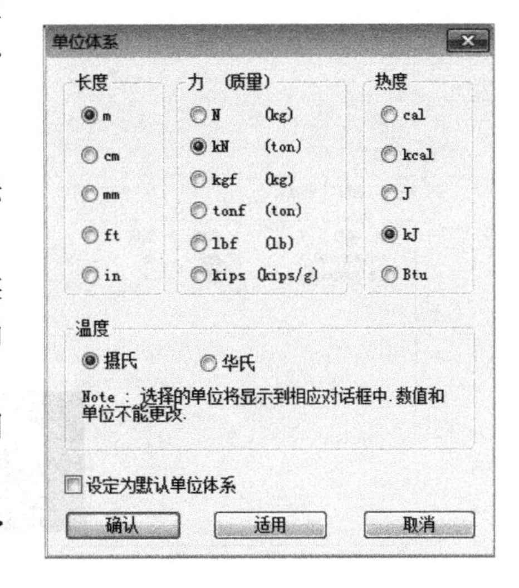

图2-1　单位体系

3．主菜单>特性>材料特性值>添加>设计类型：混凝土>规范：GB10（RC）>数据库：C30>确定>关闭（图2-2）。

4．主菜单特性>截面>截面特性值>数据库/用户>实腹长方形截面>用户>

主梁截面，名称：400*200 >H：0.4，B：0.2>适用；

柱截面，名称：1000*400 >H：1.0，B：0.4>确定>关闭（图2-3）。

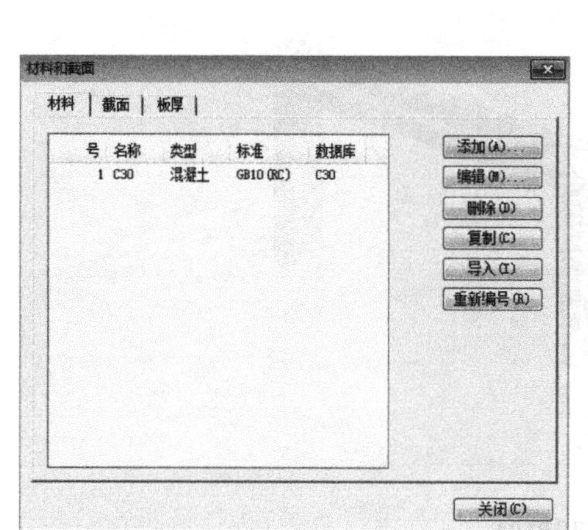
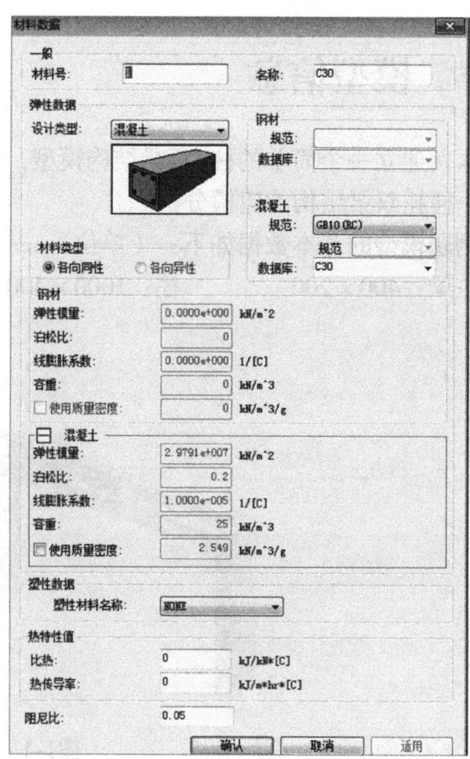

图2–2　定义材料

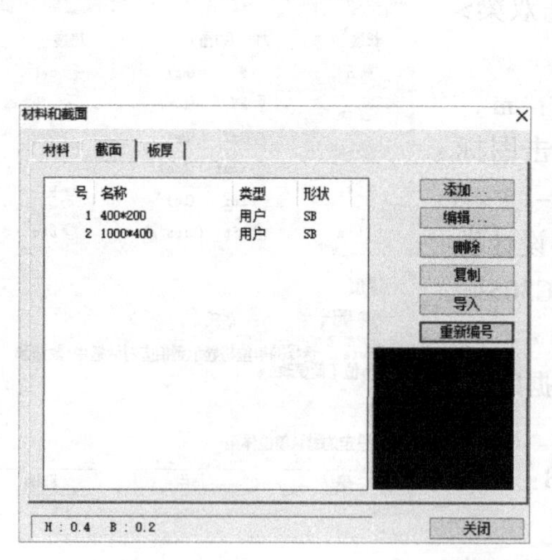
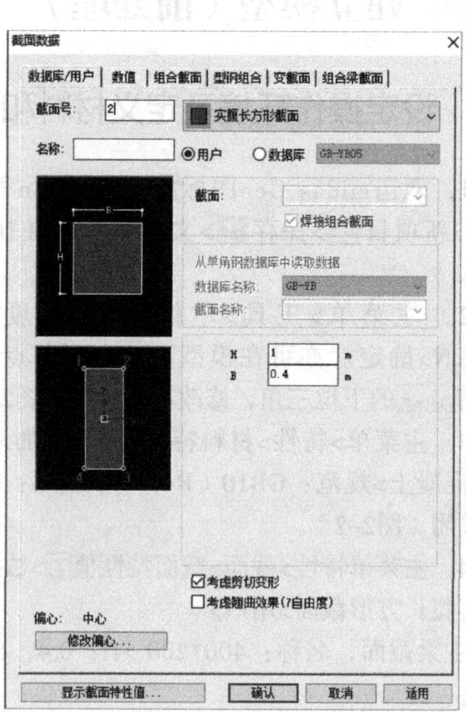

图2–3　定义截面

2.2　建立柱和梁

1．主菜单>节点/单元>建立节点>坐标：0，0，0>复制次数：1>距离：0，0，4>适用。工作树 节点 右侧>单元>建立单元>单元类型：一般梁/变截面梁>材料名称：C30>截面名称：2：1000*400>Beta角：90>节点连接：1，2（模型窗口中直接点取节点1，2）。建立第一根梁单元，然后关闭（图2-4）。

注：点击右上角动态视图控制，实现9个方向的视角查看。点击快捷工具栏显示节点号，显示单元号。

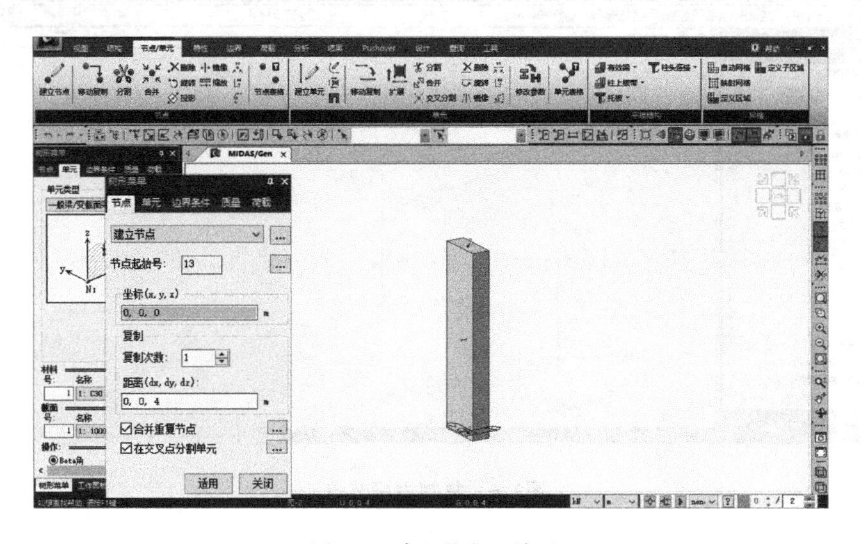

图2-4　建立节点、单元

2．主菜单>节点/单元>单元>移动复制>窗口选择或点击选取刚建立的单元>形式：复制>等间距>dx，dy，dz：6，0，0>复制次数：2>适用，复制生成柱2和柱3。点击快捷工具栏消隐，可切换是否显示截面形状（图2-5）。

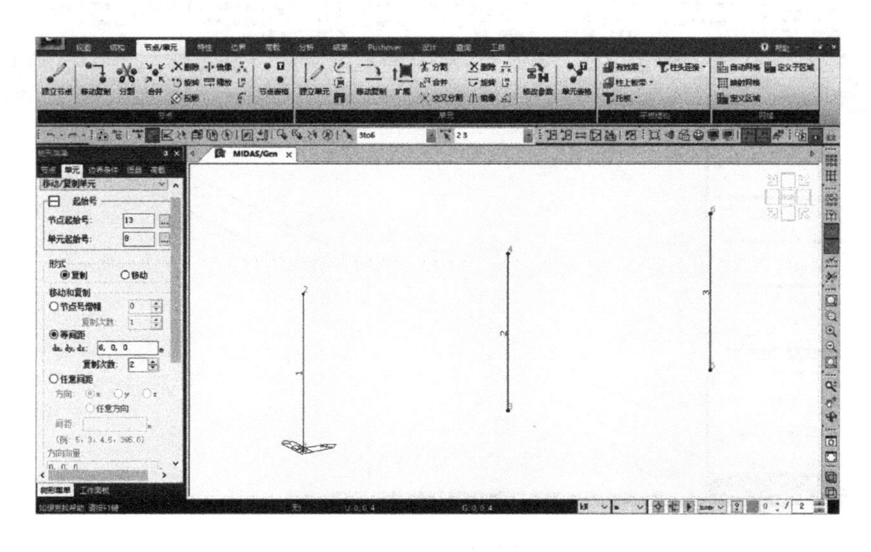

图2-5　复制柱1生成柱2和柱3

注：也可将全局坐标系的X-Z平面设定为用户坐标系的x-y平面，在用户坐标系中建模。可参看“案例1钢筋混凝土结构抗震分析及设计”中定义用户坐标系部分。

3．主菜单>节点/单元>节点>移动复制>窗口选择3个柱顶节点>形式：复制>等间距>dx，dy，dz：0，0.4，0>复制次数：1>适用>dx，dy，dz：0，-0.4，0>适用（图2-6）。

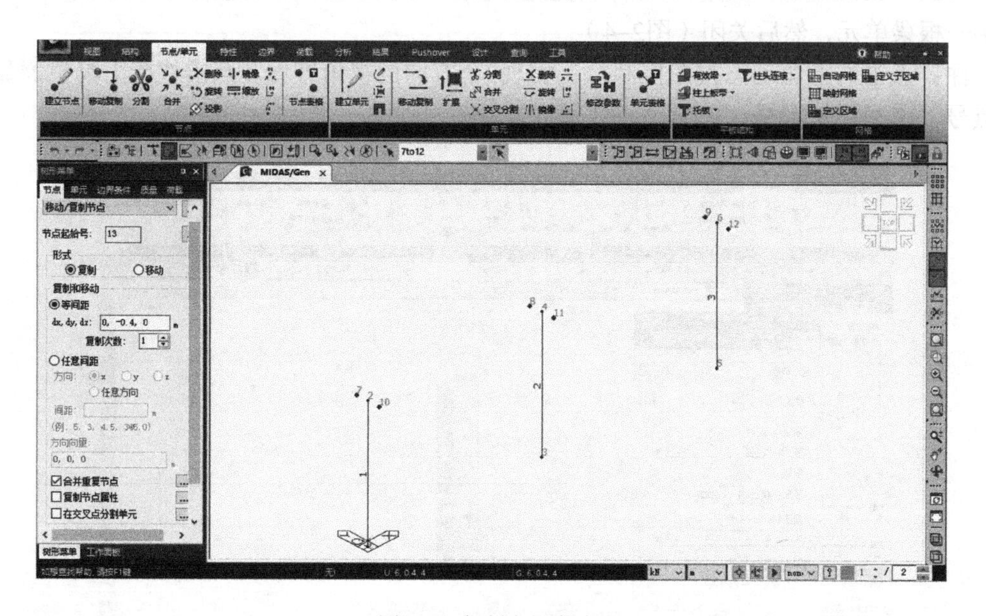

图2-6 复制主梁节点

4．主菜单>节点/单元>单元>建立单元>单元类型：一般梁/变截面梁>材料名称：C30>截面名称：1：400*200>节点连接：模型窗口中直接点取节点10，12、7，9>关闭。建立2根主梁（图2-7）。

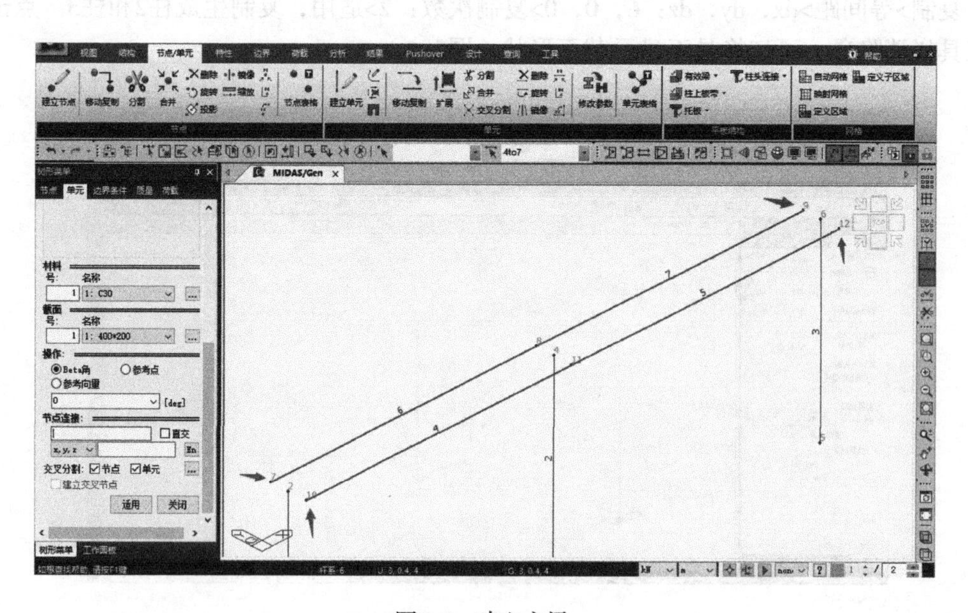

图2-7 建立主梁

生成模型如图2-8所示。

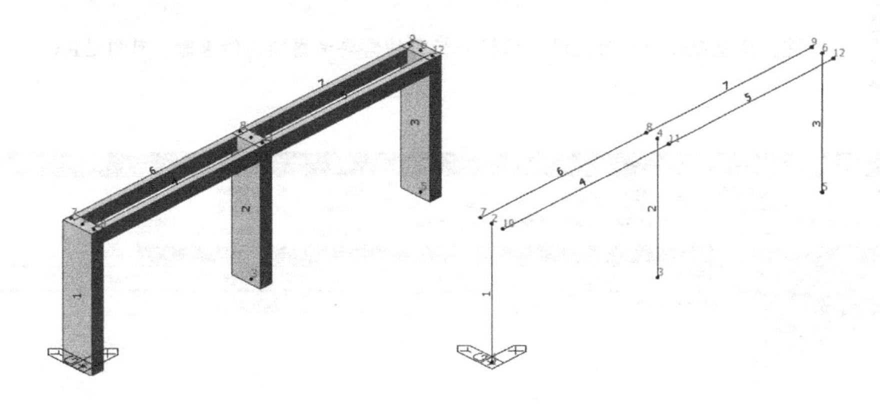

图2-8　3D模型消隐（Ctrl+H）/未消隐

2.3　定义边界条件

1．主菜单>边界>连接>刚性连接>主节点号：2>窗口选择柱1顶部对应的梁节点7和10>类型：刚体>复制刚性连接>方向：x>间距：2@6>适用（图2-9）。

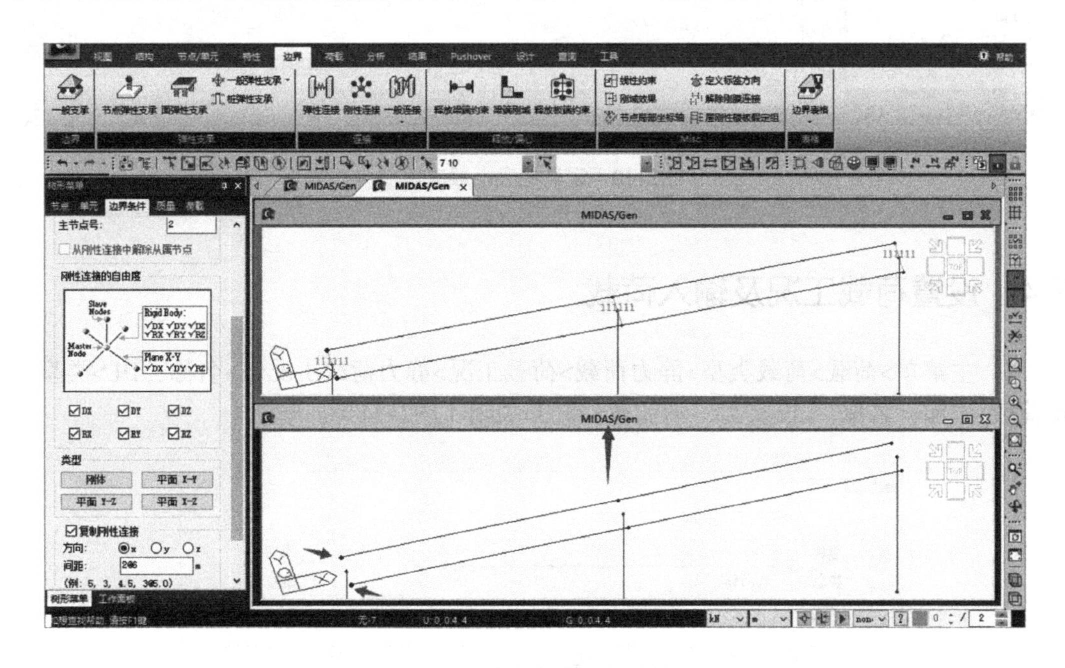

图2-9　定义梁柱刚性连接

注：强制梁节点（从属节点）的自由度从属于柱节点（主节点），包括刚度分量在内的从属节点的所有属性（节点荷载或节点质量）均将转换为主节点的等效分量。这种方式还可以应用在一道转换梁上托两道剪力墙等类似情况，均可参照此法建模。

2．主菜单>边界>一般支承>选择：添加>勾选：D-ALL>勾选：Rx、Ry、Rz>窗口选择柱底节点>适用>关闭（图2-10）。

注：薄壁截面受扭为主时，根据分析目的需要考虑翘曲约束时，可勾选Rw。

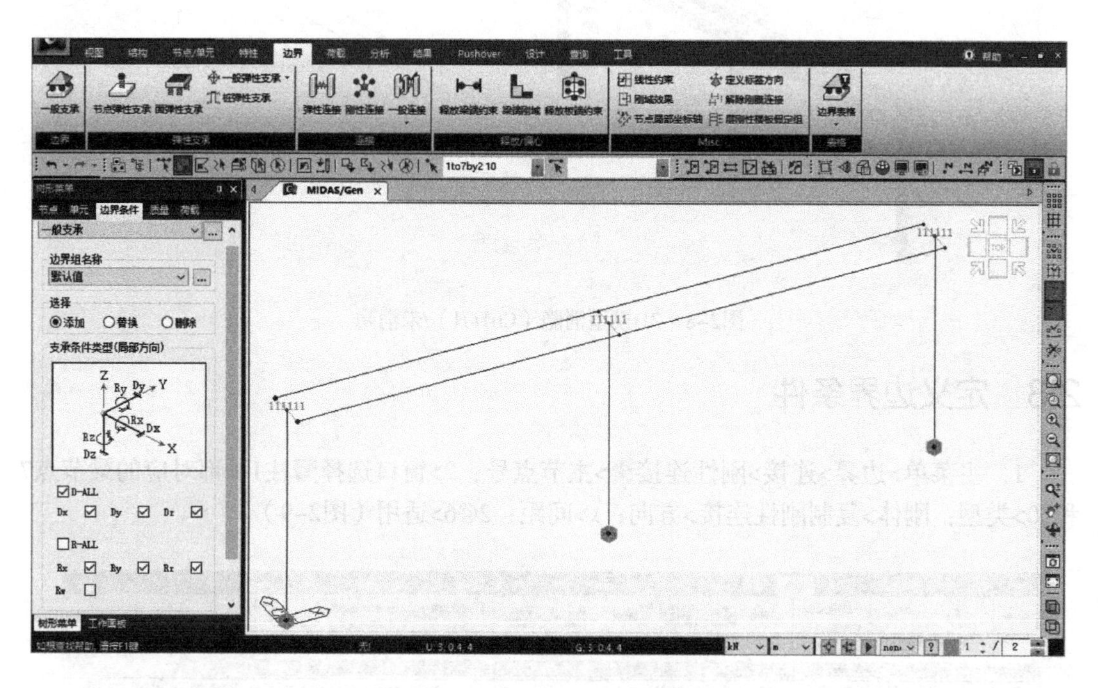

图2-10　定义柱底一般支承

2.4　设置荷载工况及输入荷载

1．主菜单>荷载>荷载类型>静力荷载>荷载工况>静力荷载工况>名称：DL>类型：恒荷载>添加；名称：LL>类型：活荷载>添加>关闭（图2-11）。

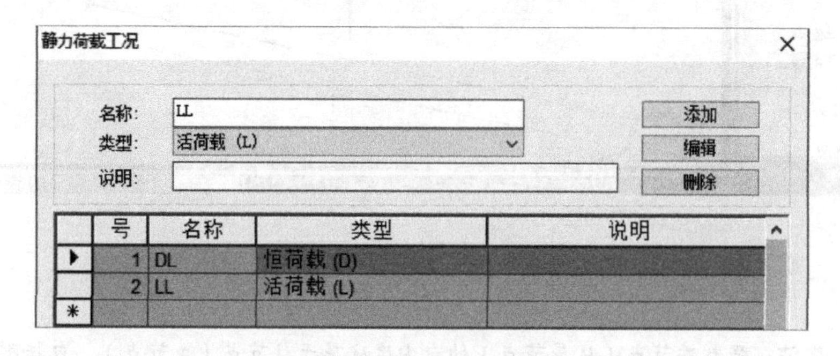

图2-11　定义静力荷载工况

2．主菜单>荷载>荷载类型>静力荷载>结构荷载/质量>自重>荷载工况名称：DL>自重系数：Z：-1>添加>关闭（图2-12）。

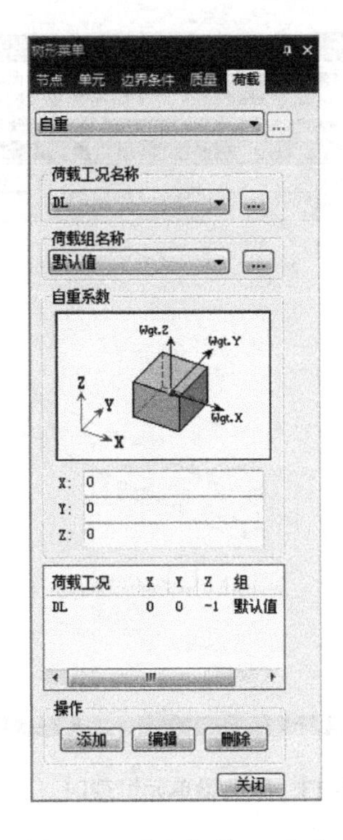

图2-12　定义恒载DL 自重

3. 主菜单>荷载>荷载类型>静力荷载>梁荷载>单元 >梁单元荷载（单元）>荷载工况名称：DL>荷载类型：均布荷载>方向：整体坐标系Z>数值：相对值>w：-5>窗口选择 右侧主梁（单元4、单元5）及左侧第一跨主梁（单元6）>适用，w：-15>窗口选择 左侧第二跨主梁（单元7）>适用（图2-13、图2-14）。

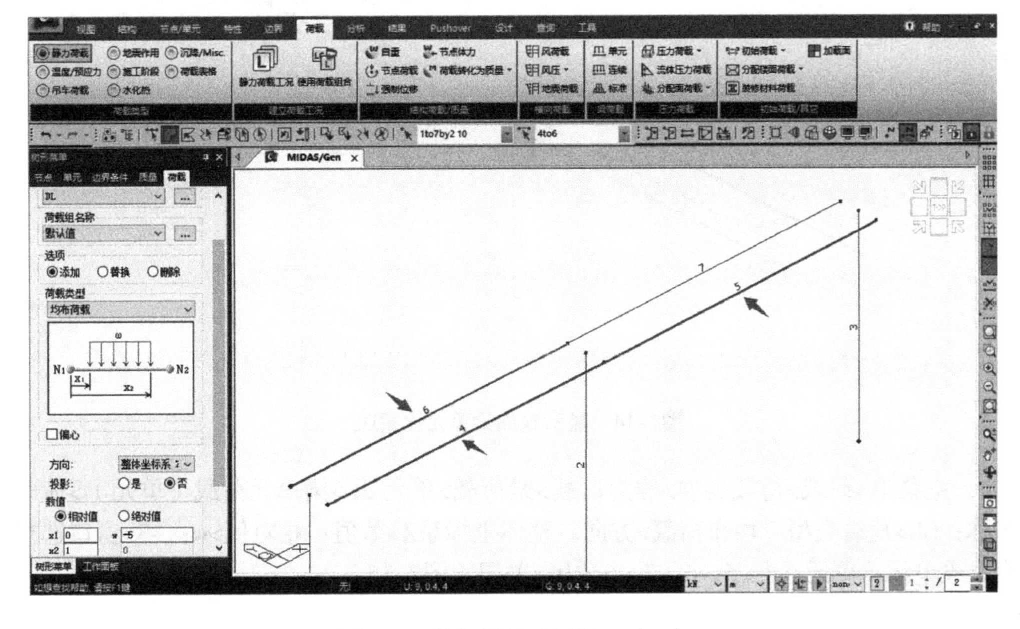

图2-13　施加梁单元恒载DL（一）

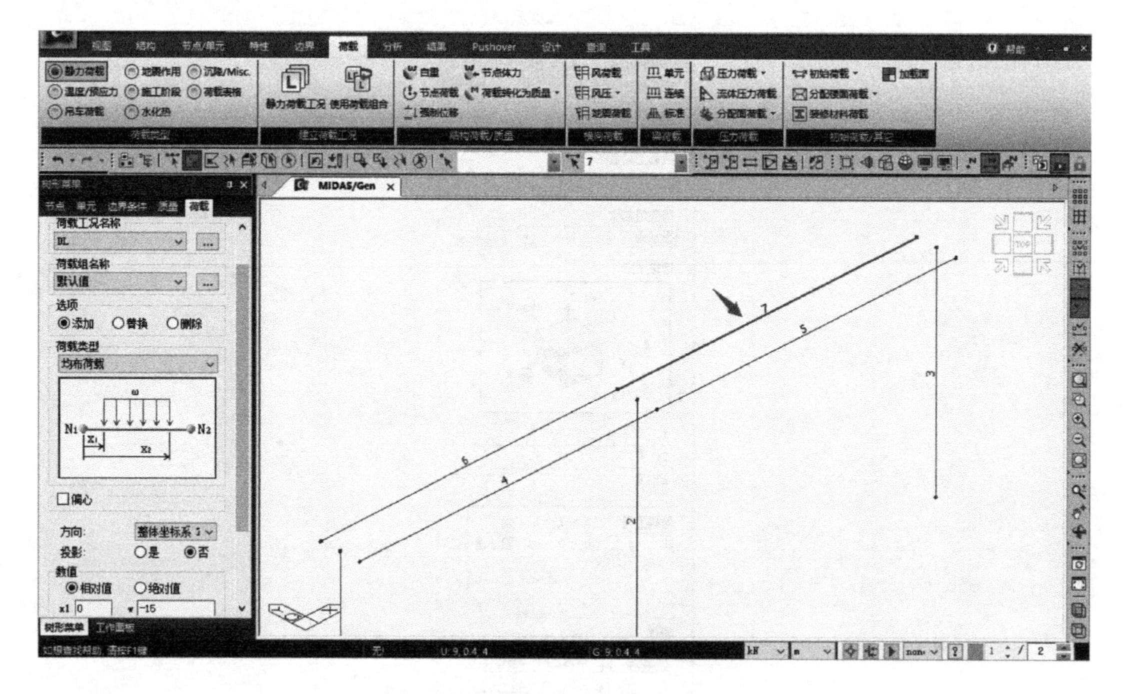

图2-13 施加梁单元恒载DL（二）

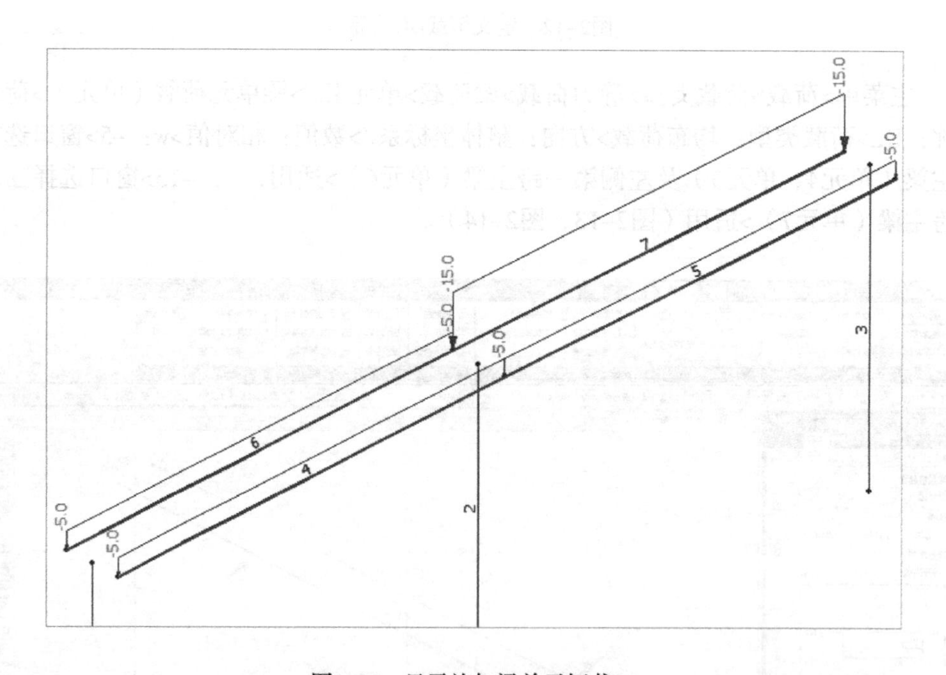

图2-14 显示施加梁单元恒载DL

4．主菜单>荷载>荷载类型>静力荷载>梁荷载>单元 >梁单元荷载（单元）>荷载工况名称：LL>荷载类型：均布荷载>方向：整体坐标系Z>数值：相对值>w：-3>窗口选择 所有主梁单元（单元：4、5、6、7）>适用>关闭（图2-15）。

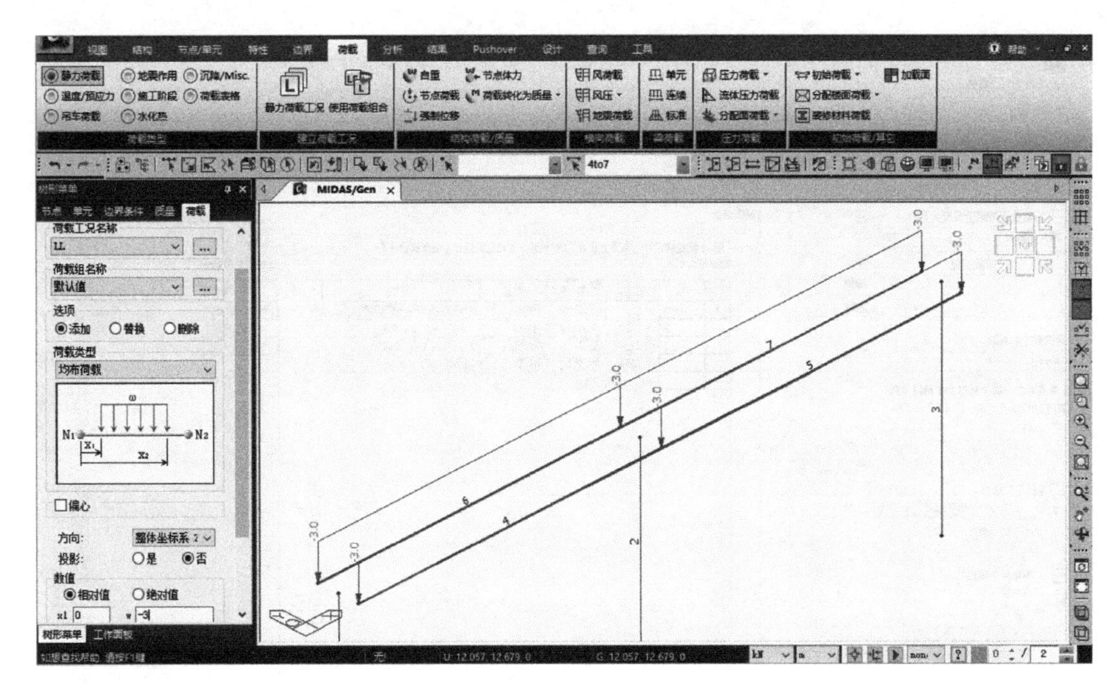

图2–15　施加梁单元恒载LL

3　运行分析及结果查看（后处理）

3.1　运行分析

主菜单>分析>运行分析，或者直接点击快捷菜单中的运行分析（图3–1）。

注：如想切换至前处理模型，点击快捷菜单中的前处理。如想切换至后处理模式，点击快捷菜单中的后处理。

图3–1　运行分析及前后处理模式切换

3.2　生成荷载组合

主菜单>结果>荷载组合>混凝土设计>自动生成>设计规范：GB50010–10（图3–2）。

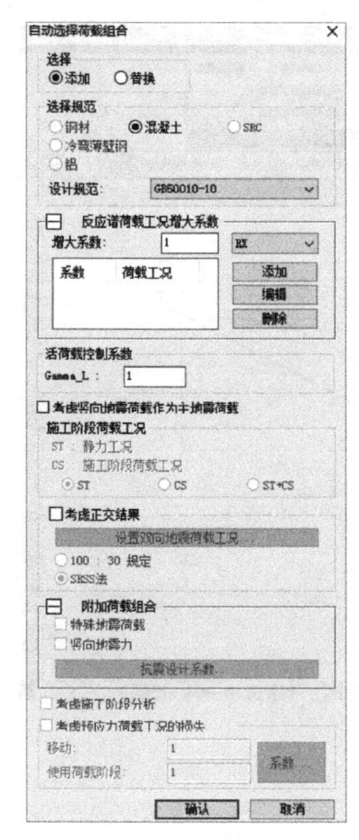

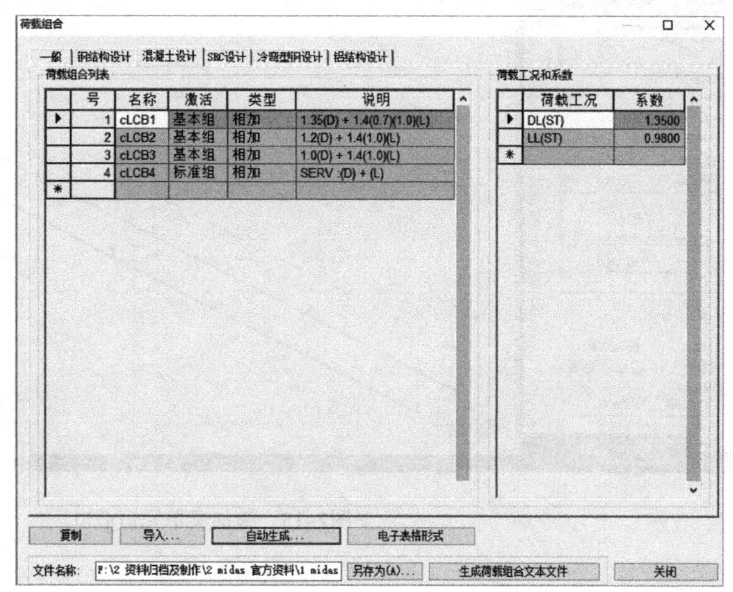

图3-2 荷载组合

注：“一般”选项卡可用于查看内力、变形等，可生成包络组合，但设计时不调取其中的荷载组合进行验算。“混凝土设计”选项卡，依据规范自动生成用于混凝土结构设计的荷载组合。

3.3 分析及设计验算结果

前处理我们主要通过选择“主菜单的功能”来实现操作。为全面演示Gen操作的便捷性，在后处理部分，将主要通过右键等其他方式来实现操作。

3.3.1 反力和位移

1. 模型窗口>右键>反力>反力$\div$>荷载工况/荷载组合：DL>反力：FXYZ>勾选数值和图例>适用（图3-3）。

2. 右键>位移>位移形状、位移等值线：可以查看任意节点各方向位移。查看位移：可查看单个节点位移（图3-4）。

3.3.2 内力与应力

右键>内（应）力>梁单元内（应）力图>查看在各种工况组合下的梁单元内（应）力（图3-5、图3-6）。

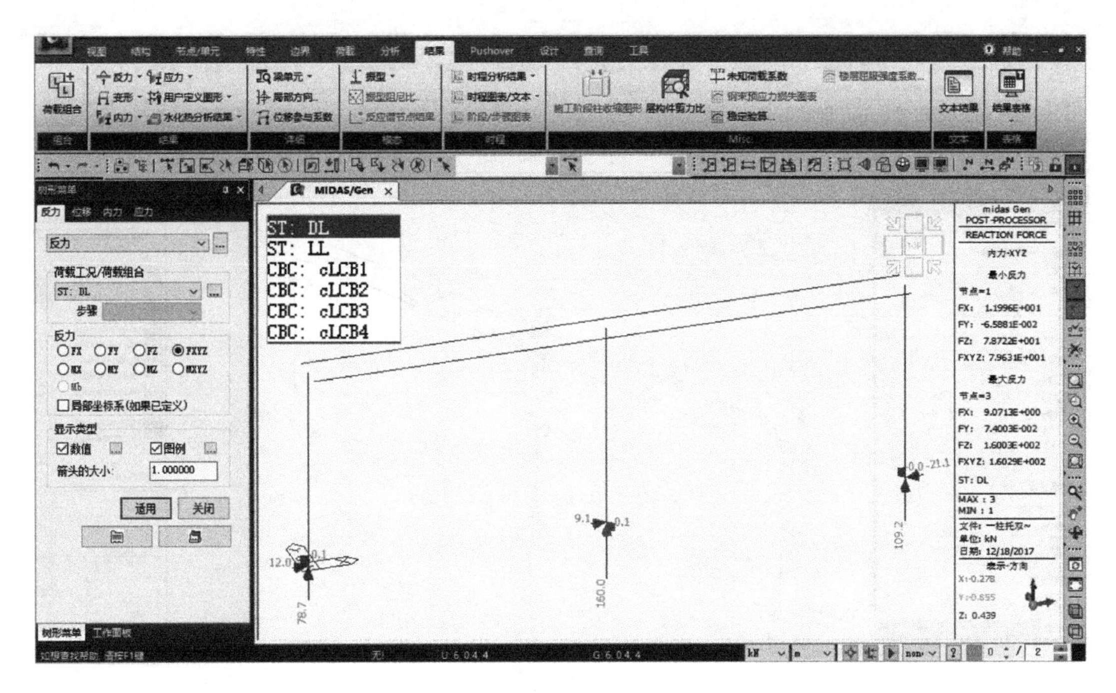

图3–3　查看柱脚反力

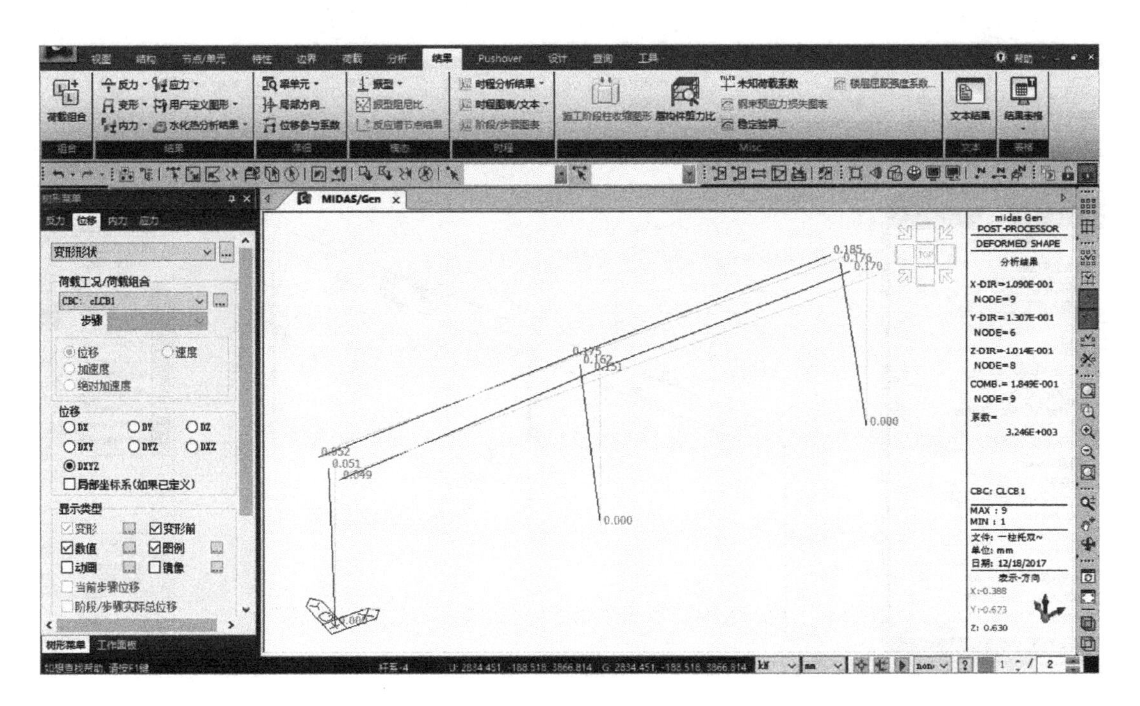

图3–4　查看位移

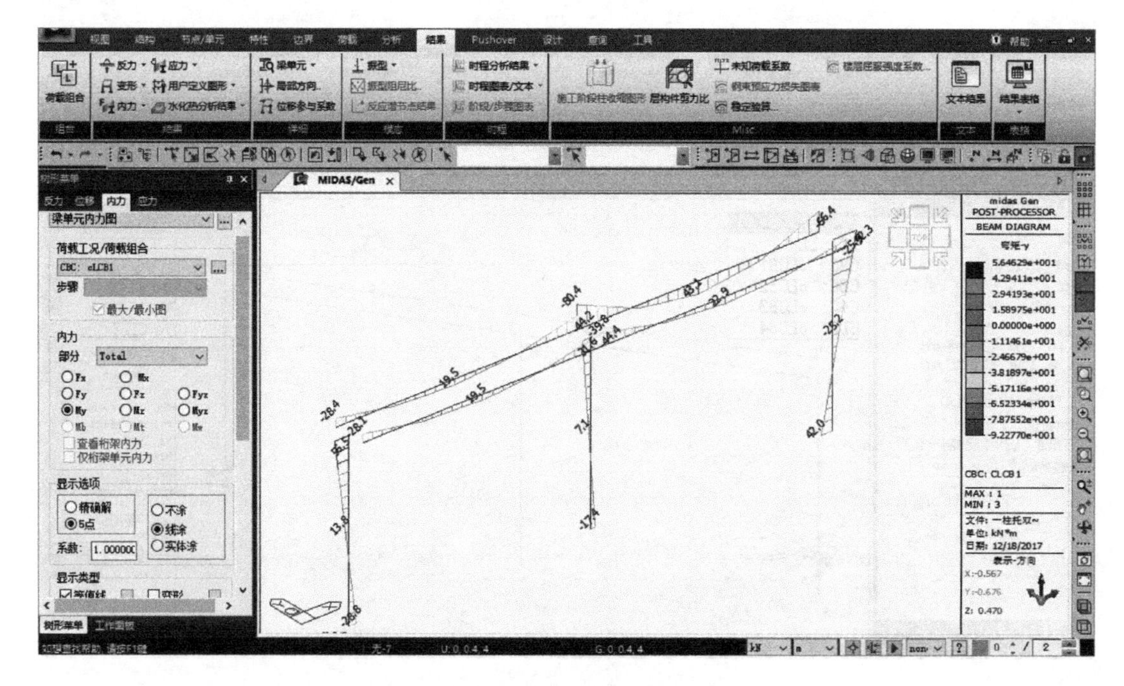

图3-5 梁单元内力图

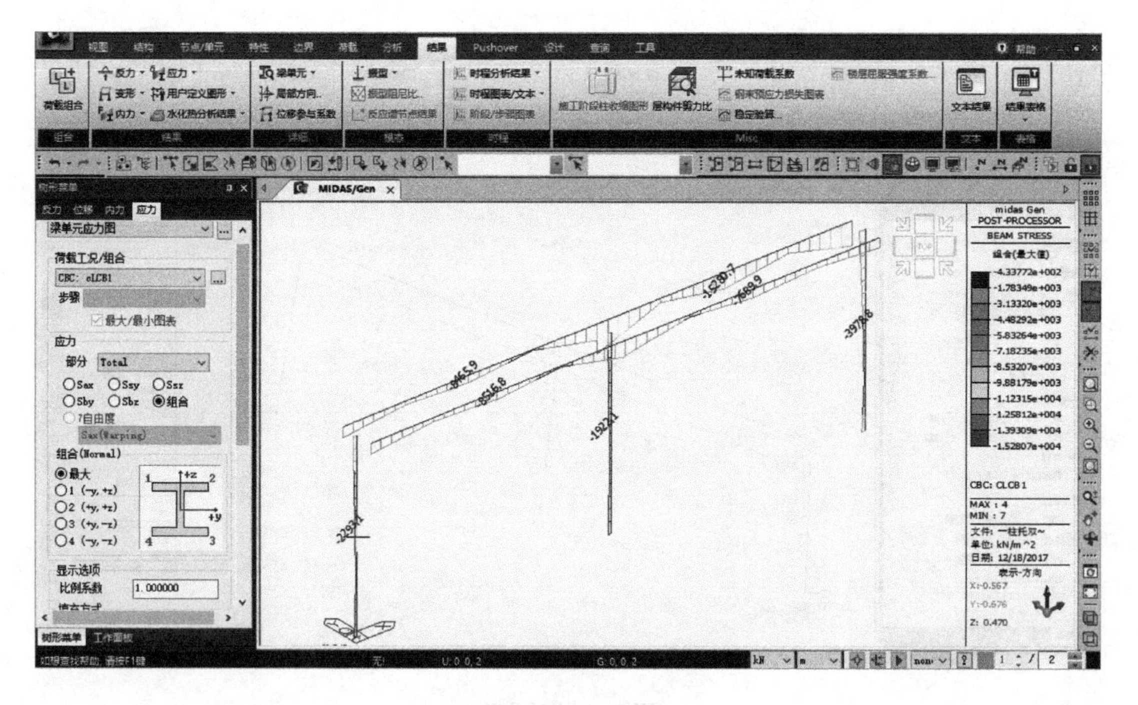

图3-6 梁单元应力图

3.3.3 梁单元细部分析

右键>梁单元细部分析>查看在各种工况组合下的应力及内力图（图3-7）。

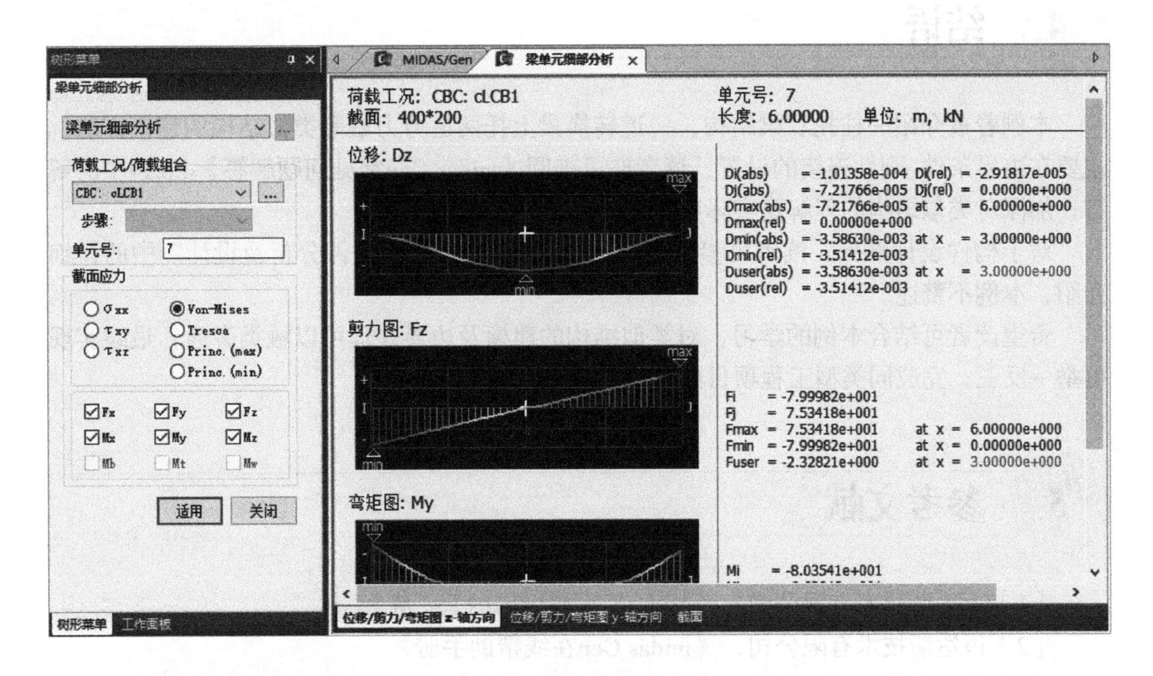
梁单元细部分析
荷载工况/荷载组合
单元号:
截面应力
适用
关闭
荷载工况: CBC: cLCB1
截面: 400*200
单元号: 7
长度: 6.00000　单位: m, kN
位移: Dz
剪力图: Fz
弯矩图: My
Di(abs) = -1.01358e-004 Di(rel) = -2.91817e-005
Dj(abs) = -7.21766e-005 Dj(rel) = 0.00000e+000
Dmax(abs) = -7.21766e-005 at x = 6.00000e+000
Dmax(rel) = 0.00000e+000
Dmin(abs) = -3.58630e-003 at x = 3.00000e+000
Dmin(rel) = -3.51412e-003
Duser(abs) = -3.58630e-003 at x = 3.00000e+000
Duser(rel) = -3.51412e-003
Fi = -7.99982e+001
Fj = 7.53418e+001
Fmax = 7.53418e+001 at x = 6.00000e+000
Fmin = -7.99982e+001 at x = 0.00000e+000
Fuser = -2.32821e+000 at x = 3.00000e+000
Mi = -8.03541e+001

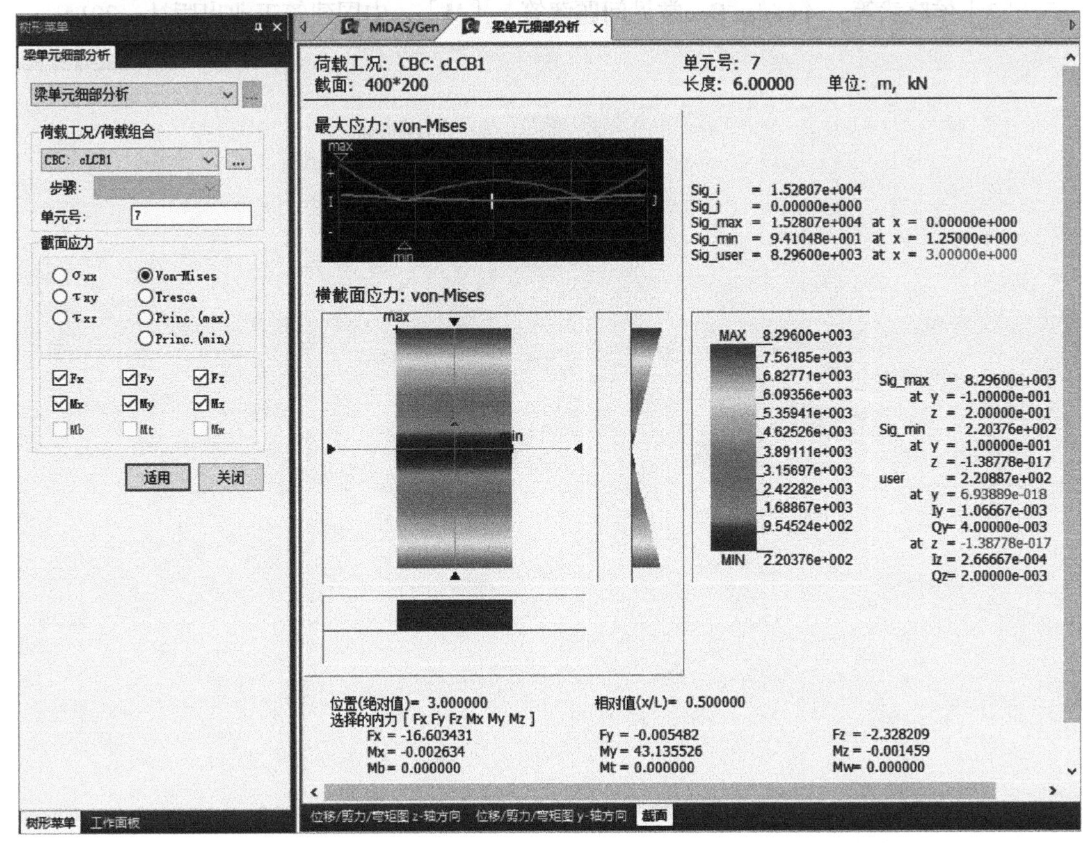
荷载工况: CBC: cLCB1
截面: 400*200
单元号: 7
长度: 6.00000　单位: m, kN
最大应力: von-Mises
Sig_i = 1.52807e+004
Sig_j = 0.00000e+000
Sig_max = 1.52807e+004 at x = 0.00000e+000
Sig_min = 9.41048e+001 at x = 1.25000e+000
Sig_user = 8.29600e+003 at x = 3.00000e+000
横截面应力: von-Mises
MAX 8.29600e+003
7.56185e+003
6.82771e+003
6.09356e+003
5.35941e+003
4.62526e+003
3.89111e+003
3.15697e+003
2.42282e+003
1.68867e+003
9.54524e+002
MIN 2.20376e+002
Sig_max = 8.29600e+003
at y = -1.00000e-001
z = 2.00000e-001
Sig_min = 2.20376e+002
at y = 1.00000e-001
z = -1.38778e-017
user = 2.20887e+002
at y = 6.93889e-018
Iy = 1.06667e-003
Qy = 4.00000e-003
at z = -1.38778e-017
Iz = 2.66667e-004
Qz = 2.00000e-003
位置(绝对值)= 3.000000　相对值(x/L)= 0.500000
选择的内力 [Fx Fy Fz Mx My Mz]
Fx = -16.603431　Fy = -0.005482　Fz = -2.328209
Mx = -0.002634　My = 43.135526　Mz = -0.001459
Mb = 0.000000　Mt = 0.000000　Mw = 0.000000

图3-7　梁单元细部分析

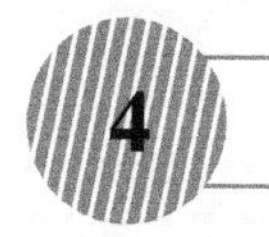

4 结语

本例着重介绍一柱托双梁结构、一道转换梁上托两道剪力墙等类似结构的建模方法，主要在边界条件-刚性连接的设置，读者亦可查阅《midas Gen常见问题解答》4.6.14中的解答，加深对类似结构的理解及实际应用的处理。

对于构件设计部分，读者可参看“案例1钢筋混凝土结构构件分析及设计”中的详细介绍，本例不赘述。

希望读者可结合本例的学习，对类似结构的建模及边界处理可以触类旁通，最终实现可举一反三，完成同类型工程项目的分析与设计。

5 参考文献

[1] 迈达斯技术有限公司，《Midas/Gen初级培训》[M].
[2] 迈达斯技术有限公司，《midas Gen在线帮助手册》.
[3] 侯晓武等，《midas Gen常见问题解答》[M]，中国建筑工业出版社，2014.

案例 9 边界非线性（阻尼器）分析

概要

使用midas Gen 进行边界非线性分析的整个过程，以及查看分析结果的方法。

主要步骤如下：

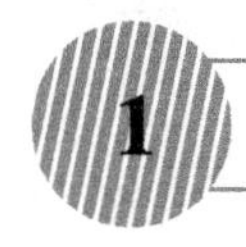

1 模型信息

通过建立一个十层的钢筋混凝土框架模型，详细介绍midas Gen建立结构模型、施加时程荷载、考虑阻尼器及查看分析结果的步骤和方法。

例题模型的基本数据如下：（单位：mm）

轴网尺寸：见图1-1结构平面图

主梁：500×500　　　　柱：500×500

混凝土：C30　　　　层高：3000

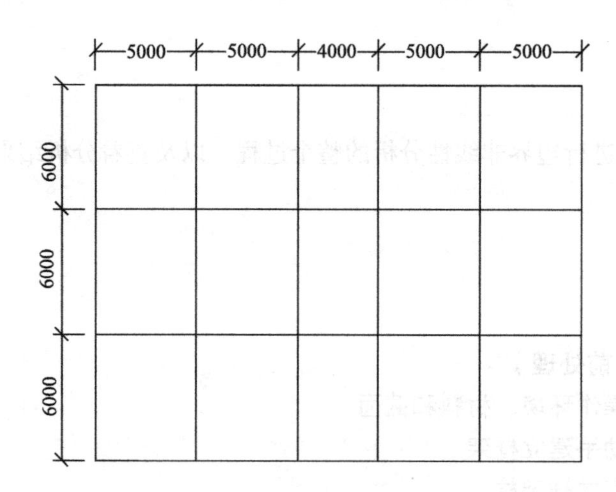

图1-1　结构平面图

2 建立模型（前处理）

2.1 设定操作环境、材料和截面

1．双击midas Gen图标>主菜单>新项目>保存>文件名：边界非线性（无阻尼）分析>保存。

2．主菜单>工具>单位系>长度：m，力：kN>确定。亦可在模型窗口右下角点击图标kN m的下拉三角，修改单位体系，如图2-1所示。

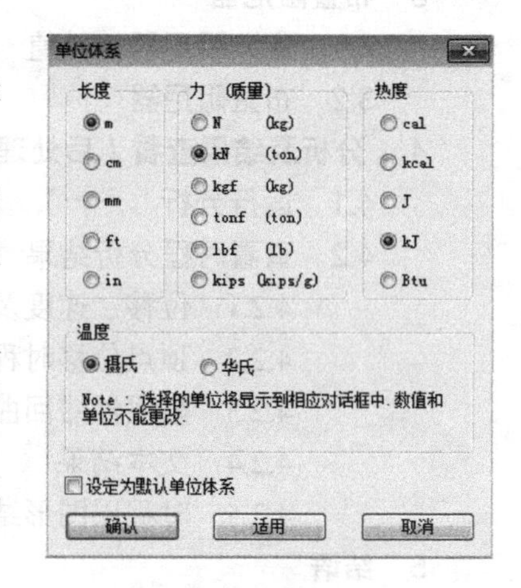

图2-1　单位体系

3．主菜单>特性>材料>材料特性值>添加>设计类型：混凝土>规范：GB10（RC）>数据库：C30>确定（图2-2）。

4．主菜单>特性>截面>截面特性值>数据库/用户>实腹长方形截面>用户>

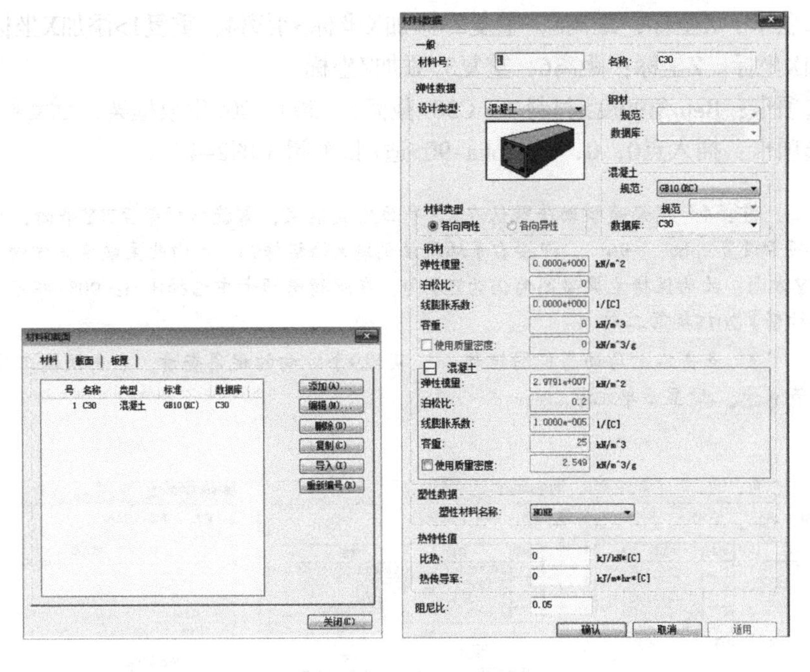

图2–2　定义材料

主梁截面，名称：500*300>H：0.5，B：0.3>适用；

柱截面，名称：500*500>H：0.5，B：0.5>适用（图2–3）。

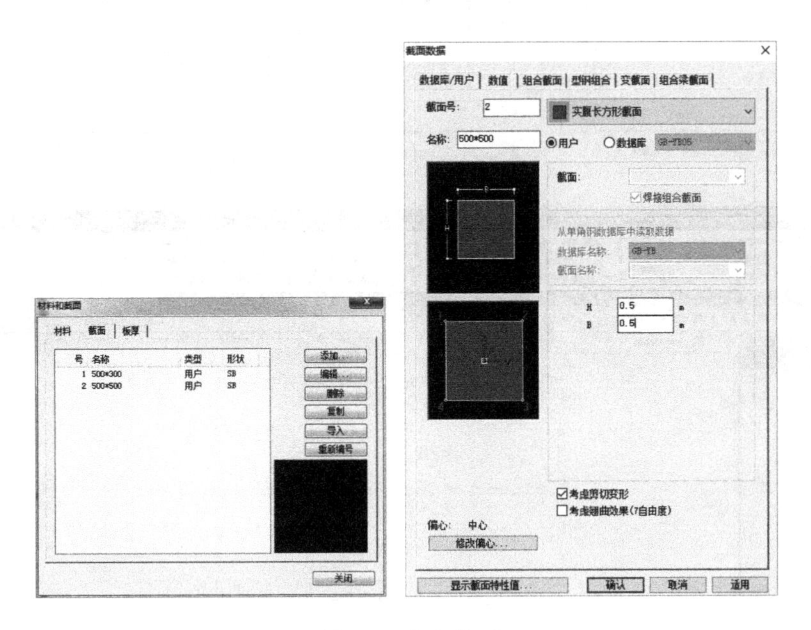

图2–3　定义截面

2.2　建模助手建立框架

主菜单>结构>建模助手>基本结构>框架>

输入选项卡：X坐标：距离5，重复2>添加X坐标>距离4，重复1>添加X坐标>距离5，重复2>添加X坐标。Z坐标：距离6，重复3>添加Z坐标。

编辑选项卡：Beta角90度>材料 1：C30>截面1：500*300>生成框架 生成框架 。

插入选项卡：插入点0，0，0>Alpha-90>适用>关闭（图2-4）。

注：1. 框架建模助手默认在XZ平面生成框架，需旋转框架至XY平面，故在插入选项卡设置alpha：-90°，即按右手螺旋法则绕X轴旋转90°。由此主梁梁高方向也被调整为Y方向，故为保持主梁梁高为仍为Z方向，在编辑选项卡中选择Beta：90°即可。详见《结构帮》2015年第二期。

2. 点击右上角动态视图控制 ，实现9个方向的视角查看。点击快捷工具栏 显示节点号， 显示单元号。

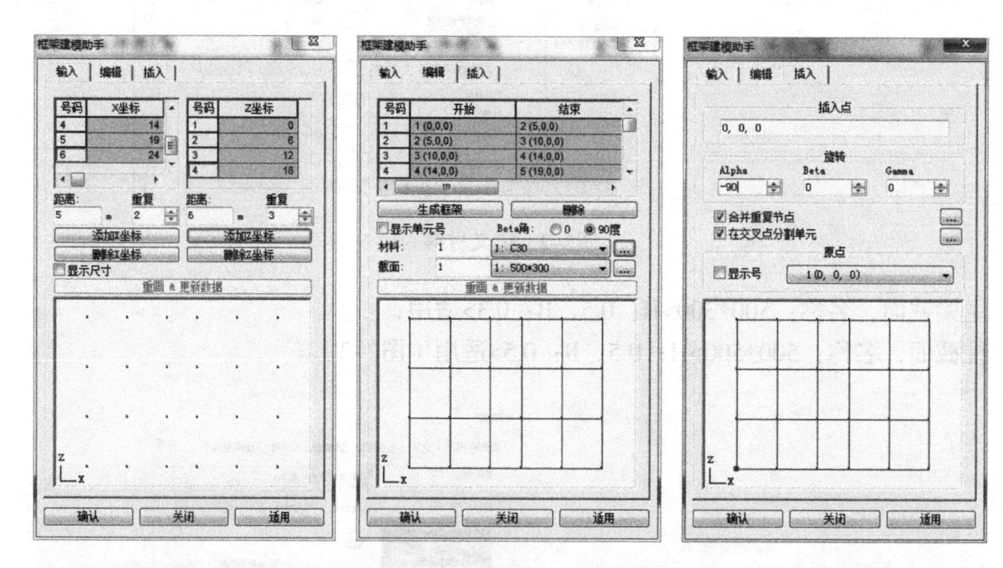

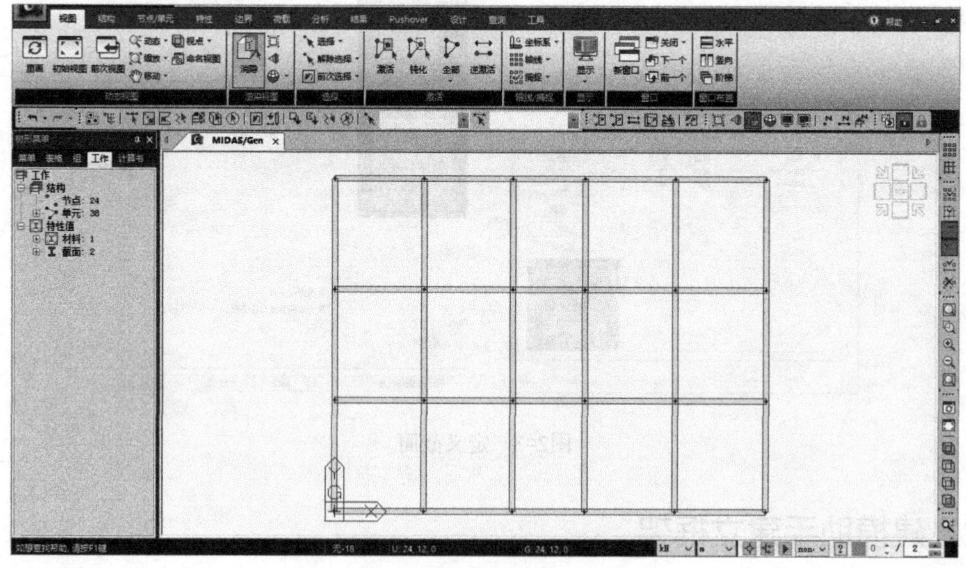

图2-4　建立平面框架梁

2.3　建立底层框架柱

主菜单>节点/单元>单元>扩展 >扩展类型：节点→线单元>单元类型：梁单元>材料：C30>截面：500*500>生成形式：复制和移动>等间距>dx，dy，dz：0，0，-3>复制次数：1>全选 >适用（图2-5）。

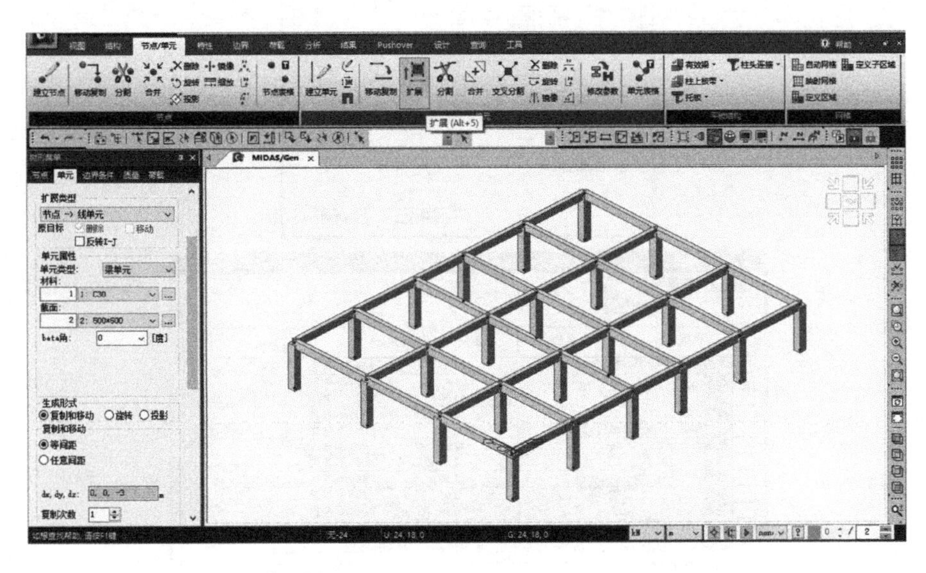

图2-5　建立底层框架柱

2.4　楼层复制及生成层数据

1. 主菜单>结构>控制数据 >复制层数据>复制次数：9>距离：3>全选 >添加>全选 >适用（图2-6）。

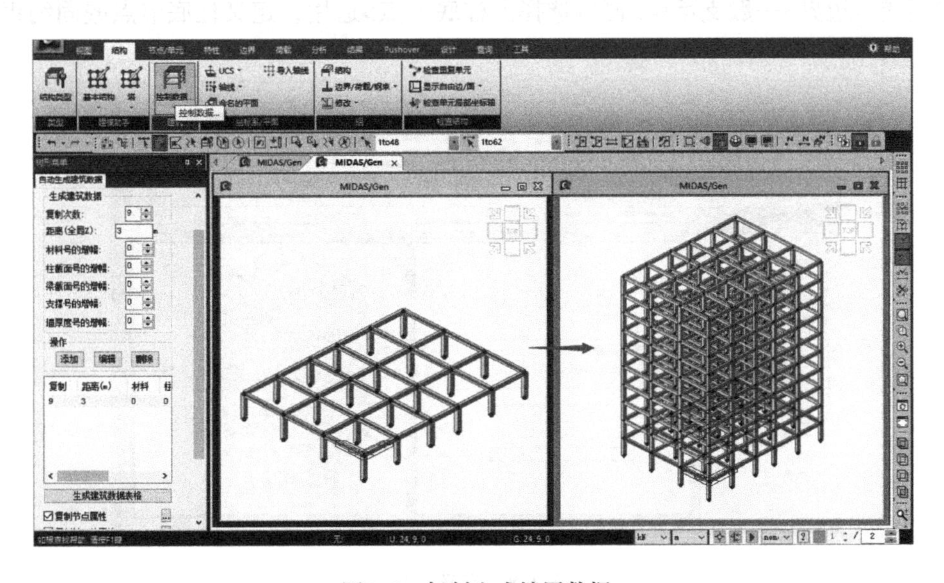

图2-6　复制生成楼层数据

2．主菜单>结构>控制数据>定义层数据>生成层数据>确认。表格最后一列可设置是否考虑刚性楼板，若为弹性楼板选择不考虑（图2-7）。

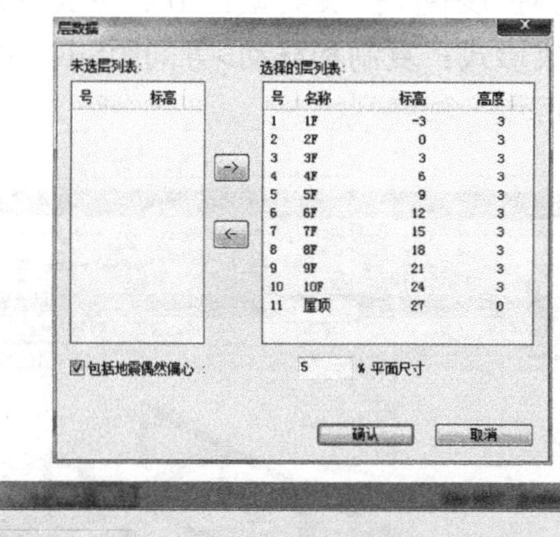

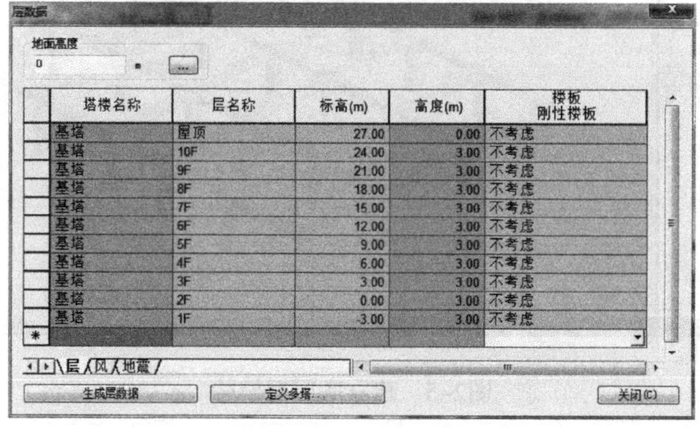

塔楼名称	层名称	标高(m)	高度(m)	楼板 刚性楼板
基塔	屋顶	27.00	0.00	不考虑
基塔	10F	24.00	3.00	不考虑
基塔	9F	21.00	3.00	不考虑
基塔	8F	18.00	3.00	不考虑
基塔	7F	15.00	3.00	不考虑
基塔	6F	12.00	3.00	不考虑
基塔	5F	9.00	3.00	不考虑
基塔	4F	6.00	3.00	不考虑
基塔	3F	3.00	3.00	不考虑
基塔	2F	0.00	3.00	不考虑
基塔	1F	-3.00	3.00	不考虑

图2-7 定义层数据

2.5 定义边界条件

主菜单>边界>一般支承>窗口选择柱底节点>适用，定义柱底节点嵌固约束（图2-8）。

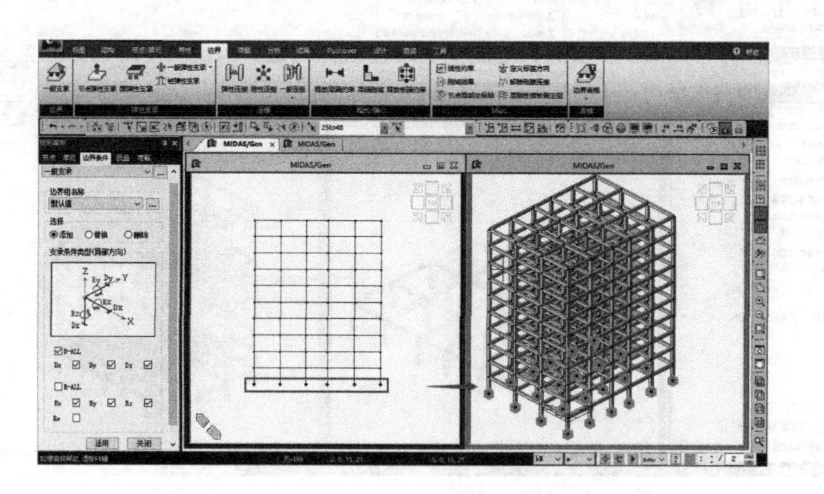

图2-8 定义边界

2.6　输入自重

1．主菜单>荷载>荷载类型>静力荷载>建立荷载工况>静力荷载工况>名称：DL>类型：恒荷载>添加>关闭（图2–9）。

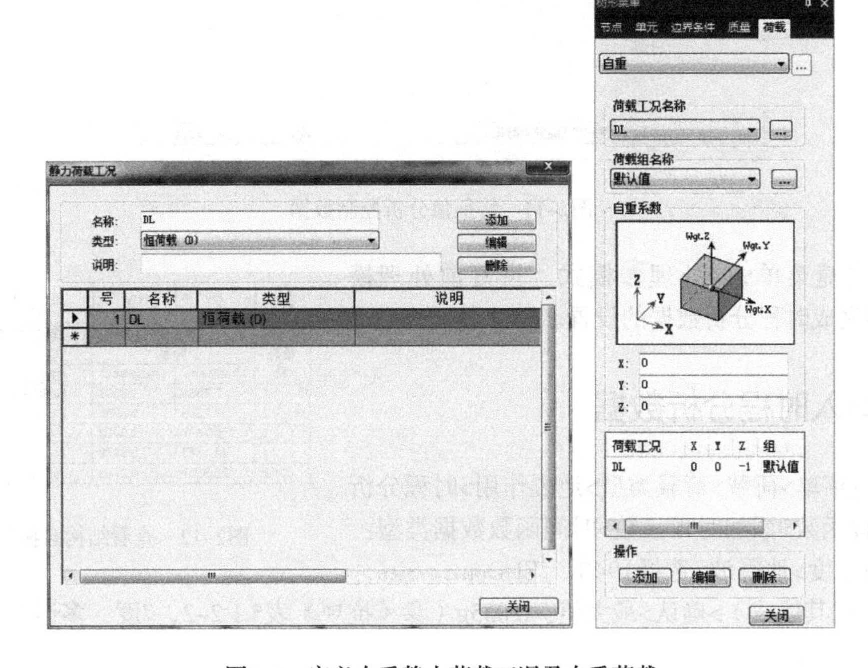

图2–9　定义自重静力荷载工况及自重荷载

2．主菜单>荷载>荷载类型>静力荷载>结构荷载/质量>自重>荷载工况名称：DL>自重系数：Z：–1>添加>关闭。

2.7　结构类型及特征值分析

1．主菜单>结构>结构类型>结构类型：3–D >质量控制参数：集中质量>勾选将自重转换为质量：转换到X、Y（地震作用方向）>勾选图形显示时，将梁顶标高与楼面标高（X–Y平面）平齐>确认（图2–10）。

2．主菜单>分析>分析控制>特征值>分析类型：Lanczos>振型数量：15>确认（图2–11）。

3．主菜单>分析>运行分析，或者直接点击快捷菜单中的运行分析。主菜单>结果>模态>振型>振型形状>自振模态>激活记录>确定。可查看结构自振周期数据，该周期数据在设置“时程荷载工况”时需要（图2–12）。

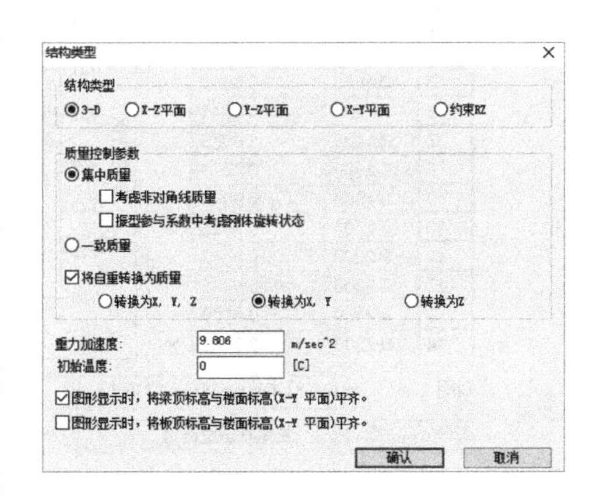

图2–10　结构类型及自重转换为质量

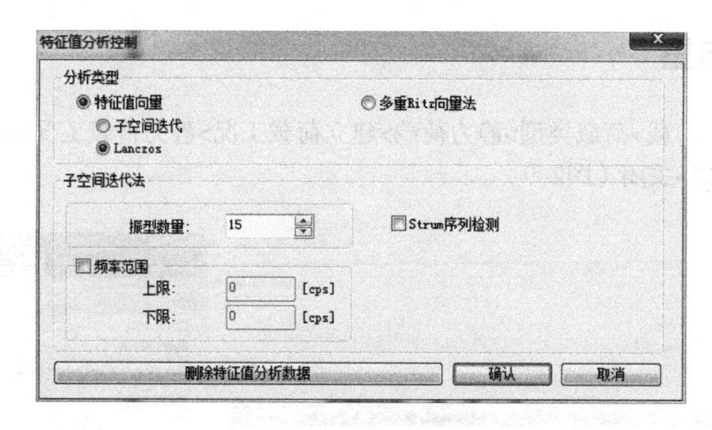

图2-11 特征值分析控制数据

4．快捷菜单>前处理模式。恢复前处理模式，继续完成时程分析数据的设置。

模态	UX	UY	UZ	RX

特征值分析

模态号	频率 (rad/sec)	频率 (cycle/sec)	周期 (sec)	容许误差
1	7.7869	1.2393	0.8069	0.0000e+000
2	8.7295	1.3893	0.7198	0.0000e+000
3	8.7477	1.3922	0.7183	0.0000e+000
4	24.1773	3.8479	0.2599	1.1439e-083
5	26.8887	4.2795	0.2337	3.5780e-079

图2-12 查看结构自振周期

2.8 输入时程分析数据

1．主菜单>荷载>荷载类型>地震作用>时程分析数据>时程函数>添加时程函数>时间函数数据类型：无量纲加速度>地震波>选择1940， El Centro Site，270 Deg（或其他波）>确认>最大值：0.035g（参《抗规》表5.1.2-2，7度，多遇地震）>确认（图2-13）。

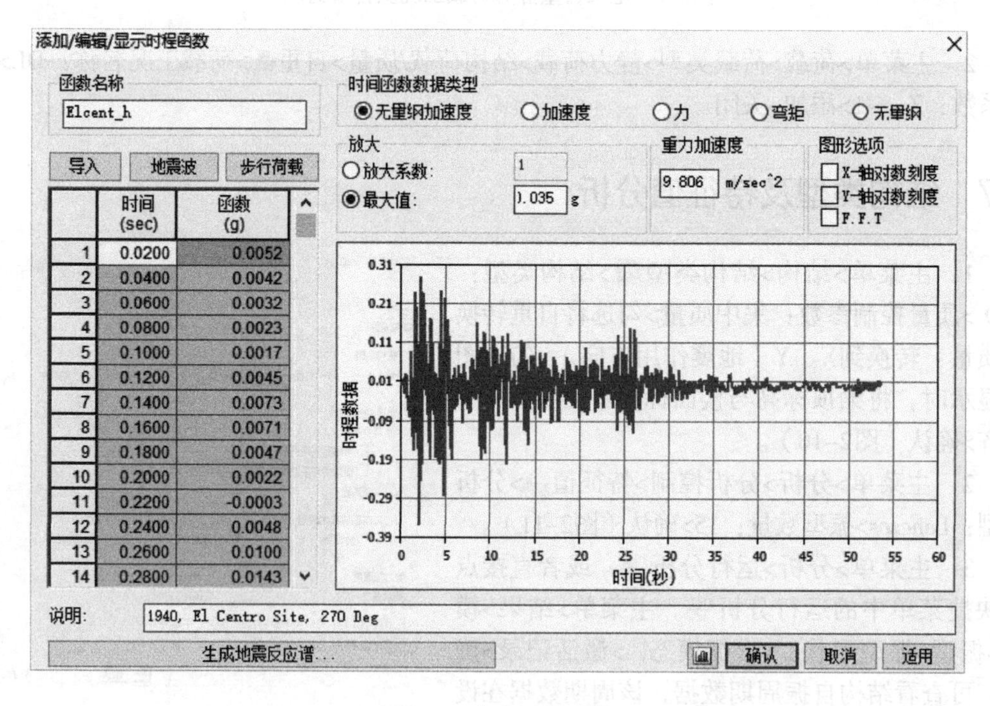

图2-13 定义时程函数

2. 主菜单>荷载>荷载类型>地震作用>时程分析数据>荷载工况>添加>名称：SC1>分析类型：非线性>分析方法：直接积分法>时程类型：瞬态（地震波）>几何非线性：不考虑>分析时间：30s>分析时间步长：0.01>输出时间步长：1>阻尼计算方法：质量和刚度因子>阻尼类型：从模型阻尼中计算>因子计算周期：0.8069，0.7198>确认（图2-14）。

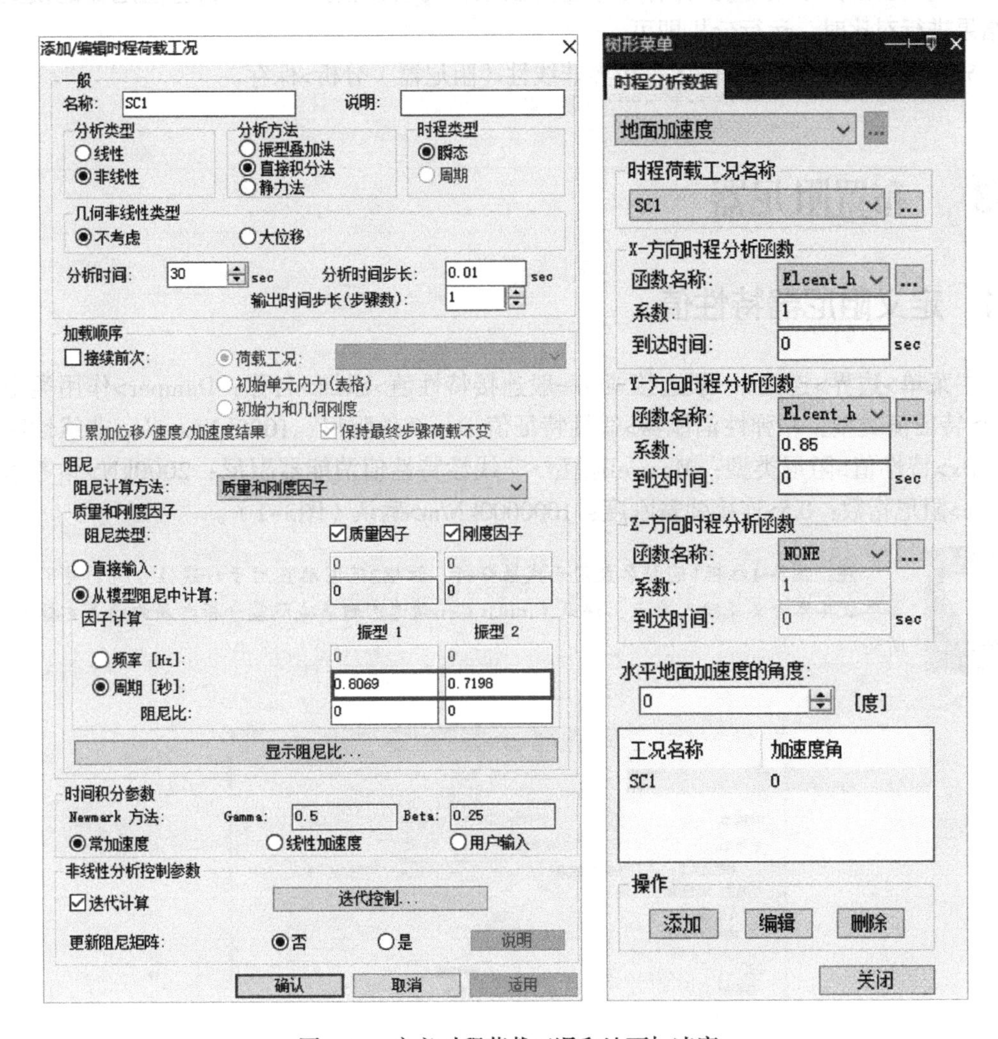

图2-14 定义时程荷载工况和地面加速度

注：当波为谐振函数时，分析类型：线性，时程类型：周期。另外，“分析时间步长”对分析结果的精度有较大的影响，一般亦可取时程加载函数周期或结构自振周期的1/10。“因子计算”中振型1和2输入的周期值，见图2-12。

3. 主菜单>荷载>荷载类型>地震作用>时程分析数据>地面>地面加速度>时程荷载工况名称：SC1>X-方向时程分析函数函数名称：Elcent-h（双向地震主方向）>系数：1>到达时间：0s（表示地震波开始作用时间）>Y-方向时程分析函数函数名称：Elcent-h（双向地震次方向）>系数：0.85>到达时间：0s>添加>关闭。如图2-14所示。

注：本例不考虑Z方向地震作用，故“Z-方向是时程分析函数”未填写。“水平地面加速度的角度”，如果输入0度，则表示X/Y方向地震波作用于X/Y方向。如果输入90度，则表示X方向地震波作用于Y方向，Y方向地震波作用于X方向。如果输入30度，则表示X方向地震波作用于与X轴成30度的方向，Y方向地震波作用于与Y轴成30度的方向。

4．快捷菜单>保存。保存好未施加阻尼器的阶段模型，在与设置阻尼器的模型分析结果进行对比时，运行分析即可。

5．文件>另存为>文件名：边界非线性（阻尼器）分析>保存。

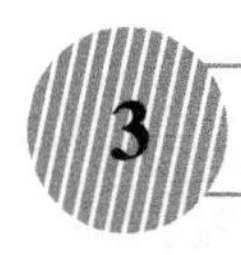

3 布置阻尼器

3.1 定义阻尼器特性值

主菜单>边界>连接>一般连接>一般连接特性值>添加>名称：Damper>作用类型：内力>特征值类型：粘弹性消能器>线性特征值 Dx>有效阻尼：1000kN*sec/m>非线性特性值：Dx>特性值>阻尼类型：Maxwell模型>非线性特性值消能器阻尼：2000kN>参考速度1m/sec>阻尼指数：0.5>连接弹簧刚度：1000000kN/m>确认（图3-1）。

注：图3-1红框1范围参数用于线性分析，红框2范围参数用于非线性分析。关于阻尼器参数具体含义及输入要点，详见《midas Gen精选例题集减隔震分析之屈曲约束支撑》中所述。

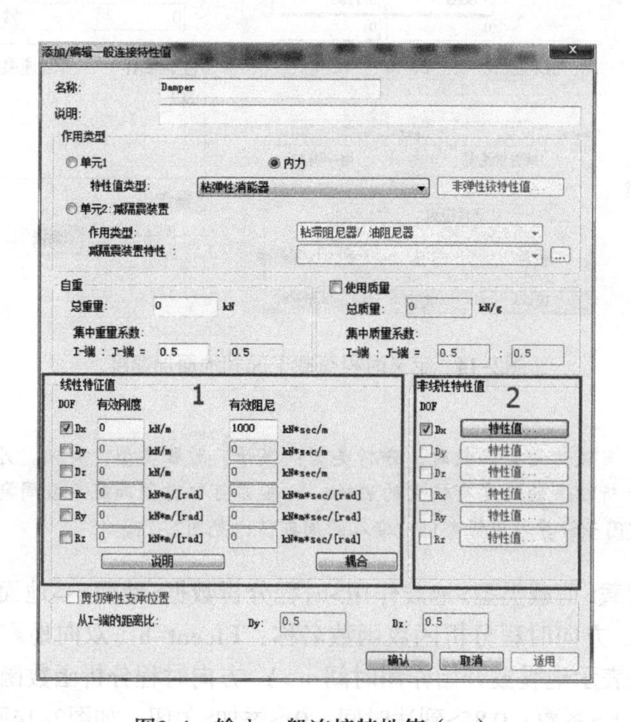

图3-1 输入一般连接特性值（一）

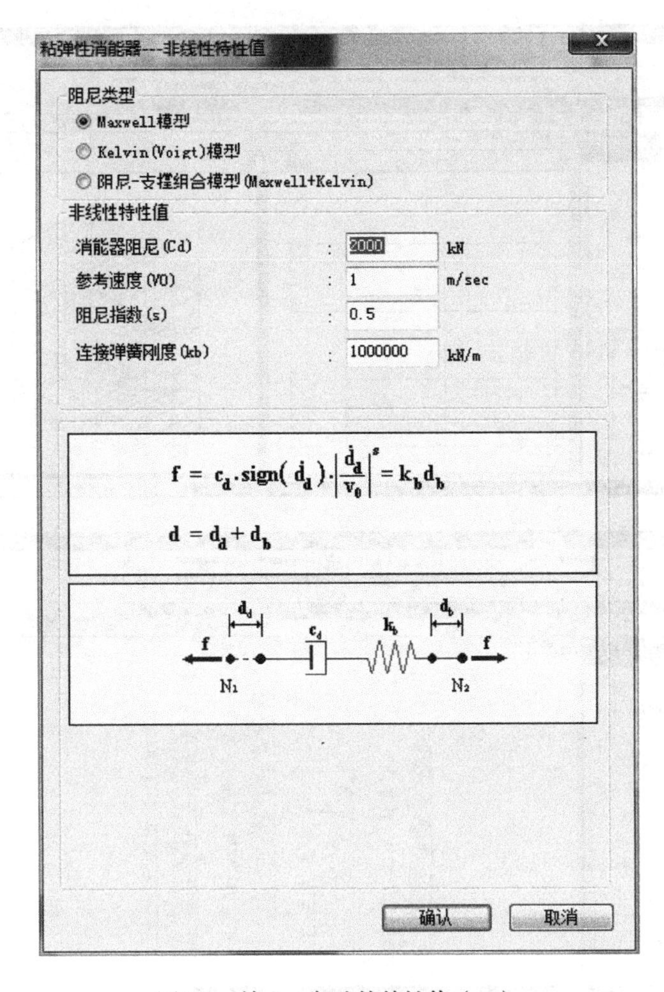

图3-1　输入一般连接特性值（二）

3.2　布置阻尼器

1．主菜单>边界>连接>一般连接>一般连接>一般连接特征值名称：Damper>类型：黏弹性消能器>顶视图TOP>窗口选择图3-2所示单元>激活F2>勾选复制一般连接>选择：距离>复制轴：z>间距：9@-3>两点：，点击输入框>在模型窗口中鼠标点取247，217；253，235；252，222；258，240，完成左右外侧节点斜向布置阻尼器。

2．激活全部Ctrl+All>顶视图TOP>窗口选择图3-3所示单元>激活F2。继续在工作树边界条件一般连接菜单中>勾选复制一般连接>选择：距离>复制轴：z>间距：9@-3>两点：，点击输入框>在模型窗口中鼠标点取260，235；260，237；263，238；263，240；242，217；242，219；245，220；245，222>关闭。完成上下外侧节点斜向布置阻尼器（图3-3）。

注：本例阻尼器设置，主要是为了演示操作方法，实际项目中，宜根据结构真实的响应状态，布置阻尼装置。

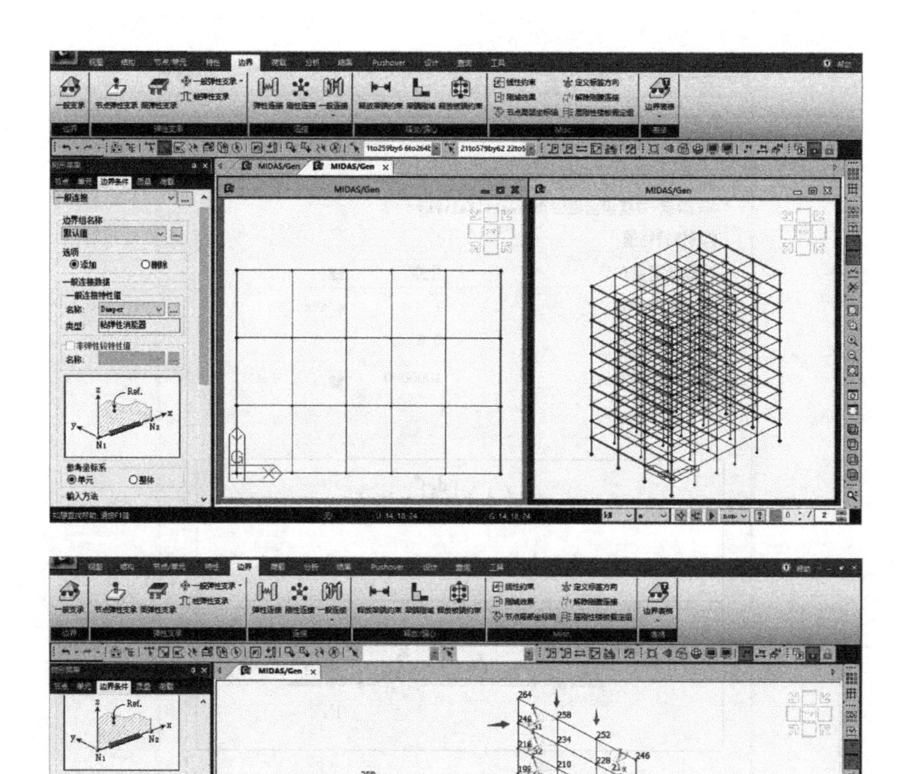

图3-2 左右外侧节点阻尼器布置

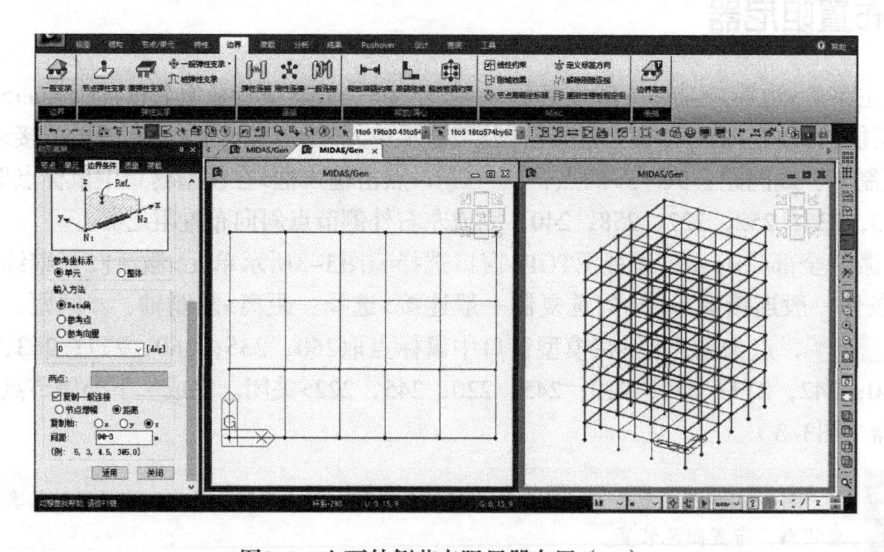

图3-3 上下外侧节点阻尼器布置（一）

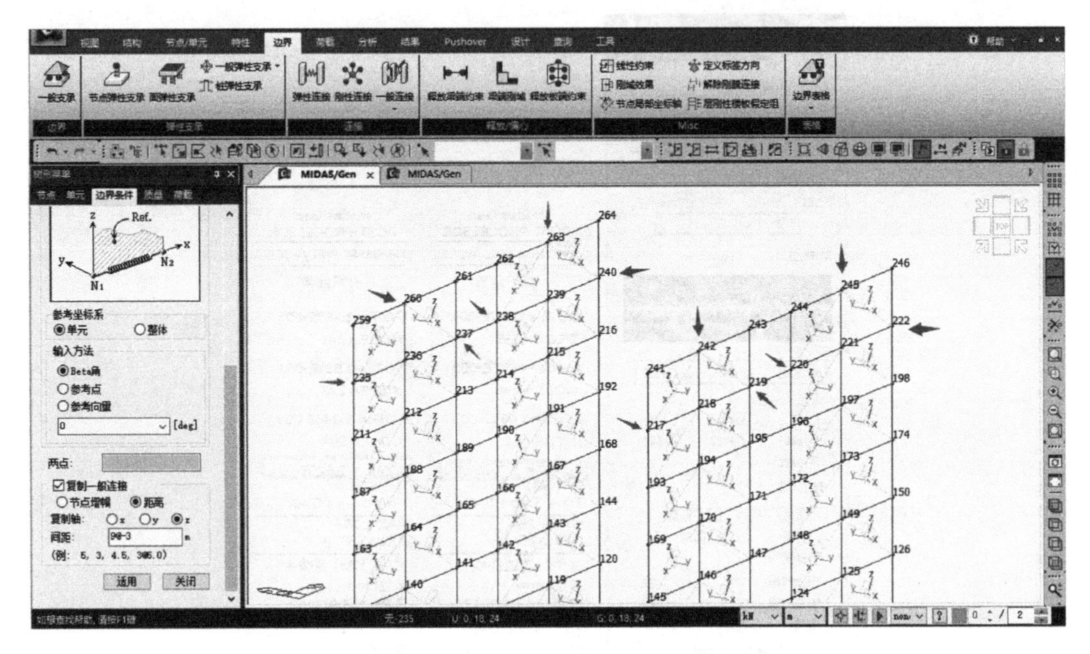

图3-3 上下外侧节点阻尼器布置（二）

4 分析及结果查看（后处理）

4.1 运行分析

主菜单>分析>运行分析，或点击快捷菜单中的运行分析，或单击F5。

注：如想切换至前处理模型，点击快捷菜单中的前处理。如想切换至后处理模式，点击快捷菜单中的后处理。查看结果务必在后处理模式中进行。

4.2 查看时程分析结果

4.2.1 位移、速度及加速度

1．右键>时程分析结果>位移/速度/加速度。在左侧树形菜单中，可根据需要，选择查看任一时间步骤的分析结果。与未施加阻尼器时的模型分析结果进行对比，以便掌握在阻尼器影响下的结构响应变化（图4-1）。为方便查看位移结果，可在模型窗口右下侧设置单位为kN mm。可见，设置阻尼器后，在某一分析步骤，位移相差一个数量级。

注：未设置阻尼的模型，详见2.8节4、5。

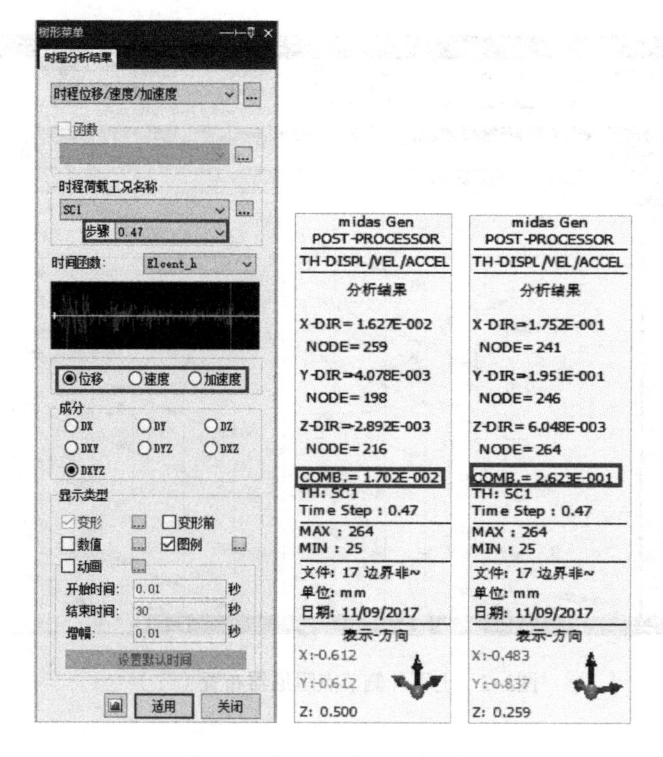

图4–1　时程分析位移结果对比

2. 在后处理模式，可右键查看静力及时程分析的结果，在此不赘述，仅示意以下结果查看方式，用户可根据设计需要自行查看（图4–2）。

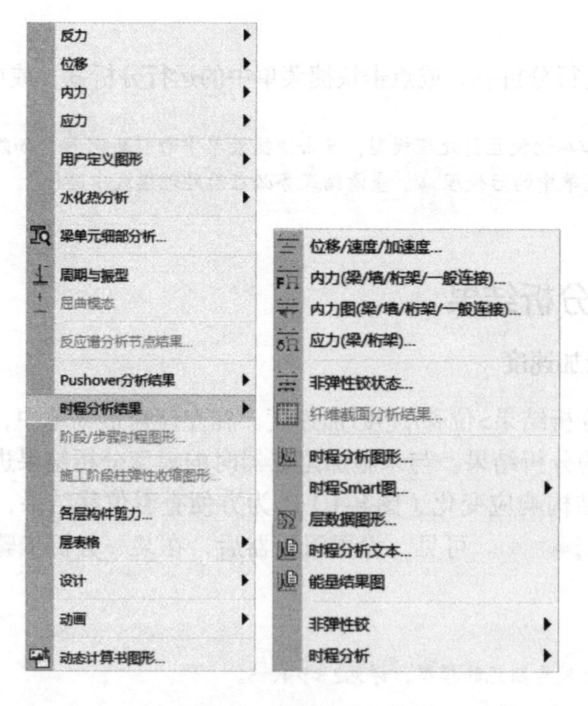

图4–2　分析结果表单

4.2.2 顶点位移时程曲线

主菜单>结果>时程>时程图表/文本>时程图形>点击①定义/编辑函数>②图形结果>③位移/速度/加速度>添加新的函数>④名称：264顶点位移>⑤节点号：264，亦可直接在模型上点选>⑥确认（函数列表中已经包括设置好的“264顶点位移”）>⑦退回>⑧函数列表中勾选264顶点位移>⑨点击从列表中添加>⑩点击图表（图4–3）。

注：同样可得到层位移、速度、加速度、内力、应力等分析结果的时程曲线。

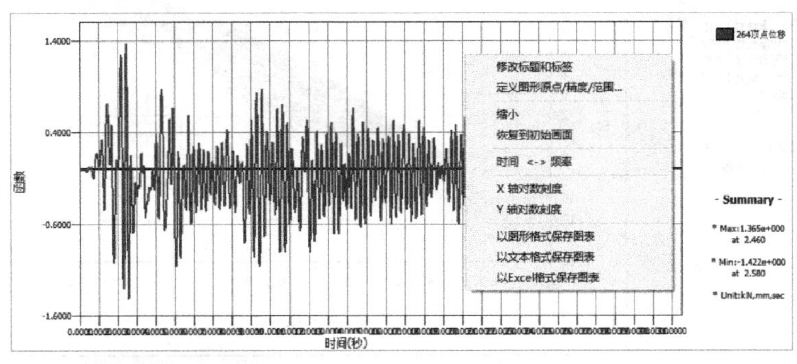

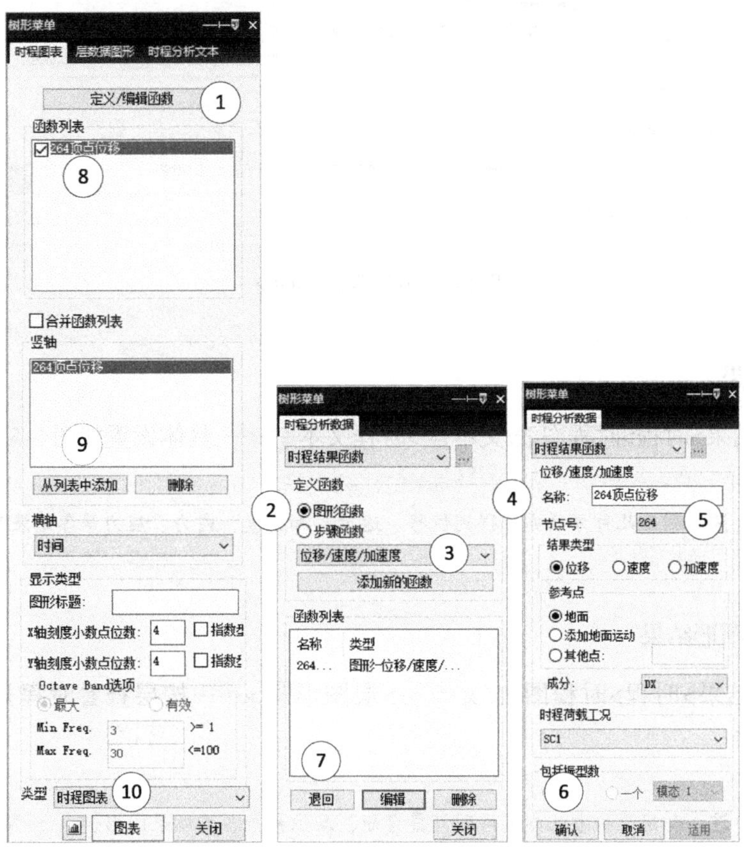

图4–3 顶点位移时程曲线

4.2.3 阻尼器滞回曲线

主菜单>结果>时程>时程图表/文本 >时程图表>一般连接图表>一般连接的选择>勾选要查的阻尼器名称>结果类型：力–变形>添加>勾选添加的函数>点击图表（图4–4）。将绘制选中的阻尼器的滞回曲线。

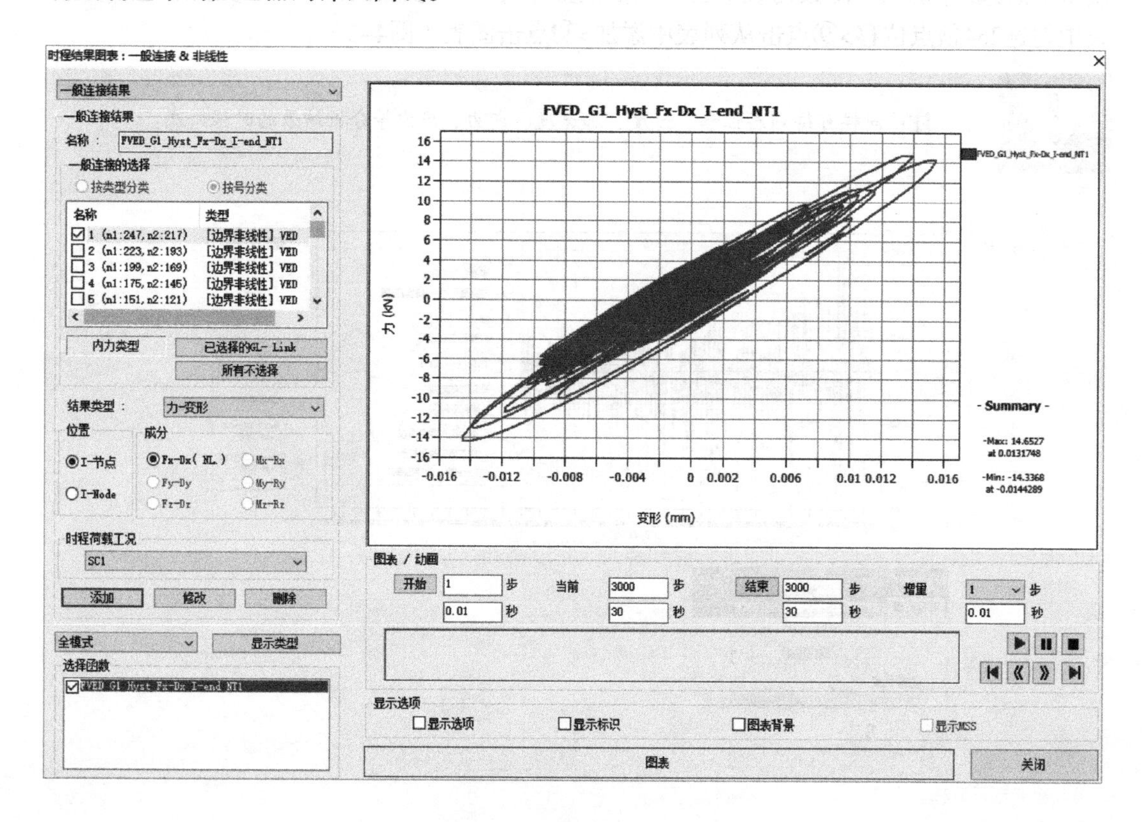

图4–4 阻尼器滞回曲线

4.2.4 文本结果

主菜单>结果>时程>时程图表/文本 >时程文本 ……具体设置如图4–5所示。

注：利用此种方法亦可得到位移、速度、加速度、内力、应力等各结果时程文本。

4.2.5 时程层图形结果

主菜单>结果>时程>时程图表/文本 >层图形 >……按层查看时程分析结果（图4–6）。

注：利用此种方法亦可得到倾覆弯矩、层位移等各层结果图形。

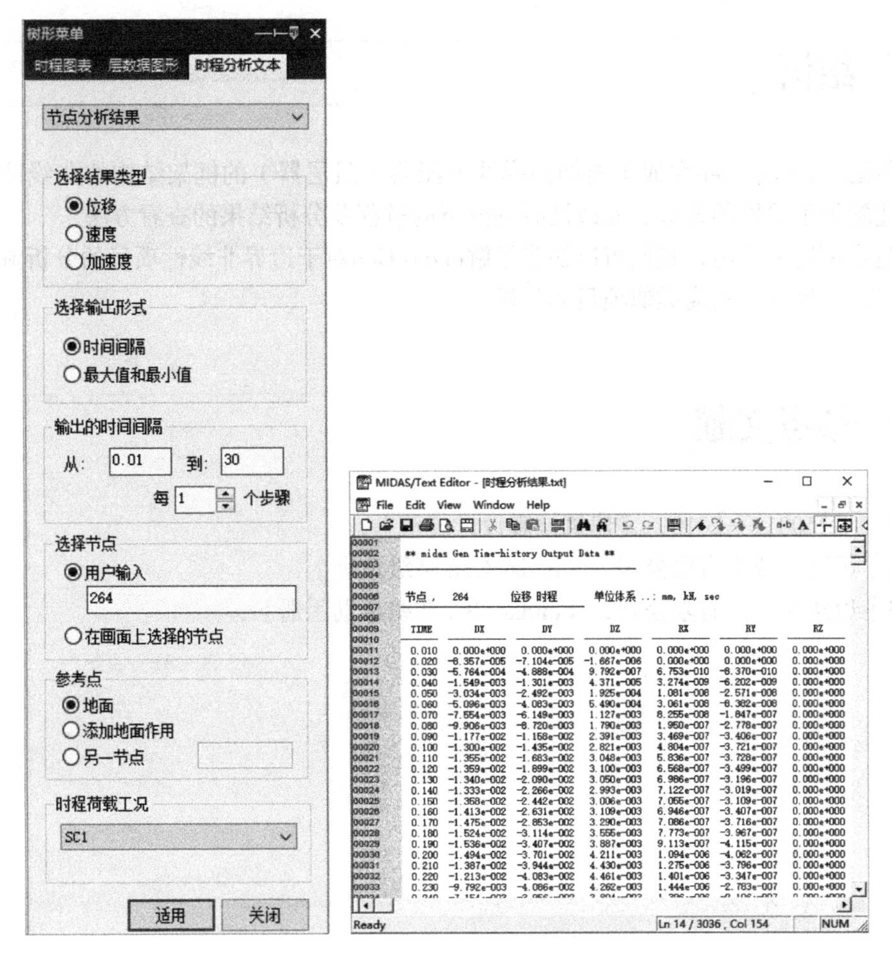

TIME	DX	DY	DZ	RX	RY	RZ
0.010	0.000e+000	0.000e+000	0.000e+000	0.000e+000	0.000e+000	0.000e+000
0.020	-8.357e-005	-7.104e-005	-1.667e-006	0.000e+000	0.000e+000	0.000e+000
0.030	-5.764e-004	-4.888e-004	9.792e-007	6.753e-010	-8.370e-010	0.000e+000
0.040	-1.549e-003	-1.301e-003	4.371e-005	3.274e-009	-6.202e-009	0.000e+000
0.050	-3.034e-003	-2.492e-003	1.925e-004	1.081e-008	-2.571e-008	0.000e+000
0.060	-5.096e-003	-4.083e-003	5.490e-004	3.061e-008	-8.382e-008	0.000e+000
0.070	-7.554e-003	-6.149e-003	1.127e-003	8.255e-008	-1.847e-007	0.000e+000
0.080	-9.906e-003	-8.720e-003	1.790e-003	1.950e-007	-2.778e-007	0.000e+000
0.090	-1.177e-002	-1.158e-002	2.391e-003	3.469e-007	-3.406e-007	0.000e+000
0.100	-1.300e-002	-1.435e-002	2.821e-003	4.804e-007	-3.721e-007	0.000e+000
0.110	-1.355e-002	-1.683e-002	3.048e-003	5.836e-007	-3.728e-007	0.000e+000
0.120	-1.359e-002	-1.899e-002	3.100e-003	6.568e-007	-3.499e-007	0.000e+000
0.130	-1.340e-002	-2.090e-002	3.050e-003	6.986e-007	-3.196e-007	0.000e+000
0.140	-1.333e-002	-2.266e-002	2.993e-003	7.122e-007	-3.019e-007	0.000e+000
0.150	-1.358e-002	-2.442e-002	3.006e-003	7.055e-007	-3.109e-007	0.000e+000
0.160	-1.413e-002	-2.631e-002	3.109e-003	6.946e-007	-3.407e-007	0.000e+000
0.170	-1.475e-002	-2.853e-002	3.290e-003	7.086e-007	-3.716e-007	0.000e+000
0.180	-1.524e-002	-3.114e-002	3.555e-003	7.773e-007	-3.967e-007	0.000e+000
0.190	-1.536e-002	-3.407e-002	3.887e-003	9.113e-007	-4.115e-007	0.000e+000
0.200	-1.494e-002	-3.701e-002	4.211e-003	1.094e-006	-4.062e-007	0.000e+000
0.210	-1.387e-002	-3.944e-002	4.430e-003	1.275e-006	-3.796e-007	0.000e+000
0.220	-1.213e-002	-4.083e-002	4.461e-003	1.401e-006	-3.347e-007	0.000e+000
0.230	-9.792e-003	-4.086e-002	4.262e-003	1.444e-006	-2.783e-007	0.000e+000

图4–5　顶点位移文本结果

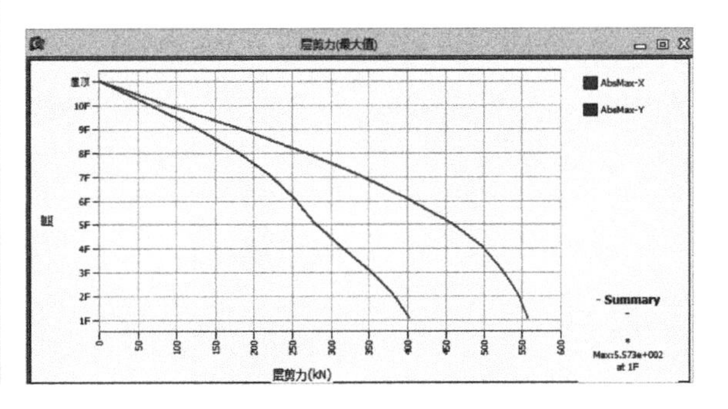

图4–6　层剪力图形结果

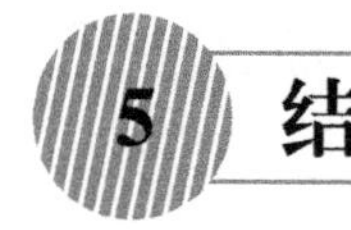

5 结语

本例运用midas Gen完成了施加黏弹性消能器（阻尼器）的框架结构的非线性时程分析。详述施加阻尼器的方法、非线性时程分析的过程及分析结果的查看方法。

通过本例题的学习，我们可以初步了解midas Gen对于边界非线性项目的分析流程，工程师可以举一反三，完成类似项目的分析。

6 参考文献

[1] GB50011—2010，《建筑抗震设计规范》.

[2] 迈达斯技术有限公司，《midas Gen 高级培训》.

[3] 迈达斯技术有限公司，《midas Gen 在线帮助手册》.

案例10 弹性地基梁分析

概要

弹性地基梁是指搁置在具有一定弹性的地基上，与地基紧密相贴的梁。通过弹性地基梁，将荷载（作用）分布到较大面积的地基上，使承载能力较低的地基能承受较大的荷载，同时使梁的变形减小，提高刚度，降低内力。

本例运用midas Gen完成了弹性地基梁的建模和分析，详述操作步骤、结果查看方法及动态计算书的生成及编辑。

主要步骤如下：

1 模型信息

2 建立模型（前处理）

2.1 设定操作环境及定义材料和截面

2.2 用建模助手建立模型

2.3 弹性地基模拟

2.4 定义边界条件

2.5 荷载工况及输入荷载

2.6 定义结构类型

3 运行分析及查看结果（后处理）

3.1 运行分析

3.2 荷载组合

3.3 分析结果

3.4 动态计算书

4 结语

5 参考文献

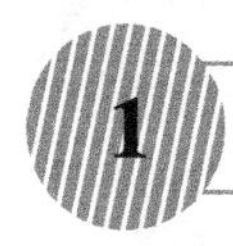

1 模型信息

模型基本数据如下（该例题数据仅供参考）：（单位：mm）

轴网尺寸：如图1-1所示

柱：900×1000，800×1000

梁：500×1000，400×1000，1000×1000

混凝土：C30

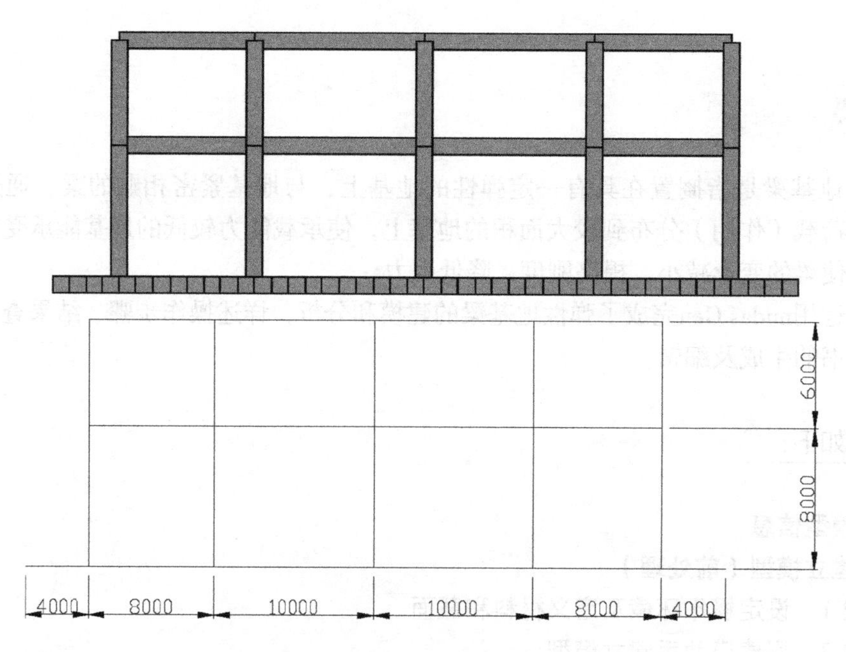

图1-1　弹性地基梁分析模型

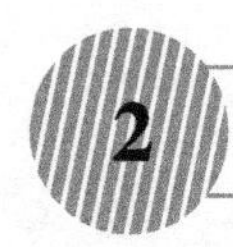

2 建立模型（前处理）

2.1　设定操作环境及定义材料和截面

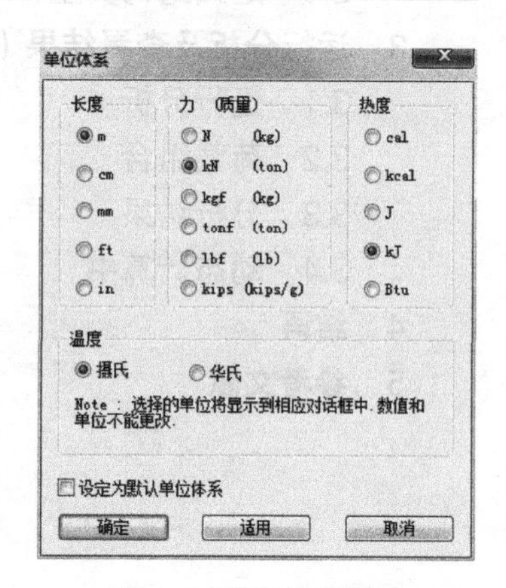

图2-1　定义单位体系

1. 双击midas Gen图标>主菜单>新项目>保存>文件名：弹性地基梁分析>保存。

2. 主菜单>工具>单位系>长度：m，力：kN>确定。亦可在模型窗口右下角点击图标 kN m 的下拉三角，修改单位体系，如图2-1所示。

3. 主菜单>特性>材料>材料特性值>添加>设计类型：混凝土>规范：GB10（RC）>数据库：C30 >确定（图2-2）。

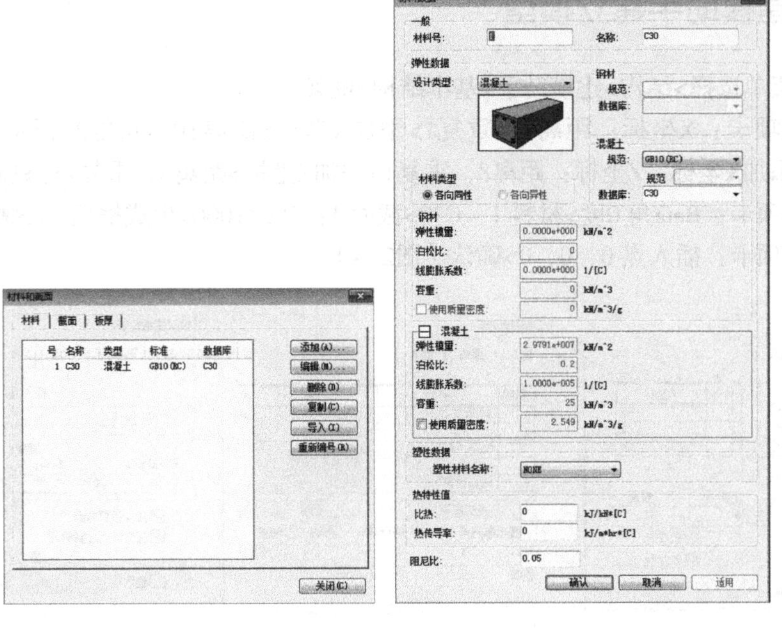

图2-2　定义材料

4. 主菜单>特性>截面>截面特性值>数据库/用户>实腹长方形截面>用户>
名称：500*1000 >H：1.0，B：0.5>适用；
名称：400*100 >H：1.0，B：0.4>适用；
名称：1000*1000 >H：1.0，B：1.0>适用；
名称：900*1000 >H：1.0，B：0.9>适用；
名称：800*1000 >H：1.0，B：0.8 >确定（图2-3）。

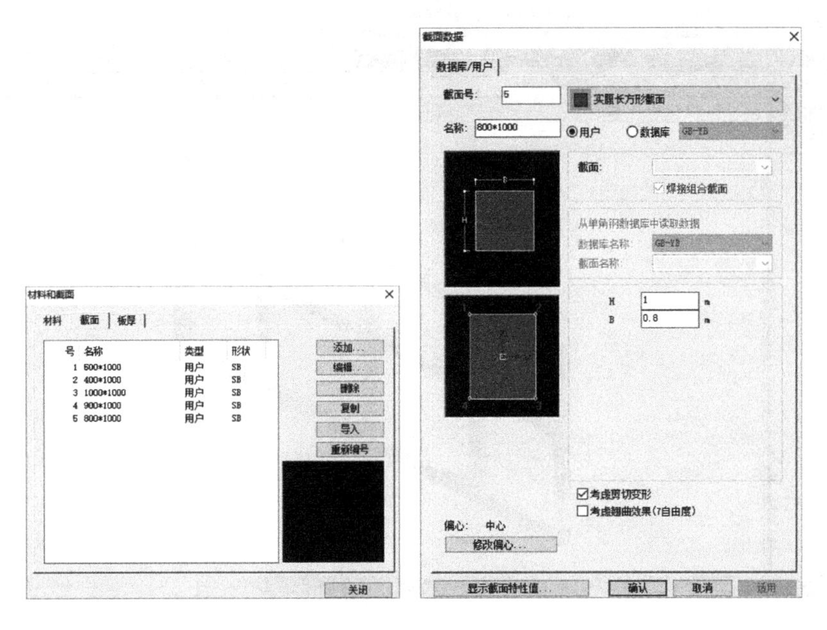

图2-3　定义梁、柱截面

2.2 用建模助手建立模型

1．主菜单选择>结构>建模助手>基本结构>框架>

输入选项卡：X坐标：距离8，重复1>添加X坐标>距离10，重复2>添加X坐标>距离8，重复1>添加X坐标。Z坐标：距离8，重复1>添加Z坐标>距离6，重复1>添加Z坐标。

编辑选项卡：Beta角 0度>材料 1：C30>截面 1：500*1000>生成框架 生成框架 。

插入选项卡：插入点 0，0，0>确认（图2-4）。

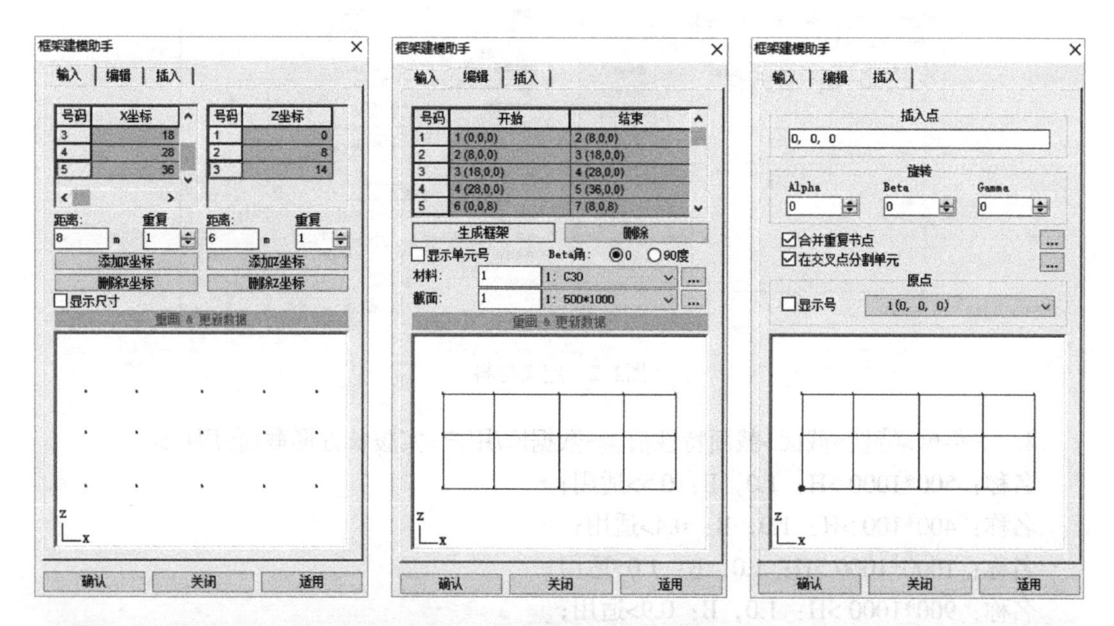

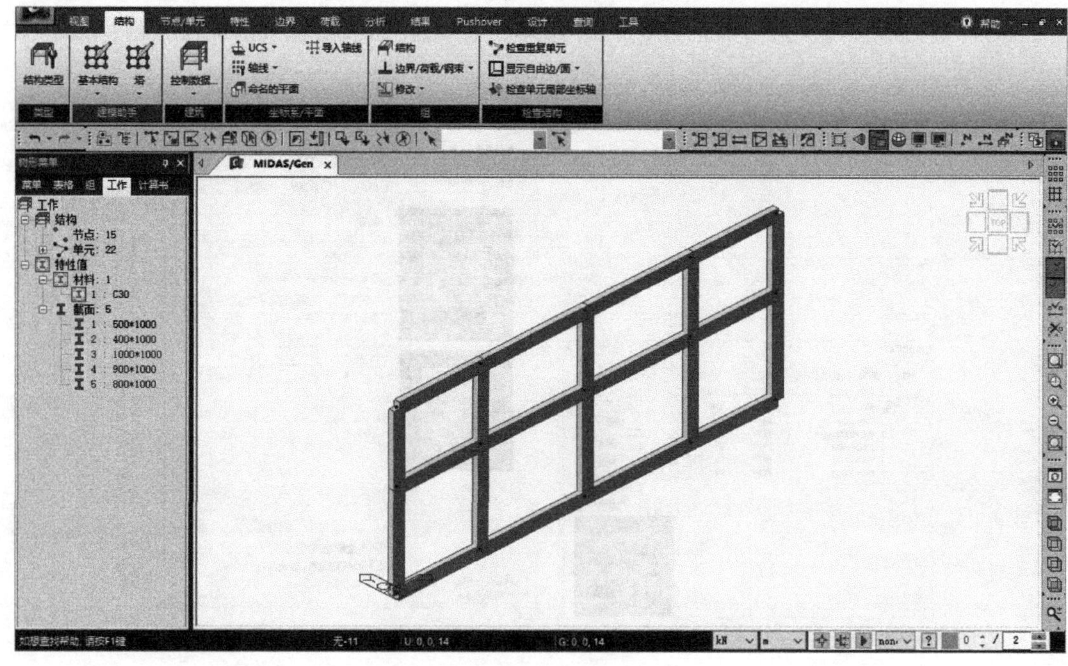

图2-4　建立框架

注：点击右上角动态视图控制，实现9个方向的视角查看。点击快捷工具栏显示节点号，显示单元号。

2．主菜单选择节点/单元>单元>修改参数>修改单元参数>参数类型截面号>名称2：400*1000>窗口选择中间层梁单元>适用。

名称3：1000*1000>窗口选择底层梁单元>适用。

名称4：900*1000>窗口选择外侧柱单元>适用。

名称5：800*1000>窗口选择内侧柱单元>适用。

注：窗口选择单元时，按图2–5所示对应的截面号进行选择。上述操作亦可通过“拖拽”功能实现，即选中要修改截面的单元，在工作树中点选对应截面，按住鼠标不放，拖拽至模型窗口。

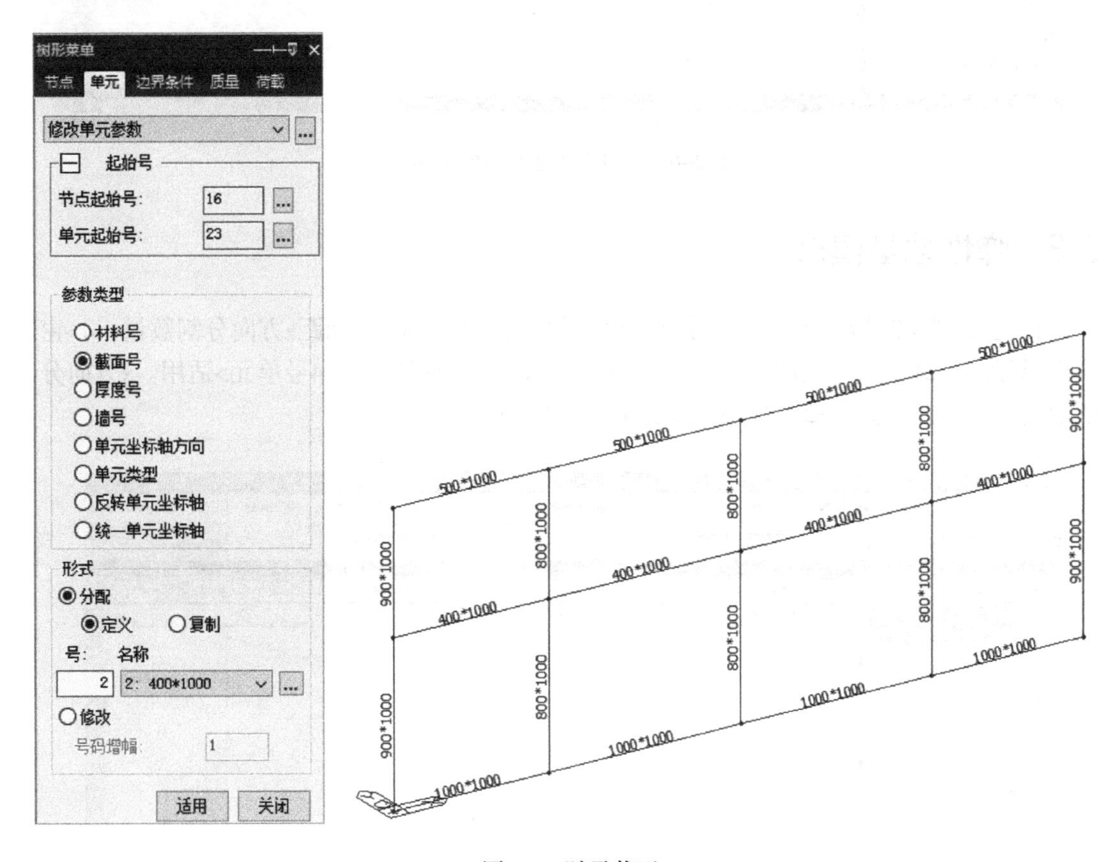

图2–5　赋予截面

3．主菜单>节点/单元>单元>扩展>扩展类型：节点–>线单元>单元类型：梁单元>材料：C30>截面 3：1000*1000>等间距 –4，0，0>窗口选择节点1>适用>等间距 4，0，0>窗口选择节点5>适用（图2–6）。利用扩展功能生成地基梁伸出端。

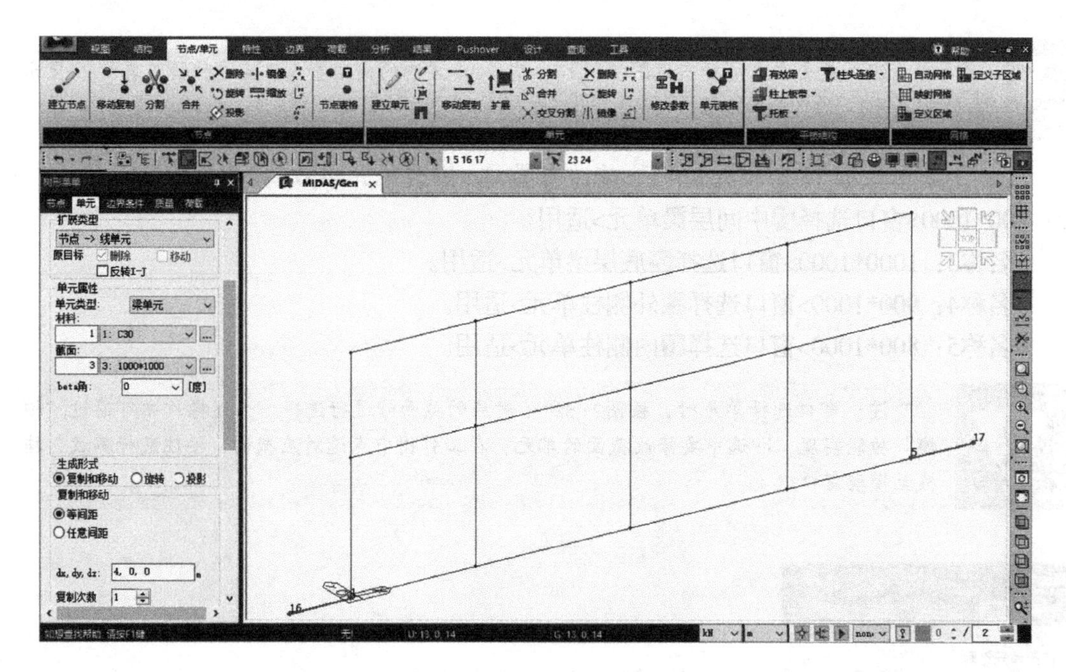

图2-6 扩展生成地基梁伸出端

2.3 弹性地基模拟

1．主菜单>节点/单元>单元>分割>单元类型：线单元>等间距x方向分割数量：4>窗口选择23、24号单元>适用。x方向分割数量：8>窗口选择1、4号单元>适用。x方向分割数量：10>窗口选择2、3号单元>适用（图2-7）。

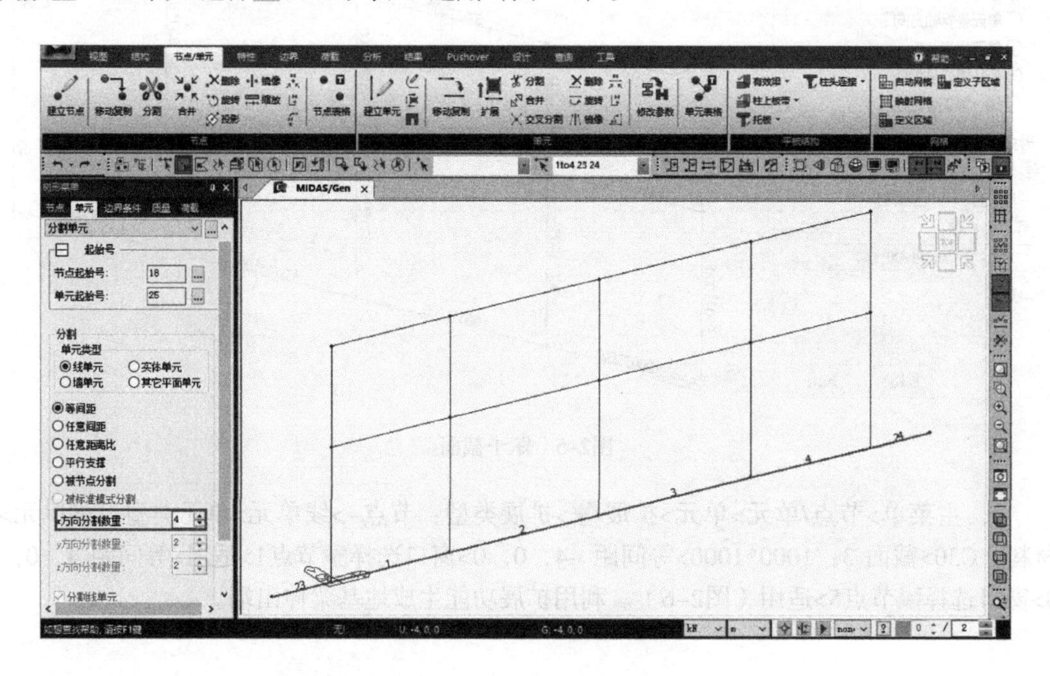

图2-7 分割地基梁单元

2．主菜单>节点/单元>节点>复制和移动>形式复制>等间距dx，dy，dz：0，0，–1>前视图>窗口选择弹性地基梁所有的节点>适用（图2–8）。

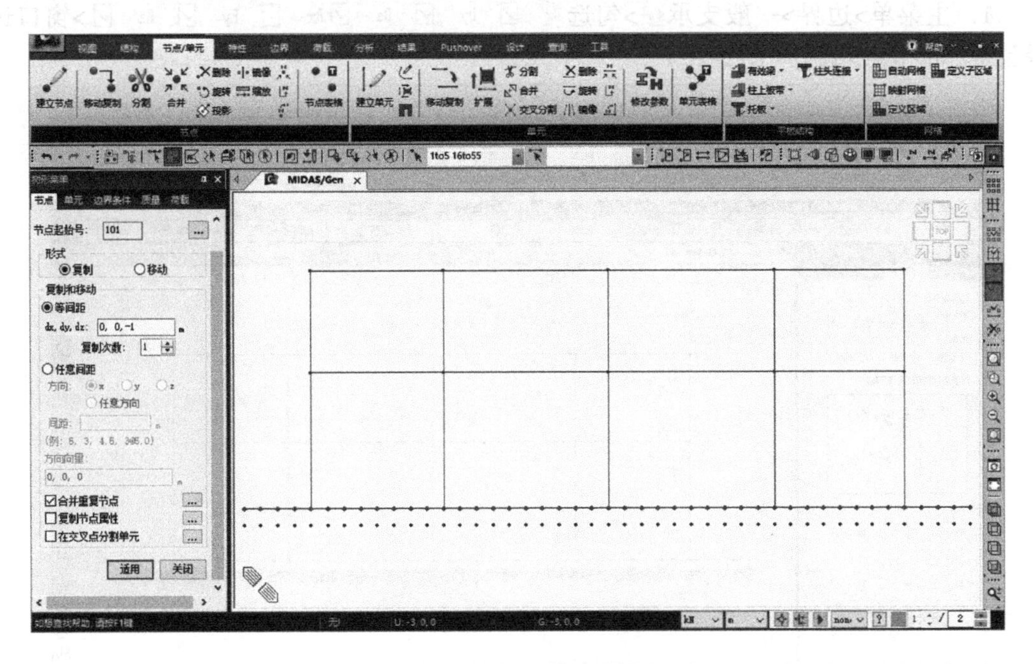

图2–8　复制地基梁节点

3．主菜单>边界>连接>弹性连接>类型：一般>SDx：100000 kN/m（由地基弹性模量自行计算填入）>勾选复制弹性连接勾选距离>复制轴方向x>间距：44@1>两点>选择地基梁的节点16、61>关闭（图2–9）。

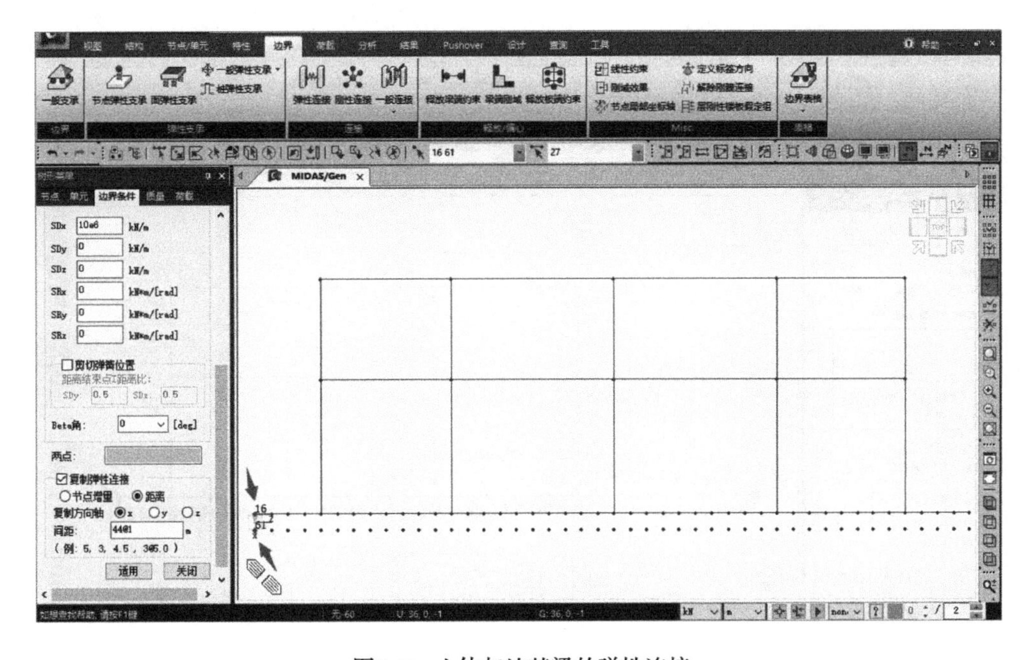

图2–9　土体与地基梁的弹性连接

2.4 定义边界条件

1．主菜单>边界>一般支承>勾选Dx ☑ Dy ☑ Dz ☑ Rx ☑ Ry ☑ Rz ☑>窗口选择最下部节点>适用（图2-10）。

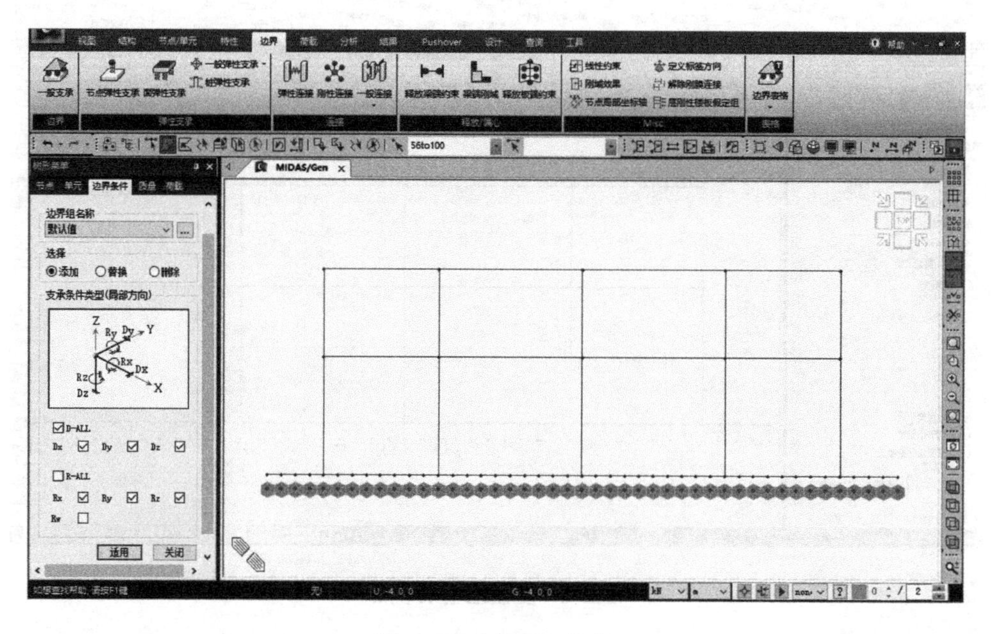

图2-10　底部固定约束

2．主菜单>边界>一般支承>勾选Dx ☑ Dy ☑ Dz ☑>窗口选择地基梁端部节点16、17>适用（图2-11）。

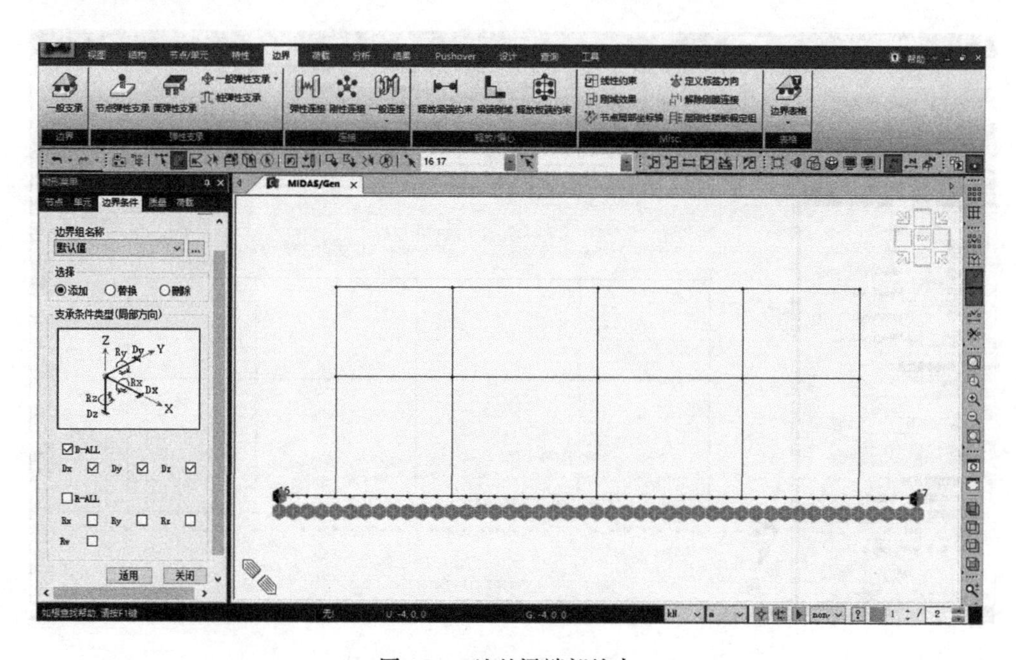

图2-11　地基梁端部约束

2.5 荷载工况及输入荷载

1. 主菜单>荷载>荷载类型>静力荷载>建立荷载工况>静力荷载工况>
名称：地面恒荷载>类型：恒荷载>添加；名称：地面活荷载>类型：活荷载>添加；

名称：设备荷载>类型：活荷载>添加；名称：装修荷载>类型：恒荷载>添加；

名称：侧土压力>类型：恒荷载>添加；名称：基底反力>类型：恒荷载>添加；

名称：自重>类型：恒荷载>添加（图2-12）。

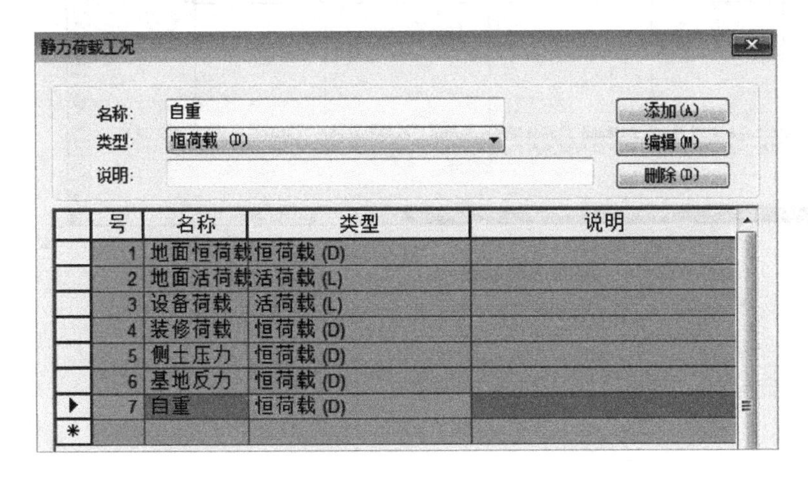

图2-12 定义荷载工况

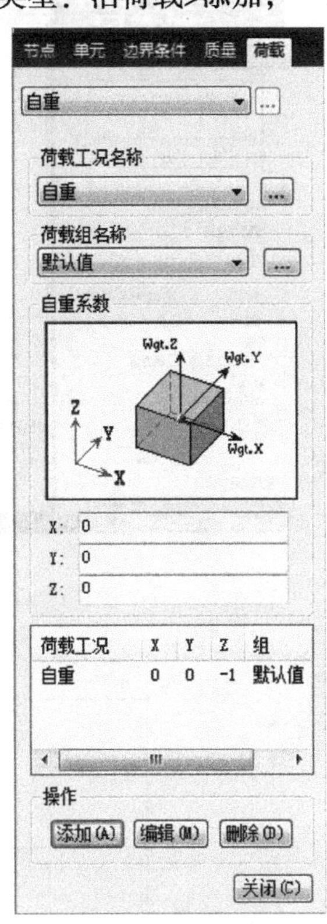

图2-13 定义自重

2. 主菜单>荷载>结构荷载/质量>自重>荷载工况名称：自重>系数Z：-1>添加（图2-13）。

3. 主菜单>荷载>荷载类型>静力荷载>梁荷载>连续 >荷载工况名称地面活荷载>选项：添加>荷载类型：均布荷载>荷载作用的单元：两点间直线>方向：整体坐标系Z>数值相对值W：-20>点击加载区间（两点），直接在模型窗口点选11和15号节点或输入11，15。完成地面活荷载的输入（图2-14）。

4. 荷载工况名称：地面恒荷载>数值相对值 W：-300>点击加载区间（两点），直接在模型窗口点选16、1号节点，5、17号节点。完成地面恒荷载的输入（图2-15）。

5. 荷载工况名称：设备荷载>数值相对值 W：-8>点击加载区间（两点），直接在模型窗口点选1、3号节点，4、5号节点。完成设备荷载的输入（图2-16）。

6. 荷载工况名称：装修荷载>数值相对值 W：-8>点击加载区间（两点），直接在模型窗口点选6、10号节点。完成装修荷载的输入（图2-17）。

7. 荷载工况名称：基底反力>数值相对值 W：100>点击加载区间（两点），直接在模型窗口点选1、5号节点。完成基底反力荷载的输入（图2-18）。

8. 荷载工况名称：侧土压力>荷载类：型梯形荷载>方向：整体坐标系X>数值：绝对值X1=0，W1=0；X2=6，W2=36；X3=14，W3=58；X4=0，W4=0>点击加载区间（两点），直接在模型窗口点选11、15号节点，完成左侧土压力输入（图2-19）。

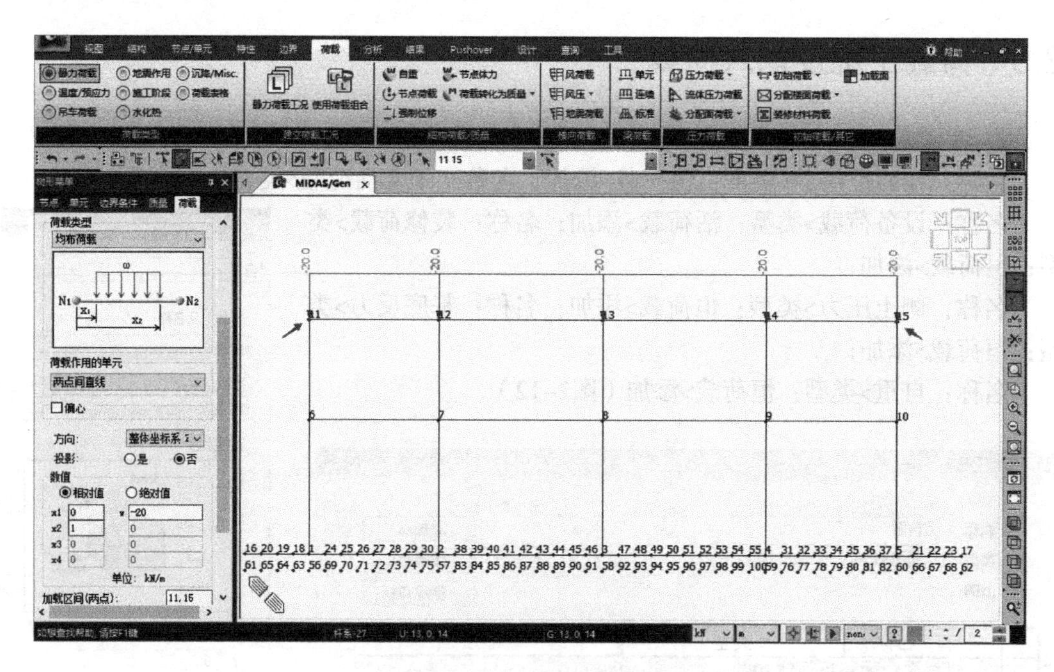

图2-14　地面活荷载输入

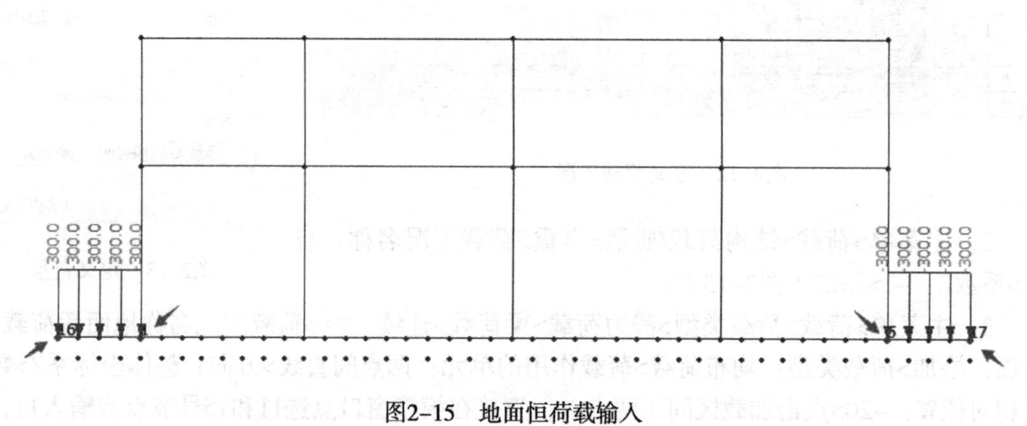

图2-15　地面恒荷载输入

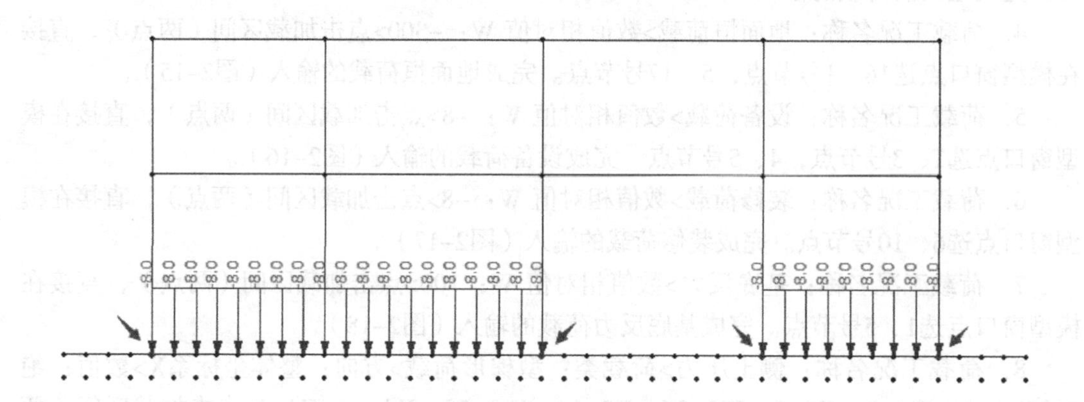

图2-16　设备荷载输入

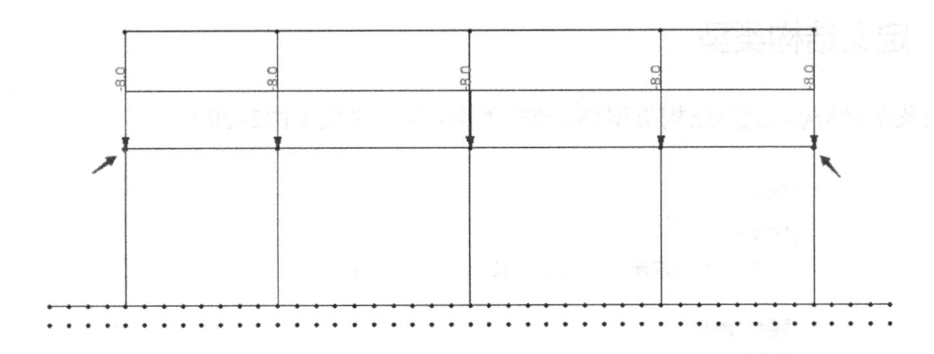

图2-17　装修荷载输入

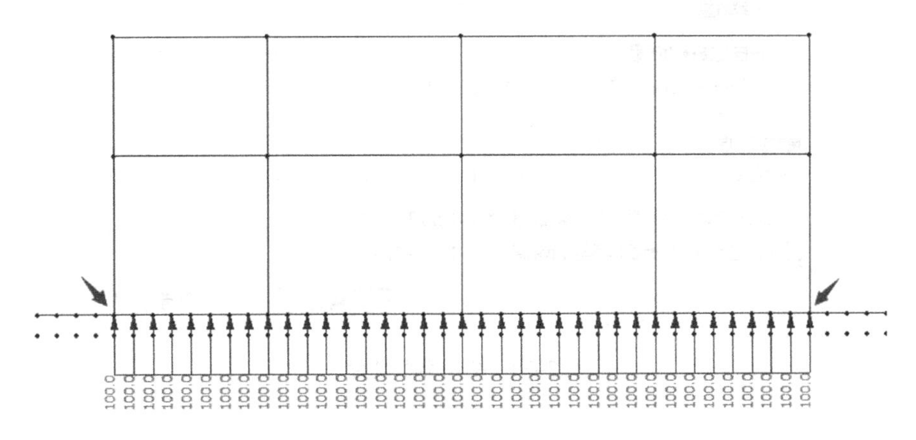

图2-18　基底反力输入

修改>数值：绝对值W2=-36；W3=-58>点击加载区间（两点），在模型窗口点选15、5号节点，完成右侧土压力输入。

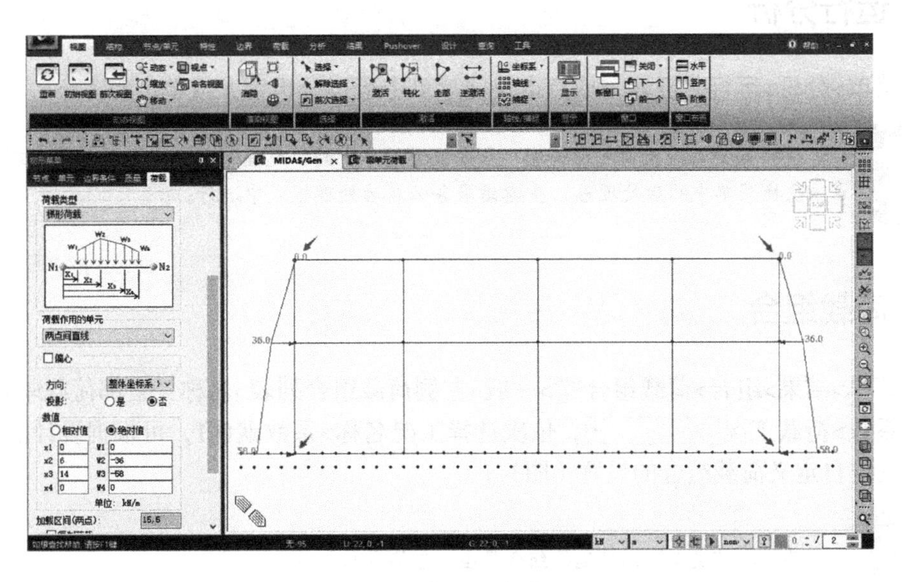

图2-19　侧土压力输入

2.6 定义结构类型

主菜单>结构>类型>结构类型>结构类型：X–Z平面（图2–20）。

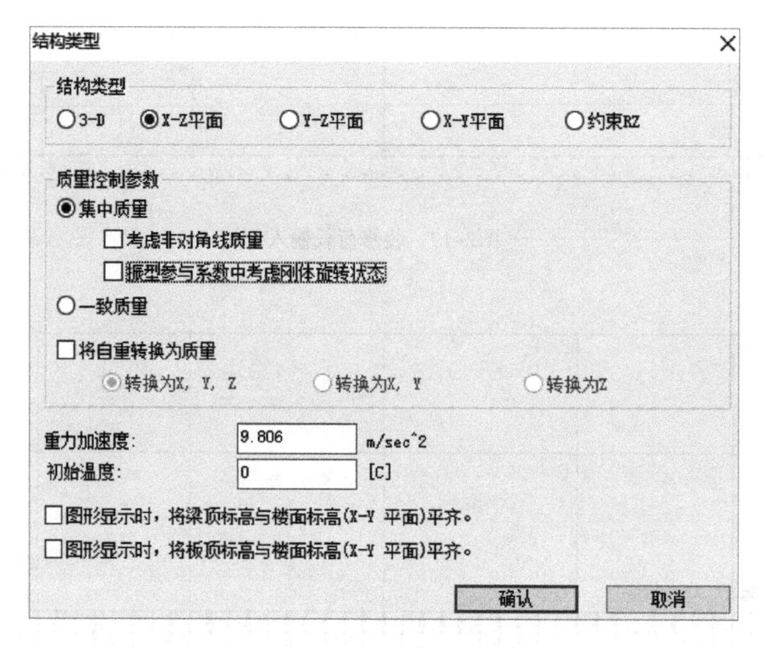

图2–20 结构类型设置

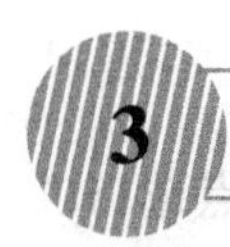

3 运行分析及查看结果（后处理）

3.1 运行分析

主菜单>分析>运行分析，或点击快捷菜单中运行分析，或单击F5。

注：如想切换至前处理模型，点击快捷菜单中的前处理。如想切换至后处理模式，点击快捷菜单中的后处理。查看结果务必在后处理模式中进行。

3.2 荷载组合

主菜单>结果>组合>荷载组合>一般>左侧荷载组合列表>名称：全部荷载>右侧荷载工况和系数>荷载工况，依次选择工况名称>系数默认1，可根据设计需要自行设置。完成自定义荷载组合的设置（图3–1）。

注：在“类型”列可选择组合类型，包络或相加等。

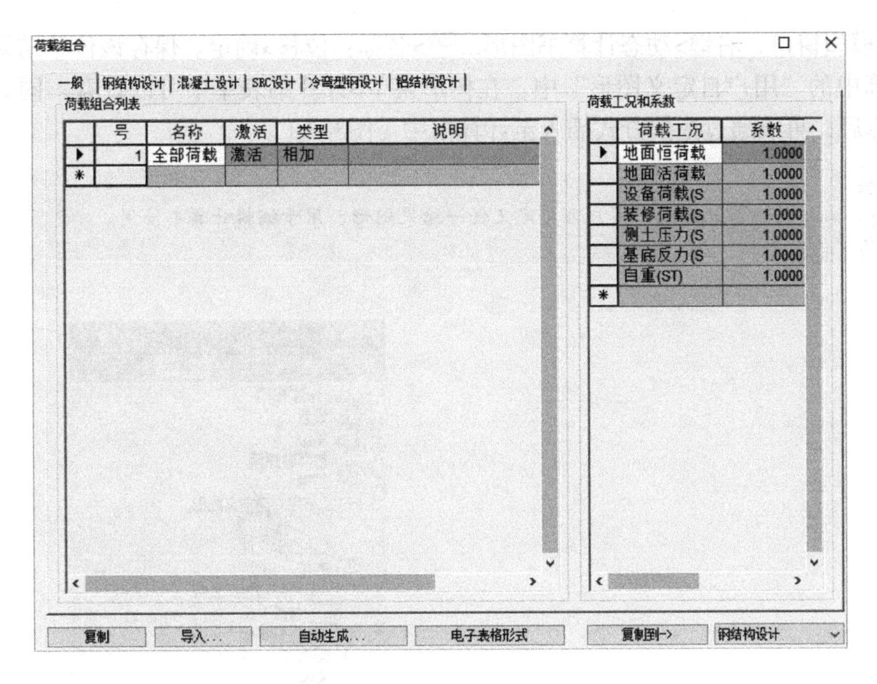

图3-1　自定义荷载组合

3.3　分析结果

1. 查看节点位移，右键>位移>位移等值线 >荷载工况/荷载组合>全部荷载>显示类型，勾选：等值线、变形、数值、图例>适用（图3-2）。

注：在左侧工作树中选择需要查看的各种情况下的任意节点各个方向位移。查看位移时，可在右下角修改单位体系为 kN mm 。可点击数值右侧 选择数值显示的角度。

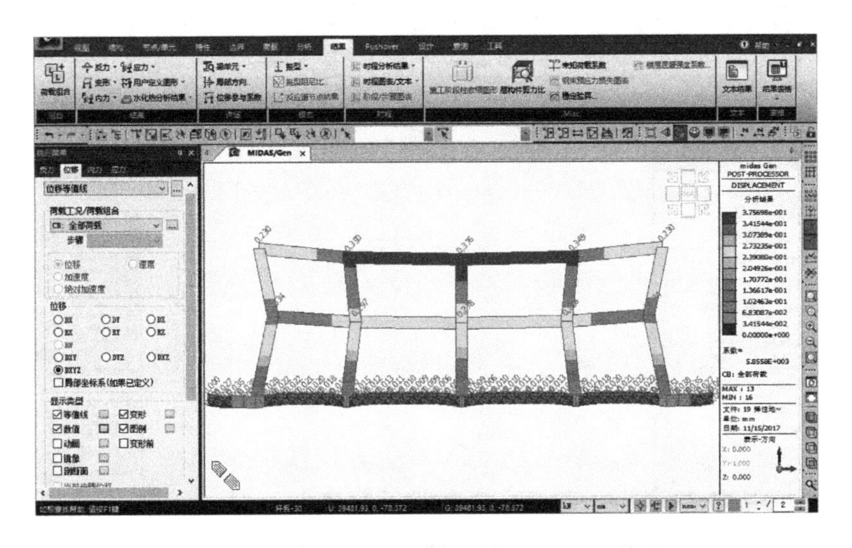

图3-2　“全部荷载”工况各节点DXYZ位移等值线

2. 模型窗口，右键>动态计算书图形...>名称：位移>确定。保存该位移结果图形至动态计算中的“用户自定义图形”中，在树形菜单>计算书表单中可以查看，同时，生成动态计算后，可以通过拖拽方式插入至计算书中（图3–3）。

注：按此方式，用户可自定义任一结果图形，用于编辑计算书使用。

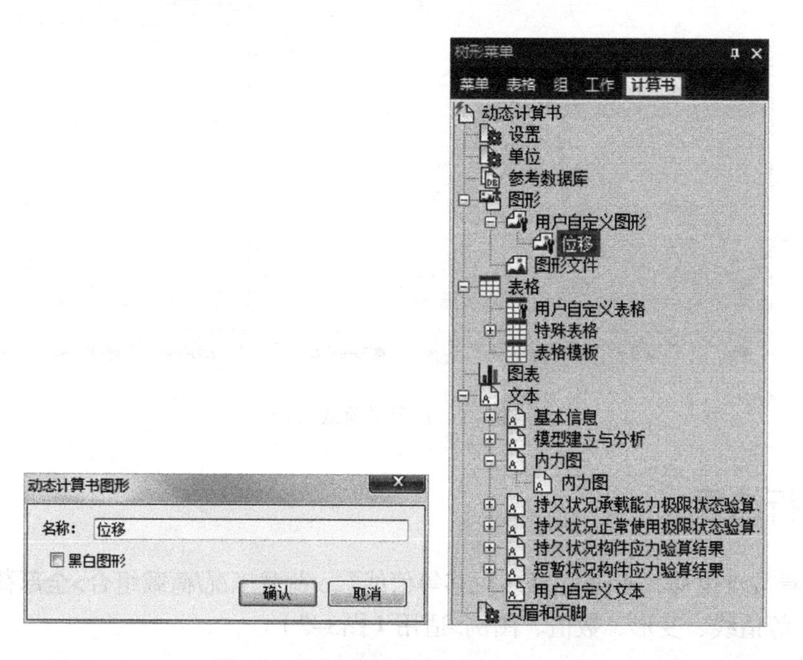

图3–3 保存动态计算书图形—位移

3. 查看梁单元内力图，主菜单>结果>内力>梁单元内力图>查看在各种荷载工况及组合下梁单元内力。右键>动态计算书图形>名称：My弯矩图>确定（图3–4）。

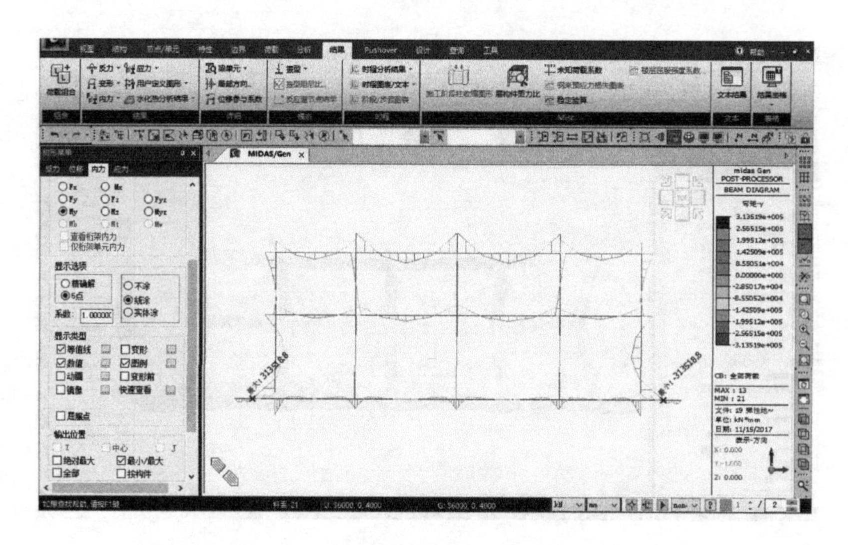

图3–4 “全部荷载”工况梁单元内力图

4．右键>梁单元细部分析>荷载工况/荷载组合>单元号：10，查看应力及内力结果（图3-5）。

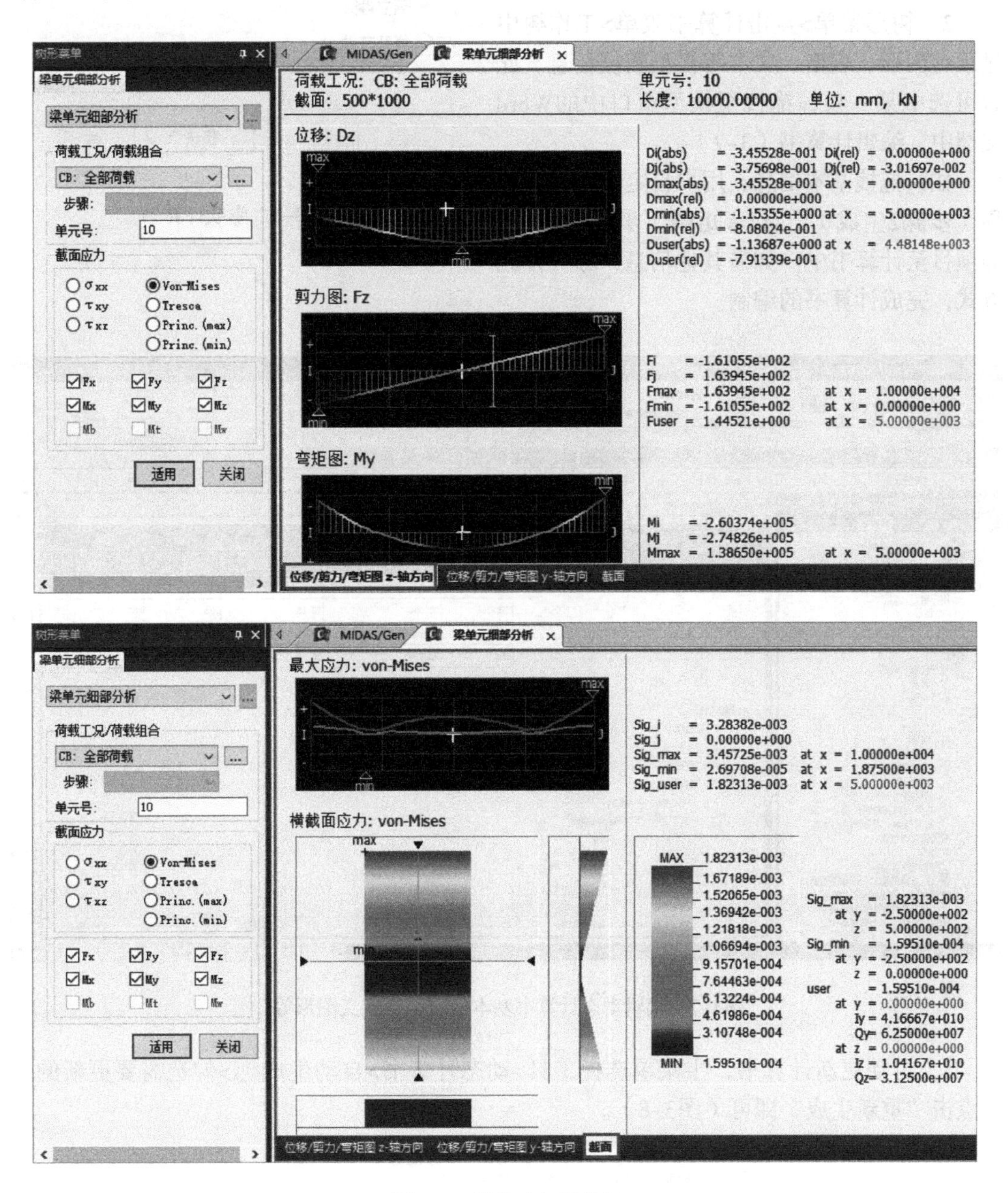

图3-5　梁单元细部分析

3.4　动态计算书

midas Gen动态计算书为Word格式，修改模型后可自动更新。Gen可按用户自定义的计算书模版生成计算书，并且调整模型后可一键更新，无需重新编辑。

1．主菜单选择工具>动态计算书>生成器>新文件，在模型窗口中将打开Word文档。如果用户使用已有的计算书模版，可选择>打开文件（图3-6）。

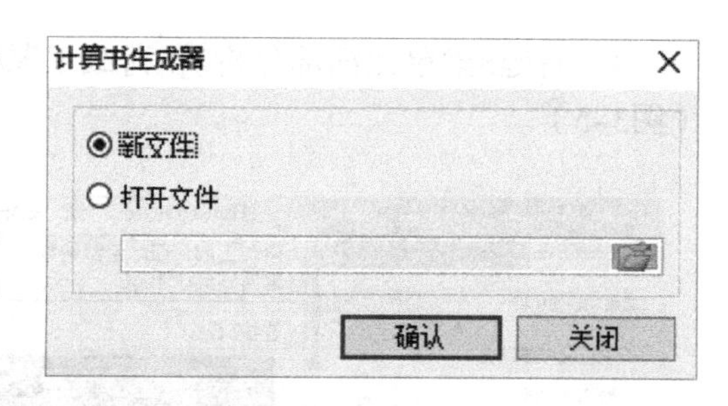

图3-6 生成计算书

2．树形菜单>点击计算书表单>工作树中显示有图形、表格、文本等模型数据信息，此时可选中某一项，拖拽至模型窗口中的Word文档中，编辑计算书（3-7）。

如：拖拽基本信息、用户自定义图形：位移（步骤2生成）、My弯矩图（步骤3生成）等项目至计算书中。如需其他信息，亦可按此方式，完成计算书的编制。

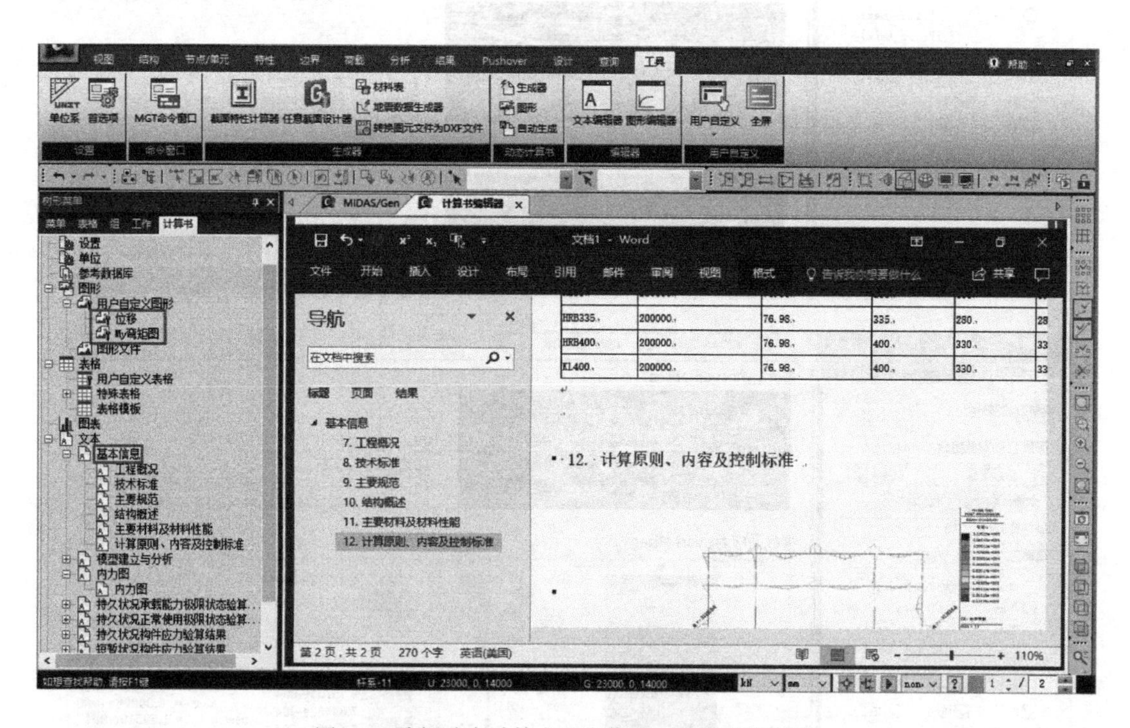

图3-7 编辑动态计算书基本信息、自定义图形等

3．自动更新计算书，主菜单选择工具>动态计算书>自动生成>勾选需要更新的内容点击“重新生成”即可（图3-8）。

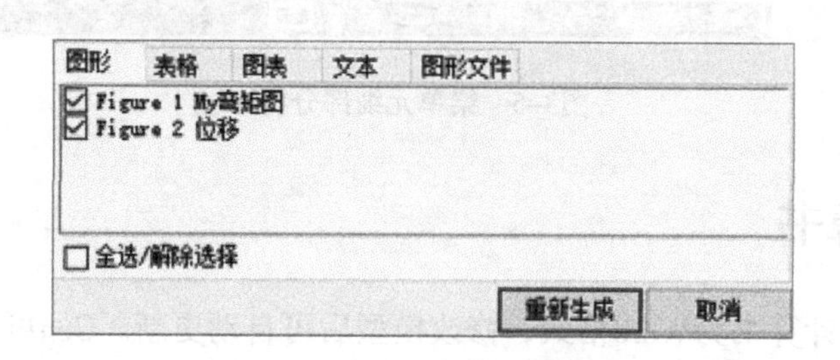

图3-8 计算书自动更新内容

4 结语

通过本案例的学习，读者可对动态计算书功能有初步了解，在设计项目中可充分利用动态计算书的自动更新功能，极大提高计算书编制效率。

5 参考文献

[1] 迈达斯技术有限公司，《midas Gen 高级培训》.
[2] 迈达斯技术有限公司，《midas Gen 在线帮助手册》.